Zemax 光学设计从基础到实践

张玺　唐钦　编著

·北京·

内容简介

本书系统讲解了利用 Zemax 2023 进行光学设计和仿真分析的各种方法和技巧，主要内容包括光学设计基础、认识 Ansys Zemax OpticStudio、初识镜头数据编辑器、光学成像镜头设计、镜头编辑高级操作、光学系统分析、非序列模式设计、几何光学像质评价、物理光学像质评价、光学系统的优化、光学系统公差分析和光学系统设计实例等。

本书内容全面实用，循序渐进，实例丰富，且提供全部实例源文件，方便读者上手实践。同时，重点实例配套视频讲解，扫描书中相应的二维码，即可边学边看，学习更加高效。

本书非常适合从事光学系统设计、仿真与分析的技术人员自学使用，也可用作高等院校相关专业的教材及参考书。

图书在版编目（CIP）数据

Zemax 光学设计从基础到实践 / 张玺，唐钦编著 . —北京：化学工业出版社，2024.8

ISBN 978-7-122-45464-5

Ⅰ . ① Z… Ⅱ . ①张…②唐… Ⅲ . ①光学设计 - 研究 Ⅳ . ① TN202

中国国家版本馆 CIP 数据核字（2024）第 078970 号

责任编辑：要利娜　　文字编辑：李亚楠　温潇潇
责任校对：边　涛　　装帧设计：王晓宇

出版发行：化学工业出版社
（北京市东城区青年湖南街 13 号　邮政编码 100011）
印　　刷：北京云浩印刷有限责任公司
装　　订：三河市振勇印装有限公司
787mm×1092mm　1/16　印张 24½　字数 639 千字
2024 年 11 月北京第 1 版第 1 次印刷

购书咨询：010-64518888　　售后服务：010-64518899
网　　址：http：//www.cip.com.cn
凡购买本书，如有缺损质量问题，本社销售中心负责调换。

定　　价：118.00 元

前言 Preface

光学是物理学的重要分支，是研究光的产生、传播、接收和显示，以及光与物质相互作用的一门学科。光学系统是指由多种光学元件按照一定次序组合成的系统，用于实现光的传输、分布、处理或检测。

在当前计算机辅助科研、教学的迅猛发展过程中，计算机辅助光学系统设计已成为光学设计不可缺少的一种重要手段。

Zemax 是一套综合性的光学设计软件，它提供先进且符合工业标准的分析、优化、公差分析功能，能够快速准确地完成光学成像及照明设计。Zemax 软件通过精简光学工程师、机械工程师以及制造工程师之间的工作流与交流过程，帮助公司更快产出高品质的设计。

一、本书特色

1. 针对性强

本书编者根据自己多年的计算机辅助设计领域工作经验和教学经验，针对初级用户学习 Zemax 的难点和疑点，由浅入深、全面细致地讲解了 Zemax 在光学设计应用领域的各种功能和使用方法。

2. 实例经典

本书中有很多实例本身就是工程设计项目案例，经过编者精心提炼和改编，不仅保证了读者能够学好知识点，更重要的是能帮助读者掌握实际的操作技能。

3. 提升技能

本书从全面提升 Zemax 设计能力的角度出发，结合大量的案例来讲解如何利用 Zemax 进行工程设计，真正让读者懂得计算机辅助光学设计并能够独立地完成各种工程设计。

4. 内容全面

本书在有限的篇幅内，讲解了 Zemax 的全部常用功能。读者通过学习本书，可以较为全面地掌握 Zemax 相关知识。本书不仅有透彻的讲解，还有丰富的实例，通过这些实例的演练，能够帮助读者找到一条学习 Zemax 的捷径。

二、本书资源与服务

1. 安装软件的获取

按照本书上的实例进行操作练习，以及使用 Zemax 进行工程设计时，需要事先在计算机上安装相应的软件。读者可访问 ANSYS 公司官方网站下载试用版，或到当地经销商处购买正版软件。

2. 电子资源使用说明

本书配套了丰富的学习资源，包含了全书讲解实例和练习实例的源文件素材，并制作了同步教学视频。扫书中对应二维码，即可轻松愉悦地学习本书。

本书由陆军工程大学军械士官学校光电火控系的张玺和陆军装备部驻昆明地区第二军代室的唐钦编著，其中张玺编写了第 1 ～ 6 章，唐钦编写了第 7 ～ 12 章。

本书虽经作者几易其稿，但由于时间仓促加之水平有限，书中不足之处在所难免，望读者批评指正。

编著者

扫码下载
素材文件

Zemax

目录 Contents

第7章 非序列模式设计 190

第8章 几何光学像质评价 249

第 9 章 物理光学像质评价 279

第 10 章 光学系统的优化 317

第11章 光学系统公差分析 337

第12章 光学系统设计实例 356

第1章 光学设计基础

在当前计算机辅助科研、教学的迅猛发展过程中，计算机辅助光学系统设计已成为光学设计不可缺少的一种重要手段。在学习光学辅助设计软件 Zemax 之前，需要先了解光学设计的有关知识。

本章主要介绍进行光学设计必须具备的光学系统基础知识，了解各种典型光学设计软件，熟悉 Ansys Zemax OpticStudio 的启动、用户界面和帮助系统。

1.1 光学系统基础

光学是物理学的重要分支，是研究光的产生、传播、接收和显示，以及光与物质相互作用的一门学科。光学系统是指由多种光学元件按照一定次序组合成的系统，用于实现光的传输、分布、处理或检测。

1.1.1 光学系统中的概念

光学系统通常是由若干个光学元件（如透镜、棱镜、反射镜等）组成，而每个光学元件都是由表面为球面、平面或非球面且具有一定折射率的介质构成。

（1）反射和折射

当光传播到两种介质的光滑分界面时，依界面的性质不同，光线或返回原介质，或进入另一介质。前者称为光的反射，按反射定律传播；后者称为光的折射，按折射定律传播。

如图 1-1 所示，光线 AO 入射于界面 PQ 上的 O 点，NON' 为界面上入射点处的法线，一部分光在该点反射，由 OC 方向射出，OC 为反射光线，另一部分光在该点折射，OB 为折射光线。入射光线与法线的夹角 I 称为入射角，反射光线与法线的夹角 I'' 称为反射角，折射光线与法线的夹角 I' 称为折射角。

（2）折射率

光在不同介质中的传播速度各不相同，在真空中传播速度最快，以 c 表示。介质的折射率正是用来描述光在该介质中传播速度减慢程度的一个物理量。介质的折射率用 n 表示，为真空中传播速度 c 与介质中传播速度 v 的比值，这个比值也叫作介质的绝对折射率。习惯上，我们把界面两边折射率相对较大的介质称为光密介质，折射率较小的介质称为光疏介质。

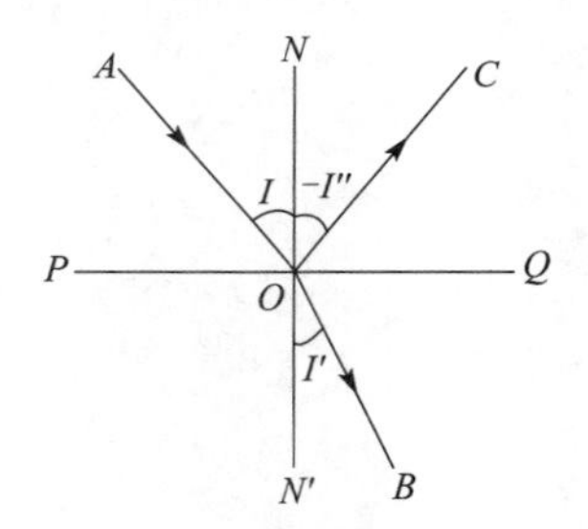

图 1-1 光的反射和折射

（3）光学表面

用于光学成像或收集和传递光能的光学系统，绝大部分由折射面（以透镜为基本单元）组成，同时为达到其他有关目的，还常包含有平面和反射球面等光学表面。

（4）物空间和像空间

光学系统的作用之一就是对物体成像。物体上每个点经过光学系统后所成的完善像点的集合就是该物体经过光学系统后的完善像。物所在的空间称为物空间；像所在的空间称为像空间。它们都可以在从 $-\infty$ 到 $+\infty$ 的整个空间内。两个空间似乎就像是两个平行世界一样的存在。

物、像有虚实之分。对于单个表面而言，物空间实部在光学表面的左侧，虚部在光学表面的右侧；对于像空间来说，实部在光学表面的右侧，虚部在光学表面的左侧。

（5）光阑

光阑就是控制光束通过多少的设备，主要用于调节通过的光束的强弱等。它可以是透镜的边缘、框架或特别设置的带孔屏。其作用可分为两个方面：限制光束或限制视场（成像范围）大小。光学系统中，限制光束大小的光阑，称为孔径光阑；限制视场大小的光阑，称为视场光阑。

（6）光轴

如果组成光学系统的各个光学元件的表面曲率中心在同一条直线上，则该光学系统称为共轴光学系统，该直线叫作光轴。光学系统中大部分为共轴光学系统，非共轴光学系统较少使用。

对于单个球面，凡过球心（点 C）的直线就是其光轴。光轴与球面的交点称为顶点（点 O），球面的半径用 r 表示，如图 1-2 所示。

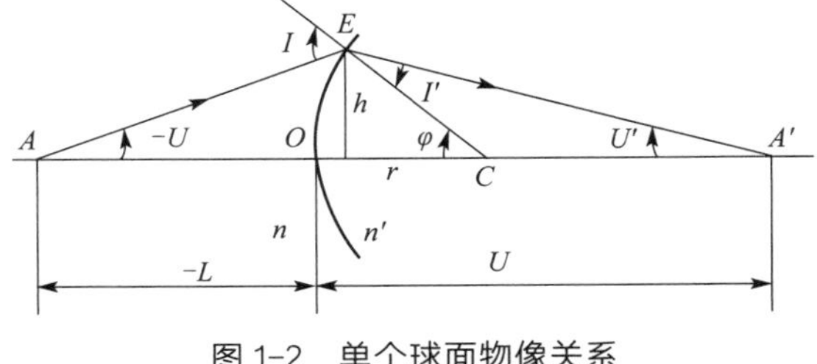

图 1-2　单个球面物像关系

（7）规则及基本公式

研究分析光学系统时，为使结论具有普遍意义，对各种参量的符号做了一些规定，叫作符号规则。

① 光路：指光的传播路径，包括光传播中的折射、反射后的路线。光路存在可逆性，假设光线以一条路径从 A 出发到达一个终点 A'（AEA'），那么从这个终点 A' 出发，沿着与出射光线相反的方向回射，这条光线也定会以完全反向的同一条路径到达 A 点（$A'EA$）。

- 沿轴线段（如 L 和 r）：由左向右为正。
- 垂轴线段（如 h）：在光轴之上者为正，之下者为负。
- 光线和法线的夹角（如入射角 I、折射角 I' 和反射角 I''）：以光线为始边，沿锐角方向转到法线，顺时针者为正，逆时针者为负。
- 光轴与法线的夹角（如 φ）：以光轴为始边，沿锐角方向转向法线，顺时针为正，逆时针为负。
- 表面间隔（以 d 表示）：由前一面的顶点到后一面的顶点，其方向与光线方向相同者为正，反之为负。在纯折射系统中，d 恒为正值。

② 截距与倾斜角：在含轴面内入射于球面的光线，可以用两个量（L 和 U）来确定其位置。光线经球面折射仍在含轴面内，其位置相应地用 L' 和 U' 表示。L' 和 U' 分别称为像方截距和像方倾斜角。

- 物方截距：从顶点 O 到光线与光轴交点 A 的距离 L。
- 物方倾斜角：入射光线与光轴的夹角 U。
- 光线与光轴的夹角（如 U 和 U'）：以光轴为始边，沿锐角方向转到光线，顺时针为正，逆时针为负。

③ 计算含轴面内光线光路的基本公式如下：

$$\varphi = U + I = U' + I'$$

$$\sin I = \frac{L - r}{r} \times \sin U$$

$$\sin I' = \frac{n}{n'} \times \sin I$$

$$U' = U + I - I'$$

$$L' = r + r \times \frac{\sin I'}{\sin U'}$$

1.1.2 理想光学系统

理想光学系统是能产生清晰的、与物完全相似的像的成像系统。光束中各条光线或其延长线均交于同一点的光束称为同心光束。入射的同心光束经理想光学系统后，出射光束必定也是同心光束。入射和出射同心光束的交点分别称为物点和像点，如图 1-3 所示。

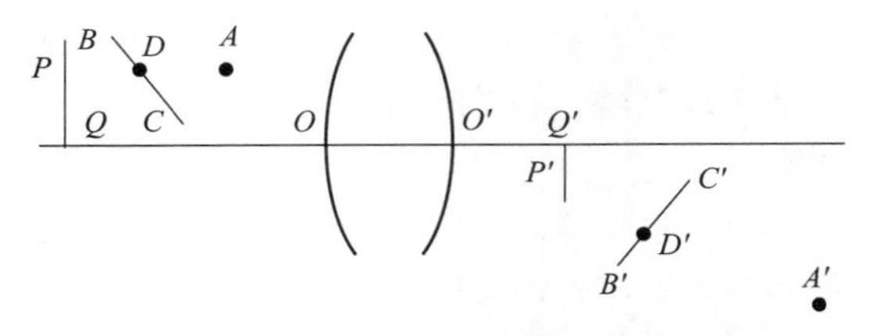

图 1-3 理想光学系统的物像关系

理想光学系统理论在 1841 年由高斯提出，所以理想光学系统理论又称为“高斯光学”。在各向同性的均匀介质中，理想光学系统的物像关系应具备以下特性。

① 交于物点的所有光线经理想光学系统后，出射光线均交于像点。反之亦然。这一对物像可互换的点称为共轭点（如图 1-3 中的 A 点和 A' 点）。

② 物方的一条直线对应像方的一条直线称共轭线（如图 1-3 中的 BC 和 $B'C'$）；相对应的面称共轭面（如图 1-3 中的 PQ 面和 $P'Q'$ 面）。

③ 任何垂直于光轴的平面，其共轭面仍与光轴垂直。

④对垂直于光轴的一对共轭平面，各部分具有相同的放大率。

下面介绍理想光学系统中的基点和基面。

决定理想光学系统物像共轭关系的几对特殊的点和面，称为基点和基面。主点和焦点可作为光学系统的基点，主面和焦面可作为光学系统的基面，它们构成了一个光学系统的基本模型，如图 1-4 所示。

（1）焦点和焦面

根据理想光学系统的特性，如果在物空间有一条和光学系统光轴平行的光线射入理想光学系统，则在像空间必有一条光线与之共轭。图 1-5 中，O_1 和 O_k 两点分别是理想光学系统第一个光学表面和最后一个光学表面的顶点，FO_1O_kF' 为光轴。

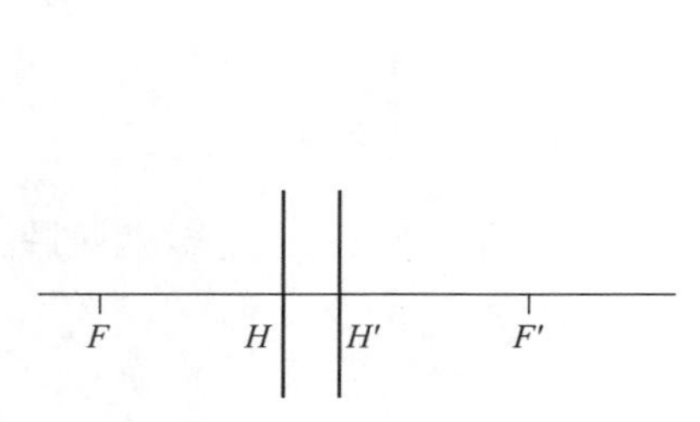

图 1-4 理想光学模型

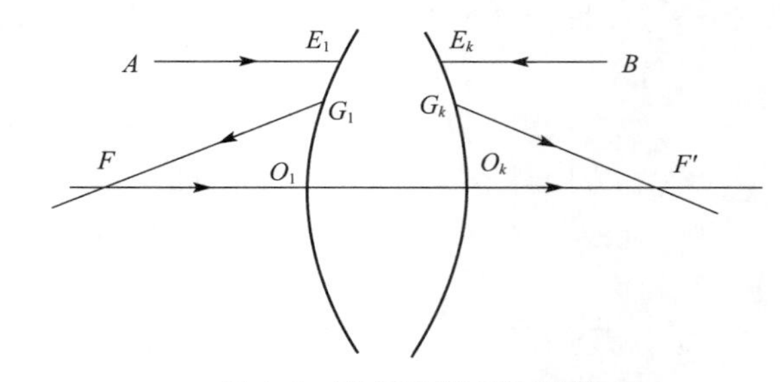

图 1-5 理想光学系统光路

物空间的一条平行于光轴的直线 AE_1 经光学系统折射后，其折射光线 G_kF' 与光轴交于 F' 点，另一条物方光线 FO_1 与光轴重合，其折射光线 O_kF' 无折射地仍沿光轴方向射出。由于像方 G_kF'、O_kF' 分别与物方 AE_1、FO_1 共轭，因此，交点 F' 为 AE_1 和 FO_1 交点（位于物方无穷远的光轴上）的共轭点，所以 F' 是物方无穷远轴上点的像，所有其他平行于光轴的入射光线均会交于点 F'，点 F' 称为光学系统的像方焦点（或称后焦点、第二焦点）。像方焦点是物方无限远轴上点的共轭点。同理，点 F 称为光学系统的物方焦点（或称前焦点、第一焦点），它与像方无穷远轴上点共轭。

通过 F 点和 F' 点并与光轴垂直的面称为物方焦面（第一焦面）和像方焦面（第二焦面），如图 1-6 所示。

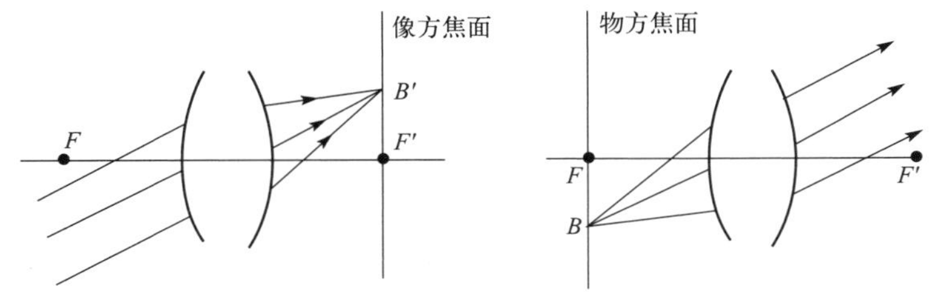

图 1-6　焦点和焦面

（2）主点和主面

垂轴放大率等于 1 的一对共轭面称为主面，两主面与光轴的交点称主点。从物方焦点 F 发出的任一光线，经光学系统后成为平行于光轴的光线，延长这对共轭光线得其交点 M，这交点的集合构成物方主面（第一主面），该主面与光轴的交点 H 称物方主点（第一主点）。平行于光轴的光线入射后，出射光线交于像方焦点 F'，延长这对共轭光线得其交点 M'，该交点的集合构成像方主面（第二主面），它与光轴的交点 H' 称像方主点（第二主点）。两主面是一对共轭面（图 1-7 中的物方主面 QH 和像方主面 $Q'H'$），两主点是一对共轭点（图 1-7 中的物方主点 H 和像方主点 H'）。两主面上任一对共轭点离光轴的高度相等，横向放大率为 1。

（3）节点和节面

光轴上角放大率为 1 的一对共轭点（图 1-8 中的 J 和 J'）称为节点，通过节点并与光轴垂直的面称为节面。若光学系统在同一介质中，节点与主点重合。

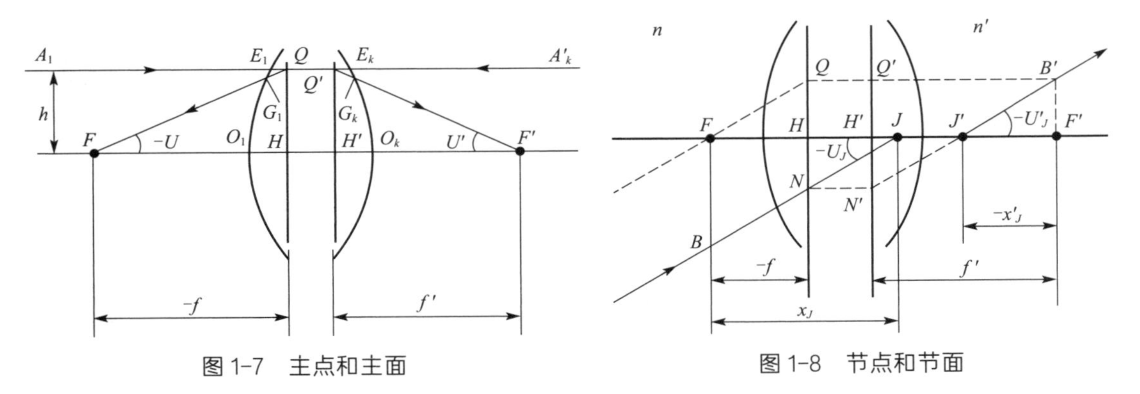

图 1-7　主点和主面　　　图 1-8　节点和节面

1.1.3　近轴系统

如果由 A 点发出并入射于球面的光线与光轴的夹角很小，其相应的 I、I' 和 U' 也必定很小。这种很靠近光轴的光线称为近轴光线，由近轴光线所成的像称为高斯像。靠近光轴能以细光束成完善像的不大区域称为近轴区。

用近轴光线数据描述的光学系统称为近轴系统，相反地，非近轴系统指那些不能完全用近轴光线数据描述的光学系统。

对于给定物距 l 的物点，像点的位置仅与（$n'-n$）/r 的值有关。这里引入一个表征折射球面光学特性的量，称为折射球面的光焦度，记为 φ，即

$$\varphi = \frac{n'-n}{r}$$

光焦度 φ 一定时，像点的位置与物点位置有关。无穷远轴上物点被折射球面所成的像点称为像方焦点或后焦点，以 F' 表示；这时的像距称为像方焦距或后焦距，记为 f'，如图 1-9 所示。反之，对应于像方无穷远光轴上的物点称为物方焦点或前焦点，以 F 表示，相应的物距记为 f，称为物方焦距或前焦距。

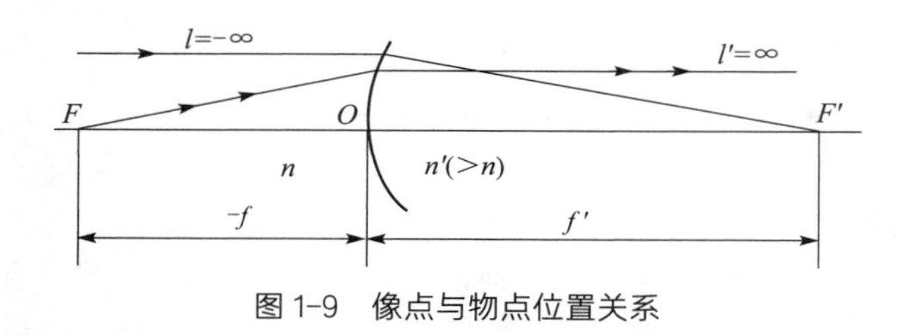

图 1-9　像点与物点位置关系

折射球面的光焦度与焦距之间有如下关系式：

$$\varphi = \frac{n'}{f'} = -\frac{n}{f}$$

从以上公式可见，当像方焦距为正，即 $f'>0$ 时，像方焦点在顶点之右，是由实际光束汇聚成的实焦点。反之，若 $f'<0$，则像方焦点位于顶点之左，是由发散光束的延长线相交而成的虚焦点，如图 1-10 所示。

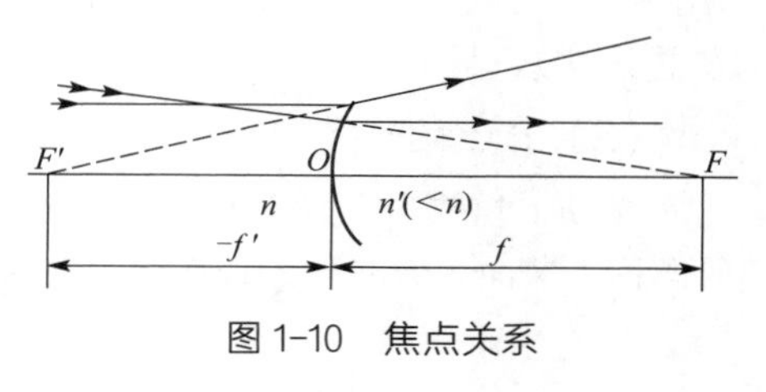

图 1-10　焦点关系

所以，焦距（指像方焦距）或光焦度的正负决定了折射球面对光束折射的汇聚或发散特性，即 $\varphi>0$ 时对光束起汇聚作用，$\varphi<0$ 时对光束起发散作用。还可看出，折射球面的 f' 和 f 总具有相反符号，即像方焦点和物方焦点总位于顶点两侧，且虚实相同。凡平行于光轴入射的光线，经球面折射后必通过像方焦点；凡过物方焦点的光线，经球面折射后必平行于光轴射出。

1.2　光学设计概述

光学设计是指根据需要和可能对光学系统的成像结构进行设计，对各种像差综合平衡，来确定光学系统的“最佳”结构参数。

1.2.1　光学设计基本原理

光学设计中要考虑多种参数，而这些参数又受多种因素的影响，因此光学设计系统必须综合考虑各种因素，并且在把握其中的各种联系的前提下，能够采取适当措施，实现最优解。

下面介绍几种光学设计的基本原理。

（1）光路选择原理

光路选择原理指的是在光学系统设计中应该考虑光路的选择。首先需要确定光路的类型，

例如是像差补偿型光路还是透镜型光路。其次需要考虑光路的长度，长度越长，成像越清晰，但相应的成本也会越高。最后需要考虑光路的结构，即光学元件的排列顺序和位置。这里需要注意，光学系统的结构应该是连续的，即光线应该能够直接经过所有光学元件，避免出现光路中断或重合的情况。

（2）光学元件选择原理

光学系统中常用的光学元件包括透镜、棱镜、衍射光栅和反射镜等。在选择光学元件时，需要考虑其折射率、直径和质量等因素。透镜的折射率越高，成像越清晰，但同时也会导致反射镜的重量和体积增加。棱镜的质量和直径也会影响成像效果，因此需要根据实际需求进行选择。

（3）光学元件排列原理

光学元件的排列顺序和位置对光学系统的成像效果也有很大的影响。在排列光学元件时，需要注意以下原则：

① 透镜应该尽量靠近成像面，反射镜应该放在系统的尽头。

② 光路应该尽可能成直线，避免出现弯曲和交叉的情况。

③ 光学元件之间的距离应该尽可能远，避免出现干涉和散射等问题。

（4）光学元件调节原理

在光学系统设计中，需要对光学元件进行调节，以达到最佳成像效果。调节光学元件时，需要注意以下原则：

① 光学元件需要垂直于光路，避免出现倾斜或旋转的情况。

② 光学元件之间要保持一定的距离，避免出现干涉和折射等问题。

③ 调节光学元件时应该先调整较大的元件，然后再对小元件进行微调。

总之，在光学系统设计中，需要综合考虑光路选择、光学元件选择、光学元件排列和调节等多个因素，以获得最佳的成像效果。同时还需要注意光学系统的制造和检测，保证系统的质量和可靠性。

1.2.2　光学设计的具体步骤

光学系统设计是选择和安排光学系统中各光学零件的材料、曲率和间隔，使得系统的成像性能符合应用要求。

一般设计过程基本是减小像差到可以忽略不计或小到可以接受的程度，光学设计可以概括为以下几个步骤：

① 选择系统的类型；

② 分配元件的光焦度和间隔；

③ 校正初级像差；

④ 减小残余像差（高级像差）；

⑤ 满足光学仪器对光学系统的性能和质量要求。

以上每个步骤可以包括几个环节，循环这几个步骤，最终找到一个满意的结果。

1.2.3　光学设计软件

光学设计软件是专为光学设计人员打造的软件，适用于光源、透镜、孔径、棱镜、成像仪、光度计等组成的光学系统设计分析工作，提升工作效率。 应用领域包括：照明、汽车、生物医学、通信、军事等。下面介绍几种常用的光学设计软件。

(1) Zemax

Zemax 是美国焦点软件公司所发展出的光学设计软件，可做光学组件设计与照明系统的照度分析，也可建立反射、折射、绕射等光学模型，并结合优化、公差等分析功能，是一套可以运算序列系统及非序列系统的软件。

(2) Code V

Code V 是美国著名的 Optical Research Associates 公司研制的具有国际领先水平的大型光学工程软件，功能非常强大，价格也相对昂贵一些。Code V 提供了用户可能用到的各种像质分析手段。除了常用的三级像差、垂轴像差、波像差、点列图、点扩展函数、光学传递函数外，软件中还包括了五级像差系数、高斯光束追迹、衍射光束传播、能量分布曲线、部分相干照明、偏振影响分析、透过率计算、一维物体成像模拟等多种独有的分析计算功能。Code V 是世界上应用得最广泛的光学设计和分析软件，三十多年来，Code V 进行了一系列的改进和创新，包括：变焦结构优化和分析；环境热量分析；MTF（modulation transfe function，调制传递函数）和 RMS（root mean square，均方根值）波阵面基础公差分析；用户自定义优化；干涉和光学校正、准直；非连续建模；矢量衍射计算包括了偏振；全球综合优化光学设计方法。

(3) OSLO

OSLO 是 Optics Software for Layout and Optimization 的缩写，主要用于照相机、通信系统、军事 / 空间应用、科学仪器中的光学系统设计，特别是当需要确定光学系统中光学元件的最佳大小和外形时，该软件能够体现出强大的优势。此外，OSLO 也用于模拟光学系统的性能，并且能够作为一种开发软件去开发其他专用于光学设计、测试和制造的软件工具。

(4) LensVIEW

LensVIEW 为搜集在美国以及日本专利局申请有案的光学设计的数据库，囊括超过 18000 个多样化的光学设计实例，并且每一实例都显示它的空间位置。它搜集从 1800 年起至当前的光学设计信息，这个广博的 LensVIEW 数据库不仅囊括光学描述信息，而且拥有设计者完整的信息、摘要、专利权状样本、参考文档、美国和国际分类信息，以及许多其他的功能。LensVIEW 能生成各式各样的像差图，做透镜的快速诊断，绘出光学设计的剖面图。

(5) ASAP

ASAP 全称为 Advanced System Analysis Program，即高级系统分析程序。ASAP 是由美国 Breault Research Organization.Inc（BRO）公司开发的高级光学系统分析模拟软件。ASAP 是现有最精巧熟练的光学应用软件程序，有必需的功能可以解决最难办的光学设计和分析问题；可模型化每一个从简单的反光镜、镜片到复杂的成像和聚光的仪器系统，并考虑了相干光学效应；可利用灯源影像、点光源、平行光源和扇形光创造高准确的光源模型，或是模型化完整的光源几何模型和其结合的光学特性来仿真白热灯泡（LEDs）、冷阴极荧光灯（CCFLs）和高强度的放电弧形灯泡。ASAP 光学软件在照明系统、汽车车灯光学系统、生物光学系统、相干光学系统、屏幕展示系统、光学成像系统、光导管系统及医学仪器设计等诸多领域都得到了行业的认可和信赖。

(6) TracePro

TracePro 是一套普遍用于照明系统、光学分析、辐射度分析及光度分析的光线模拟软件，它是第一套以 ACIS solid modeling kernel 为基本的光学软件。TracePro 作为下一代偏离光线分析软件，需要对光线进行有效和准确的分析。为了达到这些目标，TracePro 具备以下这些功能：处理复杂几何的能力，用以定义和跟踪数百万条光线；图形显示、可视化操作以及提供 3D 实体模型的数据库；导入和导出主流 CAD 软件和镜头设计软件的数据格式。

（7）Light Tools 三维照明模拟功能

Light Tools 是由美国 Optical Research Associates（ORA）公司于 1995 年开发而成的光学系统建模软件，它可以通过绘制图形来创建、观察、修改并且分析光学系统。它的风格近似于精密复杂的 CAD 程序，但是，它有扩展的数值精度和专门进行光学设计的光线追迹工具。

（8）TFCALC

TFCALC 是一个光学薄膜设计软件，用于进行膜系设计。许多光学元件需要多层膜系设计，如棱镜、显示器、眼镜片等。为了控制从 X 射线到远红外线的波长范围内的光的反射和透射，光学薄膜取决于它需要如何控制光的干涉和吸收，TFCALC 可帮助用户设计出光学系统中光学元件所需的薄膜层。

（9）OPTISYS_DESIGN

OPTISYS_DESIGN 是一种开创性的光通信系统仿真软件包，用于在大部分光网络物理层上绝大多数的光连接形式（包括从模拟视频广播系统到洲际骨干网）的设计、测试和优化。作为系统级的基于实际的光纤 - 光通信系统仿真器，它实现了强大的仿真环境和对于系统以及器件之间层次等级的真实界定。

1.3　Ansys Zemax 简介

Ansys Zemax 是一套综合性的光学设计软件，它提供先进且符合工业标准的分析、优化、公差分析功能，能够快速准确地完成光学成像及照明设计。

1.3.1　Ansys Zemax 软件分类

Ansys Zemax 软件通过精简光学工程师、机械工程师以及制造工程师之间的工作流与交流过程，帮助公司更快产出高品质的设计。Ansys Zemax 软件包括业内领先的光学设计软件 Ansys Zemax OpticStudio、用于帮助 CAD 用户封装光学系统的 Ansys Zemax OpticsBuilder，以及专为制造工程师打造的 Ansys Zemax OpticsViewer。

1）Ansys Zemax OpticStudio

Ansys Zemax OpticStudio 是光学、照明以及激光系统设计软件，是航天工程、天文探测、自动化、生物医学研究、消费电子产品以及机器视觉领域的标杆，企业均选用 OpticStudio 作为其设计工具。全面的分析与仿真工具让 OpticStudio 在相同功能的产品中独树一帜。下面介绍 OpticStudio 的主要功能。

（1）设置系统

- 直观的用户界面以及易于学习的工具和向导，可以高效模拟和设计任何光学系统。
- 超过 200 个视场点，可以建立复杂的自由曲面和非旋转对称系统。
- 既可以模拟成像光学，也可以模拟照明设计，还能够模拟杂散光的影响。

（2）分析系统以评估性能

OpticStudio 包含一套用来分析系统性能的工具，除了经典的分析功能，OpticStudio 还提供改善自由曲面设计的全视场像差分析，优化 MTF 的对比度分析，以及为物体场景生成逼真图像的图像仿真。

(3) 优化系统以满足制造规范

- 根据用户自定义的约束条件以及设计目标，先进的优化工具会自动改进设计性能。通过减少设计迭代，将节省大量时间。
- 对比度优化消除了旧流程中固有的多个设计和测试步骤，将 MTF 的优化速度提高了 10 倍。

(4) 对系统进行公差分析，确保可制造性

- 将制造和装配限制纳入约束条件，以确保可制造性和生产效率。
- 除了灵敏度研究外，蒙特卡罗公差分析还可以模拟实际性能。
- 设计完成后可导出为可生产文件，例如 ISO 图纸以及常见的 CAD 文件格式。

(5) 根据需求定制化 OpticStudio

- 通过使用 ZOS-API，可以创建独立的应用程序，构建自己的分析工具，使用 C#、C++、MATLAB 以及 Python 从外部控制 OpticStudio。
- Zemax 编程语言让用户能够编写自己的宏来自动化重复的过程。
- 通过自定义 DLL 可以创建任意面型、物体、光源以及散射函数。

2) Ansys Zemax OpticsBuilder

Ansys Zemax OpticsBuilder 是一款面向 CAD 用户的光机设计软件，将光学设计转化为可生产产品。现在，CAD 用户不再需要花费数小时甚至几天的时间来将光学设计转换成他们所使用的 CAD 平台兼容的格式。使用 OpticsBuilder，CAD 用户可以直接将 OpticStudio 光学设计文件导入 CAD 软件，分析机械封装对光学性能的影响，导出光学图纸用于生产，这一切无疑都有助于减少试错并降低成本。

下面介绍 OpticsBuilder 主要功能。

(1) 导入光学设计

此功能使 CAD 用户能够快速、准确地将来自 OpticStudio 的镜头设计数据（如透镜材料、位置、光源、波长和探测器）转换为 CAD 原生零件，而不用花费数小时重新创建镜头。

利用光学元件的精确数据，在几分钟内即可设计出封装光学元件的机械结构。

(2) 轻松查看光学性能

通过在初始设计阶段发现并纠正错误来避免意外。OpticsBuilder 使用 Zemax 核心算法，可以轻松地在 CAD 环境下查看机械封装对光学性能的影响，而不需要依靠假设或者等待光学工程师提供信息。

(3) 设计生产无缝对接

使用设计自动导出工具，只需一次点击即可共享符合 ISO 10110 标准的光学图纸。

通过将导入的 OpticStudio 文件的光学数据自动填充至生产参数中来节省时间，并通过使用自定义图纸模板减少返工。

3) Ansys Zemax OpticsViewer

Ansys Zemax OpticsViewer 作为 Ansys Zemax OpticStudio 的补充，主要面向制造工程师，

OpticsViewer 在光学设计和生产加工之间架起了桥梁。通过改进光学工程师共享光学设计信息的方式，可以减少其他工程师对光学设计信息的误解，加快产品开发速度，并避免不必要的迭代花费。

下面介绍 OpticsViewer 主要功能。

（1）在同一工作环境下对话

OpticsViewer 让制造工程师能够加载 OpticStudio 序列设计文件，在不丢失精度和任何设计信息的前提下查看设计文件。

设计数据是可用的，包括设计目标和公差范围。工程师团队可以使用完整的光学设计数据进行更有见地的对话并做出更好的决策。

（2）共享光学设计

将光学设计导出为 CAD 格式，包括 STEP、IGES、 STL 或 STAT，进行进一步的光机设计和分析。

（3）避免生产加工错误

制造工程师经常会收到不完整或者不正确的 ISO 10110 图纸，使用 OpticsViewer 可以生成精确的 ISO 10110 图纸，满足光学设计的几何尺寸和公差标准。

1.3.2 Ansys Zemax 的功能

Ansys Zemax 是一个使用光线追迹的方法来模拟折射、反射、衍射、偏振的各种序列和非序列光学系统的光学设计和仿真软件。

（1）精准优化，提升设计性能

使用 Visual Optimizer 提供的滑条等优化工具，可手动调节系统。还可借助先进的优化算法，实现最佳设计。此类算法通过调节设计参数，如镜头半径、厚度和材料，自动地最大限度提升系统性能，算法包括高效的局部优化和挖掘设计潜能的全局优化，还可以使用对比度优化，快速优化 MTF。

（2）全面的公差分析功能保障可制造性

公差仿真提高了设计一步到位的概率。运行公差灵敏度分析，可计算每项公差如何影响设计性能，或运行反灵敏度分析，使用 OpticStudio 计算合适的公差。然后还可用蒙特卡罗[1] 公差分析，计算全部公差的累积效应。该分析可提供制造良率统计，了解多大比例的成品系统符合规格。

（3）用 OpticStudio 导入、优化和导出 CAD 元件

对光程中的元件，可动态打开原生的 PTC Creo Parametric 和 Autodesk Inventor 元件，且在 OpticStudio 中进行优化。或利用内建的 CAD 程序零件设计，为任何应用创建定制形状。为了将设计更快推向市场，机械工程师可借助 Ansys Zemax OpticsBuilder，在 CAD 软件中封装光学系统，仿真机械设计对光学性能的影响。机械工程师可以保存完整机械光学设计的 OpticStudio 文件，以便光学工程师分析该设计。

（4）从 FEA 包导入 FEA 数据

借助 Ansys Zemax OpticStudio STAR 模块，用户可直接从任意仿真包将结构 FEA 数据集和热 FEA 数据集加载至 OpticStudio，并支持全体设计团队无缝共享该数据。对齐坐标系，即可让 FEA 数据集与正确的光学表面匹配。

---

[1] 有些资料也译为“蒙特卡洛”，全书统一使用“蒙特卡罗”。

(5) 分析结构载荷和热载荷

借助 Ansys Zemax OpticStudio 的 STAR 模块，运用强大的数值拟合算法，快速可视化结构载荷和热载荷对系统性能和增益的影响，用户可以加深对设计的理解。

(6) 利用 Zemax API 实现自动化

使用 OpticStudio 和 STAR-API 能够实现工作流程自动化，并可在 Zemax 和其他工程仿真工具间建立流畅连接。

(7) 将光学设计转换 / 构建为原生 CAD 部件

不必耗费几小时重新创建镜头，OpticsBuilder 支持 CAD 用户将来自 OpticStudio 的设计数据，如镜头材料、位置、光源、波长和探测器，自动转换 / 构建成 CAD 元件和装配体。利用精准的元件数据，几分钟内即可基于光学元件设计出机械结构。

(8) 轻松分析机械封装对光学性能的影响

在光学镜头最初设计阶段，通过 Ansys Zemax OpticsBuilder 发现和纠正错误，帮助用户避免后期遭遇意外。使用 Zemax 的核心，用户能方便地运行光线追迹，在原生 CAD 环境下分析机械封装如何影响光学性能，无须再做出各类假设或等待光学工程师提供指导意见。

(9) 一键式光学图纸创建

采用 Ansys Zemax OpticsBuilder，只需一键点击自动光学图纸设计导出工具，就能共享符合 ISO 10110 标准规范的光学图纸，并兼容定制图纸模板。通过自动填充，可直接从 OpticStudio 提取光学制造数据，从而节省时间，减少返工。

(10) 高效实践模块

Ansys Zemax 可以对系统光学性能开展独到的仿真，评估最终照明效果；预测和验证光照变化和材料变化对观感的影响，这一切都在真实条件下仿真分析。

- ZOS-API：使用应用编程接口创建应用，或构建自己的分析。
- Ansys Zemax 编程语言：在 OpticStudio 中编写自己的宏。
- 用户定义表面和物体：编程任何表面形状、相位、透过率或梯度折射率。
- 定制 DLL：便于创建任意表面、物体、光源和散射函数。

(11) 包含扩展性软件

- Ansys Lumerical：光电仿真与设计软件，针对光电元件设计和光电系统设计仿真光的相互作用。
- Ansys Speos：光学系统设计与验证软件，Ansys Speos 预测系统的照明性能和光学性能，节省原型制作时间与成本，同时提升产品效率。
- Ansys AGI：数字任务工程解决方案，由 AGI 开创的“数字任务工程”将数字化建模、仿真、测试与分析融合，以评估系统生命周期每个阶段的任务结果。

1.3.3 启动 Ansys Zemax OpticStudio 2023

启动 Ansys Zemax OpticStudio 2023 非常简单。Ansys Zemax OpticStudio 2023 安装完毕后，系统会在开始菜单中自动生成 Ansys Zemax OpticStudio 2023 应用程序的快捷方式图标。

执行“开始”→“Ansys Zemax OpticStudio 2023”→“Ansys Zemax OpticStudio”，显示 Ansys Zemax OpticStudio 2023 启动界面，如图 1-11 所示。

图 1-11　Ansys Zemax OpticStudio 2023 启动界面

稍后会自动启动 Ansys Zemax OpticStudio 2023 主程序窗口，如图 1-12 所示。

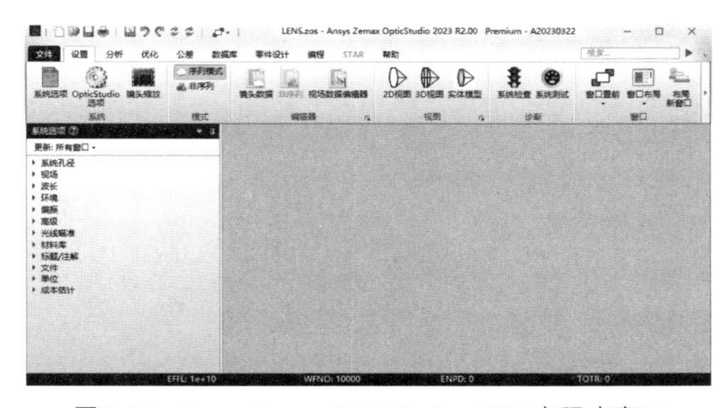

图 1-12　Ansys Zemax OpticStudio 2023 主程序窗口

1.3.4　切换语言

默认安装的 Ansys Zemax OpticStudio 2023 的用户界面显示为英文状态，如图 1-13 所示。为方便读者学习，将用户界面设置为中文状态，下面介绍具体设置步骤。

单击“Setup（设置）”功能区“System（系统）”选项组中的“OpticStudio Preferences（首选项）”命令，打开“OpticStudio Preferences（首选项）”对话框。

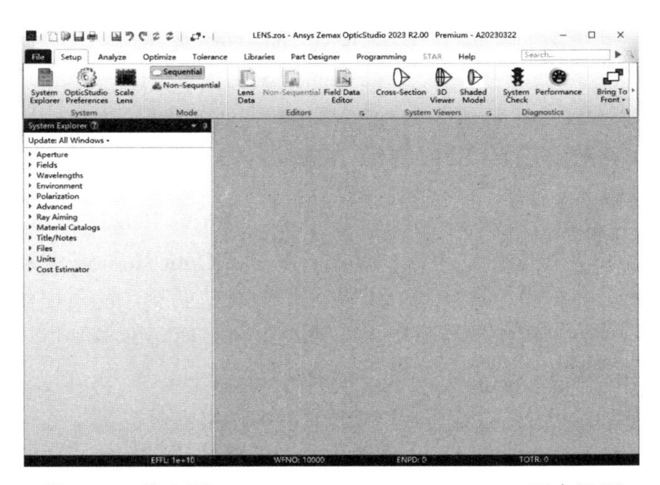

图 1-13　英文版 Ansys Zemax OpticStudio 2023 用户界面

打开“General（通用）”选项卡，在“Language（语言）”下拉列表中选择“中文（Chinese）”选项，如图 1-14 所示。系统自动弹出“Zemax Error Message（错误信息）”对话框，如图 1-15 所示。单击“确定”按钮，关闭该对话框，完成语言的切换。

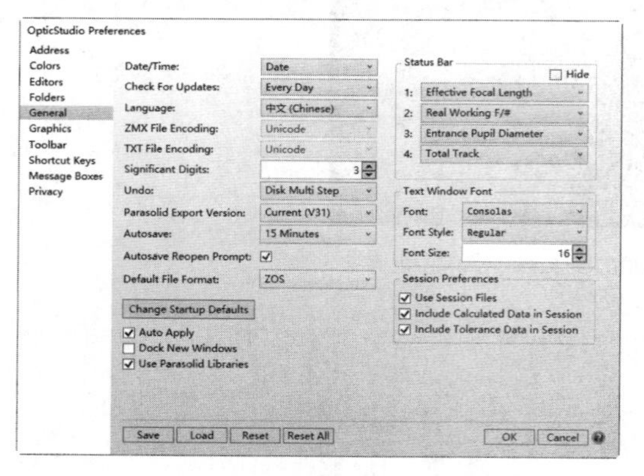

图 1-14 “OpticStudio Preferences（首选项）”对话框

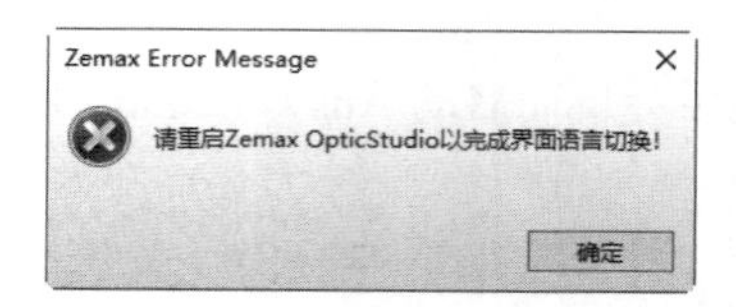

图 1-15 “Zemax Error Message（错误信息）”对话框

需要注意的是，完成上述设置后，软件不会自动变为中文状态，需要关闭软件后重启，才可以显示中文版的 Ansys Zemax OpticStudio 2023 用户界面，如图 1-16 所示。

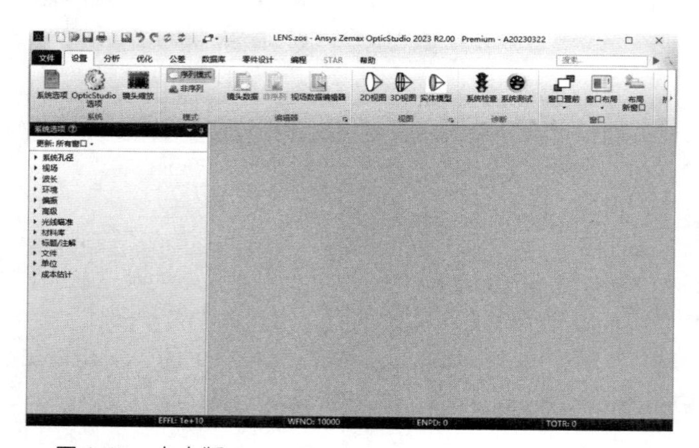
图 1-16 中文版 Ansys Zemax OpticStudio 2023 用户界面

1.4 Ansys Zemax OpticStudio 的帮助系统

为了让用户更快地掌握 Ansys Zemax OpticStudio，Ansys Zemax OpticStudio 的各个版本都提供了丰富的帮助文件和完善的帮助系统，Ansys Zemax OpticStudio 2023 版也不例外。它提供了帮助文件以及丰富的实例构成其本地帮助系统；作为其帮助系统的重要组成部分，OpticStudio 的网络帮助系统也发挥着重要的作用，包括一些在线电子文档和电子书。

这一节将主要介绍如何获取 Ansys Zemax OpticStudio 的帮助，这对于初学者快速掌握 Ansys Zemax OpticStudio 是非常重要的，对于一些高级用户也是很有好处的。

选择“帮助”功能区中的命令，提供本机和联网的帮助，如图 1-17 所示。下面介绍几种命令。

图 1-17　Ansys Zemax OpticStudio 的帮助命令

① 关于 OpticStudio：关于 Zemax 软件的简单介绍。

② 联机帮助：提供 Zemax 在线帮助文档。

③ 用户指南：打开 PDF 格式的使用指南。

④ ZOS-API 语法帮助：打开 ZOS-API 说明文档。

⑤ 新功能：弹出“AZOS23.2.00”窗口，显示在此版本的 OpticStudio 中新功能的概要，如图 1-18 所示。

⑥ 知识库：在线连接浏览器打开官方知识库。

⑦ 社区论坛：查看社区论坛，与其他设计者讨论更多光学设计相关问题（将在浏览器窗口中打开）。

⑧ 下载 & 技术支持：自动联机浏览器打开 Zemax 官方下载页面，下载新版本更新。

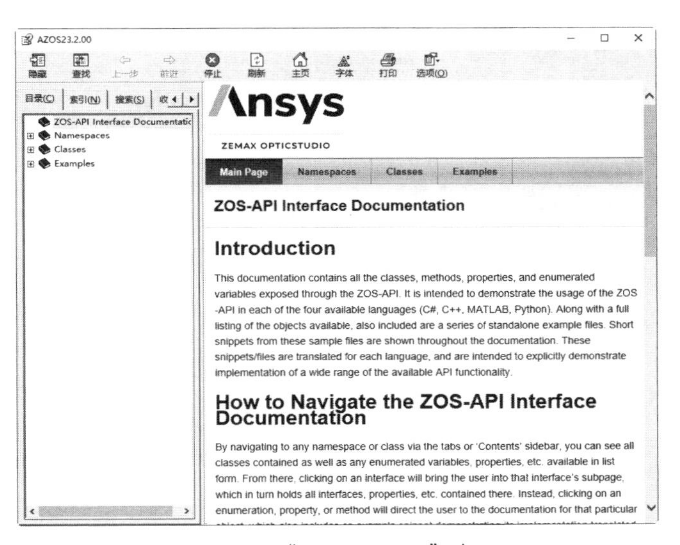

图 1-18　“AZOS23.2.00”窗口

1.4.1　使用目录和索引查找联机帮助

Ansys Zemax OpticStudio 可以通过帮助文件的目录和索引来查找联机帮助。

选择“帮助”功能区中“文档”选项组中的“联机帮助”命令，可以打开 OpticStudio 的帮助文件，如图 1-19 所示，在这里用户可以使用目录、索引和搜索来查找联机帮助。

打开“索引”选项卡，在这里用户可以通过在“键入关键字进行查找（W）：”文本框内键入关键词，在符合结果的列表中查看某个感兴趣的对象的帮助信息，如图 1-20 所示。

也可以打开“搜索”选项卡，直接用关键词搜索帮助信息。单击“列出主题”按钮，在列表中选择主题，如图 1-21 所示。

在这里用户可以找到最为详尽的关于 OpticStudio 中每个对象的使用说明及其相关对象说明的链接，可以说 OpticStudio 的帮助文件是学习 OpticStudio 的有力工具。

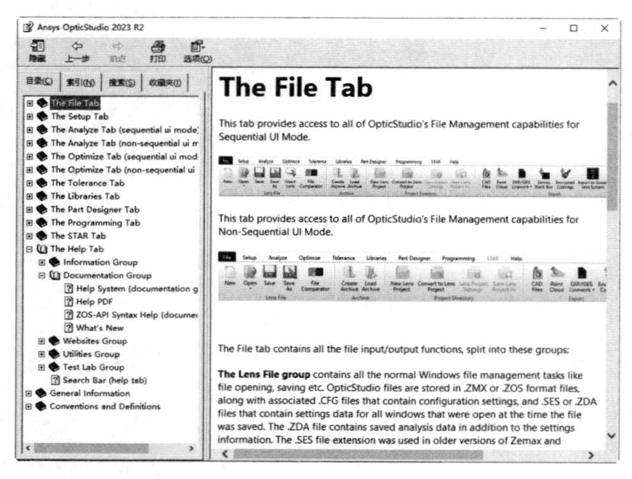

图 1-19　查看 OpticStudio 的帮助文件

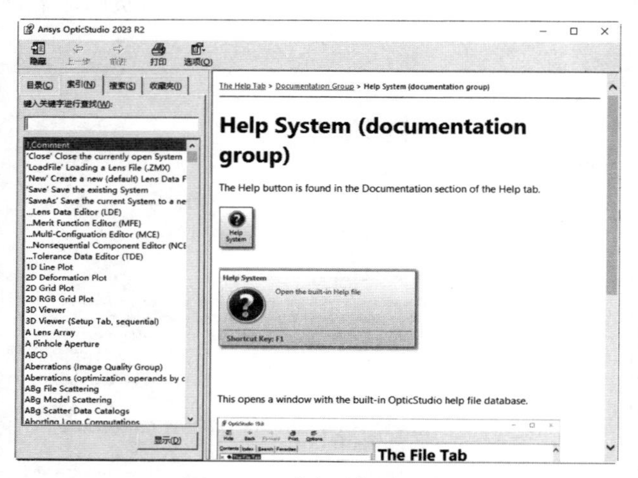

图 1-20　“索引”选项卡

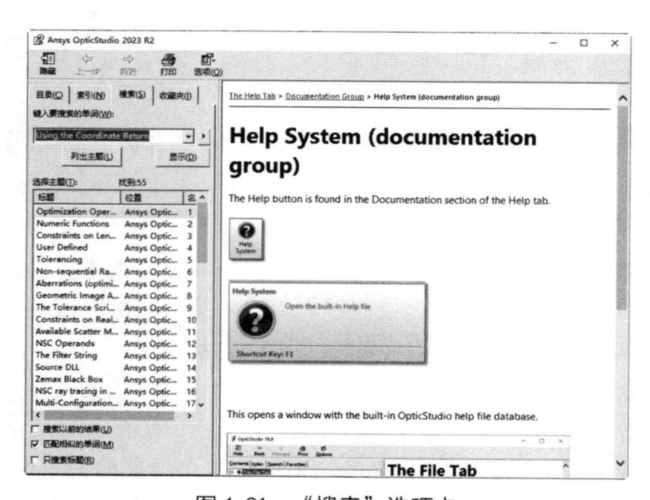

图 1-21　“搜索”选项卡

1.4.2　使用命令查找联机帮助

Ansys Zemax OpticStudio 可以通过指定的命令来查找对应的联机帮助。选择任意命令，在弹出的对话框或窗口中均包含“帮助”命令。

选择“设置”功能区中“视图”选项组中的“帮助”命令，打开“布局图”窗口，单击工具栏中的“帮助”按钮，如图 1-22 所示。

打开 OpticStudio 的帮助文件，自动在该文档中定位到布局图的帮助页（Cross-Section），如图 1-23 所示。

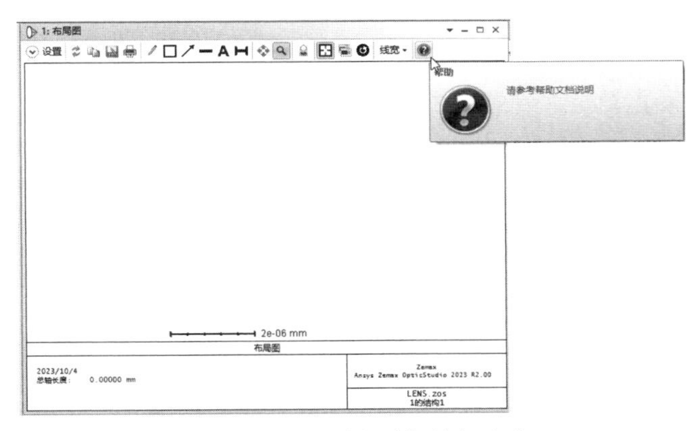

图 1-22　选择“帮助”按钮命令

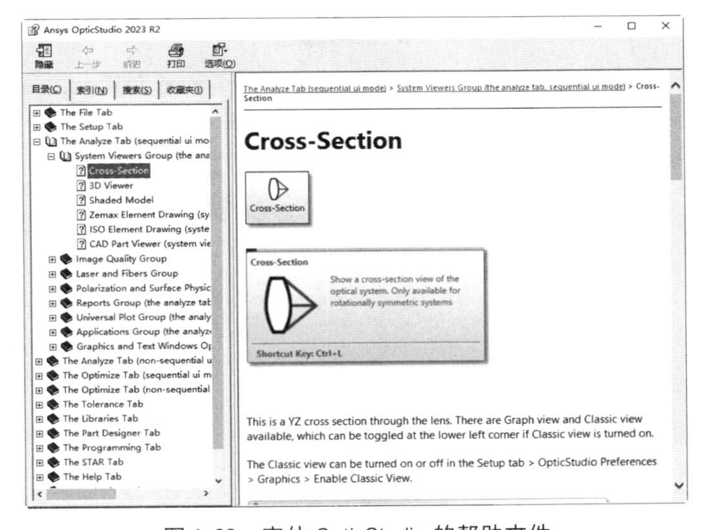

图 1-23　定位 OpticStudio 的帮助文件

1.4.3　使用网络资源

Ansys Zemax OpticStudio 2023 不仅仅有丰富的本地帮助资源，在网络上还有更加丰富的 Zemax 学习资源，这些资源成为学习 Ansys Zemax OpticStudio 的有力助手和工具。

选择“帮助”功能区中“网站”选项组中的“知识库”命令，可以打开 OpticStudio 的在线帮助网站，如图 1-24 所示，它为 NI Ansys Zemax OpticStudio 提供了非常全面的帮助支持。

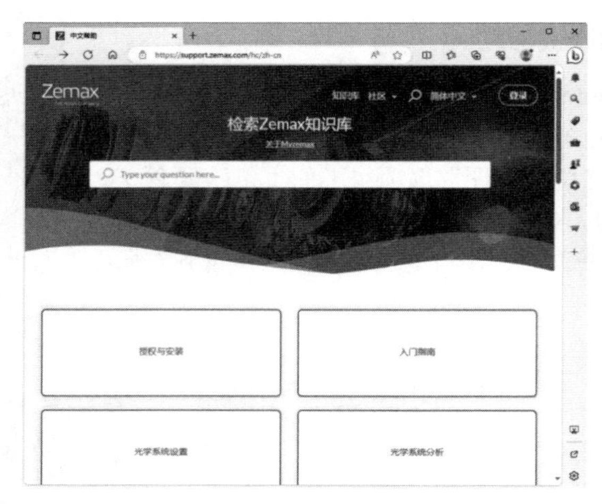

图 1-24　网络资源

1.4.4　帮助工具

Ansys Zemax OpticStudio 2023 不仅仅为用户提供了丰富的帮助资源，还提供了有力的学习工具。

选择“帮助”功能区中“工具”选项组中的“功能查找”命令，打开“功能查找”对话框，用于快速查找并打开某分析功能，如图 1-25 所示。

双击“公差分析向导”选项，自动弹出“公差数据编辑器”窗口，如图 1-26 所示。

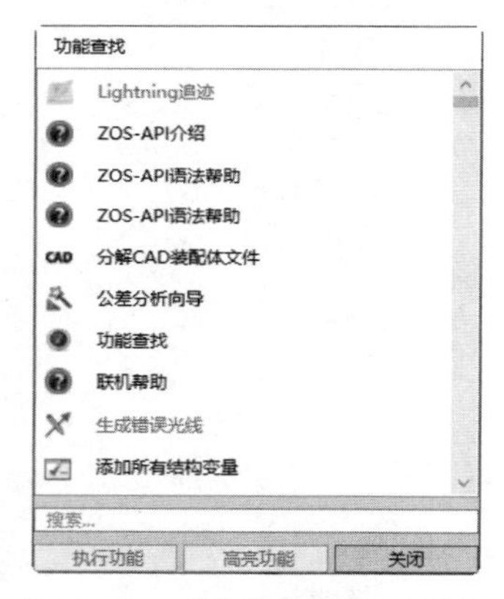

图 1-25　“功能查找”对话框

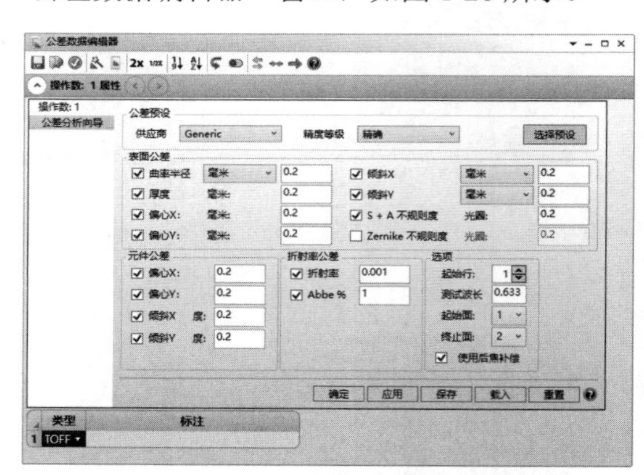

图 1-26　“公差数据编辑器”窗口

第2章
认识
Ansys Zemax
OpticStudio
Zemax

Ansys Zemax OpticStudio 具有强大的光学设计功能，包括光束追迹、反射和折射、散射和吸收等光学效应的模拟，可以帮助用户优化光路、透镜曲面和光束捕捉器，提高系统的性能和效率。

本章从熟悉 Ansys Zemax OpticStudio 2023 用户界面开始入手，学习软件的编辑器种类、环境设置、选项设置等操作。

2.1 Ansys Zemax OpticStudio 用户界面

进入 Ansys Zemax OpticStudio 2023 的用户界面后，立即就能感受到 Ansys Zemax OpticStudio 界面的实用性和美观性，如图 2-1 所示。窗口类似于 Windows 的界面风格，主要包括标题栏、工具栏、功能区、工作区、工作面板及状态栏 6 个部分。

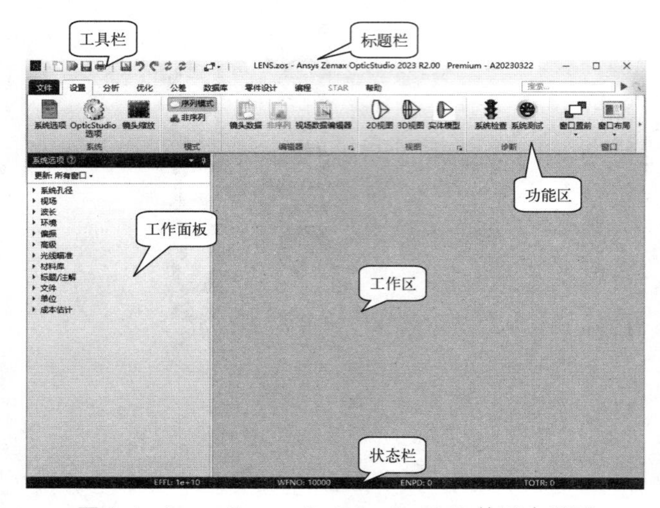

图 2-1　Ansys Zemax OpticStudio 2023 的用户界面

（1）标题栏

标题栏位于工作区的正上方，主要显示软件名称、软件版本、当前打开的文件名称、文件路径与文件类型（后缀名）。在标题栏中，显示了系统当前正在运行的应用程序和用户正在使用的文件（LENS.zos）。

（2）工具栏

工具栏位于标题栏左侧，包括常用的按钮命令，如新建、打开、保存、另存为等。

（3）功能区

功能区中包括文件、设置、分析、优化、公差、数据库、零件设计、编程、STAR、帮助共 10 个功能区。

（4）工作面板

在 Ansys Zemax OpticStudio 2023 中，可以使用系统型导航器和编辑器导航器两种类型的面板。系统型导航器在任何时候都可以使用，而编辑器导航器只有在相应的文件被打开时才可以使用。使用工作面板是为了便于设计过程中的快捷操作。

Ansys Zemax OpticStudio 2023 被启动后，系统将自动激活“系统选项”面板和“镜头数据”

面板（也称为“镜头数据”编辑器），单击标签可以在不同的面板之间切换，如图 2-2 所示。

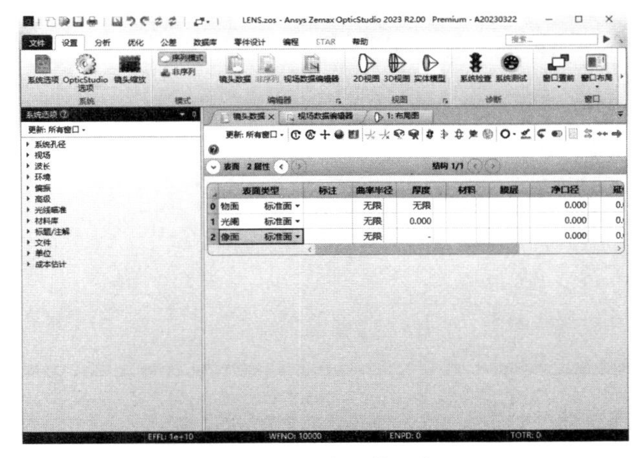

图 2-2　切换工作面板

单击工作面板标签，按住鼠标左键不放，拖动面板的标签，用户界面中显示位置盘（显示上、下、左、右四个箭头），拖动鼠标放置到任意方向箭头处后松开左键，即可调整工作面板位置，如图 2-3 所示。

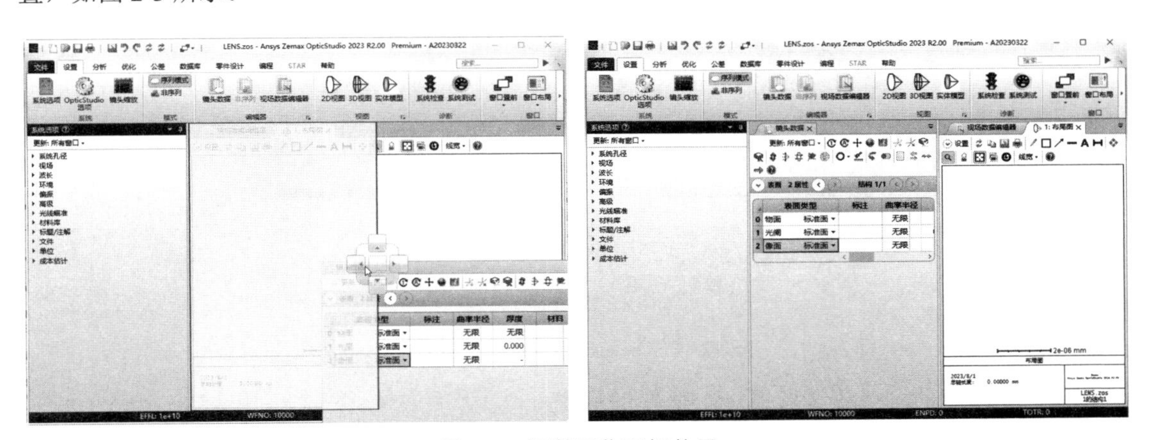

图 2-3　调整工作面板位置

每个工作面板的右上角都有 2 个按钮，按钮用于改变工作面板的显示方式，按钮用于隐藏当前工作面板。

工作面板有展开显示、浮动显示和锁定显示 3 种显示方式。

- 默认打开的“系统选项”工作面板如图 2-4（a）所示；
- 单击按钮显示快捷菜单，选择“浮动”命令，浮动显示工作面板，如图 2-4（b）所示；
- 单击按钮显示快捷菜单，选择“自动隐藏”命令，隐藏工作面板，如图 2-4（c）所示。

(5) 状态栏

状态栏显示在屏幕的底部，显示工作区的状态参数值：EFFL、WFNO、ENPD、TOTR。

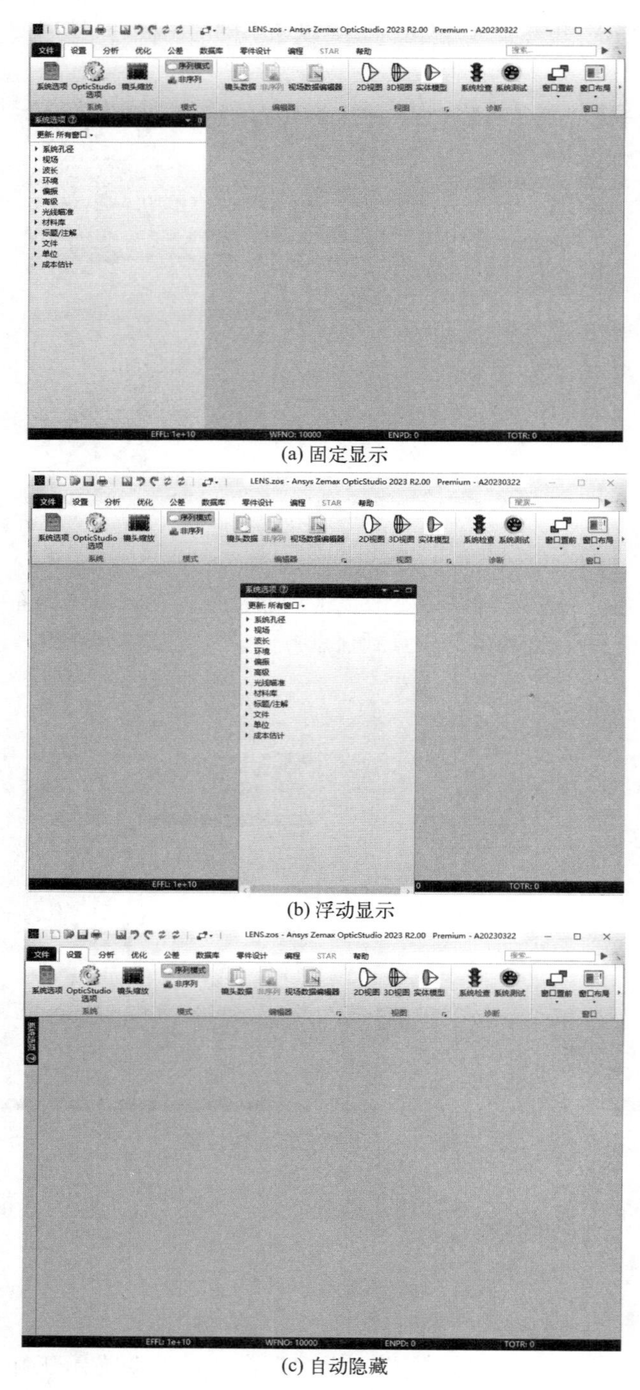

(a) 固定显示

(b) 浮动显示

(c) 自动隐藏

图 2-4　工作面板的显示

- EFFL：有效焦距。
- WFNO：工作 F 数。
- ENPD：入瞳直径。
- TOTR：系统总长。

2.2　编辑器窗口

Ansys Zemax OpticStudio 有 7 种不同的编辑器窗口：镜头数据编辑器、评价函数编辑器、多重结构编辑器、视场数据辑器、公差数据编辑器、非序列元件编辑器、物体编辑器。

本节简单介绍在序列模式下常用的镜头数据编辑器和非序列模式下的非序列元件编辑器。

2.2.1　镜头数据编辑器

在 Ansys Zemax OpticStudio 中，镜头数据编辑器是一个存储镜头数据的电子表格，显示镜头的主要数据。镜头数据编辑器与 Excel 表格类似，包含标题栏、工具栏、快捷工具栏和数据区，如图 2-5 所示。

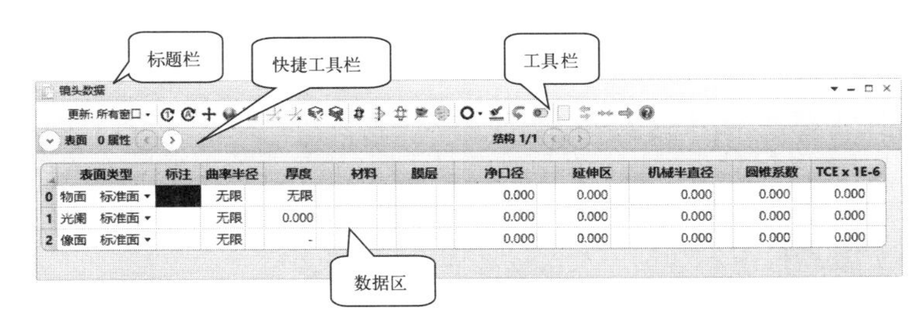

图 2-5　镜头数据编辑器

（1）标题栏

标题栏左上角显示表及其名称：镜头数据。

（2）工具栏

工具栏位于标题栏下方，包含一行命令按钮。

（3）快捷工具栏

快捷工具栏位于工具栏下方，单击“表面”选项左侧的“打开”按钮，展开“表面”下拉面板，包含 9 个选项卡，其中的类型选项卡用于对数据区中的光学表面数据进行编辑与设置，如图 2-6 所示。

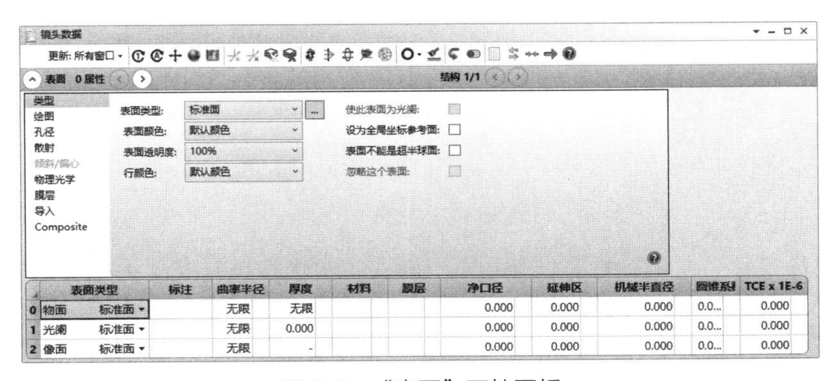

图 2-6　“表面”下拉面板

（4）数据区

数据区类似于一个由行和列构成的电子表格，在表格头部（X 轴方向上）显示属性名，在

Y 轴方向上的最左端则为光学面序号，每一行与每一列构成一个单元格。

① 行数据。在初始状态（除非镜头已给定），镜头数据编辑器中包含 3 行数据，通常表示 3 个面：物面（OBJ）、光阑（STO）、像面（IMA）。

每行数据最左侧一列显示行号，表示每个表面的序号。光线顺序地通过各个表面，Zemax 中的面序号是从物面（即第 0 面）到像面（即最后一个面）排列的。其中，物面与像面是固定的，不能删除，同时物面前和像面后不能插入任何面。

② 列数据。不同的镜头表面包含 11 列属性参数，包括：表面类型、标注、曲率半径、厚度、材料、膜层、净口径、延伸区、机械半直径、圆锥系数、TCE x 1E-6。其中，除了表面类型和标注，其他列都有两个小列，第一个小列主要是参数的具体数值，第二个小列设置求解类型，主要用于优化时设置变量。

2.2.2 视场数据编辑器

在光学仪器中，以光学仪器的镜头为顶点，将被测目标的物像可通过镜头的最大范围的两条边缘构成的夹角，称为视场角。视场角在光学工程中又称视场。视场的选取是光学设计中非常重要的一步。合理选择视场可以满足光学系统的应用需求，达到设计目标，并考虑光学元件的尺寸和特性、光学系统的成本和制造难度以及误差容忍度。

在 Ansys Zemax OpticStudio 中，利用视场数据编辑器显示的是半视场角（视场角 = 半视场角 ×2），即使用视场数据编辑器设置半视场角的光学系统。

单击“设置”功能区“编辑器”选项组中的“视场数据编辑器”命令，即可打开视场数据编辑器。视场数据编辑器与 Excel 表格类似，包含标题栏、工具栏、图形预览区和数据区，如图 2-7 所示。

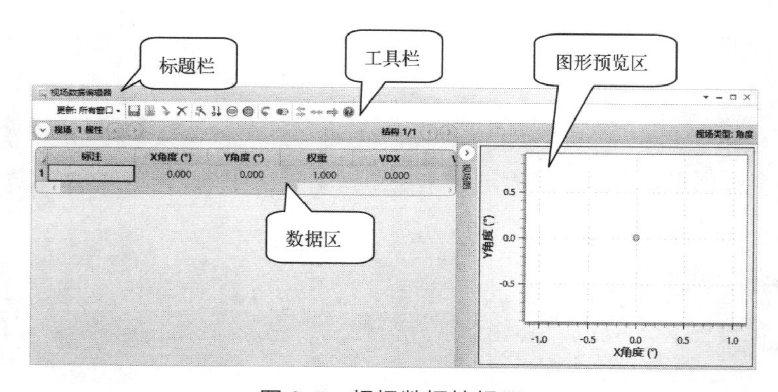

图 2-7　视场数据编辑器

(1) 定义视场类型

单击“视场属性”左侧“打开”按钮，展开下拉面板，打开“视场类型”选项卡，如图 2-8 所示。

① 类型：选择定义视场的几种模式，默认显示为角度。

- 角度：选择该模式，主光线穿过入瞳中心，测量的视场角是主光线相对于物方空间 Z 轴的角度。正的视场角指该方向光线为正斜率，因此指向远处物体坐标为负，可用于无限共轭。
- 物高：选择该模式，根据 X 和 Y 大小定义物面 (OBJ) 的位置，如图 2-9 所示。该模式不能用于无限共轭情况。

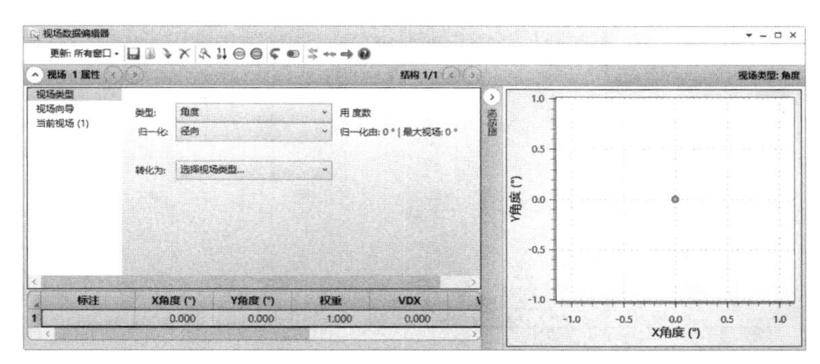

图 2-8　“视场类型”选项卡

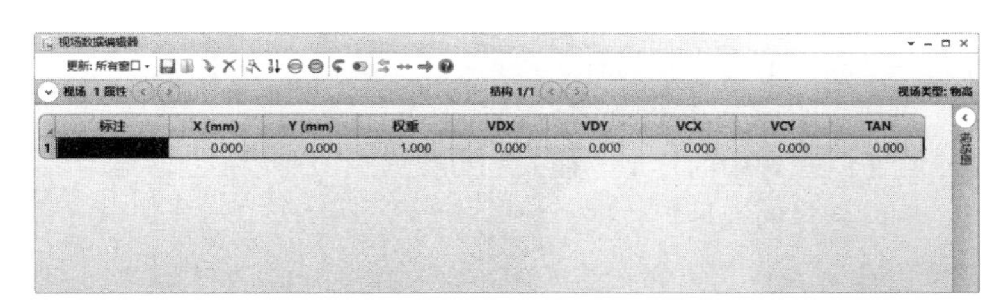

图 2-9　物高模式

- 近轴像高：该模式用于固定框架尺寸设计，比如照相机中的胶卷，只能用于近轴光学系统很好描述的设计。
- 实际像高：该模式用于固定框架尺寸设计，光线追迹慢。
- 经纬角：该模式利用极坐标的水平角 θ 与竖直角 ϕ，如图 2-10 所示。该模式常用于测量和天文学。

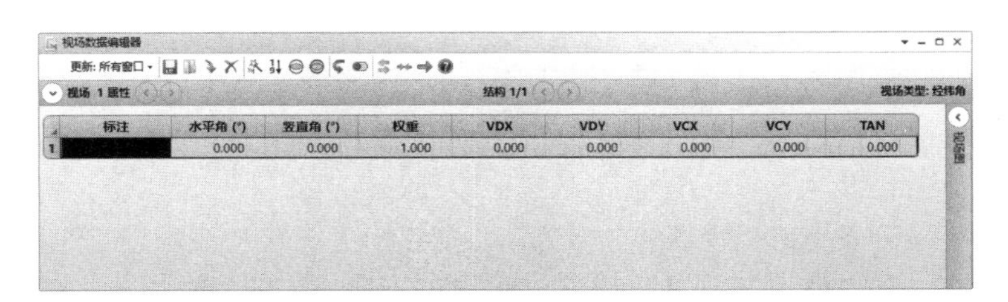

图 2-10　经纬角模式

② 归一化：设置数据归一化方法，包括径向和矩形。

③ 转化为：选择归一化处理后视场的显示模式。

（2）编辑视场

单击“当前视场”选项，打开“当前视场”选项卡，直接输入视场数据。包括：X 角度、Y 角度、权重、TAN（正切角）、渐晕系数（VDX、VDY、VCX、VCY）和标注，如图 2-11 所示。

输入数据后，直接在下方的数据区更新当前视场数据。单击选择某行视场数据，单击鼠标右键，弹出快捷菜单，如图 2-12 所示。下面介绍常用的视场数据编辑命令。

- 复制数据表：复制选中的多行视场数据表到剪贴板。
- 粘贴数据表：粘贴复制到剪贴板中的行视场数据表。
- 剪切视场：剪切选中的视场数据到剪贴板。

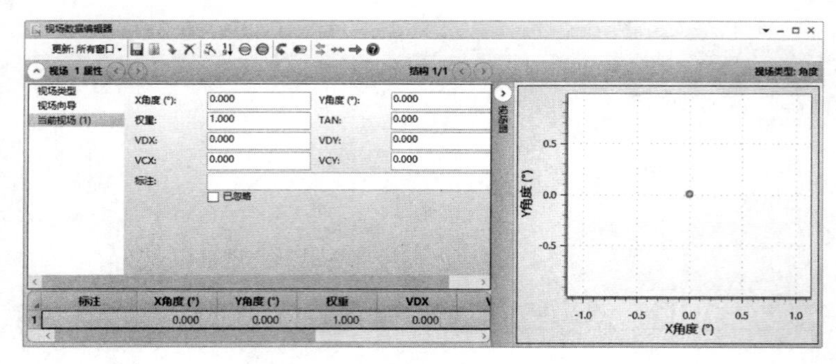

图 2-11 “当前视场”选项卡

- 复制视场：复制选中的视场数据到剪贴板。
- 粘贴视场：粘贴利用剪切或复制命令到剪贴板中的视场数据。
- 插入视场：在选中的行上方插入一行数据。
- 插入视场之后于：在选中的行下方插入一行数据。
- 删除视场：删除选择的视场行数据。

（3）视场向导工具

单击“视场向导”选项，或单击工具栏中的“视场向导”按钮，打开“视场向导”选项卡，按照向导工具创建视场数据，如图 2-13 所示。

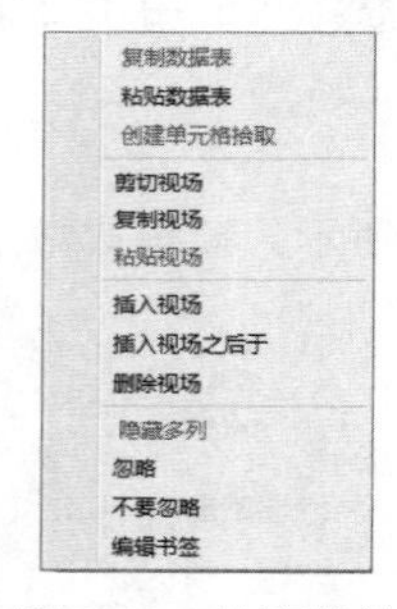

图 2-12 快捷菜单

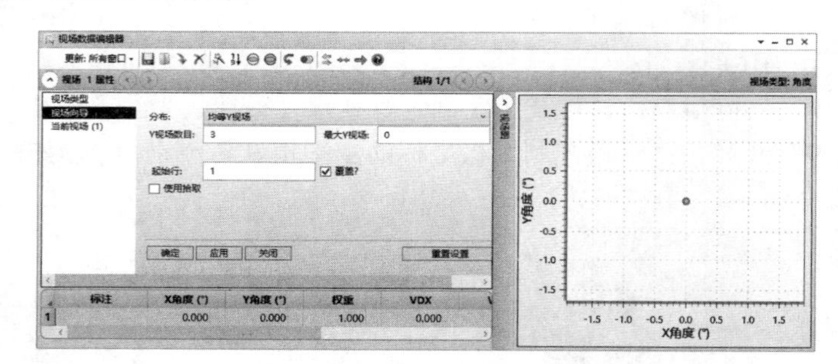

图 2-13 “视场向导”选项卡

在“分布”下拉列表中选择视场的分布方法，默认为“均等 Y 视场”。在“Y 视场数目”选项中输入视场个数；在“最大 Y 视场”选项中输入 Y 方向最大的半视场角；在“起始行”选项中输入插入视场的位置。勾选“覆盖？”复选框，覆盖插入数据位置的原始数据；勾选“使用拾取”复选框，在求解器中使用“拾取”的求解方法计算 Y 角度。此时，“Y 角度”列右侧显示 P。

若视场角为 20°，则在“最大 Y 视场”选项中输入 Y 方向最大的半视场角 10，其余参数选择默认，生成的视场数据如图 2-14 所示。

（4）加载视场数据

① 单击工具栏中的“载入视场”按钮，打开“打开”对话框，选择包含视场数据的 FLD 文件，导入数据文件中的视场参数。

② 单击工具栏中的“插入视场”按钮，打开“打开”对话框，在编辑器数据区的某行插入包含视场数据的 FLD 文件，导入数据文件中的视场参数。

③ 单击工具栏中的“删除所有视场”按钮，删除视场数据编辑器中数据区所有的视场数据。

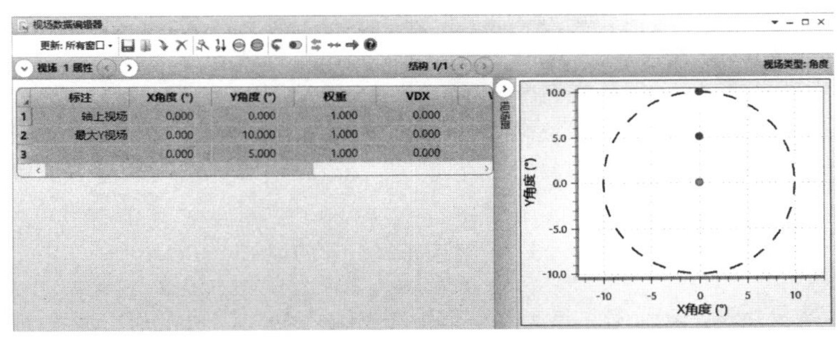

(a) 不使用“拾取”的方法求解

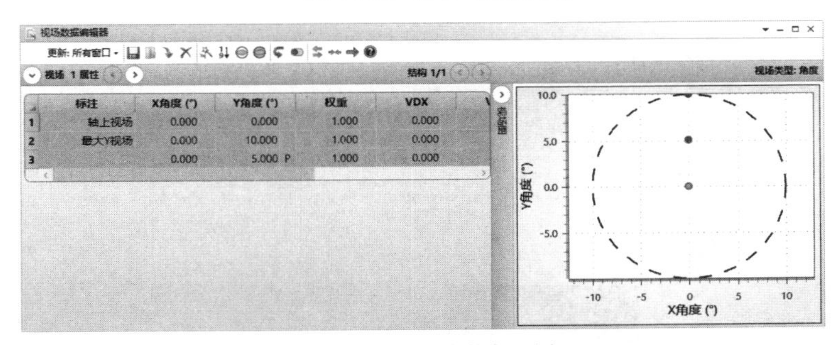

(b) 使用“拾取”的方法求解

图 2-14　创建视场数据

2.2.3　窗口操作

在用 Ansys Zemax OpticStudio 进行光学系统设计时，少不了要对视图窗口进行操作，熟练掌握视图窗口操作命令，将会极大地提高效率。

在 Ansys Zemax OpticStudio 中同时打开多个窗口时，如图 2-15 所示，可以设置将这些窗口按照不同的方式显示。对窗口的管理可以通过“设置”功能区中的“窗口布局”下的菜单命令实现，如图 2-16 所示。

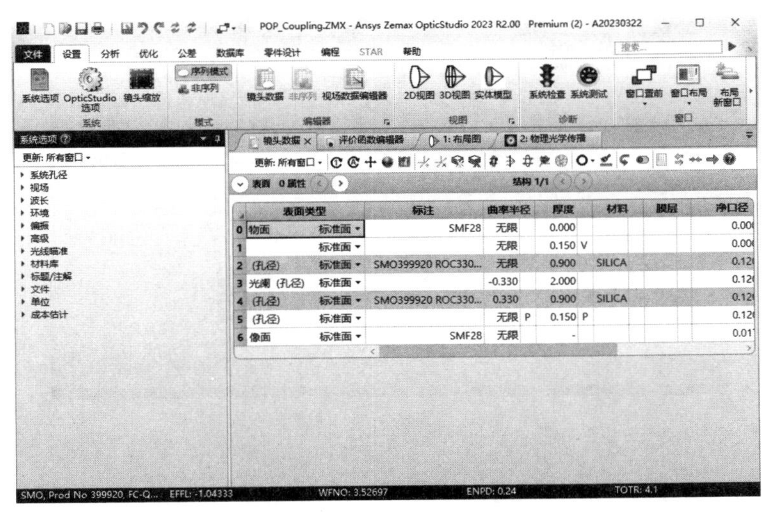

图 2-15　显示多个窗口

图 2-16 “窗口布局”下的菜单

① 窗口浮动。选择功能区中的“设置”→“窗口布局”→“浮动所有窗口”命令，即可将当前所有打开的窗口浮动显示，如图 2-17 所示。

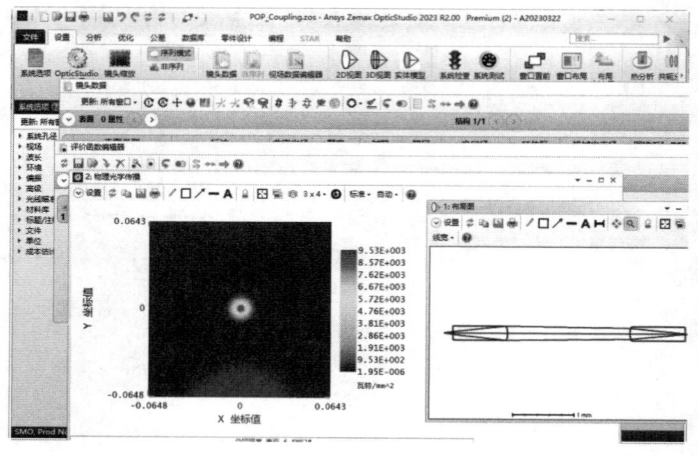

图 2-17 窗口浮动显示

② 水平平铺窗口。选择功能区中的“设置”→“窗口布局”→“平铺所有窗口”命令，即可将当前所有打开的窗口平铺显示，如图 2-18 所示。

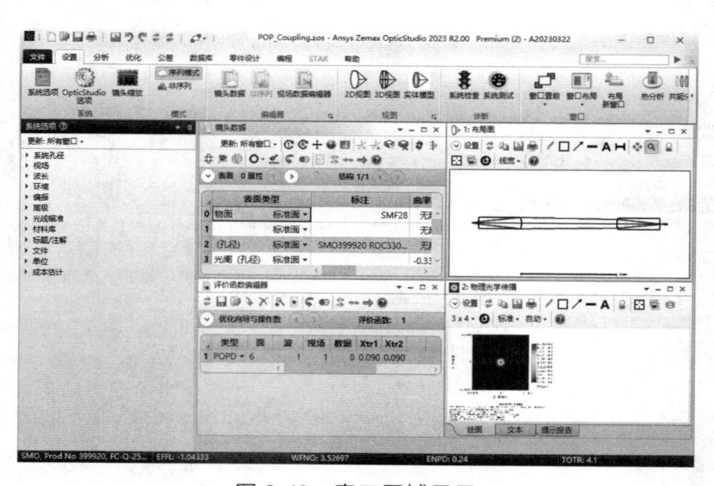

图 2-18 窗口平铺显示

③ 垂直平铺窗口。选择功能区中的“设置”→“窗口布局”→“层叠所有窗口”命令，即可将当前所有打开的窗口层叠显示，如图 2-19 所示。

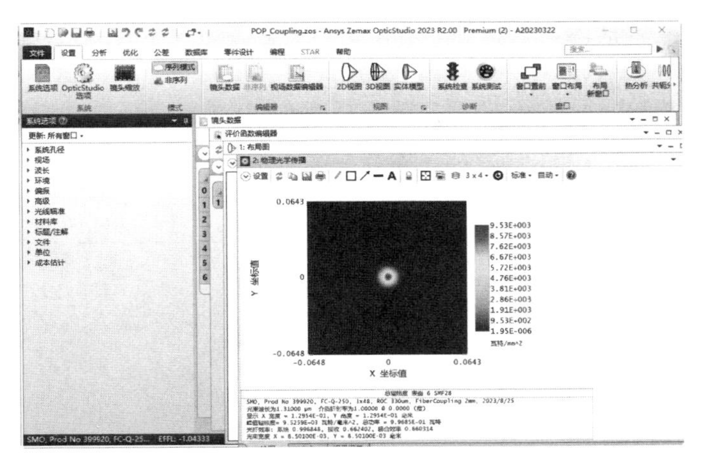

图 2-19　窗口层叠显示

2.3　文件操作与管理

文件操作与管理是测试系统软件开发的重要组成部分，数据存储、参数输入、系统管理都离不开文件的建立、操作和维护。

在 Ansys Zemax OpticStudio 中，光学系统中镜头的主要文件采用了扩展名 .ZMX，同时也使用许多其他扩展名文件来定义光学设计的重要数据。这些文件包括玻璃库和梯度折射率数据库、膜层数据文件、用户自定义孔径文件、CAD 格式文件、体散射和表面散射数据文件、外部定义的 DLL 文件、ZPL 宏文件等。

2.3.1　新建项目

在使用 Ansys Zemax OpticStudio 进行光学设计之前，需要先创建一个新的镜头项目文件。项目文件的作用是将一些相关的文件、数据、文档等集合起来，用图形与分类的方式来管理。

当启动 Ansys Zemax OpticStudio 2023 时，软件会自动打开一个文件 LENS.zos，可以直接在该文件上进行设计，也可以再新建一个项目文件。

选择功能区中的“文件”→“新建镜头项目”命令，关闭当前打开的文件的同时，打开“另存为”对话框，如图 2-20 所示。

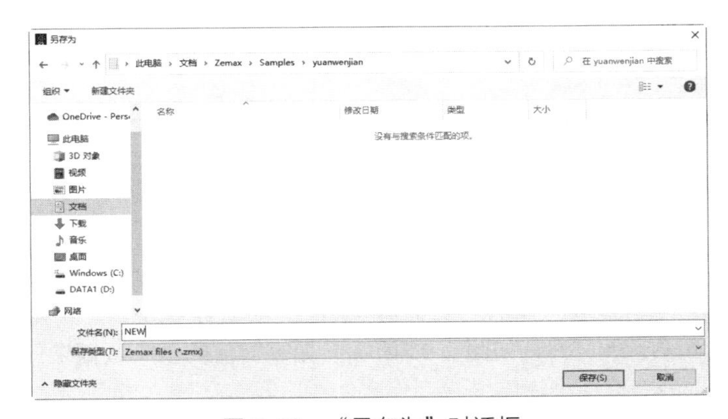

图 2-20　“另存为”对话框

在“文件名”文本框内输入文件名称；在“保存类型”下拉列表中默认选择文件类型（*.zmx）或（*.zos）。

单击“保存”按钮，弹出“镜头项目设置”对话框，为新建镜头项目的文件设置参数，如图 2-21 所示。单击“确定”按钮，在指定的源文件目录下自动新建了一个项目文件，如图 2-22 所示。

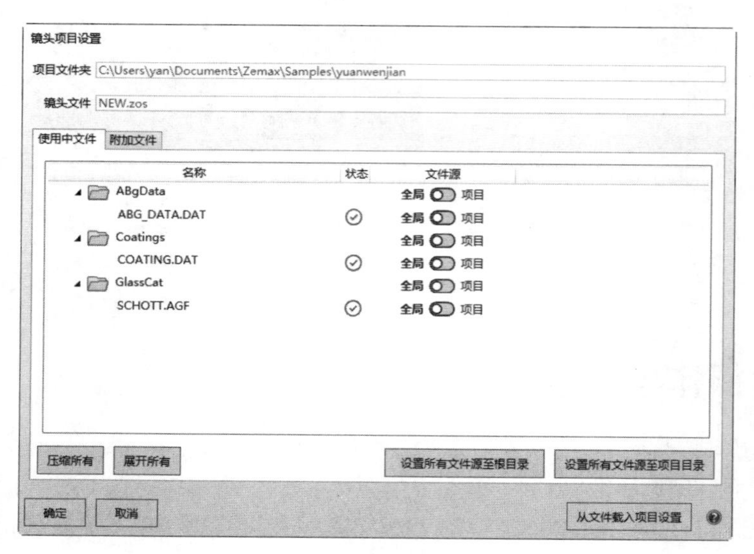

图 2-21　“镜头项目设置”对话框

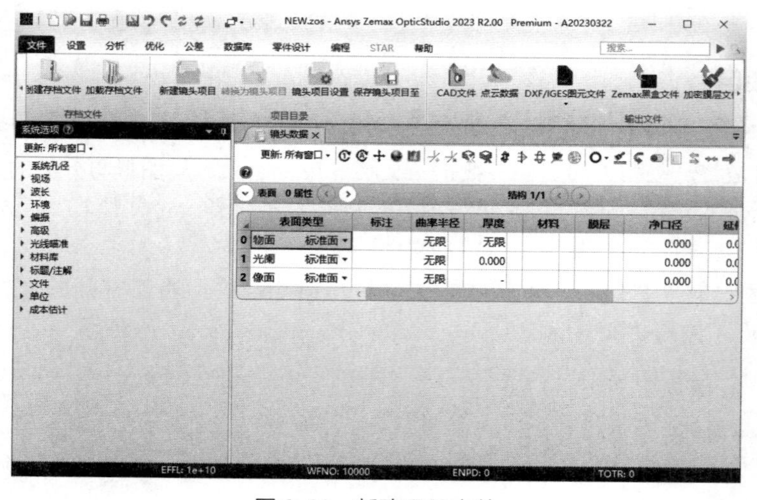

图 2-22　新建项目文件

2.3.2 新建设计

选择功能区中的“文件”→“新建”命令，或按下快捷键 Ctrl+N，关闭当前镜头项目，自动打开默认创建的 LENS.zos 文件，如图 2-23 所示。如果当前的镜头数据未保存，在退出 Zemax 前打开“Zemax Message”对话框，将警告要保存镜头数据，如图 2-24 所示。

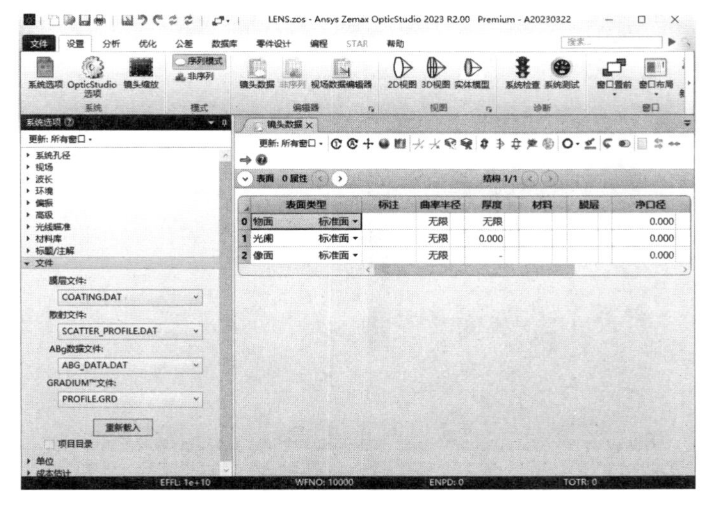

图 2-23　打开 LENS.zos 文件

图 2-24　“Zemax Message”对话框

2.3.3 打开项目

在 Ansys Zemax OpticStudio 中，所有文件是基于项目进行保存、编辑和管理的，因此在进行设计前，需要打开项目文件，然后再进行后续工作。

打开一个已经存在的数据文档的常用步骤如下：选择功能区中的“文件”→“打开”命令，或按下 Ctrl+O 键，系统将弹出如图 2-25 所示的“打开”对话框，在“文件名”右侧下拉列表框中可选择 Zemax 文件格式。单击“打开”按钮，在工作区显示打开的项目文件，如图 2-26 所示。

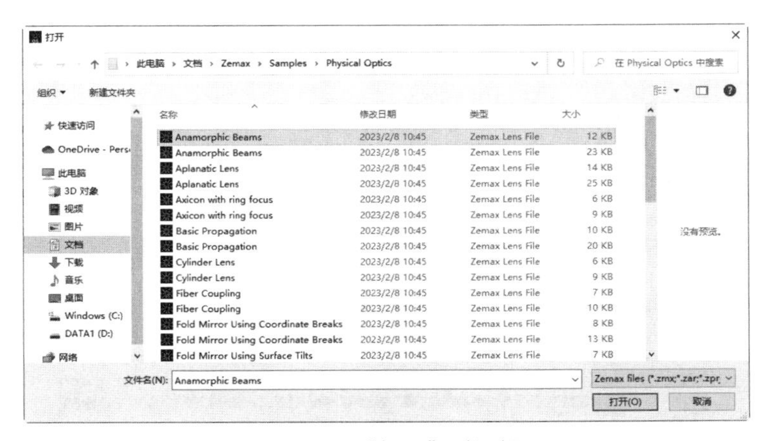

图 2-25　“打开”对话框

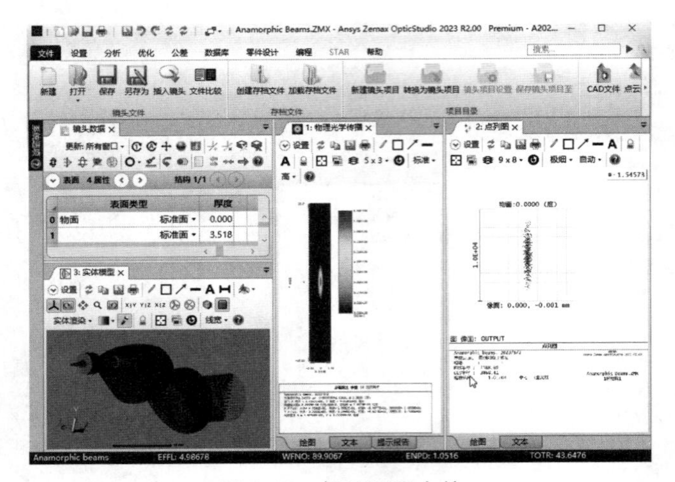

图 2-26　打开项目文件

2.3.4　保存文件

Ansys Zemax OpticStudio 启动一个新的镜头文件，可以选择指定的格式保存，ZOS 文件格式为当前二进制文件格式，ZMX 是基于文本的文件格式，这两种文件格式现在都支持所有的功能。ZMX 格式成为光学镜头设计的主要文件格式，其他光学设计软件都能打开或识别 ZMX 格式的内容。

（1）保存

该命令用于保存镜头文件，当将文件保存为另一名称或保存在另一路径下时，用“另存为”选项。

选择功能区中的“文件”→“保存”命令，或单击工具栏中的“保存”按钮，或按下快捷键 Ctrl+S，若文件已命名，则系统自动保存文件。

（2）另存为

该命令用于将镜头保存为另一名称或保存在另一路径下。

选择功能区中的“文件”→“另存为”命令，或单击工具栏中的“另存为”按钮，则系统打开“另存为”对话框，如图 2-27 所示。用户可以在文件列表框中指定保存文件的路径，在“文件名”文本框内重新命名并保存，在“保存类型”下拉列表框中选择保存文件的类型。

图 2-27　“另存为”对话框

2.3.5 关闭项目

如果不再需要某个打开的项目文件，应将其关闭，这样既可节约一部分内存，也可以防止数据丢失。关闭项目文件常用的方法有以下 2 种：

- 选择菜单栏中的“文件”→“退出”命令；
- 按快捷键 Ctrl+Q。

对于未保存的项目文件，弹出如图 2-28 所示的“Zemax Message”对话框，用来提示是否需要保存文件。

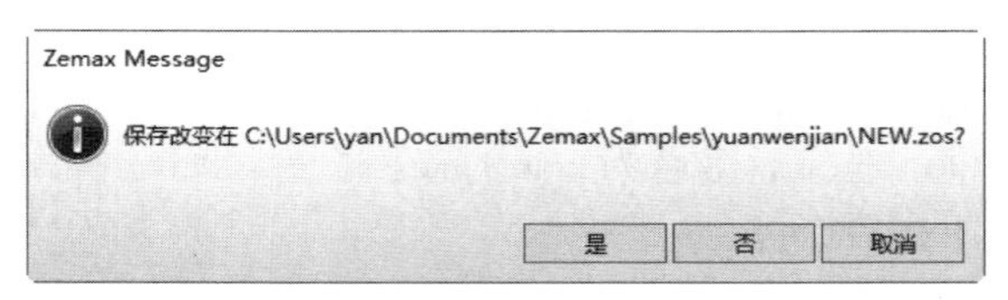

图 2-28　“Zemax Message”对话框

2.3.6 文件存档

文件存档就是将设计使用的所有文件完整复制保存到 ZAR 文件中，不含原文件夹的信息，仅保存文件的类型、名称和数据。

（1）创建存档文件

① 存档文件通过压缩数据可以生成较小的文件，创建 ZAR 存档文件的耗时时间取决于需要备份文件的数量和大小以及是否要对它们进行数据压缩。

② 选择功能区中的“文件”→“创建存档文件”命令，打开“另存为”对话框，在“文件名”文本框中输入要创建的文件名，此文件名可以是已有的文件名或是一个新的文件名，如图 2-29 所示。

图 2-29　“另存为”对话框

③ 存档文件后缀名为 .zar，ZAR 文件名默认的是当前透镜的文件名，也可以定义任一有效的文件名，文件名不一定要与透镜的文件名相匹配。但是，若要给 ZAR 重新命名，恢复文件时将恢复透镜的原始文件名。

④ 当完成文件名确认后，单击“保存”按钮，弹出“备份至 Zemax Archive 文件” 对话框，选择“确定”将启用存档操作，选择“取消”将放弃存档，如图 2-30 所示。

⑤ 存档过程结束时在“状态”选项中报告保存文件的数量，如图 2-31 所示。单击“关闭”即结束存档功能。

图 2-30　“备份至 Zemax Archive 文件”对话框

图 2-31　存档过程报告

（2）加载存档文件

该功能用于打开一个预先创建的 ZAR 存档文件并（可选）恢复在存档文件中的所有文件。

① 选择功能区中的“文件”→“加载存档文件”命令，打开“打开”对话框，选择后缀名为 .zar 的存档文件，如图 2-32 所示。

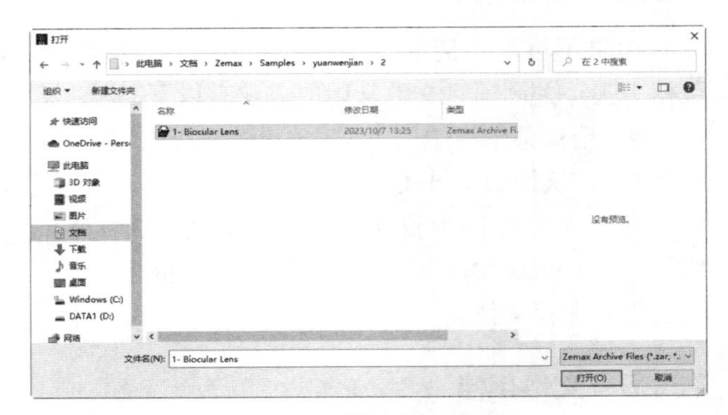

图 2-32 “打开”对话框

② 单击“打开”按钮，打开“从 Zemax Archive 文件中恢复”对话框，选择后缀名为 .zar 的存档文件，如图 2-33 所示。

下面介绍该对话框中的选项。

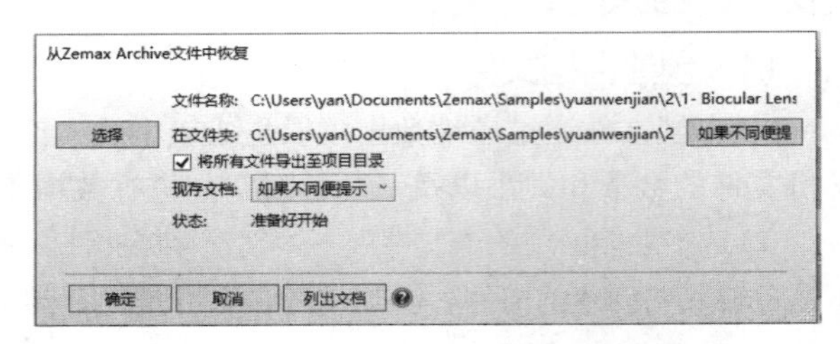

图 2-33 “从 Zemax Archive 文件中恢复”对话框

a. 文件名称：显示存档文件路径。

b. 在文件夹：选择存档文件被恢复在哪个主文件夹里。此文件夹是存储 OpticStudio 主文件（*.zmx）、结构配置文件（*.cfg）、Session 文件（*.ses）和任何光线数据库（*.zrd）文件的文件夹。

c. 现存文档：OpticStudio 在存档文件中包含与现有文件发生同名时的处理方法。

- 全部覆盖：在不警告和不保存原有文件的情况下，ZAR 中的文件将覆盖同名的现有文件。
- 全部忽略：将保留同名的现有文件，并忽略 ZAR 中的同名文件。
- 提示所有文件：OpticStudio 将对每一个重名文件询问是否覆盖或忽略处理。

d. 确定：单击该按钮，开始从 ZAR 文件中恢复。

e. 取消：单击该按钮，取消对 ZAR 文件的恢复并退出。

f. 关闭：当完成恢复后，会出现“关闭”按钮，单击该按钮，可关闭对话框。OpticStudio 随后将立即加载刚恢复的 ZMX 文件。

g. 列出文档：单击该按钮，创建一个窗口，其中列出 ZAR 存档文件中的所有文件以及文件大小和日期。如果文件已压缩，则列出压缩的文件大小而不是初始文件大小。

2.3.7 文件导出

“输出文件”选项组中的命令用来导出 STEP、IGES、SAT 和 STL 实体 CAD 格式的数据，以及导出旧版 CAD 软件的 DXF/IGES 文件格式的数据，如图 2-34 所示。

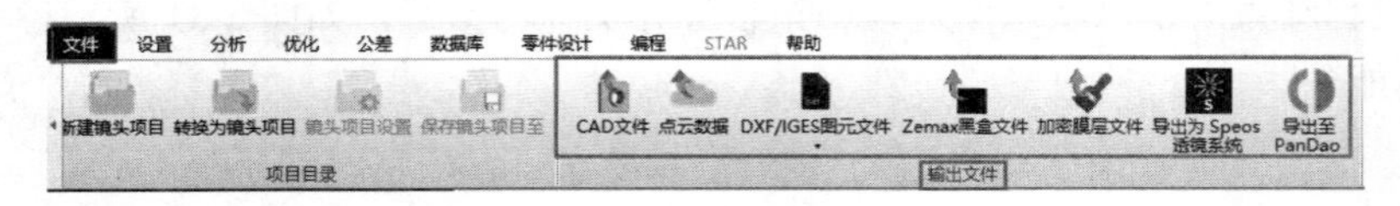

图 2-34 “输出文件”选项组

“CAD 文件”命令输出 STL（STereo Lithography Language）文件，一般用来将 OpticStudio 设计结果发送给 3D 打印制造商，除非对格式有特殊的需要，否则一般推荐使用导出 CAD 功能。

利用该命令，OpticStudio 可以导出所有序列模式面和非序列模式物体，OpticStudio 导出的所有面和光线以全局坐标的参考面为参照系，以三维坐标来表示。OpticStudio 可导出五种类型的数据：

- 直线：直线用于表示光线通过光学系统的路径。在梯度折射率介质中，光线将导出为一系列直线、实体，STL 格式不支持直线，因此不能导出光线。
- 表面：表面可以是任意形状的，包括用户定义的面，这些面可以带有 OpticStudio 支持的所有口径形状，包括用户自定义口径。可以用样条导出某些面型（特别是非球面和圆环面），其数据的精确度取决于所使用的样条点数，点数越多，精确度越高，但导出的数据文件越大，导出速度越慢。
- 透镜实体：透镜实体是前后两个表面封闭包含的非零体积的实体，其边缘区域由两表面的边缘拉伸构成。玻璃前后具有相似形状孔径（例如，两个表面都有矩形孔径）的大多数表面都可导出为透镜实体。
- 多面实体：多面实体由一系列小三角体组合构成（例如棱柱或菲涅耳透镜）。其中非序列模式中的 STL 和 POB 物体可导出为多面实体。
- 参数实体：某些非序列物体，例如 Torus 体可以导出精确的 NURBS 实体。

选择“文件”功能区“输出文件”选项组中的“CAD 文件”命令，打开“输出 CAD 文件”对话框，将当前镜头数据导出为 IGES、SAT、STEP 或 STL 等格式的 3D 文件，如图 2-35 所示。

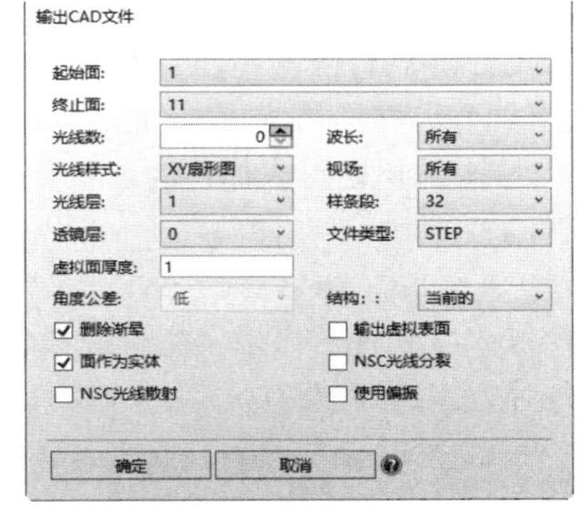

图 2-35　“输出 CAD 文件”对话框

下面介绍该对话框中的选项。

① 起始面（物体）/ 终止面（物体）：选择导出数据中的起始面和终止面（即导出的面的范围）。在序列模式下，指起始面和终止面；在非序列模式下，则指起始物体和终止物体。

② 光线数：导出的光线数量。导出为 STL 格式时，不会导出任何光线，因为 STL 格式不支持光线。

③ 光线样式：对导出的光线选择光束的类型。此设置与为三维布局图定义的设置很相似。“立体光束”选项使得导出的光束为光锥体，它表示的是光束的包络面，只有在序列模式下才提供“立体光束”选项，并要求所有的边缘光线都可追迹且无渐晕，即边缘光线落在任一表面上都不能形成散焦。

非序列面不能导出立体光束。光线数必须至少是 8 才能导出立体光束，使用的光线数量越多，立体效果越平滑。

④ 光线层：选择导出文件中存放光线的层数。

⑤ 透镜层：选择导出文件中存放透镜的层数。

⑥ 虚拟面厚度：若要将虚拟面自动导出为实体，则以透镜设定的长度单位来设置该厚度。此设置只有在同时选中了“输出虚拟表面”和“面作为实体”选项后才有效。

⑦ 角度公差：此项为导出物体的精确度（以透镜设定的计量单位计），角度公差越小，精确度越高，但导出的文件越大，计算时间也越长。

⑧ 波长：导出系统所追迹光线的波长序号。

⑨ 视场：导出系统所使用的视场序号。

⑩ 样条段：导出样条实体时要使用的段数。

⑪ 文件类型：将导出的文件类型选择为 STEP、IGES、SAT 或 STL 任一格式。

⑫ 结构：在导出文件时选择一个或多重结构导出。选 1、2 或 3 等选项将导出所指定编号的结构。

- 当前的：导出当前的结构。
- 全部以文件导出：导出所有的结构，且每个结构有独立的文件名，每一结构的文件名都以保存的文件名为开头，其中添加后缀“_config000x”，标明所属为“x”结构编号。
- 全部以层导出：所有的多重结构按各自独立的层导出在同一文件中。第一重结构将位于透镜层和光线层所设定的层，其余结构将根据透镜层和光线层逐一递增来定位层。例如，如果透镜层是 1，光线层是 10，共有 3 重结构。那么结构 1 将具有第 1 层的透镜数据和第 10 层的光线数据，结构 2 将具有第 2 层的透镜数据和第 11 层的光线数据，结构 3 将具有第 3 层的透镜数据和第 12 层的光线数据。
- 全部一次：将一次导出全部的多重结构并在同一层中。OpticStudio 不排除有重叠和冗余数据的导出。

⑬ 删除渐晕：勾选该复选框，则导出的数据中不包含被渐晕的光线。

⑭ 面作为实体：该选项只适用于序列模式下的表面，不适用于非序列模式下的物体。勾选该复选框，则玻璃材料两侧的面将构成一个封闭的实体。并非所有的 OpticStudio 面型都可以构成实体，只有两侧的面具有相同形状的口径才能导出为实体。例如，两侧的面必须同时为圆口径或必须同时为方口径，如果口径形状不一致，这些面只能以面的形式导出。

⑮ 输出虚拟表面：勾选该复选框，将导出所有的虚拟面。虚拟面是对光线既不反射也不折射的表面。

⑯ NSC 光线散射：NSC 是代表 Non-Sequential 光线，即从非序列光源发射出来的光线，其经过光学元件后可以发生分裂或者散射。勾选该复选框，NSC 光源的光线在与表面的交点处以统计方式进行散射。

⑰ NSC 光线分裂：勾选该复选框，NSC 光源的光线在与表面的交点处以统计方式进行分裂。

⑱ 使用偏振：勾选该复选框，使用偏振光。

2.4 工作环境的设置

在光学工程设计分析过程中，其效率和正确性，往往与工作环境参数的设置有着密切的关系。在 Ansys Zemax OpticStudio 2023 中，编辑器工作环境的设置是通过“OpticStudio 选项”对话框来完成的。

选择“编辑”功能区中的“OpticStudio 选项”命令，打开“OpticStudio 选项”对话框，设置当前系统文本、绘图、快捷键等选项，如图 2-36 所示。

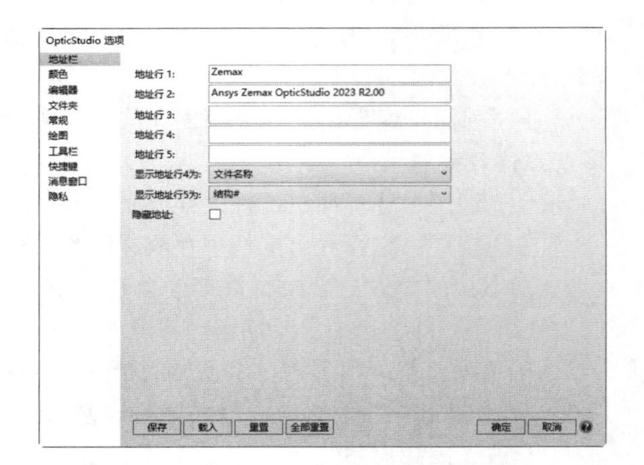

图 2-36 “OpticStudio 选项”对话框

该对话框中包含 10 个选项卡，即地址栏、颜色、编辑器、文件夹、常规、绘图、工具栏、快捷键、消息窗口和隐私。

2.5　系统选项设置

选择“设置”功能区中的“系统选项”命令，或按下 Ctrl+G 键，控制“系统选项”工作面板的显示与隐藏，如图 2-37 所示。

“系统选项”工作面板中包含 12 个选项卡，即系统孔径、视场、波长、环境、偏振、高级、光线瞄准、材料库、标题 / 注解、文件、单位、成本估计。

单击按钮显示快捷菜单，选择“全部展开”命令，展开显示工作面板中所有的选项卡中的选项，如图 2-38 所示；单击按钮显示快捷菜单，选择“全部隐藏”命令，隐藏工作面板中所有的选项卡中的选项。

图 2-37　“系统选项”工作面板

图 2-38　展开选项卡选项

2.5.1　设置系统孔径

孔径是用来描述光学系统中成像光束的宽度，系统孔径不但表示在光轴上通过系统的光束大小，还决定了物面上每个视场点发出光线的初始方向余弦。

Ansys Zemax OpticStudio 中的系统孔径参数包括系统孔径类型和系统孔径值，如入瞳尺寸和各个组件的净孔径。镜头数据编辑器的系统孔径参数通过“系统孔径”选项卡来设置。下面介绍该选项卡中的具体选项。

（1）“孔径类型”选项组

系统孔径包括下面几种类型：

- 入瞳直径：光阑在物方空间近轴成像的直径（以透镜单位计算），一般用于设置平行光。
- 像方空间 F/#：像空间的无限共轭近轴 F/#，是与无限远共轭的近轴有效焦距与近轴入瞳直径之比，一般用于手机镜头设计。
- 物方空间 NA：物空间边缘光线的数值孔径（$NA = n\sin\theta$），其中 n 为物体的折射率，θ 为物空间光线的最大张角。一般用于设置点光源。
- 光阑尺寸浮动：选择该类型，通过在镜头数据编辑器中设置光阑面的“半口径”定义系统孔径。若已知入瞳直径、数值孔径、像方空间 F/# 或光阑尺寸中的任一个，则其余项也是确定的。因此设置光阑面半径后允许其他值浮动是定义系统孔径非常有效的方法。适用于一些有实际孔径光阑的系统使用，如广角镜头。

- 近轴工作 F/#：共轭像空间近轴工作 F/#。$W=1/(2n\tan\theta)$，θ 为像空间近轴边缘光线角度，n 为像空间介质折射率。
- 物方锥角：物空间边缘光线的半角度，可以超过 90°。如果入瞳是虚的，即物到入瞳的距离为负，则不使用物方锥角；当使用物方锥角时，默认的光瞳面上的"均匀"光线分布指的是角度而不是平面，很少用。

说明

如果孔径类型为"物方锥角"，则会用到一个稍微不同的分布技术（通过在物方空间中光线的余弦的仔细选择来获得）。由此产生的分布在立体角（而非角度空间）中是均匀的。由锥角 θ 照亮的球面立体角 Ω 由以下公式给出：

$$\Omega = 2\pi(1-\cos\theta)$$

归一化的径向光瞳坐标 ρ 与分数形式的立体角 θ、α 相关，关系如下：

$$\rho^2 = \frac{1-\cos\theta}{1-\cos\alpha}$$

（2）"孔径值"选项组

孔径值是光学系统设计中的一个重要参数，它直接影响着系统的成像质量和光通量。系统孔径值的意义取决于所选择的系统孔径类型。若选择入瞳直径，系统孔径值表示用透镜计量单位表示的入瞳直径。

（3）"切趾类型"选项组

OpticStudio 使用切趾来描述光学系统的非均匀辐照度特性，提供三种切趾类型：均匀分布、高斯分布、余弦立方分布。

① 均匀：表示光线均匀分布在入瞳上，模拟均匀照明。默认情况下，入瞳总是被均匀地照亮。

② 高斯：在光瞳上光束的振幅以高斯曲线形式变化。若选择高斯分布，引入"切趾因子"选项，确定光瞳中光强变化的比例，如图 2-39 所示。

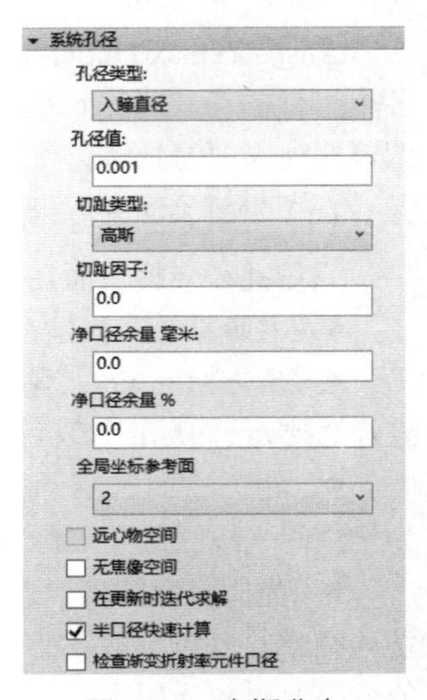

图 2-39 高斯分布

分布因子表示光束的振幅作为径向光瞳坐标的函数的下降比率。光束振幅在光瞳中心归一化，而入瞳其他点的振幅由以下公式给出：

$$A(\rho)=\mathrm{e}^{-G\rho^2}$$

其中，G 为分布因子，ρ 为归一化光瞳坐标。

如果分布因子为零，那么光瞳照明是均匀的；如果分布因子为 1，那么光束振幅在入瞳边缘就会下降到 1/e（即发光强度下降到 1/e，大约为峰值的 13%）。分布因子可以是大于或等于 0 的任意数，但不建议采用大于 4 的值。如果光束振幅在入瞳边缘下降得太快，大多数计算将只对极少数光线进行采样，从而无法得出有意义的结果。

③ 余弦立方：模拟了点光源照在平面上的强度衰退特点，余弦立方分布只对点光源或与入瞳直径相比较接近光轴的场点有效。对于一个点光源，光线照在不同平面区域上的光线强度由以下公式给出：

$$I(\theta)=(\cos\theta)^3$$

其中，θ 为 Z 轴与入瞳相交的光线的夹角，且光瞳中心的相对强度为 1。

转换为归一化光瞳坐标，并运用平方根得出入瞳坐标振幅分布为：

$$A(\rho)=\frac{1}{[1+(\rho\tan\alpha)^2]^{3/4}}$$

其中，$\tan\alpha$ 是 Z 轴与边缘光线夹角的正切，可以使用入瞳位置和尺寸自动计算得出。

（4）净口径

净口径又称有效孔径、通光孔径，是光线通过镜片时所对应的口径（半径），通过前面的“孔径值”定义净口径，这里定义净口径余量。

① 净口径余量 毫米：当半口径圆柱中的表面有一个自动解时，半口径余量为一个额外的径向孔径指定一个固定的数值。默认值为零，表示不保留任何余量。

② 净口径余量 %：这种半口径余量控制允许以百分比指定额外数值的径向孔径。默认值为零，表示不保留任何余量，而余量 5% 表示在“自动”控制下的所有表面的半口径增加 5%。最大允许余量是 50%。

如果“百分比”和“毫米”的余量值都不为 0，则先添加百分比，然后添加镜头单位余量。半口径余量不适用于光阑面。

（5）全局坐标参考面

全局坐标是由每个表面局部坐标的旋转和转换来定义的。将任意表面作为全局参考坐标，可以计算出任何表面的旋转矩阵和偏移矢量。

默认的参考面是表面 1，也可以选择任何其他的面。当物体在无穷远时，那么就不能将表面 0 作为参考面；同时无法将坐标断点面设置为全局坐标参考面。所选择面用于确定全局坐标系的原点位置和方向。参考面也用于定义 3D 视图上多个变焦位置的重叠点。

（6）远心物空间

勾选该复选框，OpticStudio 将假设入瞳位于无穷远，而不考虑光阑面的位置。所有从物体表面射出的主光线将平行于 Z 轴。

若在“视场”选项卡“设置”选项组“类型”下选择视场的类型为“物高”，激活该选项；若视场的类型设置成“角度”，使用光线瞄准和用角度定义的视场点，则无法激活该选项。

（7）无焦像空间

无焦系统是指在系统中共轭物和共轭像都在无穷远处的光学系统，OpticStudio 使用“无焦像空间”来描述任何属于该范畴或者属于完全无焦类型的系统。

勾选该复选框，系统使用无焦像空间模式，光束在物体和图像空间中准直输出。分析无焦系统时往往需要一个不同的参考基准和单位。评价系统在像空间中的成像质量时所使用的单位从空间单位变成了角度单位，需要在系统选项的“单位”选项卡中进行设置。

（8）在更新时迭代求解

数据编辑器中的参数求解类型有时需要迭代以便精确地计算，典型的求解方法包括依靠光线追迹的曲率和厚度解。勾选该复选框，当求解类型值改变时，光瞳的位置可能会发生改变，自动进行迭代。

(9) 半口径快速计算

勾选该复选框，OpticStudio 将只会按照要求追迹尽可能多的边缘光线，以便估计自动半口径，精度可达 0.01% 左右。

(10) 检查渐变折射率元件口径

勾选该复选框，检查介质内的所有渐变折射率元件追迹，以观察光线是否已经通过了前表面孔径的边缘。若通过检查，表明光线是渐晕的。如果未勾选该复选框，只要光线通过了表面的孔径，那么光线可能传播到前表面上所定义的边缘的外面。

2.5.2 设置视场

视场是指在光学系统中被成像的区域，视场的大小决定了光学系统能够覆盖的区域范围。镜头数据编辑器的视场参数设置是通过“视场”选项卡来实现的，如图 2-40 所示。下面介绍该选项卡中的具体选项。

(1) 视场数据编辑器

单击“打开视场数据编辑器”按钮，打开“视场数据编辑器”窗口，如图 2-41 所示。

(2) “视场”选项组

① “类型”下拉列表中显示视场类型，在 Zemax 中视场一般以角度、物高（用于有限距离共轭系统）、近轴像高或者实际像高来表示。

a. 角度：选择“角度”，用视场角定义视场大小。主光线穿过入瞳中心，主光线相对于物方空间 Z 轴的角度称为入瞳中心的视场角。正的视场角是指该方向光线为正斜率，因此指向远处的物体坐标为负。这个选项在无限共轭时最有用。

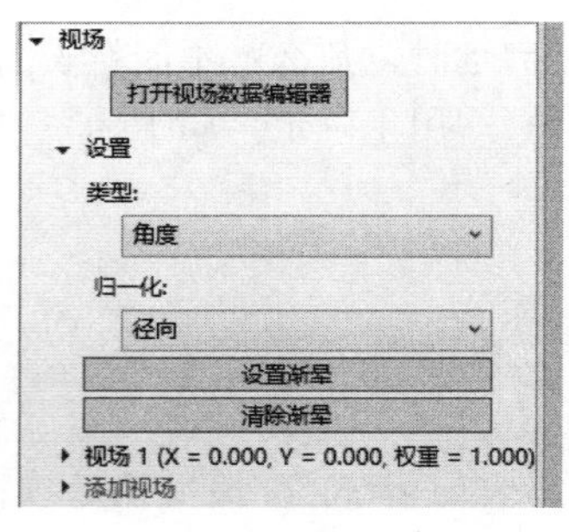

图 2-40 “视场”选项卡

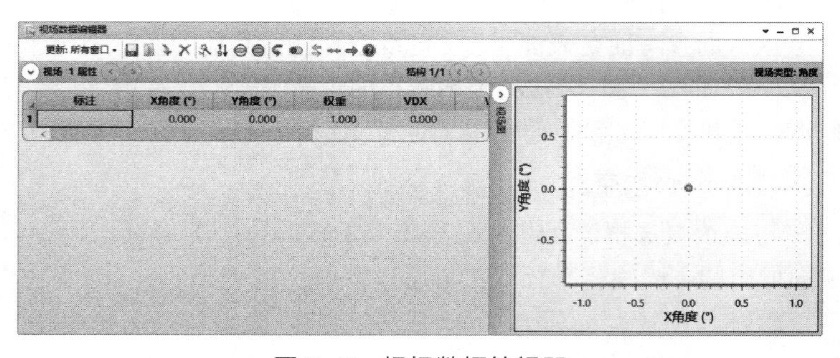

图 2-41 视场数据编辑器

b. 物高：选择“物高”，用物高定义视场大小，用透镜单位来表示。物高是将 X 和 Y 高度直接作用于物面（OBJ）的位置。此选项不能在无限共轭情况下使用。

c. 近轴像高：选择“近轴像高”，用主光线在像面上的近轴像高位置定义视场大小。此选项只适用于可用近轴光学很好描述的系统。系统存在畸变时，实际的主光线位置会不同。

d. 实际像高：选择“实际像高”，用主光线在像面上的实际像高定义视场。此选项的光线追迹稍微慢一些。

e. 经纬角：选择“经纬角”，用极坐标角定义视场。极坐标角表示的角度包括水平角 θ 和竖直角 α，以度为单位，这些角度通常用于测量和天文学。

②“归一化”选项。

a. 径向：使用归一化视场坐标表示单位圆上的点。首先根据视场坐标中距离原点最远的视场点的位置确定一个单位圆，即最大径向视场，然后使用最大径向视场将所有视场缩放到归一化视场坐标中。

b. 矩形：使用归一化视场坐标表示单位矩形上的点。

（3）渐晕因子设置

渐晕因子是描述入瞳大小和不同场角位置的系数，用于表征偏轴量。Zemax 有五个渐晕因子：

- VDX：平移 X 方向光瞳。
- VDY：平移 Y 方向光瞳。
- VCX：缩放 X 方向光瞳。
- VCY：缩放 Y 方向光瞳。
- VAY：渐晕角度 θ。

① 单击“设置渐晕”按钮，重新计算当前镜头数据中每个视场的渐晕因子。每一个渐晕因子都代表着参考光线在入瞳上相应的改变量。默认情况下，渐晕因子设为 0，表示没有渐晕。

② 单击“清除渐晕”按钮，设置渐晕因子为默认值 0。

（4）“视场 1”选项组

显示当前视场 1 的参数，包括 X 视场值、Y 视场值、权重和渐晕因子（VDX、VDY、VCX、VCY 和子午角），如图 2-42 所示。

（5）“添加视场”选项组

① 单击“添加视场”按钮，在“视场 1”选项组下添加新的视场选项组“视场 2”，同时显示需要设置的视场参数，如图 2-43 所示。

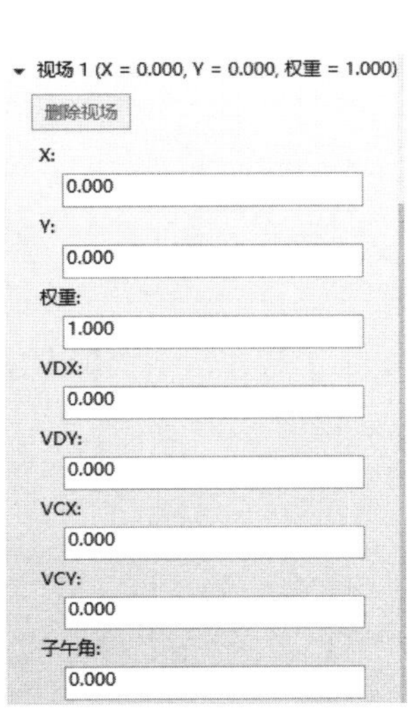

图 2-42　“视场 1”选项组

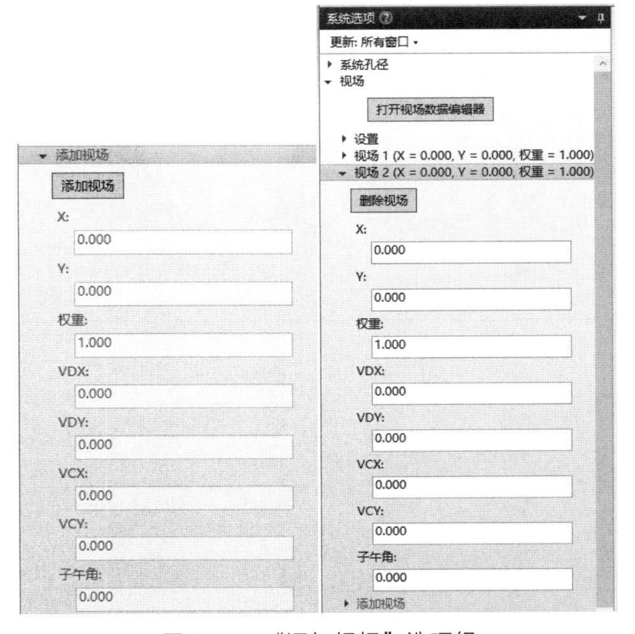

图 2-43　“添加视场”选项组

② 单击“删除视场”按钮，删除选中的视场。

2.5.3 设置波长

通常看到的一束光，它并非单一波长的光，而是由很多波长的光组合而成的。波长实质上是材料在可见光谱范围内的透过波长，它对于光学器件的设计和性能非常重要。不同颜色的波长数据见表 2-1。

表 2-1 不同颜色的波长数据

光的颜色	波长 /μm	光的颜色	波长 /μm
紫	400 410 420 430	黄	540 550 555 560 570 580 590
蓝	440 450	橙	600 610 620 630 640 650
青	460 470 480 490	红	660 670 680 690 700 710 720 730 740 750 760
绿	500 510 520 530		

“波长”选项卡用于设置波长、权重、主波长，如图 2-44 所示。下面介绍该选项卡中的具体选项。

（1）“设置”选项组

① 在“可选”下拉列表中包括常用的可选波长列表。

② 单击“选为当前”按钮，选择列表中的选项。

（2）“波长 1”选项组

① 启用：勾选该复选框，设置波长序号为 1 的波长数据（波长、权重、主波长）。默认勾选该复选框，若需要添加新的波长，可选择是否勾选该复选框。

② 主波长：勾选该复选框，将该编号的波长数据设置为主波长。一组波长数据中只能包含一个主波长。

双击“波长 1”选项，弹出波长数据编辑器，显示波长、权重、主波长的设置选项，如图 2-45 所示。波长数据可以直接在选项组下“波长（微米）”“权重”文本框内输入，也可以在波长数据编辑器中进行设置。

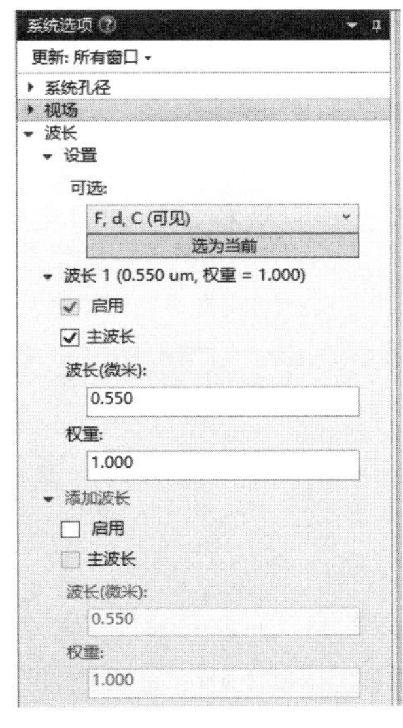

图 2-44　“波长”选项卡

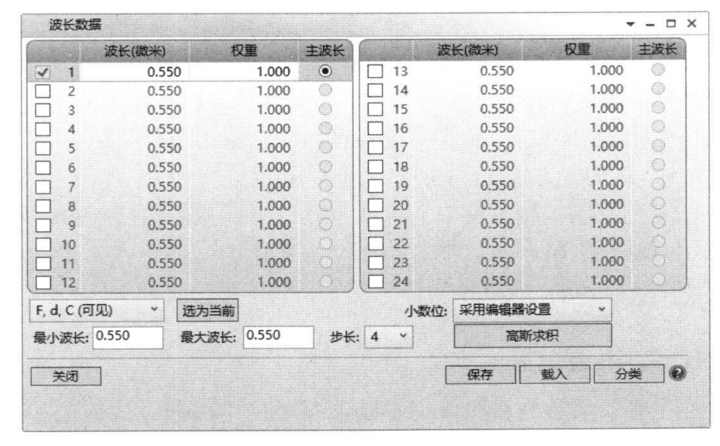

图 2-45　波长数据编辑器

● 小数位：用于设置波长和权重显示值的小数位数。若选择“采用编辑器设置”选项，显示的小数位等于“配置选项”对话框“编辑器”选项中的小数位；若选择“采用全局设置”选项，显示的小数位由“配置选项”对话框“常规”选项中的有效数字设置控制。

● 最小波长：根据指定的波长范围的最小值。

● 最大波长：根据指定的波长范围的最大值。

● “高斯求积”按钮：单击该按钮，使用高斯求积算法在波长范围内计算波长数据，包括不同编号的波长和权重，如图 2-46 所示。高斯求积算法提供了一种优化受宽带源约束的光学系统中最有效的计算波长和权重的方法。

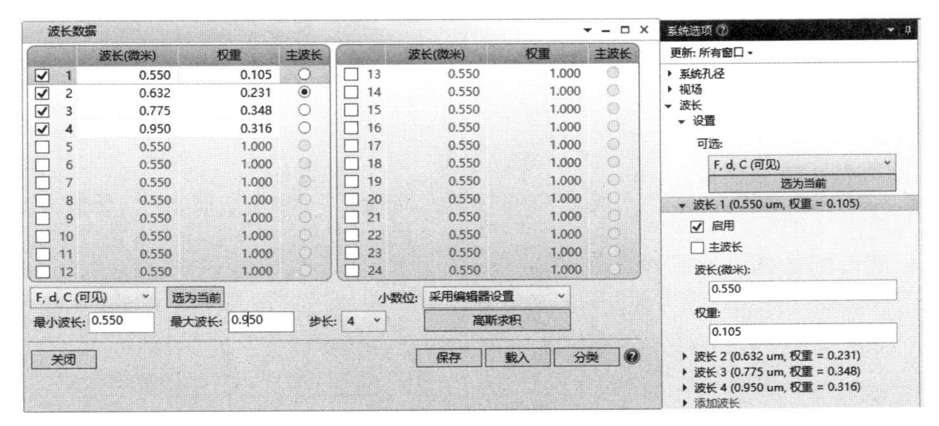

图 2-46　计算波长

- “保存”按钮：用于独立地从镜头数据中保存波长数据，数据文件的格式是文本，可以在 Zemax 之外编辑或创建。
- “载入”按钮：用于独立地从镜头数据中重新调用波长数据。

2.5.4 设置系统环境

在光学系统中，同一个结构下所有表面的温度和压力相同，特殊情况下，需要定义多个温度和压力的光学系统。

系统的温度和压力是在“环境”选项卡中定义的，如图 2-47 所示。下面介绍该选项卡中的具体选项。

- 折射率数据与环境匹配：在空气中折射率和温度有关系，勾选该复选框，自动将玻璃库的折射率数据调整为在指定环境（温度和压力）条件下的值。
- 温度（℃）：定义系统温度，默认值为 20℃。
- 压力（ATM）：1.0 个标准大气压。

波长数据一般以微米为单位，并以当前系统温度（20℃）和压力（1.0 个标准大气压）下的空气为参考。如果调整了系统的温度和压力，或者在多重结构操作数的控制下，必须注意调整波长以适应新的温度和压力。

2.5.5 设置偏振

在光学系统分析中，许多功能需要使用偏振光线追迹和变迹，如点列图和视场函数的均方根 RMS。下面介绍该选项卡中的具体选项。

“偏振”选项卡用于设置使用偏振光追迹的多个序列分析计算的默认输入偏振状态，如图 2-48 所示。

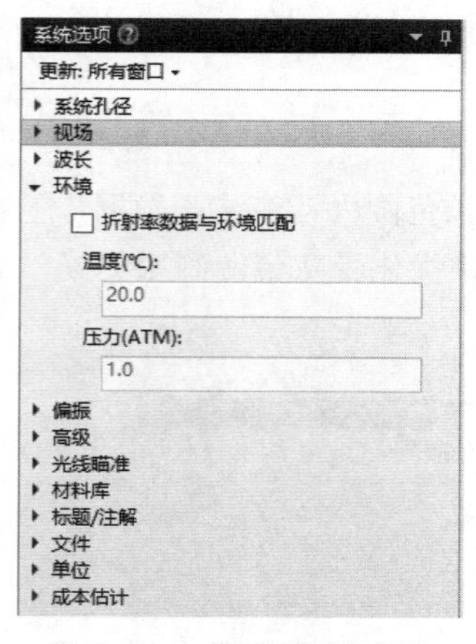

图 2-47 “环境”选项卡

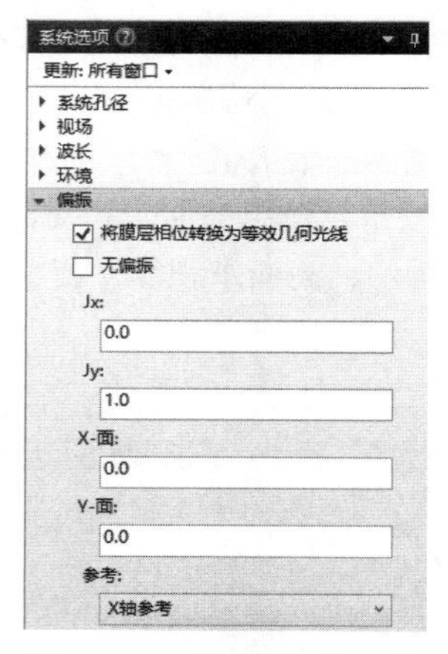

图 2-48 “偏振”选项卡

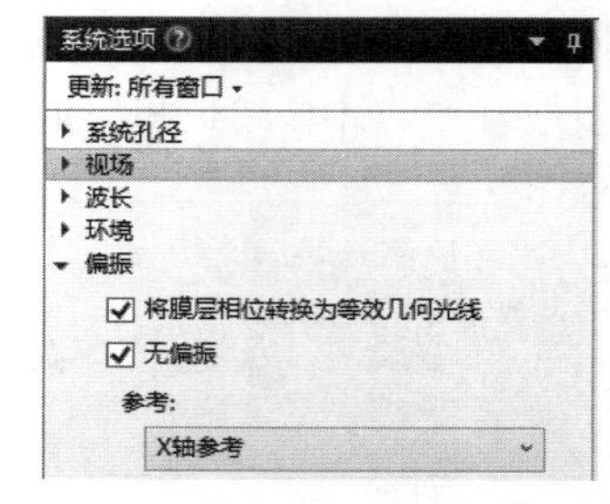

图 2-49 无偏振计算

（1）将膜层相位转换为等效几何光线

勾选该复选框，Zemax 将根据薄膜转换规则，将计算的偏振相位转换为沿光线方向的相位。若不勾选，则光场系数不会转换成光线系数。使用时建议勾选该复选框。

（2）无偏振

偏振计算用正交偏振的两条光线追迹并计算最终透射率的平均值，无偏振计算比偏振计算所需的时间长，而偏振计算又比完全忽略偏振的计算所需的时间长。

勾选该复选框，执行无偏振计算，忽略与偏振相关的数值 Jx、Jy、X- 面和 Y- 面，如图 2-49 所示。

- Jx、Jy：表示电磁场 X 方向和 Y 方向的模值。
- X- 面和 Y- 面：相位角，单位为度。

（3）参考

在该下拉列表中选择基于光线矢量确定 ***S*** 矢量和 ***P*** 矢量方向的方法，执行从琼斯矢量 ***J*** 到 3D 电场强度 ***E*** 的转换，观察是否得到预期的偏振光。

- X 轴参考：以 X 轴为参考轴，***P*** 矢量由 ***K***×***X*** 确定，且 ***S***=***P***×***K***，该方法为默认方法。
- Y 轴参考：以 Y 轴为参考轴，***S*** 矢量由 ***Y***×***K*** 确定，且 ***P***=***K***×***S***。
- Z 轴参考：以 Z 轴为参考轴，***S*** 矢量由 ***K***×***Z*** 确定，且 ***P***=***K***×***S***。

其中，矢量 ***K*** 是光线矢量，Jx 值为沿着矢量 ***S*** 的场，Jy 值为沿着矢量 ***P*** 的场。***K***、***S*** 和 ***P*** 都必须为单位矢量且相互正交。

2.5.6　设置高级选项

“高级”选项卡用于设置光程差、近轴光线、F/# 计算等，如图 2-50 所示。下面介绍该选项卡中的具体选项。

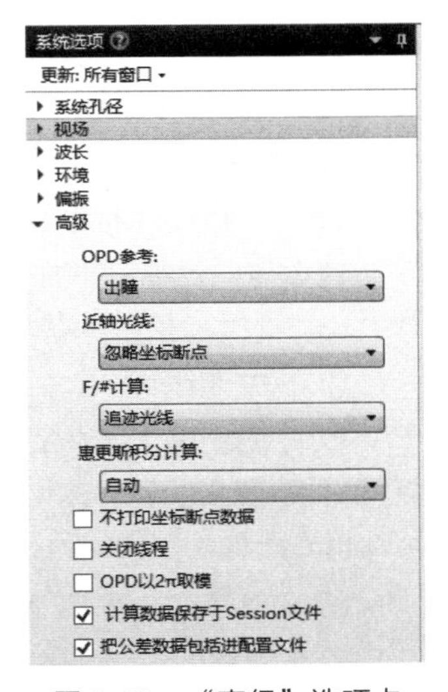

图 2-50　“高级”选项卡

（1）“OPD 参考”选项组

光程差（optical path difference，OPD）表示成像的波前相位误差，任何偏离零光程差的偏差都有可能降低通过光学系统形成的衍射图像的质量。

在“OPD 参考”下拉列表中包括以下选项。

① 出瞳：Zemax 中默认使用出瞳作为计算光程差的参考面。对一条给定的光线计算光程差时，可以通过光学系统追迹该光线，一路到达像面，然后反向追迹回到位于出瞳处的参考球面，在此面得到的光程差是有物理意义的相位误差，它对于 MTF、PSF（point spread function，点扩散函数）和环带能量等衍射计算是非常重要的。

② 无限：“无限”参考面假设出瞳位于很远的位置，并且光程差矫正项用光线中的角度误差严格给定，该选项在 Zemax 无法正确计算出有效的出瞳位置和大小的情况下使用，常用在光阑面不能成像（实像或虚像）的不常见的光学系统中，或是一些出瞳和像面靠得太近而要精确计算出瞳的离轴系统中。

③ 绝对 / 绝对 2：“绝对”或“绝对 2”参考面表示不在光程差计算中加上任何矫正项。这两个选项只适用于无焦系统。对于无焦系统，选择“绝对”将会参考位于像面位置垂直于主光线的平面来计算光程差，而不考虑出瞳的位置；“绝对 2”选项类似，光程差不参考垂直于主光线的平面例外。

（2）“近轴光线”选项组

该选项组下选择近轴光线的特性分析方法。一般情况下，在追迹近轴光线时，Zemax 会默认忽略由于坐标断点而引起的所有倾斜和偏心。

① 忽略坐标断点：通过忽略倾斜和偏心，Zemax 可以计算等效的同轴系统的近轴特性。

② 考虑坐标断点：对于通过非序列物体的光线追迹，近轴光线也可能需要考虑坐标断点，此时需要选择该选项。

(3) “F/# 计算”选项组

该选项组下选择 F/# 的计算方法。

① 追迹光线：Zemax 默认使用光线追迹来计算系统的近轴和工作 F/#。该方法不适用非常大的 F/# 的系统。Zemax 的最大 F/# 是 10000。在使用光线计算 F/# 的系统中，其 F/# 设置需要小于 10000。

② 光瞳大小 / 位置：当在轴上无法追迹且轴向 F/# 与实际 F/# 不同时，选择该选项，使用出瞳距除以出瞳直径来计算 F/#。该方法适用于模拟非常大的 F/# 的系统。

(4) “惠更斯积分计算”选项组

在下拉列表中选择出瞳中惠更斯积分计算方法。惠更斯积分利用从出瞳传播到像面的平面波，在像平面的每个点上对波前的贡献进行代数求和。

① 自动：基于像面的出瞳距、波长和像面大小的考虑，自动采用合适的相位参考来计算惠更斯积分。

② 使用平面波：使用平面相位参考，覆盖 Zemax 标准。平面相位参考是唯一可以在无焦成像系统中使用的参考，所以当在“系统选项”窗口的“系统孔径”选项中勾选“无焦像空间”复选框时，计算惠更斯积分的方法就会自动被设置为“使用平面波”。

③ 使用球面波：使用球面相位参考，覆盖 Zemax 标准。

(5) 不打印坐标断点数据

勾选该复选框，不打印坐标断点面所选的数据。在有许多坐标断点面的系统中，缩短文本列表，合理展现数据内容。

(6) 关闭线程

多线程是采用一种并发执行机制，Zemax 采用多线程将计算分解为多个线程，优点是使计算机更快速地进行计算，缺点是使程序运行速度降低，需要更多的内存空间。当内存不足时，勾选该复选框，关闭线程。

(7) OPD 以 2π 取模

勾选该复选框，所有的光程差数据将作为小数部分计算。所有光程差计算结果的返回值在 -π ～ π 或 -0.5 ～ 0.5 个波长之间，一般不选择该选项。

(8) 计算数据保存于 Session 文件

勾选该复选框，将所有打开的分析窗口（序列模式）和 / 或所有探测器（非序列模式）计算的数据缓存在当前 Session 文件中。因此在加载镜头文件时，直接调用与镜头文件关联的 Session 文件中的数据，可大幅度减少文件加载所用的时间，但是会增加 Session 文件的大小。

(9) 把公差数据包括进配置文件

勾选该复选框，将公差数据匹配到配置文件中。

2.5.7 设置光线瞄准

光线瞄准是 Ansys Zemax OpticStudio 中的一项功能，它允许用户针对光阑表面上的任何给定坐标准确地追踪光线。开启光线瞄准后，OpticStudio 可以在给定坐标（Px，Py）和入射角或像高（Hx，Hy）的情况下轻松地在像空间中找到正确的光线。

“光线瞄准”选项卡可用于定义光线瞄准算法，如图 2-51 所示。下面介绍该选项卡中的具体选项。

（1）“光线瞄准”选项组

提示

在 OpticStudio 中，光线瞄准是对光线追迹的一种迭代算法，目的是找出对于给定的光阑尺寸正确通过光阑的物面光线。通常只有当出瞳（从物空间看到光阑的像）考虑像差、偏移或倾斜时，才需要光线瞄准。

一般来说，光线瞄准会使光线追迹速度降低至原来的$\frac{1}{8}$～$\frac{1}{2}$，光线瞄准有两种算法：近轴、实际。对于有轻度像差的系统，用近轴光线决定的光阑大小会与实际光线的有轻微不同；通常只有在入瞳（系统光阑在物空间的成像）的像差较为严重或者有偏心 / 倾斜的状况下使用这个功能。

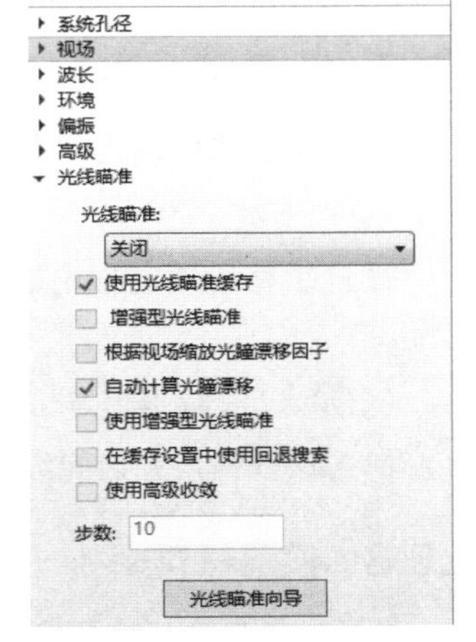

图 2-51　“光线瞄准”选项卡

① 关闭：不使用光线瞄准功能，使用轴上通过孔径设置和基于主波长计算的近轴入瞳尺寸和位置。

② 近轴：使用近轴光线来决定光阑的半径，通常用于大多数一级系统性能（如焦距、F/# 和放大率）。

③ 实际：对于由系统孔径定义的有物空间属性的实际光线来说，可以使用实际光线代替近轴光线来确定光阑的半径。对于有显著像差的光瞳，在近轴光线和实际光线的光阑半径之间会有所区别。虽然实际光线瞄准比近轴入瞳定位更精确，但是在实际运行时，大多数情况下使用实际光线进行光线追迹所花费的时间是相同情况下使用近轴光线进行光线追迹所花费时间的 2 ～ 8 倍。因此，只有必要以及当近轴光线瞄准不考虑大多数光瞳像差时，才使用实际光线瞄准。

（2）使用光线瞄准缓存

勾选该复选框，Ansys Zemax OpticStudio 将缓存光线瞄准坐标，以便在进行新的光线追迹时能够利用先前光线瞄准的结果进行迭代计算。

（3）增强型光线瞄准

勾选该复选框，使用增强型光线瞄准算法。增强型光线瞄准模式通过执行一个附加检查来确定现存的同一光阑面中的多重光路中是否只有正确的一条被选中。

（4）根据视场缩放光瞳漂移因子

Zemax 会自动计算出实际入瞳和近轴入瞳之间的位置差异，以确定光瞳漂移因子的值。

（5）自动计算光瞳漂移

光瞳漂移由 3 个偏移分量 X、Y 和 Z（测量值以透镜为单位）及 2 个压缩分量 X 和 Y（量纲的比例因子）组成，这 5 个分量的默认值为 0。

勾选该复选框，Zemax 会自动计算出实际入瞳和近轴入瞳之间的位置差异，以确定光瞳漂移因子的值。取消勾选时通过手动修改这 5 个默认值，帮助进行对于光线瞄准的初步估计。

（6）使用增强型光线瞄准

勾选该复选框，使用新的增强型光线瞄准算法，使用户能够更快、更稳定地设计更现代的光学系统。增强型光线瞄准解决了光线瞄准能够解决和不能解决的所有问题。

（7）在缓存设置中使用回退搜索

勾选该复选框，修复某些离轴或非球面系统。一般不选择该选项。

（8）使用高级收敛

勾选该复选框，处理大量围绕 Z 轴旋转的情况。

（9）步数

设置缓存设置过程中的步数。一般使用默认值，较高的值会使算法更稳定，但运行速度会更慢。

（10）光线瞄准向导

单击该按钮，开启光线瞄准向导，帮助用户确定最适合其系统的光线瞄准选项组合。

2.5.8 设置材料库

“材料库”选项卡用于设定当前使用的玻璃库，如图 2-52 所示。下面介绍该选项卡中的具体选项。

①“当前玻璃库”选项组：列出了当前所使用的玻璃库的名称（不包含文件扩展名）。

②“可用玻璃库”选项组：列出了可用但当前未使用的玻璃库的名称。

2.5.9 设置标题和注解

“标题 / 注解”选项卡用于添加镜头标题和注解，如图 2-53 所示。下面介绍该选项卡中的具体选项。

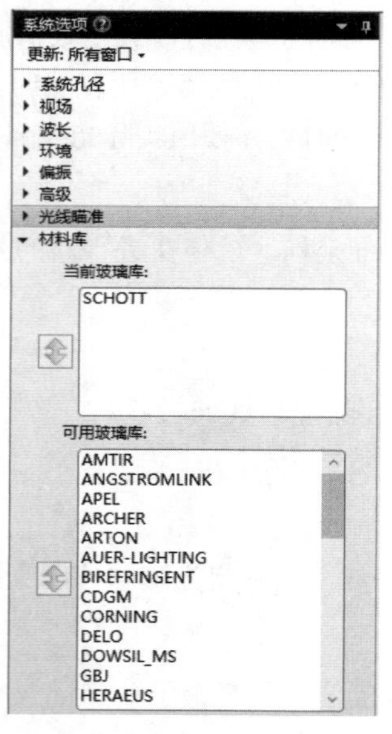

图 2-52　“材料库”选项卡

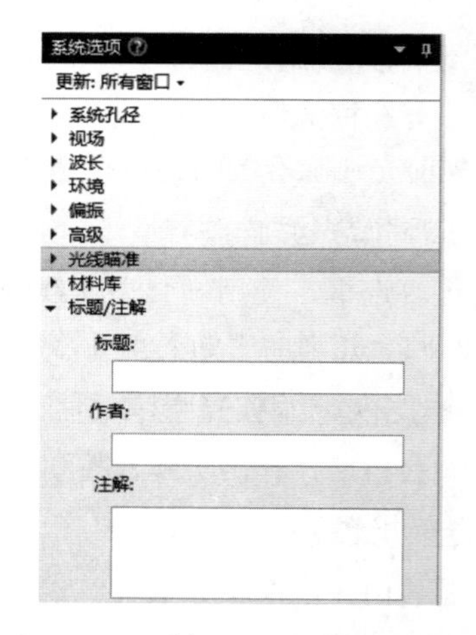

图 2-53　“标题 / 注解”选项卡

（1）标题

通过输入标题，在曲线和文字输出中显示镜头标题。

（2）作者

通过输入作者，在曲线和文字输出中显示镜头的设计作者。

（3）注解

在列表中输入几行文字，保存在镜头文件中。

2.5.10　设置文件

“文件”选项卡用于选择 Ansys Zemax OpticStudio 目录中包含透镜的相关数据的文件，如图 2-54 所示。下面介绍该选项卡中的具体选项。

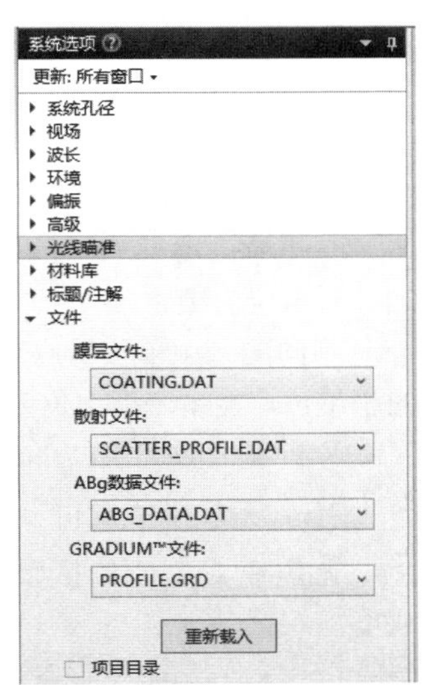

图 2-54　“文件”选项卡

（1）膜层文件

在 COATINGS 目录下，包含膜层材料和透镜使用的每层定义，默认名称为 COATING.DAT。一般情况下，每个镜头文件使用一个独立的膜层文件。

（2）散射文件

在 PROFILES 目录下，包含透镜使用的散射表面特性，默认名称为 SCATTER_PROFILE.DAT。

（3）ABg 数据文件

在 ABG-DATA 目录下，包含透镜使用的 ABg 数据定义，默认名称为 ABG_DATA.DAT。

（4）GRADIUM™ 文件

在 GLASSCAT 目录下，包含 GRADIUM™ 表面材料定义，默认名称为 PROFILE.GRD。

2.5.11　设置单位

“单位”选项卡用于对系统的单位进行设置，如图 2-55 所示。下面介绍该选项卡中的具体选项。

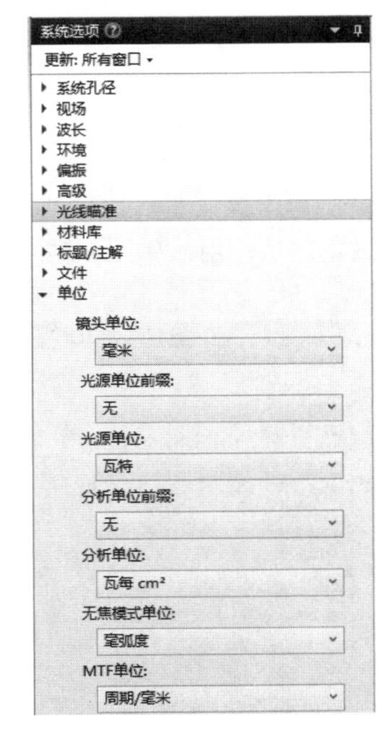

图 2-55　“单位”选项卡

（1）镜头单位

镜头单位定义半径、厚度、入瞳直径、非序列中的位置坐标以及其他 Zemax 参数的单位，包括毫米、厘米、英尺[1]和米。

提示　大多数图像分析功能（如光学特性曲线、点列图等）显示的单位是微米，不受镜头单位选择的影响。

（2）光源单位前缀

单位前缀是用于构成十进倍数和分数单位的词头，包括飞（femto, 10^{-15}）、皮（pico, 10^{-12}）、纳（nano, 10^{-9}）、微（micro, 10^{-6}）、毫（milli, 10^{-3}）、无、千（kilo, 10^{3}）、兆（mega, 10^{6}）、吉（giga, 10^{9}）、太（tera, 10^{12}）。

[1] 1 英尺（ft）=0.3048 米（m）。

（3）光源单位

光源单位用于对非连续光源的光通量（功率）或能量的测量单位进行设置。该设置用于非序列元件编辑器中定义的光源，还可以用于在物理光学分析中定义光焦度和辐照度。光源单位前还可以添加前缀，下面介绍几种光学单位。

- 瓦特：用来进行辐射度学分析。
- 流明：用于光度学分析。
- 焦耳：用于能量分析。

（4）分析单位

分析单位用于对辐照度（辐射）或光照度（光度）测量的单位进行设置。分析单位前可以添加分析单位前缀。

不同的光源单位对应不同的分析单位。辐照度单位是瓦特 / 面积单位，光照度单位为流明 / 面积单位，能量密度单位为焦耳 / 面积单位。

分析单位前缀包含 femto、pico、nano、micro、milli、无、kilo、mega、giga 或 tera。

（5）无焦模式单位

无焦模式单位包括微弧度、毫弧度、弧度、弧度 - 秒（1/3600 度）、弧度 - 分（1/60 度）或度。

（6）MTF 单位

聚焦系统的 MTF 单位包括周期 / 毫米、周期 / 毫弧度。

- 周期 / 毫米：计算在像面上像空间的空间频谱。
- 周期 / 弧度：计算物空间中角度的频谱。

2.5.12 设置成本估计

“成本估计”选项卡可以直接从制造商那里获得实时成本估算，如图 2-56 所示。下面介绍该选项卡中的具体选项。

（1）“供应商管理”按钮

单击该按钮，打开“Estimate providers（管理供应商）”对话框，以编辑供应商的账户信息供成本评估使用，如图 2-57 所示。

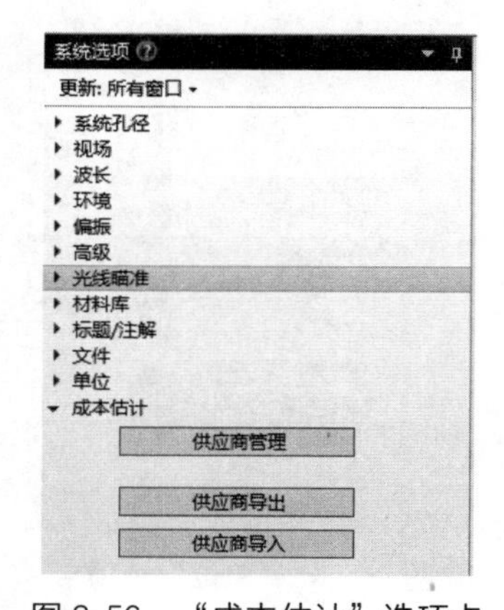

图 2-56 “成本估计”选项卡

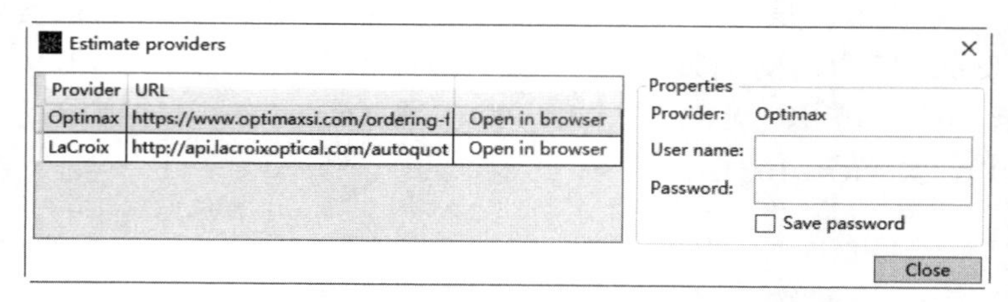

图 2-57 “Estimate providers（管理供应商）”对话框

（2）“供应商导出”按钮

单击该按钮，以加密文件格式导出供应商登录凭据。

（3）“供应商导入”按钮

单击该按钮，从之前导出的加密文件中导入供应商登录凭据。

2.5.13 设置非序列

Ansys Zemax OpticStudio 进入非序列模式后，“系统选项”工作面板中增加“非序列”选项卡，用于设置在 NSC 组中光线如何追迹，如图 2-58 所示。下面介绍该选项卡中的具体选项。

（1）每条光线最大交点数目

定义一条光线在沿着初始的光源母光线到最终与物体的交点这一路径中，与物体相交的最大次数，默认值为 100，最大交点数为 4000。

（2）每条光线最大片段数目

在该选项下设置每条发射光线的最大片段数。

（3）最大嵌套 / 接触物体数目

定义最多有多少个物体可以在另一个物体内部或者与另一个物体接触。

（4）光线文件在内存最大光线数目

为每个导入内存中的文件型光源物体设置最大的光线数目。默认值为 1000000，最小值为 5000。

（5）光线追迹相对阈值强度

定义相对于由光源发出的起始光线强度。

（6）光线追迹绝对阈值强度

该选项与光线追迹相对阈值强度相似，用光源单位下的绝对强度表示。若光线追迹绝对阈值强度为 0，则绝对光强没有极限值。

（7）系统单位下的胶合距离

当两个非序列物体胶合在一起时（如一个透镜与棱镜的某个表面黏结），使用光线追迹法则去探测两个物体之间的微小距离。胶合距离是指黏结物体之间可以接合的距离，它决定了光线追迹的最小传播长度，还用于与一般曲面光线追迹相关联的公差分析。

通过迭代进行计算，直到光线与表面截距的误差小于胶合距离的 1/5。通常胶合距离不需要进行调整。胶合距离不得小于 1×10^{-10}mm，也不能大于 1×10^{-3}mm。

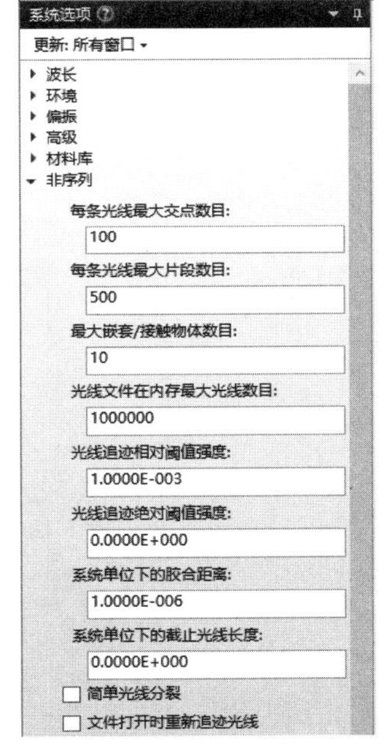

图 2-58　“非序列”选项卡

（8）简单光线分裂

勾选该复选框，每条行进光线将分裂为更多的子光线。

（9）文件打开时重新追迹光线

勾选该复选框，非序列模式下，若重新打开文件，重新追迹光线。

2.5.14 实例：新建材料库

Ansys Zemax OpticStudio 提供了众多材料库，用户根据需要可以更换当前材料库，创建符合设计的新材料库。下面介绍具体方法。

选择功能区中的“数据库”→“材料库”命令，弹出“材料库”对话框，在“分类”选项中显示默认的材料库“SCHOTT”。

单击“将玻璃库另存为”按钮，弹出“另存为”对话框，在“文件名”文本框内输入 new_Glasscat，如图 2-59 所示。

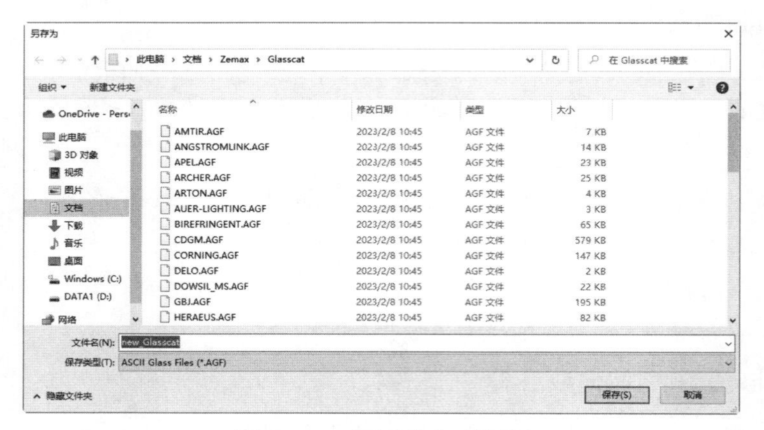

图 2-59 “另存为”对话框

单击“保存”按钮，在默认玻璃库路径（Zemax/Glasscat）下新建一个材料库，同时，在“材料库”对话框中自动将新建的材料库 NEW_GLASSCAT 置为当前，如图 2-60 所示。该材料库复制材料库 SCHOTT 中的所有材料，但其中材料的光学参数可以被编辑，创建新的材料。

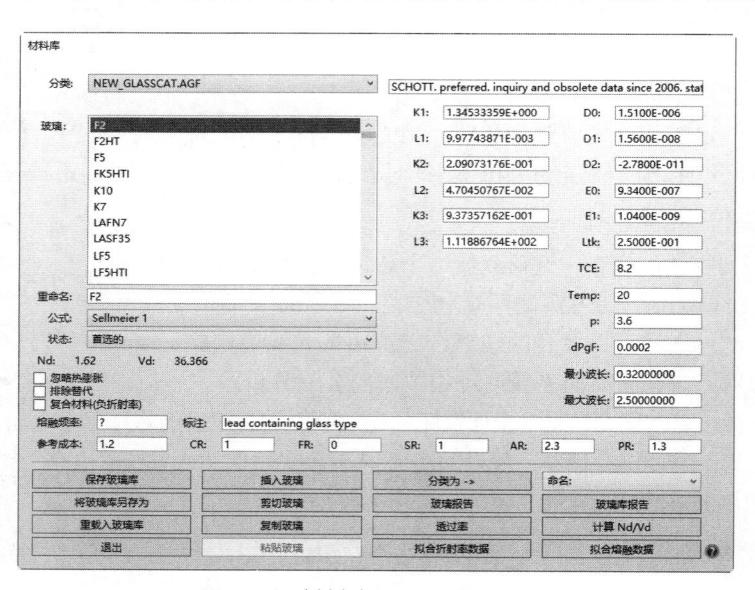

图 2-60 材料库 NEW_GLASSCAT

该对话框中包含对材料库和材料进行编辑的按钮，下面展开介绍。

① 保存玻璃库：单击该按钮，保存修改的玻璃材料库。只有经过编辑才可以激活该按钮。

② 将玻璃库另存为：单击该按钮，将玻璃材料库保存为新的材料库。

③ 重载入玻璃库：单击该按钮，重新加载默认的玻璃材料库。

④ 退出：单击该按钮，关闭该对话框。

⑤ 插入玻璃：单击该按钮，在当前材料库中插入新的玻璃材料，默认插入的玻璃名称为 NEWGLASS-1，如图 2-61 所示。在“重命名”文本框内输入新玻璃材料的名称，这里输入 NEW-1，如图 2-62 所示。

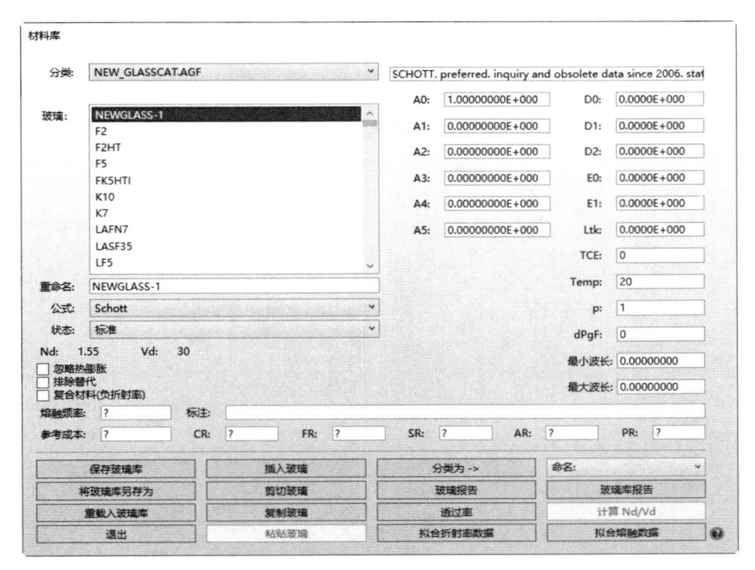

图 2-61　插入玻璃 NEWGLASS-1

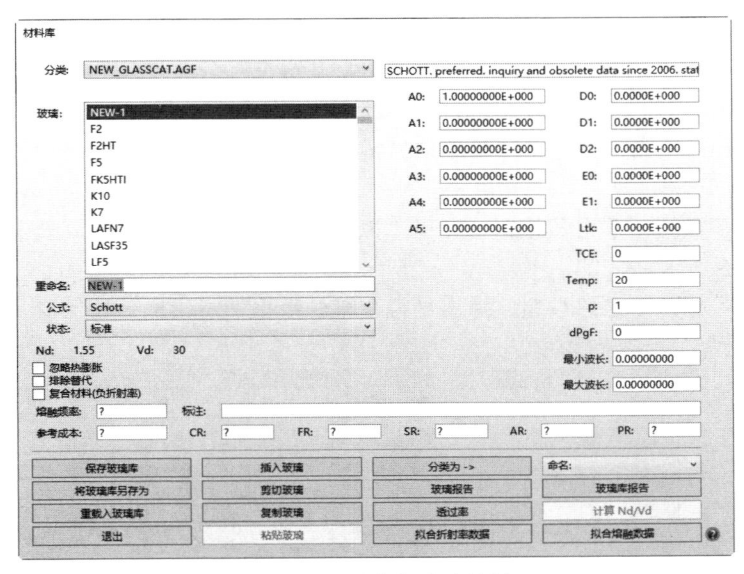

图 2-62　重命名玻璃材料

⑥ 剪切玻璃：该命令和粘贴玻璃命令组合应用，删除原来的玻璃材料，将其移动到新的材料库。

⑦ 复制玻璃：该命令和粘贴玻璃命令组合应用，在不删除原来的玻璃材料的情况下，将该玻璃材料移动到新的材料库。

⑧ 粘贴玻璃：该命令和剪切玻璃、复制玻璃命令组合应用。单击该按钮，移动选中的玻璃材料到新的材料库。

⑨ 分类为→：单击该按钮，将选中的玻璃材料按照字母顺序排列到指定的位置。

⑩ 命名：在该选项下拉列表中选择玻璃材料分类的组别，包括：折射率、阿贝数、状态、成本、TCE（热膨胀系数）。

⑪ 玻璃报告：单击该按钮，弹出“玻璃报告”对话框，显示选中玻璃的参数信息，如图 2-63 所示。

⑫ 玻璃库报告：单击该按钮，弹出“玻璃库报告”对话框，显示选中材料库中的玻璃及其参数信息，如图 2-64 所示。

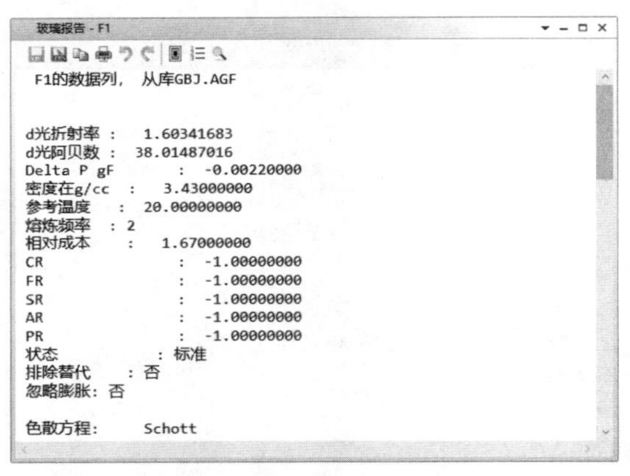

图 2-63 “玻璃报告”对话框

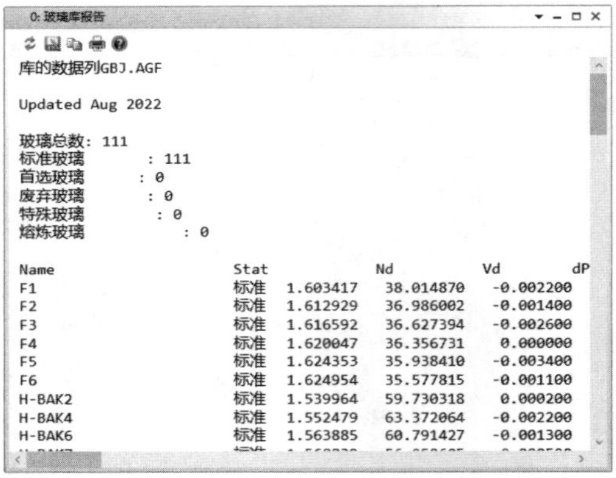

图 2-64 “玻璃库报告”对话框

⑬ 透过率：透过率表示光穿透透明 / 半透明材料时，入射的光通量与穿透后的光通量之比。该参数是衡量可见光穿透玻璃能力的百分比。通常，这个百分比值越低，透光能力越差，太阳膜颜色越深。单击该按钮，在弹出的对话框中显示选中玻璃材料的波长、厚度和透过率数据。

⑭ 计算 Nd/Vd：单击该按钮，计算玻璃材料的 Nd/Vd。其中， Nd 表示折射率，Vd 表示玻璃色散强系数（阿贝数）。

⑮ 拟合折射率数据：单击该按钮，弹出“拟合折射率数据”对话框，显示不同点的波长和折射率，如图 2-65 所示。

⑯ 拟合熔融数据：单击该按钮，弹出“拟合熔融数据”对话框，显示拟合点和实际点的波长，如图 2-66 所示。

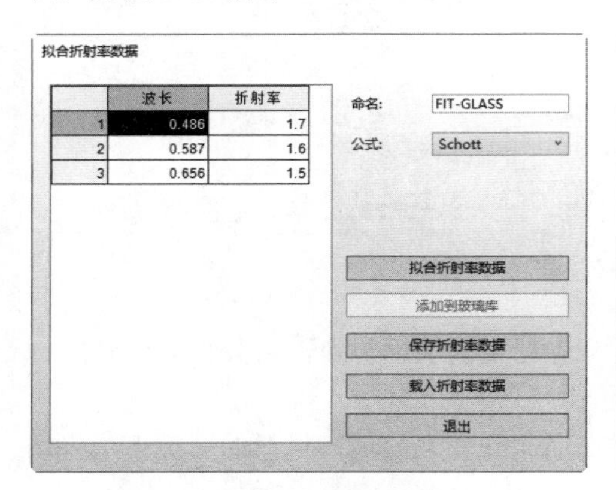

图 2-65 “拟合折射率数据”对话框

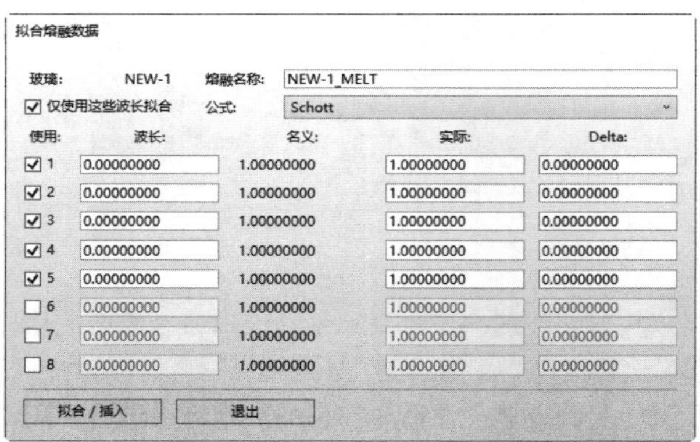

图 2-66 “拟合熔融数据”对话框

第3章 初识镜头数据编辑器

扫码观看
本章视频

镜头数据编辑器是 Ansys Zemax OpticStudio 进行序列光学系统设计的基础，使用镜头数据编辑器可以设置镜头的大部分参数，根据系统参数定义的数据形成了镜头数据。

本章从镜头数据编辑器的基本操作讲起，主要包括编辑器中的单元格和行列操作，然后根据每列标题介绍不同类型表面参数的设置。

3.1 镜头数据基本操作

镜头数据编辑器是一个数据列表，它包括了各种数据列，其中后 5 项参数决定了光学元件的主要特性。这些数据列按默认顺序排列，可以通过按住列表名称并前后拖动的方式来调整排列的顺序。

3.1.1 单元格操作

在输入和编辑单元格内容之前，必须使单元格处于活动状态。所谓活动单元格，是指可以进行数据输入的选定单元格，特征是被黑色填充的单元格。

（1）选定单元格

单击相应的单元格，即可选定它，如图 3-1 所示。选定单元格后，可以用方向键（右、右、上）、Home 键、End 键切换选择不同的单元格。

	表面类型		标注	曲率半径	厚度	材料	膜层	净口径	延伸区	机械半直径	圆锥系数	TCE x 1E-6
0	物面	标准面 ▾		无限	无限			0.000	0.000	0.000	0.000	0.000
1		标准面 ▾	第1面	无限	0.000			0.000	0.000	0.000	0.000	0.000
2		标准面 ▾	第2面	无限	0.000			0.000	0.000	0.000	0.000	0.000
3	光阑	标准面 ▾	第3面	无限	0.000			0.000	0.000	0.000	0.000	0.000
4	像面	标准面 ▾		无限	-			0.000	0.000	0.000	0.000	0.000

图 3-1 选定单元格

（2）单元格快捷命令

选择当前单元格，单击鼠标右键弹出如图 3-2 所示的快捷菜单，显示关于单元格的操作命令，下面简单进行介绍。

- 复制单元格：将单元格数据复制到 Windows 剪贴板。
- 粘贴单元格：将 Windows 剪贴板中的单元格粘贴到当前单元格。
- 创建单元格拾取：选择并突出显示单元格。
- 剪切表面：将单个表面或一系列表面的所有数据复制到 Windows 剪贴板，然后删除该表面。
- 复制表面：将单个表面或一系列表面的所有数据复制到 Windows 剪贴板。
- 粘贴表面：将单个表面或一系列表面的所有数据从 Windows 剪贴板复制到当前光标位置。必须首先使用上面描述的“剪切表面”或“复制表面”将表面数据复制到 Windows 剪贴板。

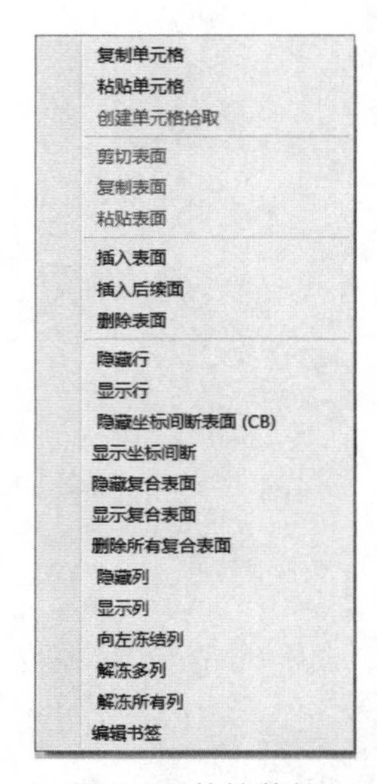

图 3-2 快捷菜单

- 插入表面：在 LDE（编辑器）当前行的位置插入新行。新的表面类型是“OFF”，表示表面被忽略。快捷键为 Insert。
- 插入后续面：在当前行之后在 LDE 中插入新行。新的表面类型是“OFF”，表示表面被忽略。快捷键为 Ctrl+Insert。
- 删除表面：删除 LDE 中的当前行，快捷键为 Delete。
- 隐藏行：从 LDE 的视图中隐藏选定的行。
- 显示行：在 LDE 中显示隐藏的行。
- 隐藏坐标间断表面（CB）：在 LDE 视图中隐藏选定的间断表面。
- 显示坐标间断：在 LDE 视图中取消隐藏选定的间断表面。
- 隐藏复合表面：从 LDE 视图中隐藏选定的复合表面。
- 显示复合表面：取消隐藏 LDE 中任何选定的复合表面。
- 删除所有复合表面：从 LDE 中删除所有已选择或未选择的复合表面。
- 隐藏列：用于隐藏选定的列。
- 显示列：用于取消隐藏选定的列。
- 向左冻结列：当在较小的窗口中工作时，可以将列冻结到左侧，向右滚动将不断显示所选的冻结列。
- 解冻多列：向右滚动时，解冻所选列。
- 解冻所有列：向右滚动时解冻所有列。
- 编辑书签：为选定单元格分配一个书签，该书签由红色“大于”符号表示，可以删除和更新。

3.1.2　输入数据

若在表格中输入数据，移动光标到正确的单元格，然后从键盘输入，当数据编辑完成时，按任意方向键或单击屏幕的任意位置，或按“Enter”键可结束当前编辑。

若要增大当前的值，在数字前加一个“+”，例如，如果显示的数据是 10，输入“+5”，按“Enter”键，数字会变为 15。符号“*”和“/”也同样有效。

若要减小数字，可用负号和一个空格，如输入“- 5”，可以将 17 变为 12。“-”和“5”之间必须有一个空格；如果不输入一个空格，输入的是一个负的新数值（-5）。输入“*”和“-1”可以改变数值的正负号。

3.1.3　行列操作

镜头数据编辑器的数据区中，每一行表示一个光学表面，每一列代表具有不同特性的光学表面数据，可以将光标移至需要改动的地方并将所需的数值由键盘输入到电子表格中。

（1）选择表面行

① 单击相应表面的序号，即可选定该行，如图 3-3 所示。

② 单击快捷工具栏中的“上一个”或“下一个”按钮，按照面序号切换到上一个或下一个表面所在的行。

③ 单击工具栏中的“转到表面”按钮，弹出“转到表面”对话框，如图 3-4 所示。在文本框内输入面序号，单击“向前”或“向后”按钮，跳转到该表面所在的行。也可以单击按钮，在打开的下拉列表中选择该编辑器中的注释，单击“向前”或“向后”按钮，跳转到该注释表面所在的行（序号为 4，注释为第 3 面），如图 3-5 所示。

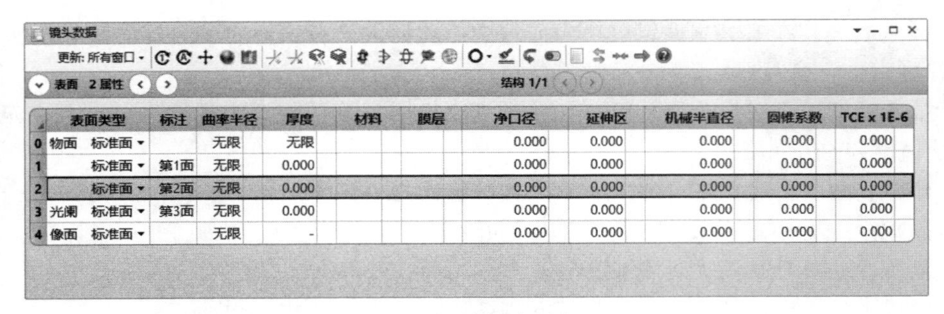

图 3-3　选择表面行

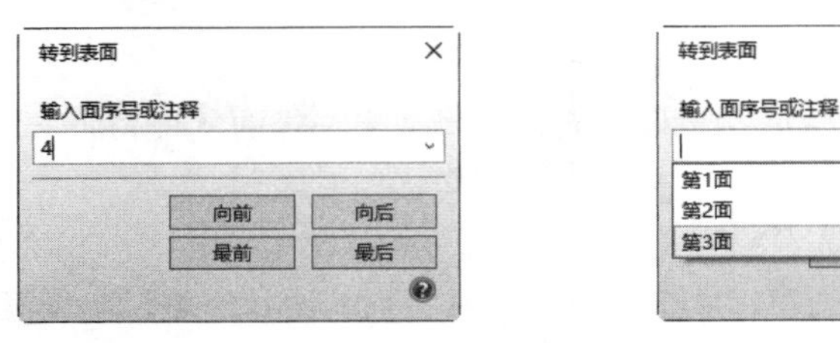

图 3-4　“转到表面”对话框

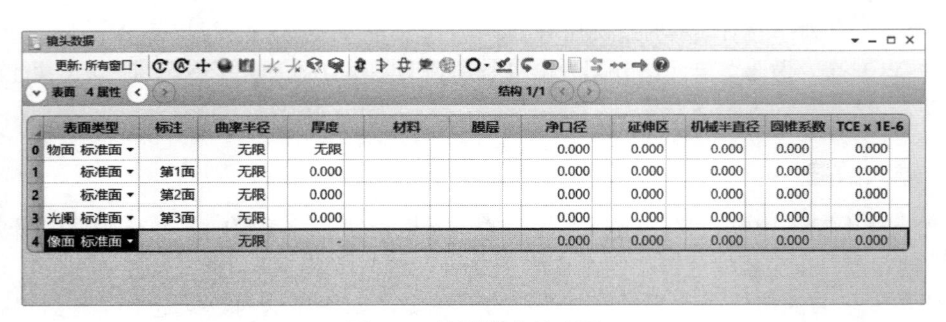

图 3-5　转到指定的表面

（2）插入表面

选择当前表面行或单元格（光阑），单击鼠标右键弹出快捷菜单，选择“插入表面”命令，在选择表面上方插入表面（表面序号 1）；选择“插入后续面”命令，在选择表面下方插入表面（表面序号 3），如图 3-6 所示。

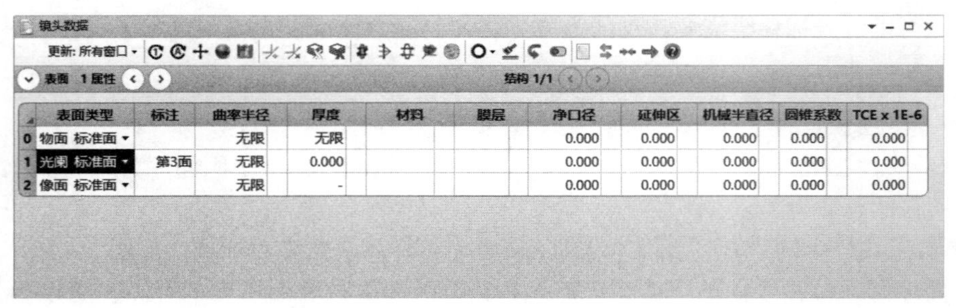

(a)插入前

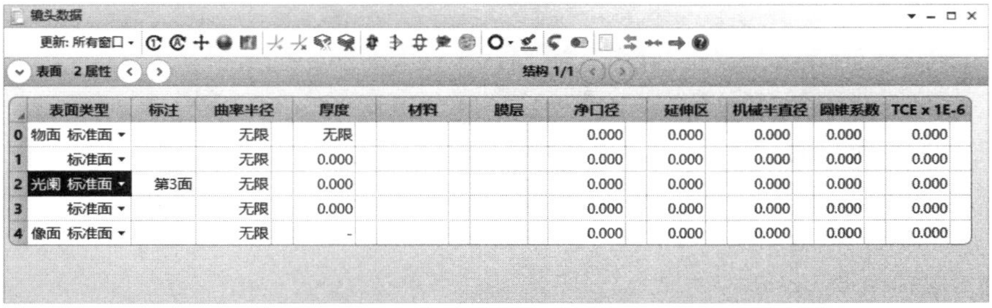

镜头数据

更新: 所有窗口 ·

表面 2 属性　　结构 1/1

	表面类型	标注	曲率半径	厚度	材料	膜层	净口径	延伸区	机械半直径	圆锥系数	TCE x 1E-6
0	物面 标准面 ▾		无限	无限			0.000	0.000	0.000	0.000	0.000
1	标准面 ▾		无限	0.000			0.000	0.000	0.000	0.000	0.000
2	光阑 标准面 ▾	第3面	无限	0.000			0.000	0.000	0.000	0.000	0.000
3	标准面 ▾		无限	0.000			0.000	0.000	0.000	0.000	0.000
4	像面 标准面 ▾		无限	-			0.000	0.000	0.000	0.000	0.000

(b)插入后

图 3-6　插入表面

（3）删除表面

选择当前表面行或单元格，单击鼠标右键弹出快捷菜单，选择“删除表面”命令，直接删除选中的表面。其中，物面和像面不能删除。

（4）设置列宽

单击工具栏中的“自动列宽”按钮➡，设置每列列宽，以能全部显示单元格内容，如图 3-7 所示。

镜头数据

更新: 所有窗口 ·

表面 1 属性　　结构 1/1

	表面类型	标注	曲率半径	厚度	材料	膜层	净口径	延伸区	机械半直径	圆锥系数	TCE x 1E-6
0	物面 标准面 ▾		无限	无限			0.000	0.000	0.000	0.000	0.000
1	光阑 标准面 ▾		无限	0.000			0.000	0.000	0.000	0.000	0.000
2	像面 标准面 ▾		无限	-			0.000	0.000	0.000	0.000	0.000

图 3-7　自动设置列宽

3.1.4　切换视图显示

Ansys Zemax OpticStudio 镜头数据编辑器中包含两种视图。普通视图支持所有编辑器功能，快速视图只支持基本功能，以最大限度地提高速度。

单击工具栏中的“Toggle Express View”按钮，或按下快捷键 Ctrl+^，在普通视图和快速视图之间切换，如图 3-8 所示。

除了上面介绍的操作，不同的属性列之间可以通过拖动列交换位置，表面行可以右键进行剪切、粘贴、复制、删除等操作，也可以使用快捷键操作，这里不再赘述。

镜头数据

更新: 所有窗口 ·

表面 1 属性　　结构 1/1

	表面类型	标注	曲率半径	厚度	材料	膜层	净口径	延伸区	机械半直径	圆锥系数	TCE x 1E-6
0	物面 标准面 ▾		无限	无限			0.000	0.000	0.000	0.000	0.000
1	标准面 ▾	第1面	无限	0.000			0.000	0.000	0.000	0.000	0.000
2	标准面 ▾	第2面	无限	0.000			0.000	0.000	0.000	0.000	0.000
3	光阑 标准面 ▾	第3面	无限	0.000			0.000	0.000	0.000	0.000	0.000
4	像面 标准面 ▾		无限	-			0.000	0.000	0.000	0.000	0.000

(a)普通视图

图 3-8

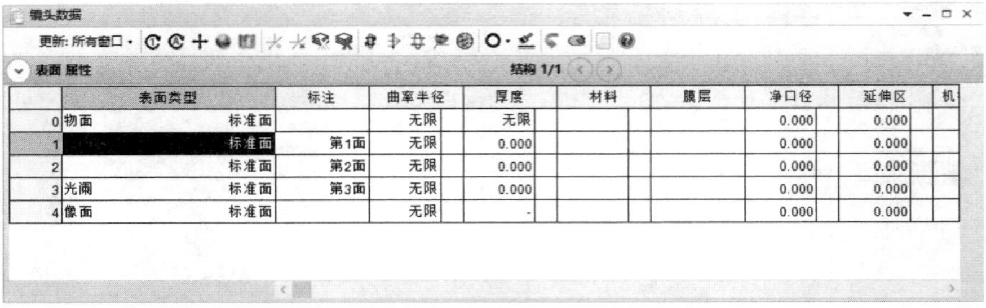

镜头数据

更新: 所有窗口 ·

表面 属性　　结构 1/1

	表面类型		标注	曲率半径	厚度	材料	膜层	净口径	延伸区	机
0	物面	标准面		无限	无限			0.000	0.000	
1		标准面	第1面	无限	0.000			0.000	0.000	
2		标准面	第2面	无限	0.000			0.000	0.000	
3	光阑	标准面	第3面	无限	0.000			0.000	0.000	
4	像面	标准面		无限	-			0.000	0.000	

(b)快速视图

图 3-8　切换视图

3.1.5　输入表面参数

标准表面可以是平面、球面或圆锥非球面，是均匀材料（如空气、镜子或玻璃），需要设置的参数包括半径（可以是无穷大以产生一个平面）、厚度、圆锥常数（默认的零值表示一个球体）和玻璃类型的名称。

为输入或改变一个面的参数，移动光标到所要的参数列中，每列包含两小列。若需要对“膜层”之外的 8 个属性进行数据输入，包含两种方法：

① 双击左侧小列单元格，直接输入新的数据，如图 3-9 所示；

② 单击右侧小列单元格，弹出求解器面板，选择求解类型，默认为“固定”，如图 3-10 所示。

镜头数据

更新: 所有窗口 ·

表面　1 属性　　结构 1/1

	表面类型		标注	曲率半径	厚度	材料	膜层	净口径	延伸区	机械半直径	圆锥系数	TCE x 1E-6
0	物面	标准面 ▾		无限	无限			0.000	0.000	0.000	0.000	0.000
1		标准面 ▾	第一面	无限	10			0.000	0.000	0.000	0.000	0.000
2		标准面 ▾	第二面	无限	0.000			0.000	0.000	0.000	0.000	0.000
3		标准面 ▾	第三面	无限	0.000			0.000	0.000	0.000	0.000	0.000
4	光阑	标准面 ▾		无限	0.000			0.000	0.000	0.000	0.000	0.000
5	像面	标准面 ▾		无限	-			0.000	0.000	0.000	0.000	0.000

图 3-9　直接输入数据

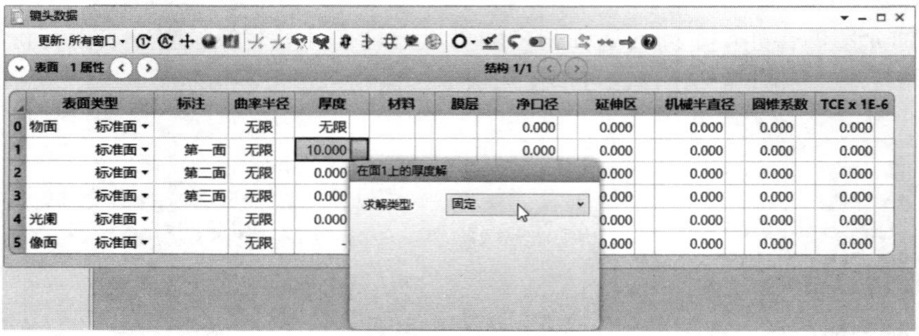

镜头数据

更新: 所有窗口 ·

表面　1 属性　　结构 1/1

	表面类型		标注	曲率半径	厚度	材料	膜层	净口径	延伸区	机械半直径	圆锥系数	TCE x 1E-6
0	物面	标准面 ▾		无限	无限			0.000	0.000	0.000	0.000	0.000
1		标准面 ▾	第一面	无限	10.000			0.000	0.000	0.000	0.000	0.000
2		标准面 ▾	第二面	无限	0.000			0.000	0.000	0.000	0.000	0.000
3		标准面 ▾	第三面	无限	0.000			0.000	0.000	0.000	0.000	0.000
4	光阑	标准面 ▾		无限	0.000			0.000	0.000	0.000	0.000	0.000
5	像面	标准面 ▾		无限	-			0.000	0.000	0.000	0.000	0.000

在面1上的厚度解

求解类型: 固定

图 3-10　求解器面板

Ansys Zemax OpticStudio 的求解器求解表面参数采用了数值计算方法，精度高，运算速度快，可以快速地得到光学系统的响应结果。

3.2　镜头数据设置

在默认情况下，镜头数据编辑器的行数据中包含三个表面——物面、光阑面和像面，列数据包含光学表面的一系列基本参数。

3.2.1　表面类型设置

镜头数据编辑器第一列里对表面类型进行了标记，并且这些表面的表面类型默认为标准面。

（1）选择表面类型

Ansys Zemax OpticStudio 中包含多种表面类型，基础表面有平面、球面、二次曲面，其余表面都是在标准面型的基础上组合而成的，许多光学设计只使用标准面型。选择表面类型包含两种方法：

① 单击镜头数据编辑器最左一列“表面类型”右侧的倒三角按钮，打开表面类型下拉菜单，从下拉菜单中选择适当的面型，如图 3-11 所示。OpticStudio 还支持其他多种表面类型。其中一些表面类型会需要用到比标准面型更多的定义参数，当使用这类表面类型时，镜头数据编辑器中会出现额外的数据列以供参数定义，如图 3-12 所示。

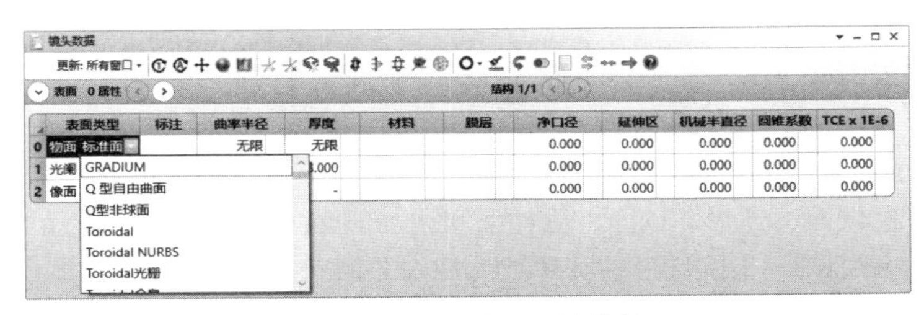

图 3-11　表面类型下拉菜单

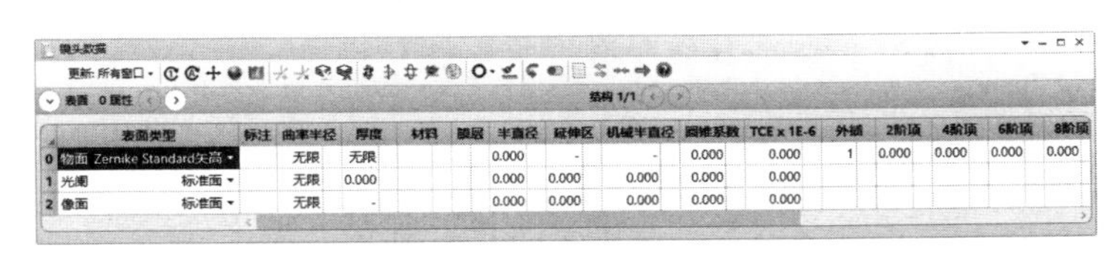

图 3-12　显示额外参数

② 单击“表面”选项左侧的“打开”按钮，打开“表面属性”面板“类型”选项卡，如图 3-13 所示。

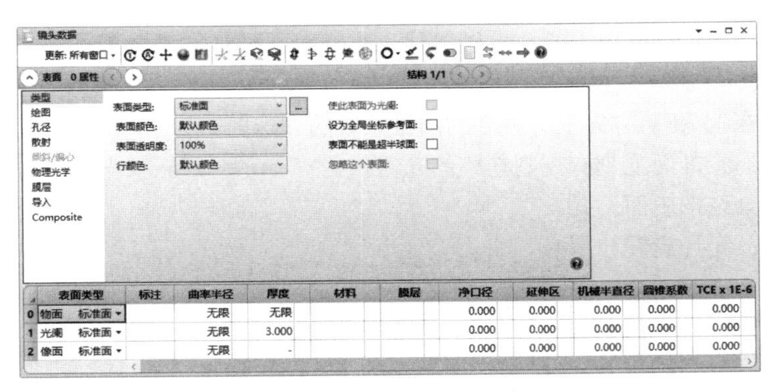

图 3-13　“类型”选项卡

a. 在“表面类型”下拉列表中选择指定的表面类型，单击“▭”按钮，弹出“表面类型”对话框，如图 3-14 所示。在“分类”选项中显示表面组别，在“表面类型”选项中显示对应表面组别下的表面。

b. 表面颜色：在下拉列表中选择指定表面的颜色。

c. 表面透明度：在下拉列表中选择指定表面的透明度，默认值为 100%，其余选项以 10% 为间隔递减。

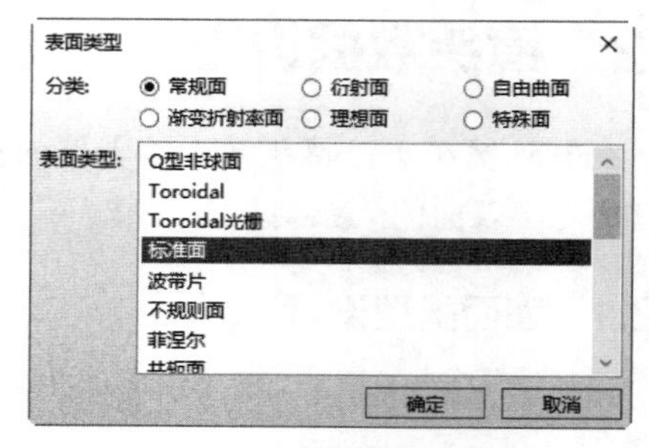

图 3-14　“表面类型”对话框
（图中“菲涅尔”在正文中用“菲涅耳”表示）

d. 行颜色：在下拉列表中选择指定表面所在行的颜色。

e. 使此表面为光阑：勾选该复选框，将该面设置为限制光束的光阑面，物面和像面不可执行该操作。

f. 设为全局坐标参考面：勾选该复选框，将该面设置为全局坐标参考面。

g. 表面不能是超半球面：勾选该复选框，表示该表面不允许是超半球面。

h. 忽略这个表面：勾选该复选框，在进行光路分析时不考虑该面。

（2）表面类型分类

① 常规面。

- Q 型非球面：基于 Forbes 多项式的非球面。
- Toroidal：圆锥面、环形非球面、圆柱面和增加的 Zernike 项。
- Toroidal 光栅：在一个圆锥形的圆环上的规则光栅。
- 标准面：包括平面、球面和圆锥面。
- 波带片：使用不同深度的圆环的菲涅耳波带片模型。
- 不规则面：具有偏心、倾斜或其他变形的标准面。
- 菲涅耳：具有屈光力的平面。
- 共轭面：两点上定义具有理想成像的曲面。
- 光学制造全息：有任意记录光波和圆基板的光学制造全息图。
- 黑盒透镜：一个可对一系列 Zemax 表面进行模拟的表面，其定义的数据是隐藏的。
- 扩展非球面：使用径向多项式来定义矢高。
- 偶次非球面：标准面加多项式非球面项。
- 倾斜面：在不改变坐标系时定义倾斜面。
- 双折射输入 / 输出：用于模拟单轴晶体；支持以普通或特殊的模式追踪光线；支持具有可变晶轴方向的双折。
- 双锥面：在 X 和 Y 方向上有独立的圆锥系数的非球面。
- 衍射光栅：标准面上刻有规则沟槽的光栅。
- 周期面：余弦形表面。
- 坐标间断：允许旋转和偏心。

② 衍射面。

- Toroidal 光栅：一个圆锥形的圆环上的规则光栅。
- Toroidal 全息：具有两点光学制造全息图的 Toroidal 基底。
- Zernike Annular 相位：使用 80 个 Zernike Annular（环形）多项式来定义表面相位。

- Zernike Fringe 相位：使用 37 个 Zernike Fringe（边缘）多项式来定义相位。
- Zernike Standard 相位：使用 231 个 Zernike Standard（标准）多项式来定义表面相位。
- 二元面 1：使用 230 项多项式来定义相位。
- 二元面 2：使用径向多项式来定义相位。
- 二元面 3：双区域非球面和衍射面。
- 二元面 4：多区域非球面和衍射面。
- 光学制造全息：有任意记录光波和椭圆基板的光学制造全息图。
- 径向光栅：有径向相位分布的衍射光栅。
- 可变刻线距离光栅：具有可变刻线距离的光栅表面。
- 扩展 Toroidal 光栅：具有扩展多项式项的非球面环形光栅。
- 全息面 1：两点光学制造全息图。
- 全息面 2：两点光学制造全息图。
- 网格相位：由网格点描述的相位表面。
- 衍射光栅：标准面上刻有规则沟槽的光栅。

③ 自由曲面。

- Q 型自由曲面：用一组正交的二维 Q 多项式描述的最先进的参数自由曲面。
- Toroidal NURBS：使用 NURBS 曲线来定义一个环形对称表面。
- TrueFreeForm：完全自由曲面。将自由曲面定义为 Biconie 项、偶次非球面项、扩展多项式项和 Zernike 标准矢高项组合而成的矢高点网格。
- Zerike Annular Standard 矢高：使用 80 个 Zernike Annular（环形）多项式来定义表面矢高。
- Zernike Fringe 矢高：使用 37 个 Zernike Fringe（边缘）多项式来定义矢高。
- Zernike Standard 矢高：使用 231 个 Zernike Standard（标准）多项式来定义表面矢高。
- 超圆锥面：具有快速收敛的超圆锥非球面。
- 多项式：在 x 和 y 中的多项式扩展径向。
- 径向 NURBS：使用 NURBS 曲线来定义旋转对称表面。
- 扩展 Toroidal 光栅：具有扩展多项式项的非球面环形光栅。
- 扩展多项式：使用 230 项多项式扩展来定义矢高。
- 扩展菲涅耳：在多项式面上的多项式菲涅耳面。
- 扩展奇次非球面：使用径向功率的奇数项。
- 扩展三次样条：旋转对称最多拟合 250 个点。
- 离轴圆锥自由曲面：由圆锥部分与多项式叠加而成的一种新的光学曲面。
- 奇次非球面：标准面加多项式非球面项。
- 奇次余弦：奇次非球面加余弦多项式项。
- 切比雪夫多项式：基于切比雪夫多项式的自由曲面。
- 三次样条：拟合 8 个点的旋转对称柱面。
- 双锥 Zernike：有 x、y 和 Zernike 多项式项的双锥面。
- 通用菲涅耳面：在非球面衬底上的 XY 多项式菲涅耳面。
- 椭圆光栅 1：具有非球面项和多项式凹槽的椭圆光栅。
- 椭圆光栅 2：具有由倾斜平面形成的非球面项和凹槽的椭圆光栅。
- 网格渐变：由 3D 网格描述的梯度折射率表面。

- 网格尖高：由网格点描述的表面形状。
- 圆柱菲涅耳面：在多项式柱面上的菲涅耳透镜面。

④ 渐变折射率面。

- GRADIUM：有分散模型及轴向梯度折射率的材料表面。
- 渐变 1：有径向梯度折射率的材料表面。
- 渐变 2：有径向梯度折射率的材料表面，介质折射率的定义与渐变 1 不同。
- 渐变 3：有径向和轴向梯度折射率的材料表面。
- 渐变 4：有 X、Y 和 Z 梯度折射率的材料表面。
- 渐变 5：有色散模拟及径向和轴向梯度折射率的材料表面。
- 渐变 6：有 Gradient Lens 公司的色散模拟及径向梯度折射率的材料表面。
- 渐变 7：球形梯度剖面。
- 渐变 9：有 NSG SELFOC 透镜的色散模拟及径向梯度折射率的材料表面。
- 渐变 10：有色散模拟及 Y 梯度折射率的材料表面。
- 渐变 11：有色散模拟及 X、Y 和 Z 梯度折射率的材料表面。
- 网格渐变：由 3D 网格描述的梯度折射率表面。

⑤ 理想面。

- ABCD 面：使用 ABCD 矩阵来模拟“黑盒”。
- 不规则面：具有偏心、倾斜和其他变形的标准面。
- 菲涅耳：具有屈光力的平面。
- 幻灯片表面：由点列图充当过滤器的平面。
- 近轴 XY：在 X、Y 轴具有不同规格的薄透镜。
- 近轴面：可理想成像的薄透镜表面。
- 扩展菲涅耳：在多项式面上的多项式菲涅耳面。
- 逆反射：逆向反射光线沿入射路径反射。
- 琼斯矩阵：可校正偏振状态的琼斯矩阵。
- 全息面 1：两点光学制造全息图。
- 全息面 2：两点光学制造全息图。
- 通用菲涅耳： 在非球面衬底上的 XY 多项式菲涅耳面。
- 圆柱菲涅耳：在多项式柱面上的多项式柱面菲涅耳面。

⑥ 特殊面。

- 备选偶次非球面：可选择备选解决方案的偶次非球面。
- 备选奇次非球面：可选择备选解决方案的奇次非球面。
- 大气：通过地球大气引起的折射。
- 非序列组件：通过 3D 表面和物体的集合追迹非序列光线。
- 可变刻线距离光栅：可变刻线距离的光栅表面。
- 数据：虚拟面可将额外数据值传递给 UDS。
- 用户自定义：可使用任意用户定义的函数来描述表面的折射、反射、衍射、透射或梯度特性的一般表面。

3.2.2 实例：切换双折射透镜光学系统表面

双折射透镜光学系统中的光线经过以方解石为材料的双折射透镜后，分解为两束光并沿不同方向折射。本节以双折射透镜光学系统为例，演示切换不同类型表面后光学系统中的光线变化。

（1）设置工作环境

双击 Ansys Zemax OpticStudio 图标，启动 Ansys Zemax OpticStudio 2023，进入 Ansys Zemax OpticStudio 2023 编辑界面。

选择功能区中的“文件”→“打开”命令，或单击工具栏中的“打开”按钮，打开“打开”对话框，选中文件 Birefringent cube.zmx，单击“打开”按钮，在指定的源文件目录下打开项目文件，如图 3-15 所示。

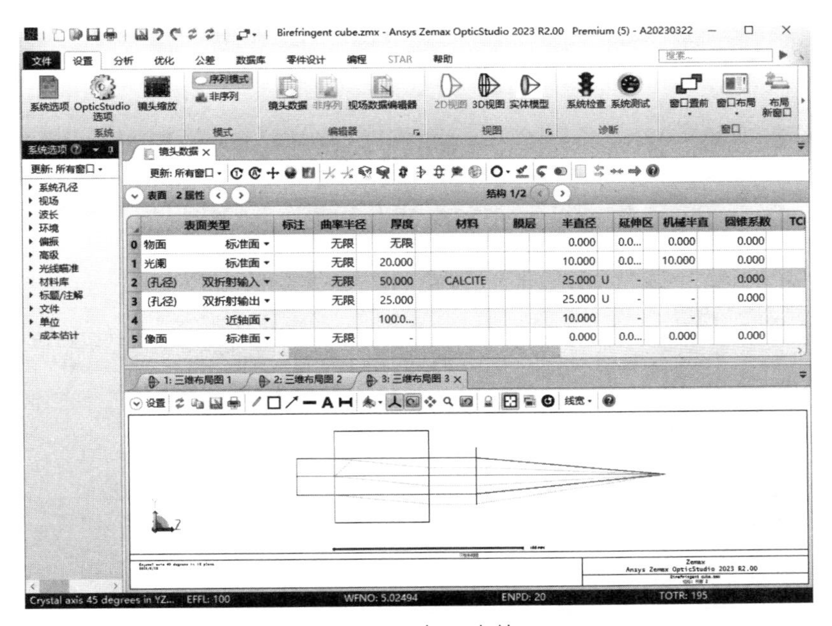

图 3-15　打开文件

知识拓展

通常，OpticStudio 使用材料库和材料名称来定义寻常光的折射率。比如，将平面定义为双折射入射面，然后输入方解石作为材料名称，这样就可以模拟出方解石。OpticStudio 用这个名称来计算任意波长下的寻常光折射率。

（2）设置标准面

在“镜头数据”编辑器中，面 2 显示“表面类型”为“双折射输入”，单击该选项右侧下拉按钮，在弹出的下拉列表中选择“标准面”，修改表面类型。

同样的方法，在“镜头数据”编辑器中，修改面 3 的“表面类型”为“标准面”。在“三维布局图”窗口中，显示切换表面类型后的光学系统，如图 3-16 所示。标准面不具备折射功能，因此不显示折射光线。

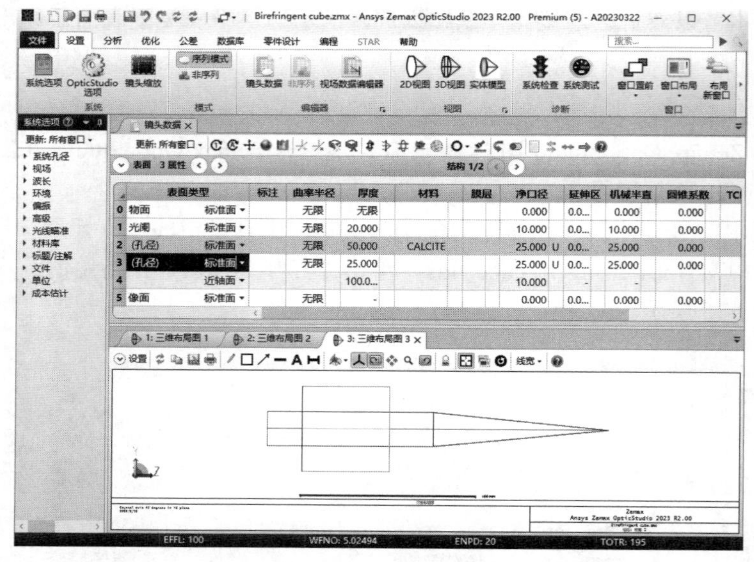

图 3-16　设置表面类型 1

（3）设置黑盒透镜

此时，在“镜头数据”编辑器中，面 2 的“表面类型”为“标准面”，单击该选项右侧下拉按钮，在弹出的下拉列表中选择“黑盒透镜”，修改表面类型。同时，在“三维布局图”窗口中，光学系统中透镜和光线发生变化，如图 3-17 所示。

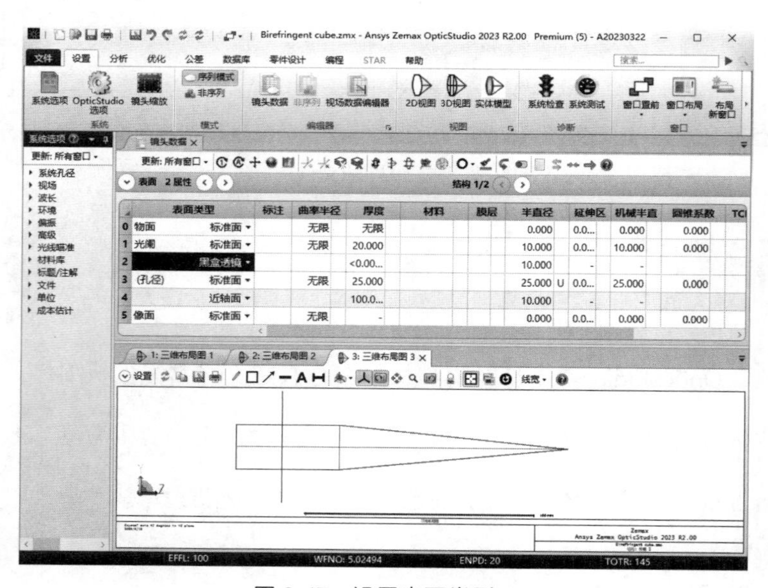

图 3-17　设置表面类型 2

（4）保存文件

选择功能区中的“文件”→“另存为”命令，或单击工具栏中的“另存为”按钮，打开“另存为”对话框，输入文件名称 Birefringent cube_Surface.zmx。单击“保存”按钮，在指定的源文件目录下自动新建了一个新的文件。

3.2.3　定义表面注释

在“镜头数据”编辑器中，每个表面都有一个“标注”栏，通过它可以输入最大到 32 个用户文本字符，这些注释能增强镜头特性的可读性，且不影响光线追迹，如图 3-18 所示。

镜头数据

更新: 所有窗口 ·

表面 0 属性　　结构 1/1

	表面类型		标注	曲率半径	厚度	材料	膜层	净口径	延伸区	机械半直径	圆锥系数	TCE x 1E-6
0	物面	标准面 ▾		无限	无限			0.000	0.000	0.000	0.000	0.000
1		标准面 ▾	第一面	无限	0.000			0.000	0.000	0.000	0.000	0.000
2		标准面 ▾	第二面	无限	0.000			0.000	0.000	0.000	0.000	0.000
3		标准面 ▾	第三面	无限	0.000			0.000	0.000	0.000	0.000	0.000
4	光阑	标准面 ▾		无限	0.000			0.000	0.000	0.000	0.000	0.000
5	像面	标准面 ▾		无限	-			0.000	0.000	0.000	0.000	0.000

图 3-18　输入标注

“镜头数据”编辑器默认显示这些表面的注释，为了特殊需要有时需要隐藏该列。选择该列，单击鼠标右键，选择“隐藏列”命令，整个注释内容都可以被隐藏，如图 3-19 所示。

镜头数据

更新: 所有窗口 ·

表面 0 属性　　结构 1/1

	表面类型		曲率半径	厚度	材料	膜层	净口径	延伸区	机械半直径	圆锥系数	TCE x 1E-6
0	物面	标准面 ▾	无限	无限			0.000	0.000	0.000	0.000	0.000
1		标准面 ▾	无限	0.000			0.000	0.000	0.000	0.000	0.000
2		标准面 ▾	无限	0.000			0.000	0.000	0.000	0.000	0.000
3		标准面 ▾	无限	0.000			0.000	0.000	0.000	0.000	0.000
4	光阑	标准面 ▾	无限	0.000			0.000	0.000	0.000	0.000	0.000
5	像面	标准面 ▾	无限	-			0.000	0.000	0.000	0.000	0.000

图 3-19　隐藏标注列

3.2.4　定义曲率半径

光学元件的曲率半径是光学设计与制造的一个重要参数，指光学元件的顶点与曲率中心之间的距离，通常用透镜的计量单位表示。

根据表面是凸面、平面还是凹面，该半径可以为正值、零或负值。如果曲率中心在表面顶点的右边（沿 Z 轴正距离），则半径为正；如果曲率中心在表面顶点左边（沿 Z 轴为负距离），则半径为负。这与系统中反射镜的个数无关。

图 3-20（a）中，曲率半径为 -5，透镜为凸面，曲率中心在表面顶点的左边；图 3-20（b）中，曲率半径为 0，透镜为平面；图 3-20（c）中，曲率半径为 +5，透镜为凹面，曲率中心在表面顶点的右边。

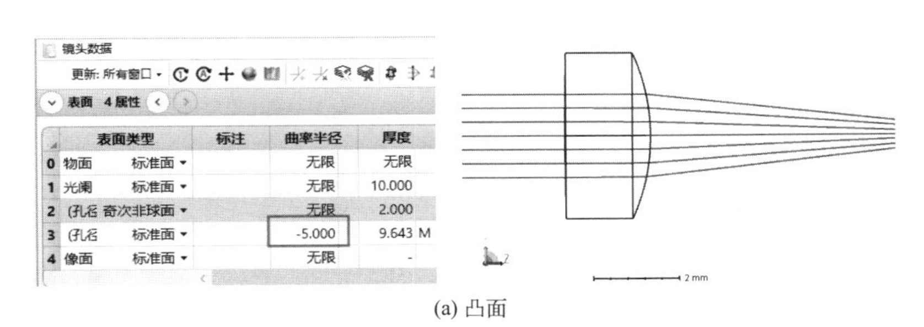

镜头数据

更新: 所有窗口 ·

表面 4 属性

	表面类型		标注	曲率半径	厚度
0	物面	标准面 ▾		无限	无限
1	光阑	标准面 ▾		无限	10.000
2	(孔径	奇次非球面 ▾		无限	2.000
3	(孔径	标准面 ▾		-5.000	9.643 M
4	像面	标准面 ▾		无限	-

(a) 凸面

图 3-20

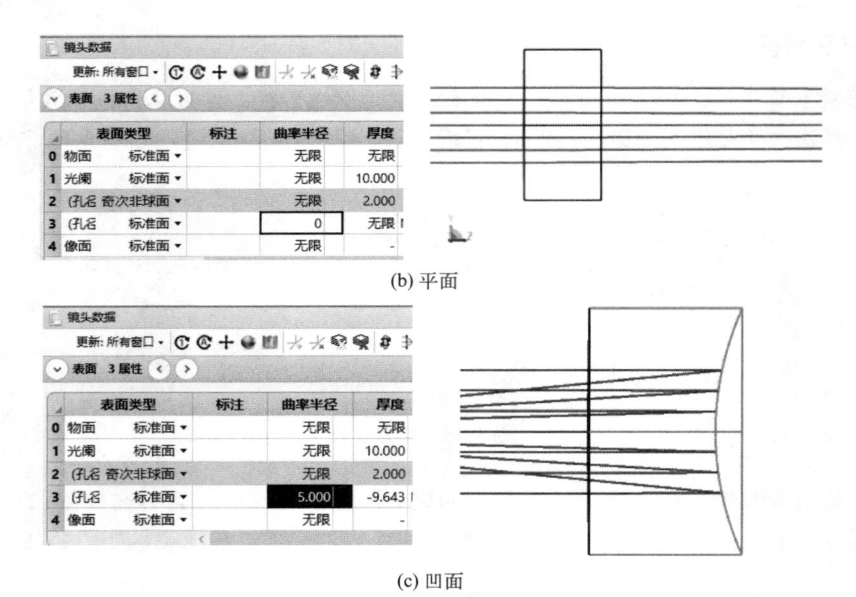

(b) 平面

(c) 凹面

图 3-20　曲率半径设置

3.2.5　设置厚度

Ansys Zemax OpticStudio 将光路图拆分为一个又一个的面，面厚度表示一个面到另一个面的距离，单位通常为透镜的单位。一条光线入射到具有一定厚度的平面镜上后会发生多次反射和折射，因此厚度也是设计与制造的一个重要参数。

（1）输入数据

图 3-21（a）中，双击左侧小列单元格，设置光阑面厚度为 10；图 3-21（b）中，设置光阑面厚度为 5。在右侧的外形图中显示光阑面到下一个面不同距离的光路图。

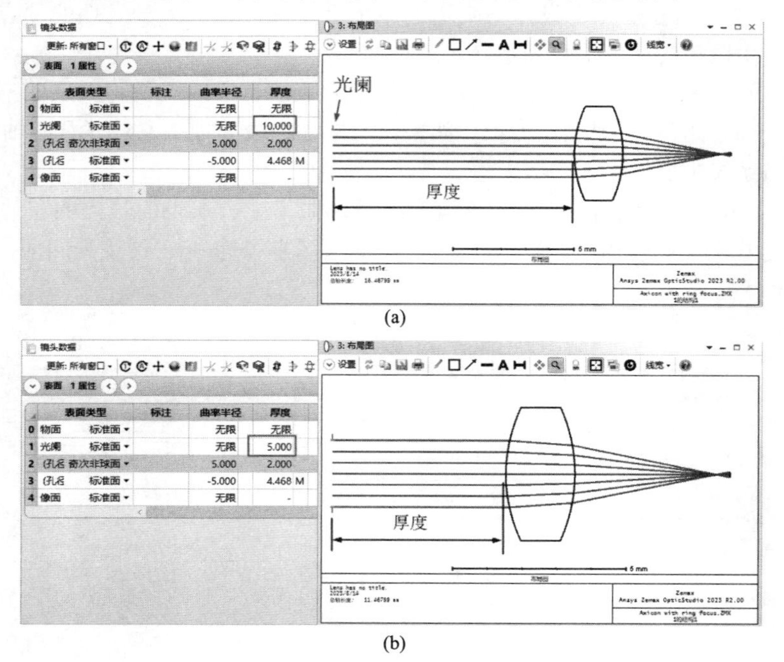

图 3-21　修改面 1 厚度

设置面 2 厚度为由 2.000 变为 3.000，表示面 2 到面 3 的距离增大，如图 3-22 所示。

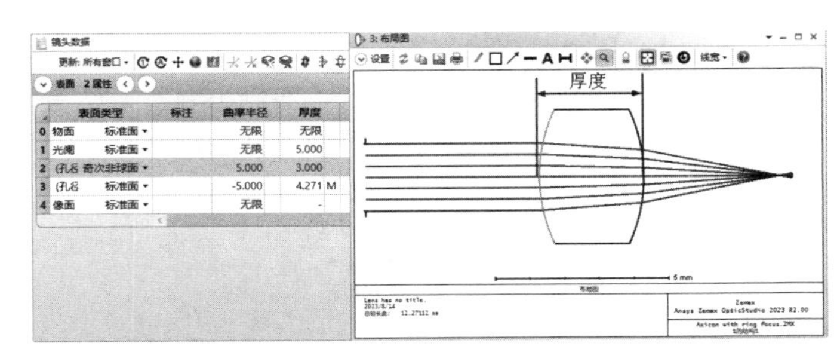

图 3-22　修改面 2 厚度

（2）求解器计算

单击右侧小列单元格，弹出求解器面板，打开求解器面板“求解类型”下拉列表，显示厚度的求解方法，如图 3-23 所示。

① 固定。选择该方法（图 3-24），表示利用左侧小列中的固定值来计算当前面（面 3）到下一面的距离，如图 3-25 所示。

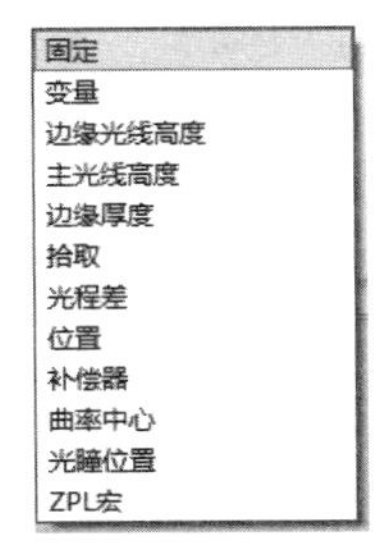

图 3-23　厚度的求解方法

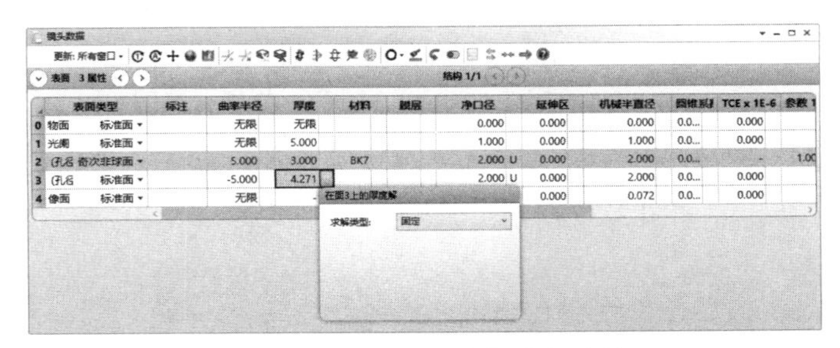

图 3-24　选择“固定”求解方法

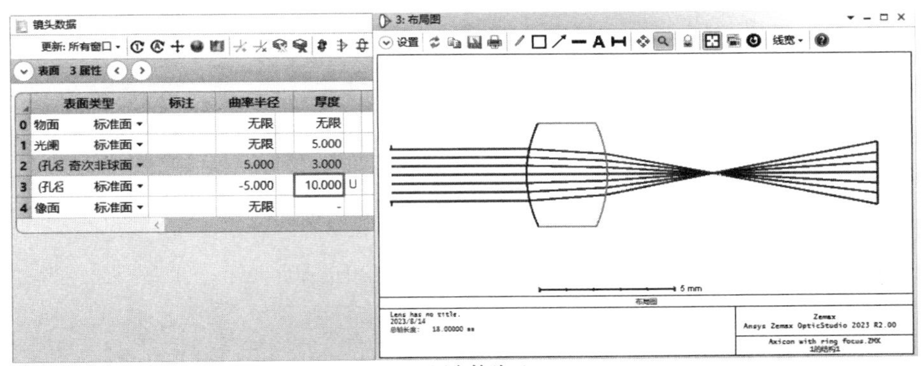

(a) 固定值为10

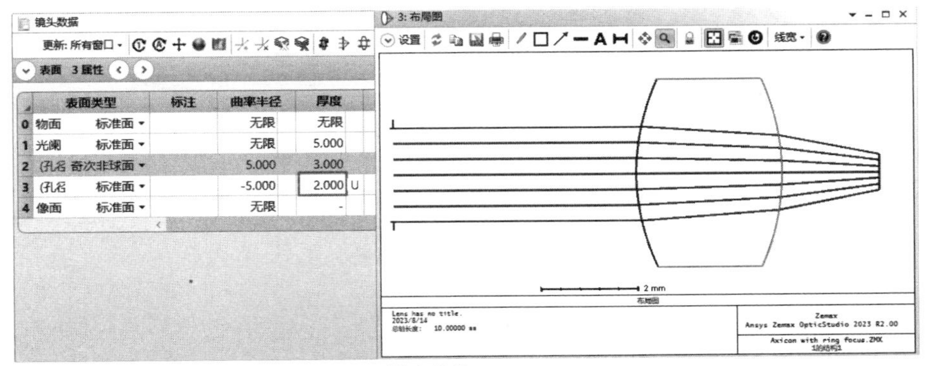

(b) 固定值为2

图 3-25　输入不同固定值

② 变量：选择该方法，右侧小列显示符号“V”，表示利用变量定义厚度值。

③ 边缘光线高度：选择该方法，右侧小列显示符号“M”，表示点光源发出的光线完美聚焦在某一点。此时，左侧小列根据算法自动计算出厚度值，如图 3-26 所示。

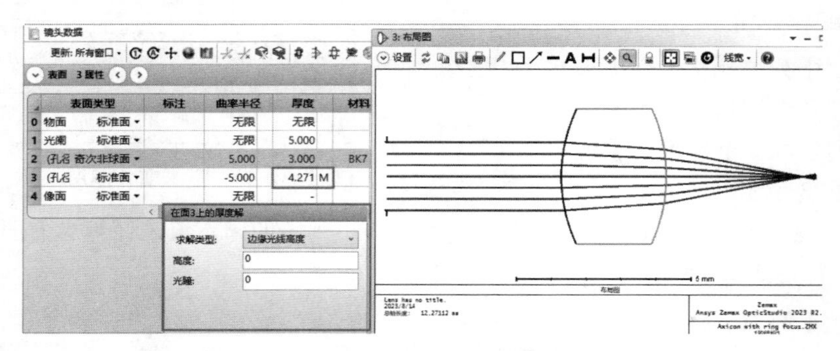

图 3-26　选择“边缘光线高度”求解方法

● 通过定义“高度”值定位像平面，控制近轴边缘光线在后一个面上的高度，使像面处在近轴焦点上，如图 3-27 所示。

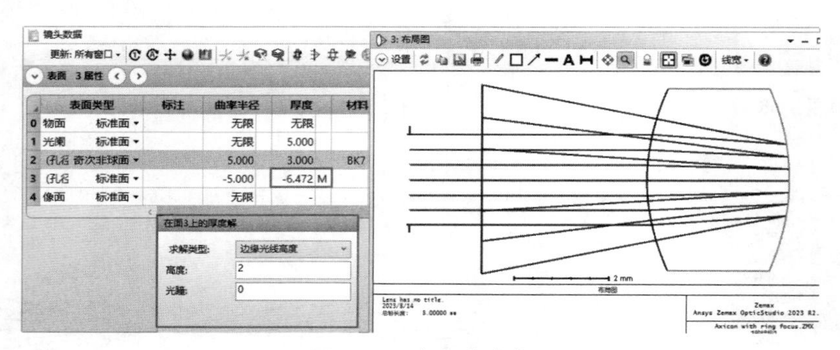

图 3-27　定义高度值

● 通过定义“光瞳”值约束特定的光束，如图 3-28 所示。

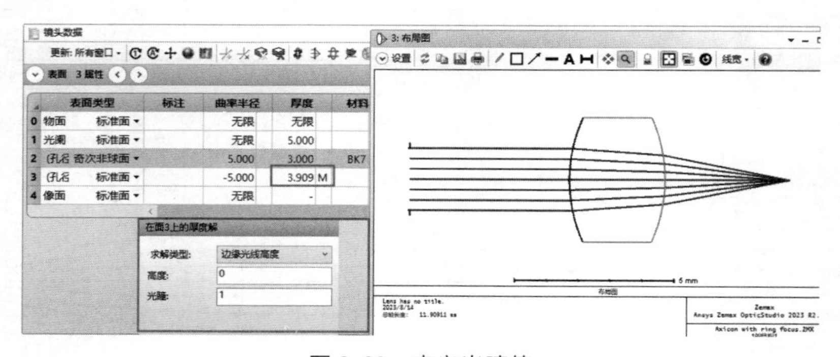

图 3-28　定义光瞳值

④ 主光线高度：选择该方法，右侧小列显示符号“C”，左侧小列根据算法自动计算出厚度值，如图 3-29 所示。

默认高度值为 0；高度值为正数时，厚度为负数，说明下一个表面在当前这个表面之前；高度值为负数时，厚度为正数，说明下一个表面在当前这个表面之后，如图 3-30 所示。

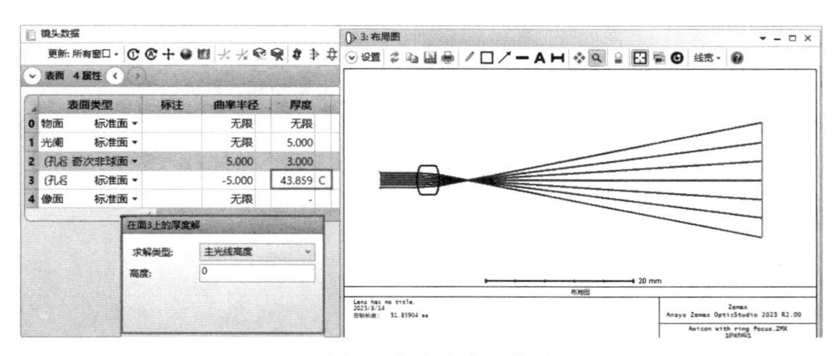

图 3-29　选择“主光线高度”求解方法

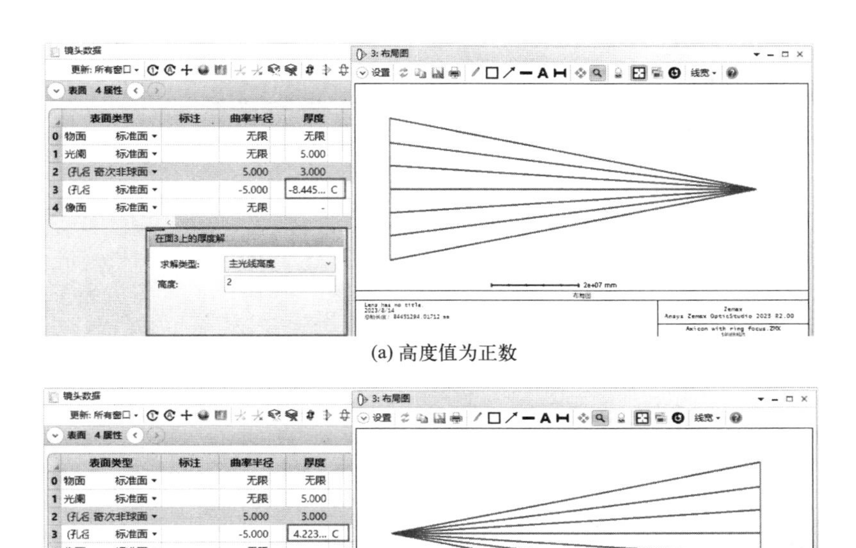

(a) 高度值为正数

(b) 高度值为负数

图 3-30　高度值设置

⑤ 边缘厚度：选择该方法，右侧小列显示符号“E”，左侧小列根据算法自动计算出厚度值，如图 3-31 所示。

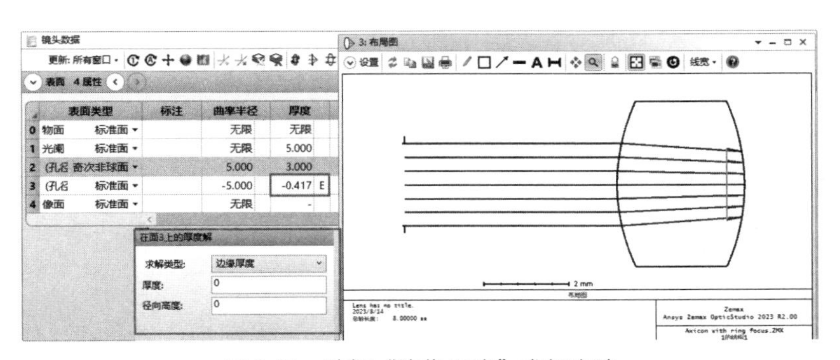

图 3-31　选择“边缘厚度”求解方法

该方法可以快速求解特定表面的厚度，满足近轴主光线在该表面处的高度为零。选择边缘厚度求解，可以改变中心厚度，也能改变光线在下一表面的入射点，还可以改变下一表面的半口径。此时，对两个面都严格采用第一表面的半口径，第二表面的半口径不再被使用。

⑥ 拾取：选择该方法，选择指定的两个面的距离，右侧小列显示符号“P”，左侧小列根据算法自动计算出厚度值，如图 3-32 所示。

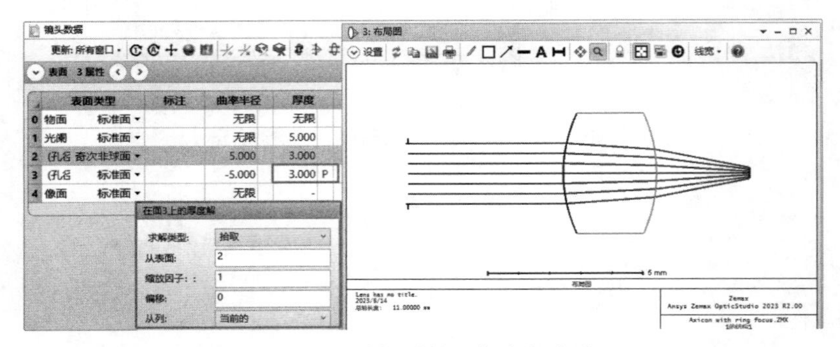

图 3-32　选择“拾取”求解方法

- 从表面：选择起始面。
- 缩放因子：设置面间距离的放大 / 缩小比率。图 3-33 中，设置缩放因子为 0.1，此时厚度值自动变为 0.3（3×0.1）。

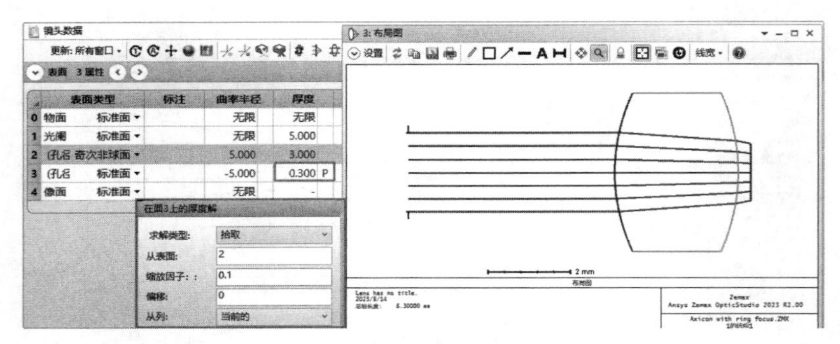

图 3-33　设置缩放因子

- 偏移：设置面间距离的偏移值（2）。图 3-34 中，面间距离的值为 5（3+2）。

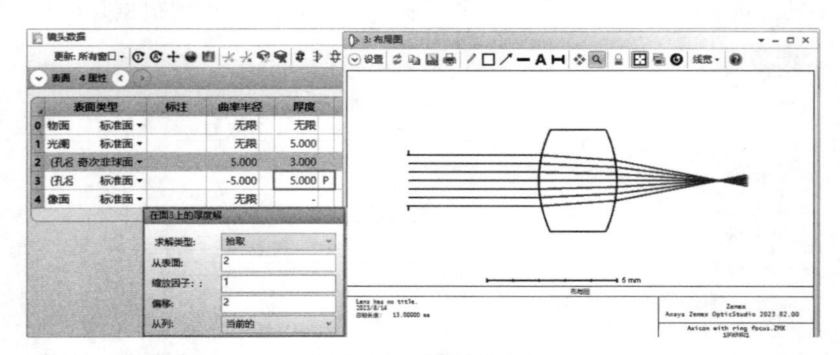

图 3-34　设置偏移值

⑦ 光程差：选择该方法，调整厚度值，使指定光瞳坐标处的光程差维持一个指定的值。

⑧ 位置：选择该方法，在“从表面”中输入指定的起始面，在“长度”中输入这个面到指定参考面的距离，右侧小列显示符号“T”，左侧小列根据算法自动计算出厚度值，如图 3-35 所示。在变焦镜头设计中，使用该求解方法可以控制它的某一部分保持固定的长度，也可以约束整个透镜的长度。

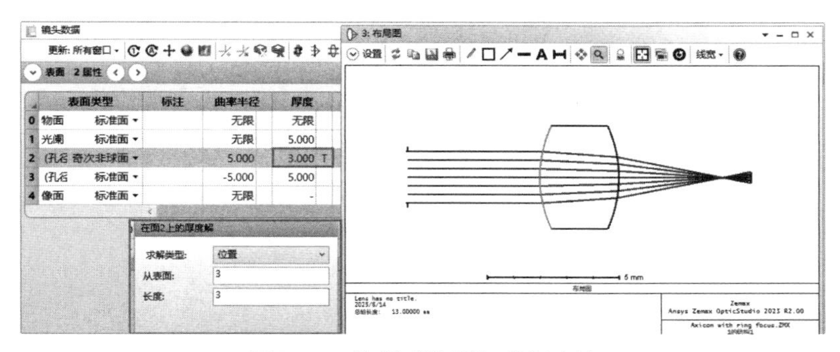

图 3-35　选择“位置”求解方法

⑨ 补偿器：选择该方法，显示的是当前面厚度与选择的参考面厚度（参考面必须在前面）之差。表达式为：T=S-R。其中，总长 S 为两个面的厚度之和，R 为参考面的厚度。右侧小列显示符号“S”，左侧小列根据算法自动计算出厚度值，如图 3-36 所示。

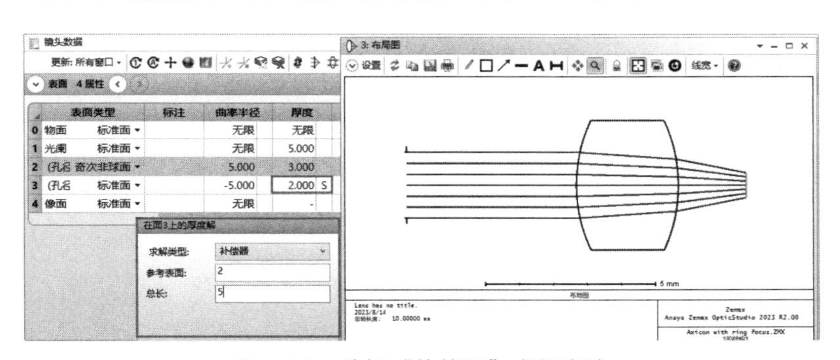

图 3-36　选择“补偿器”求解方法

⑩ 曲率中心：选择该方法，调整厚度值，使后面一个面处在前面“参考表面”的曲率中心上。右侧小列显示符号“X”，左侧小列根据算法自动计算出厚度值，如图 3-37 所示。

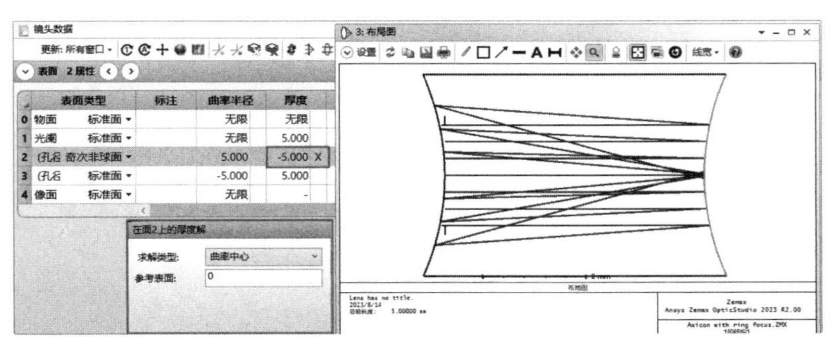

图 3-37　选择“曲率中心”求解方法

⑪ 光瞳位置：选择该方法，使用实际傍轴光线（非近轴光线）进行计算光瞳位置，可以用

于离轴系统或使用近轴光线无法准确计算光瞳位置的系统。右侧小列显示符号“U”，左侧小列根据算法自动计算出厚度值，如图 3-38 所示。

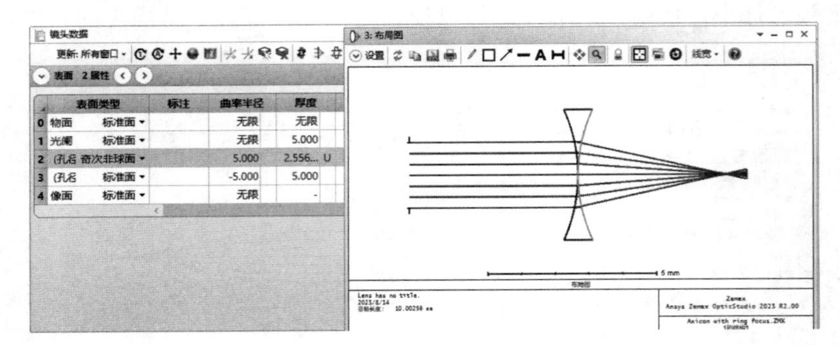

图 3-38 选择“光瞳位置”求解方法

⑫ ZPL 宏：选择该方法，通过执行 ZPL 宏来确定解的值，并使用“宏”中的关键字将其返回给编辑器，如图 3-39 所示。

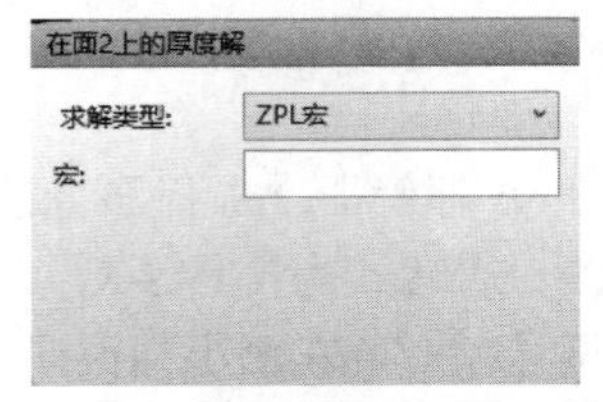

图 3-39 选择“ZPL 宏”求解方法

3.2.6 选择材料

折射光学零件的材料绝大部分采用光学玻璃。透射材料的特性除透过率外，还有它对各种特征谱线的折射率。

透射材料主要的光学性能参数包括 D 或 d 线的折射率 n_D 或 n_d，以及 F 线和 C 线的折射率差 n_F-n_C。

- n_D：平均折射率。
- n_F-n_C：平均色散。
- $\nu_D=(n_D-1)/(n_F-n_C)$：阿贝数或平均色散系数。
- n_g-n_F：表示任意一对谱线的折射率差，称为部分色散。
- $\dfrac{n_g-n_F}{n_D}$：部分色散和平均色散的比值，称为部分色散系数或相对色散。

提示

在国外，还通行另一种用六位数字表示玻璃的方法，其中前三位数代表平均折射率小数点后的三位数，后三位数表示阿贝数。例如 589612，即表示这种玻璃的平均折射率为 1.589，阿贝数为 61.2。

为设计各种完善和高性能的光学系统，需要很多种材料（光学玻璃）以供选择。在“镜头数据”编辑器中，玻璃材料用于区分透镜前后表面。

玻璃材料的主要参数特性是折射率和色散。折射率随波长变化，色散是光学系统设计中需要解决的重要问题。

（1）输入材料

材料属于表面的一般属性，同样包含两小列，包含两种设置方法。

① 直接输入。在 Ansys Zemax OpticStudio 中，硅的玻璃库包含了多种常见的硅材料玻璃，如 BK7、SF10、Fused Silicas 等。在“材料库”中可以查询这些材料的物理特性和光学

性质参数。

双击左侧小列单元格，进入编辑状态，输入硅材料玻璃名称 BK7，此时该表面所在行底色变为紫色，如图 3-40 所示。

镜头数据

更新: 所有窗口 ▾

表面 2 属性　　结构 1/1

	表面类型	标注	曲率半径	厚度	材料	膜层	净口径	延伸区	机械半直径	圆锥系数	TCE x 1E-6
0	物面 标准面 ▾		无限	无限			0.000	0.000	0.000	0.000	0.000
1	标准面 ▾		无限	0.000	BK7		0.000	0.000	0.000	0.000	-
2	光阑 标准面 ▾		无限	0.000			0.000	0.000	0.000	0.000	0.000
3	标准面 ▾		无限	0.000			0.000	0.000	0.000	0.000	0.000
4	像面 标准面 ▾		无限	-			0.000	0.000	0.000	0.000	0.000

图 3-40　输入硅材料玻璃名称

若输入材料库中不存在的材料，弹出“Zemax Error Message”对话框，警告在玻璃库中找不到输入的玻璃（BK），如图 3-41 所示。

当输入新玻璃时，可在玻璃名称上添加“/P”选择项。

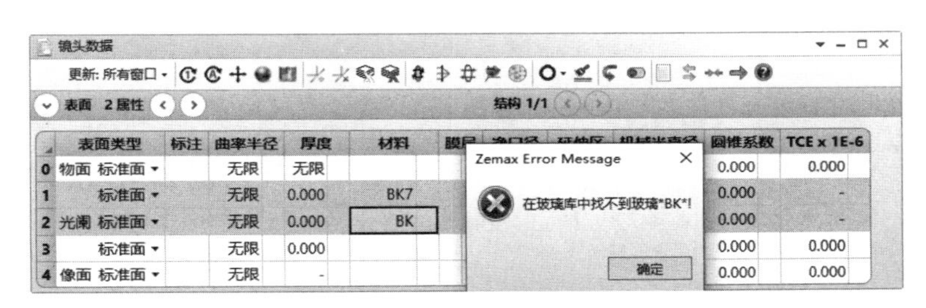

图 3-41　“Zemax Error Message” 对话框

②指定模型求解。单击右侧小列单元格，弹出求解器面板，在“求解类型”下拉列表中选择“模型”选项，此时显示材料三个模型参数，如图 3-42 所示。

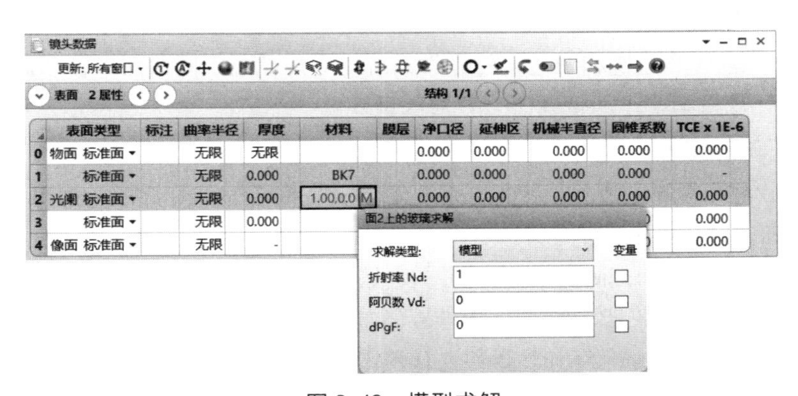

图 3-42　模型求解

- 折射率 Nd：折射率是材料的固有属性，材料的折射率越高，使入射光发生折射的能力越强。折射率越高，镜片越薄。
- 阿贝数 Vd：表示玻璃色散强弱的一个系数。Vd 大于 50 表示低色散材料（名称中包含 K）；小于 50 表示强色散材料（名称中包含 F）。
- dPgF：表示局部色散。

（2）材料库编辑

在“系统选项”面板“材料库”选项卡的“当前玻璃库”列表中显示被装载的玻璃库，默认的材料库是“SCHOTT”，如图 3-43 所示。从当前已被装载的玻璃库中选择玻璃材料，通过输入指定玻璃材料名来定义每个面所用的材料数据。

双击选择功能区中的“数据库”→“材料库”命令，弹出“材料库”对话框，显示材料库和材料库中指定材料的光学参数，如图 3-44 所示。

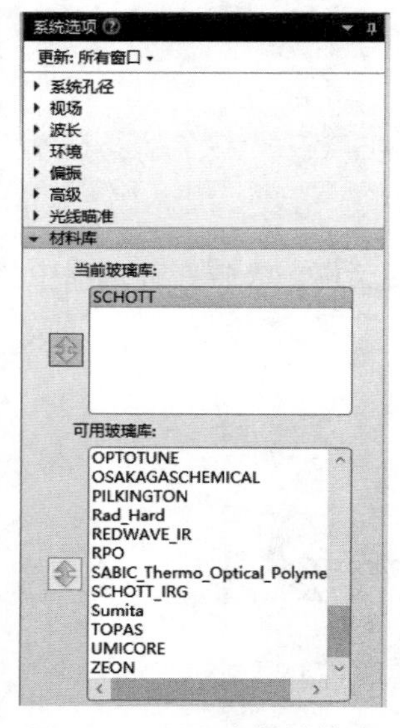

图 3-43　显示当前材料库

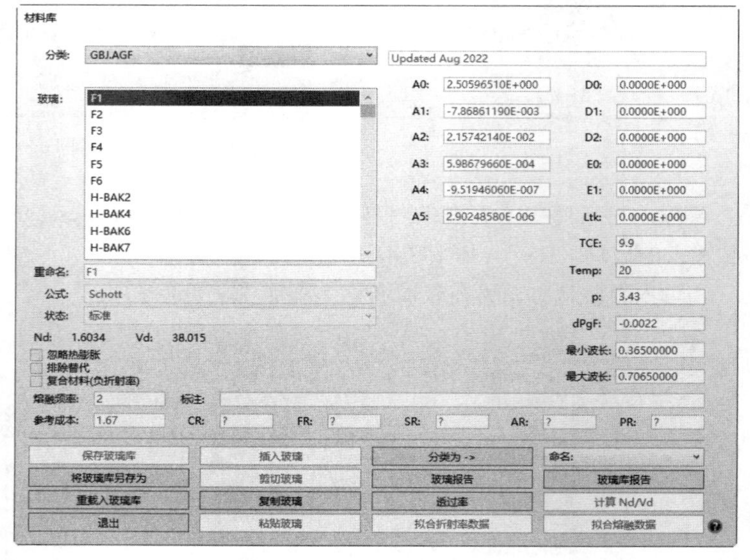

图 3-44　“材料库”对话框

在“分类”下拉列表中选择指定的材料库，在“玻璃”列表中显示该材料库中的材料名称；在右侧显示该材料对应的光学参数，默认材料的参数值是固定值，无法进行修改。

3.2.7　实例：凸透镜和凹透镜系统

本例设计一个包含凸透镜和凹透镜的光学系统，通过设置不同曲面半径和厚度得到不同的透镜。该系统设计规格如下：入瞳直径 10，总长度 50。

（1）设置工作环境

启动 Ansys Zemax OpticStudio 2023，进入 Ansys Zemax OpticStudio 2023 编辑界面，此时，自动打开一个默认的 Lens.zos 文件。

在 Ansys Zemax OpticStudio 2023 编辑界面，选择功能区中的“文件”→“另存为”命令，或单击工具栏中的“另存为”按钮，打开“另存为”对话框，输入文件名称 Curvature_Radius_LENS，如图 3-45 所示。单击“保存”按钮，在指定的源文件目录下自动新建了一个 ZOS 文件，如图 3-46 所示。

（2）设置系统参数

打开左侧“系统选项”工作面板，设置镜头项目的系统参数。

双击打开“系统孔径”选项卡，在“孔径类型”选项组下选择“入瞳直径”，在“孔径值”选项组中输入 10.0。此时，“镜头数据”编辑器中光阑与像面的净口径和机械半直径变为 5.000，如图 3-47 所示。

图 3-45　“另存为”对话框

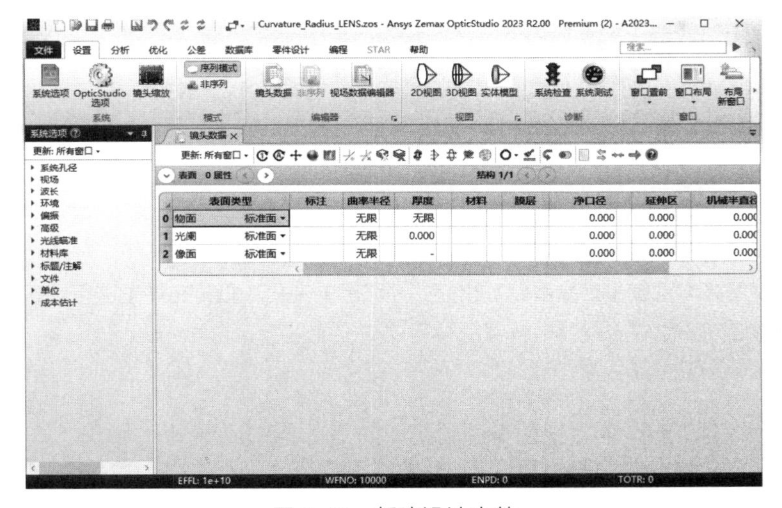

图 3-46　新建设计文件

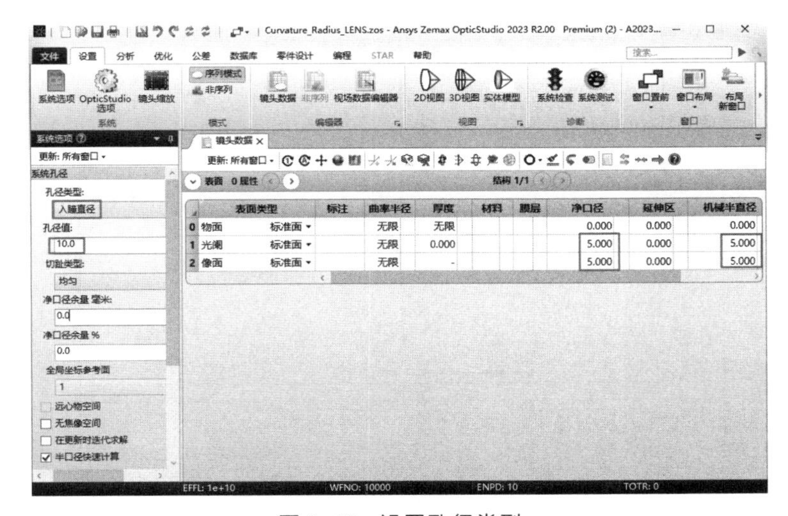

图 3-47　设置孔径类型

（3）设置初始结构

首先需要在“镜头数据”编辑器中插入表面，然后再根据参数定义光学表面的参数，得到需要的光学系统。

① 在“镜头数据”编辑器中选择面 1“光阑”行，单击鼠标右键，选择“插入后续面”命令，在其后插入面 2、面 3、面 4、面 5，如图 3-48 所示。此时，像面序号自动变为 6。

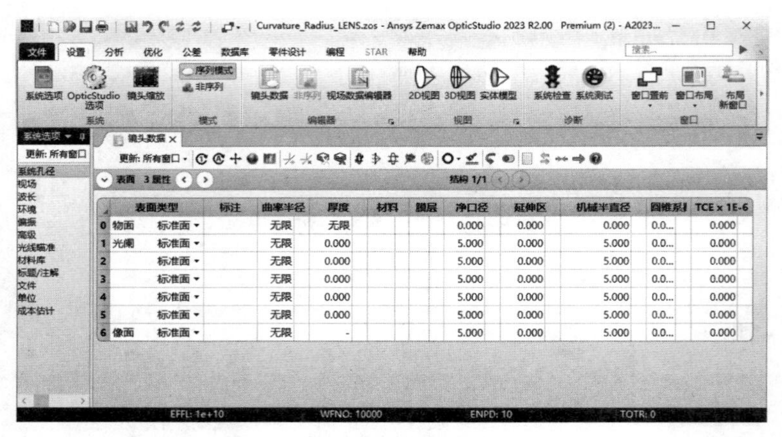

图 3-48　插入面

说明　为方便了解光学系统中因参数修改引起的光路图的变化，打开布局图进行观察。在后面章节中具体介绍布局图的使用命令。

② 单击“设置”功能区下“视图”选项组中的“2D 视图”命令，弹出“布局图”窗口，显示重叠在坐标原点的多个表面的 YZ 图，如图 3-49 所示。

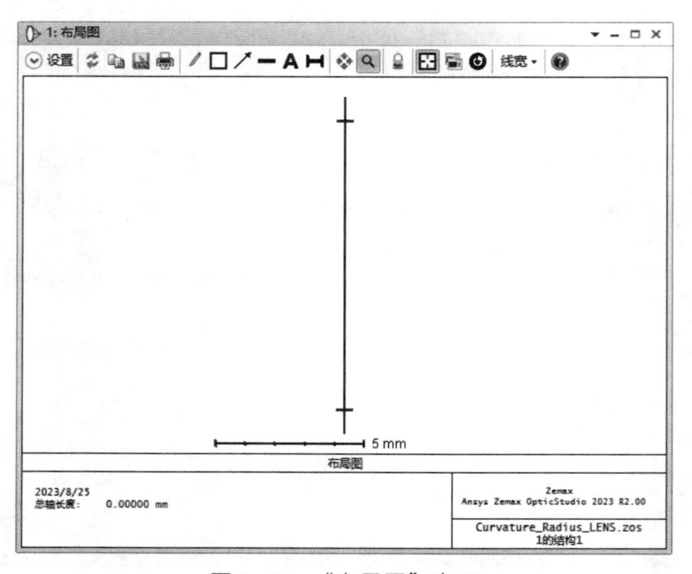

图 3-49　“布局图”窗口

说明

在“镜头数据”编辑器中输入曲率半径、厚度和材料，对比布局图，一步步观察不同参数对光学系统图的影响，加深读者对参数在光学系统图中的作用的认知。

(4) 设置表面标注

根据每个表面的作用，在“标注”列输入下面的注释性文字，方便读者理解。

- 选择面 2，在“标注”列输入“透镜 1 光线射入面”；
- 选择面 3，在“标注”列输入“透镜 1 光线射出面”；
- 选择面 4，在“标注”列输入“透镜 2 光线射入面”；
- 选择面 5，在“标注”列输入“透镜 2 光线射出面”。

结果如图 3-50 所示。

镜头数据

更新: 所有窗口 ▾

表面 4 属性　　结构 1/1

	表面类型		标注	曲率半径	厚度	材料	膜层	净口径	延伸区	机械半直径	圆锥系数	TCE x 1E-6
0	物面	标准面 ▾		无限	无限			0.000	0.000	0.000	0.0...	0.000
1	光阑	标准面 ▾		无限	0.000			5.000	0.000	5.000	0.0...	0.000
2		标准面 ▾	透镜1光线射入面	无限	0.000			5.000	0.000	5.000	0.0...	0.000
3		标准面 ▾	透镜1光线射出面	无限	0.000			5.000	0.000	5.000	0.0...	0.000
4		标准面 ▾	透镜2光线射入面	无限	0.000			5.000	0.000	5.000	0.0...	0.000
5		标准面 ▾	透镜2光线射出面	无限	0.000			5.000	0.000	5.000	0.0...	0.000
6	像面	标准面 ▾		无限	-			5.000	0.000	5.000	0.0...	0.000

图 3-50　输入“标注”列

(5) 设置表面材料

一般情况下，透镜包含前表面和后表面两个表面，定义一个透镜的材料只需要在前表面所在行输入材料名即可。

① 面 2、面 3 为材质为 BK7 玻璃的凸透镜的两个表面。在面 2 的“材料”列输入 BK7。BK7 玻璃是一种硼硅酸盐玻璃，具有优良的光学性能和力学性能，它的折射率为 1.5168，是一种常用的光学玻璃材料。

② 面 4、面 5 为材质为 SF10 玻璃的凹透镜的两个表面。在面 4 的“材料”列输入 SF10，如图 3-51 所示。SF10 是一种以氧化铅作为主要成分且具有出色光学特性的经典玻璃类型，也叫重火石玻璃。

镜头数据

更新: 所有窗口 ▾

表面 4 属性　　结构 1/1

	表面类型		标注	曲率半径	厚度	材料	膜层	净口径	延伸区	机械半直径	圆锥系数	TCE x 1E-6
0	物面	标准面 ▾		无限	无限			0.000	0.000	0.000	0.0...	0.000
1	光阑	标准面 ▾		无限	0.000			5.000	0.000	5.000	0.0...	0.000
2		标准面 ▾	透镜1光线射入面	无限	0.000	BK7		5.000	0.000	5.000	0.0...	-
3		标准面 ▾	透镜1光线射出面	无限	0.000			5.000	0.000	5.000	0.0...	0.000
4		标准面 ▾	透镜2光线射入面	无限	0.000	SF10		5.000	0.000	5.000	0.0...	-
5		标准面 ▾	透镜2光线射出面	无限	0.000			5.000	0.000	5.000	0.0...	0.000
6	像面	标准面 ▾		无限	-			5.000	0.000	5.000	0.0...	0.000

图 3-51　设置凸透镜表面材质

(6) 设置表面厚度

表面的厚度是指当前表面到下一个表面的距离。

① 选择面 1，在“厚度”列输入 10.000（面 1 到面 2 的距离为 10.000）。

② 选择面 2，在“厚度”列输入 5.000（面 2 到面 3 的距离为 5.000）。

③ 选择面 3，在“厚度”列输入 10.000（面 3 到面 4 的距离为 10.000）。

④ 选择面 4，在“厚度”列输入 5.000（面 4 到面 5 的距离为 5.000）。

⑤ 选择面 5，在“厚度”列输入 20.000（面 5 到面 6 的距离为 20.000）。

结果如图 3-52 所示。

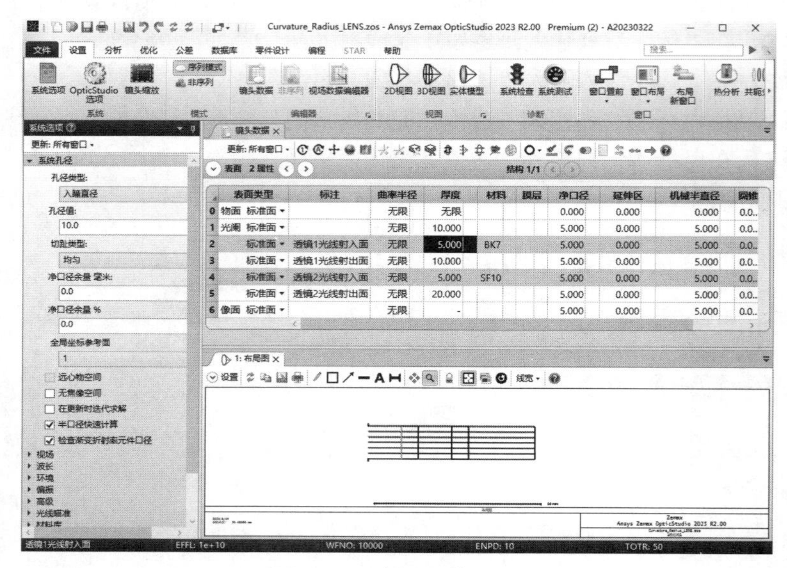

图 3-52　表面厚度设置

（7）设置表面曲率半径

① 选择面 2，在“曲率半径”列输入 20.000（面 2 的透镜表面的顶点相对于圆心的距离为 20.000，圆心在顶点右侧），如图 3-53 所示。

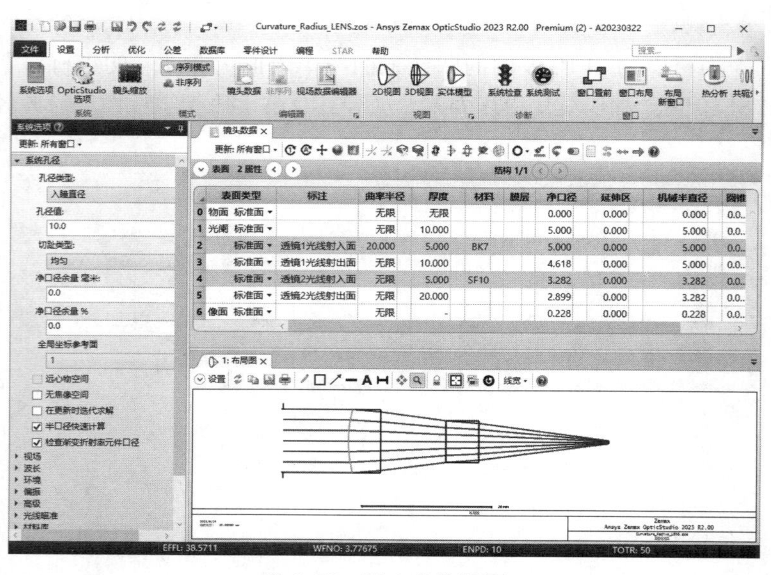

图 3-53　面 2 参数设置

② 选择面 3，在“曲率半径”列输入 -20.000（面 3 的透镜表面的顶点相对于圆心的距离为 20.000，圆心在顶点左侧），如图 3-54 所示。

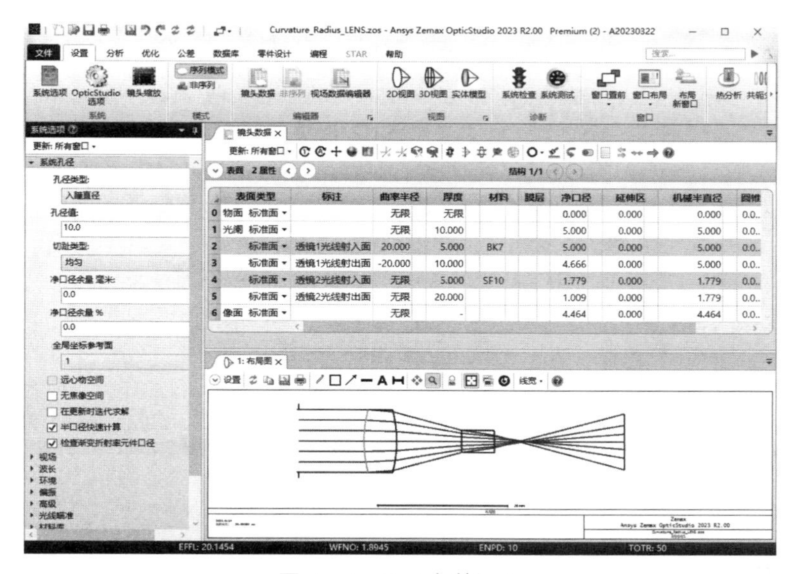

图 3-54　面 3 参数设置

③ 选择面 4，在“曲率半径”列输入 -30.000（面 4 的透镜表面的顶点相对于圆心的距离为 30.000，圆心在顶点左侧），如图 3-55 所示。

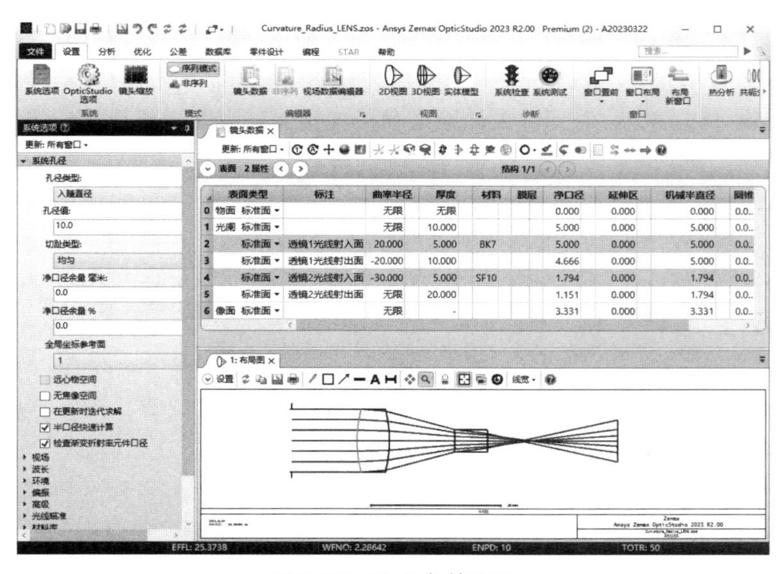

图 3-55　面 4 参数设置

④ 选择面 5，在“曲率半径”列输入 30.000（面 5 的透镜表面的顶点相对于圆心的距离为 30.000，圆心在顶点右侧），如图 3-56 所示。

（8）保存文件

单击 Ansys Zemax OpticStudio 2023 编辑界面工具栏中的“保存”按钮，保存文件。

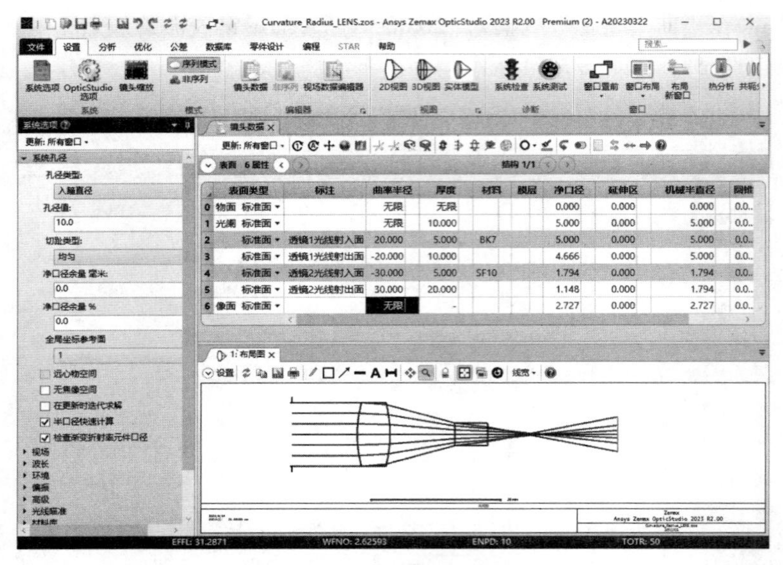

图 3-56 面 5 参数设置

3.2.8 膜层设置

膜层的应用对光学元件表面的光学特性有至关重要的作用，很多重要的光学效应都是通过元件表面添加的膜层实现的。

（1）膜层设置

“镜头数据”编辑器中的“膜层”列下面同样包含两小列，包含两种设置方法。

① 直接输入。双击左侧小列单元格，进入编辑状态，直接输入膜层材料名称即可。

在成像系统设计过程中，对元件表面经常使用增透膜层（也叫减反膜），输入 AR，表示为增透膜，如图 3-57 所示。

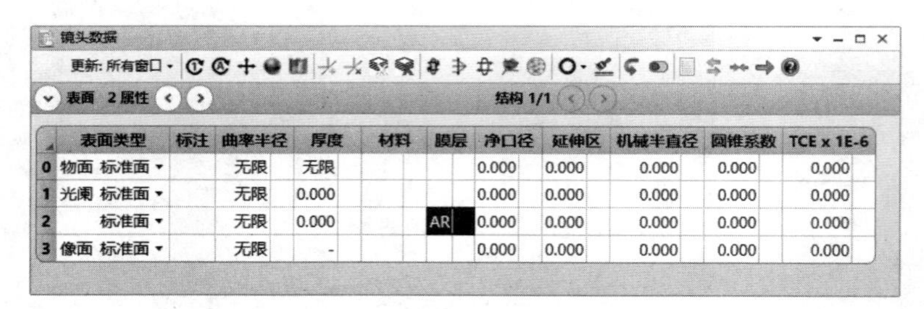

图 3-57 直接输入名称

②“表面属性”面板。单击右侧小列单元格，弹出“表面属性”面板，自动打开“膜层”选项卡，在“膜层”下拉列表中选择系统膜层材料库中的膜层，如图 3-58 所示。

选择“无”之外的任意膜层，激活“采用膜层缩放及偏移”复选框，勾选该复选框，显示“膜层”选项。该选项下拉列表中包含“选择膜层”和“1”两个选项，如图 3-59 所示。

- 选择膜层：选择该选项，对“膜层”下拉列表中选择的膜层（AR）进行缩放和偏移。
- 1：选择该选项，利用指定的厚度、折射率和消光系数设置膜层参数，如图 3-60 所示。

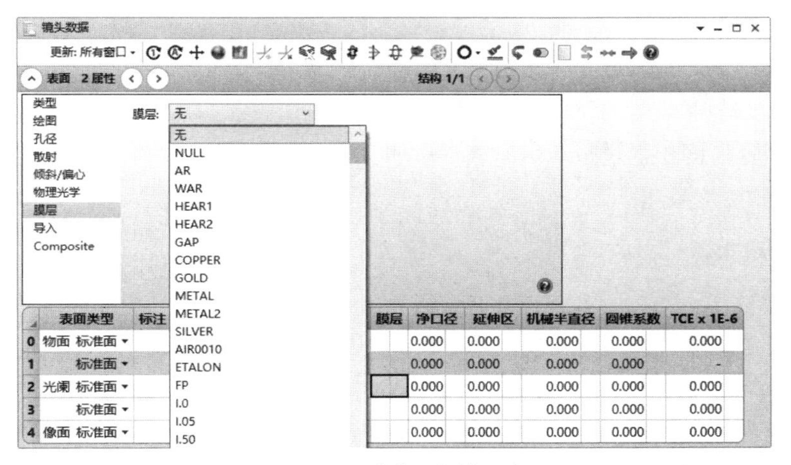

图 3-58　“膜层”选项卡

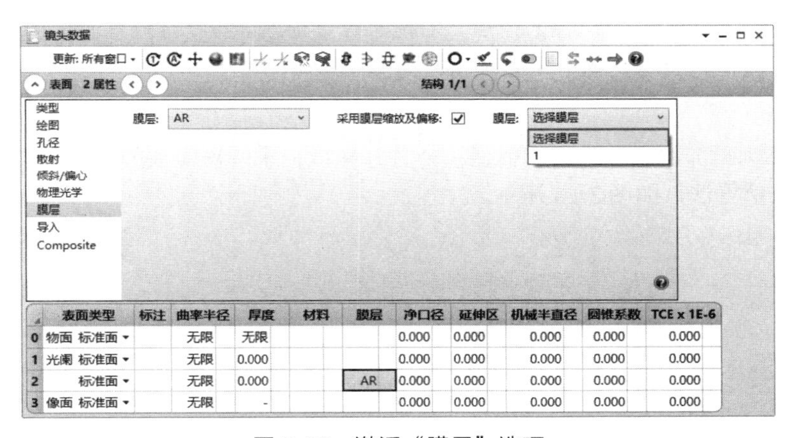

图 3-59　激活“膜层”选项

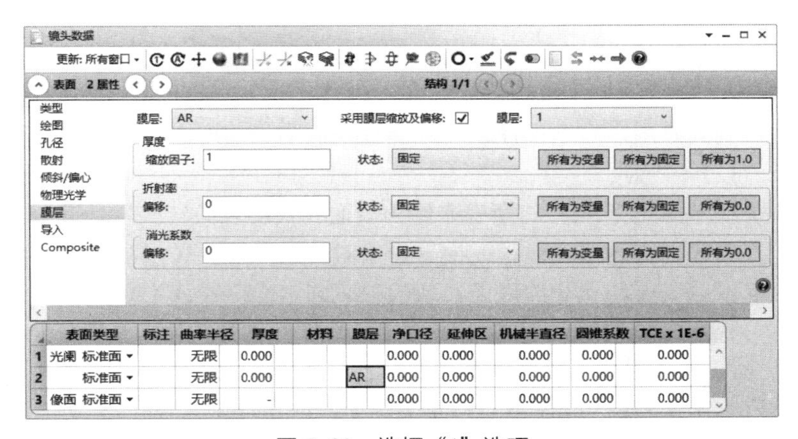

图 3-60　选择“1”选项

(2) 膜层库

跟前文介绍的材料库一样，Zemax 也包含膜层材料库，可直接使用预定义好的膜层或用户自定义材料库。

选择功能区中的“数据库”→“膜层库”命令，弹出“膜层 / 材料 表”对话框，以列表的形式显示当前膜层文件的相关材料及膜层参数，如图 3-61 所示。

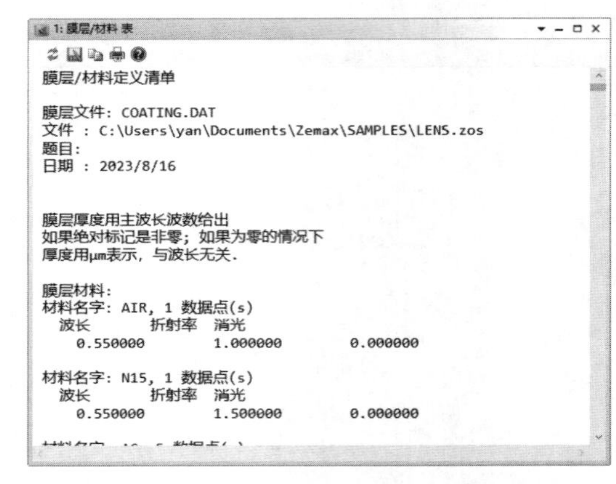

图 3-61 “膜层 / 材料 表”对话框

3.2.9 设置净口径

净口径是以镜头单位定义的表面孔径（通光孔径）的一半尺寸。通过追迹各个视场的所有光线，沿径向所需的通光半径（通光孔径的一半）进行自动计算，可以得到净口径。净口径只影响外形图中各面的绘图，不反映面的渐晕。

（1）直接输入

在净口径左侧小列输入净口径的值后，右侧小列中显示“U”符号，表示净口径是利用“固定”求解器计算的，是自定义的一个固定值，如图 3-62 所示。

（2）求解器计算

单击右侧小列单元格，弹出求解器面板，打开净口径求解器面板的“求解类型”下拉列表，显示净口径的求解方法，如图 3-63 所示。

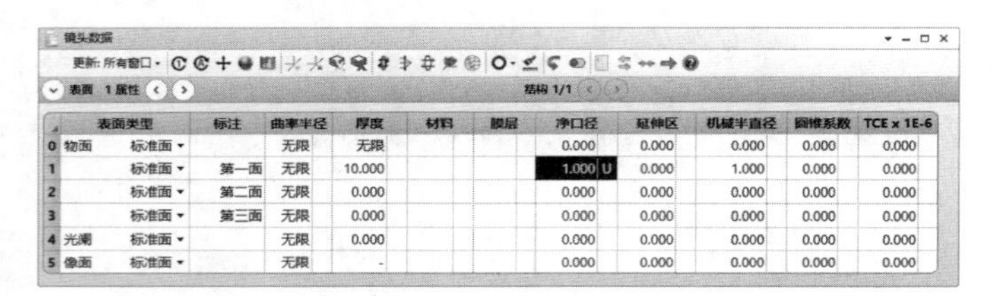

	表面类型		标注	曲率半径	厚度	材料	膜层	净口径	延伸区	机械半直径	圆锥系数	TCE x 1E-6
0	物面	标准面		无限	无限			0.000	0.000	0.000	0.000	0.000
1		标准面	第一面	无限	10.000			1.000 U	0.000	1.000	0.000	0.000
2		标准面	第二面	无限	0.000			0.000	0.000	0.000	0.000	0.000
3		标准面	第三面	无限	0.000			0.000	0.000	0.000	0.000	0.000
4	光阑	标准面		无限	0.000			0.000	0.000	0.000	0.000	0.000
5	像面	标准面		无限	-			0.000	0.000	0.000	0.000	0.000

图 3-62 输入净口径数据

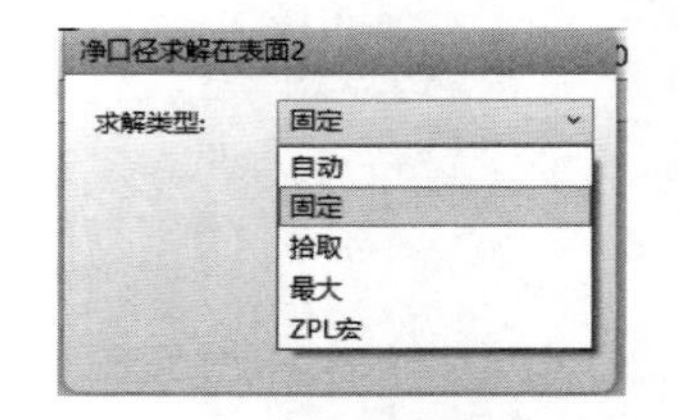

图 3-63 净口径的求解方法

（3）“对表面孔径进行操作”按钮

单击该按钮，在下拉菜单中显示关于表面孔径的命令，下面分别进行介绍。

① 移除所有表面孔径：关闭所有表面孔径，此功能将所有表面孔径类型设置为“无”。浮动孔径会自动添加到具有用户自定义净口径或半直径值的光焦度表面上，因此这些孔径不能被删除。

② 将半直径转换为表面孔径：将所有未给出表面孔径的表面转换为具有固定净口径或半直径孔径的表面，其孔径设置为与净口径或半直径值对应的环形孔径。同时也可以将所有具有净口径或半直径拾取求解和浮动孔径的表面转换为具有固定净口径或半直径孔径的表面，其孔径设置为与净口径或半直径对应的环形孔径。此功能的主要目的是简化渐晕效应分析。

③ 将表面孔径转换为浮动孔径：将所有没有表面孔径的表面转换为浮动孔径，在净口径或半直径值处渐晕。除了使用浮动孔径而不是使用固定的环形孔径以外，此功能与“将半直径转换为表面孔径”非常相似。

④ 将表面半直径转换为最大通光口径：为了在所有结构中使所有光线没有渐晕地通过，将所有没有表面孔径的表面转换为净口径或半直径，并达到最大值。此功能的主要目的是在变焦透镜系统的所有表面上都设置足够大的孔径。

⑤ 以表面孔径替代渐晕系数：删除所有的渐晕因子并设置表面孔径，与 OpticStudio 中许多分析功能使用相同的算法，将渐晕因子替换为表面孔径。

3.2.10 实例：设置凸凹透镜系统表面孔径

透镜净口径（通光口径）是镜头前镜实际通过的光束直径与镜头焦距的比值，一般通过自动计算得到。本例演示如何手动输入设置凸透镜和凹透镜的光学系统的净口径，并观察修改参数后光学系统中光线的变化。

（1）设置工作环境

① 启动 Ansys Zemax OpticStudio 2023，进入 Ansys Zemax OpticStudio 2023 编辑界面。

② 选择功能区中的“文件”→“打开”命令，或单击工具栏中的“打开”按钮，打开“打开”对话框，选中文件 Curvature_Radius_LENS.zos，单击“打开”按钮，在指定的源文件目录下打开项目文件。

③ 选择功能区中的“文件”→“另存为”命令，或单击工具栏中的“另存为”按钮，打开“另存为”对话框，输入文件名称 Curvature_Radius_LENS1.zos。单击“保存”按钮，在指定的源文件目录下自动新建了一个新的文件。

（2）设置净口径

① 在“镜头数据”编辑器中，对“净口径”列中的值进行编辑。

② 选择面 2，在净口径左侧小列输入净口径的值“8.000”，右侧小列中显示“U”符号，表示净口径是自定义的一个固定值，如图 3-64 所示。

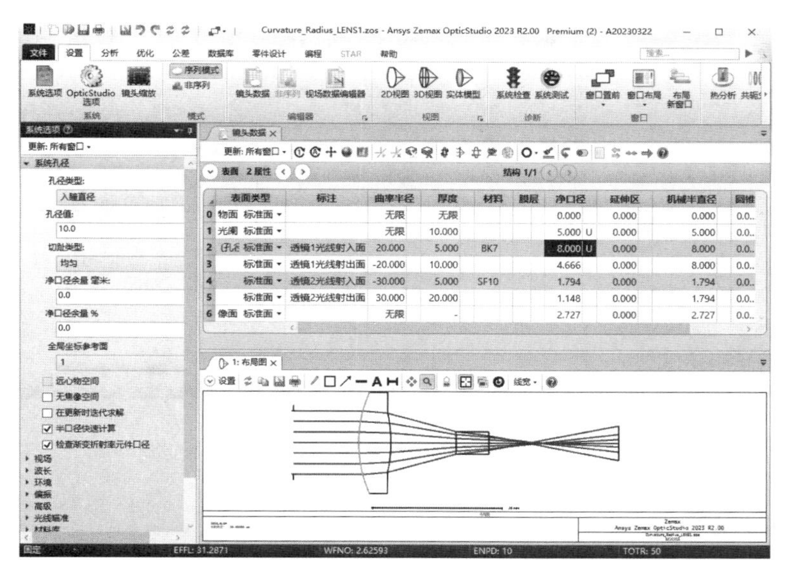

图 3-64　输入净口径的值 1

③ 选择面 3，在净口径左侧小列输入净口径的值“8.000”，右侧小列中显示“U”符号，表示净口径是自定义的一个固定值，如图 3-65 所示。

④ 同样的方法，设置面 4、面 5 的净口径，结果如图 3-66 所示。

（3）保存文件

单击 Ansys Zemax OpticStudio 2023 编辑界面工具栏中的“保存”按钮，保存文件。

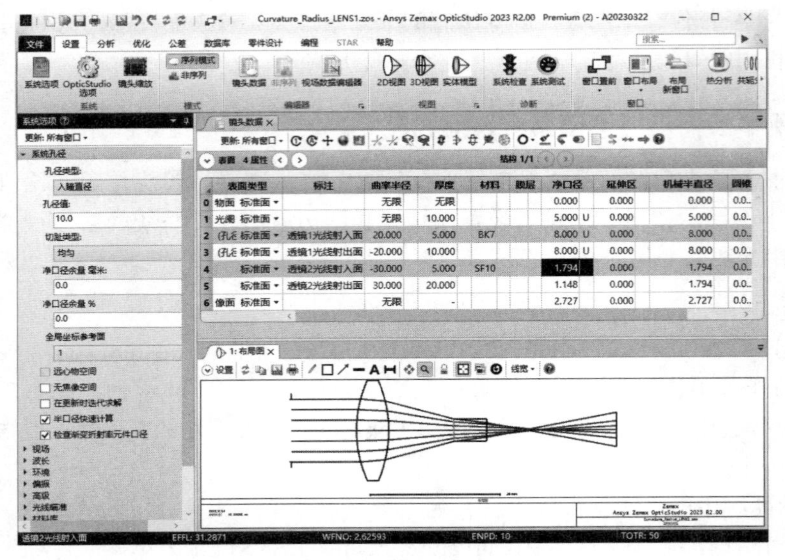

图 3-65　输入净口径的值 2

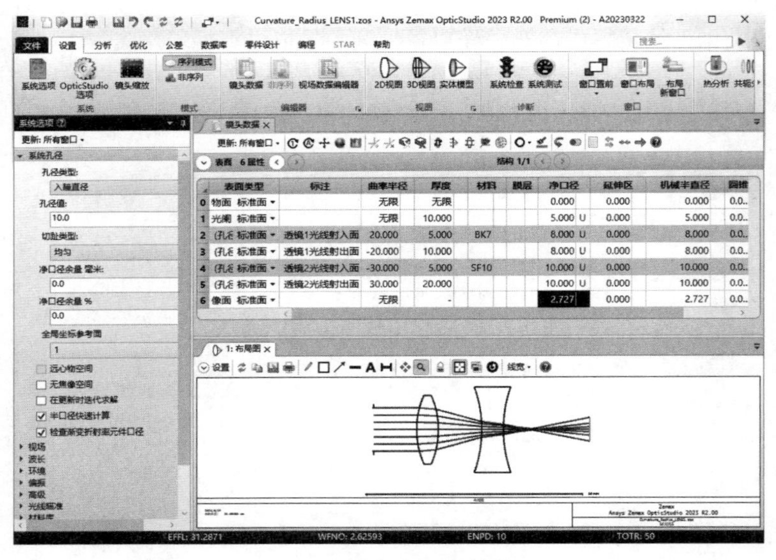

图 3-66　输入净口径的值 3

3.2.11　延伸区设置

在 Zemax 中，为了解决不可追踪的表面扩展问题，引入延伸区和机械半口径。延伸区是基于净孔径建立的径向表面扩展区。

延伸区的设置同样包含直接输入和求解器设置两种方法。其中利用求解器求解可采用的方法包括：固定、拾取、ZPL 宏。默认情况下，延伸区设置为零，如图 3-67 所示。

在 Zemax 中，在 ISO 元件制图的设置中需要定义直径、有效直径和直径（平的），直径 = 有效直径（净口径或机械半直径）+ 延伸区值。一般需要在“镜头数据”编辑器中定义每个镜头的机械几何参数，如净孔径和延伸区值。

镜头数据

更新: 所有窗口 ·

表面 1 属性　　结构 1/1

	表面类型	标注	曲率半径	厚度	材料	膜层	半直径	延伸区	机械半直径	圆锥系数	TCE x 1E-6
0	物面 标准面 ▾		无限	无限			无限	0.0...	无限	0.000	0.000
1	(孔径 标准面 ▾		54.153	8.7...	SK2	AR	29.339 U	0.0...	29.339	0.000	-
2	(孔径 标准面 ▾		152....	0.5...		AR	28.267 U	0.0...	29.339	0.000	0.000
3	(孔径 标准面 ▾		35.951	14....	SK16	AR	24.355 U	0.0...	24.355	0.000	-
4	(孔径 标准面 ▾		无限	3.7...	F5		21.358 U	0.0...	24.355	0.000	-
5	(孔径 标准面 ▾		22.270	14....		AR	14.933 U	0.0...	24.355	0.000	0.000
6	光阑 标准面 ▾		无限	12....			10.000 U	0.0...	10.229	0.000	0.000
7	(孔径 标准面 ▾		-25.6...	3.7...	F5	AR	13.301 U	0.0...	19.061	0.000	-
8	(孔径 标准面 ▾		无限	10....	SK16		16.625 U	0.0...	19.061	0.000	-
9	(孔径 标准面 ▾		-36.9...	0.5...		AR	19.061 U	0.0...	19.061	0.000	0.000
10	(孔径 标准面 ▾		196....	6.8...	SK16	AR	21.474 U	0.0...	21.797	0.000	-
11	(孔径 标准面 ▾		-67.1...	57....		AR	21.797 U	0.0...	21.797	0.000	0.000

图 3-67　延伸区设置为零

● 若延伸区设置为零，直径 = 有效直径 = 直径（平的）= 净孔径 ×2，在元件制图中只显示一个直径尺寸标注，如图 3-68 所示。

● 若延伸区不为零（设置为 1），直径 = 有效直径 +1= 直径（平的）+1，在元件制图中显示两个直径尺寸标注，如图 3-69 所示。

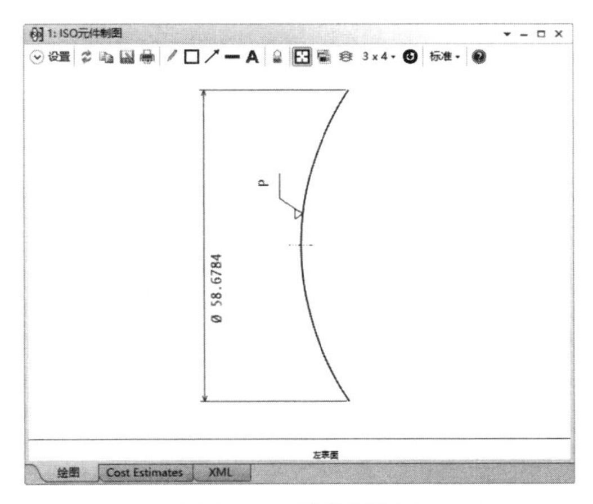

图 3-68　元件制图 1

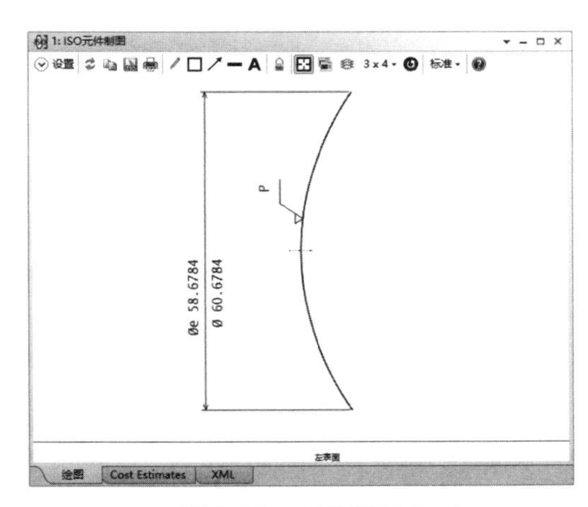

图 3-69　元件制图 2

3.2.12　机械半直径

在光学系统的设计和加工中，机械口径是加工出来的最大口径，对应安装口径，净口径是光学口径。在正常光学系统的设计中，只考虑光学部分，即纯粹的通光口径；而在实际生产中还需要考虑连接部分。连接的目的是加固镜片，在组装中就要用到机械口径。一般情况下，为了固定安装，机械半口径直径比光学口径直径至少大 1mm。

机械半直径值的设置同样包含直接输入和求解器设置两种方法。其中利用求解器求解可采用的方法包括：自动、固定、拾取、ZPL 宏。

① 在“镜头数据”编辑器中，设置与净口径（半直径）不同的机械半直径值，如图 3-70 所示。

② 在 ISO 元件制图中，显示直径、有效直径和直径（平的）的尺寸标注，如图 3-71 所示。

3.2.13　实例：二元面单透镜系统

本例使用一个二元面型（二元面 2）的衍射光学元件模拟一个理想的二元衍射元件，其二元台阶面的尺寸趋近于无穷小或小于光的波长。该系统设计规格如下：入瞳直径为 50，凸透镜半径为 50，总长度为 275，全视角为 10°。

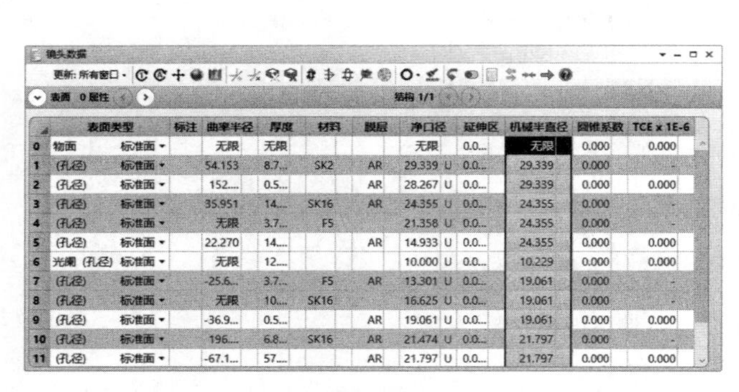

图 3-70　设置“机械半直径”列

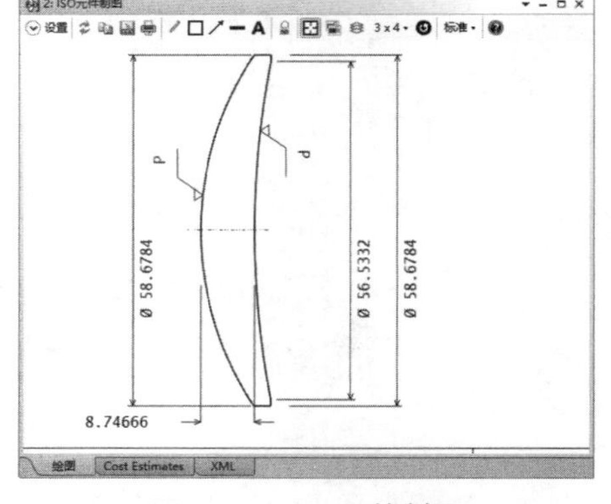

图 3-71　ISO 元件制图

（1）设置工作环境

① 启动 Ansys Zemax OpticStudio 2023，进入 Ansys Zemax OpticStudio 2023 编辑界面，此时，自动打开一个默认的 Lens.zos 文件。

② 选择功能区中的“文件”→“另存为”命令，或单击工具栏中的“另存为”按钮，打开“另存为”对话框，输入文件名称 Achromatic singlet。单击“保存”按钮，在指定的源文件目录下自动新建了一个 ZOS 文件，如图 3-72 所示。

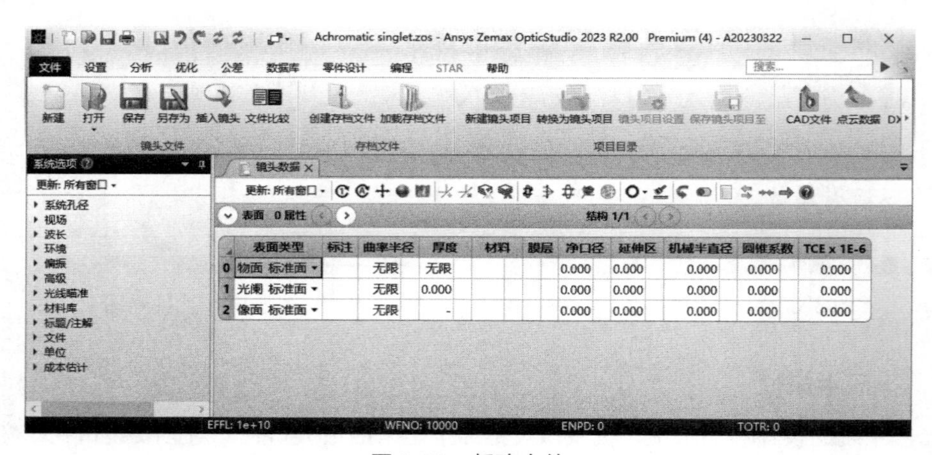

图 3-72　新建文件

（2）设置系统参数

打开左侧“系统选项”工作面板，设置镜头项目的系统参数。

① 设置孔径类型。双击打开“系统孔径”选项卡，在“孔径类型”选项组下选择“入瞳直径”，在“孔径值”选项组中输入 50.0。此时，“镜头数据”编辑器中光阑与像面的净口径和机械半直径变为 25.000，如图 3-73 所示。

② 输入视场。双击打开“视场”选项卡，单击“打开视场数据编辑器”按钮，打开视场数据编辑器。选择默认的视场 1，单击鼠标右键选择“插入视场之后于”命令，在视场 1 后插入视场 2、视场 3，如图 3-74 所示。

- 设置视场 2 的 Y 角度为 3.5°；
- 设置视场 3 的 Y 角度为 5.0°。

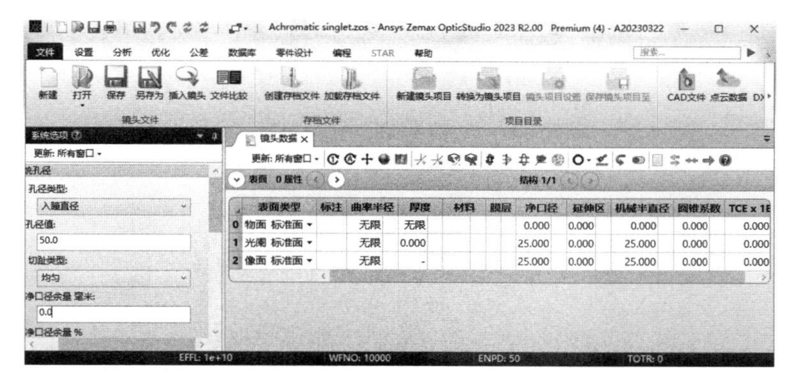

图 3-73　设置孔径类型

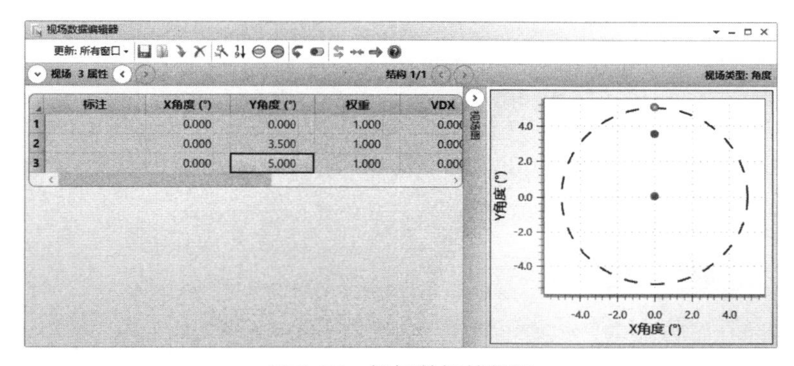

图 3-74　视场数据编辑器

完成编辑后的“视场”选项卡显示 3 个视场，如图 3-75 所示。

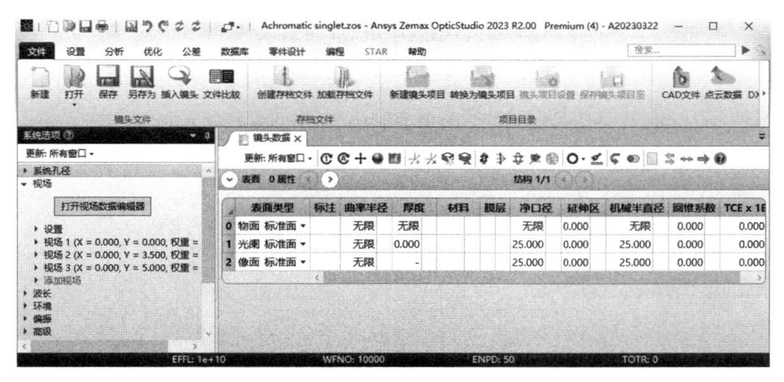

图 3-75　“视场”选项卡

③ 输入波长。双击打开“波长”选项卡，在“波长 1”选项组“波长（微米）”选项下输入主波长为 0.486。在“添加波长”选项组下勾选“启用”复选框，自动在“波长 1”选项组下添加“波长 2” 选项组。在“波长 2”选项组 “波长（微米）”选项下输入波长为 0.588。同样的方法，添加波长 3，波长为 0.656，结果如图 3-76 所示。

（3）设置初始结构

在“镜头数据”编辑器中设置表面基本数据。

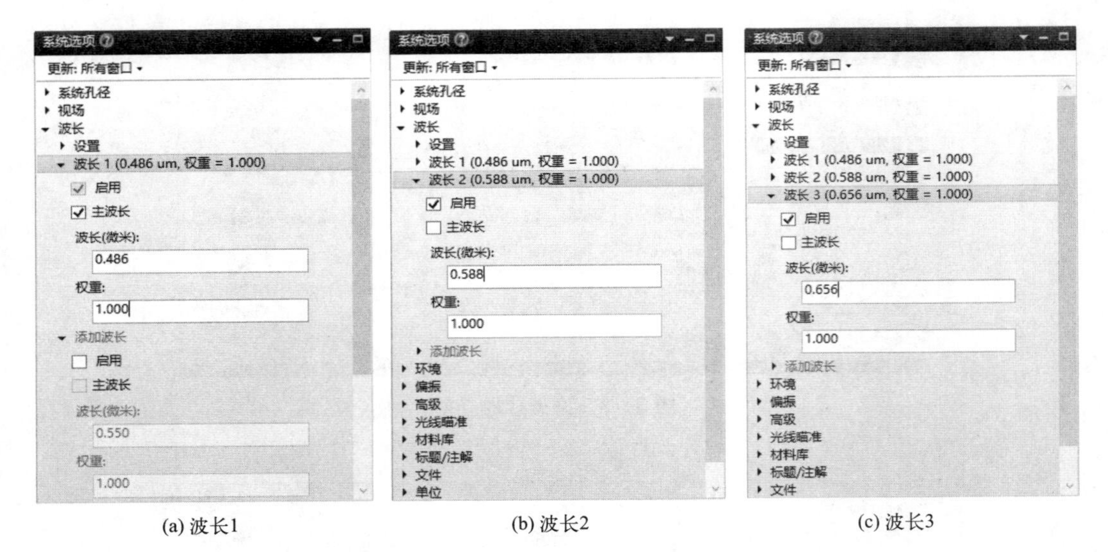

(a) 波长1　　(b) 波长2　　(c) 波长3

图 3-76　“波长数据”对话框

①在“镜头数据”编辑器中选择面 1“光阑”行，单击鼠标右键，选择“插入后续面”命令，在其后插入面 2，如图 3-77 所示。

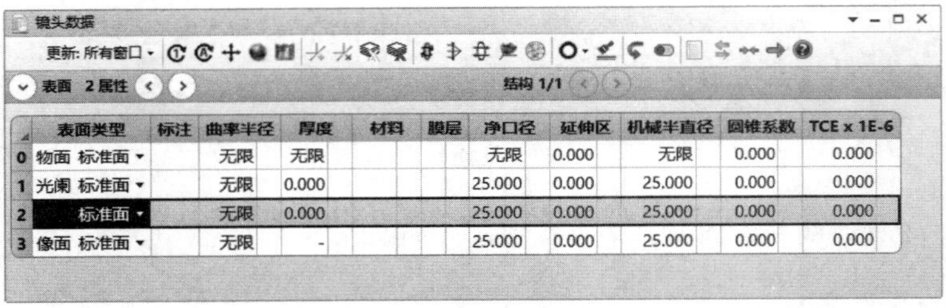

镜头数据

更新: 所有窗口

表面 2 属性　　结构 1/1

	表面类型	标注	曲率半径	厚度	材料	膜层	净口径	延伸区	机械半直径	圆锥系数	TCE x 1E-6
0	物面 标准面 ▾		无限	无限			无限	0.000	无限	0.000	0.000
1	光阑 标准面 ▾		无限	0.000			25.000	0.000	25.000	0.000	0.000
2	标准面 ▾		无限	0.000			25.000	0.000	25.000	0.000	0.000
3	像面 标准面 ▾		无限	-			25.000	0.000	25.000	0.000	0.000

图 3-77　插入后续面

② 在“镜头数据”编辑器中输入面参数，如图 3-78 所示。

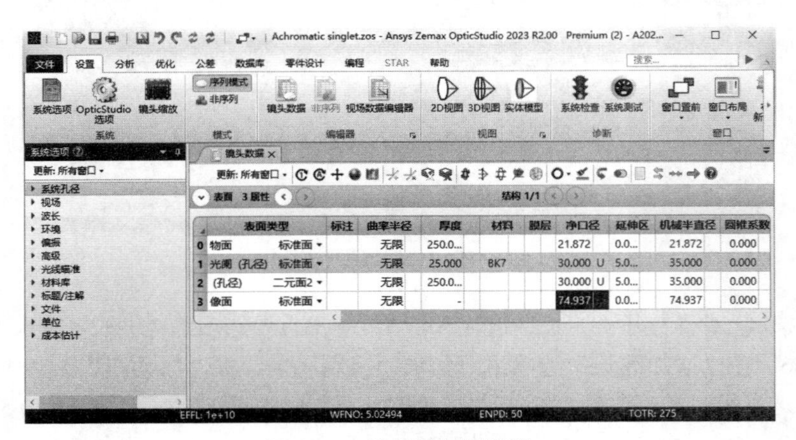

图 3-78　设置孔径面参数

● 选择面 0 的“厚度”列，输入 250.000，表示物面发出平行光线到第一个透镜面的距离为 250.000；

- 设置面 1 的“厚度”为 25.000，材料为 BK7，“净口径”利用“固定”值求解，为 30.000，“延伸区”为 5.000，“机械半直径”自动变为 35.000；
- 设置面 2 的“表面类型”为“二元面 2”，“厚度”为 250.000，“净口径”利用“固定”值求解，为 30.000，“延伸区”为 5.000，“机械半直径”自动变为 35.000。

（4）保存文件

单击 Ansys Zemax OpticStudio 2023 编辑界面工具栏中的“保存”按钮，保存文件。

3.2.14 圆锥系数设置

在 Ansys Zemax OpticStudio 中，圆锥系数是衡量光束与光学元件接口处的半角 θ。在光学设计中，圆锥系数是非常重要的参数，它可以用于光束聚焦、光学元件的角度设计、光纤通信等领域。

圆锥系数值的设置同样包含直接输入和求解器设置两种方法。其中利用求解器求解可采用的方法包括：固定、变量和拾取。默认情况下，圆锥系数值设置为 0，如图 3-79 所示。

镜头数据

更新: 所有窗口

表面 7 属性　　结构 1/1

	表面类型		标注	曲率半径	厚度	材料	膜层	半直径		延伸区	机械半直径	圆锥系数	TCE x 1E-6
0	物面	标准面		无限	无限			无限		0.0...	无限	0.000	0.000
1	(孔径)	标准面		54.153	8.7...	SK2	AR	29.339	U	0.0...	29.339	0.000	-
2	(孔径)	标准面		152....	0.5...		AR	28.267	U	0.0...	29.339	0.000	0.000
3	(孔径)	标准面		35.951	14....	SK16	AR	24.355	U	0.0...	24.355	0.000	-
4	(孔径)	标准面		无限	3.7...	F5		21.358	U	0.0...	24.355	0.000	-
5	(孔径)	标准面		22.270	14....		AR	14.933	U	0.0...	24.355	0.000	0.000
6	光阑 (孔径)	标准面		无限	12....			10.000	U	0.0...	10.229	0.000	0.000
7	(孔径)	标准面		-25.6...	3.7...	F5	AR	13.301	U	0.0...	19.061	0.000	-
8	(孔径)	标准面		无限	10....	SK16		16.625	U	0.0...	19.061	0.000	-
9	(孔径)	标准面		-36.9...	0.5...		AR	19.061	U	0.0...	19.061	0.000	0.000
10	(孔径)	标准面		196....	6.8...	SK16	AR	21.474	U	0.0...	21.797	0.000	-
11	(孔径)	标准面		-67.1...	57....		AR	21.797	U	0.0...	21.797	0.000	0.000

图 3-79　圆锥系数设置

一般情况下，通过计算光束的 NA 值（数值孔径）推导出圆锥系数。

$$\mathrm{NA}=n\times\sin\theta$$

其中，n 为光学元件的折射率，θ 为光束与光学元件接口的半角（圆锥系数）。

在实际的生产制造中，圆锥系数的范围为 ±100。圆锥系数能够反映光束与光学元件接口的倾斜度。圆锥系数越小，表示光束聚焦能力越强，如图 3-80 所示。

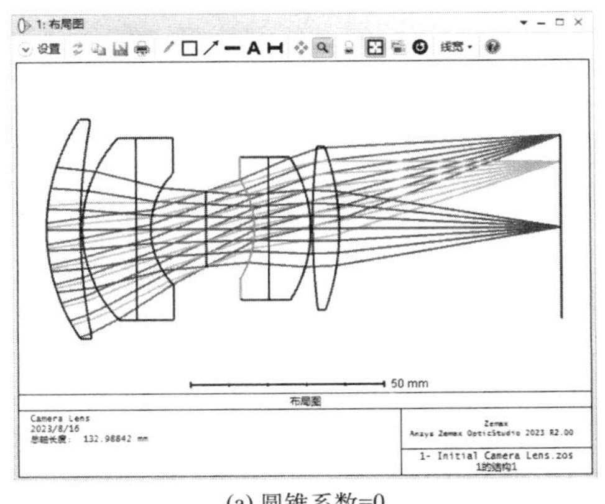

(a) 圆锥系数=0

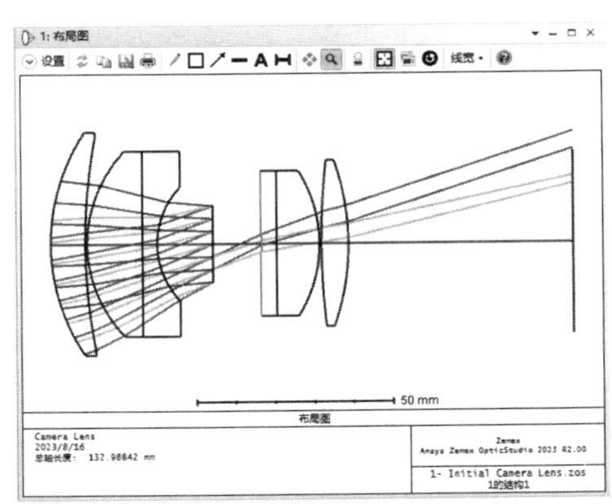

(b) 圆锥系数=90

图 3-80　不同圆锥系数布局图

3.2.15 TCE 设置

在 Ansys Zemax OpticStudio 中，TCE（thermal coefficient of expansion）表示热膨胀系数，单位为 1×10^{-6}/K。光学系统中的玻璃随着温度的变化而膨胀或收缩，镜头元件之间的间隔随着材料的热胀冷缩而改变。Zemax 通过特定的参数来量化这些改变对光学系统的性能影响，热膨胀系数在其中是重要的参数之一。

TCE 有两种定义方式，分别介绍如下。

（1）“镜头数据”编辑器输入

在“镜头数据”编辑器中按照一般的方法，使用左侧小列直接输入或使用求解器求解，如图 3-81 所示。

镜头数据

更新: 所有窗口 ·

表面 2 属性　　结构 1/1

	表面类型		标注	曲率半径	厚度	材料	膜层	净口径	延伸区	机械半直径	圆锥系数	TCE x 1E-6	
0	物面	标准面 ▾		无限	无限			0.000	0.000	0.000	0.000	0.000	
1	光阑	标准面 ▾		无限	0.000			0.000	0.000	0.000	0.000	0.000	
2		标准面 ▾		无限	0.000			0.000	0.000	0.000	0.000	8.200	
3	像面	标准面 ▾		无限	-			0.000	0.000	0.000	0.000	0.000	P

图 3-81　“镜头数据”编辑器输入 TCE

（2）输入材料

选择系统材料库中的材料后，该材料的参数数据中包含 TCE 等数据，如图 3-82 所示。在“镜头数据”编辑器中直接输入表面的材料名后，不需要再输入 TCE 参数（也无法定义），如图 3-83 所示。可以直接使用为该材料指定的 TCE 来确定其余材料特性参数，包括曲面的半径、中心厚度等。

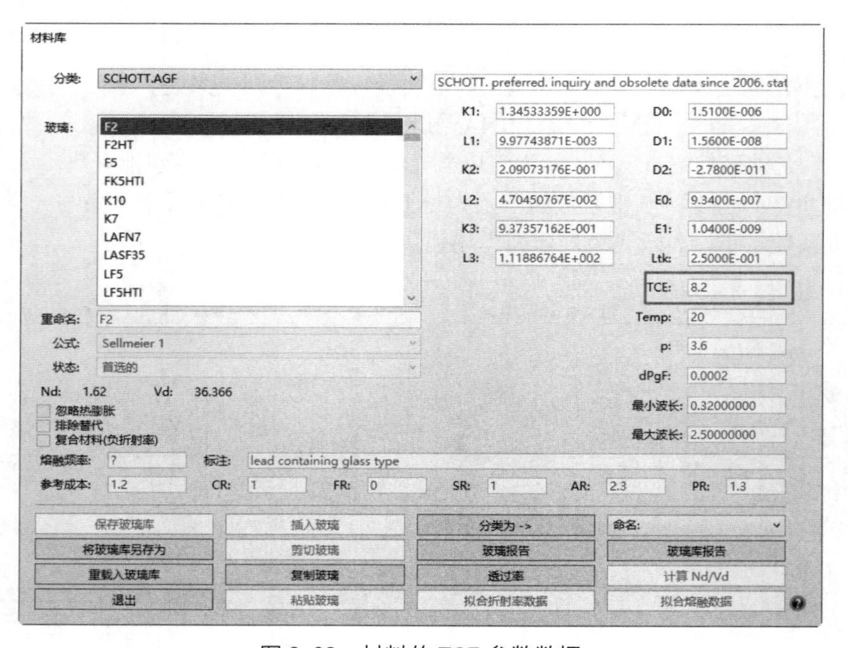

图 3-82　材料的 TCE 参数数据

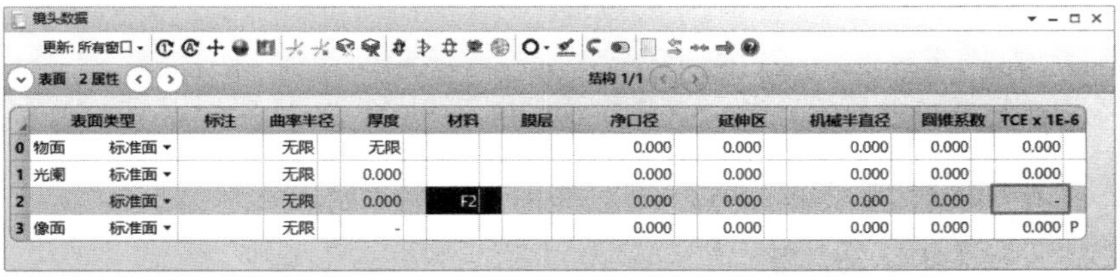

图 3-83　输入表面的材料名

当表面材料不是固体而是气体或液体时，热膨胀系数通常不受材料特性支配，而是由安装材料的边缘厚度决定的。此时，需要使用“镜头数据”编辑器输入的方法定义 TCE，从而定义安装材料属性。

第4章 光学成像镜头设计

光学镜头是成像系统中的重要部件，它直接影响成像质量的优劣。光学成像系统中的镜头设计非常重要，主要是通过透镜的曲率、厚度和折射率等参数进行计算，使透镜将光线聚焦到一个特定位置，并将成像品质达到最好。

本章通过查询资料得到镜头数据，在“镜头数据”编辑器中确定初始参数，并以此获取对应的外形图，学习光学成像镜头设计的基本流程。

4.1 光学成像系统

光学成像系统是指利用光学设备进行成像的系统，光学原理主要是指光线在不同折射率介质中的传播定律。

4.1.1 物体成像原理

光学系统的作用之一是对物体成像。光学仪器中的光学系统由一系列折射和反射表面组成，这些表面中，主要是折射球面，也可以有平面和非球面，各表面曲率中心均在同一直线上的光学系统称为共轴光学系统，这条直线就叫光轴。实际光学系统绝大部分属于共轴光学系统，非共轴系统只在少数仪器中使用。

如图 4-1 所示，若以 A 为顶点的入射光束经光学系统的一系列表面折射或反射后，变为以 A' 为顶点的出射光束，我们就称 A 为物点，A' 为物点 A 经该系统所成的像点。图中的物、像点由实际光线相交而成，是实物成实像的情况。若物、像点由光线的延长线相交而成，则称为虚物、像点。

图 4-2 中，A 是虚物点，A' 是虚像点，是虚物成虚像的情况。需指出，虚物不能人为设置，也不能独立存在，它只能被前面另一系统给出。实像能用屏幕或感光乳胶来接收和记录，虚像则不能，但可为眼睛所感受。

一个发光点或实物点，总是发出同心光束，与球面波相对应。一个像点，情况应该也是由与球面波对应的同心光束汇交而成，这种像点称为完善像点。因为光学系统入射波面与出射波面之间的光程是相等的，故要能够将物点 A 完善成像于 A'，必须实现 A 与 A' 之间的等光程。所以，等光程是完善成像的物理条件。

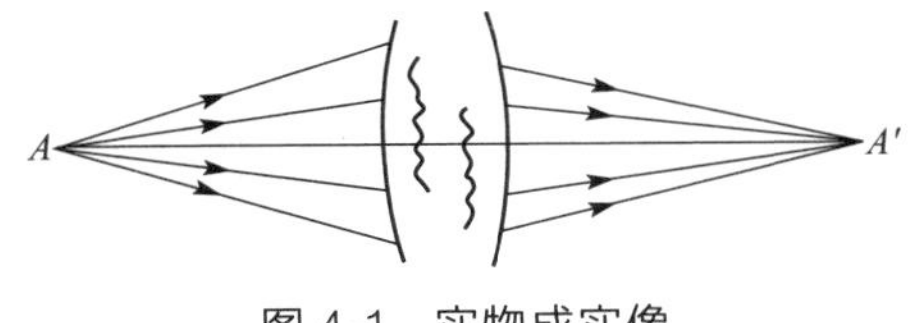

图 4-1　实物成实像

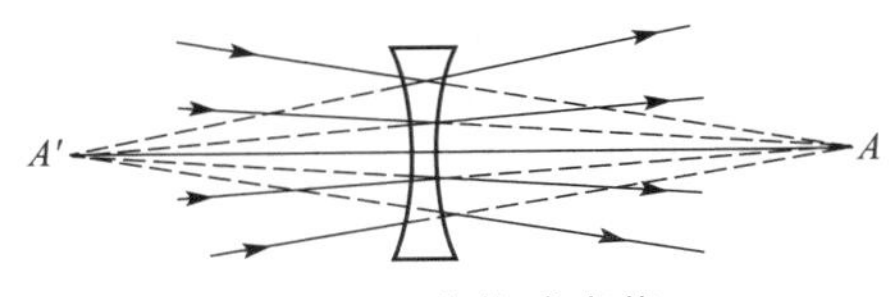

图 4-2　虚物成虚像

4.1.2 光学透镜

光学成像系统的基本组成部分包括光源、光学透镜、光学滤波器等一系列器材，光学透镜在光学成像系统中扮演着非常重要的角色。

光学透镜是光学成像系统中的核心部件，其主要作用是使光线汇聚或发散，以达到成像的目的。其工作原理主要是依靠透镜的形状和光线的折射，将光线聚焦到特定位置，从而形成一张清晰的像。

光学透镜可以分为凸透镜和凹透镜两种。其中，凸透镜是指中心较厚、边缘较薄的透镜，其作用是将光线聚焦，如图 4-3 所示。而凹透镜则是指中心较薄、边缘较厚的透镜，其作用是将光线发散，如图 4-4 所示。

图 4-3　凸透镜　　　　图 4-4　凹透镜

光学透镜的设计主要是通过透镜的曲率、厚度和折射率等参数进行计算，其主要的目标是使透镜将光线聚焦到一个特定位置，并将成像品质达到最好。因此，在透镜的设计过程中，需要考虑它的曲率和厚度等因素，以及光线的入射角、工作波长等因素。

对于序列光学成像系统，只研究物像之间的相似关系，没有所谓的光源概念，只有实际景物（物）与拍摄到的画面（像）的概念。

- 物面：物所处的平面，所有光线的开始。
- 光阑：光学系统中对边缘光线限制最大的物件，限定物的光发散角度，它决定了系统的光通过情况。
- 像面：像所处的平面，所有光线的终点。

4.1.3 光阑

光阑是指在光学系统中对光束起着限制作用的实体，它可以是透镜的边缘、框架或特别设置的带孔屏。其作用可分为两方面，限制光束或限制视场（成像范围）大小。光阑按其作用分为两种：孔径光阑和视场光阑。

（1）孔径光阑

限制成像光束立体角的光阑称为孔径光阑，它决定了轴上点成像光束中最边缘光线的倾斜角（称其为光束的孔径角）。这种光阑在任何光学系统中都存在。孔径光阑的位置是可选择的，不同的孔径光阑位置就相当于从物点发出的宽光束中挑选不同部分的光束参与成像，如图 4-5 所示。

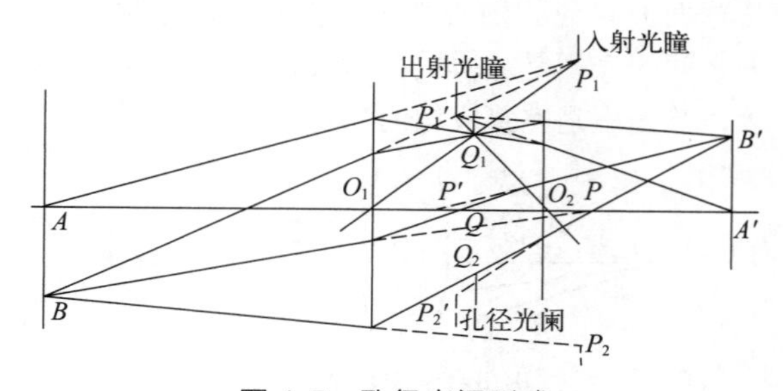

图 4-5　孔径光阑形成

入瞳决定了物点成像光束的最大孔径，并且是物面上各点成像光束的公共入口。与光轴上物点 A 张角最小的那个像相对应的光孔就是孔径光阑，即孔径光阑被其前面的镜组在物空间中所成的像称为光学系统的入射光瞳（简称入瞳）P_1PP_2。

出瞳是物面上各点的成像光束自系统出射时的公共出口，并且是入瞳经整个系统所成的像。孔径光阑被其后面的镜组在系统像空间中所成的像 $P'_1P'P'_2$，也是所有光孔在像空间的像中对轴上点的像 A' 张角最小的一个。这个像称为光学系统的出射光瞳（简称出瞳）。

① 物方孔径角：光轴上物点对入瞳的半张角（U）。

② 像方孔径角：光轴上像点对出瞳的半张角（U'）。

③ 主光线：轴外物点发出的经过入瞳中心的光线。

（2）视场光阑

限制物平面或物空间能被系统成像的最大范围的光阑称为视场光阑，它决定了光学系统的视场。所谓视场就是能成像的物面范围，对光具组成像的视场限制最多的光阑称为视场光阑。它是显微镜照明光路系统中的重要部件之一。

如果有接收面，则接收面的大小直接决定了物面上有多大的范围能被成像。因此，在成实像或有中间实像的系统中必有位于此实像平面上的视场光阑，此时有清晰的视场边界。

① 入射窗：视场光阑被其前面的镜组成在系统物空间的像，入射窗必与物面重合。

② 出射窗：视场光阑被其后面的镜组成在系统像空间的像。出射窗必与像面重合，出射窗是入射窗经整个系统所成的像。

③ 物方半视场角：入瞳中心对入窗的半张角（w）。如果物位于无穷远处，则物方视场的大小以物方视场角来表示；而如果物位于有限距离处，通常以线视场来表征物方视场的大小。

④ 像方半视场角：出瞳中心对出窗的半张角（w）。

图 4-6 中，可认为物面上各点只有一条主光线通过。在物平面光轴以下的一边取 B、C 两点，使其主光线 BP 和 CP 分别经过镜组 O_1 和 O_2 的边缘。可以看出，过镜组 O_2 边缘的那条主光线 BP 与光轴的夹角最小，即只有在 B 点以内的物点才能被系统成像，在 B 点以外的物点，虽然其主光线能通过镜组 O_1，但却被镜组 O_2 的镜框所拦。可见此时镜组 O_2 是决定物面上成像范围的光孔，它就是在像空间中，对出瞳中心张角最小的那个光孔像（或在物空间中，对入瞳中心张角最小的那个光孔像）所共轭的光孔。

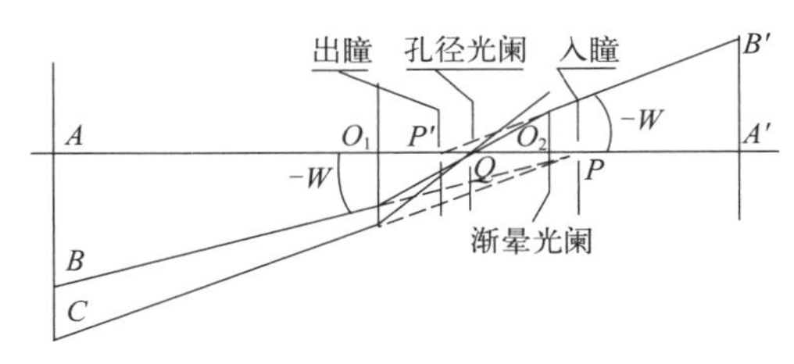

图 4-6　视场光阑形成

（3）渐晕光阑

在大多数情况下，轴外点发出并充满入瞳的光束会受到远离孔径光阑的透镜的通光孔径的限制，被部分遮拦而不能全部通过系统，这种现象称为轴外光束的渐晕。由于每个光孔均有一定大小，因此在没有视场光阑的系统中，必存在渐晕光阑。

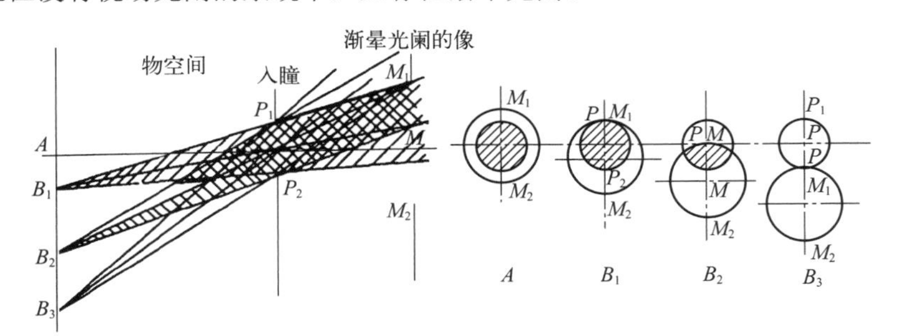

图 4-7　渐晕光阑

图 4-7 中，物面上以 AB_1 为半径的圆形区域内物点发出的光束都能通过系统，B_1 以下区域发出的能通过入瞳的光束将部分地被渐晕光阑所遮拦，B_2 点发出的光束只有主光线以下的一部分可以通过，而 B_3 点只有一条光线可以通过。物面上 A、B_1、B_2、B_3 四点被系统成像时能通过的光束截面示于图 4-7 右面的四个图形中。显然，只有阴影部分的光线才能通过系统参与成像。

一般以渐晕系数来描述光束渐晕的程度。

- 轴外点成像光束在入（出）瞳面上的截面积与入（出）瞳面积之比，称面渐晕系数，表示为 K_D；
- 轴外点能通过系统成像的子午光束（即含轴面内光束）在入（出）瞳面上的线度与入（出）瞳直径之比，称线渐晕系数，表示为 K_S。

4.2 Zemax 模型

Zemax 中包含序列模型和非序列模型两种。序列模型主要用来设计成像和离焦系统，非序列模型主要作非成像应用，如照明系统、杂散光分析。

4.2.1 序列模型

序列模型使用几何光线追迹，也就是使用比较规则而又有预见性的光线进行追迹。光线的预见性是指光线传播所遇到的表面是事先排列好的，光线按表面排列序号依次向后传播。例如：光线只能沿表面 1、2、3、4……传播，而不能跳过其中任何一个面或反向。

选择功能区中的 “设置” → “模式” → “序列模式” 命令，打开 “镜头数据” 编辑器窗口，用来定义光学表面。

在序列模型中，所有光线传播发生在特定局部坐标系中的光学面，光线只能和每个面相交一次，且要遵循一定的序列次序。

大多数成像系统可以很好地用序列性的光学面描述，光线严格按照序列从物面（面序号为 0）依次到第 1 面（面序号为 1）、第 2 面（面序号为 2）、第 3 面（面序号为 3）等，如图 4-8 所示。按照这种序列性，对于每个光学表面，每根光线只通过一次。序列是以面为单位建模，多用于成像系统。

镜头数据

更新: 所有窗口 ▾

表面 3 属性　　结构 1/1

	表面类型		标注	曲率半径	厚度	材料	膜层	净口径	延伸区	机械半直径	圆锥系数	TCE x 1E-6
0	物面	标准面 ▾		无限	无限			0.000	0.000	0.000	0.000	0.000
1		标准面 ▾	第1面	无限	0.000			0.000	0.000	0.000	0.000	0.000
2		标准面 ▾	第2面	无限	0.000			0.000	0.000	0.000	0.000	0.000
3	光阑	标准面 ▾	第3面	无限	0.000			0.000	0.000	0.000	0.000	0.000
4	像面	标准面 ▾		无限	-			0.000	0.000	0.000	0.000	0.000

图 4-8　序列模型

4.2.2 非序列模型

非序列模型使用实际光源物理发光形式，光线随机生成并按其实际传播路径追迹，所以非序列光线是不确定的，因此它适用于照明系统设计。

非序列模型的主要分析手段是探测器光线追迹，非序列光线追迹是指并没有为被追迹的光线预先定义它必须得到达的表面。光线是否到达某个物面完全由光线方向以及物面的物理位置和特性决定。光线可能入射到任何非序列物体的任何部分，并且可能多次入射到同一物体上，但也可能一次也不入射。

选择功能区中的“设置”→“模式”→“非序列”命令，打开“非序列元件编辑器”窗口，定义表面物体或实体物体，如图 4-9 所示。非序列模式使用实际物体建模，直接生成实体类型且不存在物面或像面，但需定义光源才能发光。

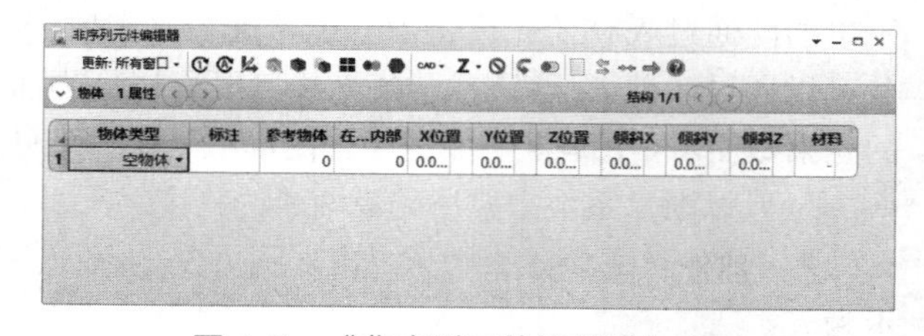

图 4-9　“非序列元件编辑器” 窗口

4.3 光线追迹

光线追迹通过跟踪与光学表面发生交互作用的光线从而得到光线经过路径的模型，用于光学系统设计。Ansys Zemax OpticStudio 中的光线追迹形成的图形主要有二维布局图、三维布局图、实体模型图等。

4.3.1 二维布局图

二维布局图是通过镜头 YZ 截面的外形曲线图，显示镜头截面和通过镜头截面光线的传播路径。

打开 Ball coupling.zmx 文件。单击“设置”功能区下“视图”选项组中的“2D 视图”命令，弹出“布局图”窗口，显示光学系统的二维布局图，如图 4-10 所示，包括标题栏、工具栏、图形预览区、比例尺和数据区。

该窗口中图形显示区上方显示一行工具栏，用于对二维布局图进行编辑与设置。下面介绍常用的命令和按钮。

（1）“设置”命令

单击“设置”命令左侧的“打开”按钮，展开“设置”面板，根据不同的参数显示下面的光路图，如图 4-11 所示。

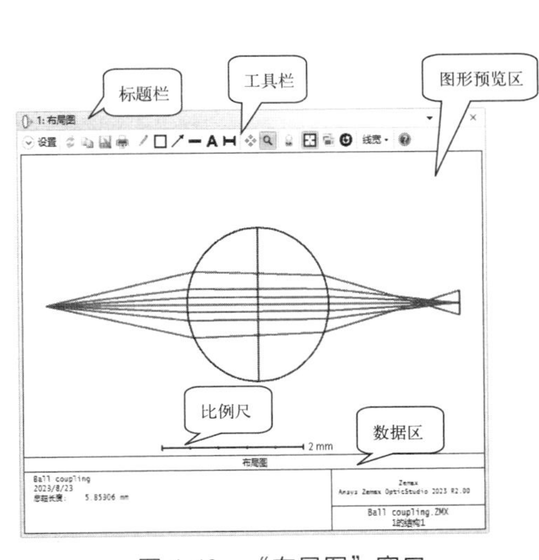

图 4-10　“布局图”窗口

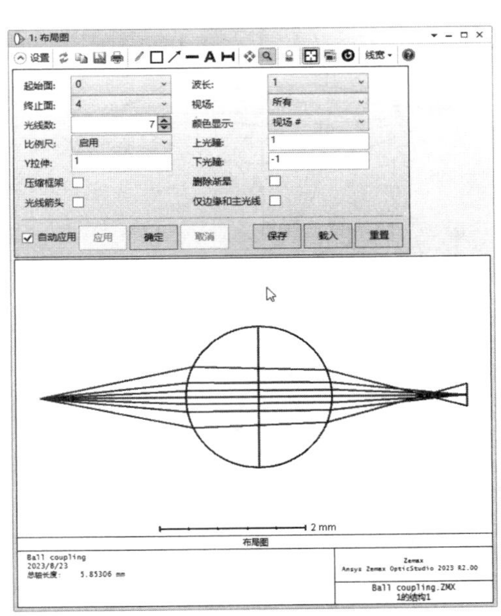

图 4-11　展开“设置”面板

① 起始面：绘图的第一个面。

② 终止面：绘图的最后一个面。

③ 光线数：确定了每一个被定义的视场中画出的子午光线数目，默认显示 7 条光线。一般情况下光线沿着光瞳均匀分布，可以设置为 0 或其他数，如图 4-12 所示。

④ 比例尺：设置图形下方比例尺的显示与隐藏。

⑤ Y 拉伸：将图形 Y 向放大，默认比例为 1，表示原图显示。设置比例为 2，对光路图进行缩放，如图 4-13 所示。

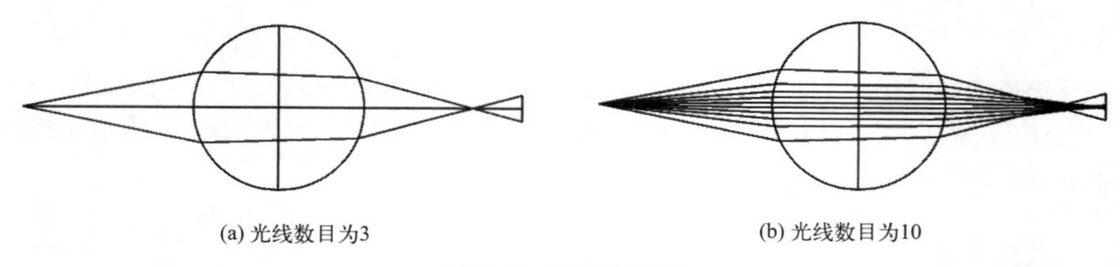

(a) 光线数目为3　　(b) 光线数目为10

图 4-12　光线数设置

⑥ 压缩框架：勾选该复选框，隐藏屏幕下端图形的数据区，为上面的外形图留出更多的空间。比例尺、地址或者其他数据都不显示，如图 4-14 所示。

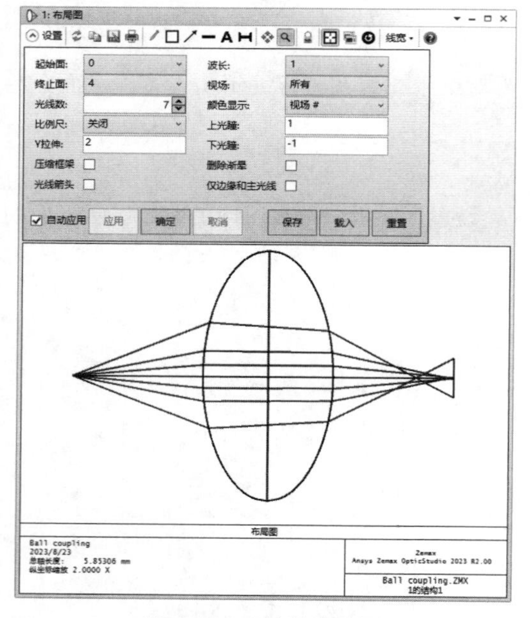

图 4-13　Y 拉伸光路图

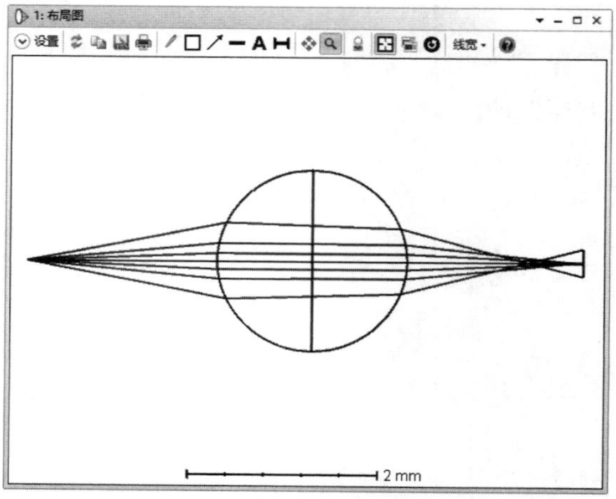

图 4-14　隐藏数据区

⑦ 光线箭头：勾选该复选框，在光路图中显示光线箭头，如图 4-15 所示。

⑧ 波长：显示的任意或所有波长。

⑨ 视场：显示的任意或所有视场。

⑩ 颜色显示：利用不同的对象进行颜色区分。选择“视场”用每个视场来区分，选择“波长”用每个波长来区分。

⑪ 上光瞳：绘制光线通过的最大光瞳坐标。

⑫ 下光瞳：绘制光线通过的最小光瞳坐标。

⑬ 删除渐晕：勾选该复选框，隐藏被任意面拦住的光线。

⑭ 仅边缘和主光线：勾选该复选框，只绘制边缘光线和主光线，如图 4-16 所示。

（2）“更新”按钮

单击该按钮，当系统或设计参数变化时，来更新绘图反映系统性能变化。

（3）“复制”按钮

单击该按钮，复制数据到剪贴板。

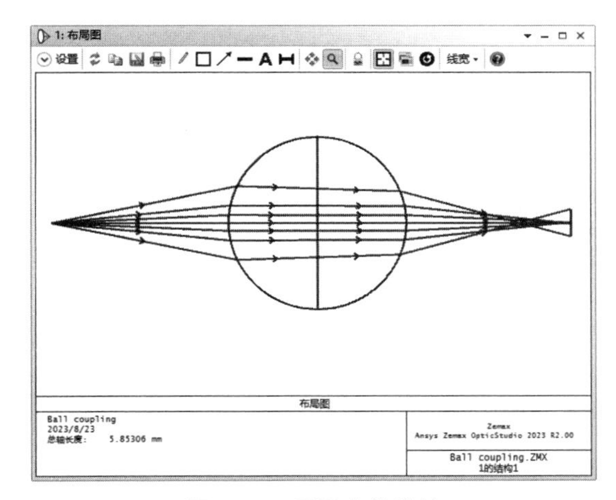

图 4-15　显示光线箭头

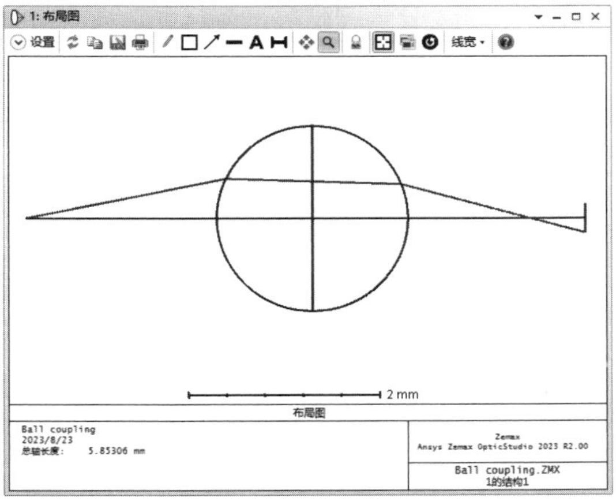

图 4-16　只绘制边缘光线和主光线

（4）“另存为”按钮

单击该按钮，弹出“布局图”对话框，将当前布局图中的图像保存为图片文档，如图 4-17 所示。

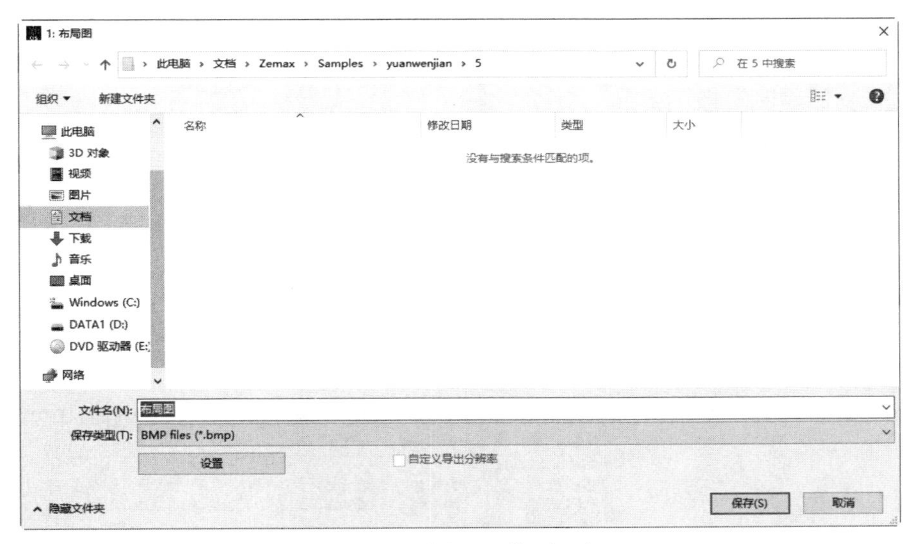

图 4-17　“布局图”对话框

（5）“打印”按钮

单击该按钮，打印该窗口中的内容。

（6）“编辑”按钮

单击该按钮，编辑分析窗口中的所有文本说明。

（7）“方框”按钮

单击该按钮，在分析窗口添加方框。

（8）“箭头”按钮

单击该按钮，在分析窗口添加箭头。

（9）“直线”按钮

单击该按钮，在分析窗口添加直线。

（10）“文本”按钮

单击该按钮，在分析窗口添加文本说明。

（11）“测量”按钮

单击该按钮，在窗口中的布局图中测量两点间的距离。

（12）“平移”按钮

单击该按钮，激活平移模式，使用鼠标左键拖拽来平移实体。

（13）“缩放”按钮

单击该按钮，激活缩放模式，使用鼠标左键拖拽来放大局部实体。

（14）“窗口锁定”按钮

单击该按钮，锁定分析窗口防止更新，便于进行数据对比。

（15）“窗口光标”按钮

单击该按钮，显示光标当前位置坐标，如图 4-18 所示。

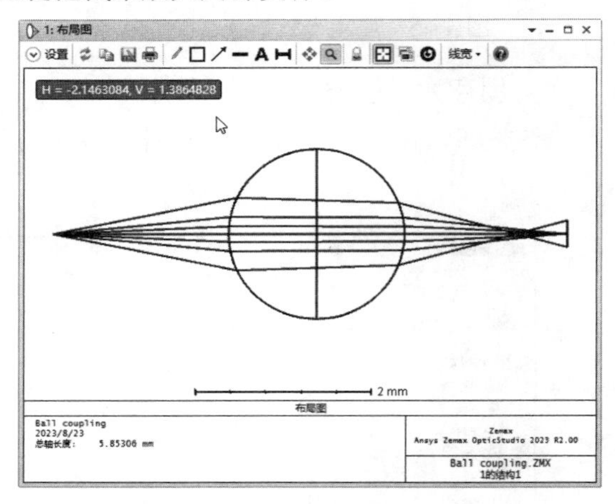

图 4-18　显示光标坐标

（16）“窗口复制”按钮

单击该按钮，复制当前分析窗口。

（17）“整屏显示”按钮

单击该按钮，整屏显示图像。

（18）“线宽”按钮

单击该按钮，显示表面和光线的线宽，每个对象包含 5 种线宽类型，如图 4-19 所示。

（19）“帮助”按钮

单击该按钮，打开“Ansys OpticStudio 2023 R2”窗口，显示帮助文档，如图 4-20 所示。

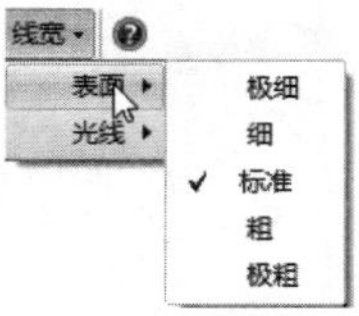

图 4-19　线宽类型

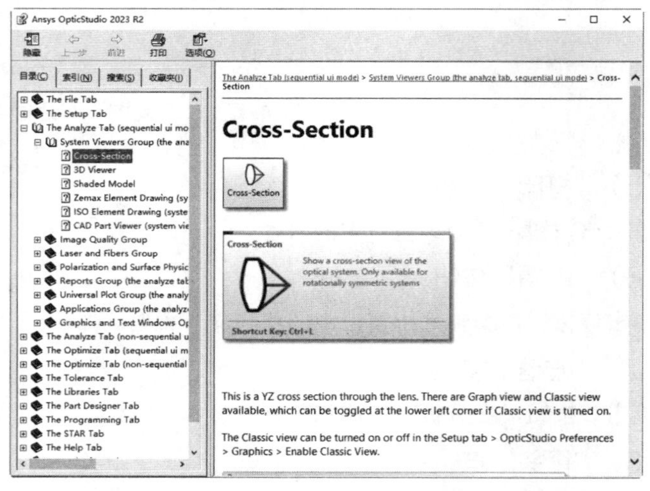

图 4-20　“Ansys OpticStudio 2023 R2”窗口

4.3.2　三维布局图

三维布局图显示三维空间中镜头元件和光线的追迹过程。

打开 Ball coupling.zmx 文件。单击“设置”功能区下“视图”选项组中的“3D 视图”命令，弹出“三维布局图”窗口，显示光学系统的三维布局图，如图 4-21 所示，包括标题栏、工具栏、图形预览区、坐标轴、比例尺和数据区。

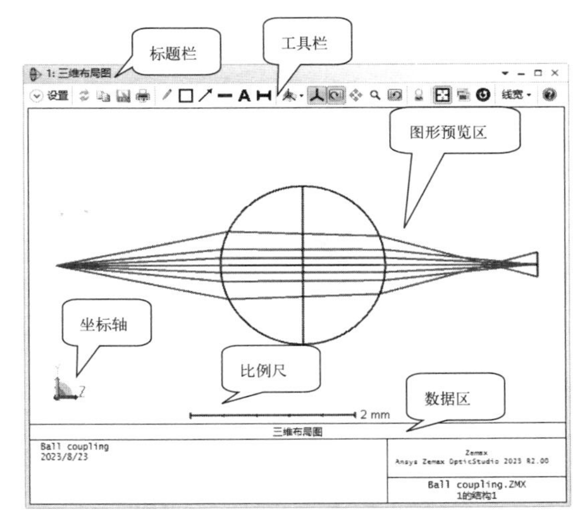

图 4-21　“布局图”面板

该窗口与二维布局图窗口类似，下面介绍与二维布局图窗口不同的命令。

（1）“设置”命令

单击“设置”命令左侧的“打开”按钮，展开“设置”面板，根据不同的参数显示下面的光路图，如图 4-22 所示。

① 光线样式：打开下拉列表，显示可选择的光线样式，包括 XY 扇形图、X 扇形图、Y 扇形图、环、列表、随机和网格。

② 隐藏透镜面：勾选该复选框，则布局图中不显示镜头表面，使用镜头边缘替代，如图 4-23 所示。该功能对复杂的系统尤其重要。

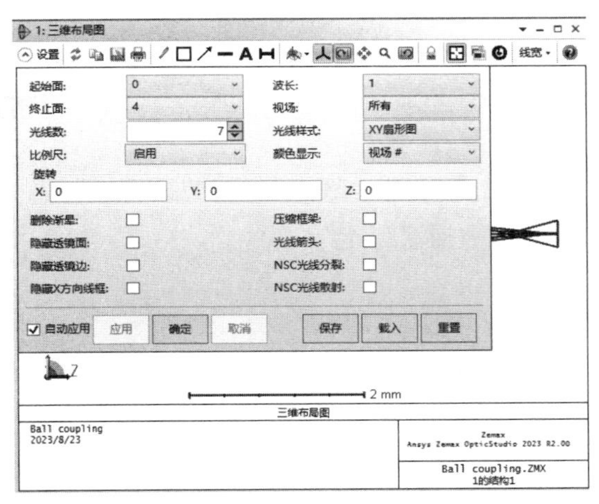

图 4-22　展开“设置”面板

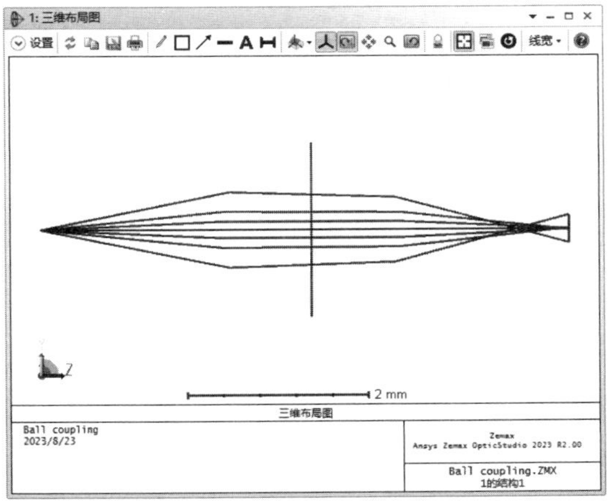

图 4-23　隐藏透镜面

③ 隐藏透镜边：勾选该复选框，则不显示镜头外侧的口径。

④ 隐藏 X 方向线框：勾选该复选框，则不显示镜头的 XZ 平面中镜头表面部分。

⑤ 旋转：显示镜头绕 X 轴、Y 轴、Z 轴的旋转角，用度表示。

⑥ NSC 光线分裂：勾选该复选框，NSC 光源的光线在与表面的交点处以统计方式进行分裂。

⑦ NSC光线散射：勾选该复选框，NSC 光源的光线在与表面的交点处以统计方式进行散射。

（2）“相机视图”按钮

单击该按钮，弹出快捷菜单，显示 4 种视图，包括：等轴侧视图、X-Y 剖面、Y-Z、X-Z，如图 4-24 所示。

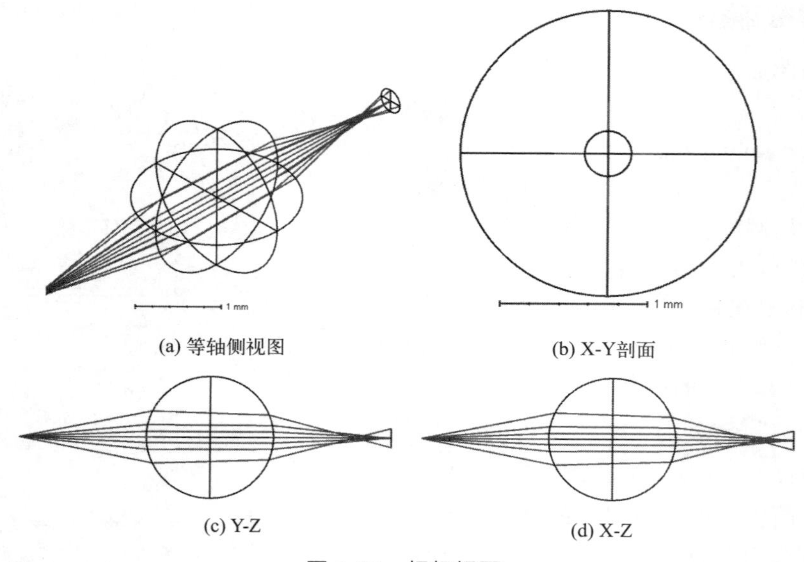

(a) 等轴侧视图　(b) X-Y剖面

(c) Y-Z　(d) X-Z

图 4-24　相机视图

（3）“坐标轴”按钮

单击该按钮，控制三维布局图中坐标轴的显示与隐藏。

（4）“旋转”按钮

单击该按钮，激活旋转模式，通过拖拽鼠标来实现图形的旋转，如图 4-25 所示。

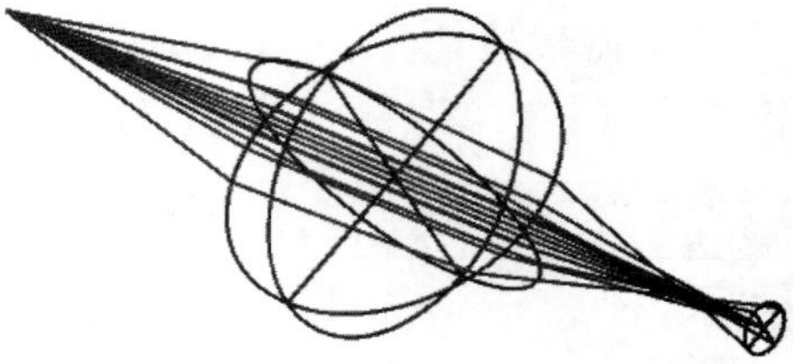

图 4-25　旋转图形

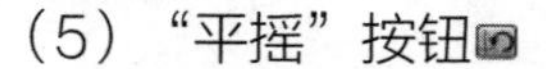

（5）“平摇”按钮

单击该按钮，激活摇摆模式，通过拖拽鼠标左键来左右摇摆实体。

4.3.3　实例：平行光光学系统设计

本例设计一束平行光经过一个透镜成像的光学系统，该系统设计规格如下：入瞳直径为 8（单位：mm），凸透镜半径为 50（单位：mm），材料为 N15。

（1）设置工作环境

① 在“开始”菜单中双击 Ansys Zemax OpticStudio 图标，启动 Ansys Zemax OpticStudio 2023。

② 选择功能区中的“文件”→“新建镜头项目”命令，关闭当前打开的项目文件的同时，打开“另存为”对话框，输入文件名称 Single_Parallel_beam。

③ 单击“保存”按钮，弹出“镜头项目设置”对话框，选择默认参数。单击“确定”按钮，在指定的源文件目录下自动新建了一个项目文件，如图 4-26 所示。

（2）设置系统参数

① 打开左侧“系统选项”工作面板，设置镜头项目的系统参数。

② 在大多数情况下，系统孔径是开始新设计时定义的第一个参数。系统孔径不仅决定了 OpticStudio 将通过光学系统光线追迹的光束的大小，还决定了物面上每个视场点发出光线的初始方向余弦。

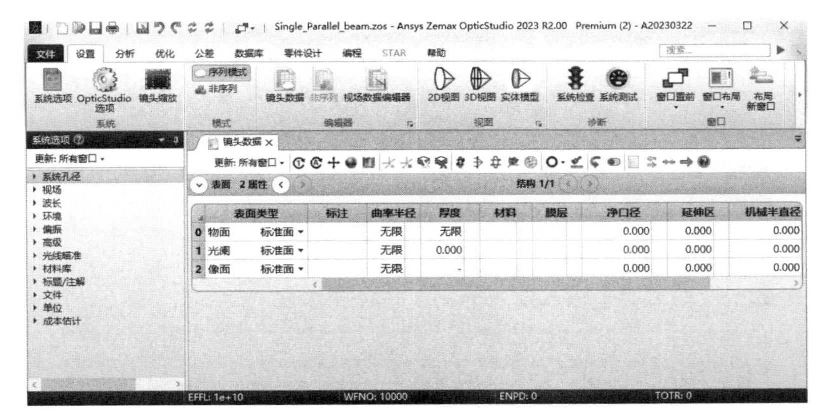

图 4-26　新建项目文件

③ 双击打开“系统孔径”选项卡，在“孔径类型”选项组中选择“入瞳直径”，在“孔径值”选项组中输入 8.0。此时，编辑器中光阑和像面的净口径为 4.000，如图 4-27 所示。

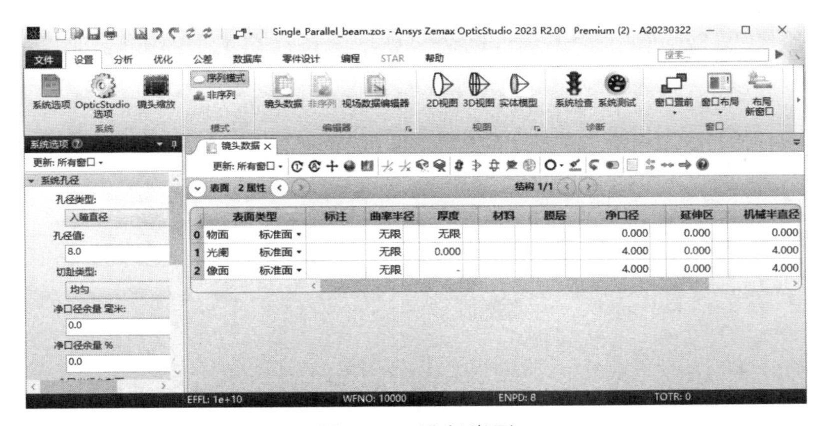

图 4-27　孔径类型

（3）设置初始结构

在“镜头数据”编辑器中设置面基本数据。

① “物面”的“厚度”值默认设置为“无限”，表示从无限远处的物面发出平行光线；

② 设置“光阑”的“厚度”值为 10.000，表示光阑到像面的距离为 10；

③ 单击“设置”功能区下“视图”选项组中的“2D 视图”命令，弹出“布局图”面板，显示光学系统的 YZ 平面图，如图 4-28 所示。

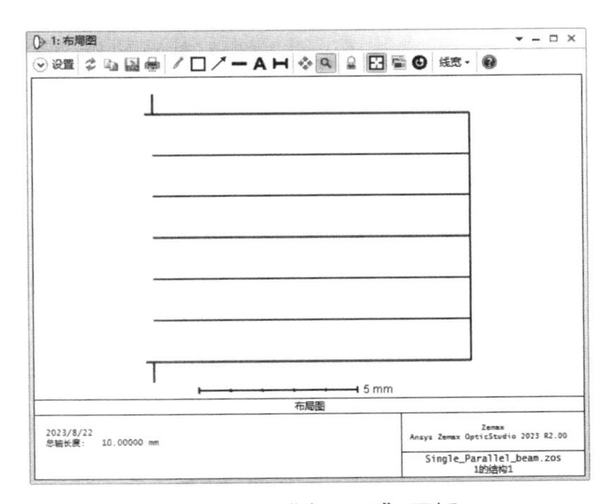

图 4-28　“布局图”面板

（4）设置透镜面

① 在“镜头数据”编辑器中选择面 1“光阑”行，单击鼠标右键，选择“插入后续面”命令，在其后插入面 2、面 3，如图 4-29 所示。

镜头数据

	表面类型		标注	曲率半径	厚度	材料	膜层	净口径	延伸区	机械半直径	圆锥系数	TCE x 1E-6
0	物面	标准面		无限	无限			0.000	0.000	0.000	0.0...	0.000
1	光阑	标准面		无限	10.000			4.000	0.000	4.000	0.0...	0.000
2		标准面		无限	0.000			4.000	0.000	4.000	0.0...	0.000
3		标准面		无限	0.000			4.000	0.000	4.000	0.0...	0.000
4	像面	标准面		无限	-			4.000	0.000	4.000	0.0...	0.000

图 4-29　插入后续面

② 在“镜头数据”编辑器中输入插入的两个孔径面参数。

- 选择面 2 的“标注”列，输入“透镜光线射入面”；“曲率半径”设置为 50.000，“厚度”为 5.000，“材料”为“N15”；“净口径”为 12.000。
- 选择面 3 的“标注”列，输入“透镜光线射出面”；“曲率半径”设置为 -50.000，“净口径”为 12.000。

在初始结构中，不知道透镜的厚度，需要使用求解器自动优化计算，使用最后面上边缘厚度解得到近轴焦平面的位置。

③ 选择面 3 的“厚度”右侧小列，弹出“在面 3 上的厚度解”面板，在“求解类型”下拉列表中选择“边缘光线高度”，它表示近轴边缘光线会自动在下个面上聚焦并找到这段距离值 49.153。此时，“厚度”列右侧显示 M，如图 4-30 所示。

镜头数据

	表面类型		标注	曲率半径	厚度		材料	膜层	净口径		延伸区	机械半直径	圆锥系数	TCE x 1E-6
0	物面	标准面		无限	无限				0.000		0.000	0.000	0.000	0.000
1	光阑	标准面		无限	10.000				4.000		0.000	4.000	0.000	0.000
2	(孔径)	标准面	透镜光线射入面	50.000	5.000		N15		12.000	U	0.000	12.000	0.000	-
3	(孔径)	标准面	透镜光线射出面	-50.000	49.153	M			12.000	U	0.000	12.000	0.000	0.000
4	像面	标准面		无限	-				0.040		0.000	0.040	0.000	0.000

图 4-30　设置孔径面参数

此时，“布局图”面板中显示经过单透镜的平行光束光学系统的 YZ 平面图，如图 4-31 所示。

(5) 三维图显示

① 单击“设置”功能区下“视图”选项组中的“3D 视图”命令，弹出“三维布局图”窗口，显示光学系统的三维图，默认显示 YZ 平面图，如图 4-32 所示。

② 单击工具栏中的“相机视图”按钮右侧的下拉按钮，选择“等轴侧视图”命令，在“三维布局图”窗口中显示光路图的等轴侧视图，如图 4-33 所示。

至此，完成镜头项目的设计，将编辑器窗口和工作面板窗口进行合理排列，结果如图 4-34 所示。

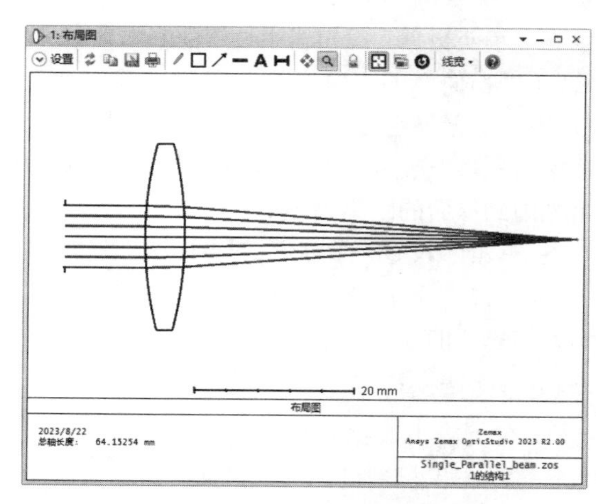

图 4-31　光学系统的 YZ 平面图

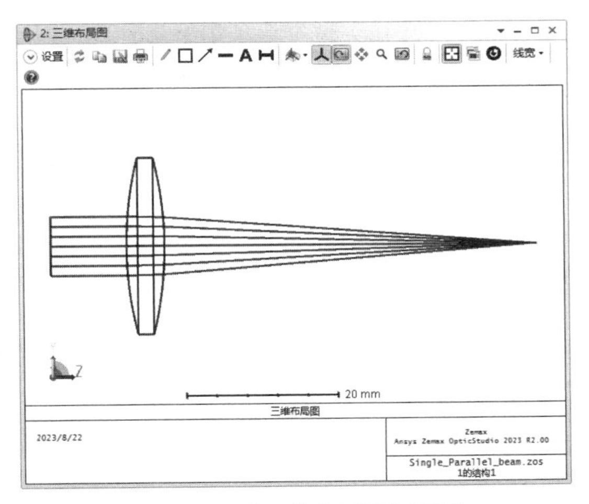

图 4-32　“三维布局图”窗口

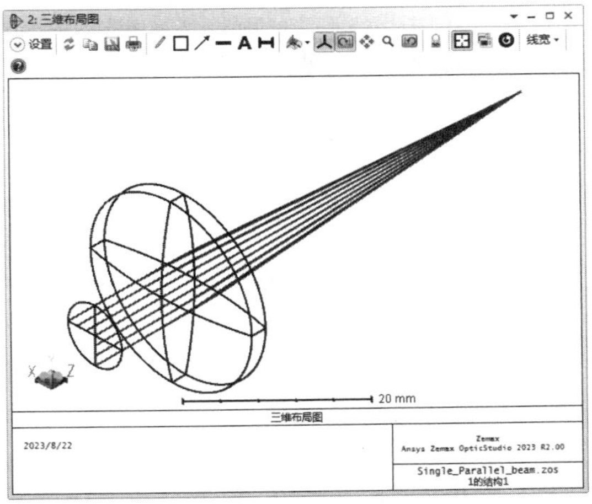

图 4-33　光路图的等轴侧视图

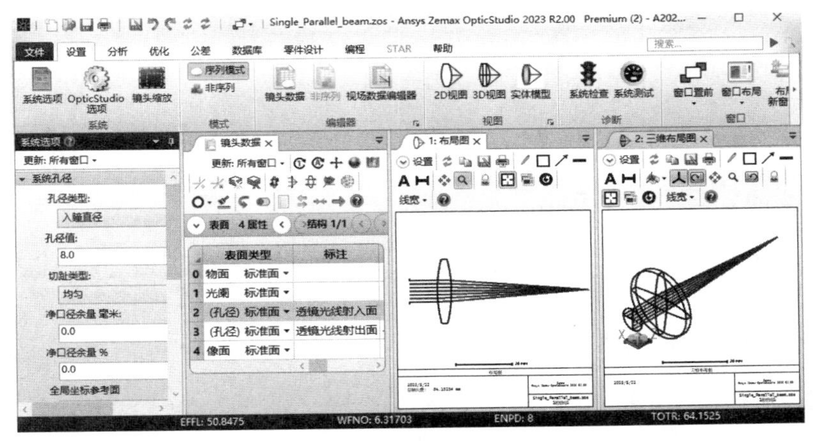

图 4-34　排列窗口

（6）保存文件

单击 Ansys Zemax OpticStudio 2023 编辑界面工具栏中的“保存”按钮，保存文件。

4.3.4　实例：双折射透镜光学系统

本例设计一个双折射透镜光学系统，该系统的设计规格如下：入瞳直径为 20，有效焦距为 100。

（1）设置工作环境

① 双击 Ansys Zemax OpticStudio 图标，启动 Ansys Zemax OpticStudio 2023，进入 Ansys Zemax OpticStudio 2023 编辑界面。

② 选择功能区中的“文件”→“另存为”命令，打开“另存为”对话框，输入文件名称 Birefringent cube.zmx。单击“保存”按钮，在指定的源文件目录下自动新建了一个 ZMX 文件。

（2）设置系统参数

打开左侧“系统选项”工作面板，设置镜头项目的系统参数。

① 设置孔径类型。双击打开“系统孔径”选项卡，在“孔径类型”选项组下选择“入瞳直径”，在“孔径值”选项组中输入 20.0。此时，“镜头数据”编辑器中光阑与像面的净口径和机械半直径变为 10.000。

② 输入波长。双击打开“波长”选项卡，打开“波长数据”对话框，进行下面的参数设置，结果如图 4-35 所示。

- 在序号为 1 的“波长（微米）”栏输入波长 1 数据为 0.486。
- 勾选序号为 2 的波长前的复选框，激活波长 2，在“波长（微米）”栏输入波长数据为 0.588，选择“主波长”单选钮，将波长 2 设置为主波长。
- 勾选序号为 3 的波长前的复选框，激活波长 3，在“波长（微米）”栏输入波长数据为 0.656。

完成参数设置后，单击“关闭”按钮，关闭该对话框。完成编辑后的“波长”选项卡显示 3 个波长，如图 4-36 所示。

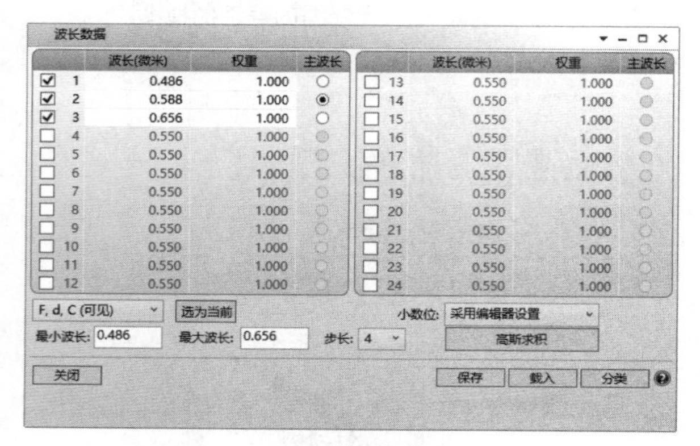

图 4-35 “波长数据”对话框

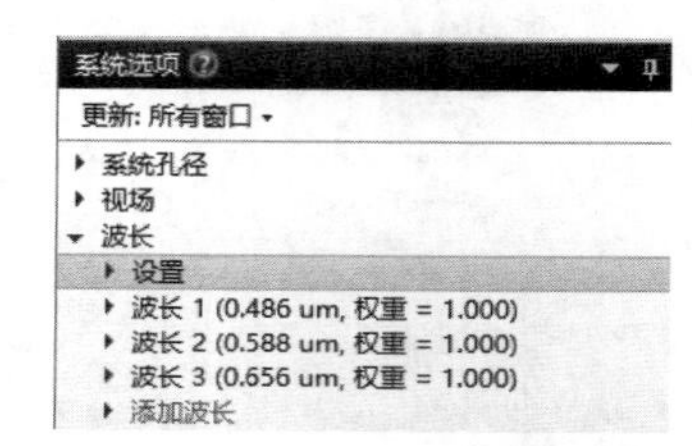

图 4-36 “波长”选项卡

(3) 设置透镜初始结构

① 在“镜头数据”编辑器中选择面 1“光阑”行，单击鼠标右键，选择“插入后续面”命令，在其后插入面 2、面 3、面 4。此时，像面的序号变为 5，如图 4-37 所示。

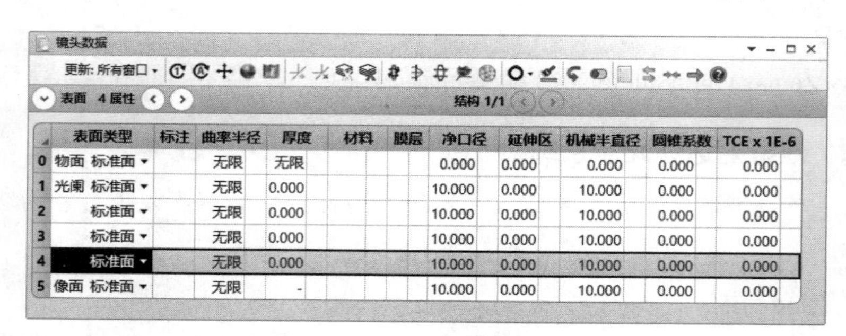

	表面类型	标注	曲率半径	厚度	材料	膜层	净口径	延伸区	机械半直径	圆锥系数	TCE x 1E-6
0	物面 标准面		无限	无限			0.000	0.000	0.000	0.000	0.000
1	光阑 标准面		无限	0.000			10.000	0.000	10.000	0.000	0.000
2	标准面		无限	0.000			10.000	0.000	10.000	0.000	0.000
3	标准面		无限	0.000			10.000	0.000	10.000	0.000	0.000
4	标准面		无限	0.000			10.000	0.000	10.000	0.000	0.000
5	像面 标准面		无限	-			10.000	0.000	10.000	0.000	0.000

图 4-37 插入后续面

② 根据下面的参数设置表面，结果如图 4-38 所示。

- “光阑”的“厚度”值设置为“20.000”。
- 面 2 的“表面类型”为“双折射输入”，“厚度”值设置为“50.000”，“材料”输入 CALCITE，“半直径”为 25.000，“显示轴线”为 15.000，“Y- 余弦”为 0.707，“Z- 余弦”为 0.707，“近轴忽略”为 0.000。

● 面 3 的“表面类型”为“双折射输出”，“厚度”值设置为“25.000”，“半直径”为 25.000。

● 面 4 的“表面类型”为“近轴面”。

镜头数据

更新: 所有窗口

表面 3 属性　　结构 1/1

	表面类型		标注	曲率半径	厚度	材料	膜层	半直径		延伸区	机械半直径	圆锥系数
0	物面	标准面 ▾		无限	无限			0.000		0.000	0.000	0.000
1	光阑	标准面 ▾		无限	20.000			10.000		0.000	10.000	0.000
2	(孔径)	双折射输入 ▾		无限	50.000	CALCITE		25.000	U	-	-	0.000
3	(孔径)	双折射输出 ▾		无限	25.000			25.000	U	-	-	0.000
4		近轴面 ▾			0.000			10.000		-	-	
5	像面	标准面 ▾		无限	-			10.000		0.000	10.000	0.000

图 4-38　设置基本参数

此时，用户界面底部的状态栏中显示 4 个参数，如图 4-39 所示。

● 有效焦距 EFFL: 100

● 工作 F 数 WFNO: 5.02494

● 入瞳直径 ENPD: 20

● 系统总长 TOTR:195

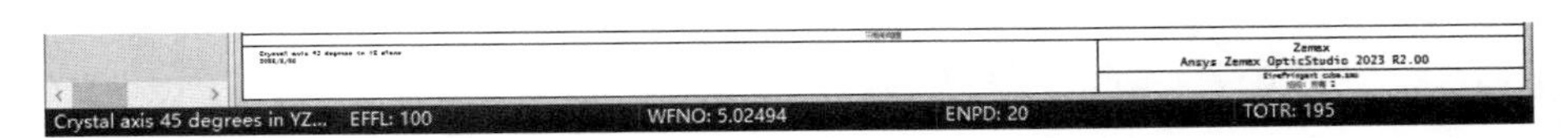

图 4-39　状态栏中显示参数

(4) 布局图显示

① 单击“设置”功能区下“视图”选项组中的“3D 视图”命令，弹出“三维布局图”窗口，显示光学系统的 YZ 平面图，如图 4-40 所示。

② 单击“设置”命令左侧的“打开”按钮⊙，展开“设置”面板，选择工具栏中的“线宽”→“表面”→“细”，将光学系统表面的边框线线型设置为细。选择工具栏中的“线宽”→“光线”→“细”，将光学系统中传播光线的边框线线型设置为细，如图 4-41 所示。

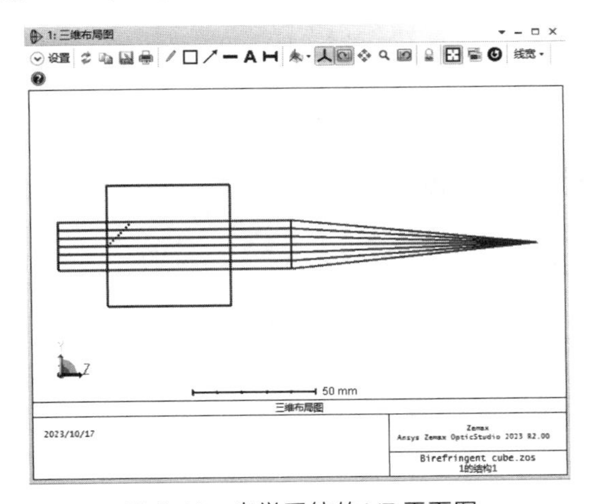

图 4-40　光学系统的 YZ 平面图

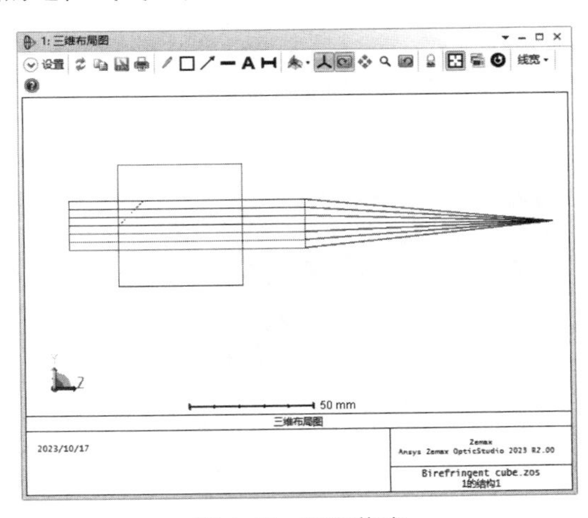

图 4-41　设置线宽

（5）保存文件

单击 Ansys Zemax OpticStudio 2023 编辑界面工具栏中的“保存”按钮，保存文件。

4.3.5 实体模型图

实体模型图表示光学系统带阴影的立体模型，不同于三维布局图，该图形窗口中可以设置亮度和背景色，还可以更改模型的方向和应用截面视图。

打开 Ball coupling.zmx 文件。单击“设置”功能区下“视图”选项组中的“实体模型”命令，弹出“实体模型”窗口，显示光学系统的实体模型图，如图 4-42 所示，包括标题栏、工具栏、图形预览区、比例尺和坐标轴。

下面介绍该窗口中常用的命令。

（1）“设置”命令

单击“设置”命令左侧的“打开”按钮，展开“设置”面板，根据不同的参数显示下面的光路图，如图 4-43 所示。

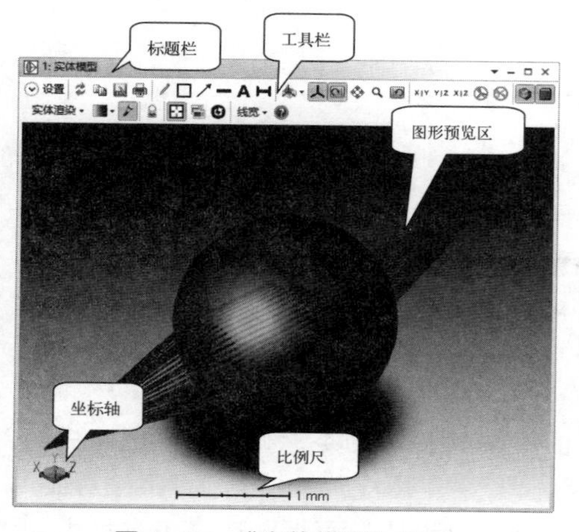

图 4-42 “实体模型”窗口

图 4-43 “设置”面板

① 画切面：在该选项中，选择剖切面类型，包括全、3/4、1/2、1/4，如图 4-44 所示。

② 角向段数：表示对透镜模拟的程度，默认值为 32。数字越大，表面越光滑，处理需要的时间越长。

(a) 3/4剖切面

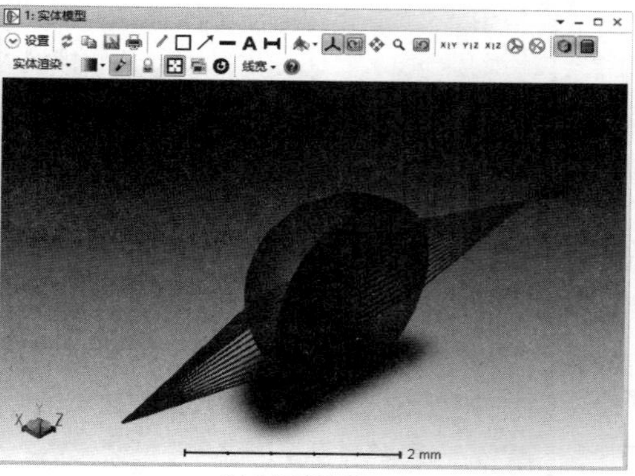

(b) 1/2剖切面

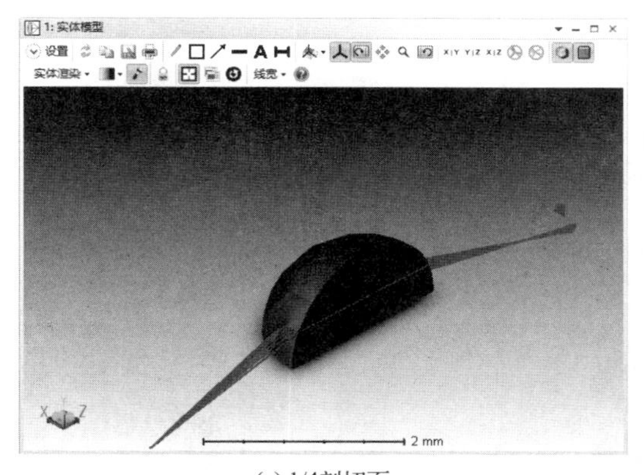

(c) 1/4剖切面

图 4-44　绘制剖切面

③ 径向段数：表示对透镜模拟的程度，默认值为 16。

④ 透明度：更改表面的透明度。

⑤ 亮度：更改表面的零度，可选项为以 10% 为间隔的数值。高的百分比将增加显示的亮度。

⑥ 背景：更改实体模型窗口中的背景色。

⑦ 比例尺：设置比例尺的颜色，同时还可以隐藏比例尺，默认为黑色。

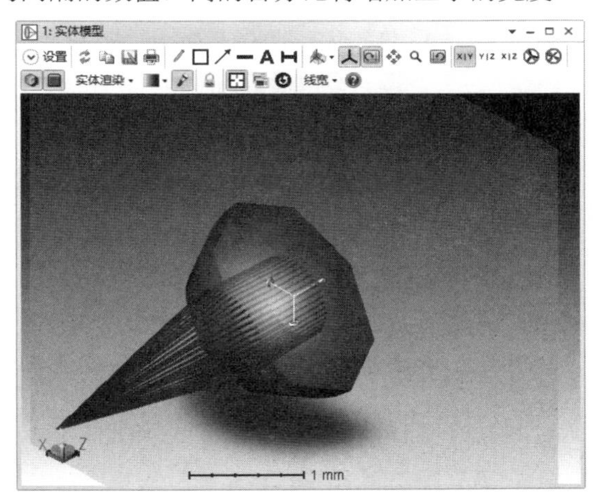

图 4-45　XY 剖面图

（2）“XY 剖面图”按钮X|Y

单击该按钮，显示透镜实体模型 XY 剖面图，如图 4-45 所示。

（3）“YZ 剖面图”按钮Y|Z

单击该按钮，显示透镜实体模型 YZ 剖面图，如图 4-46 所示。

（4）“XZ 剖面图”按钮X|Z

单击该按钮，显示透镜实体模型 XZ 剖面图，如图 4-47 所示。

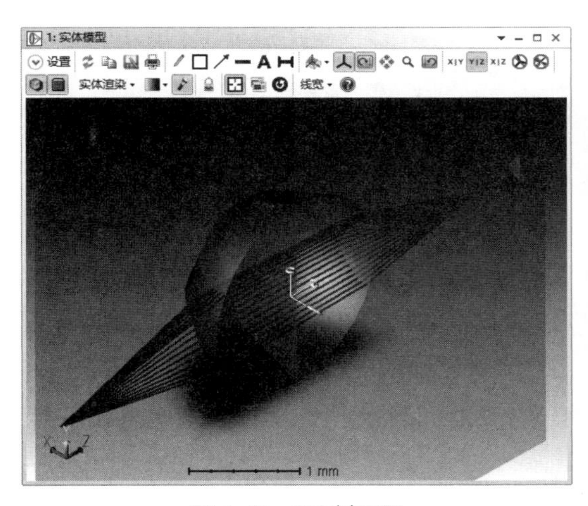

图 4-46　YZ 剖面图

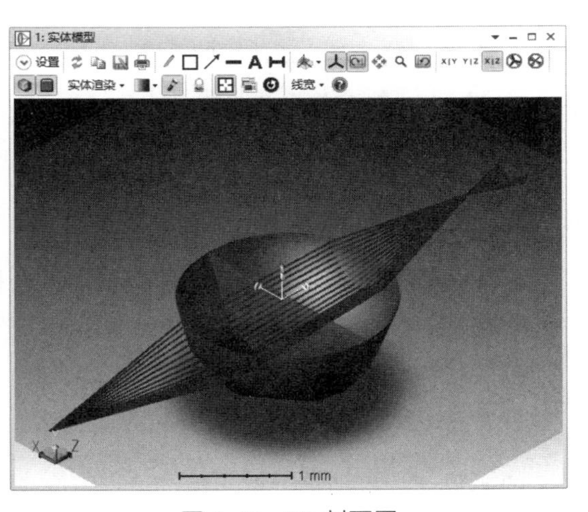

图 4-47　XZ 剖面图

（5）“隐藏剖切轴”按钮

单击该按钮，显示或隐藏透镜实体模型剖面图中的坐标轴图标，如图 4-48 所示。

（6）“隐藏剖切面”按钮：

单击该按钮，显示或隐藏透镜实体模型剖面图中的剖面，如图 4-49 所示。

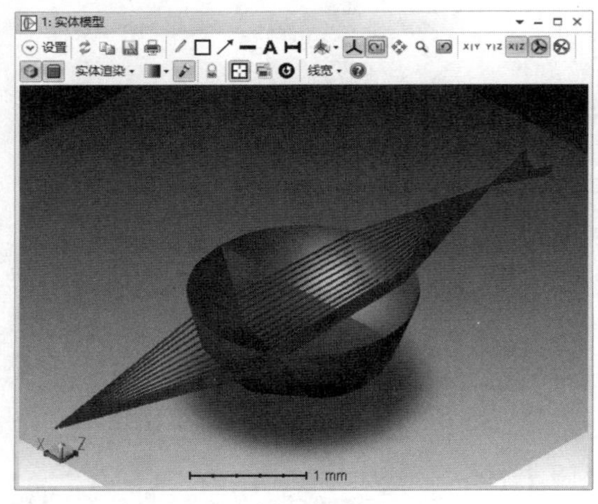

图 4-48　隐藏剖切轴

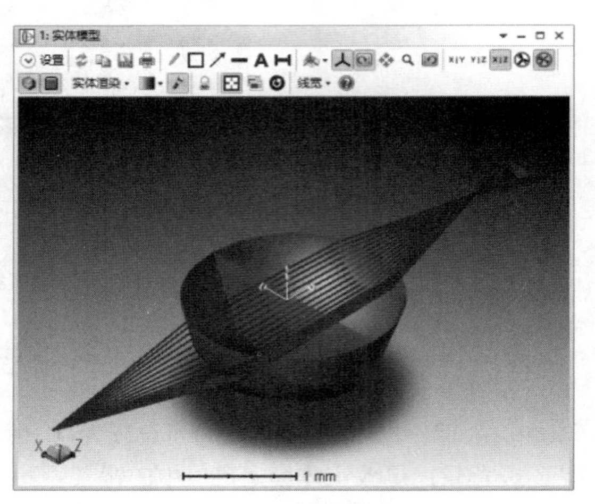

图 4-49　隐藏剖切面

（7）“显示阴影”按钮

单击该按钮，显示或隐藏透镜实体模型的阴影，如图 4-50 所示。

（8）“阴影着色”按钮

单击该按钮，设定实体模型的平滑着色。

（9）渲染按钮

单击按钮，展开下拉菜单，显示渲染方式，包括：实体渲染、隐线图、网格图。

（10）透明渲染

单击该按钮，选择基于物体颜色和透明度的渲染半透明物体的选项。包括：无、按距离排序、软件透明渲染、硬件透明渲染、简易。

（11）“采光渲染”按钮

单击该按钮，打开或关闭采光渲染开关。

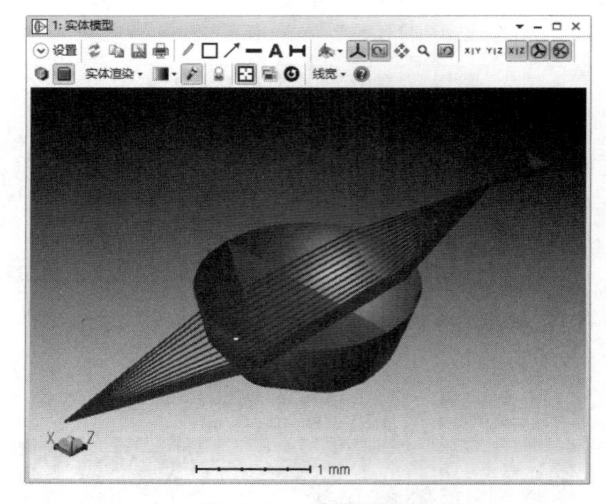

图 4-50　隐藏阴影

4.3.6　CAD 零件图

CAD 零件图是光学元件的三维零件图，不包含追迹的光线。

打开 Ball coupling.zmx 文件。单击“设置”功能区下“视图”选项组中的按钮，选择“CAD 零件查看”命令，弹出“零件查看器”窗口，显示光学零件的立体模型图，如图 4-51 所示。

4.3.7　实例：投影仪光学系统

投影仪又称投影机，是一种可以将图像或视频投射到幕布上的设备，利用凸透镜成像原理，将透明的物体投射到银幕上，形成放大的图像。本例设计一个简单的投影仪光学系统，该系统设计规格如下：有效焦距 EFL 为 1e+10，总长度为 155，材料为 B270。

（1）设置工作环境

① 双击 Ansys Zemax OpticStudio 图标，启动 Ansys Zemax OpticStudio 2023。

② 在 Ansys Zemax OpticStudio 2023 编辑界面，选择功能区中的“文件”→“新建镜头项目”命令，关闭当前打开的项目文件的同时，打开“另存为”对话框，输入文件名称 3_Condenser Design。单击“保存”按钮，弹出“镜头项目设置”对话框，选择默认参数。单击“确定”按钮，在指定的源文件目录下自动新建了一个项目文件。

图 4-51　“零件查看器”窗口

（2）设置系统参数

打开左侧“系统选项”工作面板，设置镜头项目的系统参数。

① 设置孔径类型。双击打开“系统孔径”选项卡，在“孔径类型”选项组下选择“物方空间NA”，在“孔径值”选项组中输入 0.77；“切趾类型”为“均匀”；“净口径余量 毫米”为 1.0，如图 4-52 所示。

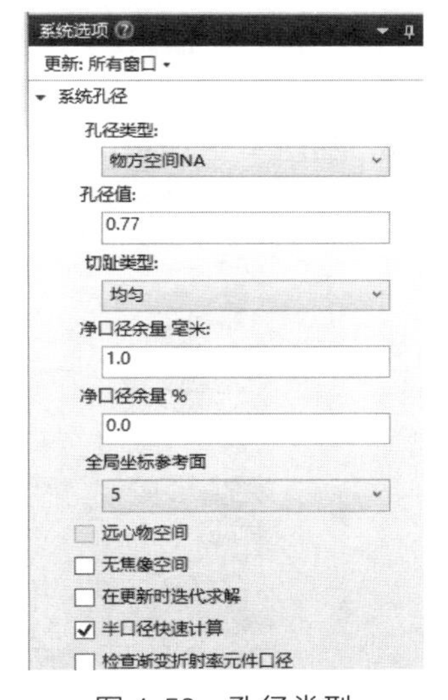

图 4-52　孔径类型

② 输入视场。双击打开“视场”选项卡，单击“打开视场数据编辑器”按钮，打开视场数据编辑器。选择默认的视场 1，单击鼠标右键选择“插入视场之后于”命令，在视场 1 后插入视场 2、视场 3，如图 4-53 所示。

- 设置视场 2 的 Y 角度为 2.8°；
- 设置视场 3 的 Y 角度为 4.0°。

完成编辑后的“视场”选项卡显示 3 个视场，如图 4-54 所示。

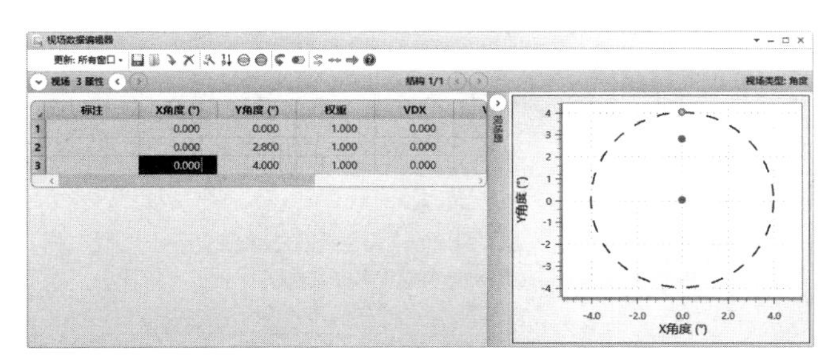

图 4-53　视场数据编辑器

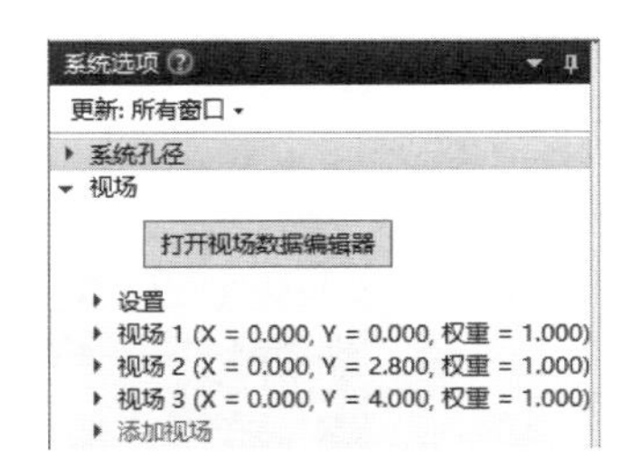

图 4-54　“视场”选项卡

③ 输入波长。双击打开“波长”选项卡，双击“设置”按钮，打开“波长数据”对话框，设置波长为 0.588，如图 4-55 所示。单击“关闭”按钮，关闭该对话框，完成波长的编辑。

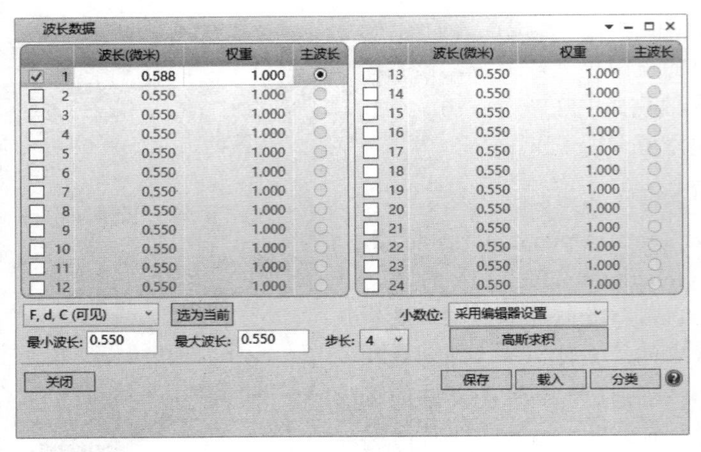

图 4-55　“波长数据”对话框

(3) 设置初始结构

在“镜头数据”编辑器中设置面基本数据。

① 在“镜头数据”编辑器中选择面 1“光阑”行，单击鼠标右键，选择“插入面”命令，在其前插入面 1、面 2、面 3、面 4（“光阑”行变为面 5），选择“插入后续面”命令，在其后插入面 6，如图 4-56 所示。

	表面类型	标注	曲率半径	厚度	材料	膜层	净口径	延伸区	机械半直径	圆锥系数	TCE x 1E-6
0	物面 标准面		无限	无限			无限	0.0...	无限	0.000	0.000
1	标准面		无限	0.0...			0.0...	0.0...	0.000	0.000	0.000
2	标准面		无限	0.0...			0.0...	0.0...	0.000	0.000	0.000
3	标准面		无限	0.0...			0.0...	0.0...	0.000	0.000	0.000
4	标准面		无限	0.0...			0.0...	0.0...	0.000	0.000	0.000
5	光阑 标准面		无限	0.0...			0.0...	0.0...	0.000	0.000	0.000
6	标准面		无限	0.0...			0.0...	0.0...	0.000	0.000	0.000
7	像面 标准面		无限	-			0.0...	0.0...	0.000	0.000	0.000

图 4-56　插入面

② 选择面 1、面 3、面 5、面 6 的“标注”列，输入透镜面的注释性文字，如图 4-57 所示。

	表面类型	标注	曲率半径	厚度	材料	膜层	净口径	延伸区	机械半直径	圆锥系数	TCE x 1E-6
0	物面 标准面		无限	无限			无限	0.0...	无限	0.000	0.000
1	标准面	透镜1	无限	0.0...			0.0...	0.0...	0.000	0.000	0.000
2	标准面		无限	0.0...			0.0...	0.0...	0.000	0.000	0.000
3	标准面	透镜2	无限	0.0...			0.0...	0.0...	0.000	0.000	0.000
4	标准面		无限	0.0...			0.0...	0.0...	0.000	0.000	0.000
5	光阑 标准面	胶片平面	无限	0.0...			0.0...	0.0...	0.000	0.000	0.000
6	标准面	到投影仪的入口瞳孔	无限	0.0...			0.0...	0.0...	0.000	0.000	0.000
7	像面 标准面		无限	-			0.0...	0.0...	0.000	0.000	0.000

图 4-57　“标注”列设置

③ 在“镜头数据”编辑器中输入面参数，如图 4-58 所示。

- 选择面 0 的“厚度”列，输入 4.000，表示物面发出平行光线到第一个透镜面的距离为 4.000；
- 设置面 1 的“孔径类型”为“浮动孔径”，“厚度”为 20.000，材料为 B270；
- 设置面 2 的“孔径类型”为“浮动孔径”，“厚度”为 1.000；
- 设置面 3 的“孔径类型”为“浮动孔径”，“厚度”为 20.000，材料为 B270；
- 设置面 4 的“孔径类型”为“浮动孔径”，“厚度”为 5.000；
- 设置面 5 的“孔径类型”为“浮动孔径”，“厚度”为 59.000；
- 设置面 6 的“孔径类型”为“浮动孔径”，“厚度”为 50.000。

镜头数据

更新: 所有窗口 ·

表面 1 属性　　结构 1/1

	表面类型		标注	曲率半径	厚度	材料	膜层	净口径	延伸区	机械半直径	圆锥系数	TCE x 1E-6
0	物面	标准面 ▾		无限	4.000			2.536	0.0...	2.536	0.000	0.000
1	(孔径)	标准面 ▾	透镜1	无限	20.000	B270		8.083	0.0...	19.416	0.000	-
2	(孔径)	标准面 ▾		无限	1.000			19.416	0.0...	19.416	0.000	0.000
3	(孔径)	标准面 ▾	透镜2	无限	20.000	B270		20.553	0.0...	31.886	0.000	-
4	(孔径)	标准面 ▾		无限	5.000			31.886	0.0...	31.886	0.000	0.000
5	光阑 (孔径)	标准面 ▾	胶片平面	无限	59.000			36.570	0.0...	36.570	0.000	0.000
6	(孔径)	标准面 ▾	到投影仪的入口通孔	无限	50.000			110.712	0.0...	110.712	0.000	0.000
7	像面	标准面 ▾		无限	-			173.549	0.0...	173.549	0.000	0.000

图 4-58　设置孔径面参数

④ 单击“设置”功能区下“视图”选项组中的“2D 视图”命令，弹出“布局图”面板，显示投影仪光学系统的 YZ 平面图，如图 4-59 所示。

⑤ 单击工具栏“设置”命令左侧的“打开”按钮⌄，展开“设置”面板，在“视场”选项中选择 1，显示视场 1 范围内的光路图，如图 4-60 所示。

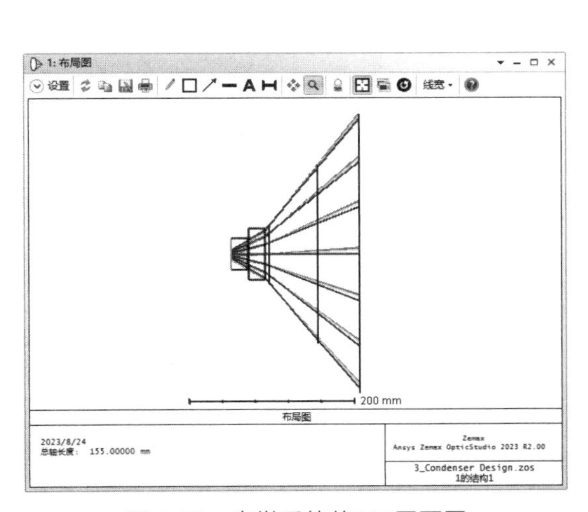

图 4-59　光学系统的 YZ 平面图

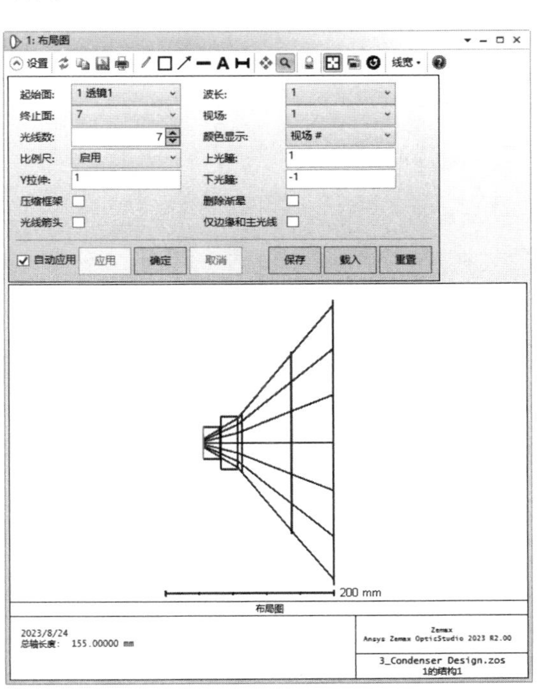

图 4-60　显示视场 1

（4）实体模型显示

单击“设置”功能区下“视图”选项组中的“实体模型”命令，弹出“实体模型”窗口，显示光学系统的实体模型三维图，默认显示 YZ 平面图。单击工具栏中的“相机视图”按钮，选择“等轴侧视图”命令，显示光路图的等轴侧视图，如图 4-61 所示。

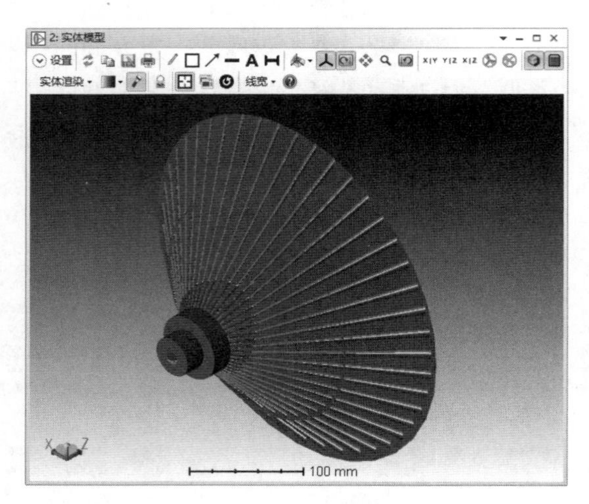

图 4-61　等轴侧视图

至此，完成投影仪光学系统项目的设计。

（5）保存文件

单击 Ansys Zemax OpticStudio 2023 编辑界面工具栏中的“保存”按钮，保存文件。

第5章 镜头编辑高级操作

扫码观看
本章视频

Ansys Zemax OpticStudio 为镜头数据的编辑提供了一些高级操作，掌握了这些高级操作，将大大提高光学系统设计的工作效率。

本章将详细介绍这些高级操作，包括表面属性面板的设置、坐标间断的使用、镜头表面转换设置、多重结构的使用。

5.1 表面参数设置

在镜头数据编辑中，用户除了直接在数据区对数据列进行表面参数设置外，Ansys Zemax OpticStudio 还提供了“表面属性”面板，同样可以对常用光学表面参数进行设置。其中，可以设置的表面参数除了表面类型和膜层外，还包括不同的参数选项。

5.1.1 设置绘图属性

对于复杂的光学系统，包含多个光学零件和多束光线，容易出现光线和零件表面重叠，导致无法精确地观察光学系统设计结果。为了解决这一问题，Ansys Zemax OpticStudio 通过设置光学系统的绘图属性，有选择地显示或隐藏光学表面或指定的光线。

单击“表面”选项左侧的“打开”按钮，打开“表面属性”面板“绘图”选项卡，如图 5-1 所示。

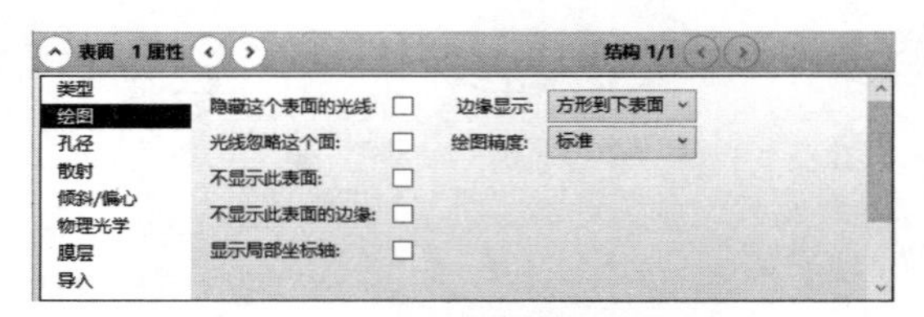

图 5-1 “绘图”选项卡

下面介绍该选项卡中的选项。

① 隐藏这个表面的光线：勾选该复选框，在外形图中不显示通过表面的光线，如图 5-2 所示。

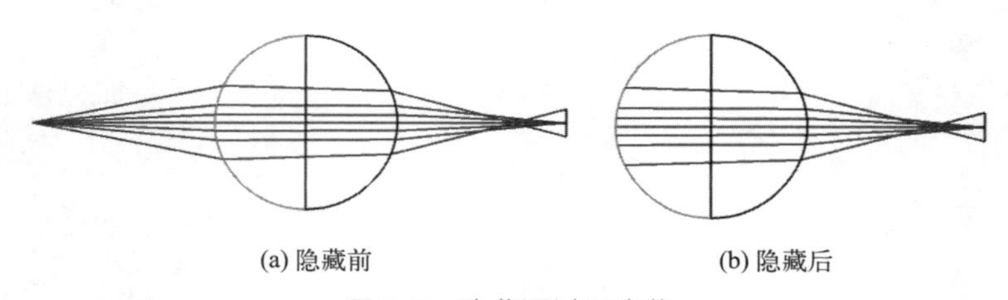

(a) 隐藏前　　(b) 隐藏后

图 5-2 隐藏通过面光线

②光线忽略这个面：勾选该复选框，进行光学计算时，不考虑该面。

③ 不显示此表面：勾选该复选框，隐藏该表面的显示，实际光线传播时通过该表面，如图 5-3 所示。

④ 不显示此表面的边缘：勾选该复选框，隐藏该表面边界的显示。此功能使得某些系统中的视图更简洁，特别是对于在光学面之间使用液体或其他非空气介质的系统。

⑤ 显示局部坐标轴：勾选该复选框，将全局坐标转换为局部坐标，在 3D 布局图上绘制一个指示 Z 轴方向的箭头，如图 5-4 所示。

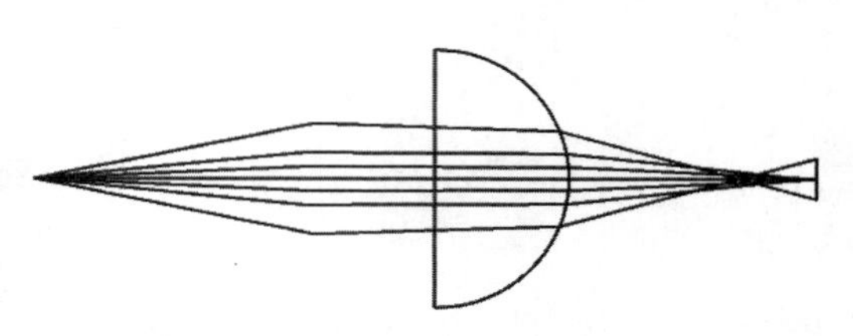

图 5-3 不显示选中面

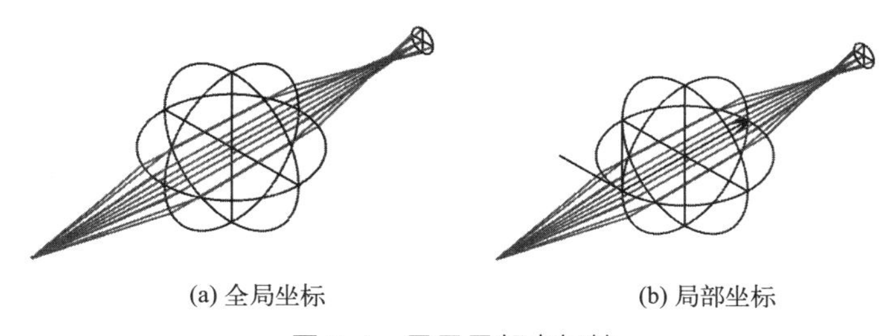
(a) 全局坐标　　(b) 局部坐标

图 5-4　显示局部坐标轴

⑥ 边缘显示：设置表面边缘的显示方式，包括方形到下表面、锥形到下表面和平面到下表面。

- 方形到下表面：从当前较小的表面以放射状绘制出一平面到下一平面来配合较大表面的半径。表面的外边缘通过圆柱体成形以连接表面的外边缘。
- 锥形到下表面：当前表面和下一表面通过单个锥状体连接。
- 平面到下表面：当前表面边缘的绘制以当前口径半径作为半径绘制圆柱体并延伸到与下一表面的交点。

⑦ 绘图精度：选中绘制图形的精度，包括标准、中、高、精密。

5.1.2 设置通光孔径

在光学系统的设计和加工中，光学零件的口径分为通光孔径 D 和外径 ϕ。通光孔径指的是在光学设计阶段，最大视场边缘光线通过透镜所对应的实际通光口径；而为了对透镜进行机械装夹，通光口径要加一定的余量，才能实际加工和使用，通光口径 + 余量就是外径 ϕ。而且，具体所加余量的大小由其通光孔径值 D 决定。

单击“表面”选项左侧的“打开”按钮，打开“表面属性”面板“孔径”选项卡，如图 5-5 所示。

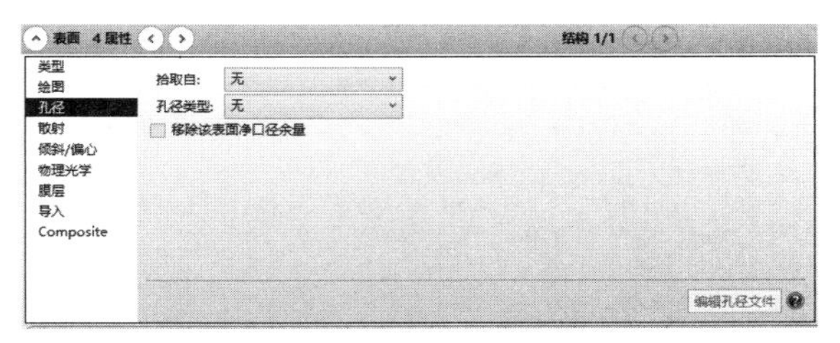

图 5-5　“孔径”选项卡

（1）拾取自

在下拉列表中选择作为依据的面，也可以选择“无”。

（2）孔径类型

在下拉列表中选择通光孔径类型，根据通过和阻拦光线的面积来定义不用形状的口径和遮光。

- 无：没有限制光束的光孔。
- 圆形孔径、圆形遮光：由圆形面积定义的圆形孔径，到达该面时小于最小半径和大于最大半径的光线被遮拦掉。最小半径与最大半径之间的光线允许通过。圆形遮光与圆形孔径互补。
- 三角形：根据每个边的宽度和臂长定义三角形孔径。
- 矩形孔径、矩形遮光：如光线与该面的交点在由长方形的半宽度 X 和 Y 决定的矩形面积以外，光线被阻止通过该面。矩形遮光与矩形口径互补。
- 椭圆孔径、椭圆遮光：如光线与该面的交点在由椭圆的半宽度 X 和 Y 决定的椭圆面积以外，光线被阻止通过该面。椭圆遮光与椭圆口径互补。
- 用户孔径：根据指定的孔径文件定义的通过光线的表面孔径值。

- 用户遮光：根据指定的孔径文件定义的遮挡光线表面的孔径值。
- 浮动口径：除了最小半径一直为 0 外，它与圆形孔径是相似的。最大半径与该面的口径相同，由于半口径值可以用 Zemax 调整（在自动模式下），因而口径值随半口径值浮动。当宏指令或外部程序追迹默认半口径以外的光线时，浮动口径是很有用的，它可将这些光线拦掉。

5.1.3 实例：设置凸凹透镜系统表面参数

本例演示如何通过修改“表面属性”面板中的参数对光学系统进行设置，并观察参数对光学系统的影响。

（1）设置工作环境

① 启动 Ansys Zemax OpticStudio 2023，进入 Ansys Zemax OpticStudio 2023 编辑界面。

② 选择功能区中的“文件”→“打开”命令，或单击工具栏中的“打开”按钮，打开“打开”对话框，选中文件 Curvature_Radius_LENS1.zos，单击“打开”按钮，在指定的源文件目录下打开项目文件。

③ 选择功能区中的“文件”→“另存为”命令，或单击工具栏中的“另存为”按钮，打开“另存为”对话框，输入文件名称 Curvature_Radius_LENS2.zos。单击“保存”按钮，在指定的源文件目录下自动新建了一个新的文件。

（2）三维图显示

① 单击“设置”功能区下“视图”选项组中的“3D 视图”命令，弹出“三维布局图”窗口，显示光学系统的三维图，默认显示 YZ 平面图，如图 5-6 所示。

② 单击工具栏中的“相机视图”按钮，选择“等轴侧视图”命令，在“三维布局图”窗口中显示光路图的等轴侧视图，如图 5-7 所示。

③ 单击工具栏中的“相机视图”按钮，选择“Y-Z”命令，在“三维布局图”窗口中显示光路图的 Y-Z 平面图。

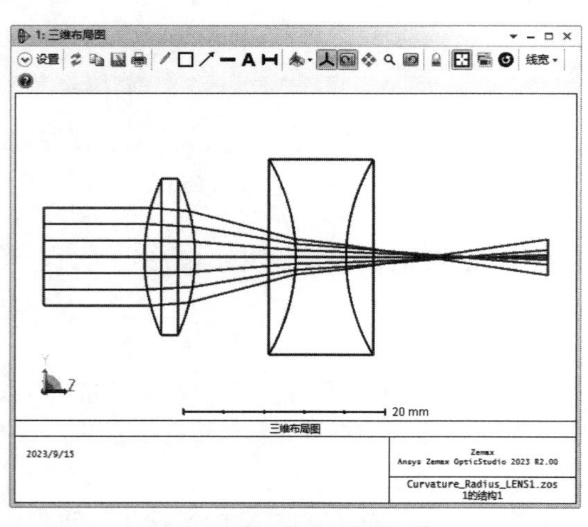

图 5-6 “三维布局图”窗口

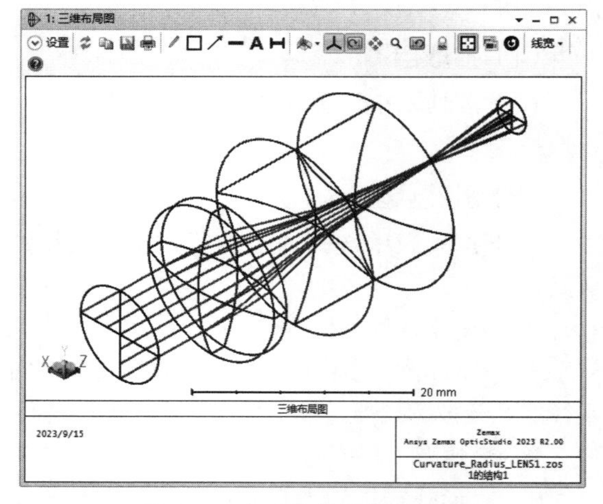

图 5-7 光路图的等轴侧视图

（3）设置绘图属性

① 选中面 4，单击“表面”选项左侧的“打开”按钮，打开“表面属性”面板“绘图”选项卡，勾选“光线忽略这个面”“不显示此表面”复选框，表示在不删除面 4 的情况下，在布局

图中隐藏该表面，同时光线不通过该表面。

② 选中面 5，进行相同的绘图属性设置，结果如图 5-8 所示。

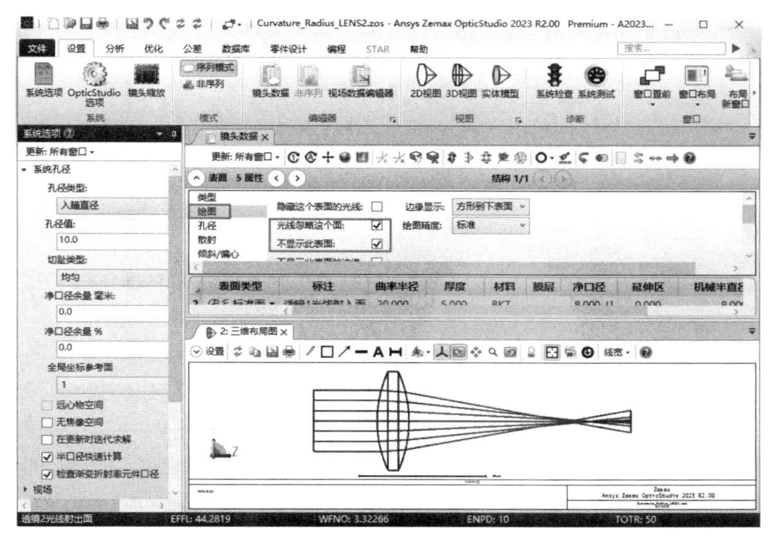

图 5-8　设置绘图属性

（4）设置孔径属性

① 选中面 2，单击“表面”选项左侧的“打开”按钮，打开“表面属性”面板“孔径”选项卡，在“孔径类型”下拉列表中选择“矩形孔径”，设置 X- 半宽为 4，Y- 半宽为 8，如图 5-9 所示。

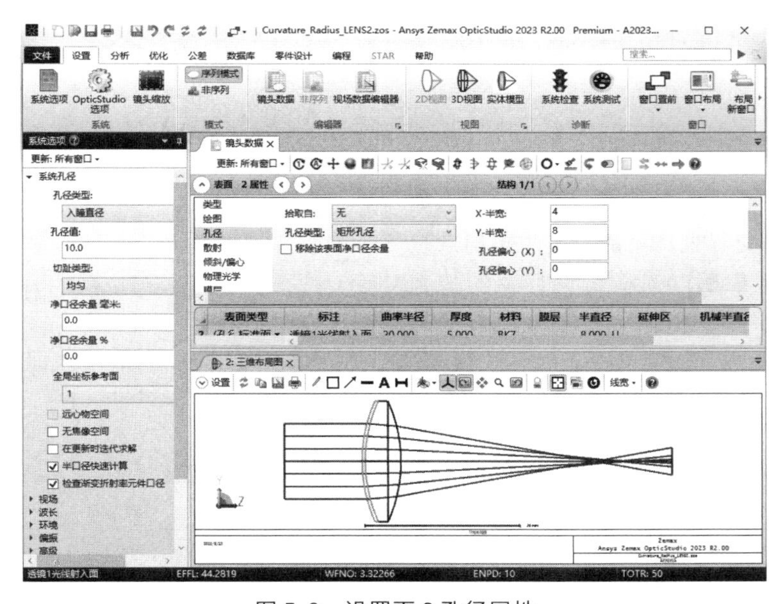

图 5-9　设置面 2 孔径属性

② 选中面 3，单击“表面”选项左侧的“打开”按钮，打开“表面属性”面板“孔径”选项卡，在“孔径类型”下拉列表中选择“矩形孔径”，设置 X- 半宽为 4，Y- 半宽为 8，如图 5-10 所示。

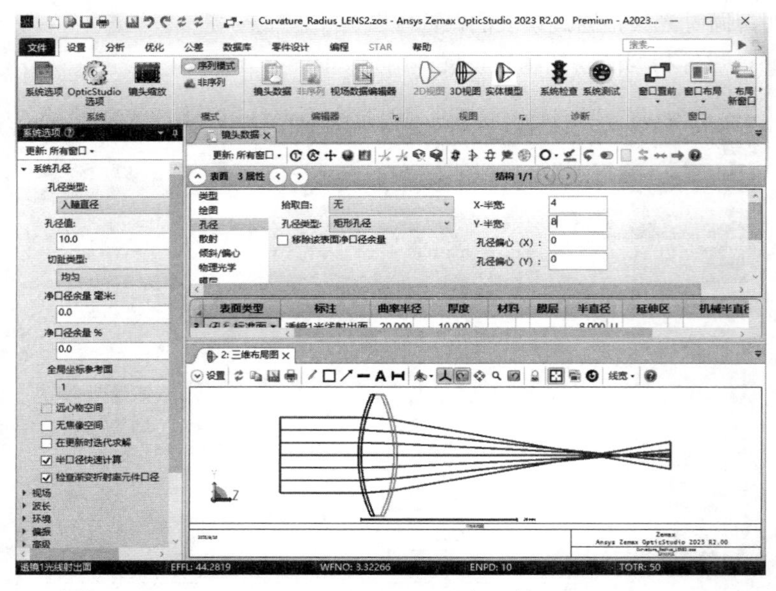

图 5-10　设置面 3 孔径属性

③ 单击工具栏中的"相机视图"按钮，选择"等轴侧视图"命令，在"三维布局图"窗口中显示光路图的等轴侧视图，如图 5-11 所示。

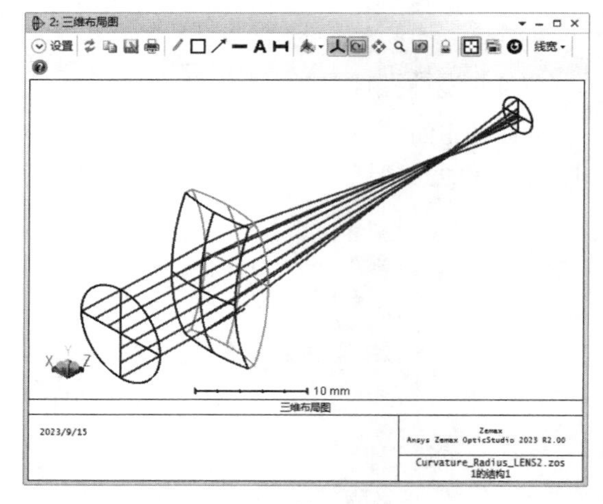

图 5-11　等轴侧视图

（5）保存文件

单击 Ansys Zemax OpticStudio 2023 编辑界面工具栏中的"保存"按钮，保存文件。

5.1.4　设置表面散射类型

在任何光学系统中，光线在两种介质（如玻璃和空气）的交界处，可能会发生折射或反射。发生光线散射后，光线将选择新的传播方向。

① 在序列模式下，单击"表面"选项左侧的"打开"按钮，打开"表面属性"面板"散射"选项卡，设置表面散射模型，如图 5-12 所示。

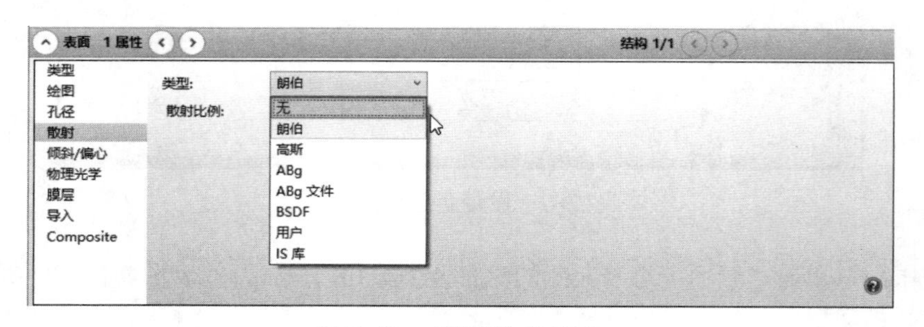

图 5-12　"散射"选项卡

② 在非序列模式下，单击“物体”选项左侧的“打开”按钮，打开“物体属性”面板“膜层 / 散射”选项卡，在“散射模型”下拉列表中设置表面散射模型，如图 5-13 所示。

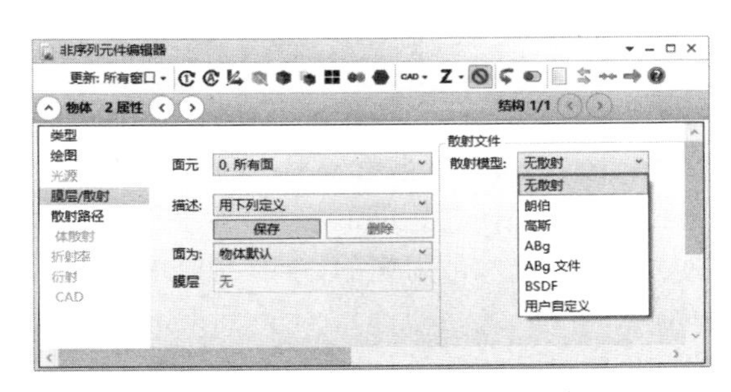

图 5-13　“膜层 / 散射”选项卡

OpticStudio 提供了多种模型来描述表面散射和体散射。

（1）表面散射模型

在 OpticStudio 中有许多散射模型，包括 OpticStudio 内置的模型以及 DLL 用户自定义模型，见表 5-1、表 5-2。

表 5-1　内置表面散射模型

模　型	BSDF	描　述
朗伯散射	$\mathrm{BSDF}=\dfrac{1}{\pi}$	散射光的发射向量指向投影平面上的各个地方的概率相同。散射强度和 $\cos\theta_s$ 相关，散射强度与入射角无关
高斯	$\mathrm{BSDF}(x)=A\exp\left(-\dfrac{x^2}{\sigma^2}\right)$	散射分布在方向余弦空间中对称，σ 决定了在投影平面上高斯分布的宽度，σ 的最大值为 5（如果大于 5 则分布接近于朗伯散射）
ABg	$\mathrm{BSDF}(x)=A/[B+\lvert x\rvert g]$	广泛应用于模拟粗糙表面造成的各向同性的随机散射模型，其中输入量 A、B、g 在 ASCII 文件中提供（保存在根目录下 ABg_Data 文件夹中），输入量的定义域为 $A\geqslant 0$, $B\geqslant 1.2\times10^{-12}$（只有在 $g=0$ 时，$B=0$ 才成立）

表 5-2　DLL 表面散射模型

模　型	BSDF	描　述
朗伯散射	$\mathrm{BSDF}=\dfrac{1}{\pi}$	与内置的朗伯散射模型相同，主要用来演示如何编写 DLL
双高斯	高斯分布和朗伯散射分布的组合	用户可以指定朗伯分布和高斯分布的能量比，该模型建立了两个高斯分布，并且输入的宽度 σ 和能量比例相互独立，用户需检查能量比例系数总和小于 1
高斯 XY	用概率分布代替 BSDF 进行定义： $P(p,q)=\dfrac{4\pi}{\pi\sigma_p\sigma_q}\exp\left\{-\left[\left(\dfrac{p}{\sigma_p}\right)^2+\left(\dfrac{q}{\sigma_q}\right)^2\right]\right\}$	在投影平面上描述了一个高斯分布，其中 p 在入射平面中，q 与入射平面垂直 [除非在特殊情况下，坐标轴 (p,q) 和系统的坐标轴 (x,y) 并不相同]，σ_p 和 σ_q 应该大于 0 或小于 1（否则使用朗伯散射模型即可）
K-correlation	$\mathrm{BSDF}(x)=\dfrac{A\sigma^2\cos\theta_i\cos\theta_s}{\left[1+\left(\dfrac{B\lvert x\rvert}{\lambda}\right)^2\right]^{\frac{s}{2}}}$	模拟表面细微的粗糙程度引入的散射，在 ABg 模型的基础上额外引入了很小的角度偏移模拟大多数表面抛光时的情况，σ 表示均方根表面粗糙度
RI_BSDF	BSDF 通过 ASCII 输入	该模型用来模拟通过实验测得的表面散射属性数据，而非使用算法进行拟合

表 5-1 和表 5-2 中这些模型通常使用双向散射分布函数 (BSDF) 来描述，如图 5-14 所示。

$$\mathrm{BSDF}(\theta_i,\phi_i,\theta_s,\phi_s)=\frac{\mathrm{d}L_s(\theta_s,\phi_s)}{\mathrm{d}E_i(\theta_i,\phi_i)}$$

式中，$\mathrm{d}L_s$ 表示散射辐射；$\mathrm{d}E_i$ 表示入射光辐照度；θ 表示光线与表面法向量之间的极角；ϕ 表示方位角，下标 i 和 s 分别表示入射光和散射光的方向。BSDF 不仅可以用角度坐标 θ 和 ϕ 来定义，还可以通过向量 $\vec{X}$ 来定义。向量 $\vec{X}$ 表示散射光线和反射光线在平面上的投影的差向量。

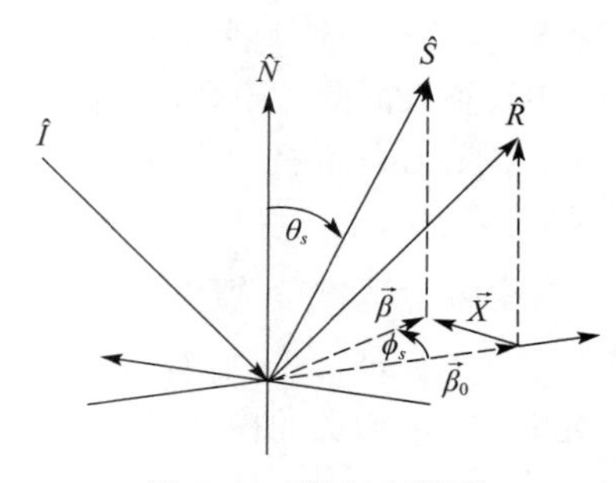

图 5-14　散射光模型

（2）体散射模型

OpticStudio 中支持很多种体散射模型，同样包括内置的散射模型和用户自定义 DLL 模型，见表 5-3、表 5-4。

表 5-3　内置体散射模型

模　型	概率分布	描　述
角度	$P(\theta)$=1/2	散射的概率分布在任意角度下为常数，用户可以通过输入参数“Angle”来定义光线发生散射的最大角度

表 5-4　DLL 体散射模型

模　型	概率分布	描　述
Bulk_samp_1	$P(\theta)=1/2$	和内置的角度散射模型相同；用来演示如何编写 DLL
Poly_bulk_scat	$P(\theta)=\Sigma c_i\theta_i$	使用多项式定义散射的角度分布，求和范围为 i=0 到 i=12（可以使用 12 阶多项式建模）
Henyey-Greenstein_bulk	$P(\theta)=\dfrac{1}{4\pi}(1-g^2)/(1+g^2-2g\cos\theta)^{\frac{3}{2}}$	模拟由微小粒子造成的散射，可以有效模拟生物组织和太空尘埃云，输入量 g 的取值范围为 1×10^{-4}（均匀的角度分布）到 1.0（分布在 θ=0 时形成一个锐利的尖峰）
瑞利散射	$P(\theta,\lambda)=0.375\times[1+\cos(2\theta)]/\lambda^4$	模拟由微小粒子（粒子尺寸远小于波长）造成的散射，平均自由程正比于波长的四次方
米氏散射	概率分布为球面贝塞尔函数的和 1	用于模拟粒子尺寸与波长的比为任意值的散射，主要用于描述大气散射

这些模型通常通过描述概率分布函数 P 来定义散射角。散射的发生概率通过指数形式来定义：

$$P(x)=1.0-\exp(-\mu x)$$

式中，x 为光线在介质中传播的距离；$\mu=1/M$，M 为介质中散射的平均自由程。在发生体散射的过程中，光线的轨迹发生改变，并且散射光的波长也可以产生变化。

5.1.5　设置表面倾斜和偏心

在 Ansys Zemax OpticStudio 中，通过坐标断点面在不影响系统中其他光学元件的基础上，旋转或偏心任何光学表面或光学元件，达到对表面的偏心和倾斜。

偏心是指曲率中心偏离于光轴，但该表面的光轴与整个系统的主光轴仍属平行，而倾斜是指表面的光轴与整个系统的主光轴不平行。可以看出，对于单个折射球面来说，偏心和倾斜是联系在一起的，如图 5-15 所示。

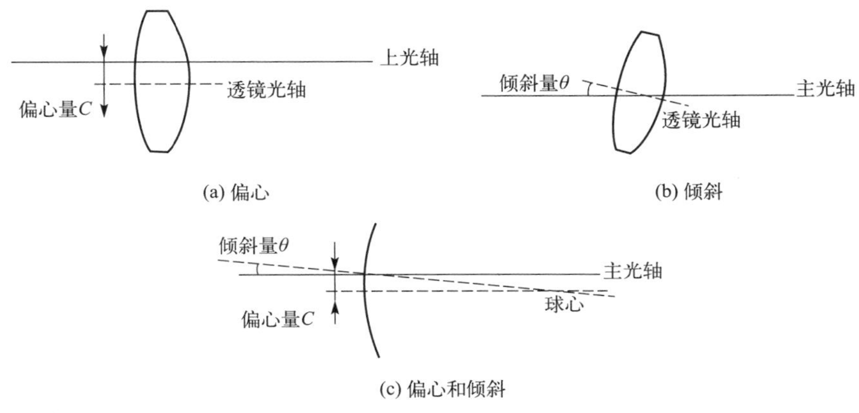

(a) 偏心　　(b) 倾斜

(c) 偏心和倾斜

图 5-15　表面偏心和倾斜

单击“表面”选项左侧的“打开”按钮，打开“表面属性”面板“倾斜 / 偏心”选项卡，如图 5-16 所示。

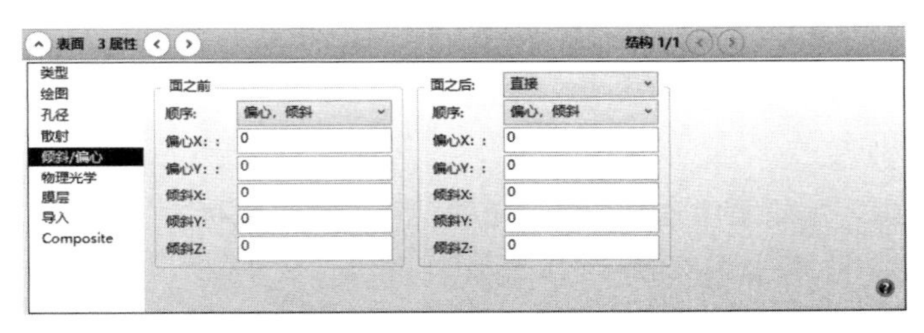

图 5-16　“倾斜 / 偏心”选项卡

该选项卡中包含面之前和面之后两个设置选项组，在“顺序”选项中包含“偏心，倾斜”和“倾斜，偏心”两个选项，表示如果当前表面同时存在偏心和倾斜，应按照光轴是先平移后旋转还是先旋转后平移来确定表面的位置。

对 1-Biocular Lens1.zmx 项目中的面 5 的“面之后”进行“直接”偏心倾斜，选择顺序为“偏心，倾斜”，得到的光路图如图 5-17 所示。

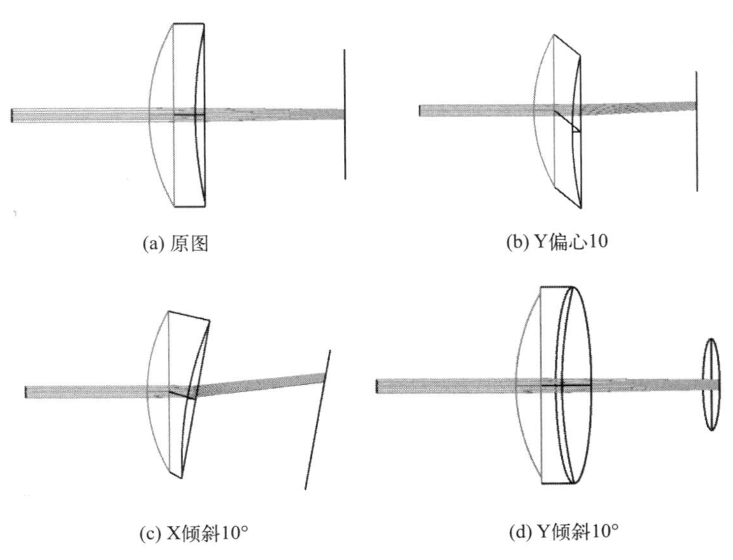

(a) 原图　　(b) Y偏心10

(c) X倾斜10°　　(d) Y倾斜10°

图 5-17　面偏心倾斜

5.1.6 实例：玻璃透镜系统

本例演示如何倾斜玻璃透镜系统中的透镜表面，演示光线的追迹。该系统设计规格如下：入瞳直径为 10，总长度为 55。

（1）设置工作环境

① 启动 Ansys Zemax OpticStudio 2023，进入 Ansys Zemax OpticStudio 2023 编辑界面，此时，自动打开“镜头数据”编辑器和“系统选项”工作面板。

② 在 Ansys Zemax OpticStudio 2023 编辑界面，选择功能区中的“文件”→“另存为”命令，或单击工具栏中的“另存为”按钮，打开“另存为”对话框，输入文件名称 BK7_LENS.zos。单击“保存”按钮，在指定的源文件目录下自动新建了一个 ZOS 文件。

（2）设置系统参数

① 打开左侧“系统选项”工作面板，设置镜头项目的系统参数。

② 双击打开“系统孔径”选项卡，在“孔径类型”选项组下选择“入瞳直径”，在“孔径值”中输入 10.0。此时，“镜头数据”编辑器中光阑与像面的净口径和机械半直径变为 5.000。

③ 单击“设置”功能区下“视图”选项组中的“2D 视图”命令，弹出“布局图”面板，显示光学系统的外形图。

（3）设置镜头数据

① 在“镜头数据”编辑器中选择面 1“光阑”行，单击鼠标右键，选择“插入后续面”命令，在其后插入面 2、面 3。

② 在“镜头数据”编辑器中输入面参数，如图 5-18 所示。

- 设置面 1 的“厚度”为 20.000；
- 设置面 2 的“厚度”为 15.000，材料为 BK7；
- 设置面 3 的“厚度”为 20.000。

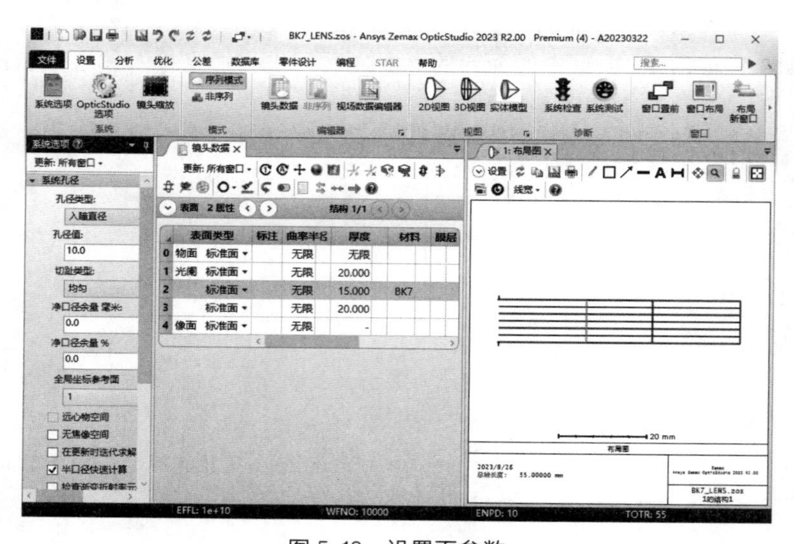

图 5-18 设置面参数

③ 在“镜头数据”编辑器中设置净孔径。

- 设置面 1 的“净孔径”，自动计算为 5.000；

● 设置面 2 的“净孔径”，直接输入 10.000；

● 设置面 3 的“净孔径”，单击右侧小列单元格，弹出求解器面板，打开“净口径求解在表面 3”面板，在“求解类型”下拉列表中选择“拾取”，在“从表面”选项中输入表面编号 2，如图 5-19 所示。

设置净孔径结果如图 5-20 所示。

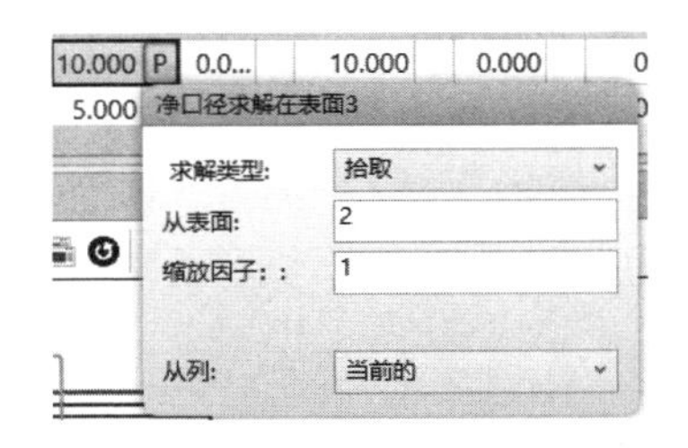

图 5-19　“净口径求解在表面 3”面板

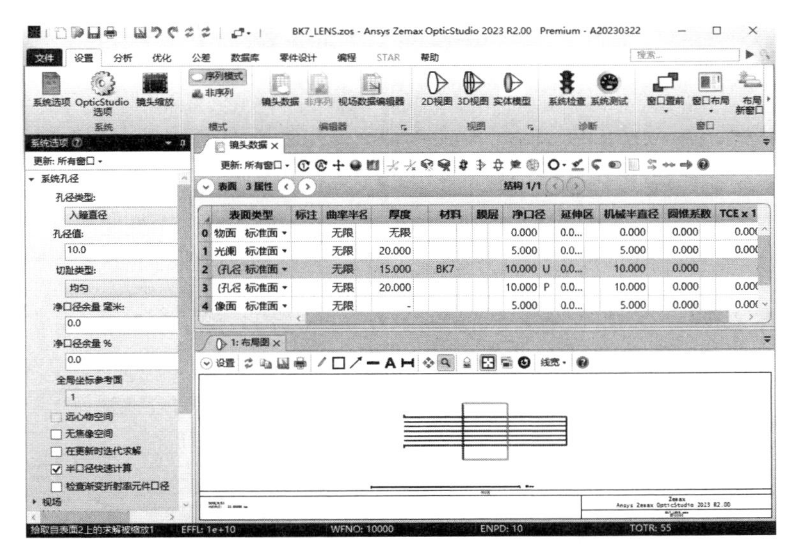

图 5-20　设置净孔径

（4）设置面倾斜和偏移

① 单击“设置”功能区下“视图”选项组中的“3D 视图”命令，弹出“三维布局图”窗口，显示光学系统的外形图。

② 选中面 2，单击“表面”选项左侧的“打开”按钮，打开“表面属性”面板“倾斜 / 偏心”选项卡，在“面之前”选择“偏心，倾斜”，“倾斜 X”角度为 10，“面之后”选择“翻转此面”，如图 5-21 所示。得到的光路图如图 5-22 所示。

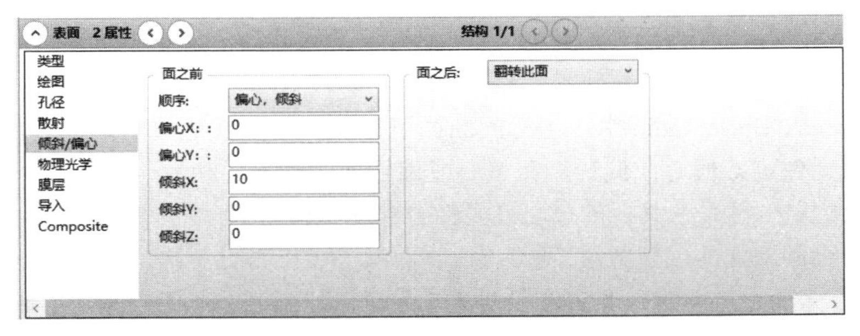

图 5-21　“倾斜 / 偏心”选项卡

③ 选中面 3，单击“表面”选项左侧的“打开”按钮，打开“表面属性”面板“倾斜 / 偏心”选项卡，在“面之前”选择“偏心，倾斜”，“倾斜 X”角度为 -10，“面之后”选择“翻转

此面”，得到的光路图如图 5-23 所示。

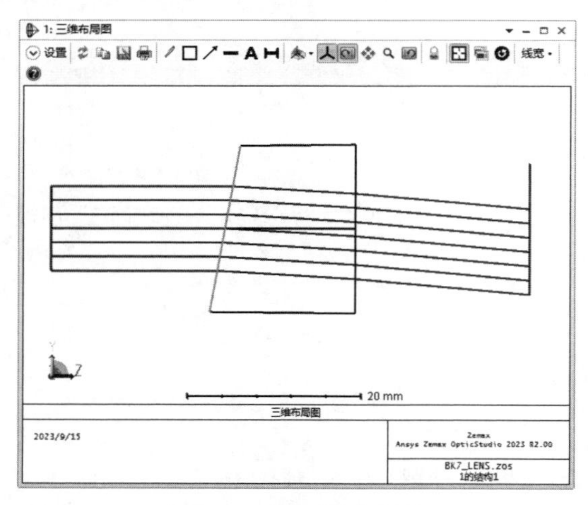

图 5-22　面 2 偏心倾斜

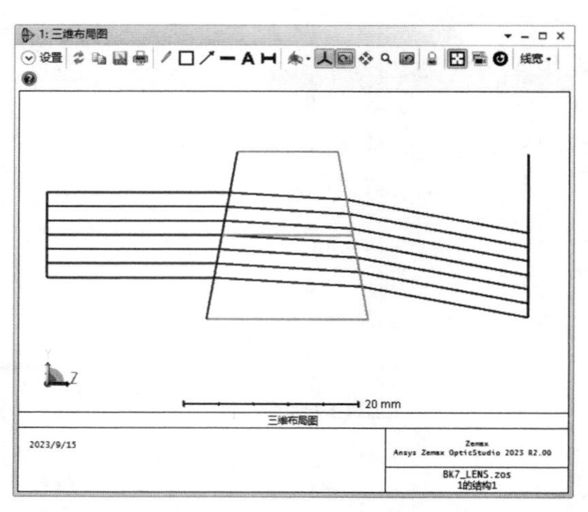

图 5-23　面 3 偏心倾斜

④ 选中面 4，单击“表面”选项左侧的“打开”按钮，打开“表面属性”面板“倾斜 / 偏心”选项卡，在“面之前”选择“偏心，倾斜”，“偏心 X”角度为 -10，将像面向下移动 10 个单位，得到的光路图如图 5-24 所示。

（5）保存文件

单击 Ansys Zemax OpticStudio 2023 编辑界面工具栏中的“保存”按钮，保存文件。

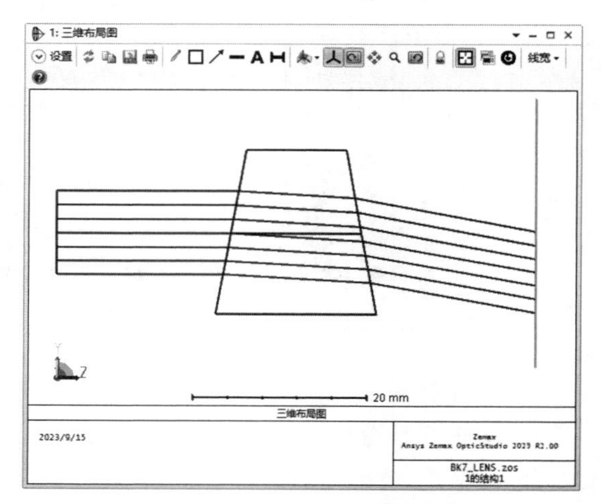

图 5-24　面 4 偏心倾斜

5.2　坐标间断

坐标间断用于根据当前坐标系定义一个新的坐标系，一般用来表示偏离和倾斜。Zemax 提供了三种添加坐标间断（实现偏离和倾斜）的方法。

5.2.1　选择坐标间断面

在 Ansys Zemax OpticStudio 中，坐标间断面可以认为是光线追迹目的的“虚拟”表面，为了实现对表面或元件进行偏心或偏转，在偏心或偏转面的前一面和后一面各加一个坐标间断面。坐标间断面打断全局坐标系，其后的表面或元件全部受到影响。

下面介绍坐标间断面的创建方法。

① 在镜头坐标系的光阑面和像面之间创建三个面（面 2、面 3、面 4），此时布局图中显示三个表面，如图 5-25 所示。

② 双击面 2 的“表面类型”列，在下拉列表中选择“坐标间断”，如图 5-26 所示，将标准面转化为坐标间断面，此时该表面行背景色变为粉色，布局图中不显示该表面，该间断面变为虚面，如图 5-27 所示。

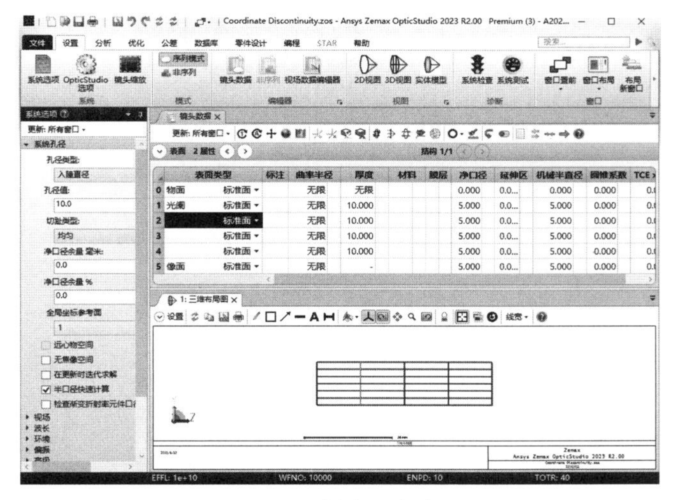

图 5-25　创建三个表面

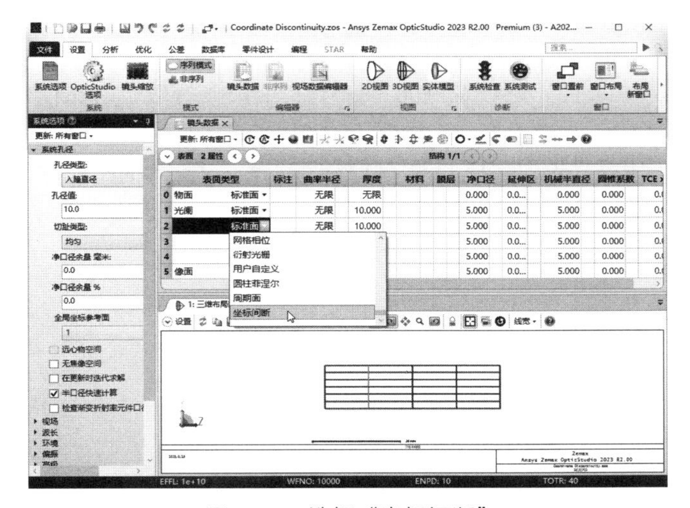

图 5-26　选择“坐标间断”

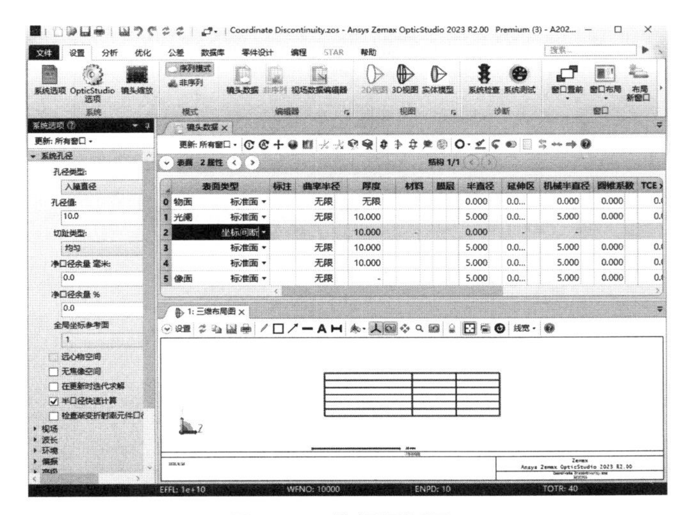

图 5-27　选择间断面 1

③ 选择面 4 表面类型为“坐标间断”，间断面变为虚面，如图 5-28 所示。

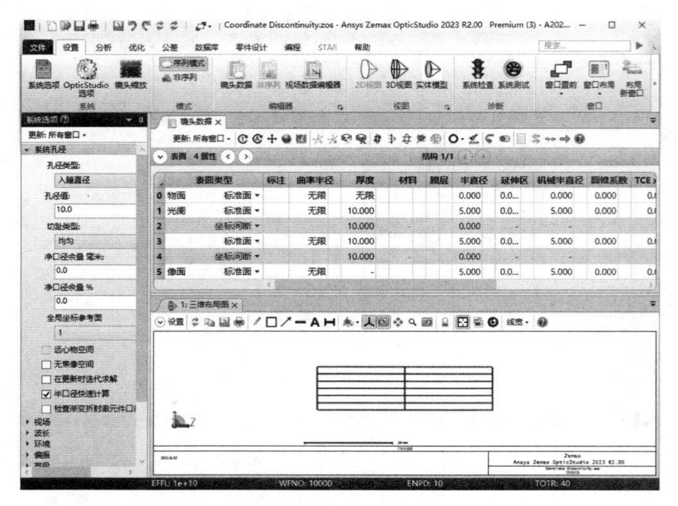

图 5-28　选择间断面 2

④ 选中面 3，单击“表面”选项左侧的“打开”按钮，打开“表面属性”面板“倾斜 / 偏心”选项卡，在“面之前”选择“偏心，倾斜”，“倾斜 X”角度为 10，“面之后”选择“翻转此面”，该表面向右倾斜 10° ，表面名称变为（倾斜 / 偏心）。设置表面材料为 MIRROR，如图 5-29 所示。

至此，完成坐标间断设置，实现了表面的倾斜。

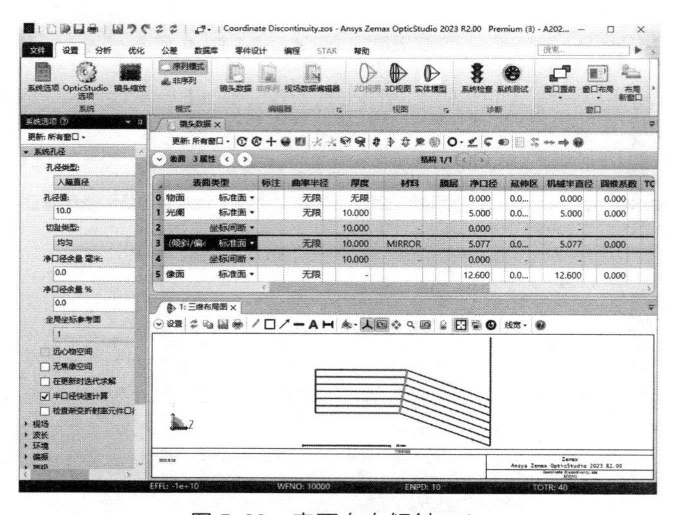

图 5-29　表面向右倾斜 10°

5.2.2　表面旋转偏心

表面旋转偏心用于添加倾斜和偏移特定范围的表面，该功能根据需要插入坐标间断面，使单个表面或一系列表面倾斜和偏心。

① 在“镜头数据”编辑器中，选择表面（如图 5-30 所示），单击工具栏中的“旋转 / 偏心元件”按钮＋，弹出“倾斜 / 偏心元件”对话框，如图 5-31 所示。

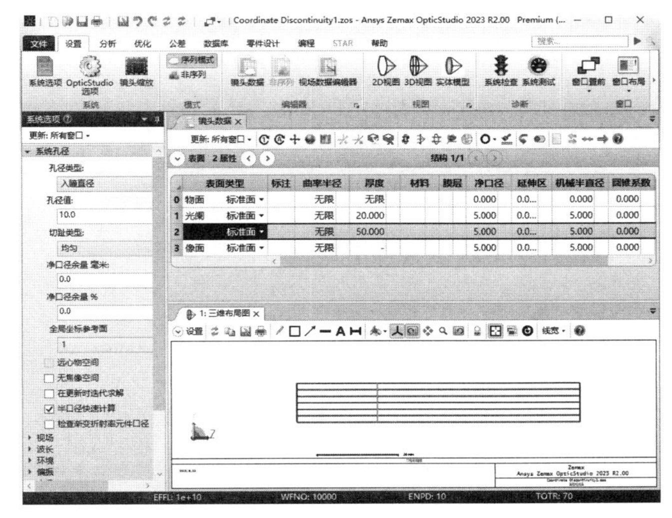

图 5-30　选择表面

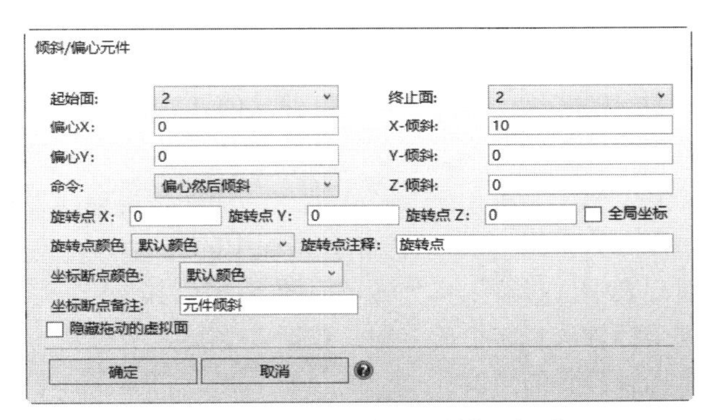

图 5-31　“倾斜 / 偏心元件”对话框

下面介绍该对话框中的选项。

- 起始面：透镜组倾斜 / 偏心的第一个表面。
- 终止面：透镜组的最后一个要倾斜 / 偏心的表面。
- 偏心 X、偏心 Y、X- 倾斜、Y- 倾斜、Z- 倾斜：描述新的坐标系统参数。图中设置倾斜角为 10°。
- 旋转点 X、旋转点 Y、旋转点 Z：旋转点的 X、Y 和 Z 坐标。
- 全局坐标：勾选该复选框，在全局坐标中定义旋转点的 X、Y 和 Z 坐标。
- 旋转点颜色：为插入的定位旋转点所需的坐标断点选择电子表格显示行颜色。
- 旋转点注释：输入插入的坐标间断面的注释字符串，用于定位旋转点。如果旋转点在局部坐标中为 (0,0,0)，则不插入旋转点表面。
- 坐标断点颜色：为插入的虚拟表面所需的坐标断点选择电子表格显示行颜色。
- 坐标断点备注：选择先倾斜后偏心，或先偏心后倾斜。
- 隐藏拖动的虚拟面：勾选该复选框，隐藏虚拟的坐标间断面。

② 单击“确定”按钮，将选中表面变为旋转面。同时，在该表面的前后添加两个坐标间断面，如图 5-32 所示。

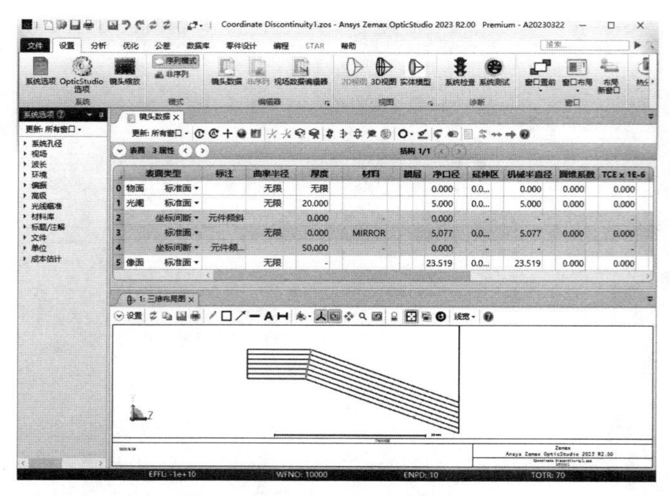

图 5-32 添加两个坐标间断面

5.2.3 转折反射镜

在光学系统设计中，透镜除了可以折射成像之外，还可以反射成像，比如很多望远镜的成像系统就是用反射成像。折射镜由两个折射面组成，而反射镜仅由一个虚拟面组成。

（1）添加转折反射镜

① 在“镜头数据”编辑器中，单击工具栏中的“添加转折反射镜”按钮，弹出“添加转折反射镜”对话框，如图 5-33 所示。下面介绍该对话框中的选项。

- 折转面：在下拉列表中选择可以作为转折面的表面序号。
- 倾斜类型：根据坐标轴选择转折的方向，包括 X 倾斜、Y 倾斜。
- 反射角：输入坐标轴倾斜的角度。

② 单击“确定”按钮，将选中表面变为反射面。同时，在该表面的前后添加两个坐标间断面。

（2）删除转折反射镜

① 在“镜头数据”编辑器中，单击工具栏中的“删除转折反射镜”按钮，弹出“删除转折反射镜”对话框，如图 5-34 所示。

② 单击“确定”按钮，删除当前选中的反射表面。

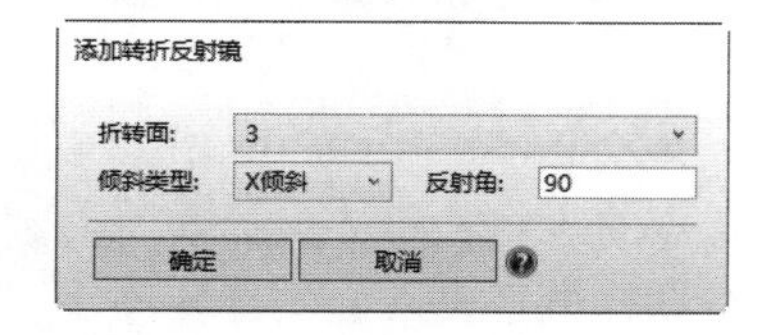

图 5-33 “添加转折反射镜”对话框

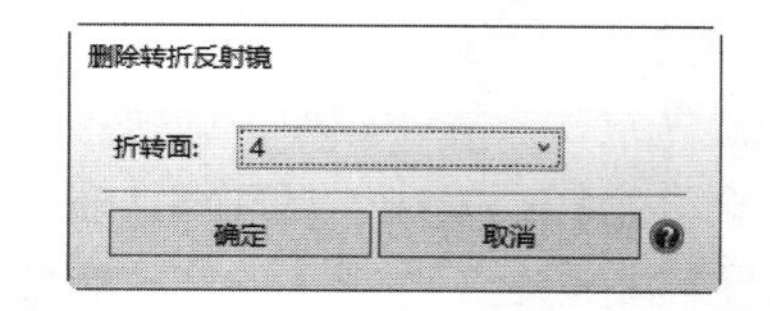

图 5-34 “删除转折反射镜”对话框

5.2.4 实例：反射镜光学系统设计

本例通过添加坐标间断面的方法，在光学系统中添加反射镜形成光线不同角度的反射效果。

（1）设置工作环境

① 启动 Ansys Zemax OpticStudio 2023，进入 Ansys Zemax OpticStudio 2023 编辑界面。

② 选择功能区中的“文件”→“打开”命令，或单击工具栏中的“打开”按钮，打开

“打开”对话框，打开文件 Birefringent cube_REF.zmx，如图 5-35 所示。

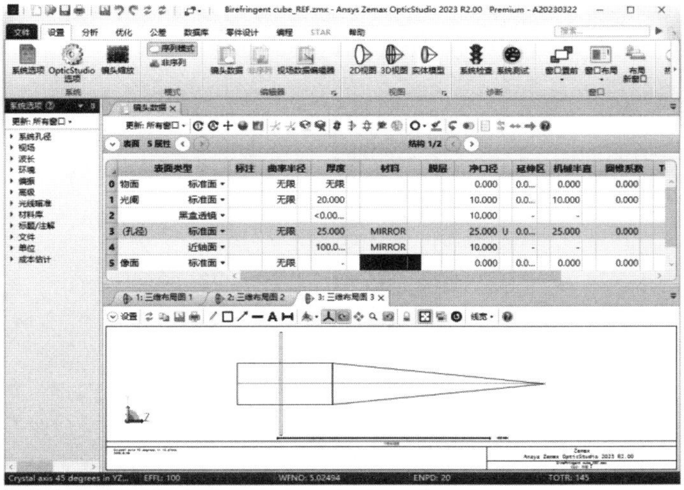

图 5-35　打开文件

(2) 添加 X 轴反射镜 1

① 选中“镜头数据”编辑器中的面 3，单击工具栏中的“旋转 / 偏心元件”按钮✛，弹出“倾斜 / 偏心元件”对话框，默认起始转折面和终止转折面均为面 3，倾斜类型为 X 倾斜，反射角度为 10，如图 5-36 所示。

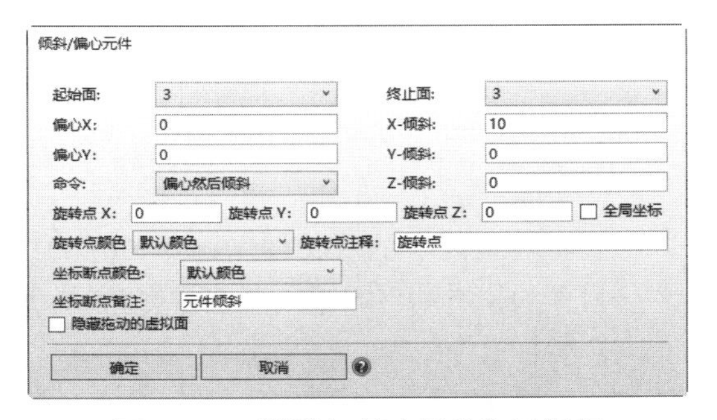

图 5-36　“倾斜 / 偏心元件”对话框

② 单击“确定”按钮，将面 3 变为反射面（面 4），如图 5-37 所示。此时，“镜头数据”编辑器中，除了作为转折面的面 4，还在该面的前、后分别添加一个坐标间断面，这三个面组成了 10° 光线的反射镜。

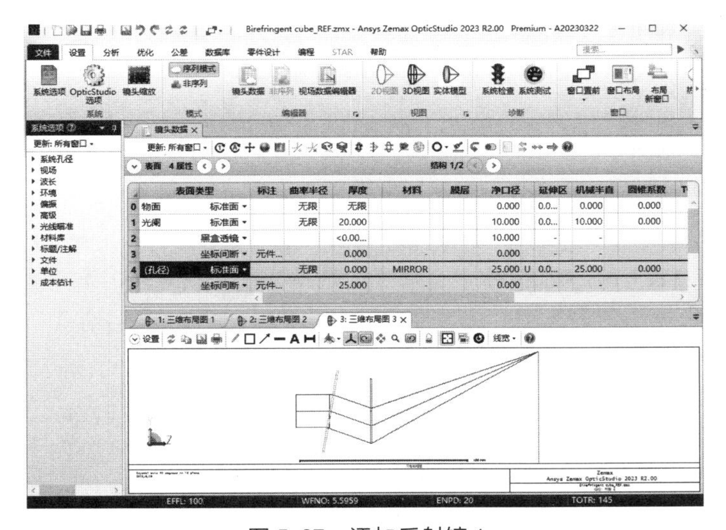

图 5-37　添加反射镜 1

（3）添加 X 轴反射镜 2

① 选中“镜头数据”编辑器中的面 6，单击工具栏中的“添加转折反射镜”按钮，弹出“添加转折反射镜”对话框，默认转折面（折转面）为面 6，倾斜类型为 X 倾斜，反射角度为 90，如图 5-38 所示。

② 单击“确定”按钮，将面 6 变为反射面（面 7），如图 5-39 所示。此时，“镜头数据”编辑器中，除了作为转折面的面 7，还在该面的前、后分别添加一个坐标间断面，这三个面组成了 90° 光线的反射镜。

图 5-38 “添加转折反射镜”对话框

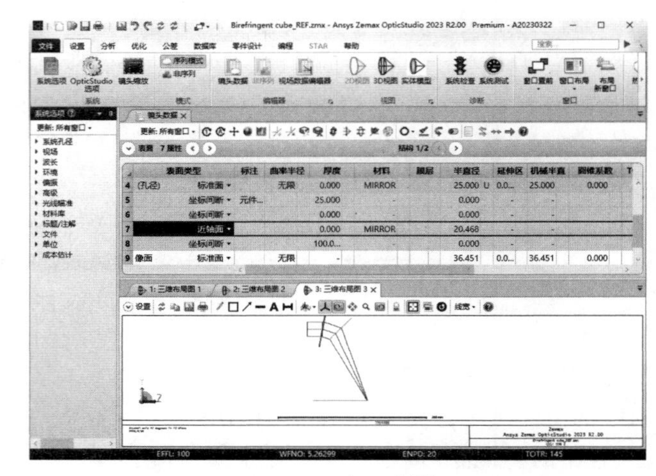

图 5-39 添加反射镜 2

（4）保存文件

选择功能区中的“文件”→“另存为”命令，或单击工具栏中的“另存为”按钮，打开“另存为”对话框，输入文件名称 Birefringent cube_Reflector.zmx。

5.3 表面转换设置

光学表面除了编辑器列表中的一些基本参数设置外，还可以进行一些特殊转换操作，如转换表面的坐标系，对表面进行翻转和折叠。

5.3.1 坐标系转换

在 Ansys Zemax OpticStudio 中，包含两种坐标系：全局坐标系和局部坐标系。在有些情况下，需要方便快捷地进行局部、全局坐标系的双向变换。

（1）全局坐标系

① 在 Ansys Zemax OpticStudio 中，全局坐标是指系统中原有固定不变的坐标系。在大多数情况下，使用全局坐标系更为方便。更改全局坐标参考面，可以将视图中的显示进行变更。

② 在“镜头数据”编辑器中，单击工具栏中的“全局到局部坐标系”按钮，弹出“变全局为局部坐标”对话框，将全局坐标系转换为局部坐标系，如图 5-40 所示。

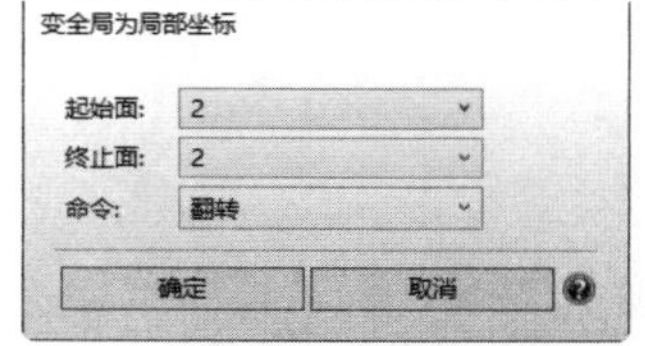

图 5-40 “变全局为局部坐标”对话框

（2）局部坐标系

① 在序列模式光学系统中，常使用局部坐标系，即表面的位置由 Z 轴上距前一个表面的距离定义。

② 在“镜头数据”编辑器中，单击工具栏中的“局部到全局坐标系”按钮，将局部坐标系转换为全局坐标系。

5.3.2 双通系统

Ansys Zemax OpticStudio 提供一种双通光学系统，通过创建指定表面的第二个通道，将通过光学系统传播光线进行反射，解决感光器件四周有暗角的问题。

① 单击工具栏中的“生成双通系统”按钮，弹出“生成双通系统”对话框，如图 5-41 所示。

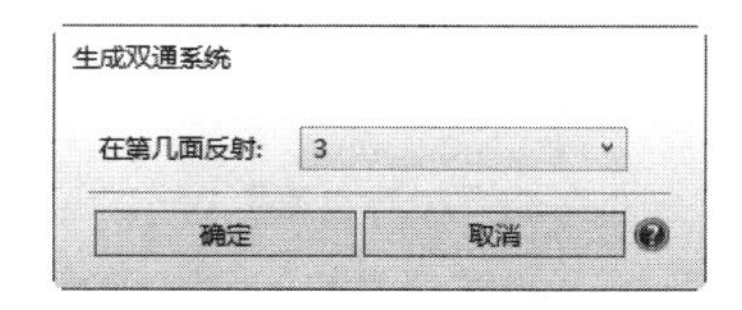

图 5-41　“生成双通系统”对话框

② 在“在第几面反射”下拉列表中选择反射面（面 3），单击“确定”按钮，复制该表面（面 3）之前的所有表面数据（面 1、面 2），形成反射系统的表面（面 4、面 5），创建了一个双通道系统，如图 5-42 所示。

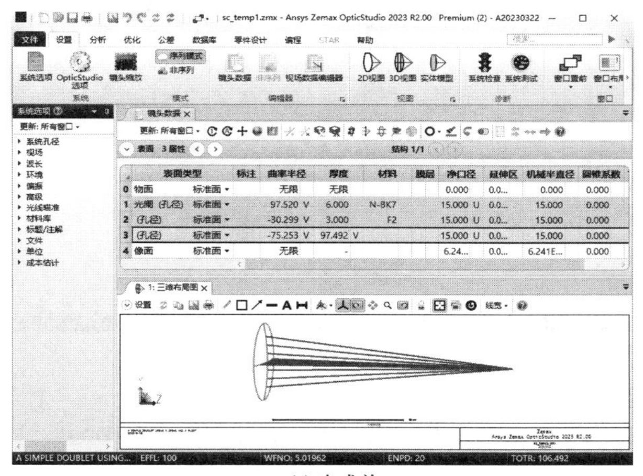

(a) 生成前

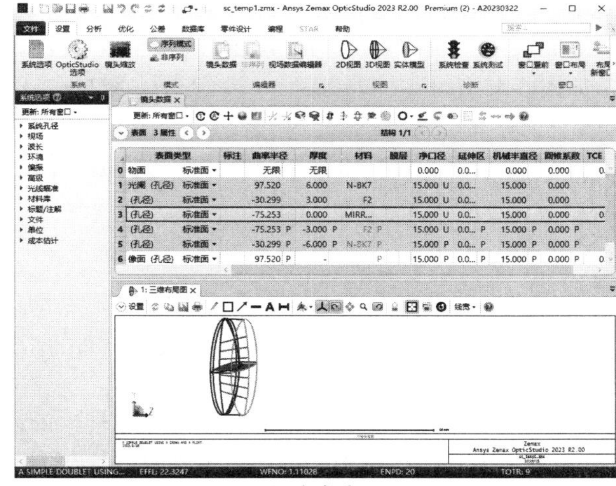

(b) 生成后

图 5-42　生成双通系统

5.3.3 实例：玻璃透镜双通系统设计

本例通过在玻璃透镜系统中添加双通系统的方法，实现光线的反射。

（1）设置工作环境

① 启动 Ansys Zemax OpticStudio 2023，进入 Ansys Zemax OpticStudio 2023 编辑界面。

② 选择功能区中的“文件”→“打开”命令，或单击工具栏中的“打开”按钮，打开“打开”对话框，打开文件 BK7_LENS.zos。

③ 选择功能区中的“文件”→“另存为”命令，或单击工具栏中的“另存为”按钮，打开“另存为”对话框，输入文件名称 Double_BK7_LENS.zos。单击“保存”按钮，在指定的源文件目录下自动新建了一个新的文件，如图 5-43 所示。

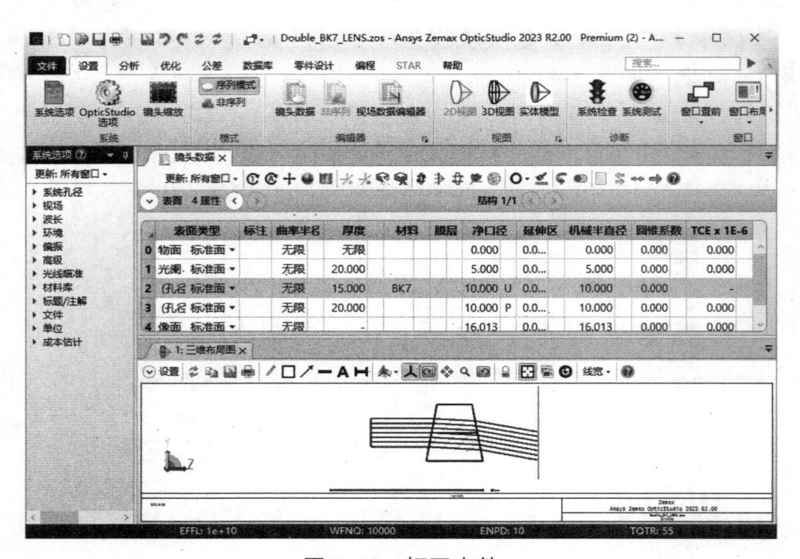

图 5-43 打开文件

④ 单击工具栏中的“生成双通系统”按钮，弹出“生成双通系统”对话框，选择面 3 作为反射面，如图 5-44 所示。

⑤ 单击“确定”按钮，复制该表面（面 3）之前的所有表面数据（面 1、面 2），形成反射系统的表面（面 4、面 5），创建了一个双通道系统，如图 5-45 所示。

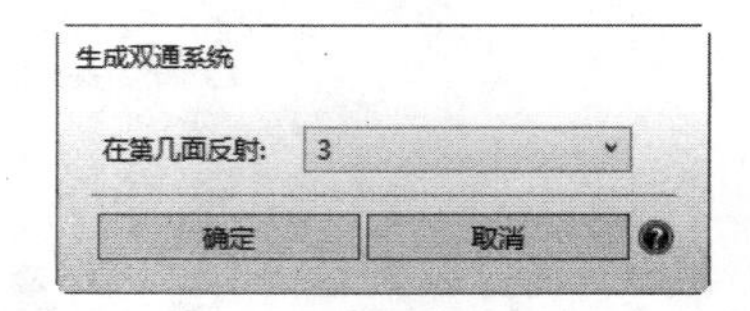

图 5-44 “生成双通系统”对话框

（2）保存文件

单击 Ansys Zemax OpticStudio 2023 编辑界面工具栏中的“保存”按钮，保存文件。

5.3.4 复合表面

在序列模式下引入一种表面——复合表面，复合表面使用户能够添加多个表面的矢高轮廓，将不同类型的矢高分布叠加到一个表面，最终实现具有复杂矢高分布的新光学表面。

在“镜头数据”编辑器中，包含两种添加复合表面的方法。

① 单击“表面”选项左侧的“打开”按钮，打开“表面属性”面板“Composite（复合表面）”选项卡，勾选“复合表面：添加矢高至下一表面”复选框，启用复合表面属性，如图 5-46 所示。

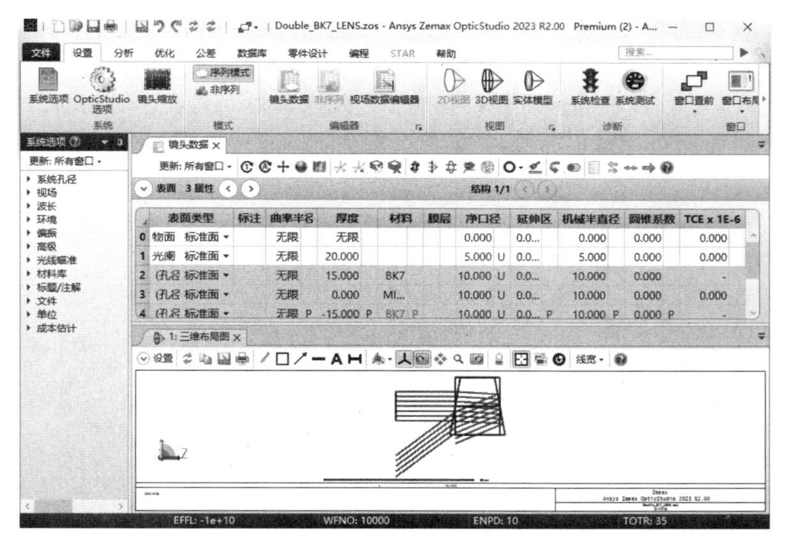

图 5-45　生成双通系统

	表面类型	标注	曲率半径	厚度	材料	膜层	净口径	延伸区	机械半直径	圆锥系数	TCE x 1E-6
0	物面　标准面 ▾	SMF28	无限	0.000			0.000	0.0...	0.000	0.000	0.000
1	标准面 ▾		无限	0.150 V			0.000	0.0...	0.000	0.000	0.000
2	(孔径) 标准面 ▾	SMO399920...	无限	-	-	-	0.120 U	-	-	0.000	-
3	光阑 (标准面 ▾		-0.330	2.000			0.120 U	0.0...	0.120	0.000	0.000
4	(孔径) 标准面 ▾	SMO399920...	0.330	0.900	SIL...		0.120 U	0.0...	0.120	0.000	-
5	(孔径) 标准面 ▾		无限 P	0.150 P			0.120 U	0.0...	0.120	0.000	0.000
6	像面　标准面 ▾	SMF28	无限	-			0.055	0.0...	0.055	0.000	0.000

图 5-46　“Composite（复合表面）”选项卡

② 单击工具栏中的“启用复合表面”按钮，启用复合表面属性。

选择面 2，激活复合表面属性后，得到组件面和基面。所有附加矢高及其基面矢高的总和是基面矢高。组件面和基面的矢高总和称为“复合堆叠”。

- 激活复合表面属性的表面称为“复合组件表面”，简称为“组件面”，镜头数据中组件面（表面 2）的底色变为淡黄色。复合表面不单单是由一个表面组成，可以是任意数量的表面添加在一起。
- 将组件面的矢高轮廓添加到下一个组件面上，总矢高最终将添加到“镜头数据”编辑器中的下一个表面（面 3）中，该表面称为“复合基础表面”，或简称为“基面”，在组件面之后。镜头数据中基面（面 3）表面行的底色变为深黄色。

组件面的孔径、材料和膜层跟随基面的属性，不需要单独设置。在光线追迹中，光线仅考虑在基面所表达的总表面矢高，组件面不直接参与光线追迹。基面的矢高图将显示包含所有复合组件面的总矢高，而不是仅显示基面的矢高。

复合表面可支持的表面类型如下，组件面和基面所支持的表面类型相同：双锥面、双锥Zernike、切比雪夫多项式、偶次非球面、扩展非球面、扩展奇次非球面、扩展多项式、网格矢高面、不规则面、奇次非球面、奇次余弦面、离轴圆锥自由曲面、周期面、多项式面、Q型非球面、Q型自由曲面、标准面、超圆锥面、倾斜面、环形面、Zernike Fringe 矢高、Zernike Standard 矢高、Zernike 环形标准矢高。

5.3.5 表面翻转

表面翻转表示反转透镜元件或透镜组。

在“镜头数据”编辑器中，选择表面，单击工具栏中的“翻转元件”按钮，弹出“反向排列元件”对话框，如图 5-47 所示。

- 起始面：反转透镜元件的第一个表面。
- 终止面：反转透镜元件的最后一个表面。

5.3.6 转换 TrueFreeForm 表面

① 在序列模式下，包含一种特殊面型 TrueFreeForm，结合了多项式和网格矢高两种面型的特性。使用 TrueFreeForm 面进行设计时，还可以把网格矢高中的每个点作为目标，并且以非参数化的方式进行矢高的优化。

② 在“镜头数据”编辑器中，选择表面，单击工具栏中的“生成 TrueFreeForm”按钮，弹出“生成 TrueFreeForm”对话框，如图 5-48 所示。

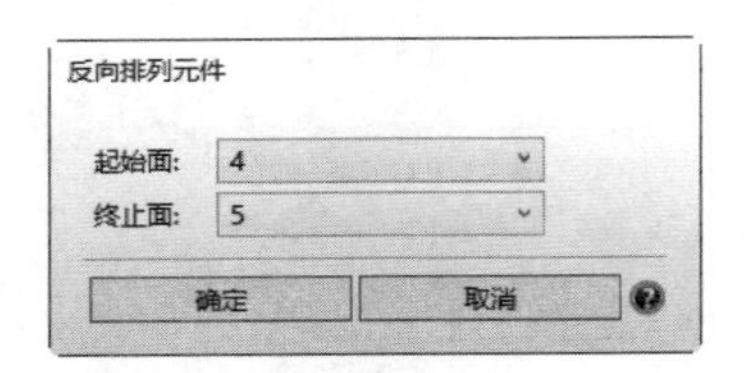

图 5-47 “反向排列元件”对话框

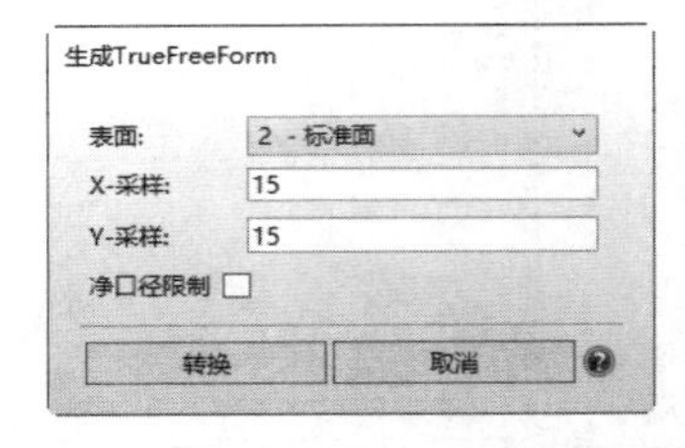

图 5-48 “生成 TrueFreeForm”对话框

下面介绍该对话框中的选项。

- 表面：选择要转换的表面，这里转换前的表面类型为“标准面”。
- X- 采样：表面 X 轴上采样点的个数。
- Y- 采样：表面 Y 轴上采样点的个数。
- 净口径限制：勾选该复选框，则限制选定表面的半直径。

③ 单击“转换”按钮，将选中表面的类型变为 TrueFreeForm。同时，在该表面的参数列添加多项式参数，如图 5-49 所示。

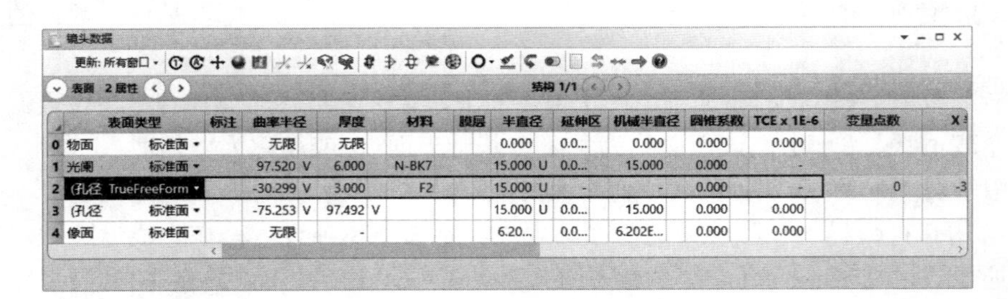

图 5-49 修改表面类型

5.3.7 改变焦距

镜头的焦距分为物方焦距（物距）和像方焦距（像距），但在 Ansys Zemax OpticStudio 2023 中，一般使用前焦距、后焦距、有效焦距来定义焦距，具体关系如图 5-50 所示。

● 像方焦距：像方主面（后主平面）到像方焦点（后焦点）的距离。

● 物方焦距：物方主面（前主平面）到物方焦点（前焦点）的距离。

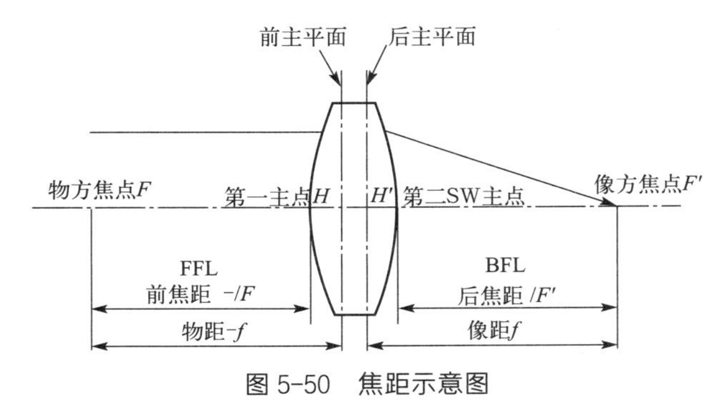

图 5-50　焦距示意图

● FFL 光学前焦距：光学系统中镜片的第一面到物面的距离，通过物面到第一个表面的厚度值定义。

● BFL 光学后焦距：光学系统中镜片的最后一面到像面的距离，通过像面和前面一个表面的厚度值定义。

● EFL 有效焦距：镜头中心到焦点的距离，如图 5-51 所示。

在“镜头数据”编辑器中，选择表面，单击工具栏中的“改变焦距”按钮，弹出“改变焦距”对话框，在“焦距”选项中显示当前系统中的有效焦距 EFL，如图 5-52 所示。

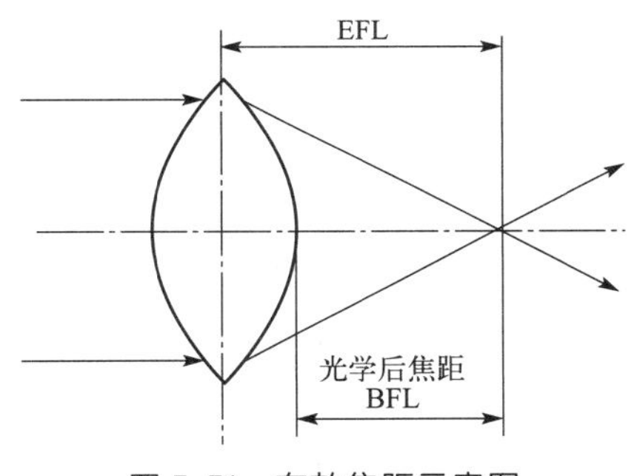

图 5-51　有效焦距示意图

图 5-52　“改变焦距”对话框

5.3.8 实例：镜头组光学系统

本例设计一个包含七个透镜的镜头组光学系统，如图 5-53 所示。光学系统沿着光轴方向从物侧至像侧依次包括第一透镜、第二透镜、第三透镜、第四透镜、第五透镜、第六透镜和第七透镜；第一透镜、第二透镜和第六透镜为凹透镜；第三透镜、第四透镜、第五透镜和第七透镜为凸透镜。

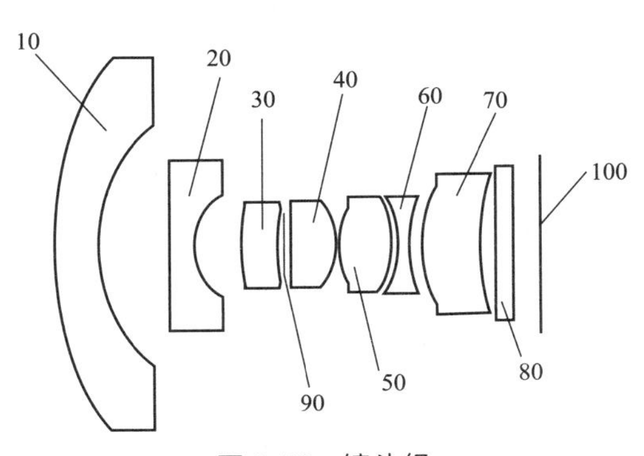

图 5-53　镜头组

（1）设置工作环境

① 启动 Ansys Zemax OpticStudio 2023，进入 Ansys Zemax OpticStudio 2023 编辑界面，此时，自动打开“镜头数据”编辑器和“系统选项”工作面板。

② 选择功能区中的“文件”→“新建镜头项目”命令，关闭当前打开的项目文件的同时，打开“另存为”对话框，输入文件名称 Lens group system.zos。单击“保存”按钮，弹出“镜头

项目设置”对话框，选择默认参数。单击“确定”按钮，在指定的源文件目录下自动新建了一个项目文件。

（2）设置系统参数

① 打开左侧“系统选项”工作面板，设置镜头项目的系统参数。

② 双击打开“系统孔径”选项卡，在“孔径类型”选项组中选择“入瞳直径”，在“孔径值”选项组中输入 10.0。此时，“镜头数据”编辑器中光阑与像面的净口径和机械半直径变为 5.000。

（3）设置初始结构

① 首先需要在“镜头数据”编辑器中插入表面，然后再根据参数定义光学表面的参数，得到需要的光学系统。

② 在“镜头数据”编辑器中选择面 1“光阑”行，单击鼠标右键，选择“插入后续面”命令，在其后插入面 2 ～面 15，如图 5-54 所示。

图 5-54　插入面

（4）设置表面参数

① 根据每个表面的作用，在“标注”列输入下面的注释性文字，方便读者理解。

- 选择面 2，在“标注”列输入“第一透镜”,“曲率半径”为 80.000,“厚度”为 5.000,“材料”为 N15,“净口径”为 25.000；
- 选择面 3，设置“曲率半径”为 50.000，“厚度”为 5.000，“净口径”为 20.000；
- 选择面 4，在“标注”列输入“第二透镜”,“厚度”为 5.000,“材料”为 N15,“净口径”为 15.000；
- 选择面 5，设置“曲率半径”为 15.000，“厚度”为 5.000，“净口径”为 10.000；
- 选择面 6，在“标注”列输入“第三透镜”,“曲率半径”为 40.000,“厚度”为 5.000,“材料”为 N15,“净口径”为 8.000；
- 选择面 7，设置“厚度”为 5.000，“净口径”为 8.000；
- 选择面 8，在“标注”列输入“第四透镜”，设置“厚度”为 5.000,“材料”为 N15,“净口径”为 8.000；
- 选择面 9，设置“曲率半径”为 -40.000，“厚度”为 5.000，“净口径”为 8.000；
- 选择面 10，在“标注”列输入“第五透镜”,“曲率半径”为 30.000,“厚度”为 5.000,“材料”为 N15，“净口径”为 8.000；

- 选择面 11，设置“曲率半径”为 -30.000，“厚度”为 5.000，“净口径”为 8.000；
- 选择面 12，在“标注”列输入“第六透镜”，“曲率半径”为 -30.000，“厚度”为 5.000，“材料”为 N15，“净口径”为 8.000；
- 选择面 13，设置“曲率半径”为 30.000，“厚度”为 5.000，“净口径”为 8.000；
- 选择面 14，在“标注”列输入“第七透镜”，“曲率半径”为 30.000，“厚度”为 5.000，“材料”为 N15，“净口径”为 15.000；
- 选择面 15，设置“曲率半径”为 40.000，“厚度”为 20.000，“净口径”为 15.000。

结果如图 5-55 所示。

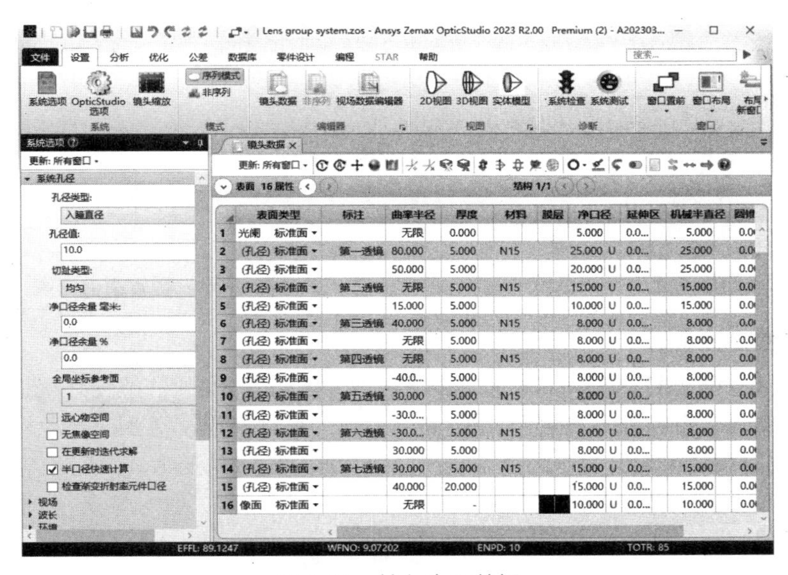

	表面类型	标注	曲率半径	厚度	材料	膜层	净口径	延伸区	机械半直径
1	光阑 标准面		无限	0.000			5.000	0.0...	5.000
2	(孔径) 标准面	第一透镜	80.000	5.000	N15		25.000 U	0.0...	25.000
3	(孔径) 标准面		50.000	5.000			20.000 U	0.0...	25.000
4	(孔径) 标准面	第二透镜	无限	5.000	N15		15.000 U	0.0...	15.000
5	(孔径) 标准面		15.000	5.000			10.000 U	0.0...	15.000
6	(孔径) 标准面	第三透镜	40.000	5.000	N15		8.000 U	0.0...	8.000
7	(孔径) 标准面		无限	5.000			8.000 U	0.0...	8.000
8	(孔径) 标准面	第四透镜	无限	5.000	N15		8.000 U	0.0...	8.000
9	(孔径) 标准面		-40.0...	5.000			8.000 U	0.0...	8.000
10	(孔径) 标准面	第五透镜	30.000	5.000	N15		8.000 U	0.0...	8.000
11	(孔径) 标准面		-30.0...	5.000			8.000 U	0.0...	8.000
12	(孔径) 标准面	第六透镜	-30.0...	5.000	N15		8.000 U	0.0...	8.000
13	(孔径) 标准面		30.000	5.000			8.000 U	0.0...	8.000
14	(孔径) 标准面	第七透镜	30.000	5.000	N15		15.000 U	0.0...	15.000
15	(孔径) 标准面		40.000	20.000			15.000 U	0.0...	15.000
16	像面 标准面		无限	-			10.000 U	0.0...	10.000

图 5-55　输入表面数据

② 单击“设置”功能区下“视图”选项组中的“3D 视图”命令，弹出“三维布局图”窗口，显示透镜组的光路图，如图 5-56 所示。

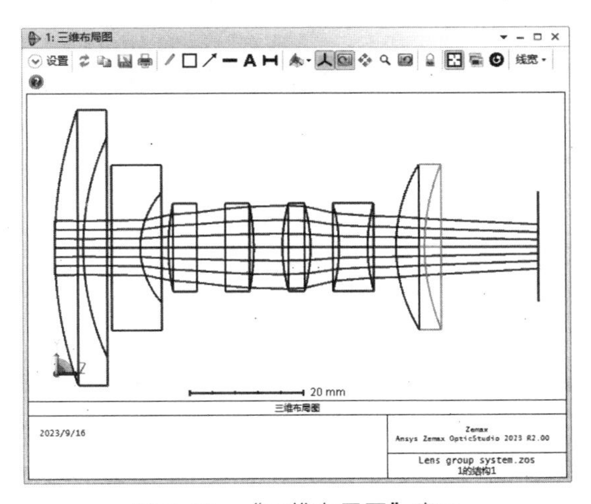

图 5-56　“三维布局图”窗口

（5）翻转表面

在“镜头数据”编辑器中，单击工具栏中的“翻转元件”按钮，弹出“反向排列元件”对话框，选择“起始面”为面 14，选择“终止面”为面 15，如图 5-57 所示。单击“确定”按钮，翻转第七透镜的前表面和后表面，结果如图 5-58 所示。

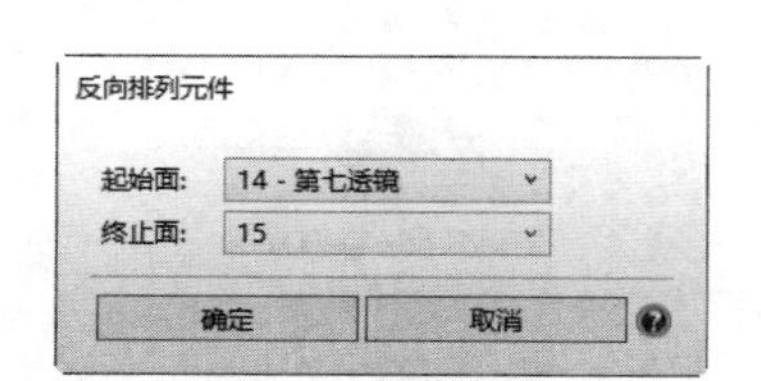

图 5-57　“反向排列元件”对话框

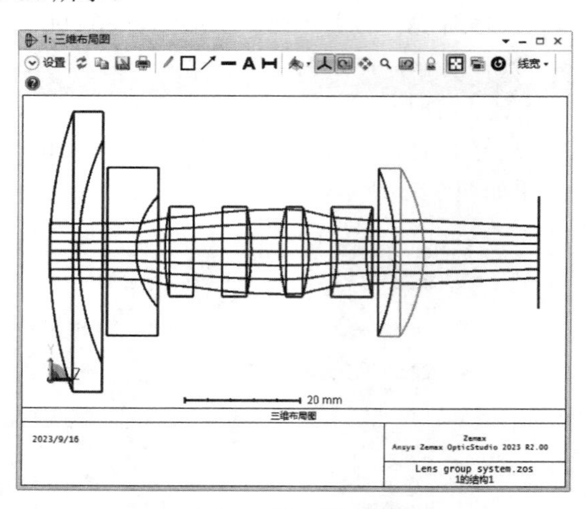

图 5-58　翻转第七透镜

（6）创建复合表面

① 选择第四透镜的前表面（面 8），单击“表面”选项左侧的“打开”按钮，打开“表面属性”面板“Composite（复合表面）”选项卡，勾选“复合表面：添加矢高至下一表面”复选框，启用复合表面属性。表面 8 作为复合表面的组件面，其底色变为淡黄色；基面（面 9）表面行的底色变为深黄色，如图 5-59 所示。

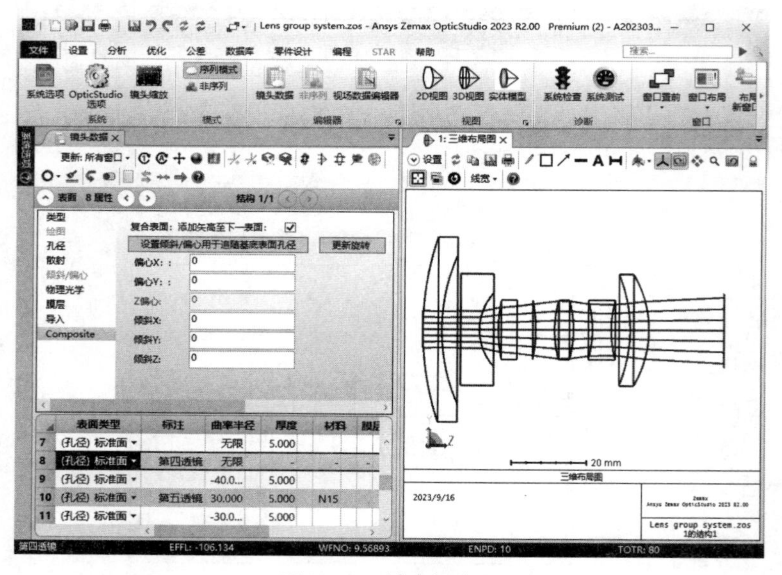

图 5-59　创建复合面

② 在“表面属性”面板“Composite（复合表面）”选项卡中“倾斜 X”中输入 10，将复合表面（面 8、面 9）先顺时针旋转 10°，如图 5-60 所示。

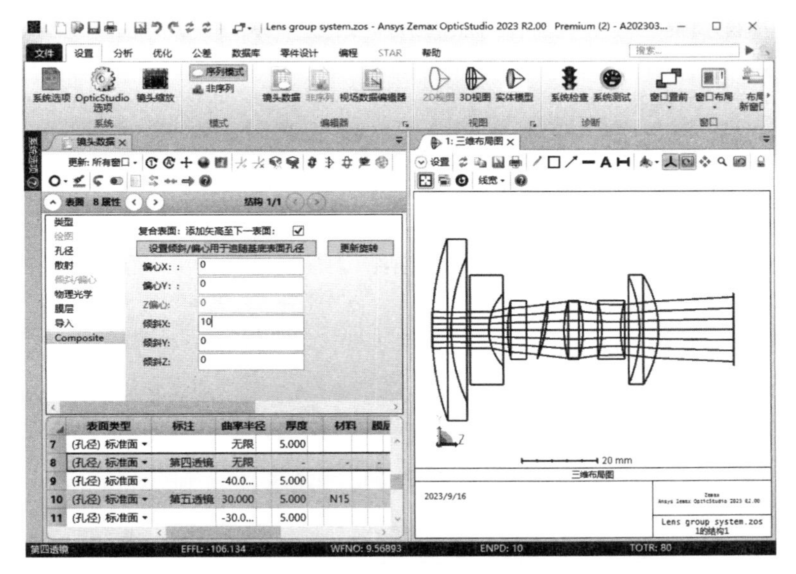

图 5-60　复合表面 X 倾斜

（7）保存文件

单击 Ansys Zemax OpticStudio 2023 编辑界面工具栏中的“保存”按钮，保存文件。

5.4　多重结构设计

Ansys Zemax OpticStudio 提供了一种实现多状态变化的功能，称为多重组态或多重结构。多重结构可以同时模拟系统参数、环境参数或镜头参数的不同变化，实现多状态操作。

5.4.1　多重结构编辑器

在 Ansys Zemax OpticStudio 中，通过多重结构编辑器定义多重结构，可以使系统中的某一参数变化为不同的数值。

单击“设置”功能区中“编辑器”选项组中的按钮，在弹出的菜单中选择“多重结构编辑器”命令，如图 5-61 所示。或按下快捷键 F7，打开多重结构编辑器，如图 5-62 所示。数据区中，列表示定义的结构，行表示操作数，也就是结构参数。

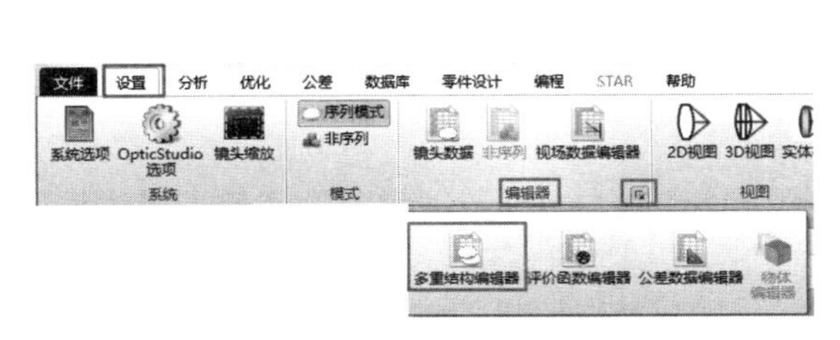

图 5-61　功能区命令

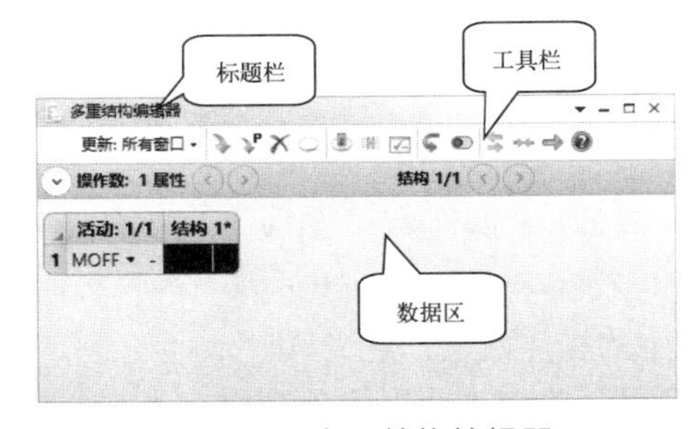

图 5-62　多重结构编辑器

（1）插入结构

使用多重结构进行系统设计，最重要的一步是先定义一个结构，即在 Zemax 的正常模式下定义一个系统。下面介绍工具栏中包含的插入结构按钮选项。

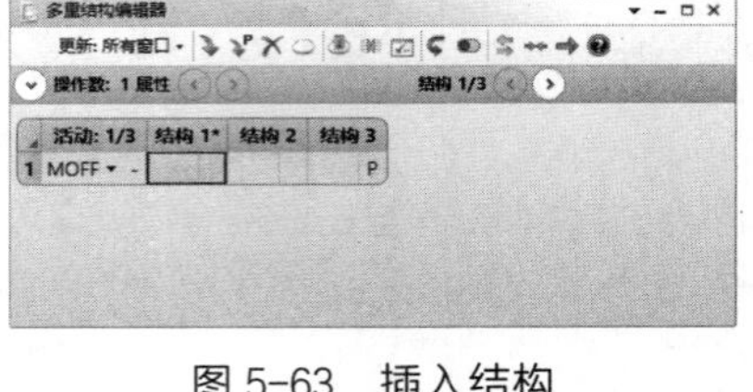

图 5-63 插入结构

① ：在当前光标位置插入一个新结构，如图 5-63 中的结构 2。

② ：插入一个新结构，结构操作数自动设置为拾取类型，如图 5-63 中的结构 3。

③ ：删除当前结构。

④ ：删除其他结构，保留当前唯一的激活结构。

⑤ ：创建热分析多重结构。

⑥ ：创建中间物像共轭面多重结构，常用于评价及优化中间物像面。

⑦ ：添加所有结构变量。

单击工具栏“结构 1/3”右侧的、按钮，或者使用快捷键 Ctrl+A 和 Shift+Ctrl+A，在多个结构之间进行切换。

（2）插入操作数

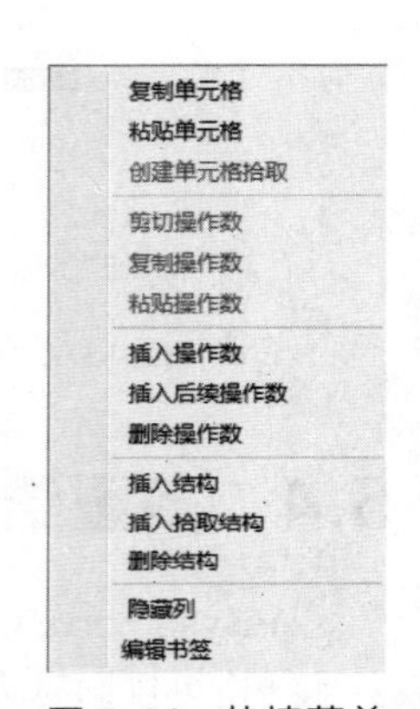

图 5-64 快捷菜单

数据区第一列中的单元格列出了操作数类型（MOFF），在数据区单元格上单击右键，弹出如图 5-64 所示的快捷菜单，包含插入结构和插入操作数的命令。

- 插入操作数：在当前操作数行上面插入一行操作数，默认类型为 MOFF，如图 5-65 所示。
- 插入后续操作数：在当前操作数行下面插入一行操作数，默认类型为 MOFF，如图 5-66 所示。
- 删除操作数：删除当前操作数行。
- 插入结构：在当前光标位置插入一个新结构。
- 插入拾取结构：插入一个新结构，结构操作数自动设置为拾取类型，显示图标“P”。

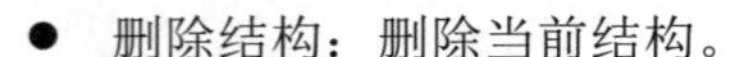

- 删除结构：删除当前结构。

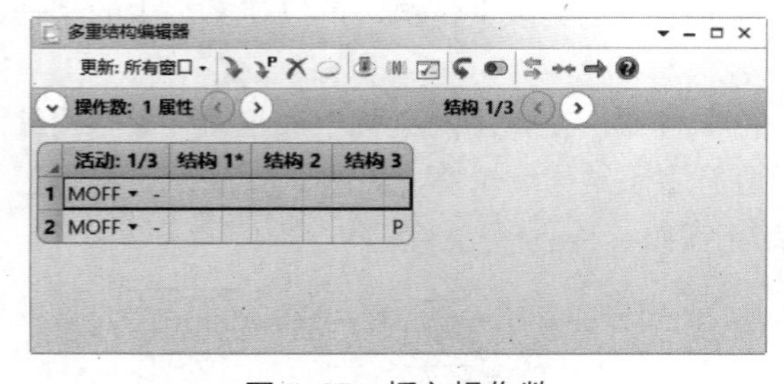

图 5-65 插入操作数

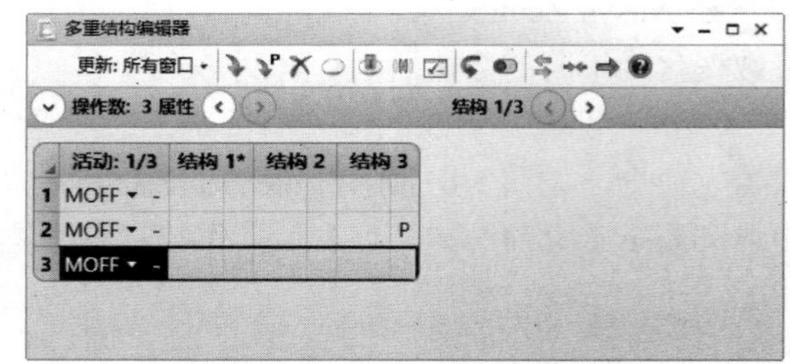

图 5-66 插入后续操作数

（3）“操作数”面板

Zemax 中的结构通过同一个参数的不同值来区分，结构参数一般通过“操作数：属性”面板中的操作数进行定义。

① 单击“操作数”选项左侧的“打开”按钮，打开“操作数：属性”面板“操作数”选项卡，如图 5-67 所示。

② 单击“操作数”下拉箭头，从多重结构操作数列表中选择操作数。也可以在单元格中键入操作数名称来更改操作数，如图 5-68 所示。

③ 行颜色用于为数据区表格中每一行选择行颜色。

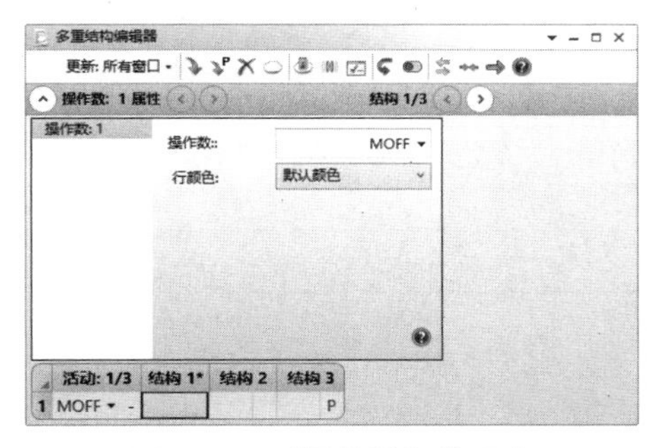

图 5-67　“操作数”选项卡

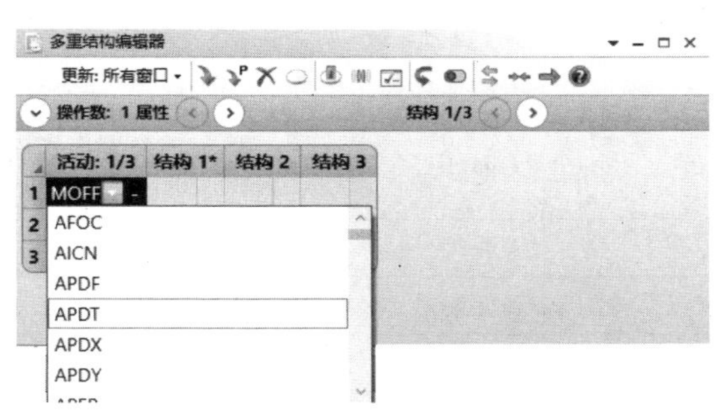

图 5-68　更改操作数

5.4.2　操作数类型

多重结构参数变化的前提是必须将这个要变化的参数提取到多重结构编辑器中，这个参数变化多少个数值就表示系统有多少个状态，也就是有多少个结构。多重结构操作数一般由 4 个字母组成，通常用参数的名称或几个相关单词的首字母，操作数类型具体见表 5-5。

表 5-5　操作数类型

类　　型	操 作 数	说　　明
AFOC	忽略	聚焦图像空间模式
AICN	表面对象	部件编号
APDF	忽略	系统净化因子
APDT	忽略	系统变迹类型，0 表示无，1 表示高斯，2 表示 $\cos^3$
APDX	表面编号	表面孔径 X 方向中心点
APDY	表面编号	表面孔径 Y 方向中心点
APER	忽略	系统孔径值
APMN	表面编号	表面孔径最小值
APMX	表面编号	表面孔径最大值
APTP	表面编号	表面孔径类型
CADX	表面编号	表面倾斜 / 离心：后表面 X 偏心值
CADY	表面编号	表面倾斜 / 离心：后表面 Y 偏心值
CATX	表面编号	表面倾斜 / 离心：后表面 X 倾斜角
CATY	表面编号	表面倾斜 / 离心：后表面 Y 倾斜角
CATZ	表面编号	表面倾斜 / 离心：后表面 Z 倾斜角
CAOR	表面编号	后表面的表面倾斜 / 偏心的顺序。0 表示去中心化然后倾斜，1 表示倾斜然后去中心化
CBDX	表面编号	表面倾斜 / 离心：前表面 X 偏心值
CBDY	表面编号	表面倾斜 / 离心：前表面 Y 偏心值
CBTX	表面编号	表面倾斜 / 离心：前表面 X 倾斜角
CBTY	表面编号	表面倾斜 / 离心：前表面 Y 倾斜角

续表

类　型	操 作 数	说　明
CBTZ	表面编号	表面倾斜 / 离心：前表面 Z 倾斜角
CBOR	表面编号	前表面的表面倾斜 / 偏心的顺序。0 表示去中心化然后倾斜，1 表示倾斜然后去中心化
CHZN	表面编号	延伸区
CONN	表面编号	圆锥系数
COTN	表面编号	膜层名称
CPCN	表面对象	Creo 参数部分的表格实例号
CROR	表面编号	坐标返回方向。0 表示没有，1 表示方向，2 表示方向 XY，3 表示方向 XYZ
CRSR	表面编号	坐标返回表面
CRVT	表面编号	表面曲率半径
CSDX	表面编号	复合表面 X 偏心值
CSDY	表面编号	复合表面 Y 偏心值
CSP1	表面编号	曲率解参数 1
CSP2	表面编号	曲率解参数 2
CSTX	表面编号	复合表面 X 倾斜值
CSTY	表面编号	复合表面 Y 倾斜值
CSTZ	表面编号	复合表面 Z 倾斜值
CWGT	忽略	配置的总权重
FLTP	忽略	视场类型。0 表示角度，1 表示物体高度，2 表示近轴图像高度，3 表示真实图像高度，4 表示经纬度角度
FLWT	视场序号	视场权重
FTAN	视场序号	切角 TAN
FVAN	视场序号	渐晕因子 VAN
FVCX	视场序号	渐晕因子 VCX
FVCY	视场序号	渐晕因子 VCY
FVDX	视场序号	渐晕因子 VDX
FVDY	视场序号	渐晕因子 VDY
GCRS	忽略	全局坐标参考表面
GLSS	表面编号	玻璃
GPJX	忽略	全局偏振矢量分量 Jx
GPJY	忽略	全局偏振矢量分量 Jy
GPIU	忽略	全局偏振状态，1 表示非偏振状态，0 表示偏振状态
GPPX	忽略	全局偏振状态相位 X
GPPY	忽略	全局偏振状态相位 Y
GQPO	忽略	默认价值函数中用于高斯正交瞳孔采样的遮挡值

续表

类　型	操 作 数	说　明
HOLD	忽略	在多配置缓冲区中保存数据
HLGV	表面编号，文件编号，变量编号	全息图的变量，可以选择指定构造文件（1 或 2），指定将在构造文件中链接的变量编号
IGNR	表面编号	忽略此表面的状态。0 表示考虑表面，1 表示忽略表面
IGNM	起始表面，结束表面	在一系列表面上设置忽略此表面状态。0 表示考虑表面，1 表示忽略表面
IGTO	TDE 操作数，被忽略的行	忽略从第一个公差操作数到最后一个公差操作数的所有公差操作数。0 表示考虑操作数，1 表示忽略操作数
LTTL	忽略	镜头的标题。字符串长度限制为 32 个字符
MABB	表面编号	玻璃模型阿贝数
MCHI	忽略	计算惠更斯积分的方法。0 为自动，1 为平面，2 为球面
MCOM	表面编号	表面标注
MCSD	表面编号	机械半径
MDPG	表面编号	玻璃模型 dPgF
MIND	表面编号	玻璃模型索引
MOFF	忽略	未使用的操作数，可用于输入标注
MTFU	忽略	MTF 的单位。0 表示周期 / 毫米，1 表示周期 / 毫弧度
NCOM	表面对象	在非序列编辑器中修改非顺序对象的标注。字符串长度限制为 32 个字符
NCOT	表 面 对 象，面编号	在非序列编辑器中修改非顺序对象的每个表面上的膜层
NGLS	表面对象	在非序列编辑器中非顺序对象的材质类型
NPAR	表面对象，参数	在非序列编辑器中修改非顺序对象的参数列
NPOS	表面对象，位置	在非序列编辑器中修改非顺序对象的 X、Y、Z、倾斜 X、倾斜 Y 和倾斜 Z 位置值。位置标志是一个介于 1 到 6 之间的整数，分别表示 X、Y、Z、倾斜 X、倾斜 Y 和倾斜 Z
NPRO	表面对象，属性	修改非序列物体的各种属性，下面介绍属性与对应的数值： 1：物体编号的内部 2：引用物体编号 3：不绘制物体（0= 否，1= 是） 4：光线忽略物体（0= 从不，1 = 总是，2 = 在启动） 5：使用像素插值（0 = 否，1 = 是） 201 ～ 212：用户自定义梯度索引参数 301 ～ 312：用户定义的反射衍射参数 351 ～ 362：用户定义的传输衍射参数 401 ～ 416：用户定义的散装散射参数 481，482：体积散射平均自由路径和角度参数。 500：双折射介质。0 表示假，1 表示真 501：双折射模式。0 ～ 3 分别表示普通光线和特殊光线、仅普通光线、仅特殊光线和波片模式 502：双折射反射。0 表示折射和反射光线，1 表示只用于折射光线，2 表示只用于反射光线

续表

类　型	操 作 数	说　明
NPRO	表面对象，属性	503 ～ 505：双折射晶体轴方向 X、Y、Z
OPDR	忽略	修改参考 OPD。使用 0 表示绝对，1 表示无限，2 表示出口瞳孔（推荐）
PAR1 ～ PAR8	表面编号	参数 1 ～ 8
PRAM	表面，参数	参数值，同 PAR1 ～ PAR8
PRES	忽略	以大气为单位的气压。0 表示真空，1 表示正常气压
PRWV	忽略	主波长序号
PSCX	忽略	X 瞳孔压缩
PSCY	忽略	Y 瞳孔压缩
PSHX	忽略	X 瞳孔移位
PSHY	忽略	Y 瞳孔移位
PSHZ	忽略	Z 瞳孔移位
PSP1	表面编号	参数求解参数 1（拾取面），包括 2 个数值参数：表面编号和参数编号
PSP2	表面编号	参数求解参数 1（比例因子）
PSP3	表面编号	参数求解参数 3（偏移量）
PUCN	忽略	从以前的配置编号中获取一系列值
PXAR	表面编号	物理光学设置“使用 X 轴参考”
RAAM	忽略	光线瞄准。用 0 表示关，1 表示近轴，2 表示真实
SATP	忽略	系统孔径类型。输入瞳孔直径为 0，图像空间 F/# 为 1，物体空间 NA 为 2，浮动大小为 3，近轴工作 F/# 为 4，物体锥角为 5
SDIA	表面编号	清除“半直径”
SDRW	表面编号	修改“不绘制此表面”标志。用 0 表示绘制，用 1 表示不绘制
SRTS	表面编号	设置表面跳过光线标志。使用 0 绘制光线，使用 1 跳过光线
STPS	忽略	结束表面编号
TCEX	表面编号	热膨胀系数
TELE	忽略	物体空间的远心，0 表示否，1 表示是
TEMP	忽略	温度单位，摄氏度
THIC	表面编号	表面材料
TSP1	表面编号	厚度求解参数 1
TSP2	表面编号	厚度求解参数 2
TSP3	表面编号	厚度求解参数 3
UDAF	表面编号	用户定义光圈文件
WAVE	波长序号	波长
WLWT	波长序号	波长权重
XFIE	视场序号	X- 视场值
YFIE	视场序号	Y- 视场值

5.4.3　实例：系统孔径多重结构设计

本例利用前面设计的平行光经过的单透镜光学系统进行多重结构设计，查看“系统孔径”（APER）的变化对整个系统的影响。

（1）设置工作环境

① 在“开始”菜单中双击 Ansys Zemax OpticStudio 图标，启动 Ansys Zemax OpticStudio 2023。

② 选择功能区中的“文件”→“打开”命令，或单击工具栏中的“打开”按钮，打开“打开”对话框，选中文件 Single_Parallel_beam.zos，单击“打开”按钮，在指定的源文件目录下打开项目文件。

③ 选择功能区中的“文件”→“另存为”命令，或单击工具栏中的“另存为”按钮，打开“另存为”对话框，输入文件名称 System_Aperture_Multiple_Structure.zos，如图 5-69 所示。

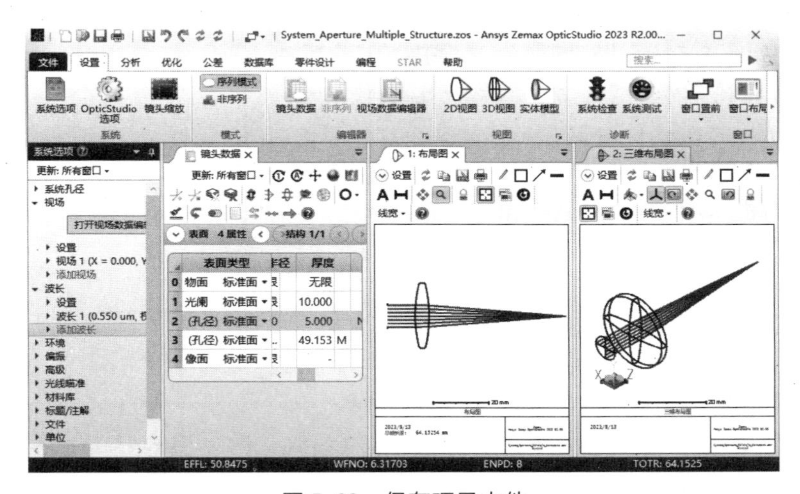

图 5-69　保存项目文件

（2）多重结构设计

① 系统孔径值为 8.0，为了验证随着系统孔径值的变化，光学系统的变化情况，创建多重结构，选择操作数为 APER，设置 3 个状态：4、8、20。

② 单击“设置”功能区中“编辑器”选项组中的按钮，在弹出的菜单中选择“多重结构编辑器”命令，或按下快捷键 F7，打开多重结构编辑器，默认包含 1 个操作数和结构 1，如图 5-70 所示。

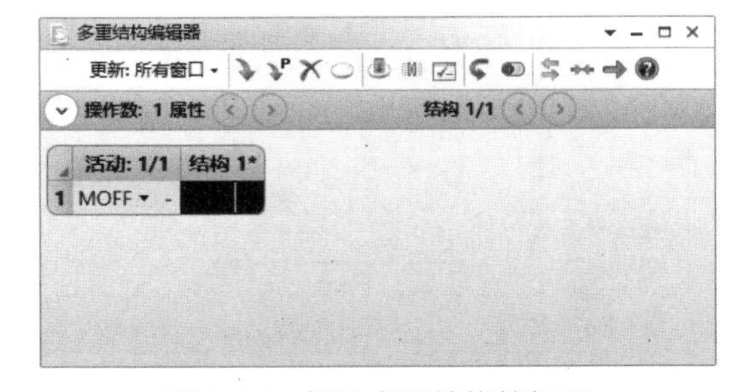

图 5-70　打开多重结构编辑器

③ 在多重结构编辑器中，单击“活动 1/1”下的单元格右侧下拉箭头，在下拉列表中选择操作数“APER”，用于设置系统孔径值，默认结构 1 中显示系统孔径值，如图 5-71 所示。

④ 单击多重结构编辑器中工具栏中的“插入结构”按钮，在当前光标位置插入 2 个新结构（结构 2、结构 3），设置结构状态值，如图 5-72 所示。

至此，完成多重结构状态的设置。

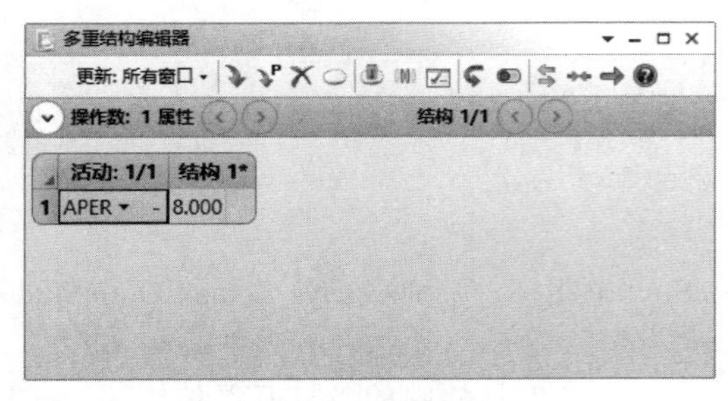

图 5-71　选择操作数

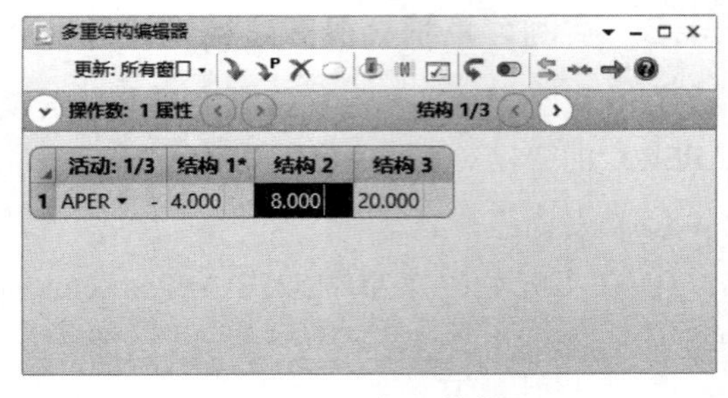

图 5-72　插入结构

（3）三维图显示

① 打开三维布局图，显示多重结构中的第 1 个状态（结构 1），如图 5-73 所示。按 Ctrl+A 组合键，切换到第 2 个状态（结构 2）、第 3 个状态（结构 3），如图 5-74、图 5-75 所示。其中结构 1 表示系统孔径为 4，结构 2 表示系统孔径为 8，结构 3 表示系统孔径为 20。

② 打开三维布局图，单击“设置”选项左侧的“打开”按钮，打开“设置”面板，在“结构”选项中选择“所有”，“偏移”选项组下 Y 偏移设置为 30，如图 5-76 所示。

③ 单击“确定”按钮，关闭“设置”面板，更新视图，在一个视图上同时看到 3 个状态结果，所有状态在 Y 方向上有 25 mm 的偏移，如图 5-77 所示。

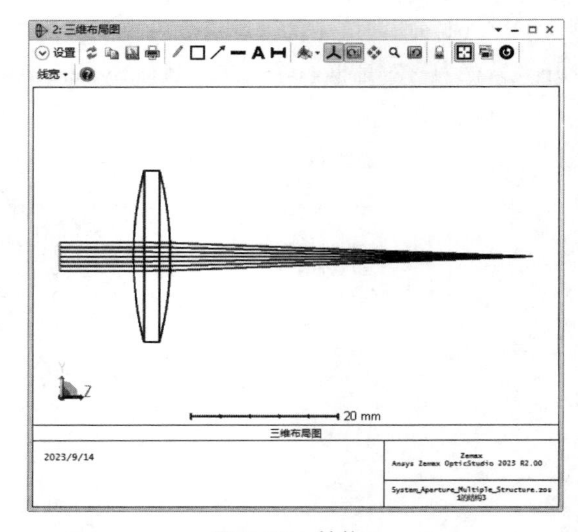

图 5-73　结构 1

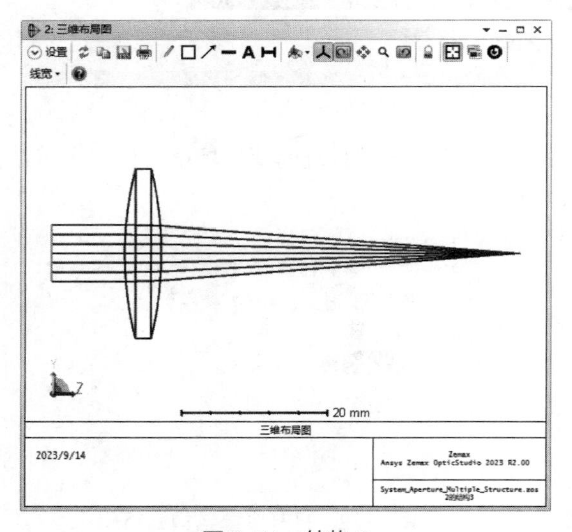

图 5-74　结构 2

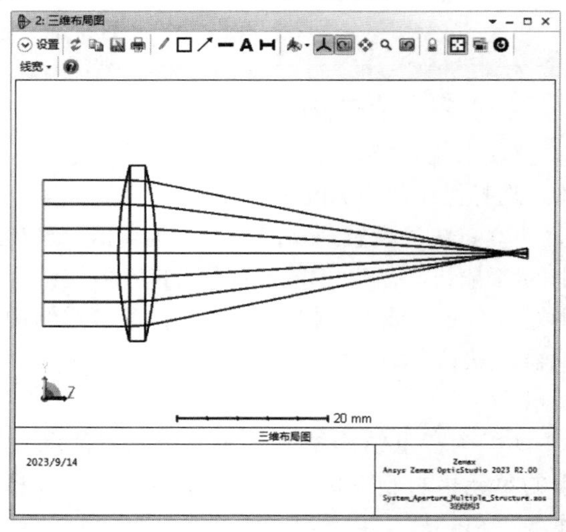

图 5-75　结构 3

（4）保存文件

单击 Ansys Zemax OpticStudio 2023 编辑界面工具栏中的“保存”按钮，保存文件。

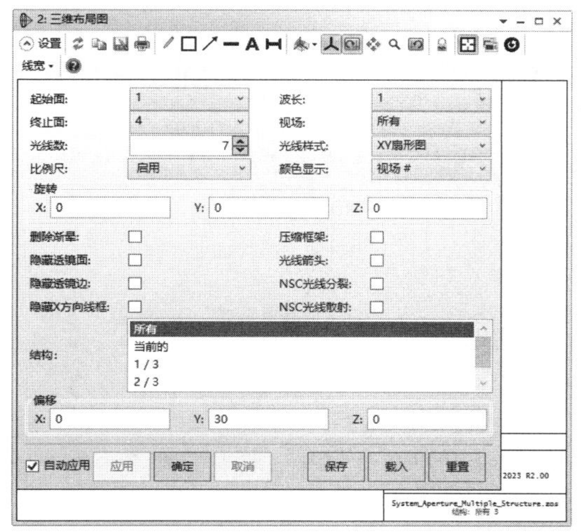

图 5-76　设置偏移值

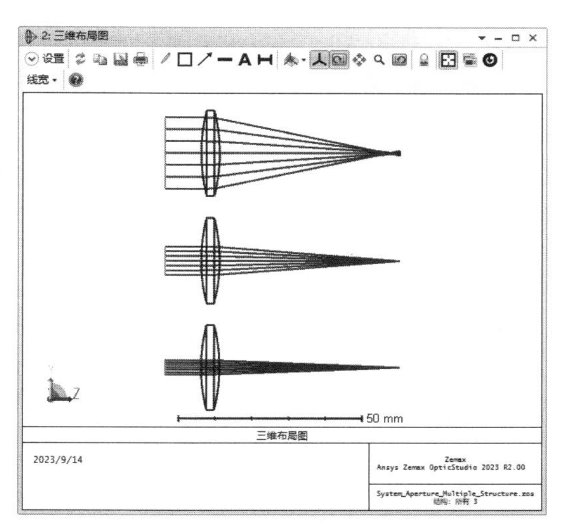

图 5-77　显示所有结构

5.4.4　热分析

随着环境温度或压强的变化，实际的光学系统中会发生一些变化，如：光学材料折射率改变、空气折射率改变、光学材料热胀冷缩、机械结构热胀冷缩。因此，在设计系统的时候就要考虑到环境的影响，在不同温度下设置设计的多个配置，以便分析性能的热变化，也就是热分析。

① 在 Ansys Zemax OpticStudio 中，可以直接设置系统所处的环境温度和压强，系统根据材料库中的数据自动计算出各材料在所设置环境下对应的折射率、厚度等数据。

② 在“镜头数据”编辑器中，单击“设置”功能区“结构”选项组中的“热分析”命令，弹出“热分析”对话框，如图 5-78 所示。

下面介绍该对话框中的选项。

- 使用现有的 2 结构作为名义值：选择该选项，将使用现有的 MCE 数据来创建标称配置。在这种模式下，总配置数将由标称配置数乘以新配置数再加上原始标称配置数来确定。
- 删除存在的多重结构数据：选择该选项，删除现有的多重结构操作数。
- 多重结构数目：自动为热建模通常需要的其他数据添加新的操作数。
- 最低温度：输入温度操作数的最低温度。
- 最高温度：输入温度操作数的最高温度。
- 按表面分类：勾选该复选框，按照表面对结构进行分类。

③ 单击“确定”按钮，创建热分析多重结构，其中的操作数包括温度单位 TEMP、气压类型 PRES、表面材料 THIC，如图 5-79 所示。

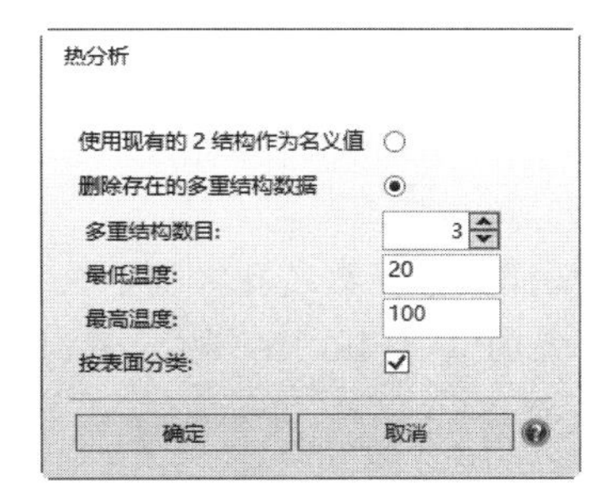

图 5-78　“热分析”对话框

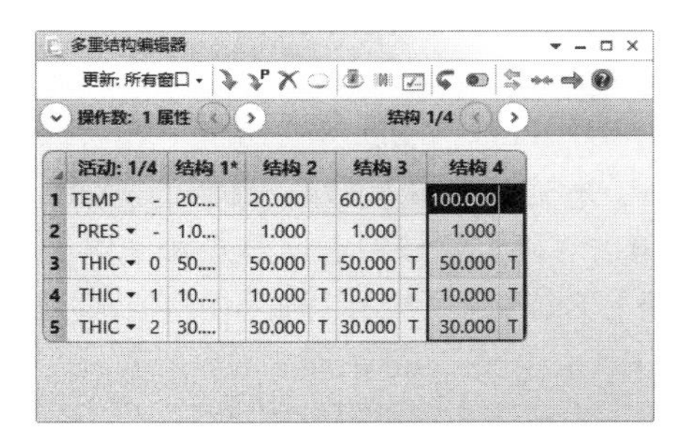

	活动: 1/4		结构 1*	结构 2	结构 3	结构 4
1	TEMP	-	20....	20.000	60.000	100.000
2	PRES	-	1.0...	1.000	1.000	1.000
3	THIC	0	50....	50.000 T	50.000 T	50.000 T
4	THIC	1	10....	10.000 T	10.000 T	10.000 T
5	THIC	2	30....	30.000 T	30.000 T	30.000 T

图 5-79　热分析多重结构

5.4.5 共轭分析

共轭分析用于创建一个光学系统的子集，在任意两个共轭表面之间建模成像，常用于评价及优化中间物像面。

① 在“镜头数据”编辑器中，单击“设置”功能区“结构”选项组中的“共轭分析”命令，弹出“共轭分析”对话框，创建中间物像共轭面多重结构，如图 5-80 所示。

下面介绍该对话框中的选项。

- 参考结构：选择参考结构。
- 物面：选择子集系统的物面。
- 光阑面：选择子集系统的光阑面。
- 像面：选择子集系统的像面。

② 单击“确定”按钮，创建共轭分析多重结构，其中的操作数包括系统孔径类型 SATP、结束表面编号 STPS、系统孔径值 APER，如图 5-81 所示。

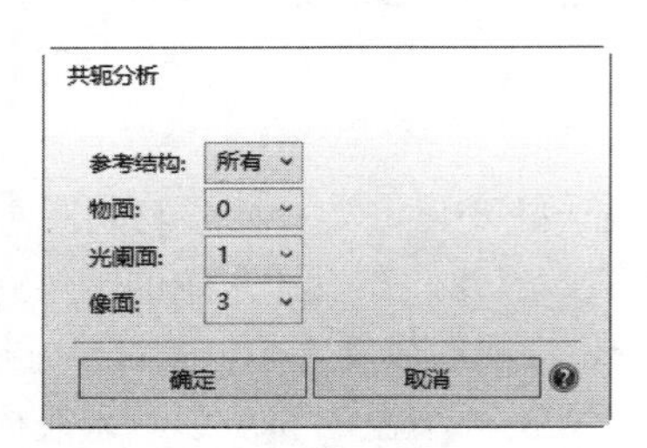

图 5-80 “共轭分析”对话框

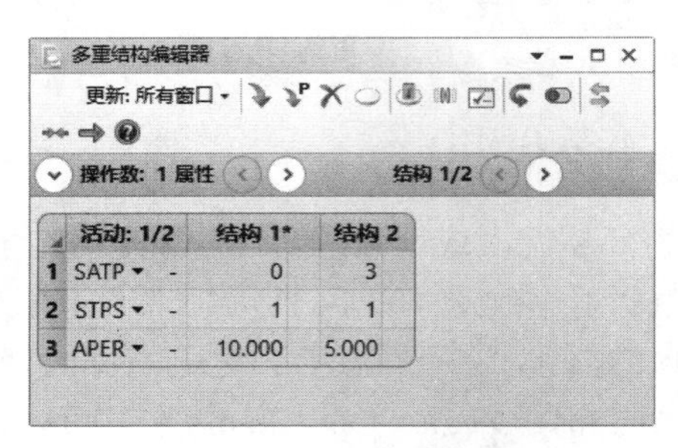

图 5-81 共轭分析多重结构

5.4.6 实例：多重结构共轭分析

本例利用前面设计的平行光经过的单透镜光学系统，在物面和光线射出面之间添加子系统，进行多重结构的共轭分析。

（1）设置工作环境

① 在“开始”菜单中双击 Ansys Zemax OpticStudio 图标，启动 Ansys Zemax OpticStudio 2023。

② 选择功能区中的“文件”→“打开”命令，或单击工具栏中的“打开”按钮，打开“打开”对话框，选中文件 Single_Parallel_beam.zos，单击“打开”按钮，在指定的源文件目录下打开项目文件。

③ 选择功能区中的“文件”→“另存为”命令，或单击工具栏中的“另存为”按钮，打开“另存为”对话框，输入文件名称 System_Aperture_Conjugate_Analysis.zos。

（2）共轭分析

① 单击“设置”功能区“结构”选项组中的“共轭分析”命令，弹出“共轭分析”对话框，创建新的子系统，物面为面 1，光阑面为面 3，如图 5-82 所示。

② 单击“确定”按钮，创建共轭分析多重结构，其中的操作数包括系统孔径类型 SATP、结束表面编号 STPS、系统孔径值 APER、视场类型 FLTP、X- 视场值 XFIE、Y- 视场值 YFIE、表面材料 THIC，如图 5-83 所示。

至此，完成多重结构状态的设置。

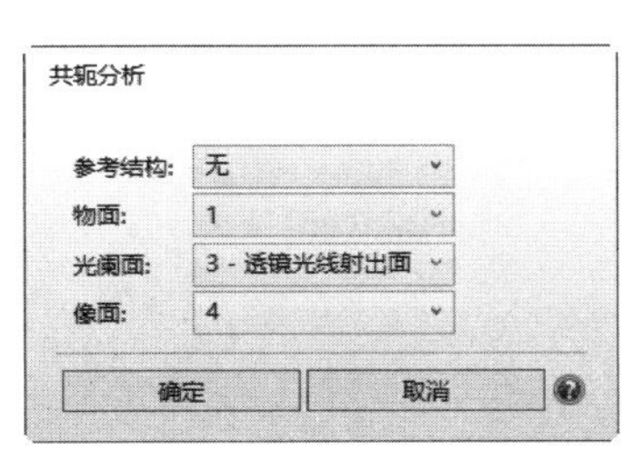

图 5-82　“共轭分析”对话框

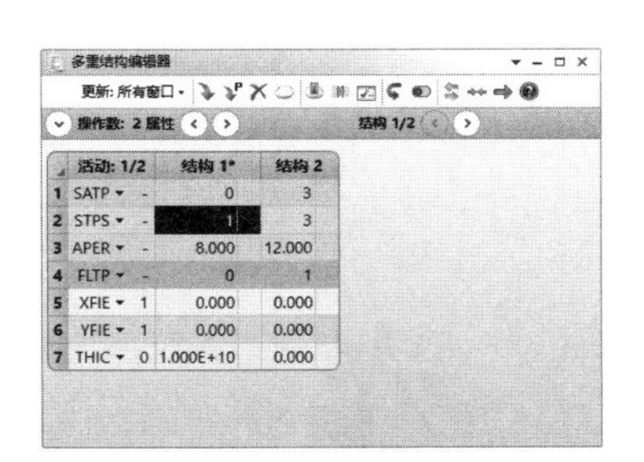

图 5-83　多重结构编辑器

（3）三维图显示

打开三维布局图，显示多重结构中的某一状态（结构 1），如图 5-84 所示。按 Ctrl+A 组合键，切换到第 2 个状态（结构 2），如图 5-85 所示。

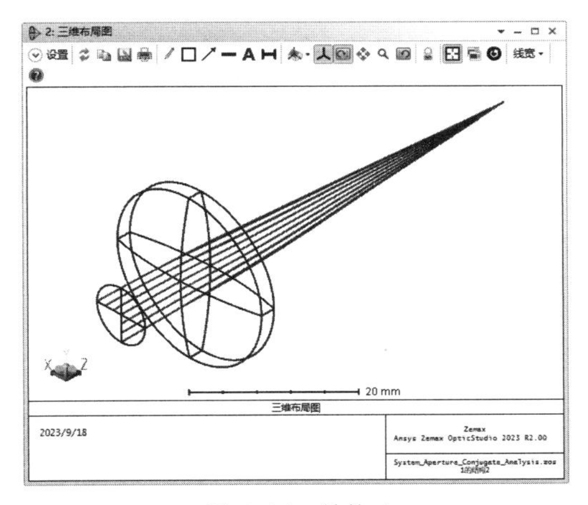

图 5-84　结构 1

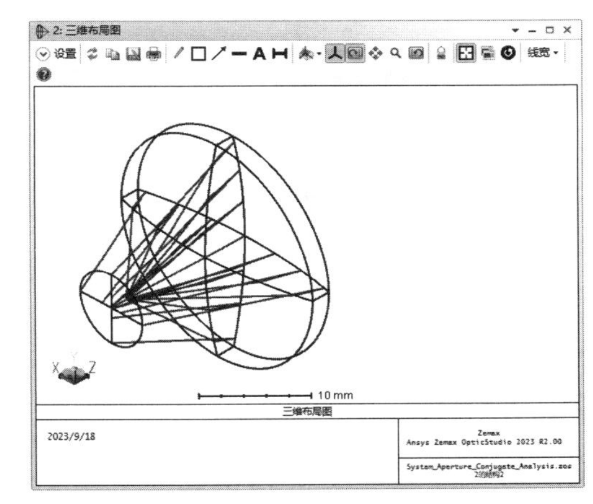

图 5-85　结构 2

（4）保存文件

单击 Ansys Zemax OpticStudio 2023 编辑界面工具栏中的“保存”按钮，保存文件，如图 5-86 所示。

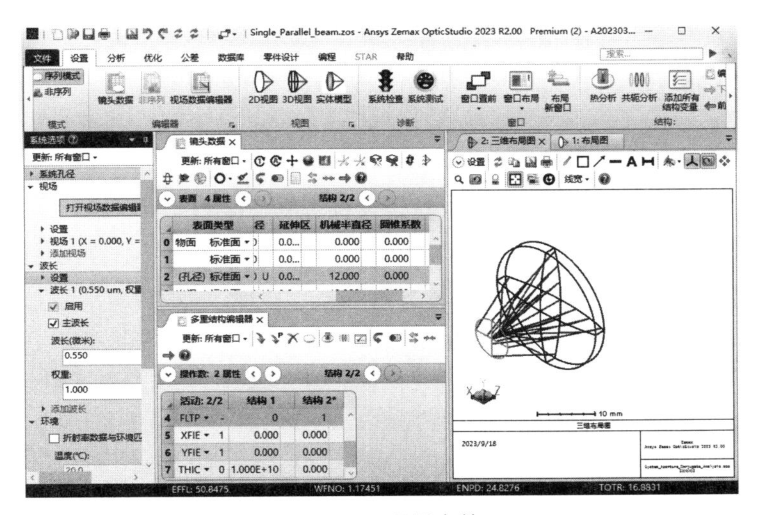

图 5-86　项目文件

第6章 光学系统分析

扫码观看
本章视频

在光学系统中，光路图只能简单描述光学元件和传播光线的布局，本章介绍常用的光学系统分析方法，包括光线追迹分析方法、偏振与表面分析方法、材料分析方法等，掌握这些光学设计的基础知识是熟练运用光学设计软件的根基。

6.1　光线追迹分析

在 Ansys Zemax OpticStudio 中，光线追迹分析方法是一种用于光学系统设计和分析的计算机模拟方法，通过追迹一定数量的光线获得系统的性能参数。

单击“分析”功能区“成像质量”选项组中的“光线迹点”选项，在下拉列表中显示光线追迹分析命令，如图 6-1 所示。下面介绍常用的几种命令。

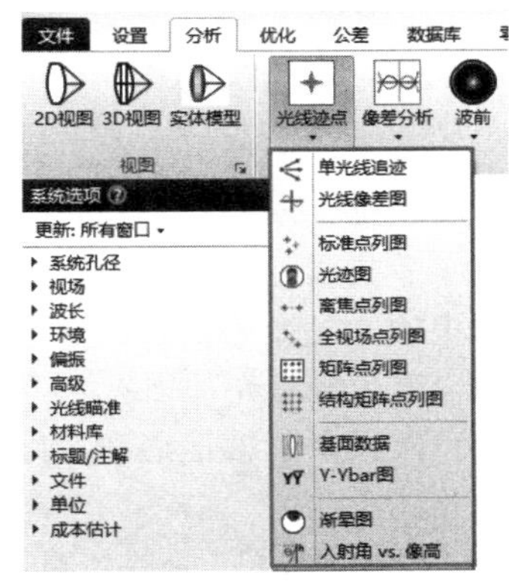

图 6-1　光线追迹分析命令

6.1.1　光线追迹过程

光学设计的过程本质上就是光线追迹的过程，光线追迹过程涉及光线在表面的折 / 反射以及光线在空间中的传播。光线追迹包括近轴光线追迹、实际光线追迹。

1）近轴光线追迹

近轴光线追迹表示追迹的是无像差的理想光学系统，相对真实的光学系统来说是一种近似，人工计算难度非常低。在近轴光学中，光学追迹被限制在很小的入射角和入射高度下，简化了数学计算模型，使得光线追迹变得简单。

2）实际光线追迹

实际光线追迹表示追迹的是真实的光学系统，需要考虑到光学系统里所有参数（材料等），会体现出像差（主要是畸变和色差），计算比较复杂。

实际光线追迹包含两个过程：光线在介质中的传播、光线在光学表面发生折 / 反射。

（1）传播过程

① 光线从上一个表面的交点出发，到达下一表面的交点。图 6-2 中，光线从左向右传播，光学系统视为从物平面到像平面的一系列表面，各表面将按照从左到右的顺序进行编号，物平面为 0 号面。

② 为了了解轴外物点所发出的充满入瞳的光束的结构和传播，可通过主光线取出两个互相垂直的截面，如图 6-3 所示。其中一个是主光线和光轴决定的平面，称为子午面；另一个是通过主光线和子午面垂直的截面，称为弧矢面。

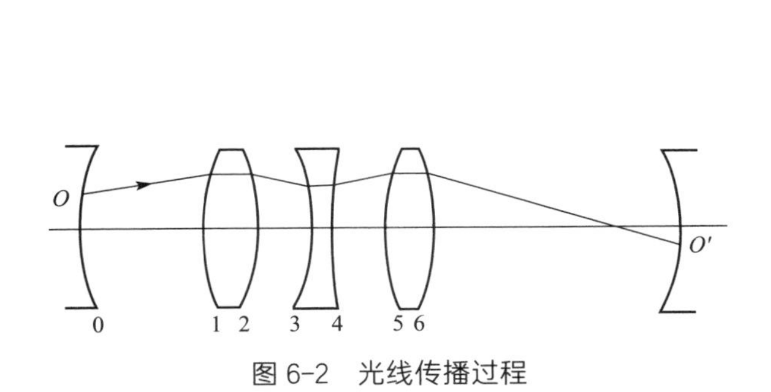

图 6-2　光线传播过程

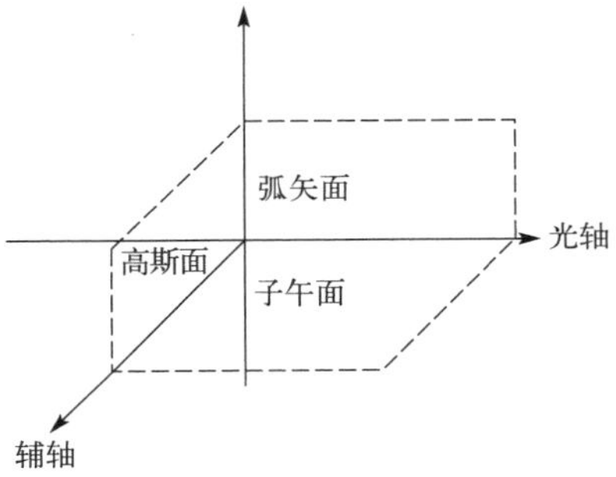

弧矢面
光轴
高斯面
子午面
辅轴

图 6-3　光学系统截面

（2）折 / 反射过程

① 计算光线与新表面的交点后，经过折射或是反射（反射面可等效为折射率为 -1 的折射面），需要根据光线在该表面的交点以及光线在上一表面的光学方向余弦来计算光线在新交点处的光学方向余弦。

② 在实线光线追迹的过程中，不断利用这个过程就能够完整地计算出光线在光学系统中的行进路线。

6.1.2 单光线追迹

单光线追迹用于实现单光线的近轴追迹和实际追迹，利用该命令可以对任意波长、归一化视场和孔径的光线进行路径的计算。

单击“分析”功能区“成像质量”选项组中的“光线迹点”选项，在下拉列表中选择“单光线追迹”命令，打开“单光线追迹”窗口，显示近轴追迹和实际追迹的数据，如图 6-4 所示。

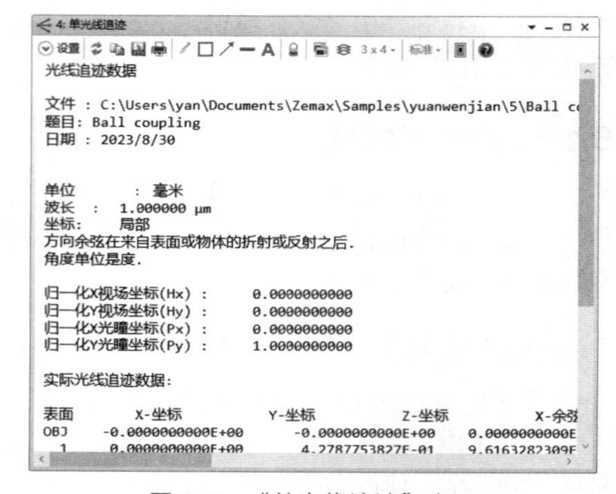

图 6-4 “单光线追迹”窗口

单击“设置”命令左侧的“打开”按钮⌄，展开“设置”面板，用于对窗口中的数据进行设置，如图 6-5 所示。

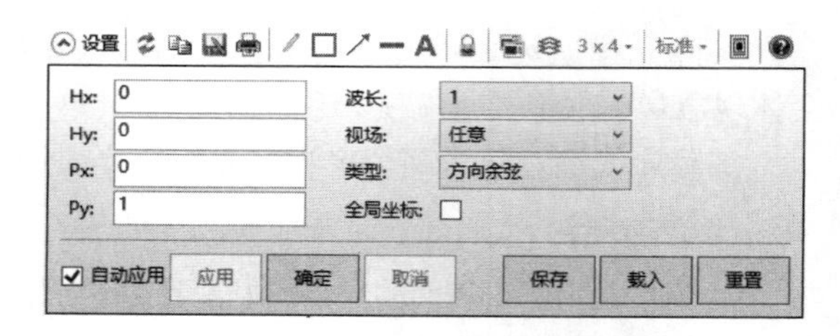

图 6-5 展开“设置”面板

下面介绍该面板中的选项。

① Hx、Hy、Px、Py：表示归一化场域和光瞳坐标，分别为归一化的 X- 视场坐标、Y- 视场坐标、X- 光瞳坐标、Y- 光瞳坐标，它们的取值范围为 -1 ～ 1。

② 波长：要追迹的光线的波长序号。

③ 视场：选择特定视场序号或“任意”视场，并在 Hx 和 Hy 中输入值。如果选择特定视场，则 Hx 和 Hy 不允许修改。

④ 类型：选择窗口中显示数据的类型，如图 6-6 所示。

- 选择“方向余弦”，在“实际光线追迹数据”表中每个表面上显示光线的方向余弦。
- 选择“正切角”，在每个表面上显示光线所形成角度的正切值。正切角是 X（或 Y）方向余弦与 Z 方向余弦的比值。
- 选择“Ym、Um、Yc、Uc”，显示近轴边缘光线和主光线的交点或正切角值。选择该选项，则忽略 Hx、Hy、Px、Py 和全局坐标的设置。

⑤ 全局坐标：勾选该复选框，将光学系统坐标系转换为全局坐标系，默认坐标系为局部坐标系。

6.1.3 光迹图

光迹图用于显示叠加在任何表面上的光束的光迹，并显示渐晕效应以及检查表面孔径。

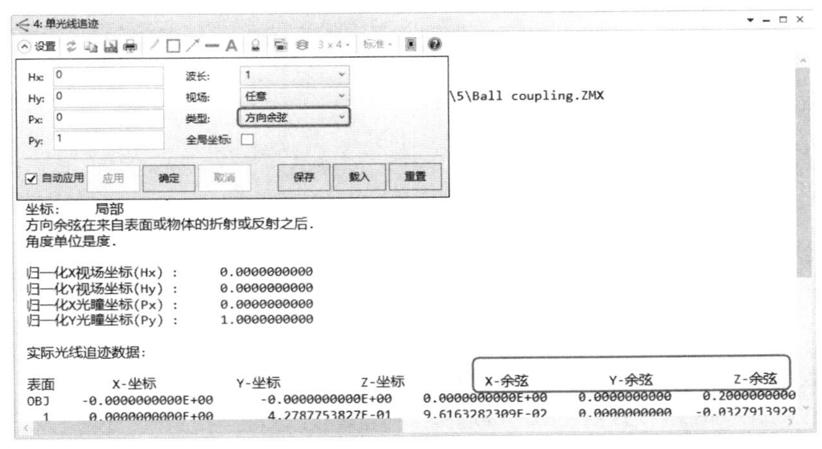

(a) 选择“方向余弦”

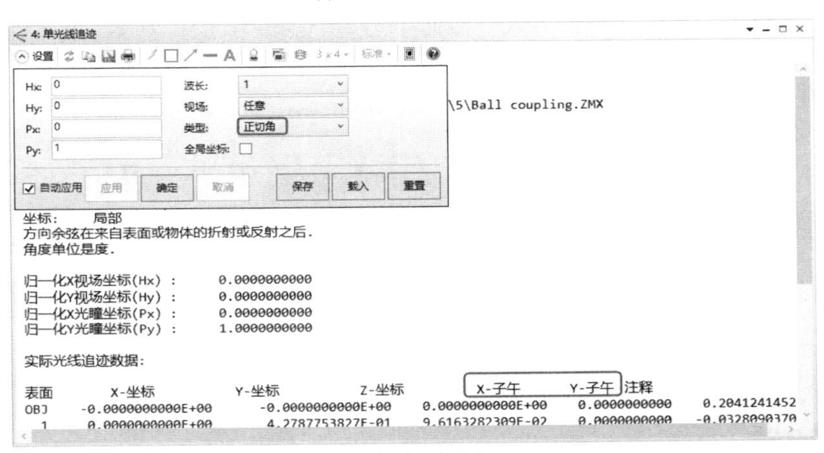

(b) 选择“正切角”

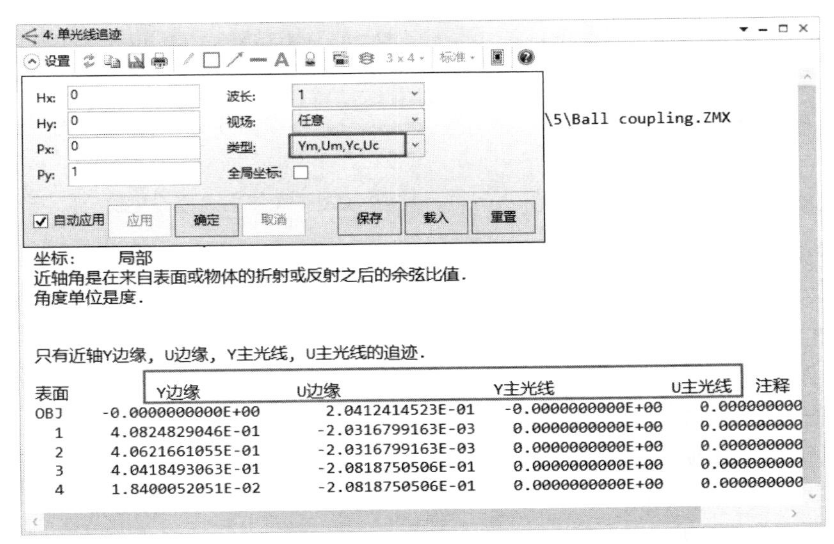

(c) 选择“Ym、Um、Yc、Uc”

图 6-6　设置选择类型

① 单击“分析”功能区“成像质量”选项组中的“光线迹点”选项，在下拉列表中选择“光迹图”命令，打开“光迹图”窗口，显示不同视场位置下的光迹和数据，如图 6-7 所示。

② 单击“设置”命令左侧的“打开”按钮⌄，展开“设置”面板，用于对窗口中的图形和数据进行设置，如图 6-8 所示。

光线密度定义穿过半个光瞳追迹的光线数。

- 默认选择“环”，根据每个视场和波长追迹光瞳边缘四周的 360 条边缘光线。该选项将自动确定未渐晕的边缘光线的径向坐标以模拟任何表面的光束形状，但在光束射入焦散面时，将产生错误的结果。
- 若选择光线密度为 10，将追迹 21×21 光线网格，如图 6-9 所示。

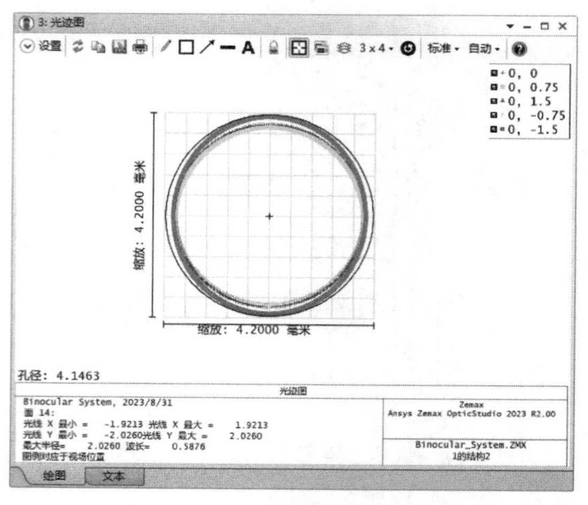

图 6-7 “光迹图”窗口

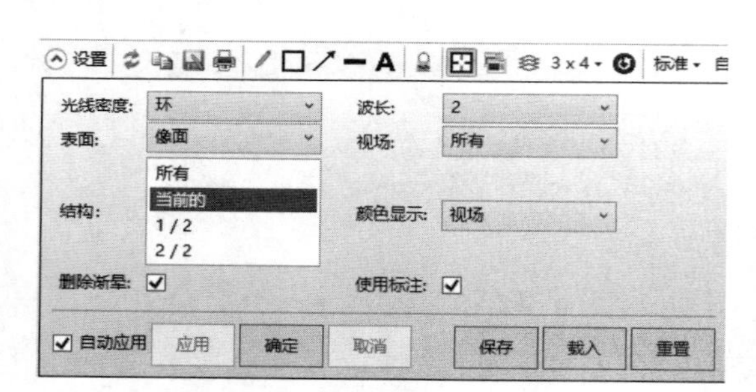

图 6-8 展开“设置”面板

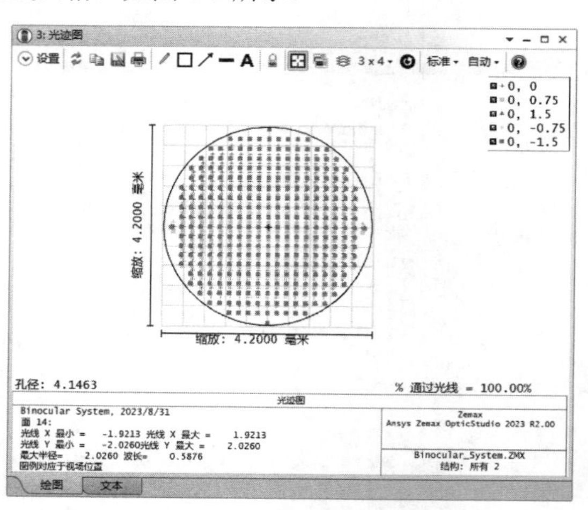

图 6-9 光线密度为 10

6.1.4 基面数据

基面数据用于生成基点数据概要文件，以列表形式显示在给定波长、表面范围内的镜头基面数据，如：焦平面、主平面 / 反主平面、节平面 / 反节平面。

① 单击“分析”功能区“成像质量”选项组中的“光线迹点”选项，在下拉列表中选择“基面数据”命令，打开“基点数据”窗口，显示选定表面各面的位置数据，如图 6-10 所示。

② 单击“设置”命令左侧的“打开”按钮⌄，展开“设置”面板，如图 6-11 所示。

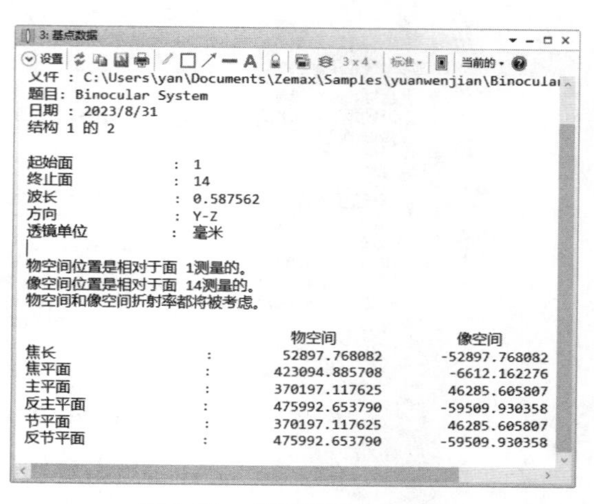

		物空间	像空间
焦长	:	52897.768082	-52897.768082
焦平面	:	423094.885708	-6612.162276
主平面	:	370197.117625	46285.605807
反主平面	:	475992.653790	-59509.930358
节平面	:	370197.117625	46285.605807
反节平面	:	475992.653790	-59509.930358

图 6-10 “基点数据”窗口

- 起始面：选择要计算表面的起始表面。
- 终止面：选择要计算表面的终止表面。
- 波长：选择定义的波长，只能选择特定的一种波长。
- 取向：选择作为基面的平面方向，包括 X-Z 或 Y-Z 方向。

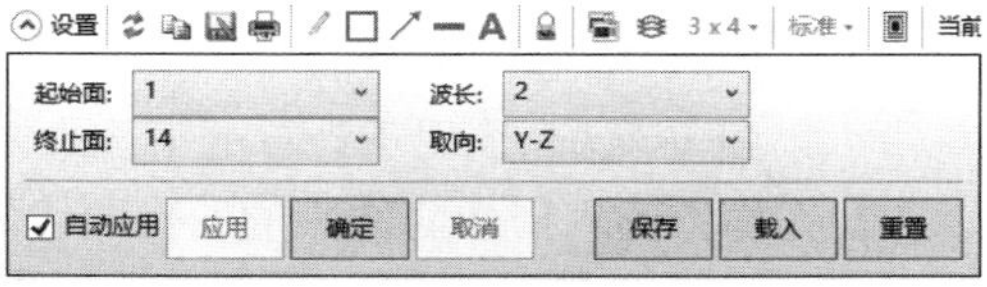

图 6-11　展开“设置”面板

6.1.5 Y-Ybar 图

Y-Ybar 图用于显示在镜头中每个表面上边缘光线高度随近轴倾斜主光线高度变化的曲线图。

① 单击“分析”功能区“成像质量”选项组中的“光线迹点”选项，在下拉列表中选择“Y-Ybar 图”命令，打开“Y-Ybar 图”窗口，显示不同波长下的光迹和数据，如图 6-12 所示。

② 单击“设置”命令左侧的“打开”按钮⌄，展开“设置”面板，用于对窗口中的图形和数据进行设置，如图 6-13 所示。

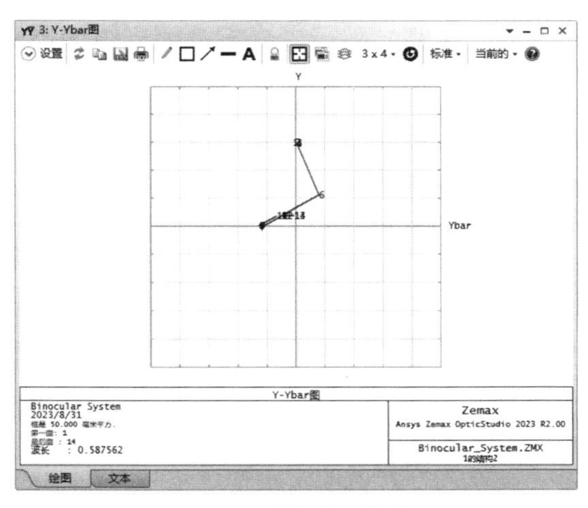

图 6-12　“光迹图”窗口

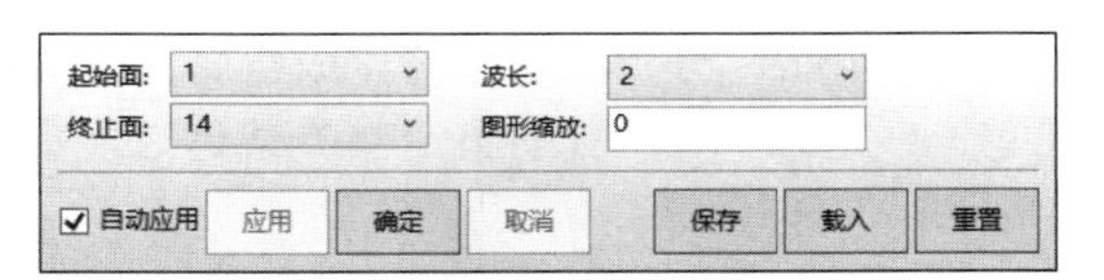

图 6-13　展开“设置”面板

6.1.6 渐晕图

渐晕图用于计算随视场变化的渐晕百分比(不挡光系数)。

① 单击“分析”功能区“成像质量”选项组中的“光线迹点”选项，在下拉列表中选择“渐晕图”命令，打开“渐晕图”窗口，如图 6-14 所示。

② 单击“设置”命令左侧的“打开”按钮⌄，展开“设置”面板，用于对窗口中的图形和数据进行设置，如图 6-15 所示。

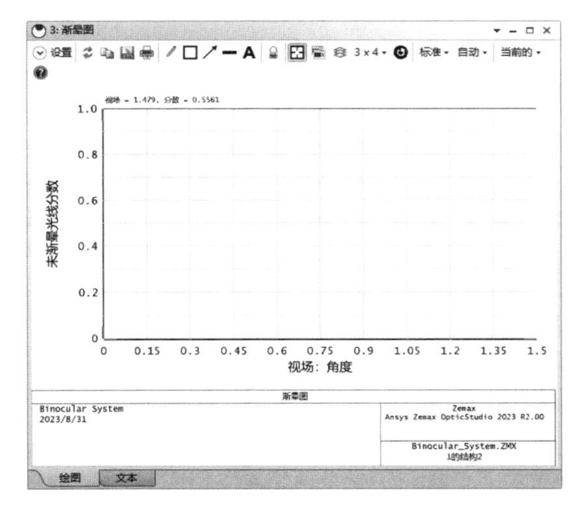

图 6-14　“渐晕图”窗口

图 6-15　展开“设置”面板

6.1.7 入射角 vs. 像高

入射角 vs. 像高图用于计算上下边缘光线、主光线在像面上的入射角随像高的变化曲线。

单击“分析”功能区“成像质量”选项组中的“光线迹点”选项，在下拉列表中选择“入射角 vs. 像高”命令，打开“入射角 vs. 像高”窗口，如图 6-16 所示。

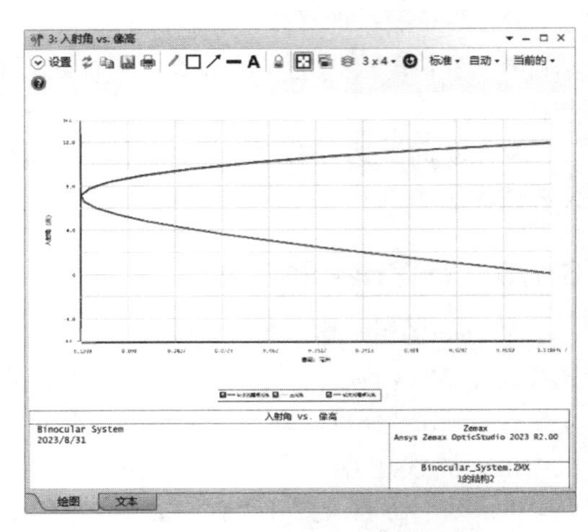

图 6-16 “入射角 vs. 像高”窗口

6.1.8 实例：平行光光学系统光线追迹

本小节以平行光成像的光学系统为例，通过图形和表格演示光学系统的光线追迹。

（1）设置工作环境

① 启动 Ansys Zemax OpticStudio 2023，进入 Ansys Zemax OpticStudio 2023 编辑界面。

② 选择功能区中的“文件”→“打开”命令，或单击工具栏中的“打开”按钮，打开“打开”对话框，选中文件 Single_Parallel_beam.zos，单击“打开”按钮，在指定的源文件目录下打开项目文件。

③ 选择功能区中的“文件”→“另存为”命令，或单击工具栏中的“另存为”按钮，打开“另存为”对话框，输入文件名称 Single_Parallel_beam_RAY.zos。单击“保存”按钮，在指定的源文件目录下自动新建了一个新的文件。

（2）光线追迹

① 单击“分析”功能区“成像质量”选项组中的“光线迹点”选项，在下拉列表中选择“单光线追迹”命令，打开“单光线追迹”窗口，显示近轴追迹和实际追迹的数据，如图 6-17 所示。

② 单击“分析”功能区“成像质量”选项组中的“光线迹点”选项，在下拉列表中选择“光迹图”命令，打开“光迹图”窗口，如图 6-18 所示。根据图中数据，光线 X 最小 = 光线 Y 最小 =-0.0400，光线 X 最大 = 光线 Y 最大 =0.0400，光线的光迹重叠在一起，不显示渐晕。

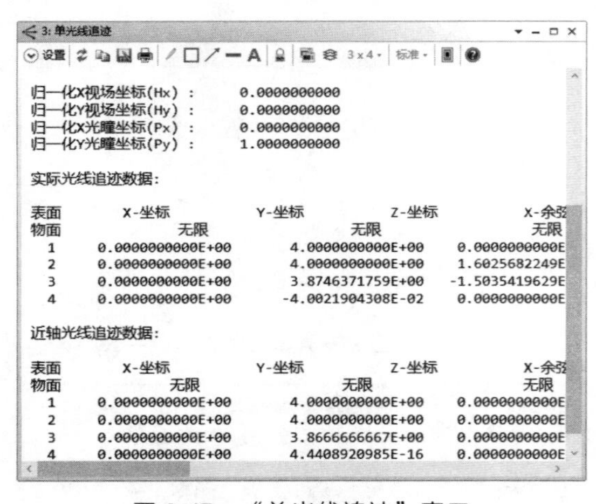

图 6-17 “单光线追迹”窗口

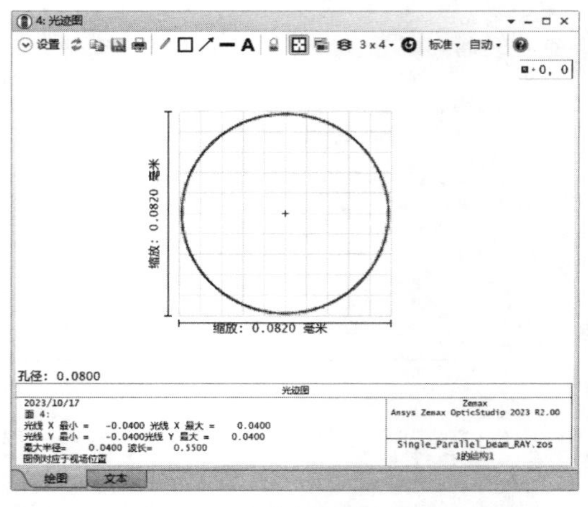

图 6-18 “光迹图”窗口

③ 单击“分析”功能区“成像质量”选项组中的“光线迹点”选项，在下拉列表中选择“基面数据”命令，打开“基点数据”窗口，显示选定表面各面的位置数据，如图 6-19 所示。

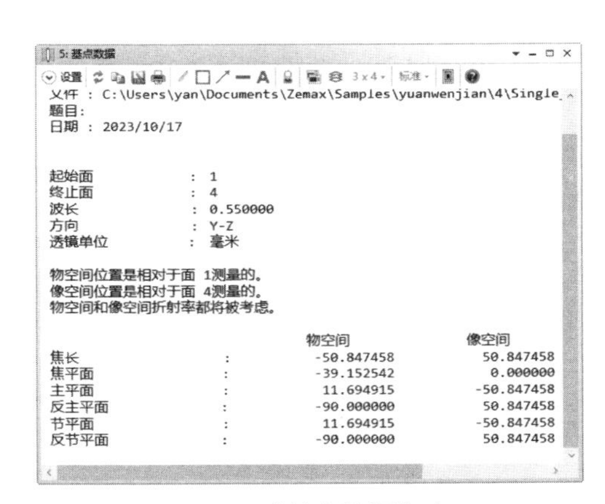

图 6-19　“基点数据”窗口

（3）修改渐晕因子

① 双击打开“视场”选项卡，展开默认的视场 1，设置 VDX 为 1.000，向右平移 X 方向光瞳，其余参数设置为默认值，如图 6-20 所示。此时，“光迹图”窗口中光束光迹发生变化，如图 6-21 所示。

② 双击打开“视场”选项卡，展开默认的视场 1，设置 VDY 为 1.000，平移 Y 方向光瞳，其余参数设置为默认值，如图 6-22 所示。此时，“光迹图”窗口中光束光迹发生变化，如图 6-23 所示。

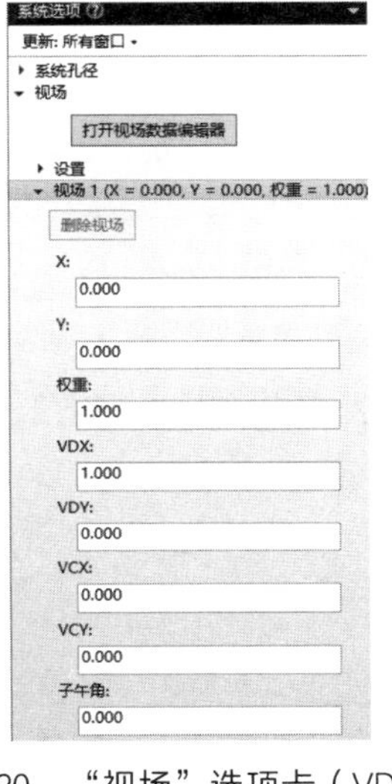

图 6-20　“视场”选项卡（VDX=1）

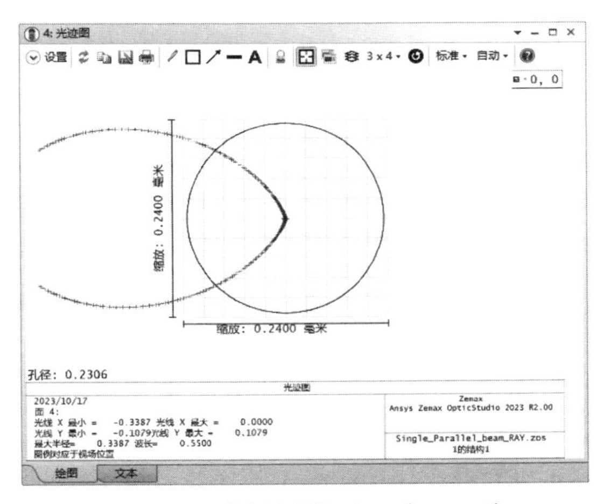

图 6-21　“光迹图”窗口（VDX=1）

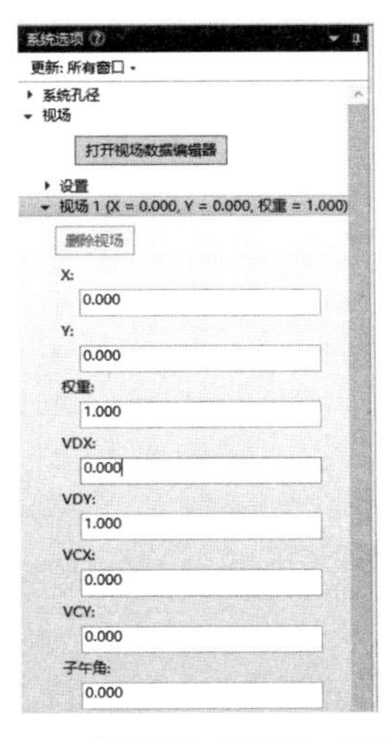

图 6-22　“视场”选项卡（VDY=1）

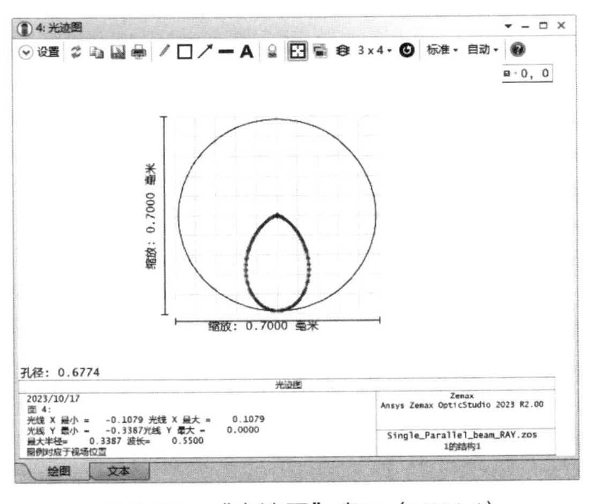

图 6-23　“光迹图”窗口（VDY=1）

③ 双击打开“视场”选项卡，展开默认的视场 1，设置 VCX 为 0.500，缩放 X 方向光瞳，其余参数设置为默认值，如图 6-24 所示。此时，“光迹图”窗口中光束光迹发生变化，如图 6-25 所示。

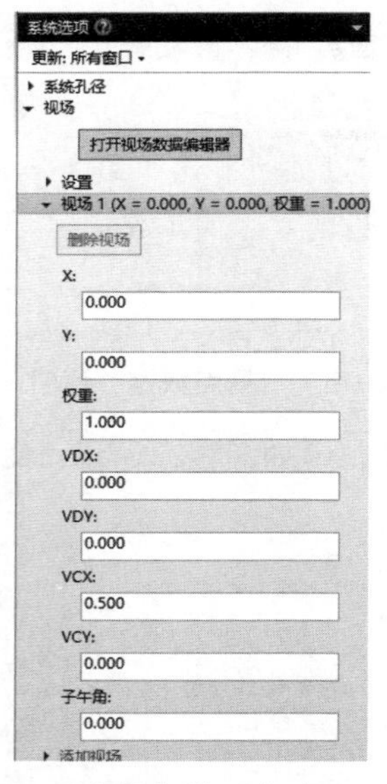

图 6-24 “视场”选项卡（VCX=0.5）

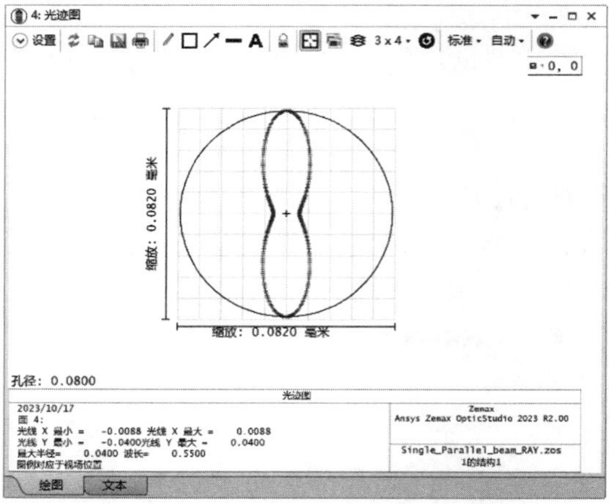

图 6-25 “光迹图”窗口（VCX=0.5）

④ 双击打开“视场”选项卡，展开默认的视场 1，设置 VCY 为 0.500，缩放 Y 方向光瞳，其余参数设置为默认值，如图 6-26 所示。此时，“光迹图”窗口中光束光迹发生变化，如图 6-27 所示。

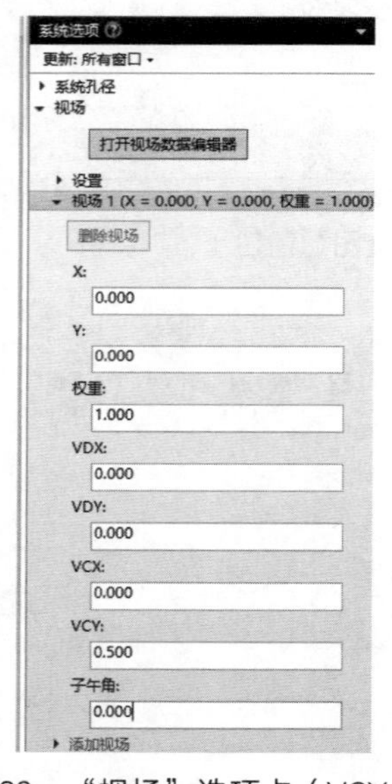

图 6-26 “视场”选项卡（VCY=0.5）

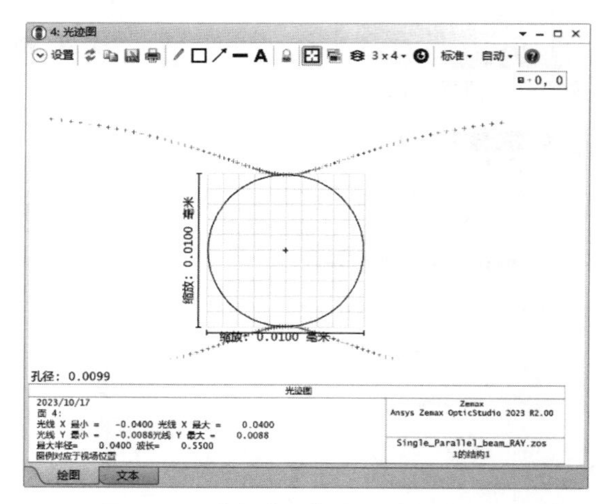

图 6-27 “光迹图”窗口（VCY=0.5）

（4）保存文件

单击 Ansys Zemax OpticStudio 2023 编辑界面工具栏中的“保存”按钮，保存文件。

6.2 偏振与表面物理分析

偏振与表面物理分析包括偏振分析及与之相关的表面分析和膜层分析，这些操作都服务于偏振分析。

6.2.1 偏振分析

偏振分析是一般光线追迹的延伸应用，在光学系统中考虑光学膜层对光学传播造成的反射、吸收和损失效应。单击“分析”功能区“偏振与表面物理”选项组中的“偏振”选项，在下拉列表中显示关于偏振分析命令。

- 偏振光线追迹：以文本形式显示单根特定光线经过光学系统时所有的相关偏振态数据。
- 偏振光瞳图：偏振光瞳图用来显示偏振椭圆随光瞳位置坐标的取向变化图。
- 透过率计算：综合考虑光的偏振态、镀膜、材料吸收等影响，计算光经过每个表面及整个系统后的透过率。
- 偏振相位像差：计算由偏振效应引入的偏振相位像差，如介质材料的折射效应、金属或介质反射镜的反射效应。
- 透射光扇图：显示不同视场、不同波长下系统透过率随光瞳坐标的变化关系。

偏振光瞳图有助于观察瞳孔偏振的变化，下面介绍该命令的操作步骤。

① 单击“分析”功能区“偏振与表面物理”选项组中的“偏振”选项，在下拉列表中选择“偏振光瞳图”命令，打开“偏振光瞳图”窗口，生成作为瞳孔位置的函数的偏振椭圆的图形，如图 6-28 所示。

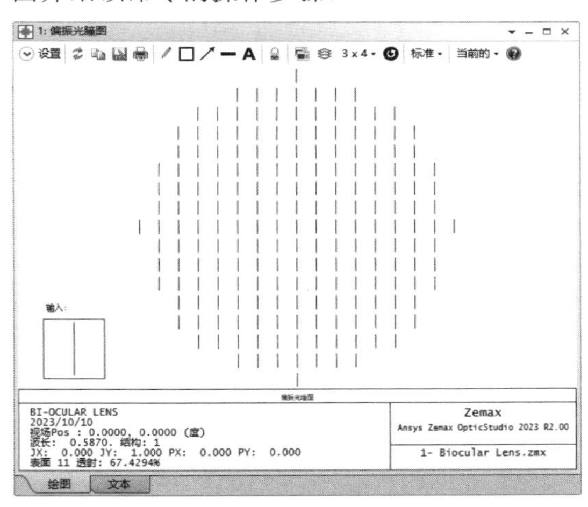

图 6-28　“偏振光瞳图”窗口

② 单击“设置”命令左侧的“打开”按钮⊙，展开“设置”面板，用于对窗口中的数据进行设置，如图 6-29 所示。

下面介绍该面板中的选项。

- Jx、Jy：琼斯电场 X、Y 分量的相位，单位是度。
- X- 相位：指定追迹的光线 X 方向相位。
- Y- 相位：指定追迹的光线 Y 方向相位。
- 波长：要追迹的光线的波长序号。
- 视场：要追迹的光线的视场序号。
- 表面：显示数据的表面序号。
- 采样：瞳孔中采样的网格大小。
- 干涉相加结构：定义叠加干涉的光线。有些光学系统需要不止一种结构来模拟整个光束。如果在两个或两个以上的构型中，光线路径是叠加的，那么必须考虑单个光线路径的相干和。

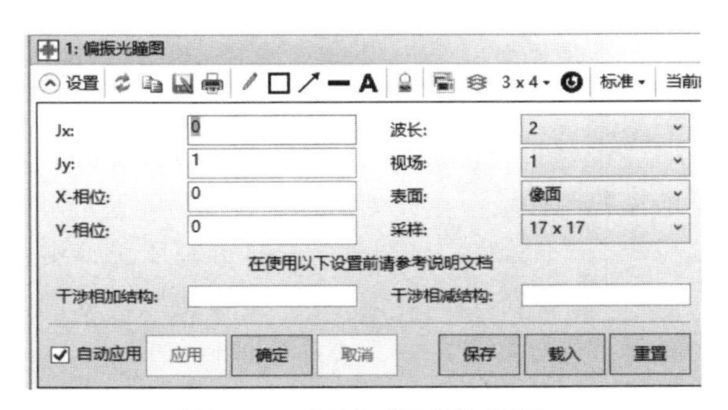

图 6-29　展开“设置”面板

● 干涉相减结构：定义相消干涉的光线。若考虑相位，一些光线会与其他光线产生相消干涉，而另一些光线不会产生相消干涉。

6.2.2 表面分析

表面分析用来显示指定面上的矢高、曲率或者相位。单击“分析”功能区“偏振与表面物理”选项组中的“表面”选项，在下拉列表中显示关于表面分析命令，如图 6-30 所示。下面简单介绍常用的几种命令。

（1）矢高表

① 矢高表以表格的方式列出了所选择的表面上，以顶点为起点，不同 Y 坐标距离处的矢高（Z- 坐标）值，同时还计算了最佳拟合球面的曲率半径、最佳拟合球面的矢高，以及最佳拟合球面与所选表面之间的矢高差。

② 单击“分析”功能区“偏振与表面物理”选项组中的“表面”选项，在下拉列表中选择“矢高表”命令，打开“矢高表”窗口，如图 6-31 所示。“矢高表”命令只考虑表面的 Y 坐标，因此当表面为非旋转对称时，不应使用此功能。

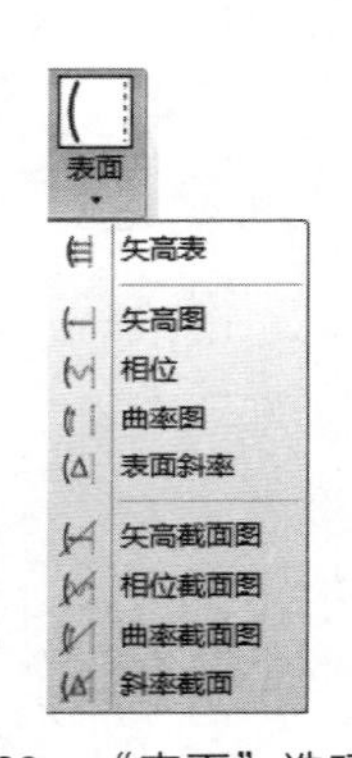

图 6-30 “表面”选项命令

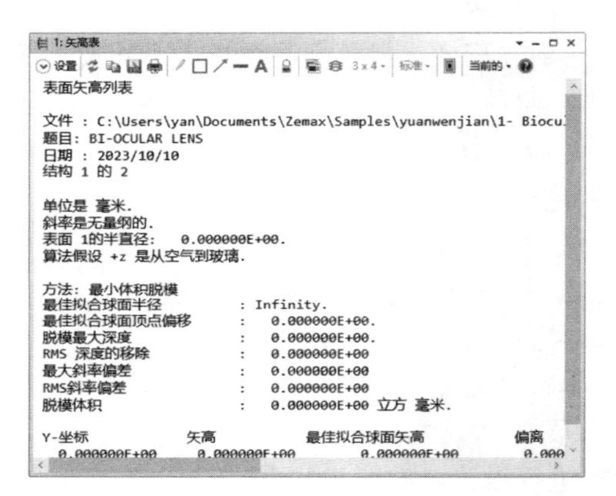

图 6-31 “矢高表”窗口

③ 单击“设置”命令左侧的“打开”按钮，展开“设置”面板，用于对窗口中的数据进行设置，如图 6-32 所示。

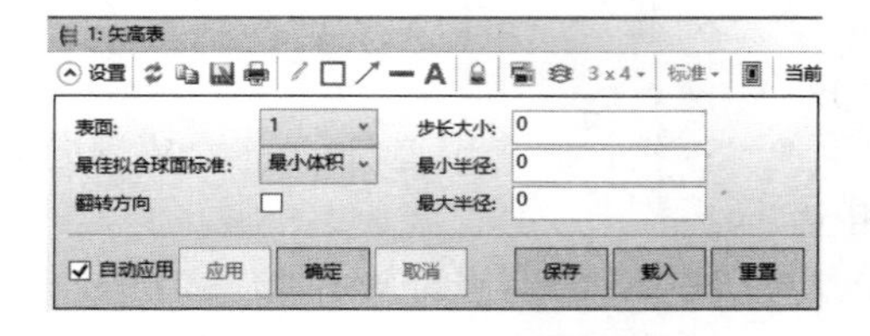

图 6-32 展开“设置”面板

下面介绍该面板中的选项。

a. 表面：计算使用的表面编号。

b. 步长大小：从计算矢高的顶点测量的步长间距。使用默认值 0 会自动选择一个合理的步长大小。

c. 最佳拟合球面标准：最佳拟合球面的曲率半径和偏移量根据此处所选的评价标准进行优化。

● 最小体积：使最佳拟合球面与所选镜头表面之间的体积偏差最小。

● 最小 RMS（无偏移）：使最佳拟合球面与所选镜头表面之间的 RMS 偏差最小，同时对表面顶点进行约束，使其不产生任何偏移。

● 最小 RMS（偏移）：使最佳拟合球面与所选镜头表面之间的 RMS 偏差最小，同时允许表面顶点之间存在偏移。

d. 翻转方向：勾选该复选框，选择表面的另一侧作为空气表面。

e. 最小半径、最大半径：执行拟合的最小和最大径向孔径值，支持对旋转对称的环形光学元件进行拟合。如果两个值均设为 0，则最小半径将是 0，最大半径将是表面的半径。

（2）矢高图

① 矢高图以图形的方式列出了所选择的表面上，以顶点为起点，不同 Y 坐标距离处的矢高（Z- 坐标）值。

② 单击“分析”功能区“偏振与表面物理”选项组中的“表面”选项，在下拉列表中选择“矢高图”命令，打开“矢高图”窗口，描述表面上存在的任何孔径的大小和形状，如图 6-33 所示。

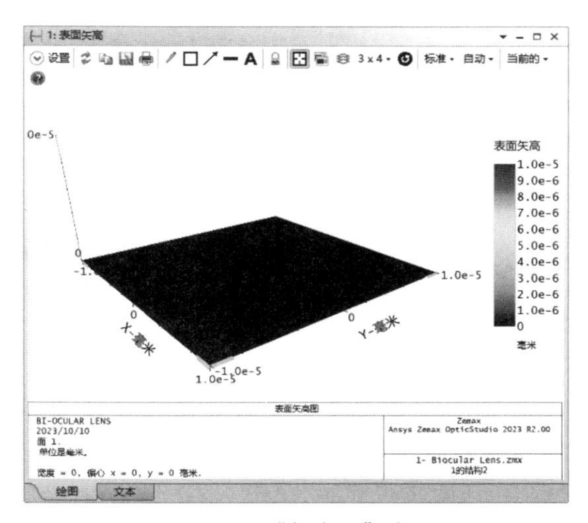

图 6-33　“矢高图”窗口

③ 单击“设置”命令左侧的“打开”按钮，展开“设置”面板，用于对窗口中的数据进行设置，如图 6-34 所示。

图 6-34　展开“设置”面板

下面介绍该面板中的选项。

- 采样：选择光线网格的尺寸，默认为 65×65。
- 表面：计算和显示的表面序号。
- 离轴坐标：勾选该复选框，绘图时考虑在表面的表面属性中定义的孔径。凹度计算的坐标系将在离轴部分的顶点处有一个原点。
- 数据：选择表面矢高。
- 显示为：选择图形显示样式。
- 移除：选择移除模式。

6.2.3　实例：不规则面光学系统表面分析

本例设计一个由不规则面组成的透镜成像的光学系统，通过表面矢高图和表面曲率图进行表面分析。该系统的设计规格：入瞳直径为 40，总长度为 112。

（1）设置工作环境

① 在“开始”菜单中双击 Ansys Zemax OpticStudio 图标，启动 Ansys Zemax OpticStudio 2023。

② 在 Ansys Zemax OpticStudio 2023 编辑界面，选择功能区中的“文件”→“新建镜头项目”命令，关闭当前打开的项目文件的同时，打开“另存为”对话框，输入文件名称 Irregular surface.zmx。

③ 单击“保存”按钮，弹出“镜头项目设置”对话框，选择默认参数。单击“确定”按钮，在指定的源文件目录下自动新建了一个项目文件。

（2）设置系统参数

① 打开左侧“系统选项”工作面板，设置镜头项目的系统参数。

② 双击打开“系统孔径”选项卡，在“孔径类型”选项组下选择“入瞳直径”，在“孔径值”选项组中输入 40.0。此时，编辑器中光阑和像面的净口径为 20.000，如图 6-35 所示。

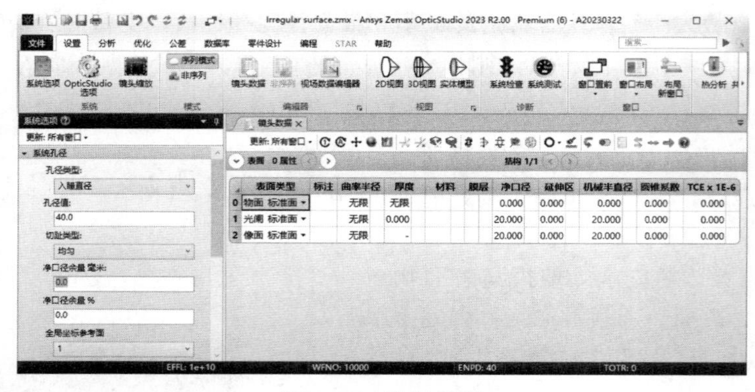

图 6-35 孔径类型

（3）设置初始结构

在“镜头数据”编辑器中设置面基本数据。

① 在“镜头数据”编辑器中选择面 1“光阑”行，单击鼠标右键，选择“插入后续面”命令，在其后插入面 2、面 3。

② 在“镜头数据”编辑器中输入两个孔径面参数。

- 选择面 2，“曲率半径”设置为 30.000，“厚度”为 12.000，“材料”为“BK7”。
- 选择面 3，“曲率半径”设置为 30.000，“厚度”为 100.000。
- 单击面 2“净口径”右侧小列，弹出“净口径求解在表面 2”求解器，在“求解类型”下拉列表中选择“固定”，如图 6-36 所示。此时，“净口径”右侧小列右侧显示 U。在空白处单击，关闭求解器。在左侧小列中输入固定值 24.000。
- 单击面 3“净口径”右侧小列，设置固定求解，固定值为 24.000，如图 6-37 所示。

	表面类型	标注	曲率半径	厚度	材料	膜层	净口径	延伸区	机械半直径	圆锥系数	TCE x 1E-6
0	物面 标准面		无限	无限			0.000	0.000	0.000	0.000	0.000
1	光阑 标准面		无限	0.000			20.000	0.000	20.000	0.000	0.000
2	标准面		30.000	12.000	BK7		20.000	0.000	20.000	0.000	-
3	标准面		30.000	100.000			17.232	[illegible]	[illegible]	[illegible]	0.000
4	像面 标准面		无限	-			9.040	[illegible]	[illegible]	[illegible]	0.000

净口径求解在表面2
求解类型: 自动
自动
固定
拾取
最大
ZPL宏

图 6-36 “净口径求解在表面 2”求解器

	表面类型	标注	曲率半径	厚度	材料	膜层	净口径	延伸区	机械半直径	圆锥系数	TCE x 1E-6
0	物面 标准面		无限	无限			0.000	0.000	0.000	0.000	0.000
1	光阑 标准面		无限	0.000			20.000	0.000	20.000	0.000	0.000
2	(孔径) 标准面		30.000	12.000	BK7		24.000 U	0.000	24.000	0.000	-
3	(孔径) 标准面		30.000	100.000			24.000 U	0.000	24.000	0.000	0.000
4	像面 标准面		无限	-			9.040	0.000	9.040	0.000	0.000

图 6-37 设置孔径面参数

③ 单击“设置”功能区下“视图”选项组中的“3D 视图”命令，弹出“三维布局图”窗口，显示光学系统的 YZ 平面图，如图 6-38 所示。

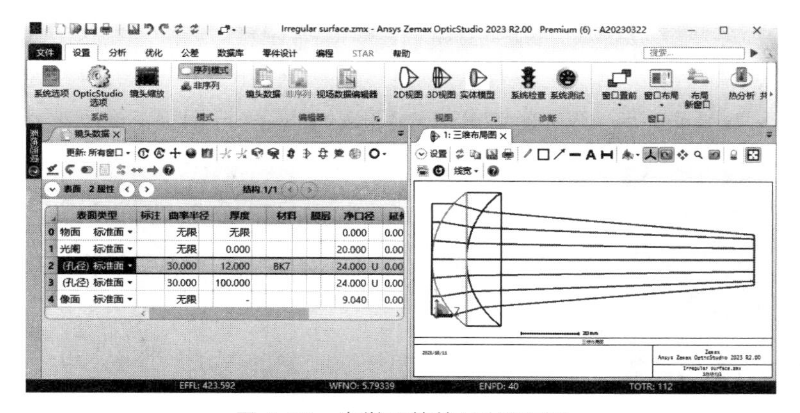

图 6-38　光学系统的 YZ 平面图

（4）几何像差分析

单击“分析”功能区“成像质量”选项组中的“像差分析”选项，在下拉列表中选择“光线像差图”命令，打开“光线光扇图”窗口，如图 6-39 所示。

（5）表面分析

① 单击“分析”功能区“偏振与表面物理”选项组中的“表面”选项，在下拉列表中选择“矢高图”命令，打开“矢高图”窗口，描述表面上存在的任何孔径的大小和形状，如图 6-40 所示。

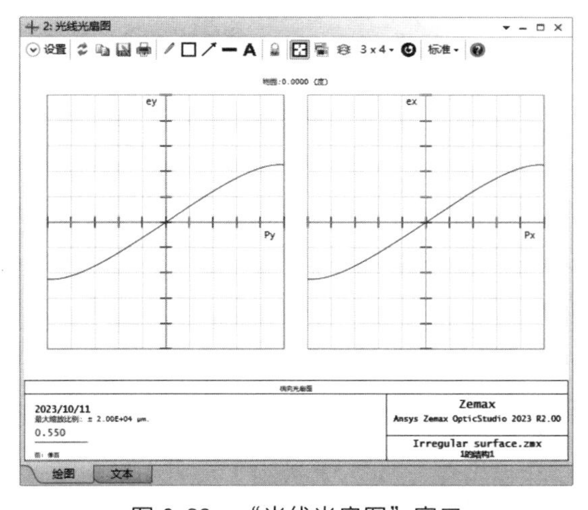

图 6-39　“光线光扇图”窗口

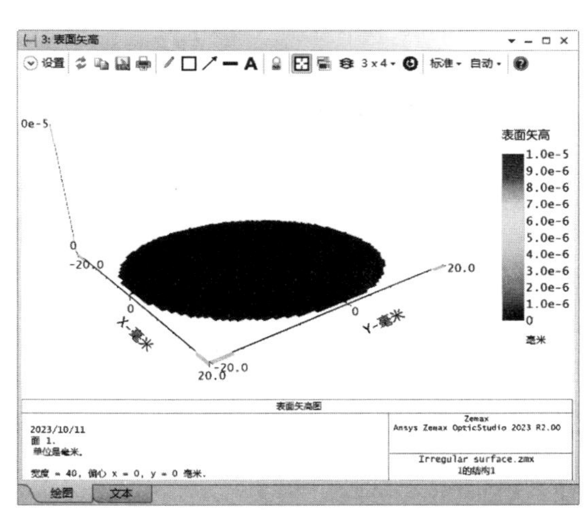

图 6-40　“矢高图”窗口

② 单击“设置”命令左侧的“打开”按钮⊙，展开“设置”面板，在“表面”下拉列表中选择 3，在“显示为”下拉列表中选择“反灰度”，如图 6-41 所示。单击“确定”按钮，隐藏面板，完成图形的设置，结果如图 6-42 所示

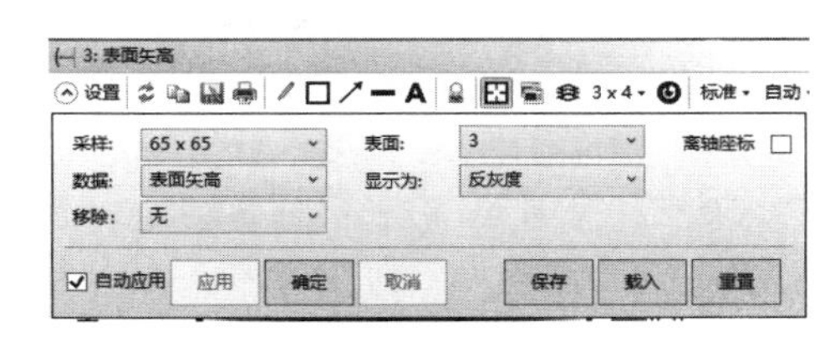

图 6-41　展开“设置”面板

③ 单击“分析”功能区“偏振与表面物理”选项组中的“表面”选项，在下拉列表中选择“曲率图”命令，打开“曲率图”窗口。单击“设置”命令左侧的“打开”按钮，展开“设置”面板，在“表面”下拉列表中选择 3，在“显示为”下拉列表中选择“伪彩色”。单击“确定”按钮，隐藏面板，完成图形的设置，结果如图 6-43 所示。

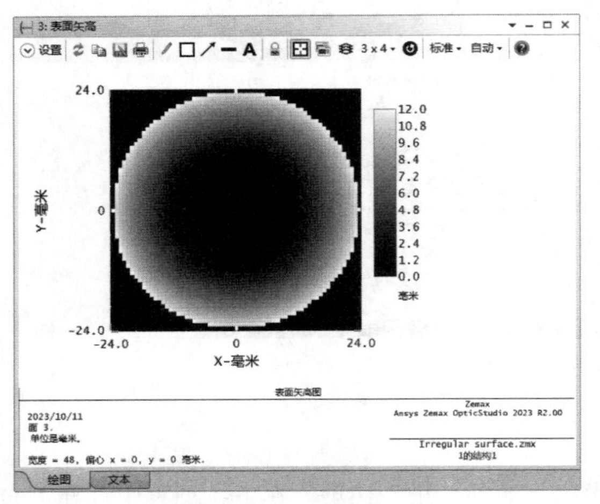

图 6-42 反灰度矢高图

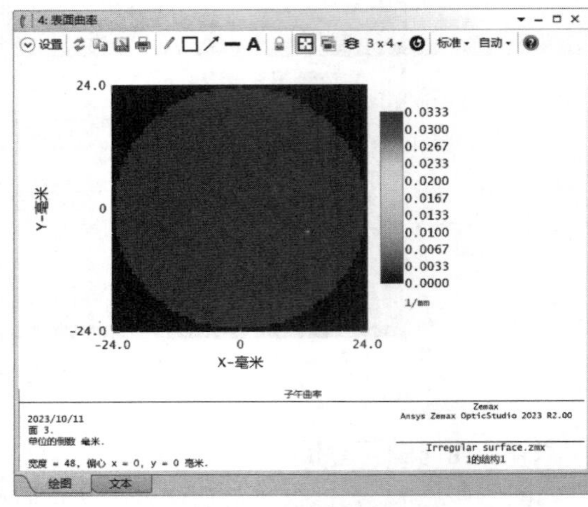

图 6-43 伪彩色曲率图

（6）保存文件

单击 Ansys Zemax OpticStudio 2023 编辑界面工具栏中的“保存”按钮，保存文件。

6.2.4 膜层分析

OpticStudio 具有丰富的膜层分析功能，对通过预定义的或使用者定义的材料库定义多层电介质薄膜和金属膜层进行分析。通过指定反射率和透过率定义的膜层，透过率和反射率可能随入射角度和波长而变化。单击“分析”功能区“偏振与表面物理”选项组中的“膜层”选项，在下拉列表中显示对膜层分析命令，如图 6-44 所示。

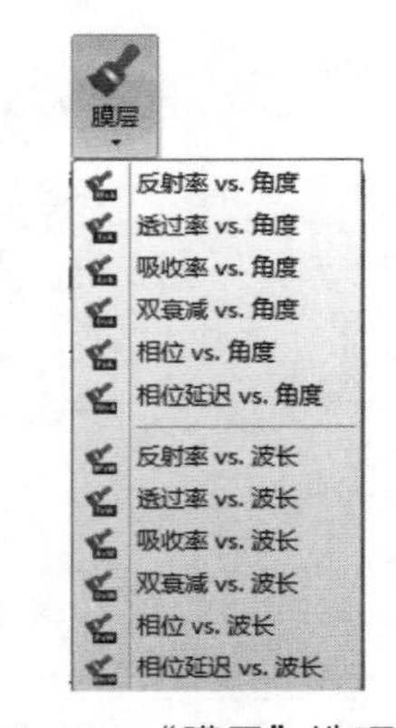

图 6-44 “膜层”选项命令

- 透过率 vs. 角度：计算特定表面上，不同入射角下 S 和 P 偏振光以及平均偏振光的透过率系数的变化。
- 吸收率 vs. 角度：计算特定表面上，不同入射角下 S 和 P 偏振光以及平均偏振光的吸收率系数的变化。
- 双衰减 vs. 角度：计算特定表面上，不同入射角下反射和透射的双衰减的变化。
- 相位 vs. 角度：对于序列模式表面，计算不同入射角下 S 和 P 偏振光在反射（如果玻璃为镜面）或透射（如果玻璃为非镜面）时的相位变化。对于非序列物体，该功能计算不同入射角下 S 和 P 偏振光在反射（如果材料为镜面）或透射（如果材料为非镜面）时的相位变化。
- 相位延迟 vs. 角度：计算特定表面上，不同入射角度下的相位延迟变化。
- 反射率 vs. 波长：计算特定表面上，不同入射波长下 S 和 P 偏振光以及平均偏振光的反射率变化。
- 透过率 vs. 波长：计算特定表面上，不同入射波长下 S 和 P 偏振光以及平均偏振光的透过率变化。

- 吸收率 vs. 波长：计算特定表面上，不同入射波长下 S 和 P 偏振光以及平均偏振光的吸收率的变化。
- 双衰减 vs. 波长：计算特定表面上，不同入射波长下反射和透射的双衰减的变化。
- 相位 vs. 波长：对于序列模式表面，该功能计算不同入射波长下 S 和 P 偏振光在反射（如果玻璃为镜面）或透射（如果玻璃为非镜面）时的相位变化。对于非序列物体，该功能计算不同入射光波长下 S 和 P 偏振光在反射（如果材料为镜面）或透射（如果材料为非镜面）时的相位变化。
- 相位延迟 vs. 波长：计算特定表面上，不同入射波长下相位延迟的变化。

下面介绍“反射率 vs. 角度”命令的操作步骤。

① “反射率 vs. 角度”命令用来显示给定表面上，S 和 P 偏振光反射率及平均反射率随入射角的变化关系。

② 单击“分析”功能区“偏振与表面物理”选项组中的“膜层”选项，在下拉列表中选择“反射率 vs. 角度”命令，打开“反射率 vs. 角度”窗口，计算特定表面上，不同入射角度下 S 和 P 偏振光以及平均偏振光的反射率系数的变化，如图 6-45 所示。

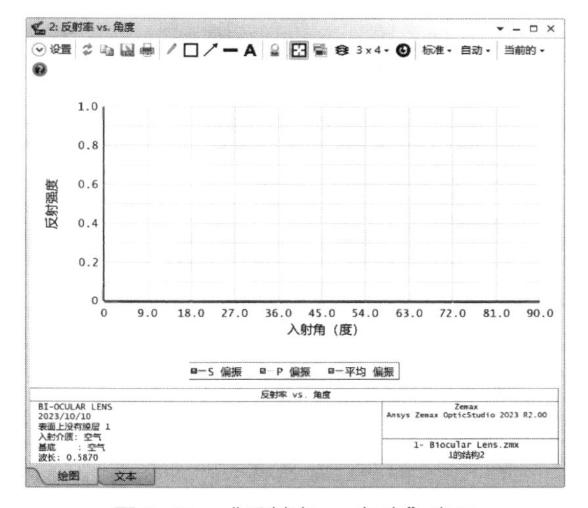

图 6-45　“反射率 vs. 角度”窗口

③ 单击“设置”命令左侧的“打开”按钮，展开“设置”面板，用于对窗口中的数据进行设置，如图 6-46 所示。

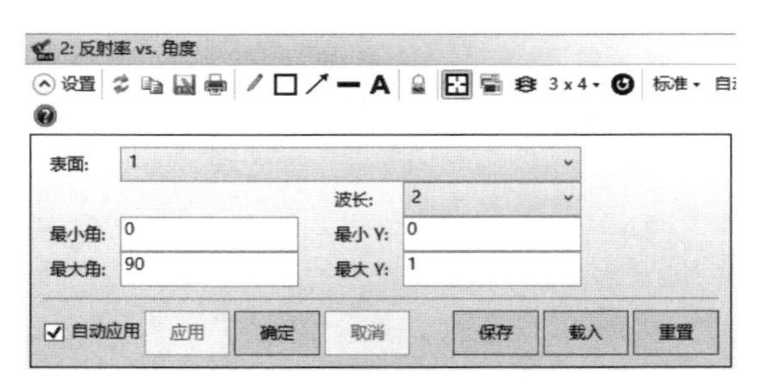

图 6-46　展开“设置”面板

下面介绍该面板中的选项。

- 表面：如果为序列模式表面，该参数定义所需要分析表面的表面序号。
- 最小角：图表的最小入射角。指图表横坐标的左边缘。
- 最大角：图表的最大入射角。指图表横坐标的右边缘。
- 最小 Y：图表的最小 Y 值。指图表纵坐标的下边缘。
- 最大 Y：图表的最大 Y 值。指图表纵坐标的上边缘。

6.2.5　实例：屏蔽蓝光光学系统分析

本例设计一个阻隔蓝色波长的光学系统，该系统的设计规格：入瞳直径为 10，全视场为 2°，波长为 0.486、0.588、0.656、0.360、0.700，材料为 N-BK7，膜层为 BLUENOTCH。

（1）设置工作环境

① 在“开始”菜单中双击 Ansys Zemax OpticStudio 图标，启动 Ansys Zemax OpticStudio 2023。

② 选择功能区中的“文件”→“另存为”命令，或单击工具栏中的“另存为”按钮，打开“另存为”对话框，输入文件名称 Shield blue light.zmx。单击“保存”按钮，在指定的源文件目录下自动新建了一个新的文件。

（2）设置系统参数

打开左侧“系统选项”工作面板，设置镜头项目的系统参数。

① 双击打开“系统孔径”选项卡，在“孔径类型”选项组下选择“入瞳直径”，在“孔径值”选项组中输入 10.0。此时，编辑器中光阑和像面的净口径为 5.000，如图 6-47 所示。

② 输入视场。双击打开“视场”选项卡，单击“打开视场数据编辑器”按钮，打开视场数据编辑器。选择默认的视场 1，单击鼠标右键选择“插入视场之后于”命令，在视场 1 后插入视场 2，如图 6-48 所示。

镜头数据

	表面类型	标注	曲率半径	厚度	材料	膜层	净口径	延伸区	机械半直径	圆锥系数	TCE x 1E-6
0	物面 标准面		无限	无限			0.000	0.000	0.000	0.000	0.000
1	光阑 标准面		无限	0.000			5.000	0.000	5.000	0.000	0.000
2	像面 标准面		无限	-			5.000	0.000	5.000	0.000	0.000

图 6-47　设置孔径

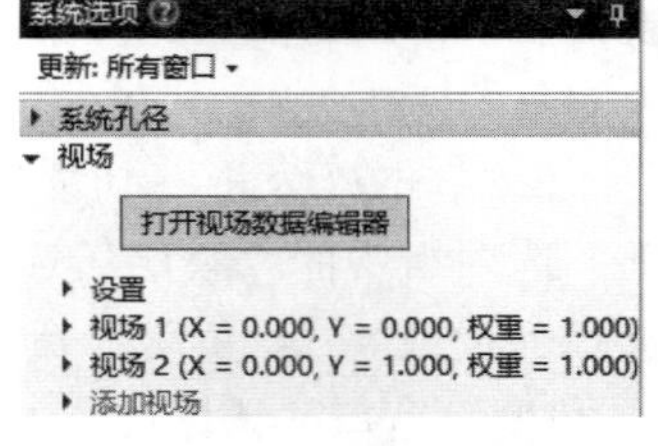

图 6-48　“视场”选项卡

- 设置视场 1 的 Y 角度为 0.000°；
- 设置视场 2 的 Y 角度为 1.000°。

完成编辑后的“视场”选项卡显示 2 个视场，如图 6-48 所示。

③ 输入波长。双击打开“波长”选项卡，双击“设置”按钮，打开“波长数据”对话框，设置下面 5 个波长：0.486、0.588、0.656、0.360、0.700，如图 6-49 所示。单击“关闭”按钮，关闭该对话框，完成波长的编辑。

波长数据

	波长(微米)	权重	主波长
☑ 1	0.486	1.000	○
☑ 2	0.588	1.000	◉
☑ 3	0.656	1.000	○
☑ 4	0.360	1.000	○
☑ 5	0.700	1.000	○
☐ 6	0.550	1.000	○
☐ 7	0.550	1.000	○
☐ 8	0.550	1.000	○
☐ 9	0.550	1.000	○
☐ 10	0.550	1.000	○
☐ 11	0.550	1.000	○
☐ 12	0.550	1.000	○

	波长(微米)	权重	主波长
☐ 13	0.550	1.000	○
☐ 14	0.550	1.000	○
☐ 15	0.550	1.000	○
☐ 16	0.550	1.000	○
☐ 17	0.550	1.000	○
☐ 18	0.550	1.000	○
☐ 19	0.550	1.000	○
☐ 20	0.550	1.000	○
☐ 21	0.550	1.000	○
☐ 22	0.550	1.000	○
☐ 23	0.550	1.000	○
☐ 24	0.550	1.000	○

F, d, C (可见)　选为当前　小数位: 采用编辑器设置
最小波长: 0.360　最大波长: 0.700　步长: 4　高斯求积
关闭　保存　载入　分类

图 6-49　“波长数据”对话框

（3）设置初始结构

在“镜头数据”编辑器中设置面基本数据。

① 在“镜头数据”编辑器中选择面 1“光阑”行，单击鼠标右键，选择“插入后续面”命令，在其后插入面 2、面 3。

② 在“镜头数据”编辑器中输入面参数。

- 选择面 2，“厚度”为 2.000，“材料”为“N-BK7”，“膜层”为 BLUENOTCH；
- 选择面 3，“厚度”为 4.000；
- 选择面 4，“表面类型”为“近轴面”，“厚度”为 40.000；

③ 其余参数自动发生变化，结果如图 6-50 所示。此时，在状态栏中显示有效焦距 EFFL 为 100。

镜头数据

	表面类型		标注	曲率半径	厚度	材料	膜层	净口径	延伸区	机械半直径	圆锥系数	TCE x 1E-6
0	物面	标准面		无限	无限			无限	0.000	无限	0.000	0.000
1	光阑	标准面		无限	2.000	N-BK7	BLUENOTCH	5.000	0.000	5.023	0.000	-
2		标准面		无限	4.000			5.023	0.000	5.023	0.000	0.000
3		近轴面			40.000			5.093	-	-		0.000
4	像面	标准面		无限	-			3.754	0.000	3.754	0.000	0.000

图 6-50　设置面参数

④ 单击“设置”功能区下“视图”选项组中的“2D 视图”命令，弹出“布局图”面板，显示光学系统的 YZ 平面图，如图 6-51 所示。

⑤ 在“镜头数据”编辑器中选择面 4，设置近轴面特有的参数“焦距”为 40.000，光线发生变化，如图 6-52 所示。此时，在状态栏中显示有效焦距 EFFL 为 40。

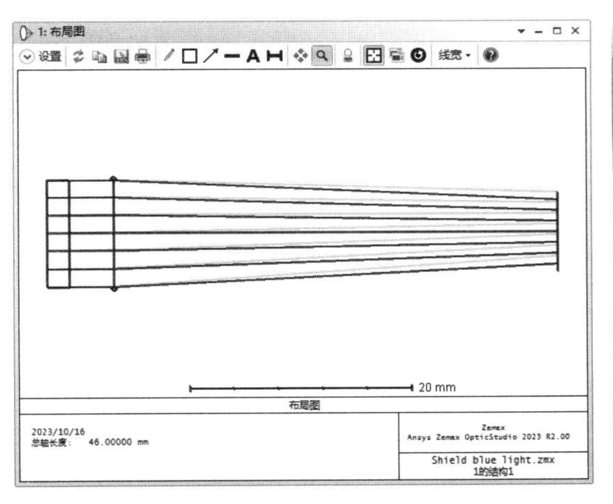

图 6-51　光学系统的 YZ 平面图

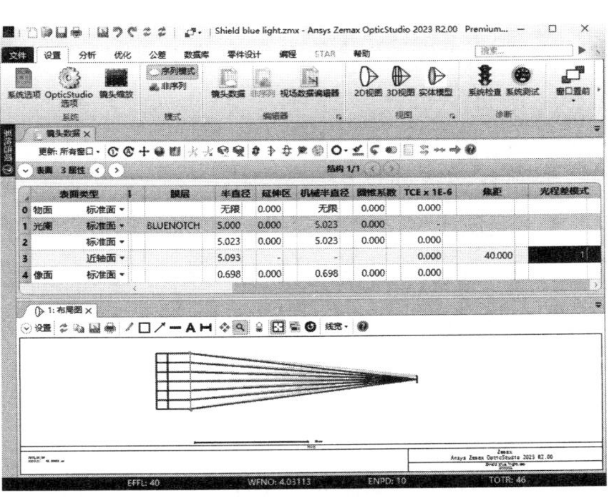

图 6-52　修改焦距

(4) 膜层分析

单击“分析”功能区“偏振与表面物理”选项组中的“膜层”选项，在下拉列表中选择“反射率 vs. 角度”命令，打开“反射率 vs. 角度”窗口。单击“设置”命令左侧的“打开”按钮⌄，展开“设置”面板，在“表面”下拉列表中选择 2，计算表面 2 下“入射角度 - 反射强度”曲线，如图 6-53 所示。

(5) 保存文件

单击 Ansys Zemax OpticStudio 2023 编辑界面工具栏中的“保存”按钮，保存文件。

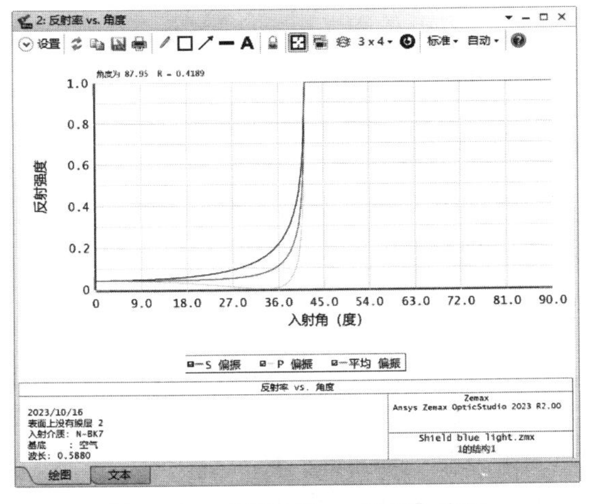

图 6-53　“反射率 vs. 角度”窗口

6.3 材料分析

“材料分析”选项组下分类显示材料特性图谱，包括色散图、玻璃图、无热化玻璃图、内部透过率 vs. 波长等。

6.3.1 色散图

色散图对于比较不同材料的色散曲线非常有用，该功能可一次性绘制四种玻璃材料的折射率色散曲线。

① 单击“数据库”功能区“光学材料”选项组中的“材料分析”选项，在下拉列表中选择“色散图”命令，打开“色散图”窗口，显示玻璃折射率随入射光波长而变化，如图 6-54 所示。

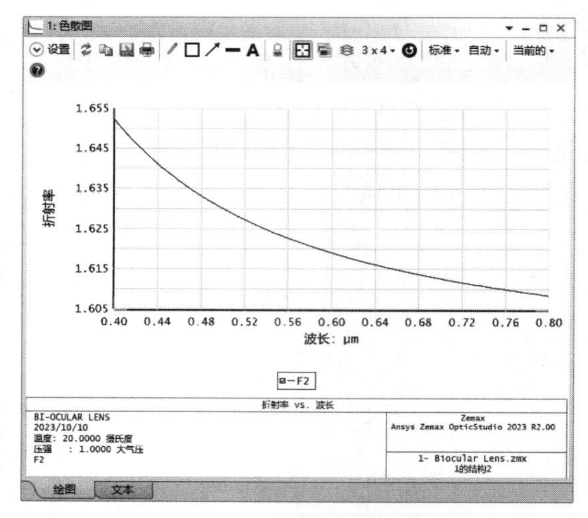

图 6-54 “色散图”窗口

② 单击“设置”命令左侧的“打开”按钮，展开“设置”面板，显示四个选项卡，如图 6-55 所示。

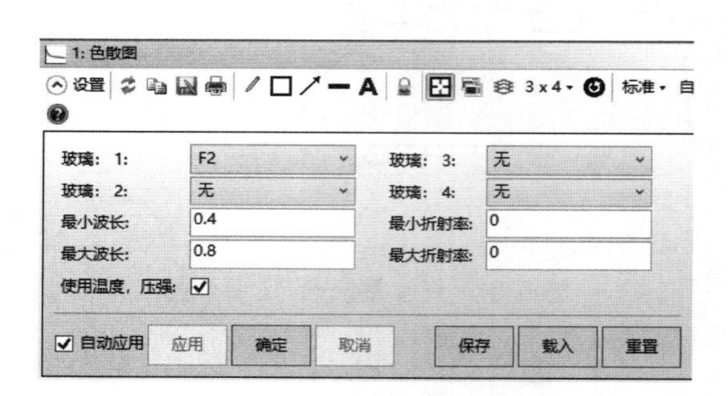

图 6-55 展开“设置”面板

下面介绍该面板中的选项。

- 玻璃 1 ～ 4：所要绘制色散图的玻璃的名称。最多可选择四种不同的玻璃材料。
- 最小波长：定义所绘制数据的最小波长。
- 最大波长：定义所绘制数据的最大波长。
- 最小折射率：定义所绘制数据的最小折射率，输入 0 会自动缩放。
- 最大折射率：定义所绘制数据的最大折射率，输入 0 会自动缩放。
- 使用温度、压强：勾选该选项，则 OpticStudio 将考虑温度和压强对折射率的影响。

6.3.2 玻璃图

玻璃图用来查找某个具有特定折射和色散的玻璃材料，图中显示符合折射率（d 光）和阿贝数要求的所有玻璃名称。

① 单击“数据库”功能区“光学材料”选项组中的“材料分析”选项，在下拉列表中选择“玻璃图”命令，打开“玻璃图”窗口，自动搜索当前所有加载的材料库，并且绘制出设置中指定的折射率和阿贝数边界范围内的所有玻璃材料，如图 6-56 所示。其中，折射率和阿

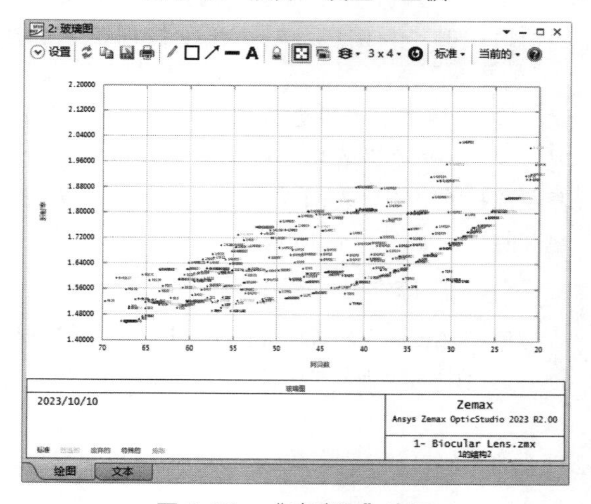

图 6-56 “玻璃图”窗口

贝数由材料库中的数据计算得到。根据规定，图表从左到右，阿贝数不断下降。

② 单击“设置”命令左侧的“打开”按钮⊙，展开“设置”面板，如图 6-57 所示。

图 6-57　展开“设置”面板

下面介绍该面板中的选项。

- 最小 Abbe：定义图表 X 轴的左端点。
- 最大 Abbe：定义图表 X 轴的右端点。
- 最小折射率：定义图表 Y 轴的下端点，输入 0 会自动缩放。
- 最大折射率：定义图表 Y 轴的上端点，输入 0 会自动缩放。
- 使用玻璃替换模板：勾选了该选项，则只会显示符合玻璃替换模板的玻璃。

6.3.3　无热化玻璃图

无热化玻璃图显示符合色光焦和热光焦要求的所有玻璃。色光焦和热光焦可以基于当前定义的波长和材料库中的数据计算得到。

① 单击“数据库”功能区“光学材料”选项组中的“材料分析”选项，在下拉列表中选择“无热化玻璃图”命令，打开“无热化玻璃图”窗口，如图 6-58 所示。

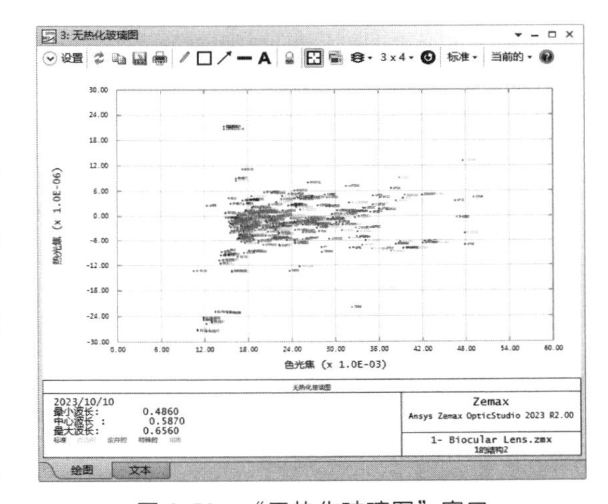

图 6-58　“无热化玻璃图”窗口

② 单击“设置”命令左侧的“打开”按钮⊙，展开“设置”面板，显示四个选项卡，如图 6-59 所示。

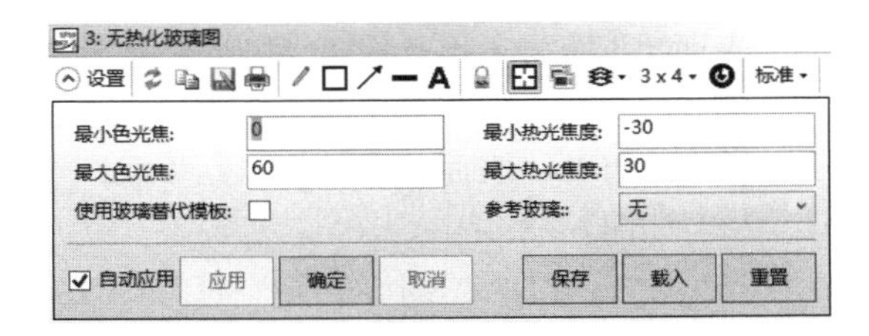

图 6-59　展开“设置”面板

下面介绍该面板中的选项。

- 最小 / 最大色光焦：绘制最小 / 最大的色光焦。如果最小和最大色光焦都输入 0，则将使用默认缩放。
- 最小 / 最大热光焦：绘制最小 / 最大的热光焦。如果最小和最大热光焦都输入 0，则将使用默认缩放。
- 使用玻璃替换模板：勾选该选项，则只会显示符合玻璃替换模板的玻璃材料。
- 参考玻璃：选中某个玻璃，则会在图表中绘制该玻璃材料的参考线。

6.3.4　透过率曲线

玻璃的透过率曲线是指玻璃在不同波长的光照射下的透过率变化情况。因为玻璃中存在着各种不同种类的杂质和缺陷，所以玻璃的透过率随着波长的增加而降低。

① 单击“数据库”功能区“光学材料”选项组中的“材料分析”选项，在下拉列表中选择“内部透过率 vs. 波长”命令，打开“内透射”窗口，如图 6-60 所示。

② 单击“设置”命令左侧的“打开”按钮⊙，展开“设置”面板，显示四个选项卡，如图 6-61 所示。

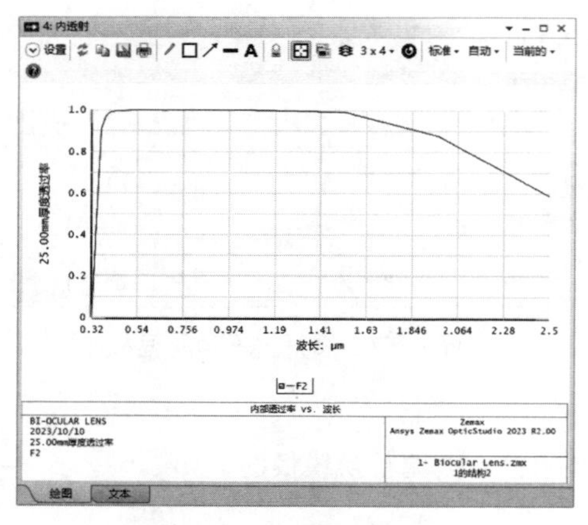

图 6-60　“内透射”窗口

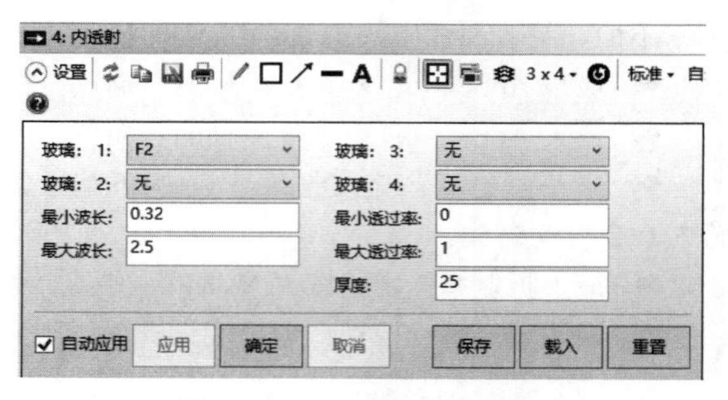

图 6-61　展开“设置”面板

下面介绍该面板中的选项。

- 玻璃 1 ～ 4：所绘制的玻璃材料的名称。最多可选择四种不同的玻璃材料。
- 最小波长：定义所绘制玻璃材料的最小波长。
- 最大波长：定义所绘制玻璃材料的最大波长。
- 最小透过率：定义所绘制玻璃材料的最小透过率。
- 最大透过率：定义所绘制玻璃材料的最大透过率。
- 厚度：玻璃材料的厚度，以毫米为单位。

6.4　输出报告

使用“报告”选项组下的命令可生成一系列报告数据列表，如图 6-62 所示。下面介绍常用的两种报告输出命令。

6.4.1　表面数据报告

表面数据报告可用于打印“镜头数据”编辑器中的内容。

单击“分析”功能区“报告”选项组中的“报告”选项，在下拉列表中选择“表面数据报告”命令，打开“表面数据”窗口，生成一个包含所有表面数据的列表，并对透镜系统数据进行总结，如图 6-63 所示。

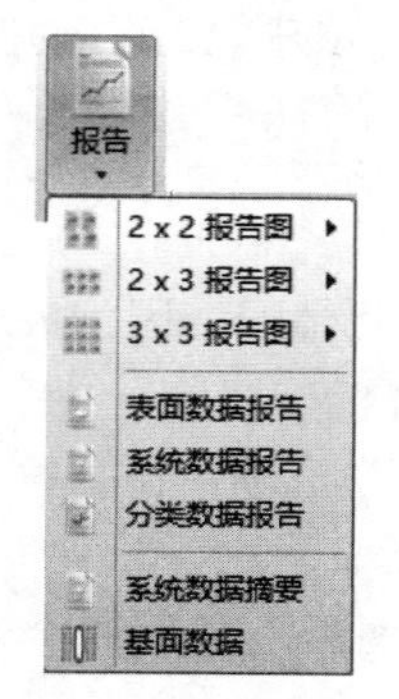

图 6-62　“报告”选项组

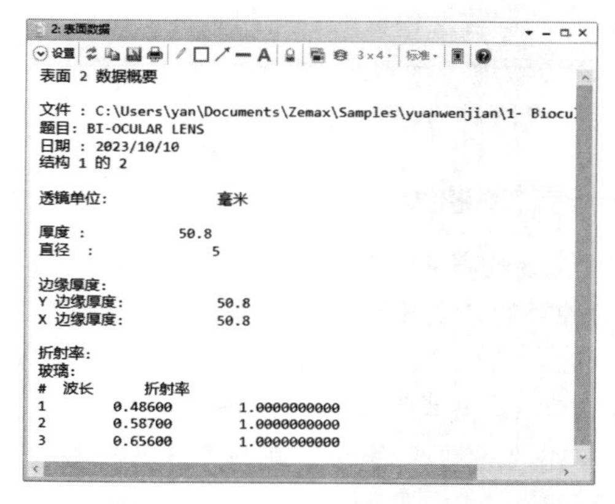

图 6-63　“表面数据报告”窗口

6.4.2 分类数据报告

分类数据报告用于生成表面、系统等分类数据报告，该报告列出了规格参数、折射率、全局坐标、元件体积等数据，非常适合用于描述透镜系统的指标。

① 单击“分析”功能区“报告”选项组中的“报告”选项，在下拉列表中选择“分类数据报告”命令，打开“详细数据”窗口，如图 6-64 所示。

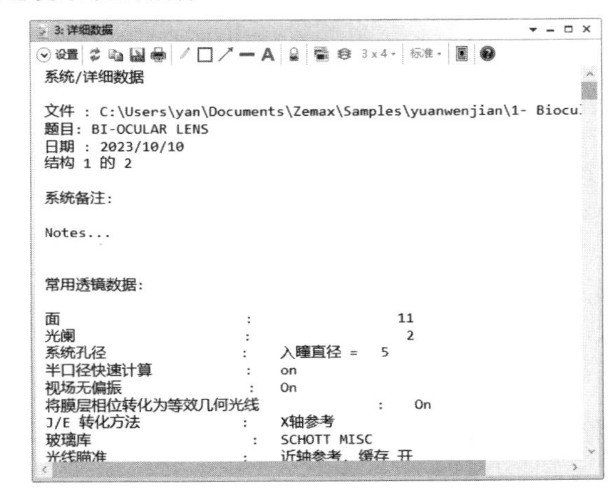

图 6-64　“详细数据”窗口

② 单击“设置”命令左侧的“打开”按钮，展开“设置”面板，用于对窗口中的数据进行设置，如图 6-65 所示。

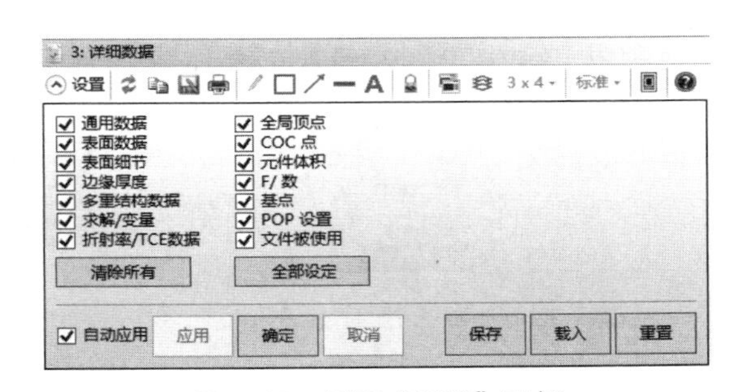

图 6-65　展开“设置”面板

下面介绍该面板在报告中输出的数据选项。

- 通用数据：包括 F/#、光瞳位置、放大率等。
- 表面数据：表面类型、半径、厚度、玻璃、净口径、半直径、圆锥系数。
- 表面细节：表面参数数据，包括全部非序列物体数据。
- 边缘厚度：每一表面的 X 和 Y 边缘厚度。
- 多重结构数据：多重结构操作数列表。
- 求解 / 变量：求解的类型、数据和变量。
- 折射率 /TCE 数据：每个波长 / 表面的折射率和 TCE 数据。
- 全局顶点：顶点的全局坐标和每个表面的旋转矩阵。
- COC 点：旋转对称面曲率中心的全局坐标。表面的曲率半径、位置和方向将用于确定曲率中心点。这个点的位置在校正准直时十分有用。
- 元件体积：元件体积的 cc[1]、密度和质量。
- F/ 数：列出每个视场和每个波长组合下的工作 F/#（相对孔径）。
- 基点：列出物方焦点、物方主平面、物方节点和像方焦点、像方主平面、像方节点的位置。
- POP 设置：列出每个表面在物理光学传播（physical optics propagation，POP）分析功能中所使用的参数设置。
- 文件被使用：列出光学系统中所使用的全部文件，包括玻璃数据、宏程序、编程扩展、CAD 文件、DLL 文件等。

[1] cc 是容积 / 体积计量单位，表示立方厘米。

6.4.3 实例：1/4 玻板光学系统偏振分析

本例设计一个由琼斯矩阵表面组成的 1/4 玻板光学系统，通过偏振光线追迹表和偏振光瞳图进行偏振分析。偏振分析可以作为一般光线追迹的进阶功能，在模拟的过程中，会将入射光因为元件表面镀膜、反射和吸收而造成的能量损耗纳入考虑。该系统的设计规格如下：入瞳直径为 20，总长度为 20，工作 F/# 为 10000。

（1）设置工作环境

① 在“开始”菜单中双击 Ansys Zemax OpticStudio 图标，启动 Ansys Zemax OpticStudio 2023。

② 在 Ansys Zemax OpticStudio 2023 编辑界面，选择功能区中的“文件”→“新建镜头项目”命令，关闭当前打开的项目文件的同时，打开 “另存为”对话框，输入文件名称 Quarter Wave Plate.zmx。

③ 单击“保存”按钮，弹出“镜头项目设置”对话框，选择默认参数。单击“确定”按钮，在指定的源文件目录下自动新建了一个项目文件。

（2）设置系统参数

① 打开左侧“系统选项”工作面板，设置镜头项目的系统参数。

② 双击打开“系统孔径”选项卡，在“孔径类型”选项组下选择“入瞳直径”，在“孔径值”选项组中输入 20.000。此时，编辑器中光阑和像面的净口径为 10.000，如图 6-66 所示。

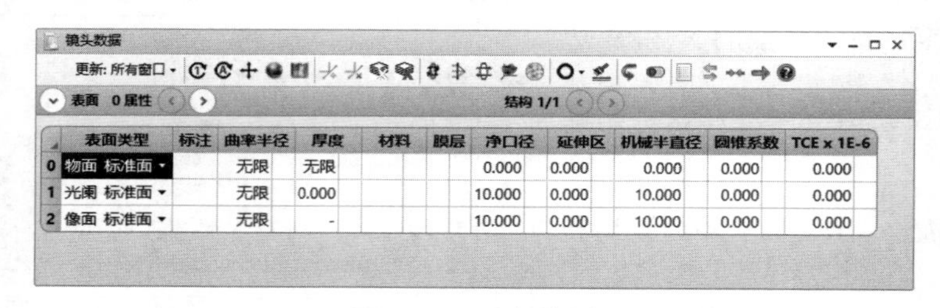

	表面类型	标注	曲率半径	厚度	材料	膜层	净口径	延伸区	机械半直径	圆锥系数	TCE x 1E-6
0	物面 标准面		无限	无限			0.000	0.000	0.000	0.000	0.000
1	光阑 标准面		无限	0.000			10.000	0.000	10.000	0.000	0.000
2	像面 标准面		无限	-			10.000	0.000	10.000	0.000	0.000

图 6-66　孔径类型

（3）设置初始结构

在“镜头数据”编辑器中设置面基本数据，结果如图 6-67 所示。

	表面类型	标注	曲率半径	厚度	材料	膜层	半直径	延伸区	机械半直径	圆锥系数	TC
0	物面 标准面		无限	无限			0.000	0.000	0.000	0.000	
1	光阑 标准面		无限	10.000			10.000	0.000	10.000	0.000	
2	琼斯矩阵	理想化的偏振器		10.000			10.000	-	-		
3	像面 标准面		无限	-			10.000	0.000	10.000	0.000	

图 6-67　设置面参数

① 在“镜头数据”编辑器中选择面 1“光阑”行，单击鼠标右键，选择“插入后续面”命令，在其后插入面 2。

② 在“镜头数据”编辑器中输入两个孔径面参数。

- 选择面 1，“厚度”为 10.000。

● 选择面 2，“表面类型”为“琼斯矩阵”，“厚度”为 10.000。琼斯矩阵可以在缺乏实际模型的情况下，用来表示偏振元件。琼斯矩阵表面通常用在准直光束垂直入射的情况，因此必须是一个平面，这种表面并没有曲率半径。

③ 单击“设置”功能区下“视图”选项组中的“3D 视图”命令，弹出“三维布局图”窗口，显示光学系统的 YZ 平面图，如图 6-68 所示。

（4）输出报告

单击“分析”功能区“报告”选项组中的“报告”选项，在下拉列表中选择“表面数据报告”命令，打开“详细数据”窗口，显示矩阵中的元素已被输入“镜头数据”编辑器，如图 6-69 所示。本例中琼斯矩阵表面被用来当作 X 方向上的 1/4 玻板。

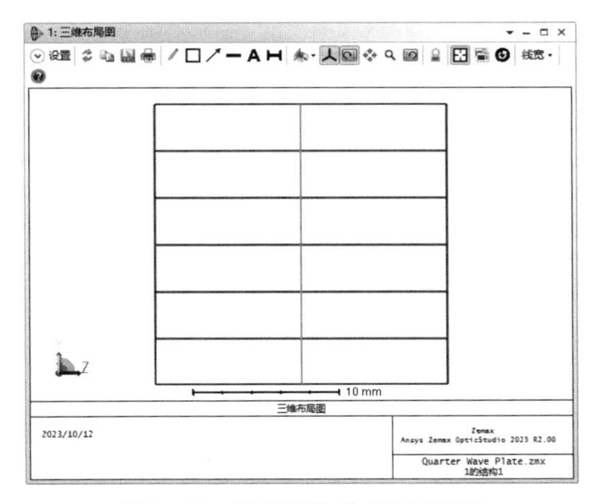

图 6-68　光学系统的 YZ 平面图

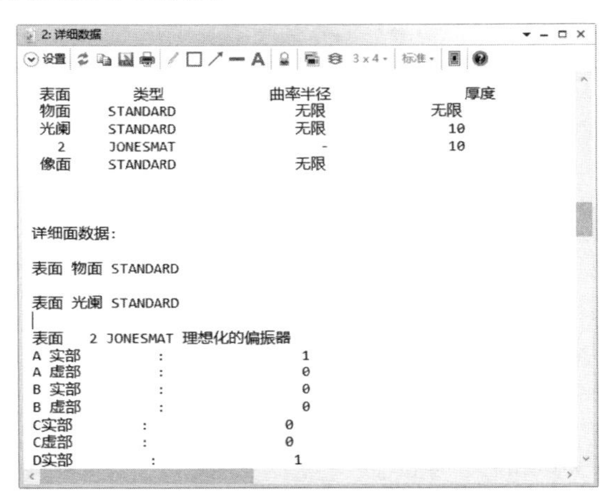

图 6-69　“详细数据”窗口

（5）偏振分析

观察琼斯矩阵表面产生的结果最简单的方式是利用偏振光瞳图。

① 单击“分析”功能区“偏振与表面物理”选项组中的“偏振”选项，在下拉列表中选择“偏振光瞳图”命令，打开“偏振光瞳图”窗口，生成光线偏振图，如图 6-70 所示。

② 单击“设置”命令左侧的“打开”按钮，展开“设置”面板，设置 Jx=−0.707，Jy=0.707，将琼斯矩阵当作 X 方向上的半玻板（$A_{real}=+1$, $D_{real}=+1$，其余元素皆为 0），如图 6-71 所示。

③ 单击“设置”命令左侧的“打开”按钮，展开“设置”面板，设置 Jx=1，Jy=0，将琼斯矩阵当作 X 方向上的检偏镜（$A_{real}=+1$，其余元素皆为 0），如图 6-72 所示。

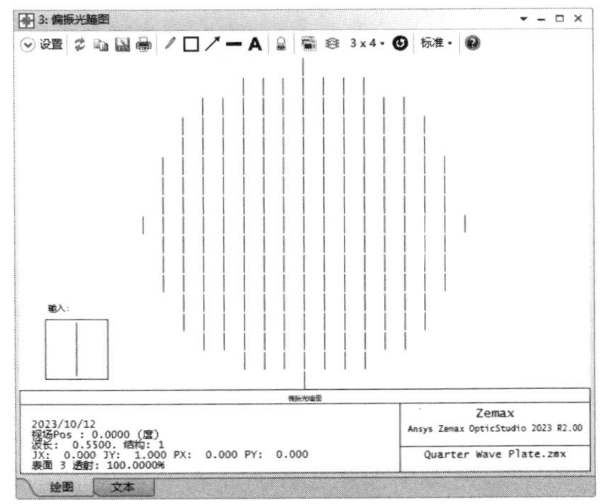

图 6-70　“偏振光瞳图”窗口 1

（6）保存文件

单击 Ansys Zemax OpticStudio 2023 编辑界面工具栏中的“保存”按钮，保存文件。

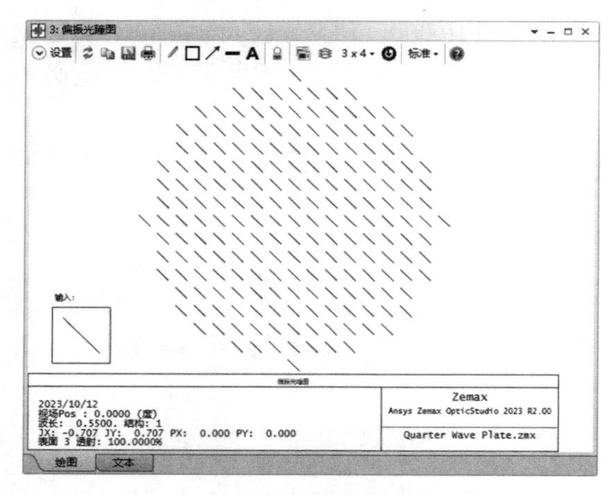

图 6-71 “偏振光瞳图”窗口 2

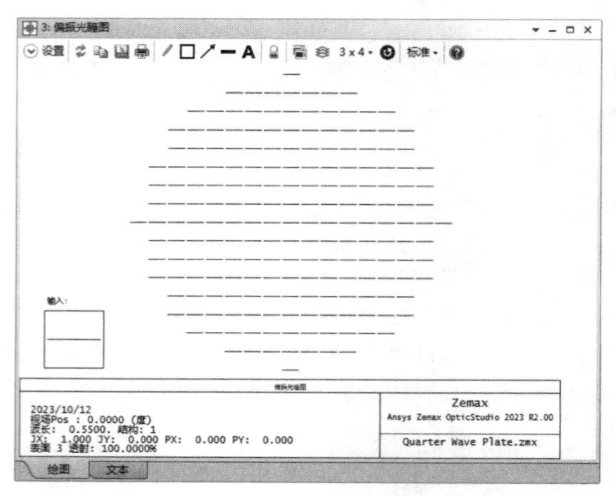

图 6-72 “偏振光瞳图”窗口 3

6.5 几何像差分析

对任何一个实际光学成像系统，远远超过近轴区域所限制的范围，物像的大小和位置与近轴光学系统计算的结果不同，这种实际像与理想像之间的差异称为像差。一般包括单色像差和色差两大类。

单色光成像会产生性质不同的五种像差，即球差、彗差（正弦差）、像散、场曲和畸变，统称为单色像差。

实际上绝大多数的光学系统都是对白光或复色光成像的，同一光学介质对不同的色光有不同的折射率，这种不同色光的成像差异称为色差。色差有两种，即位置色差和倍率色差。

基于几何光学，上述七种像差统称为几何像差。本节通过对凸凹透镜系统的设计，详细介绍光学系统中的几何像差。

6.5.1 球差

球差也叫球面像差，是指轴上物点发出的光束通过球面透镜时，透镜不同孔径区域的光束最后汇聚在光轴的不同位置，在像面上形成圆形弥散斑，如图 6-73 所示。

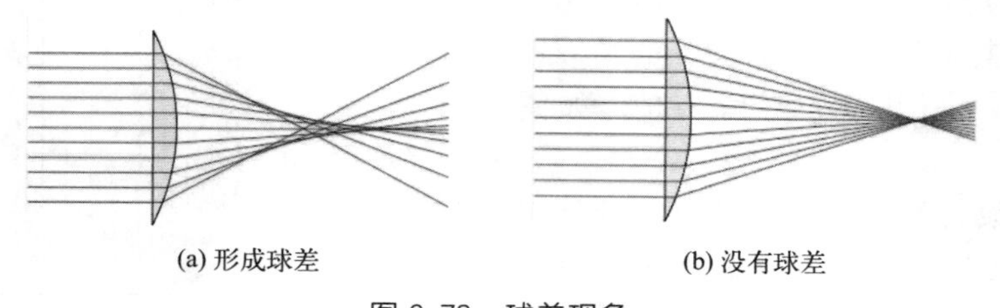

(a) 形成球差　　(b) 没有球差

图 6-73 球差现象

一般镜头中所用的镜片，都可以看作是球体的一部分，它的表面曲率是固定的。但是在光轴上由同一物点发出的光线，通过镜头后，在像场空间上不同的点汇聚，从而发生了结像位置的移动，这就是球面像差。对于全部采用球面镜片的镜头而言，这是一种无可避免的像差。它的产生是离轴距离不同的光线在镜片表面形成的入射角不同而造成的。

6.5.2 实例：凸凹透镜系统球差分析

球差对成像光学系统设计有着重要影响。由于绝大多数玻璃透镜元件都是球面，所以球差的存在也是必然的。本例通过对凸凹透镜系统进行设计，演示球差的变化。

（1）设置工作环境

① 启动 Ansys Zemax OpticStudio 2023，进入 Ansys Zemax OpticStudio 2023 编辑界面。

② 选择功能区中的“文件”→“打开”命令，或单击工具栏中的“打开”按钮，打开“打开”对话框，选中文件 Curvature_Radius_LENS1.zos，单击“打开”按钮，在指定的源文件目录下打开项目文件。

③ 选择功能区中的“文件”→“另存为”命令，或单击工具栏中的“另存为”按钮，打开“另存为”对话框，输入文件名称 Curvature_Radius_LENS_Spherical.zos。单击“保存”按钮，在指定的源文件目录下自动新建了一个新的文件，如图 6-74 所示。

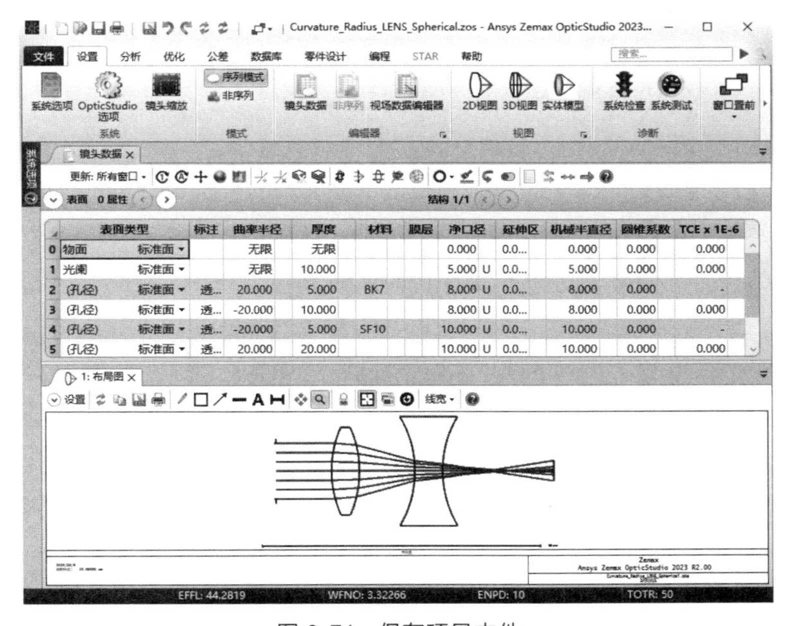

图 6-74　保存项目文件

（2）模型图显示

单击“设置”功能区下“视图”选项组中的“实体模型”命令，弹出“实体模型”窗口。单击工具栏中的“相机视图”按钮，选择“等轴侧视图”命令，显示光学系统的等轴侧视图，显示光学零件的立体模型图，如图 6-75 所示。

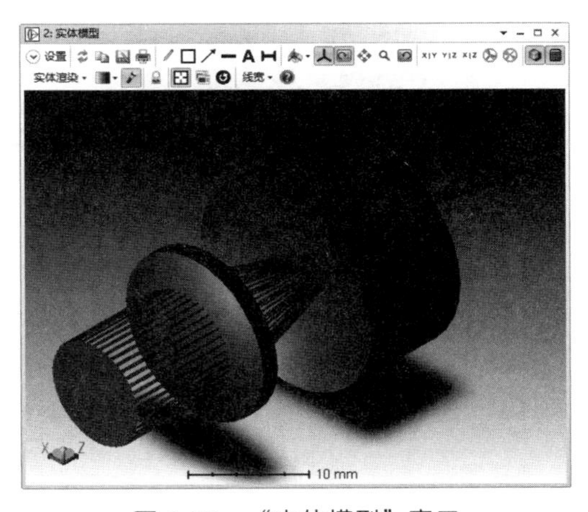

图 6-75　“实体模型”窗口

6.5.3 彗差

球差只能表征光学系统对轴上物点以单色光成像时的像质，而大多数光学系统需要对有限大小物面成像，这就需要引入轴外物点成像的像差，也就是彗差。

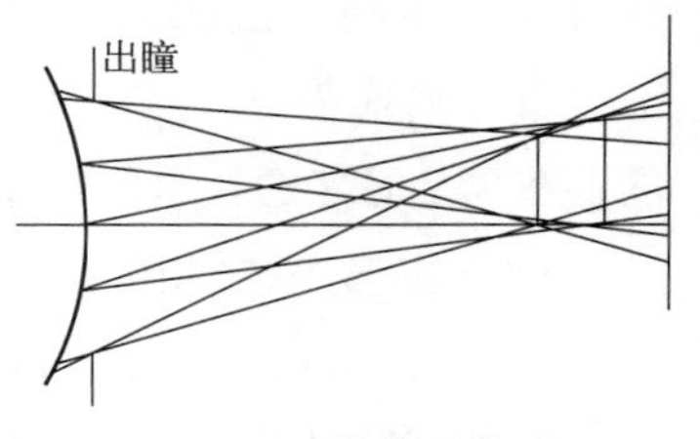

图 6-76 彗差示意图

对于近轴点，由于视场很小，成像时的球差总可以认为与轴上点相同，其他与视场高次方成比例的像差也可忽略不计，因此与轴上点的差别仅在于成像光束有可能失去相对于主光线的对称性，轴外物点（或称轴外视场点）在理想像面不能成完美的像点，而是形成拖着尾巴的如彗星形状的光斑，如图 6-76 所示。由于彗差没有对称轴只能垂直度量，所以它是垂轴像差的一种。

彗差的形状有两种：

① 彗星像斑的尖端指向视场中心的称为正彗差；

② 彗星像斑的尖端指向视场边缘的称为负彗差。

6.5.4 实例：凸凹透镜系统彗差分析

彗差引起的图像不对称，被认为是像差中最严重的。本例通过对凸凹透镜系统进行设计，分析彗差产生的影响因素和对视觉质量的影响。

（1）设置工作环境

① 启动 Ansys Zemax OpticStudio 2023，进入 Ansys Zemax OpticStudio 2023 编辑界面。

② 选择功能区中的“文件”→“打开”命令，或单击工具栏中的“打开”按钮，打开“打开”对话框，选中文件 Curvature_Radius_LENS1.zos，单击“打开”按钮，在指定的源文件目录下打开项目文件。

③ 选择功能区中的“文件”→“另存为”命令，或单击工具栏中的“另存为”按钮，打开“另存为”对话框，输入文件名称 Curvature_Radius_LENS_coma.zos。单击“保存”按钮，在指定的源文件目录下自动新建了一个新的文件。

（2）设置视场

① 由于外视场不同光瞳区域成像放大率不同，从而形成了彗差。通过设置半视场 FOV=10，输入 1 个视场，模拟轴外光线，形成彗差。

② 单击“打开视场数据编辑器”按钮，打开“视场数据编辑器”对话框，选择默认的视场 1，设置“Y 角度”为 10°，如图 6-77 所示。

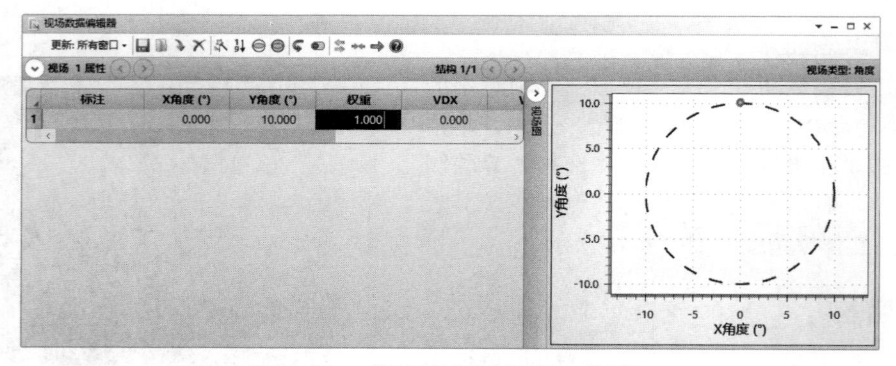

图 6-77 “视场数据编辑器”对话框

③ 完成光学系统视场的编辑后，光线轨迹的布局图发生变化，形成彗差，如图 6-78 所示。

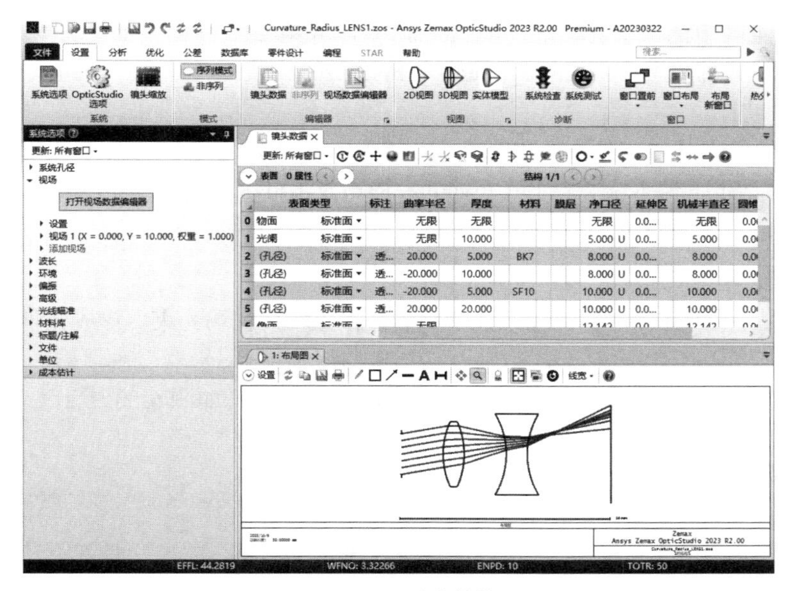

图 6-78　形成彗差

6.5.5　像散

像散指轴外物点发出的锥形光束通过光学系统聚焦后，光斑在像面上子午方向与弧矢方向的不一致性，如图 6-79 所示。

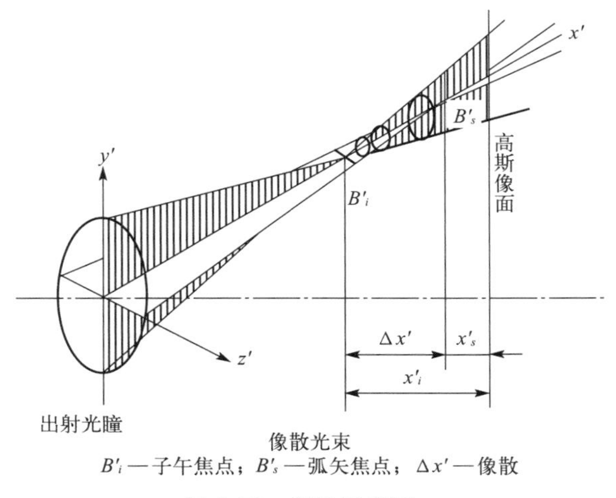

图 6-79　像散示意图

6.5.6　实例：凸凹透镜系统像散分析

本例演示凸凹透镜系统中的子午像点和弧矢像点不重合导致的像散现象。像散仅与光学系统的视场有关，视场越大，像散现象越明显。

（1）设置工作环境

① 启动 Ansys Zemax OpticStudio 2023，进入 Ansys Zemax OpticStudio 2023 编辑界面。

② 选择功能区中的“文件”→“打开”命令，或单击工具栏中的“打开”按钮，打开“打开”对话框，选中文件 Curvature_Radius_LENS1.zos，单击“打开”按钮，在指定的源文件目录下打开项目文件。

③ 选择功能区中的“文件”→“另存为”命令，或单击工具栏中的“另存为”按钮，打开“另存为”对话框，输入文件名称 Curvature_Radius_LENS_astigmatism.zos。单击“保存”按钮，在指定的源文件目录下自动新建了一个新的文件。

（2）设置视场

① 通过设置半视场 FOV=14，输入 3 个视场，模拟轴外视场光束，形成光学系统的像散。

② 单击“打开视场数据编辑器”按钮，打开“视场数据编辑器”对话框，单击鼠标右键选择“插入视场之后于”命令，在视场 1 后插入视场 2、视场 3，如图 6-80 所示。

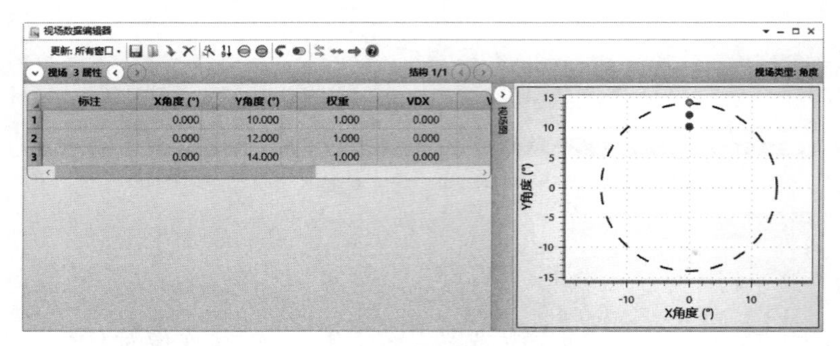

图 6-80 “视场数据编辑器”对话框

- 设置视场 1，“Y 角度”为 10°；
- 设置视场 2，“Y 角度”为 12°；
- 设置视场 3，“Y 角度”为 14°。

③ 完成视场的编辑后，“系统选项”面板中的“视场”选项卡显示 3 个视场；“布局图”窗口中显示发生变化的光线轨迹，形成像散，如图 6-81 所示。

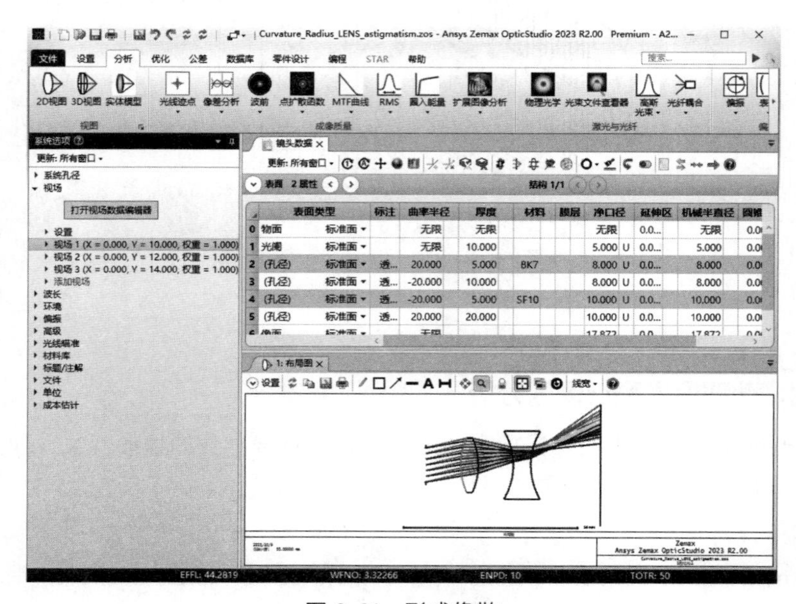

图 6-81 形成像散

（3）三维布局图显示

① 轴外视场光束通过光瞳后，在子午方向与弧矢方向光程不相等，造成两个方向光斑分离所形成的弥散斑。通过在三维布局图中显示子午方向与弧矢方向的光迹来验证像散。

② 单击“设置”功能区下“视图”选项组中的“3D 视图”命令，弹出“三维布局图”窗口，当前 YZ 平面内看到的光线其实就是过光瞳 Y 轴的剖面，即子午面，如图 6-82 所示。

③ 单击工具栏中的“相机视图”按钮，选择“等轴侧视图”命令，显示光路图的等轴侧视图，如图 6-83 所示。

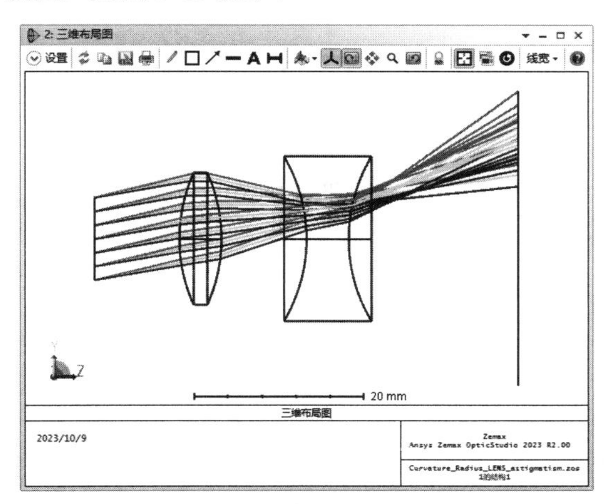

图 6-82　光学系统三维布局图

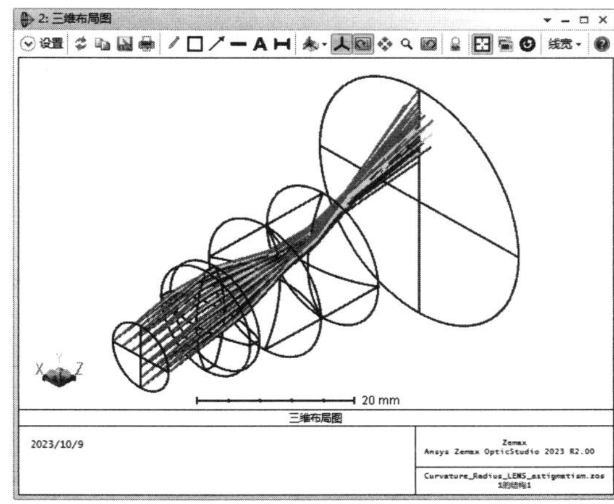

图 6-83　等轴侧视图

④ 激活“三维布局图”窗口，单击“设置”选项左侧的“打开”按钮，打开“设置”面板，在“视场”下拉列表中选择“1”，显示视场 1 中的光线，如图 6-84 所示。单击“确定”按钮，关闭面板，在窗口中显示修改后的光学系统图，子午剖面光线处于未完全聚焦状态，如图 6-85 所示。

图 6-84　“设置”面板 1

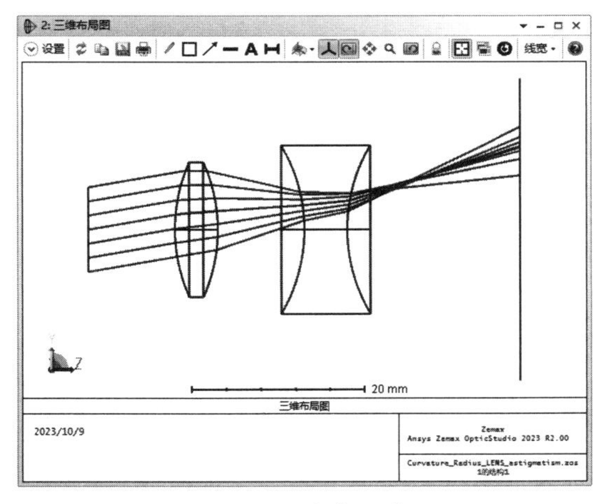

图 6-85　显示视场 1 布局图

⑤ 单击“设置”选项左侧的“打开”按钮，打开“设置”面板，在“旋转”→“Z”选项中输入“90”，将视图绕 Z 轴旋转 90°，查看视场 1 弧矢剖面光线，如图 6-86 所示。单击“确定”按钮，关闭面板，在窗口中显示修改后的光学系统图，弧矢剖面光线聚焦，放大像面处焦点，如图 6-87 所示。

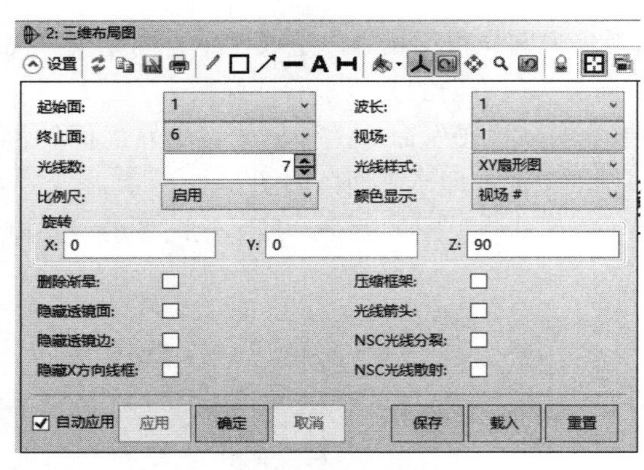

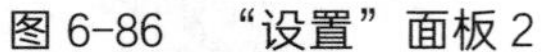
图 6-86 “设置”面板 2

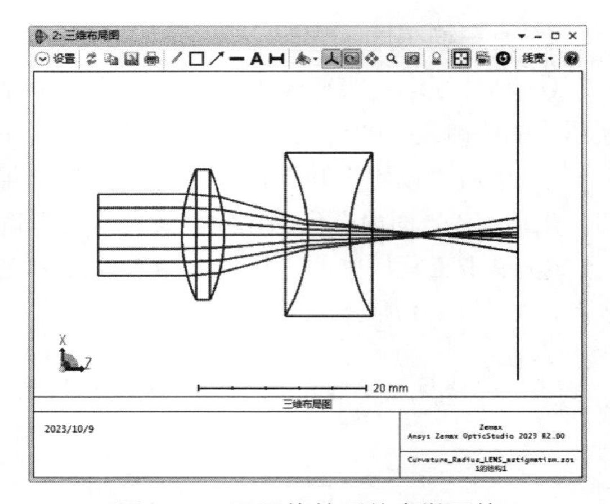

图 6-87 显示旋转后的光学系统

从上面的分析可以得出，子午剖面与弧矢剖面的光线聚焦情况不同，形成像散。

6.5.7 场曲

场曲又称“像场弯曲”，当透镜存在场曲时，整个光束的交点不与理想像点重合，虽然在每个特定点都能得到清晰的像点，但整个像平面是一个曲面，如图 6-88 所示。

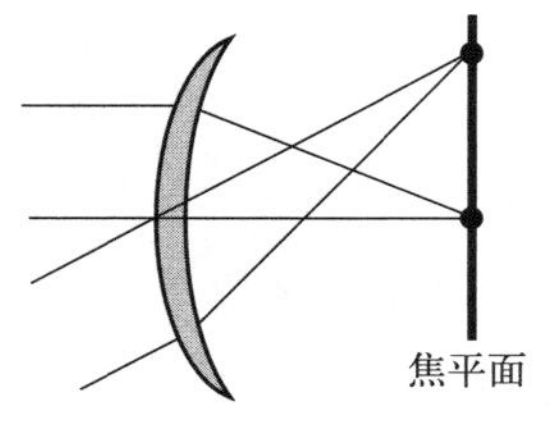

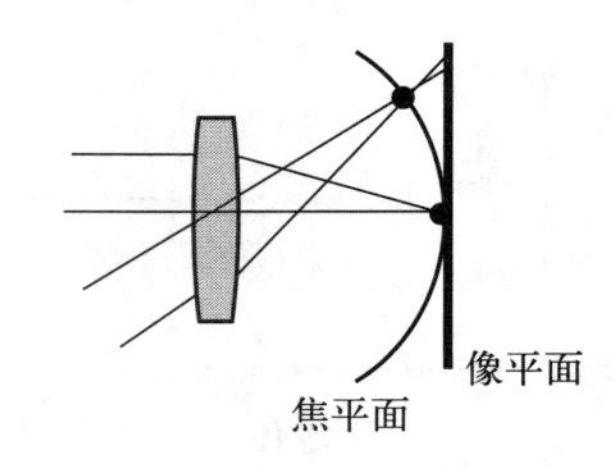

图 6-88 场曲示意图

6.5.8 实例：凸凹透镜系统场曲分析

场曲是一种常见的光学问题。由于镜头光学元件的弯曲性质，以及数码相机传感器呈现为一种成像平面，因此无法完美地捕捉整个图像；也可以认为它是由大角度光线的“功率误差”引起的。本例通过对凸凹透镜系统进行设计，演示场曲的形成过程。

（1）设置工作环境

① 启动 Ansys Zemax OpticStudio 2023，进入 Ansys Zemax OpticStudio 2023 编辑界面。

② 选择功能区中的“文件”→“打开”命令，或单击工具栏中的“打开”按钮，打开“打开”对话框，选中文件 Single Parallel beam.zos，单击“打开”按钮，在指定的源文件目录下打开项目文件。

③ 选择功能区中的“文件”→“另存为”命令，或单击工具栏中的“另存为”按钮，打开“另存为”对话框，输入文件名称 Single Parallel beam_Field curvature.zos。单击“保存”按钮，在指定的源文件目录下自动新建了一个新的文件。

（2）设置视场

① 通过设置半视场 FOV=20，输入 3 个视场，模拟轴外视场光束，形成光学系统的场曲。

② 单击“打开视场数据编辑器”按钮，打开“视场数据编辑器”对话框，单击鼠标右键选择“插入视场之后于”命令，在视场 1 后插入视场 2、视场 3，如图 6-89 所示。

- 设置视场 1，“Y 角度”为 10°；
- 设置视场 2，“Y 角度”为 15°；
- 设置视场 3，“Y 角度”为 20°。

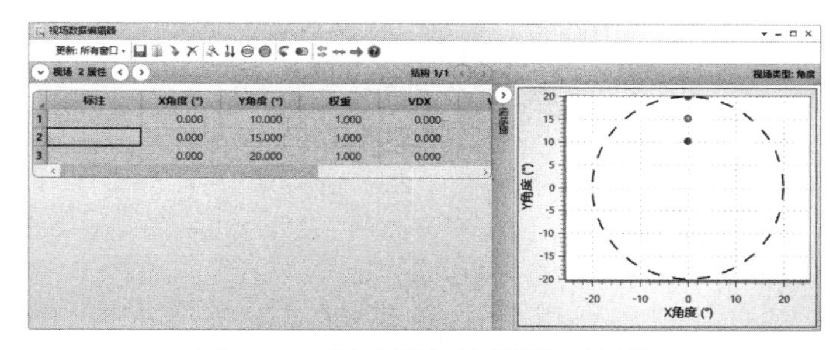

图 6-89　“视场数据编辑器”对话框

③ 完成视场的编辑后，“系统选项”面板中的“视场”选项卡显示 3 个视场；“布局图”窗口中显示发生变化的光线轨迹，形成场曲，如图 6-90 所示。

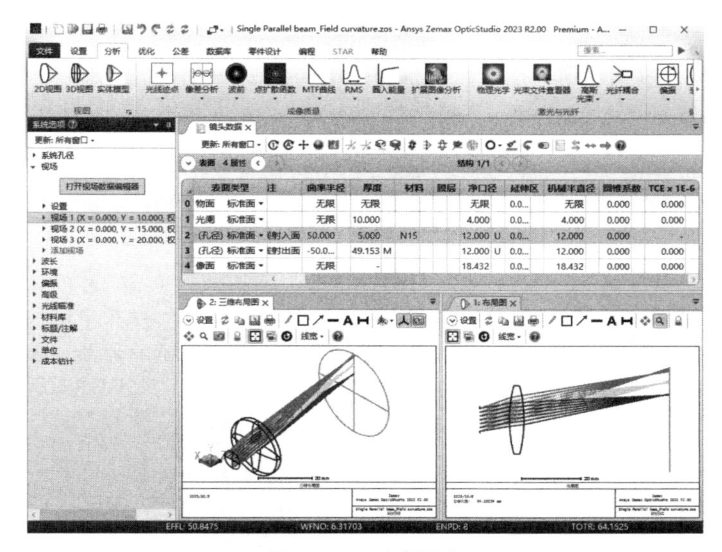

图 6-90　形成场曲

从图 6-91 中可以看出，3 个视场的最佳焦点位于一个曲面上。

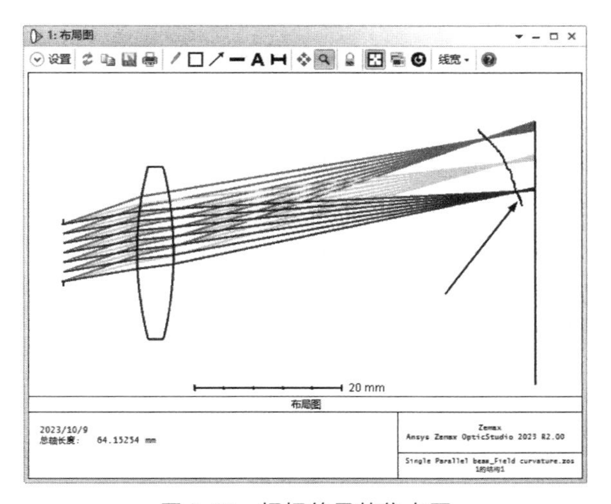

图 6-91　视场的最佳焦点图

6.5.9 畸变

畸变是指当一物体通过透镜系统成像时，实际像面与理想像面之间产生形变，即产生一种对物体不同部分有不同的放大率的像差，如图 6-92 所示。此种像差会导致物像的相似性变坏，但不影响像的清晰度，边缘和中心都很清晰，只改变像的形状。

根据对物体周边及中心有放大率的差异，畸变像差可分为两类，如图 6-93 所示。

- 正畸变：周边的放大率大于中心，即枕形畸变；
- 负畸变：周边的放大率小于中心，即桶形畸变。

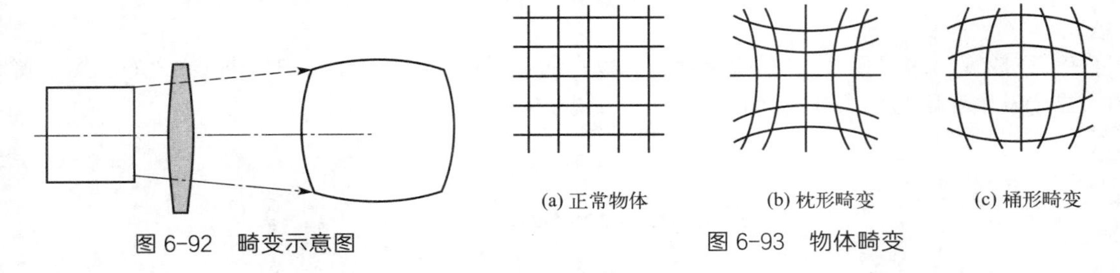

图 6-92　畸变示意图　　图 6-93　物体畸变

畸变现象无法用光线图来描述，需要提供专门的畸变分析功能来查看畸变量大小，在后面章节中具体介绍畸变的分析。

6.5.10 色差

色差，指颜色像差，是透镜系统成像时的一种严重缺陷。由于不同材料对不同波长的光有不同的折射率，多波长的光束通过透镜后传播方向发生分离，也就是色差，如图 6-94 所示。

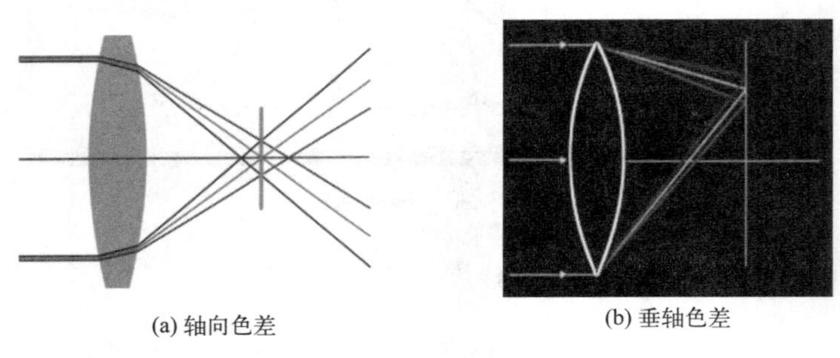

图 6-94　色差

色差分两种：轴向色差和垂轴色差。

- 轴向色差（也叫球色差或位置色差），指不同波长的光束通过透镜后焦点位于沿轴的不同位置，因为它的形成原因同球差相似，故也称其为球色差。由于多色光聚焦后沿轴形成多个焦点，无论把像面置于何处都无法看到清晰的光斑，看到的像点始终都是一个色斑或彩色晕圈。
- 垂轴色差（也叫倍率色差），指轴外视场不同波长光束通过透镜聚焦后在像面上高度各不相同，也就是每个波长成像后的放大率不同，故也称为倍率色差。多个波长的焦点在像面高度方向依次排列，最终看到的像面边缘将产生彩虹边缘带。

6.5.11 实例：衍射光栅光学系统色差分析

衍射光栅在光学上的最重要应用是作为分光器件，常被用于单色仪和光谱仪上。

本例设计一个衍射光栅光学系统，由于包含多个视场、多个波长从而形成色差。该系统的设计规格如下：入瞳直径为 50，总长度为 205，工作 F/# 为 10000，全视场角为 40°，波长为 0.50、0.60、0.70、0.80、0.90。

（1）设置工作环境

① 在“开始”菜单中双击 Ansys Zemax OpticStudio 图标，启动 Ansys Zemax OpticStudio 2023。

② 选择功能区中的“文件”→“另存为”命令，或单击工具栏中的“另存为”按钮，打开“另存为”对话框，输入文件名称 Diffraction_Grating_Lens。单击“保存”按钮，弹出“镜头项目设置”对话框，选择默认参数。单击“确定”按钮，在指定的源文件目录下自动新建了一个项目文件。

（2）设置系统参数

打开左侧“系统选项”工作面板，设置镜头项目的系统参数。

① 设置系统孔径。双击打开“系统孔径”选项卡，在“孔径类型”选项组下选择“入瞳直径”，在“孔径值”选项组中输入 50.0。此时，“镜头数据”编辑器中光阑与像面的净口径和机械半直径变为 25.000，如图 6-95 所示。

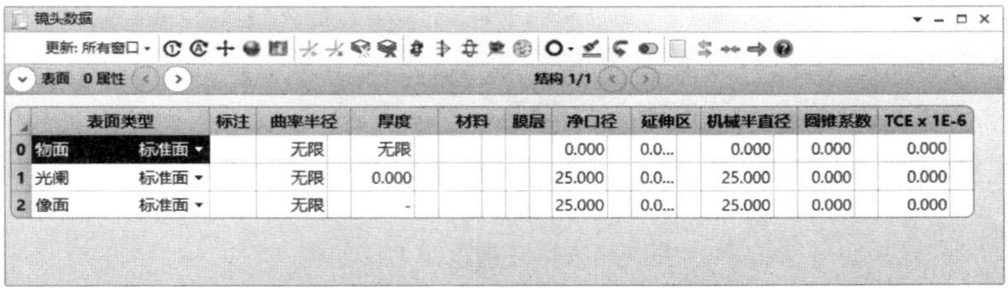

	表面类型		标注	曲率半径	厚度	材料	膜层	净口径	延伸区	机械半直径	圆锥系数	TCE x 1E-6
0	物面	标准面		无限	无限			0.000	0.0...	0.000	0.000	0.000
1	光阑	标准面		无限	0.000			25.000	0.0...	25.000	0.000	0.000
2	像面	标准面		无限	-			25.000	0.0...	25.000	0.000	0.000

图 6-95　“镜头数据”编辑器

② 输入波长。双击打开“波长”选项卡，双击“设置”按钮，打开“波长数据”对话框，勾选 1 ～ 5 波长，设置波长数据为 0.500、0.600、0.700、0.800、0.900；在波长 3 行选择“主波长”选项，将波长 3 设置为主波长，结果如图 6-96 所示。单击“关闭”按钮，关闭该对话框，完成波长的编辑。

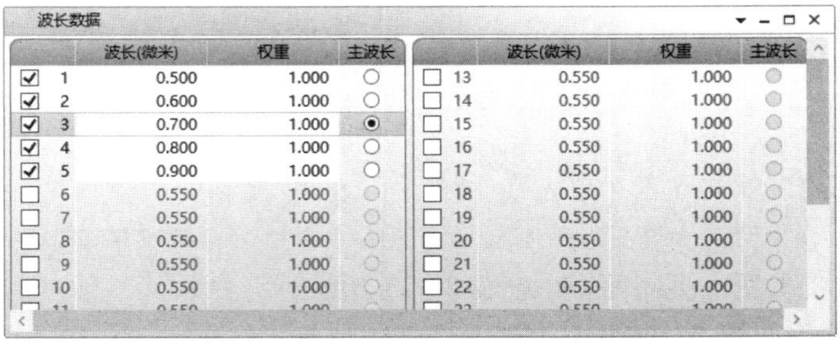

	波长(微米)	权重	主波长		波长(微米)	权重	主波长
☑ 1	0.500	1.000	○	☐ 13	0.550	1.000	○
☑ 2	0.600	1.000	○	☐ 14	0.550	1.000	○
☑ 3	0.700	1.000	●	☐ 15	0.550	1.000	○
☑ 4	0.800	1.000	○	☐ 16	0.550	1.000	○
☑ 5	0.900	1.000	○	☐ 17	0.550	1.000	○
☐ 6	0.550	1.000	○	☐ 18	0.550	1.000	○
☐ 7	0.550	1.000	○	☐ 19	0.550	1.000	○
☐ 8	0.550	1.000	○	☐ 20	0.550	1.000	○
☐ 9	0.550	1.000	○	☐ 21	0.550	1.000	○
☐ 10	0.550	1.000	○	☐ 22	0.550	1.000	○

图 6-96　“波长数据”对话框

（3）设置镜头数据

① 在“镜头数据”编辑器中选择面 1“光阑”行，单击鼠标右键，选择“插入后续面”命令，在该面后插入面 2，如图 6-97 所示。

镜头数据

更新: 所有窗口 · 表面 2 属性 · 结构 1/1

	表面类型		标注	曲率半径	厚度	材料	膜层	净口径	延伸区	机械半直径	圆锥系数	TCE x 1E-6
0	物面	标准面 ▾		无限	无限			0.000	0.000	0.000	0.000	0.000
1	光阑	标准面 ▾		无限	0.000			25.000	0.000	25.000	0.000	0.000
2		标准面 ▾		无限	0.000			25.000	0.000	25.000	0.000	0.000
3	像面	标准面 ▾		无限	-			25.000	0.000	25.000	0.000	0.000

图 6-97　插入表面 2

② 在“镜头数据”编辑器中输入面参数，如图 6-98 所示。

- 设置面 1 的“厚度”为 100.000；
- 设置面 2 的 “表面类型” 为“衍射光栅”，“厚度”为 100.000，“曲率半径”默认为“无限”，表示该表面为平面光栅。

此时，“净口径”参数列变为“半直径”列，自动添加“刻线 /μm”“衍射级次”参数列。设置刻线为 0.2μm，相当于 200 线 /mm 或者光栅周期 5μm，衍射级次为 1，表示只考虑 +1 级衍射，不能同时考虑多个级次衍射光线。但是可以用多重结构在不同结构中追迹不同级次，因为衍射角度与波长相关，所以可以用多种波长将同一级次光线分开。

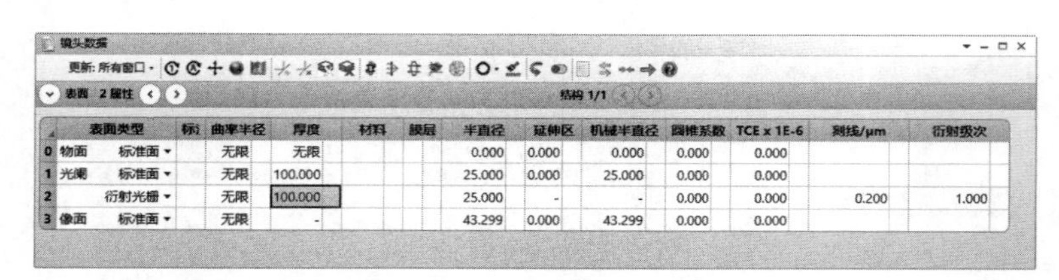
镜头数据

更新: 所有窗口 · 表面 2 属性 · 结构 1/1

	表面类型		标注	曲率半径	厚度	材料	膜层	半直径	延伸区	机械半直径	圆锥系数	TCE x 1E-6	刻线/μm	衍射级次
0	物面	标准面 ▾		无限	无限			0.000	0.000	0.000	0.000	0.000		
1	光阑	标准面 ▾		无限	100.000			25.000	0.000	25.000	0.000	0.000		
2		衍射光栅 ▾		无限	100.000			25.000	-	-	0.000	0.000	0.200	1.000
3	像面	标准面 ▾		无限	-			43.299	0.000	43.299	0.000	0.000		

图 6-98　设置面 2 参数

（4）布局图显示

① 单击“设置”功能区下“视图”选项组中的“3D 视图”命令，弹出“三维布局图”窗口，显示光学系统的三维外形图，如图 6-99 所示。

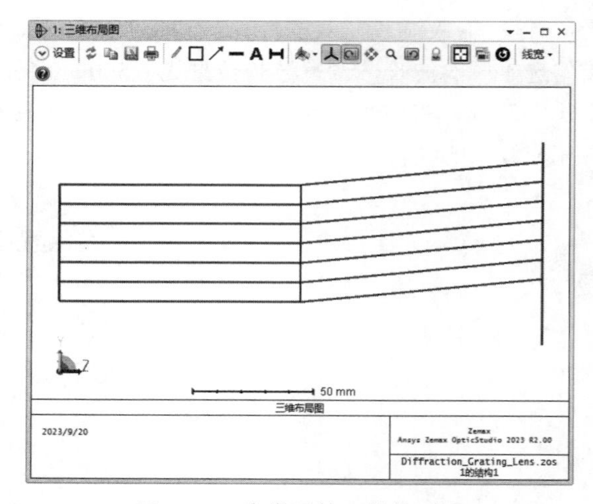

图 6-99　光学系统三维外形图

② 激活“三维布局图”窗口，单击“设置”选项左侧的“打开”按钮，打开“设置”面板，在“波长”下拉列表中选择“所有”，在“颜色显示”下拉列表中选择“波长 #”，在“光线数”栏中输入 3，默认显示 3 束光线，如图 6-100 所示。

③ 单击“确定”按钮，关闭面板，在窗口中显示多波长的光学系统图，如图 6-101 所示。

④ 由图 6-101 可以看出，物点通过透镜聚焦于像面时，多波长的光束通过透镜后传播方向分离，不同波长的光汇聚于不同的位置，形成色差现象（一定大小的色斑）。

（5）设置视场

① 通过设置半视场 FOV=20，输入 3 个视场，模拟轴外视场光束，形成光学系统的像散。

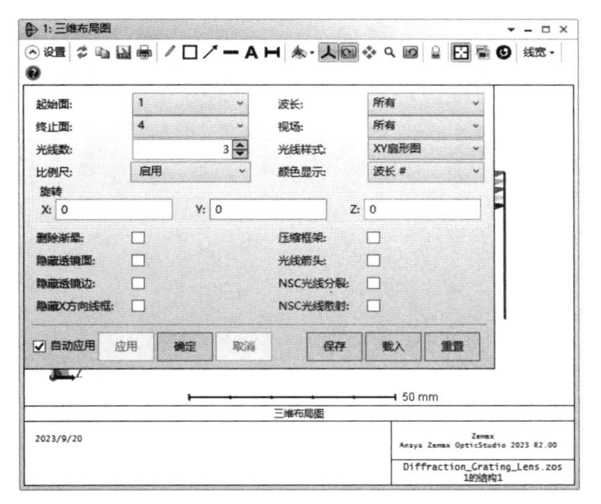

图 6-100　“设置”面板 1

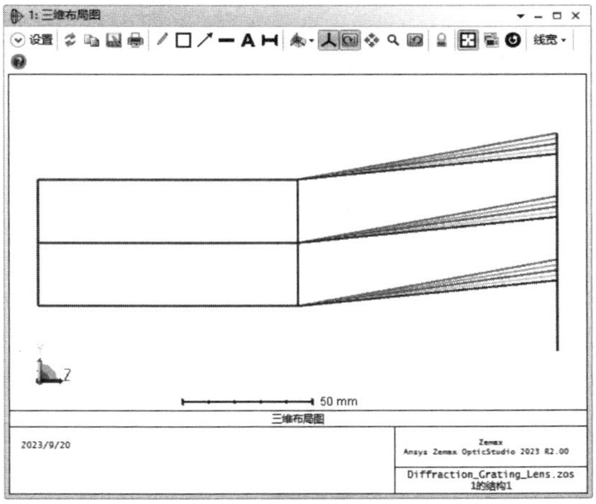

图 6-101　多波长光学系统图

② 单击“打开视场数据编辑器”按钮，打开“视场数据编辑器”对话框，单击鼠标右键选择“插入视场之后于”命令，在视场 1 后插入视场 2、视场 3，如图 6-102 所示。

- 设置视场 1，“Y 角度”为 10°；
- 设置视场 2，“Y 角度”为 15°；
- 设置视场 3，“Y 角度”为 20°。

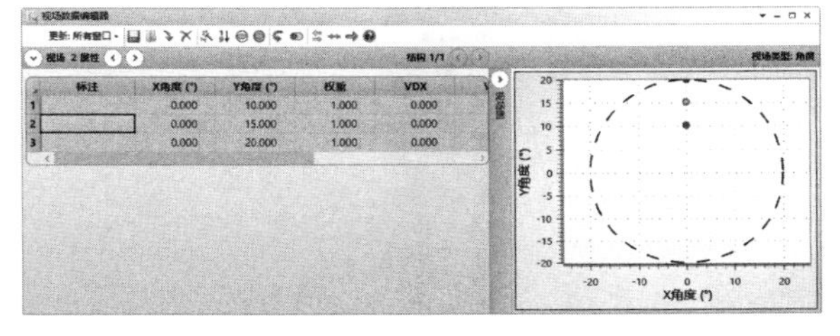

图 6-102　“视场数据编辑器”对话框

③ 单击“设置”功能区下“视图”选项组中的“3D 视图”命令，弹出“三维布局图”窗口。单击“设置”选项左侧的“打开”按钮，打开“设置”面板，在“波长”下拉列表中选择“1”，在“视场”下拉列表中输入“所有”，在“颜色显示”下拉列表中选择“视场 #”，如图 6-103 所示。

④ 单击“确定”按钮，关闭面板，在窗口中显示不同视场下的光学系统图，如图 6-104 所示。

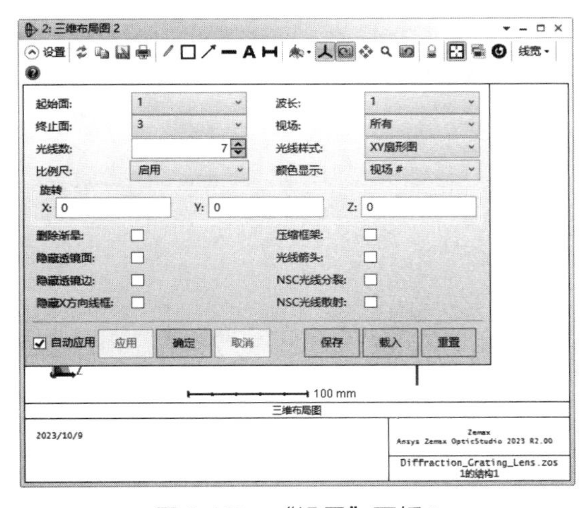

图 6-103　“设置”面板 2

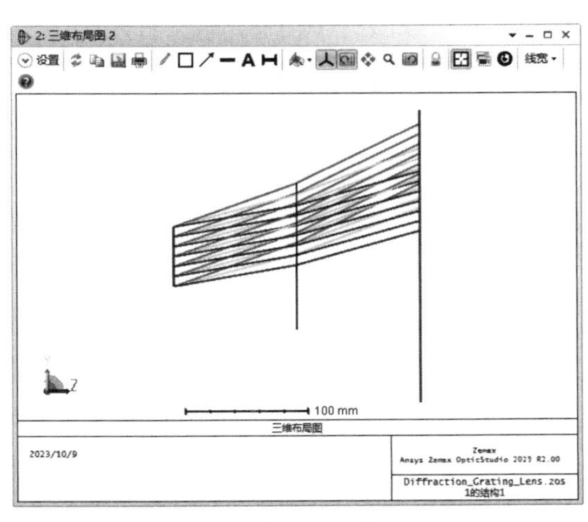

图 6-104　多视场三维外形图

第7章 非序列模式设计

有许多光学元件并不能在简单的序列模式中被模拟出来，这些光学元件需要用真实的 3D 物体来模拟，这就需要引入非序列模式。在非序列模式中，用三维物体来模拟光学元件，所有物体放置在一个全局坐标系中。

本章将详细介绍如何在 Ansys Zemax OpticStudio 中产生及分析非序列模式；如何在非序列模式下添加和编辑物体，在布局图中观察系统以及利用光线追迹获取系统相关的数据；如何在非序列系统中创建光源、透镜和探测器；如何进行光线追迹以及分析追迹结果。

7.1　非序列模式

在 Ansys Zemax OpticStudio 中，与序列模式相对应的是非序列模式，如图 7-1 所示。非序列模式主要作为非成像应用，如照明系统、杂散光分析。

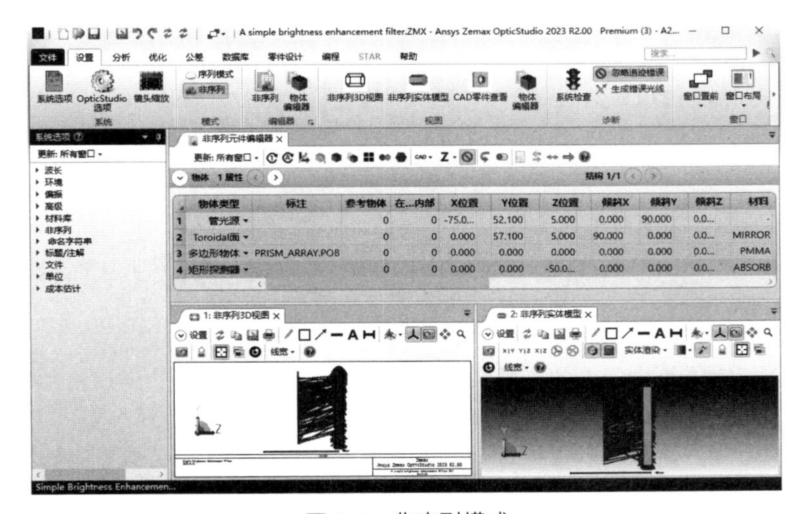

图 7-1　非序列模式

7.1.1　非序列元件编辑器

在 Ansys Zemax OpticStudio 中，单击“设置”功能区“编辑器”选项组中“非序列”命令，打开非序列元件编辑器，如图 7-2 所示。该编辑器与序列模式下的“镜头数据”编辑器类似，是一个数据电子表格，不同的是，该编辑器用于定义 3D 物体对象而不是光学表面。

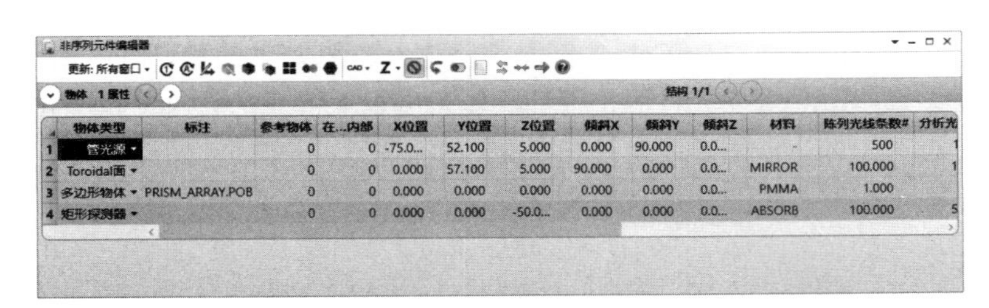

图 7-2　非序列元件编辑器

（1）列参数

OpticStudio 将在非序列元件编辑器中定义的 3D 对象称为非顺序元件，每一行表示一个模拟光学元件的物体，非顺序元件可以由一个或多个物体组成。下面介绍编辑器中定义物体的列参数。

① 物体类型：在非序列模式中，可以使用物体、表面、CAD 模型等来模拟非序列光学元件。

单击非序列元件编辑器最左一列“物体类型”右侧的倒三角按钮，打开物体类型下拉列表，从下拉菜单中选择适当的非顺序元件的类型，如图 7-3 所示。简单的物体类型包括椭圆、三角形、矩形、球体、圆柱体和其他基本形状；复杂的对象，可以用任意棱镜、非球面透镜、环面等来表示。

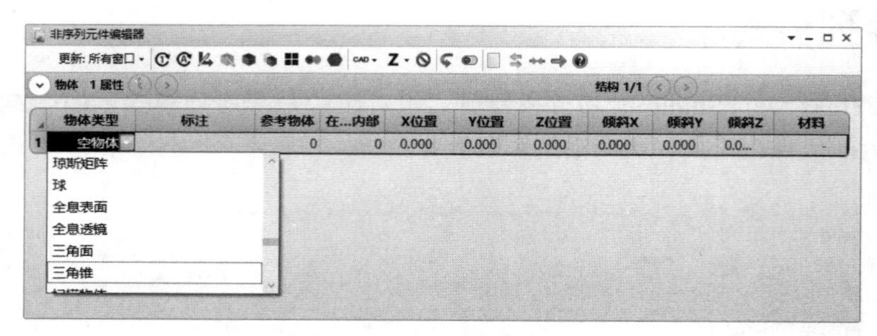

图 7-3　物体类型下拉菜单

② 标注：该列用于添加模拟光学元件的物体的注释性文字。

③ 参考物体：物体可以放置在 3D 空间的任何地方，也可以相对于任何其他物体放置，这就需要一个物体（输入值为物体的编号）作为参考。

- 默认值为 0，表示参考物体是物体 0，它是非顺序元件表面的顶点。
- 如果输入值为一个大于 0 的正数，表示“绝对”参考，物体的坐标将参考指定物体的位置和旋转。
- 如果输入值为负数，表示“相对”参考，将当前物体编号与负参考物体编号相加来确定参考物体。例如，如果物体 8 上的“参考物体”值为 -3，则参考物体将为 5（8-3 = 5）。最简单的情形是元件中的所有物体都使用对元件中第一个物体的相对参考，相对参考物体在复制和粘贴物体组时特别有用。

④ 在 ... 内部：在非序列模式中，两个物体之间的相对位置可以是完全放置在其他物体的内部、放置在其他物体的附近或者两个物体重叠。该列用于组合成更复杂的物体，比如，光源可以完全放置在任何实体物体中，也可以放置在任意数量的嵌套物体中，放置光源的物体必须位于光源的前面。该列中表示将选中行的物体放置到指定编号的物体中。

⑤ 坐标系参数：在非序列元件编辑器中，每个物体的位置由 6 个坐标系参数定义，即 X、Y 和 Z 坐标（X 位置、Y 位置、Z 位置），以及围绕 X、Y 和 Z 轴的旋转（倾斜 X、倾斜 Y、倾斜 Z）。通过这些参数修改非顺序元件的位置和旋转角度以保持其当前位置和方向。

OpticStudio 首先在 X、Y 和 Z 中进行中心化（中心化是正交的，所以顺序无关紧要），然后围绕本地 X 轴倾斜（它将 Y 轴和 Z 轴旋转到新的方向），然后围绕新的 Y 轴倾斜（它将 X 轴和 Z 轴旋转），最后围绕新的 Z 轴倾斜。这与使用 order flag = 0 时坐标间断面的约定相同。

⑥ 物体材料：在 OpticStudio 中，通过“材料”列中输入物体材料名称，根据该材料在材料库中定义的公式和系数计算折射率。

（2）“系统选项”面板

成像系统的光学特性参数，如孔径光阑位置、入瞳和出瞳、视场、系统光阑等，这些在序列系统中存在的参数在非序列系统中是无意义的，因此“系统选项”面板中不包含“系统孔径”选项，其余选项的设置与“镜头数据”编辑器中类似，这里不再赘述。

7.1.2 布局图显示

在非序列元件编辑器中添加和编辑物体后，需要在布局图中观察系统以及利用光线追迹获取系统相关的数据。

在“设置”功能区“视图”选项组中显示常用的非序列系统光线追迹命令：非序列 3D 视图、非序列实体模型和 CAD 零件查看等，如图 7-4 所示。

图 7-4　“视图”选项组

- 非序列 3D 视图：显示 3D 视图，可平移、旋转显示。
- 非序列实体模型：显示非序列实体模型，如光源、物体、探测器等。
- CAD 零件查看：显示非序列实体模型，如光源、物体、探测器等。

非序列系统光线追迹命令与序列系统光线追迹命令类似，这里简单介绍非序列系统光线追迹命令中的“非序列实体模型”命令的使用方法。

单击“设置”功能区“视图”选项组中的“非序列实体模型”命令，弹出“非序列实体模型”窗口，显示非序列元件编辑器中组件的阴影实体模型，如图 7-5 所示。

单击“设置”命令左侧的“打开”按钮，展开“设置”面板，如图 7-6 所示。

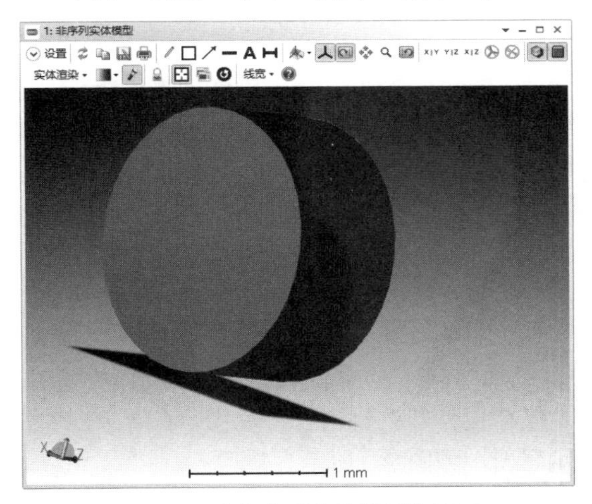

图 7-5　“非序列实体模型”窗口

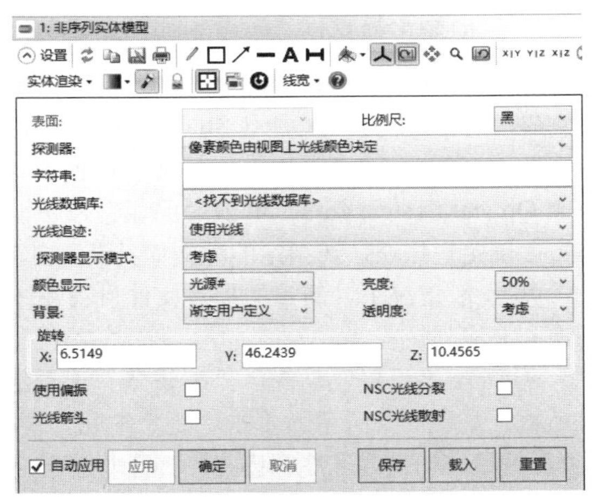

图 7-6　展开“设置”面板

下面介绍该面板中的选项。

- 表面：选择非序列模式中的面序号。
- 比例尺：选择比例尺的显示模式。
- 探测器：通过最后分析中入射到探测器上的能量或仅通过布局视图中追迹的光线来对探测器对象进行着色。包括所有像素不着色、像素颜色由视图上光线颜色决定、像素颜色由最后一次追迹结果决定这三个选项。

- 字符串：输入在窗口右下角显示的注释性文字，必须为字符串。
- 光线数据库：选择光学数据库文件。
- 光线追迹：选择光线样式。
- 探测器显示模式：将所有探测器置于同一刻度。对于矩形探测器和表面，任何数据类型都将根据需要更改为非相干或相干辐照度。探测器的数据类型更改为辐通量或辐照度时，探测器颜色的数据类型更改为辐照度和对象。
- 颜色显示：选择颜色分类显示依据。
- 亮度：定义光学系统中光源或物体表面明亮程度的数值，等于离开、到达或者穿过某一表面单位投影面积上的光通量。
- 背景：选择窗口中的背景色。
- 透明度：物体的透明度，也就是物体或材料允许光线通过的程度或能见度的程度，默认值为 50%。
- 旋转：定义物体的 X、Y、Z 方向旋转角度。
- 使用偏振：勾选该复选框，使用偏振光。
- NSC 光线分裂：勾选该复选框，射出的光线发生分裂。
- 光线箭头：勾选该复选框，图中的光线上显示箭头。
- NSC 光线散射：勾选该复选框，射出的光线发生散射。

7.1.3 实例：创建菲涅耳透镜

菲涅耳透镜与普通透镜有所区别，它是将普通透镜连续、光滑的表面分成一系列同心圆环，这些同心圆环被称为菲涅耳环带。本例介绍如何在非序列模式下通过创建多个同心圆环得到复杂的菲涅耳透镜。

（1）设置工作环境

① 启动 Ansys Zemax OpticStudio 2023，进入 Ansys Zemax OpticStudio 2023 编辑界面。

② 在 Ansys Zemax OpticStudio 2023 编辑界面，选择功能区中的“文件”→“新建镜头项目”命令，关闭当前打开的项目文件的同时，打开“另存为”对话框，输入文件名称 Fresnel Lens Optical System.zmx。单击“保存”按钮，弹出“镜头项目设置”对话框，选择默认参数。单击“确定”按钮，在指定的源文件目录下自动新建了一个项目文件。

③ 一般情况下，新建的项目文件自动在序列模式，因此要进行非序列系统设计，首先需要切换到非序列模式。

④ 单击“设置”功能区“编辑器”选项组中的“非序列”命令，弹出“切换程序模式？”对话框，如图 7-7 所示。单击“是”按钮，弹出“保存文件？”对话框，如图 7-8 所示，单击“否”按钮，切换到非序列模式，打开非序列元件编辑器，如图 7-9 所示。

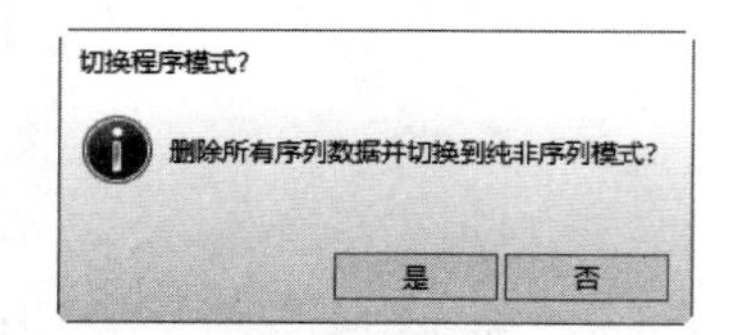

图 7-7 “切换程序模式？”对话框

图 7-8 “保存文件？”对话框

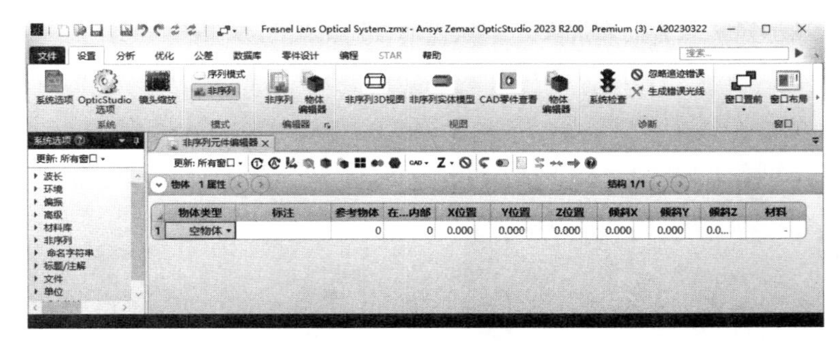
图 7-9　非序列元件编辑器

(2) 设置初始结构

① 首先需要在非序列元件编辑器中插入物体，然后再根据参数定义物体的参数。

② 选择编号为 1 的“空物体”行，空物体默认显示 11 个参数列。

③ 在“物体类型”下拉列表中选择“环形非球面透镜”，如图 7-10 所示，将该物体设置为圆环元件。

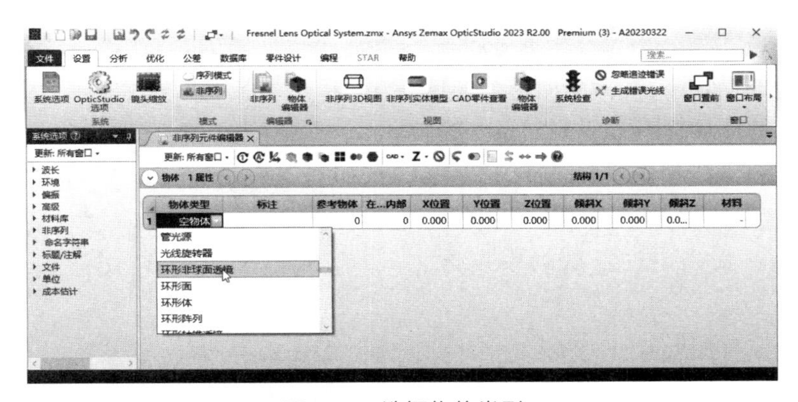
图 7-10　选择物体类型

④ 此时，在该行添加多个环形非球面透镜独有的参数列，如图 7-11 所示。由于环形非球面透镜的参数过多，篇幅有限，因此无法在图中显示所有的参数列。

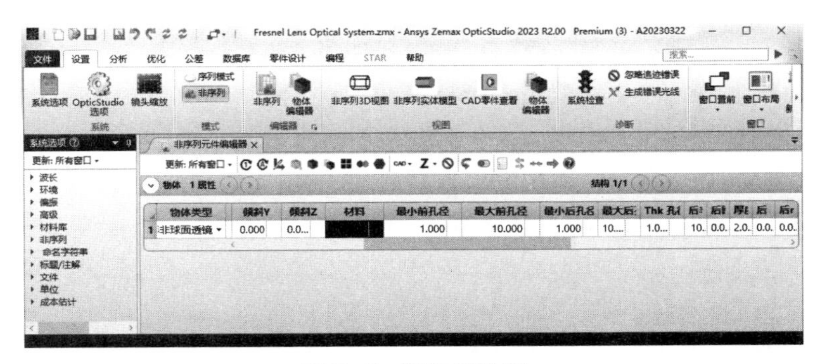
图 7-11　添加参数列

(3) 布局图显示

① 单击“设置”功能区下“视图”选项组中的“非序列实体模型”命令，弹出“非序列实

体模型”窗口，显示光学系统的布局图，默认显示 YZ 平面图，如图 7-12 所示。

② 单击“设置”命令左侧的“打开”按钮⊙，展开“设置”面板，在“背景”下拉列表中选择“渐变 2”，如图 7-13 所示。

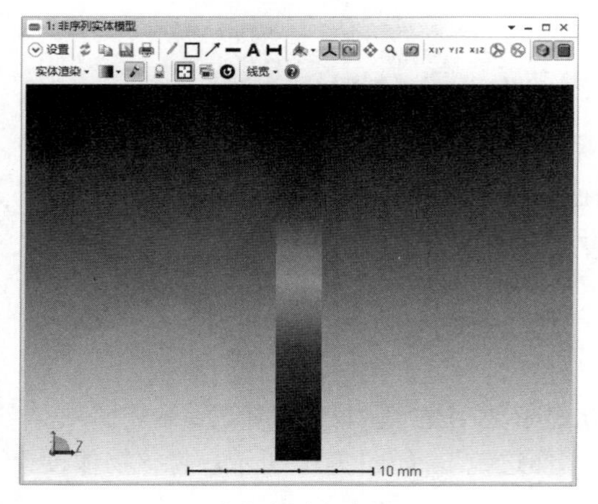

图 7-12 “非序列实体模型”窗口

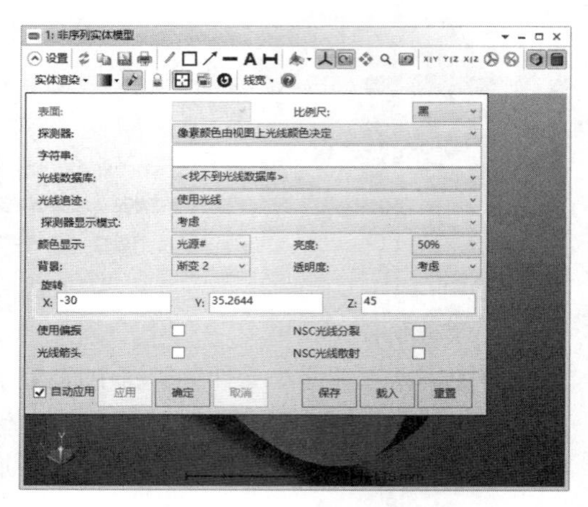

图 7-13 展开“设置”面板

③ 单击“确定”按钮，关闭“设置”面板，单击工具栏中的“相机视图”按钮，选择“等轴侧视图”命令，显示光学系统的等轴侧视图，如图 7-14 所示。

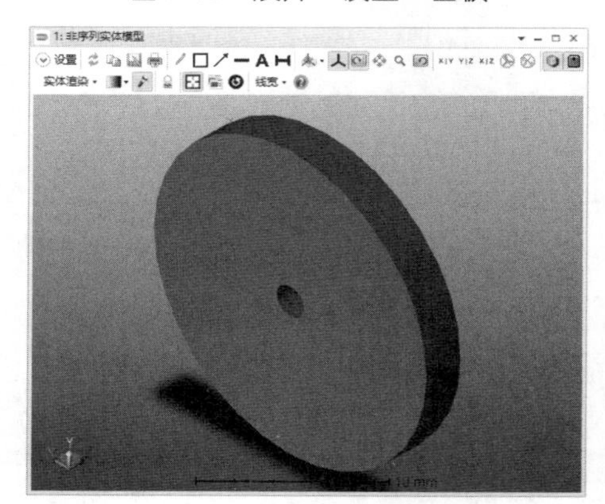

图 7-14 等轴侧视图

(4) 设置物体 1 参数

选择物体 1，在指定的参数列中设置参数。

① 在“标注”列输入“主镜头”，如图 7-15 所示。

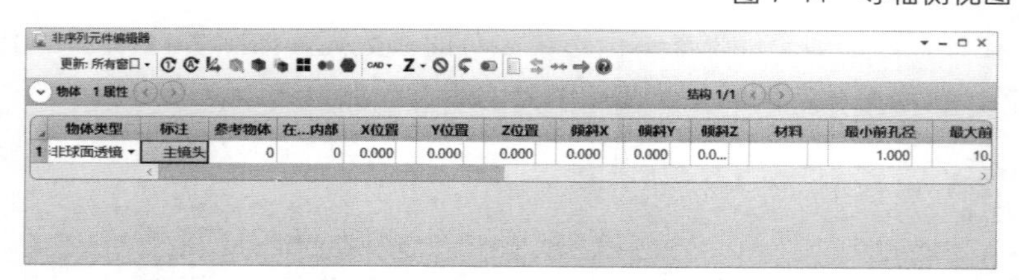

图 7-15 输入“标注”

② 在“材料”列输入 PMMA，如图 7-16 所示。

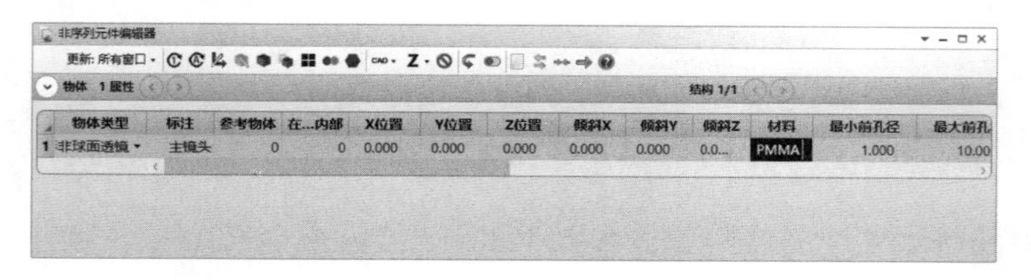

图 7-16 输入“材料”

注意

输入材料名称后，弹出“Zemax Error Message”对话框，如图 7-17 所示，提示在默认的材料库 SCHOTT 中不包含该材料。单击“确定”按钮，弹出“Zemax”对话框，如图 7-18 所示，单击“是”按钮，在“系统选项”面板的“材料库”选项卡“当前玻璃库”中添加材料库“MISC”，如图 7-19 所示。

图 7-17　“Zemax Error Message”对话框

图 7-18　“Zemax”对话框

图 7-19　添加材料库“MISC”

③ 设置其余参数：最小前孔径为 8.000，最大前孔径为 10.000，最小后孔径为 8.000，最大后孔径为 10.000，Thk 孔径为 0.000，后半径为 -18.500，后圆锥系数为 0.000，厚度为 9.000，前半径为 10.000，前圆锥系数为 -1.000，其余参数保持默认值为 0.000，结果如图 7-20 所示。

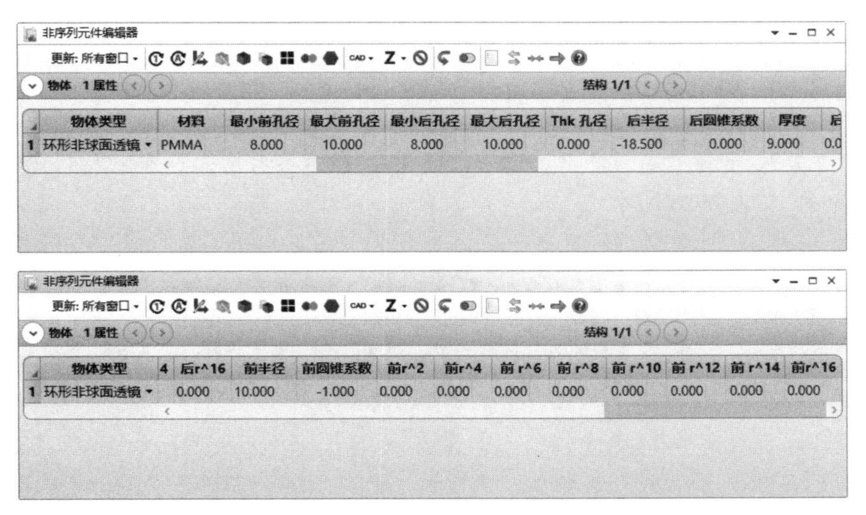

图 7-20　设置其余参数

此时，“非序列实体模型”窗口中的第一个圆环物体根据非序列元件编辑器中输入的参数进行实时更新，结果如图 7-21 所示。

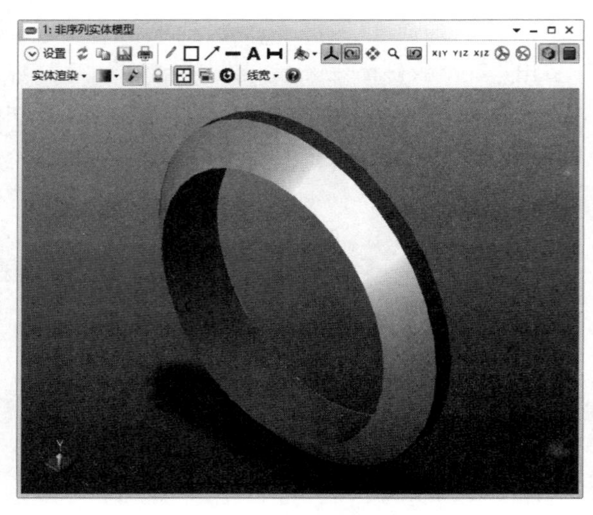

图 7-21　圆环物体

（5）设置物体 2 参数

① 选中编号为 1 的物体（环形非球面透镜），单击右键，在弹出的快捷菜单中选择“复制物体”“粘贴物体”命令，粘贴得到物体 2（环形非球面透镜），如图 7-22 所示。

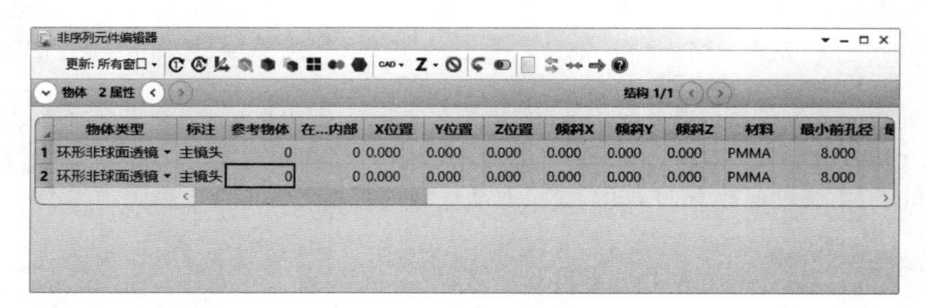

图 7-22　粘贴物体

② 选择物体 2，删除“标注”列参数（主镜头），在“参考物体”列输入 1，表示物体 2 以物体 1 作为参考，如图 7-23 所示。

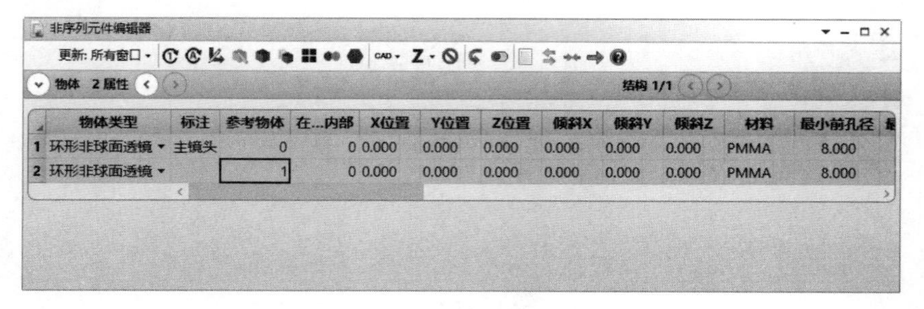

图 7-23　修改物体 2

③ 单击“材料”右侧小列，弹出“物体 2 上的材料求解”面板，如图 7-24 所示。在“求解类型”下拉列表中选择“拾取”，在“从物体”栏输入 1，表示物体 2 的材料选择与物体 1 一致。此时，物体 2 中“材料”列中材料名右侧显示“P”符号，如图 7-25 所示。

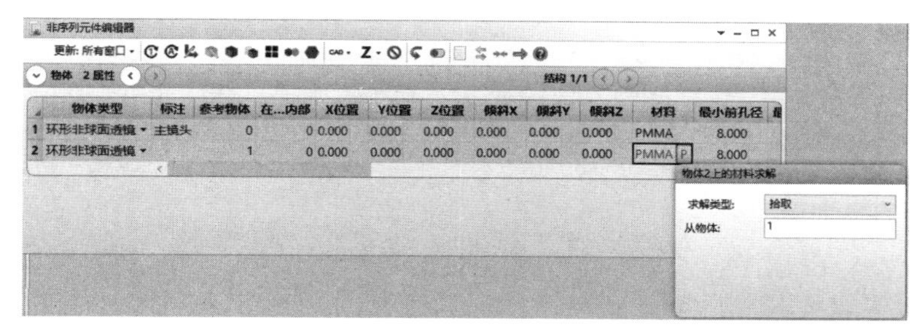

图 7-24　“物体 2 上的材料求解”面板

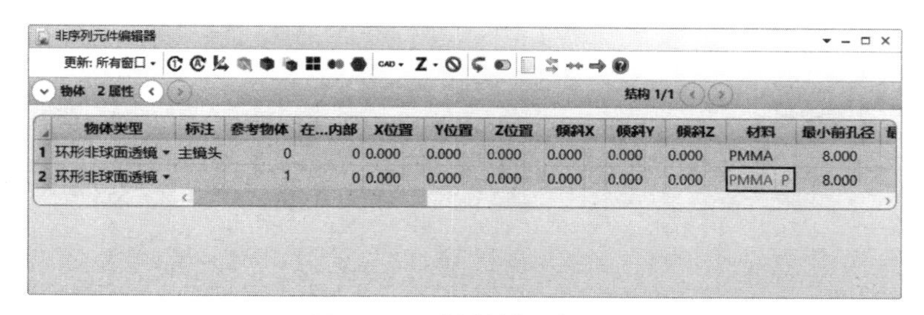

图 7-25　“材料”列显示

注意

在物体 1 中选择“拾取”求解后，若修改物体 1 中的材料名，则物体 2 中材料自动进行变化，如图 7-26 所示。

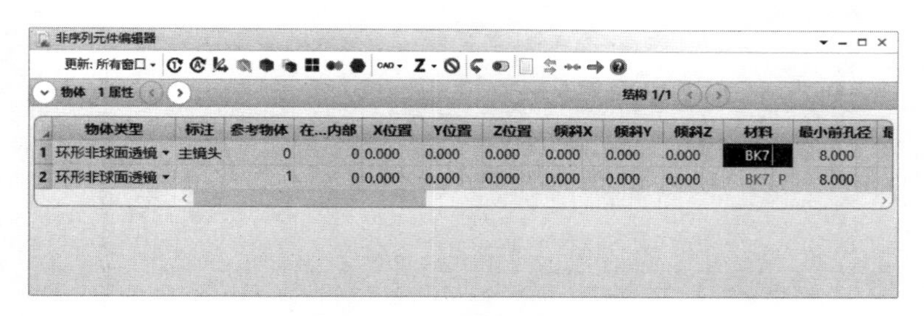

图 7-26　自动修改材料

④ 输入最小前孔径为 6.000，最大前孔径为 8.000，最小后孔径为 6.000，如图 7-27 所示。

图 7-27　输入固定孔径值

⑤ 单击“最大后孔径”列右侧小列，弹出“参数 4 求解在物体 2 上”面板，如图 7-28 所示。在“求解类型”下拉列表中选择“拾取”，在“从物体”栏输入 1，在“从列”下拉列表中选择“最小后孔径”。此时，“最大后孔径”列中值变为 8.000，右侧添加“P”符号，如图 7-29 所示。

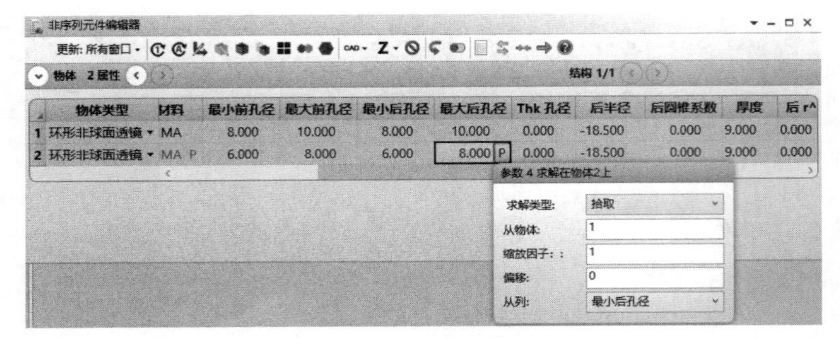

图 7-28 “参数 4 求解在物体 2 上”面板

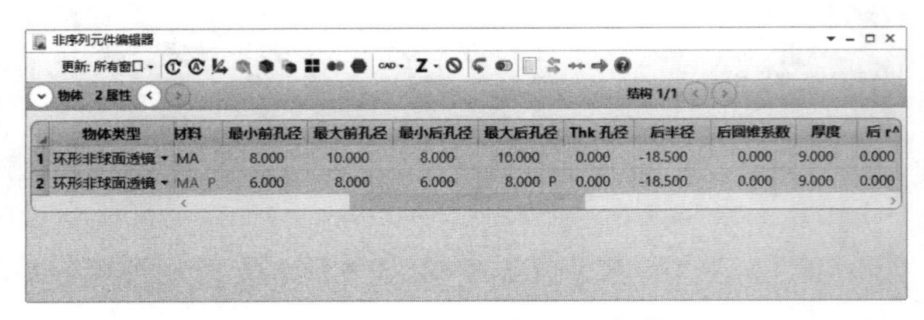

图 7-29 修改“最大后孔径”值

⑥ 输入后半径为 -20.000，后圆锥系数为 0.000，厚度为 7.000，如图 7-30 所示。

图 7-30 输入固定参数值

⑦ 单击“前半径”列右侧小列，弹出“参数 17 求解在物体 2 上”面板，如图 7-31 所示。在“求解类型”下拉列表中选择“拾取”，在“从物体”栏输入 1，在“从列”下拉列表中选择“当前的”。此时，“前半径”列右侧添加“P”符号，表示物体 2 的前半径值随从物体 1 的前半径值变化而变化。

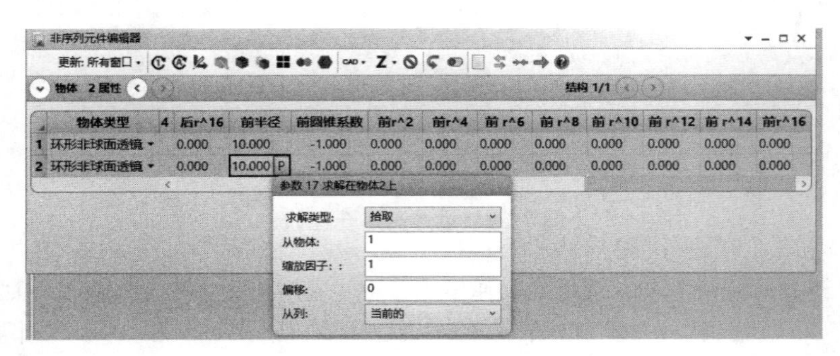

图 7-31 “参数 17 求解在物体 2 上”面板

⑧ 采用同样的方法，将其余参数求解方法设置为从物体 1 中拾取，结果如图 7-32 所示。

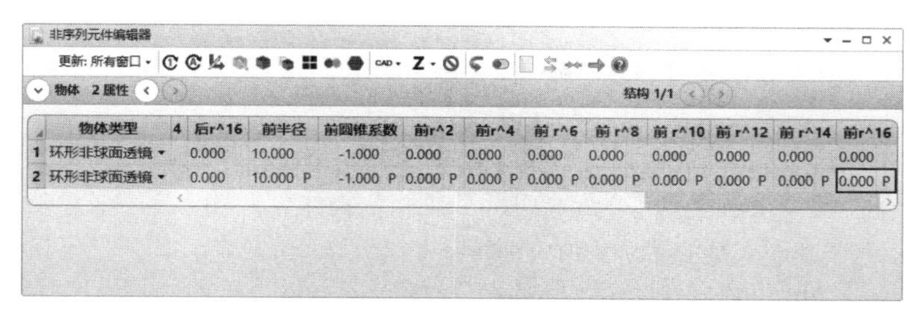

	物体类型	4	后r^16	前半径	前圆锥系数	前r^2	前r^4	前r^6	前r^8	前r^10	前r^12	前r^14	前r^16
1	环形非球面透镜		0.000	10.000	-1.000	0.000	0.000	0.000	0.000	0.000	0.000	0.000	0.000
2	环形非球面透镜		0.000	10.000 P	-1.000 P	0.000 P	0.000 P	0.000 P	0.000 P	0.000 P	0.000 P	0.000 P	0.000 P

图 7-32　参数设置结果

⑨ 此时，“非序列实体模型”窗口中的第二个圆环物体根据非序列元件编辑器中输入的参数进行实时更新，结果如图 7-33 所示。

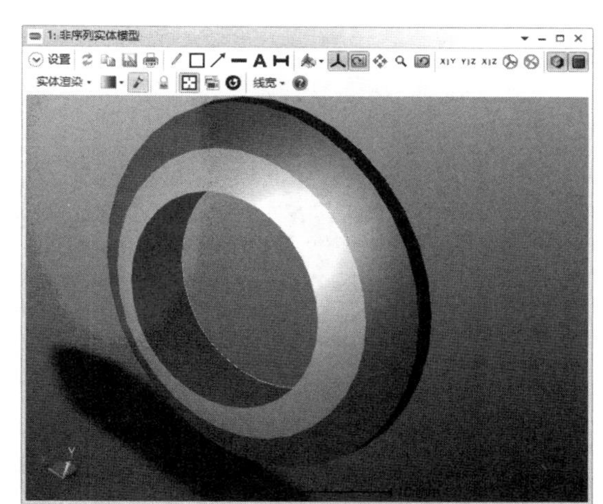

图 7-33　第二个圆环物体

（6）复制物体 3

① 选中编号为 2 的物体（环形非球面透镜），单击右键，在弹出的快捷菜单中选择“复制物体”“粘贴物体”命令，粘贴得到物体 3（环形非球面透镜），进行下面的参数设置，其余参数选择默认值。

- 最小前孔径为 4.000，最大前孔径为 6.000，最小后孔径为 4.000。
- 最大后孔径的“求解类型”为“拾取”，在“从物体”栏输入 2，在“从列”下拉列表中选择“最小后孔径”。“最大后孔径”列中值变为 6.000。
- 后半径为 -10.000，后圆锥系数为 0.000，厚度为 6.000。

② 此时，“非序列实体模型”窗口中的第三个圆环物体根据非序列元件编辑器中输入的参数进行实时更新，结果如图 7-34 所示。

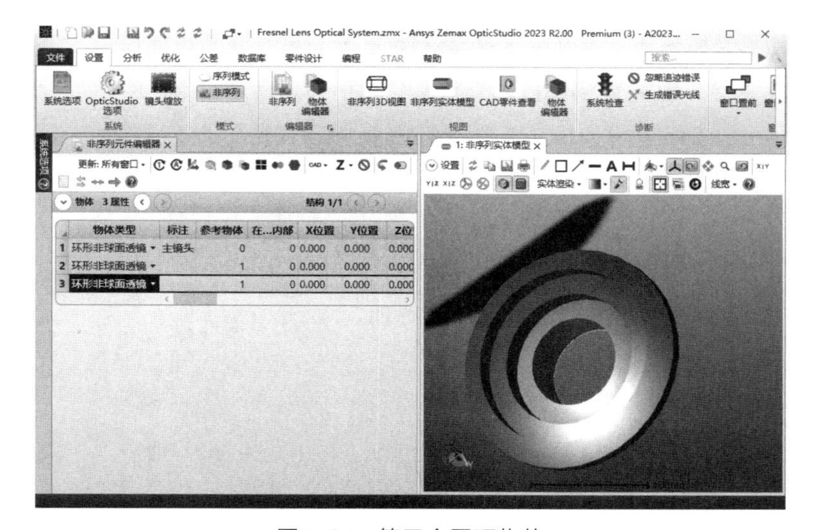

图 7-34　第三个圆环物体

（7）复制物体 4

① 选中编号为 3 的物体（环形非球面透镜），单击右键，在弹出的快捷菜单中选择“复制物体”“粘贴物体”命令，粘贴得到物体 4（环形非球面透镜），进行下面的参数设置，其余参数选择默认值。

- 最小前孔径为 2.000，最大前孔径为 4.000，最小后孔径为 2.000。
- 最大后孔径的“求解类型”为“拾取”，在“从物体”栏输入 3，在“从列”下拉列表中选择“最小后孔径”。“最大后孔径”列中值变为 4.000。
- 后半径为 -5.000，后圆锥系数为 0.000，厚度为 5.000。

② 此时，“非序列实体模型”窗口中的第四个圆环物体根据非序列元件编辑器中输入的参数进行实时更新，结果如图 7-35 所示。

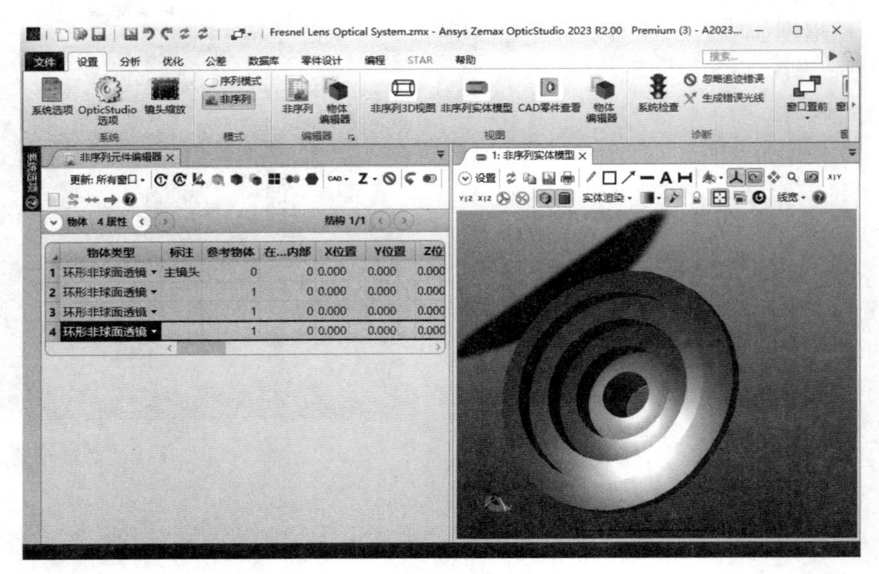

图 7-35　第四个圆环物体

（8）复制物体 5

① 选中编号为 4 的物体（环形非球面透镜），单击右键，在弹出的快捷菜单中选择“复制物体”“粘贴物体”命令，粘贴得到物体 5（环形非球面透镜），进行下面的参数设置，其余参数选择默认值。

- 最小前孔径为 0.000，最大前孔径为 2.000，最小后孔径为 0.000。
- 最大后孔径的“求解类型”为“拾取”，在“从物体”栏输入 4，在“从列”下拉列表中选择“最小后孔径”。“最大后孔径”列中值变为 2.000。
- 后半径为 -3.000，后圆锥系数为 0.000，厚度为 4.000。

② 此时，“非序列实体模型”窗口中的第五个圆环物体根据非序列元件编辑器中输入的参数进行实时更新，结果如图 7-36 所示。

（9）保存文件

单击 Ansys Zemax OpticStudio 2023 编辑界面工具栏中的“保存”按钮，保存文件。

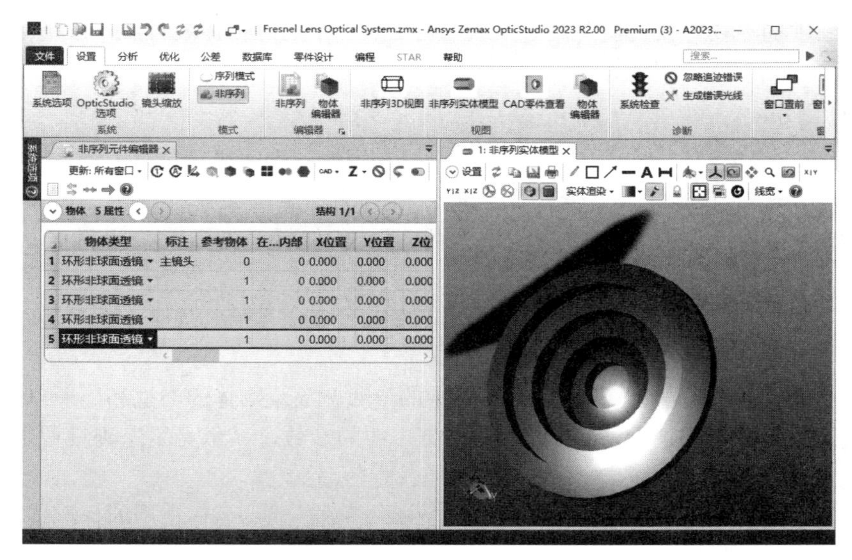

图 7-36　第五个圆环物体

7.2　物体编辑

物体是非序列模式下最基本的设计单元，可以是“物体类型”下拉列表中的任何一种对象，是广义的物体。物体可以是光源、透镜表面、CAD 导入的模型，也可以是探测器等。

7.2.1　物体编辑器

“对象”编辑器是一个用于查看和编辑物体属性的交互式工具，显示非序列编辑器中物体的列属性，如图 7-37 所示。

图 7-37　“对象”编辑器

单击“设置”功能区“编辑器”选项组中的“物体编辑器”命令，或单击“分析”功能区

“视图”选项组中的“物体编辑器”命令，或单击工具栏中的“物体编辑器”按钮，打开“对象”编辑器，下面介绍具体的选项。

(1) 物体特征

单击“对象”编辑器右侧“物体 2：圆柱体”，在左侧列表中显示物体的特征参数。

① “位置”选项组。单击“位置”选项，在左侧列表中显示非序列编辑器中列的第一部分参数：标注、参考物体、在 ... 内部、X 位置、Y 位置、Z 位置、倾斜 X、倾斜 Y、倾斜 Z。

② “类型”选项组。单击“类型”选项，在左侧列表中显示常规、光线追迹、探测器三个选项组。

- 常规：选择该选项，显示图 7-38（a）中的参数，显示物体的类型和用于自定义孔径。
- 光线追迹：选择该选项，显示图 7-38（b）中的参数，显示光线追迹过程中是否需要忽略物体的情况。
- 探测器：选择该选项，显示图 7-38（c）中的参数，显示任何适用的探测器设置。

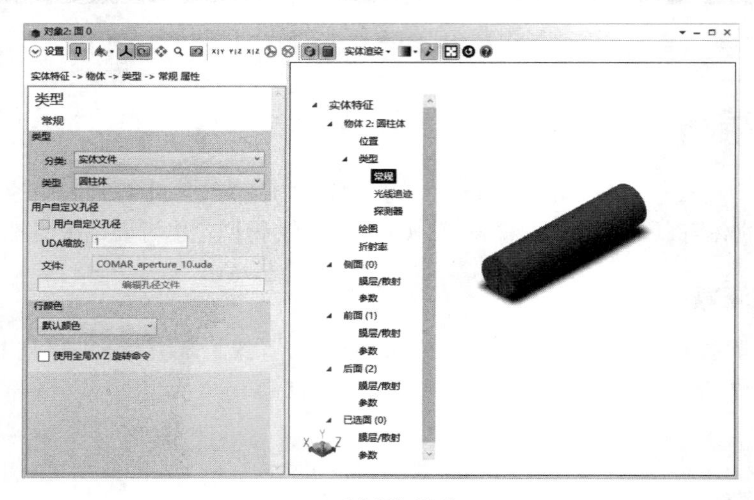

(a) “常规”选项

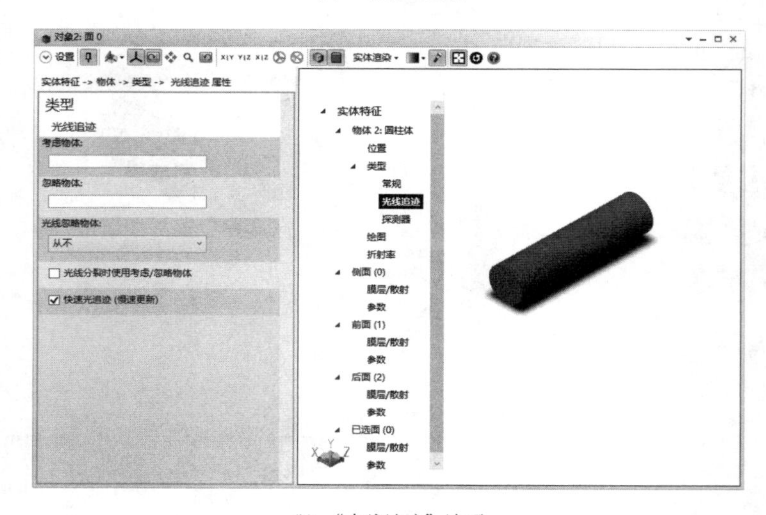

(b) “光线追迹”选项

(c) “探测器”选项

图 7-38　“类型”选项组

③ “绘图”选项组。单击“绘图”选项，在左侧列表中显示选择的物体对象在 3D 布局和实体模型查看器中的显示方式。

④ “折射率”选项组。单击“折射率”选项，在左侧列表中显示选择的物体对象的折射率类型、模式和反射类型及反射参数。

（2）物体表面参数

① 根据物体的实际形状在“对象”编辑器中显示物体的表面参数。圆柱体、正方体等物体包含前面、后面和侧面。

② 单击“对象”编辑器右侧“侧面”，在左侧列表中显示物体的表面参数，如图 7-39 所示。

图 7-39　“侧面”选项组

7.2.2 调整物体位置

调整参考物体命令用于将一个或多个物体位置指向同一参考物体，便于诸如装配体的整体旋转与平移操作。

单击工具栏中的“调整参考”按钮，弹出“调整参考物体”对话框，如图 7-40 所示。根据“起始物体”和“终止物体”定义更改任意单个物体或所有物体范围的引用物体。选择的引用物体必须在选择的第一个物体之前。

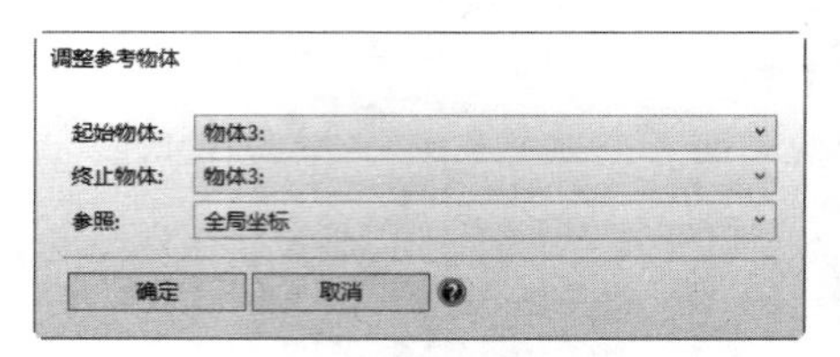

图 7-40 “调整参考物体”对话框

7.2.3 阵列物体

阵列物体命令用于三维方向上沿 X、Y、Z 轴复制阵列物体。

单击工具栏中的“阵列物体”按钮，弹出“复制 NSC 物体”对话框，如图 7-41 所示。

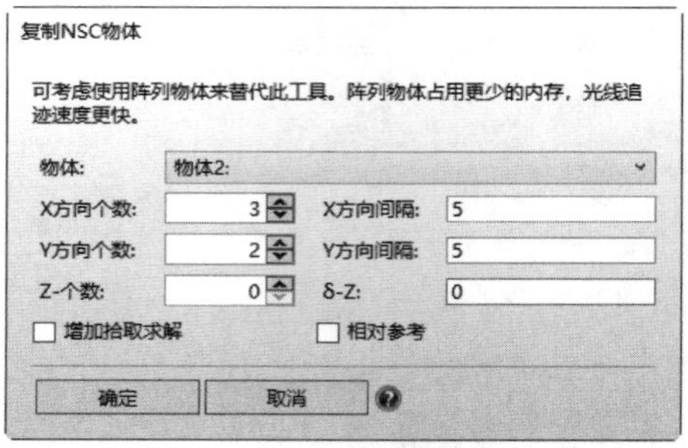

图 7-41 “复制 NSC 物体”对话框

下面介绍该对话框中的选项。

- 物体：选择执行阵列操作的物体。
- X 方向个数：选择 X 方向上物体的总数。
- Y 方向个数：选择 Y 方向上物体的总数。
- Z- 个数：选择 Z 方向上物体的总数。
- X 方向间隔：选择 X 方向上两个相邻物体之间的距离。
- Y 方向间隔：选择 Y 方向上两个相邻物体之间的距离。
- δ-Z：选择 Z 方向上两个相邻物体之间的距离。
- 增加拾取求解：勾选该复选框，从原始物体中拾取所有复制对象参数数据。
- 相对参考：勾选该复选框，所有复制对象使用原始物体的相对参考数据。

单击“确定”按钮，在非序列元件编辑器中显示阵列得到 6 个（3×2）矩形物体，如图 7-42 所示。在“非序列实体模型”窗口中显示创建 3×2 的物体，如图 7-43 所示。

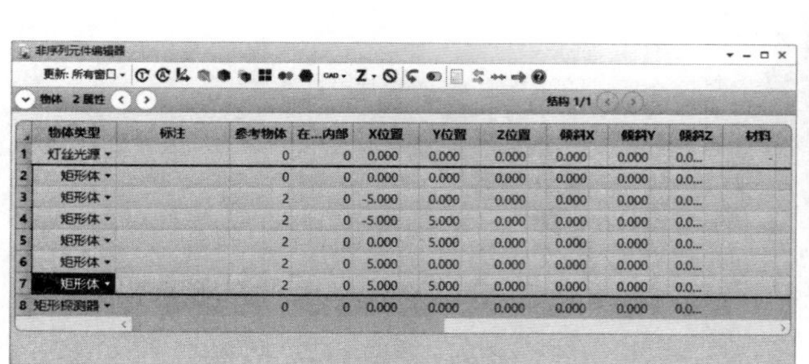

图 7-42 阵列矩形物体

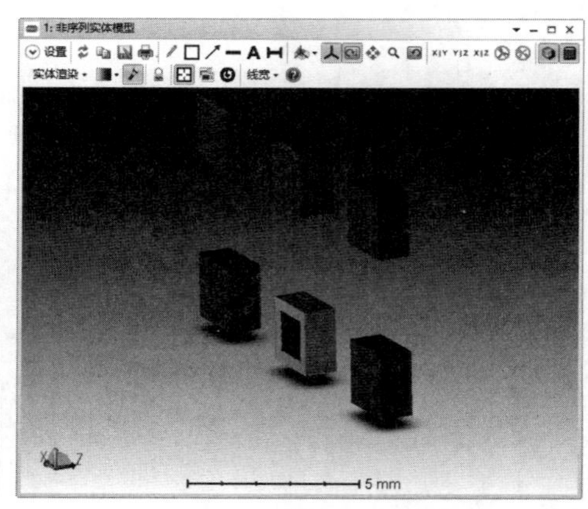

图 7-43 显示创建 3×2 的物体

7.2.4 实例：阵列透镜

本例介绍一个包含多个规则排列的标准透镜的光学系统，规则排列的透镜除了可以使用阵列命令实现，还可以通过直接选择阵列类型的物体得到。

（1）设置工作环境

① 启动 Ansys Zemax OpticStudio 2023，进入 Ansys Zemax OpticStudio 2023 编辑界面。

② 在 Ansys Zemax OpticStudio 2023 编辑界面，选择功能区中的“文件”→“新建镜头项目”命令，关闭当前打开的项目文件的同时，打开“另存为”对话框，输入文件名称 GRIN Array Standard Lenses System.zmx。单击“保存”按钮，弹出“镜头项目设置”对话框，选择默认参数。单击“确定”按钮，在指定的源文件目录下自动新建了一个项目文件。

③ 单击“设置”功能区“编辑器”选项组中“非序列”命令，切换到非序列模式，打开非序列元件编辑器，如图 7-44 所示。

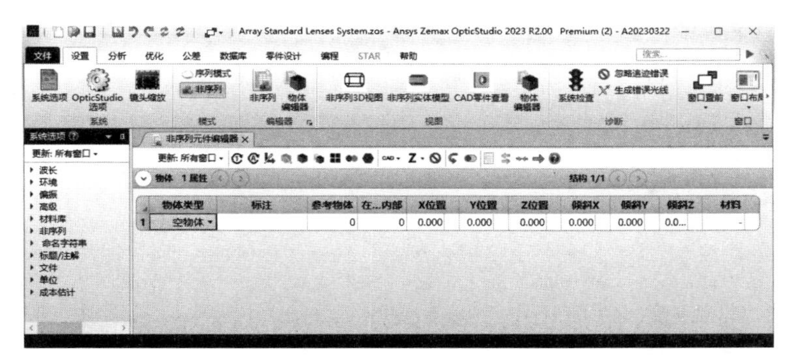

图 7-44　非序列元件编辑器

（2）设置物体 1

① 选择编号为 1 的“空物体”，在“物体类型”下拉列表中选择“标准透镜”，在参数列中添加多个参数（“材料”列之后的参数），如图 7-45 所示。

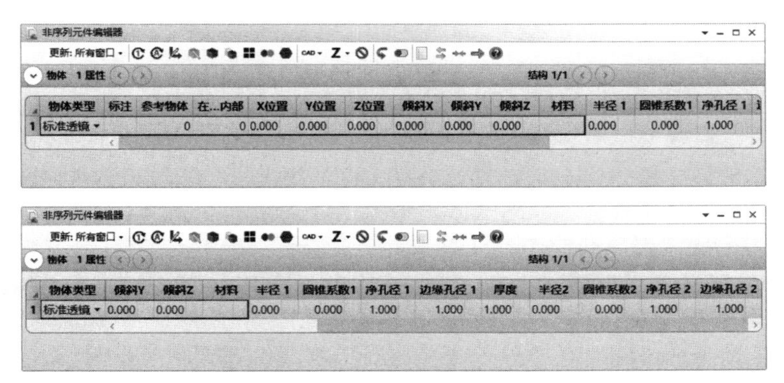

图 7-45　选择标准透镜

② 设置标准透镜的参数，其中，材料为 BK7，半径 1 为 50.000，净孔径 1 为 10.000，边缘孔径 1 为 10.000，厚度为 10.000，半径 2 为 -20.000，净孔径 2 为 10.000，边缘孔径 2 为 10.000，如图 7-46 所示。

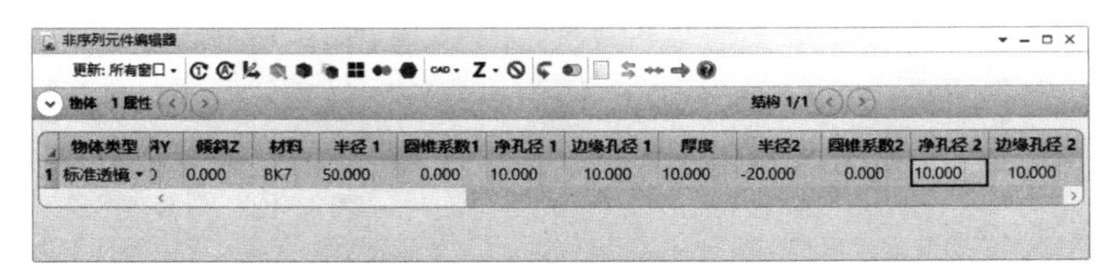

图 7-46　标准透镜参数

③ 单击“设置”功能区“视图”选项组中的“非序列 3D 视图”命令，弹出“非序列 3D 视图”窗口，显示不带阴影的非序列元件模型。单击工具栏中的“相机视图”按钮，选择“等轴侧视图”命令，显示标准透镜的等轴侧视图，如图 7-47 所示。

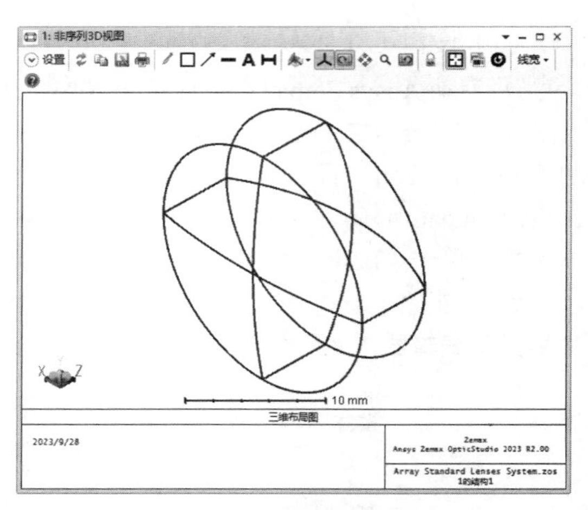

图 7-47　等轴侧视图

（3）标准透镜阵列

① 选中编号为 1 的“标准透镜”，单击右键，在弹出的快捷菜单中选择“复制物体”“粘贴物体”命令，粘贴得到物体 2“标准透镜”。在物体 2“标准透镜”的“Z 位置”列输入 50.000，新透镜的坐标为（0,0,50），如图 7-48 所示。

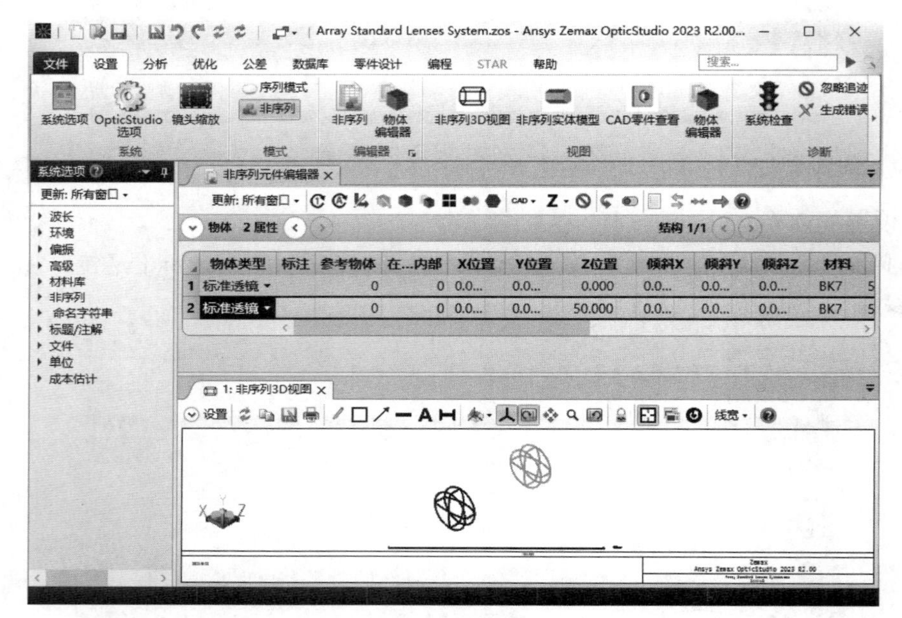

图 7-48　复制透镜

② 选中编号为 2 的“标准透镜”，单击工具栏中的“阵列物体”按钮，弹出“复制 NSC 物体”对话框，在“物体”栏显示要阵列的对象为“物体 2”，在“X 方向个数”栏输入 2，“X 方向间隔”栏输入 50；在“Y 方向个数”栏输入 3，“Y 方向间隔”栏输入 30，如图 7-49 所示。

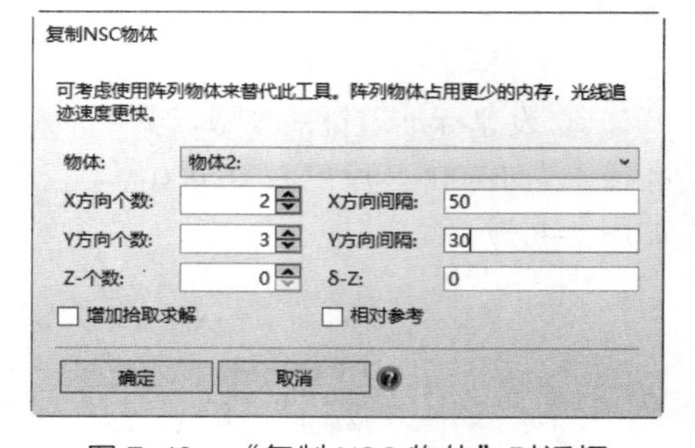

图 7-49　“复制 NSC 物体”对话框

③ 单击“确定”按钮，在非序列元件编辑器中显示阵列得到 6 个（2×3）标准透镜（物体 2 ～物体 7），如图 7-50 所示。

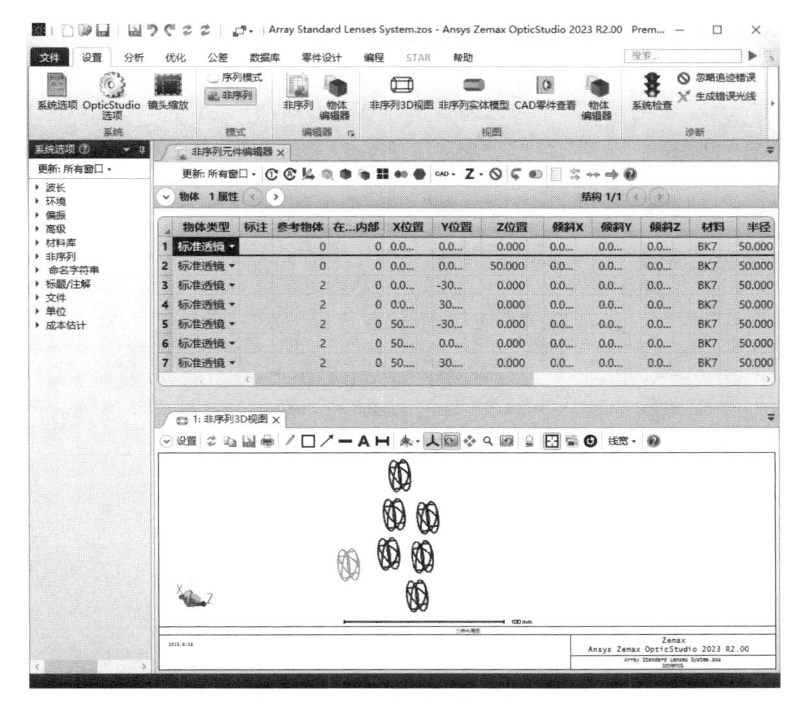

图 7-50　阵列标准透镜

（4）创建阵列透镜

① 选择物体 1（标准透镜），单击鼠标右键，选择“插入后续物体”命令，在其后插入物体 2（空物体），如图 7-51 所示。

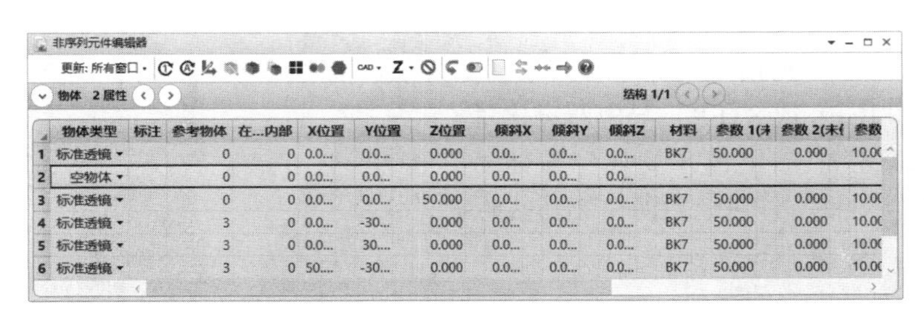

图 7-51　插入后续物体

② 选择物体 2（空物体），在“物体类型”下拉列表中选择“阵列”，进行下面的参数设置，如图 7-52 所示。

- 在“Z 位置”列输入 200.000；
- 在“父物体 #”列输入 1，表示阵列的父对象为编号为 1 的物体（标准透镜）；
- 在“X′个数”列输入 3，在“Y′个数”列输入 5，在“Z′个数”列输入 2，指定不同方向阵列物体的个数；
- 在“δ1X′”列输入 25.000，“δ1Y′”列输入 50.000，“δ1Z′”列输入 100.000，输入不同方向阵列物体间隔；

在“最大 X′”列输入 50.000，在“最大 Y′”列输入 200.000，在“最大 Z′”列输入 100.000。

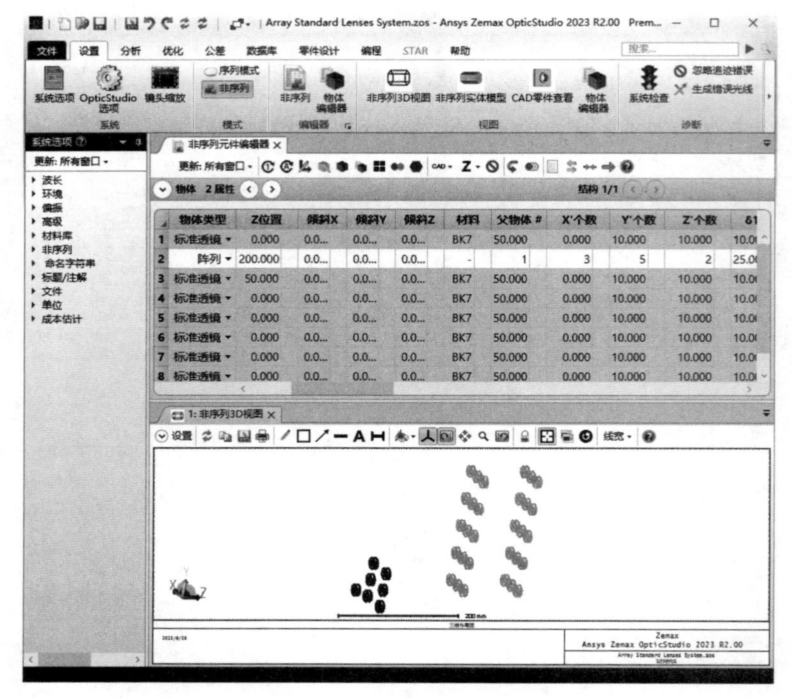

图 7-52　“阵列”物体参数

（5）保存文件

单击 Ansys Zemax OpticStudio 2023 编辑界面工具栏中的“保存”按钮，保存文件。

7.2.5 合并物体

合并物体命令用于将两个物体进行布尔运算处理，以形成一个新的单个物体，然后以选定的 CAD 格式（如 IGES 或 STEP）导出新物体对象。

① 单击工具栏中的“合并物体”按钮，弹出“联合物体工具”对话框，对任意两个物体执行与、或、异或等布尔运算，如图 7-53 所示。

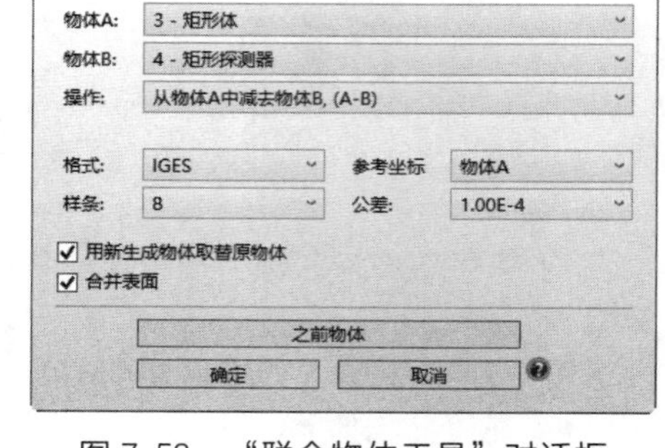

图 7-53　“联合物体工具”对话框

下面介绍该对话框中的选项。

- 物体 A：选择要组合的第一个物体对象。
- 物体 B：选择要组合的第二个物体对象。
- 操作：定义要对所选对象执行的布尔操作。
- 格式：定义保存结果对象的文件格式。
- 参考坐标：定义了组合物体对象使用的坐标系统。如果选择“全局”，表示相对于非序列系统原点的位置；如果选择“物体 A”或“物体 B”，则该物体对象将分别相对于物体对象 A 或 B 的局部坐标进行定位。
- 样条：定义每个非球面使用的样条点的数量。
- 公差：以透镜单位计量的尺寸公差。
- 之前物体：单击该按钮，显示合并后的模型图。

● 用新生成物体取替原物体：勾选该复选框，创建新的物体后，选中的物体 A 和 B 将被创建的新的物体（物体 2）替换，如图 7-54 所示。反之，不会将创建的物体自动导入非序列元件编辑器中，在编辑器中显示合并的两个物体（物体 2、物体 3），如图 7-55 所示。

● 合并表面：勾选该复选框，将显示一个用指定设置创建的物体的实体模型。

非序列元件编辑器

更新: 所有窗口 · 物体 3 属性 · 结构 1/1

	物体类型	标注	参考物体	在...内部	X位置	Y位置	Z位置	倾斜X	倾斜Y	倾斜Z	材料
1	灯丝光源		0	0	0.000	0.000	0.000	0.000	0.000	0.0...	-
2	CAD 零件: S	NEW_OBJECT.IGS	0	0	0.000	0.000	0.000	0.000	0.000	0.0...	
3	矩形探测器		0	0	0.000	0.000	0.000	0.000	0.000	0.0...	

图 7-54　用新生成物体取替原物体

非序列元件编辑器

更新: 所有窗口 · 物体 3 属性 · 结构 1/1

	物体类型	标注	参考物体	在...内部	X位置	Y位置	Z位置	倾斜X	倾斜Y	倾斜Z	材料
1	灯丝光源		0	0	0.000	0.000	0.000	0.000	0.000	0.0...	-
2	矩形体		0	0	0.000	0.000	0.000	0.000	0.000	0.0...	
3	矩形体		0	0	1.000	1.000	0.000	0.000	0.000	0.0...	
4	矩形探测器		0	0	0.000	0.000	0.000	0.000	0.000	0.0...	

图 7-55　不自动导入新物体

② 单击“确定”按钮，弹出“另存为”对话框，在“文件名”栏输入 NEW_OBJECT，如图 7-56 所示。单击“确定”按钮，关闭该对话框，在指定的目录文件下生成 IGS 文件。

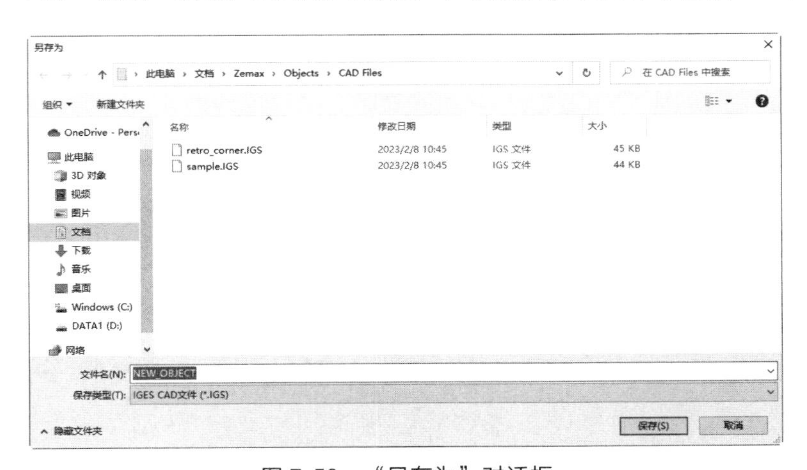

图 7-56　“另存为”对话框

7.2.6 创建多面体

创建多面体命令用来创建多面体，该多面体也可以作为探测器使用，输出 POB 格式多面体。

① 单击工具栏中的“创建多面体”按钮●，弹出“多边形物体生成工具”对话框，如图 7-57 所示。

下面介绍该对话框中的选项。

- 物体类型：从列表中选择物体类型，包括矩形体、椭圆体、圆柱形。根据选择的物体类型设置实体参数，如图 7-57 所示。
- 输出名称：输入要创建的文件的名称，文件名中不包含路径，包含扩展名 POB。

② 单击“确定”按钮，自动将 POB 文件放置在 <objects>\Polygon objects 文件夹中，可用于后面模型文件的调用。

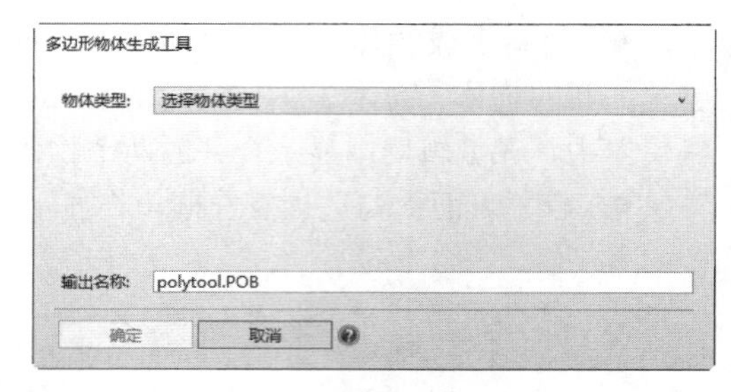

图 7-57 “多边形物体生成工具”对话框

7.2.7 实例：创建六角形透镜

本例是通过对一个标准透镜进行布尔“与”操作，创建一个六边形透镜。

（1）设置工作环境

① 启动 Ansys Zemax OpticStudio 2023，进入 Ansys Zemax OpticStudio 2023 编辑界面。

② 在 Ansys Zemax OpticStudio 2023 编辑界面，选择功能区中的“文件”→“新建镜头项目”命令，关闭当前打开的项目文件的同时，打开“另存为”对话框，输入文件名称 Hexagonal Lens Lenses System.zmx。单击“保存”按钮，弹出“镜头项目设置”对话框，选择默认参数。单击“确定”按钮，在指定的源文件目录下自动新建了一个项目文件。

③ 单击“设置”功能区“编辑器”选项组中“非序列”命令，切换到非序列模式，打开非序列元件编辑器。此时，编辑器中默认创建一个编号为 1 的“空物体”。

（2）设置物体 1

① 选择编号为 1 的“空物体”，单击鼠标右键，在弹出的快捷菜单中选择“插入物体”命令，在该物体上面插入编号为 1 的物体，该物体的编号自动变为 2，如图 7-58 所示。

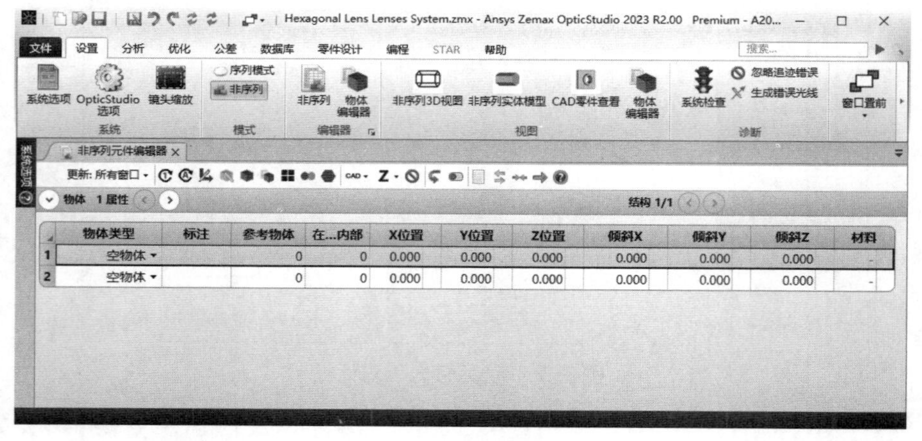

图 7-58 插入物体

② 选择编号为 1 的“空物体”，在“物体类型”下拉列表中选择“标准透镜”，进行下面的参数设置，其余参数保持默认，如图 7-59 所示。

- 半径 1 为 20.000，净孔径 1 为 10.000，边缘孔径 1 为 10.000，厚度为 3.000；
- 半径 2 为 0.000，净孔径 2 为 10.000，边缘孔径 2 为 10.000。

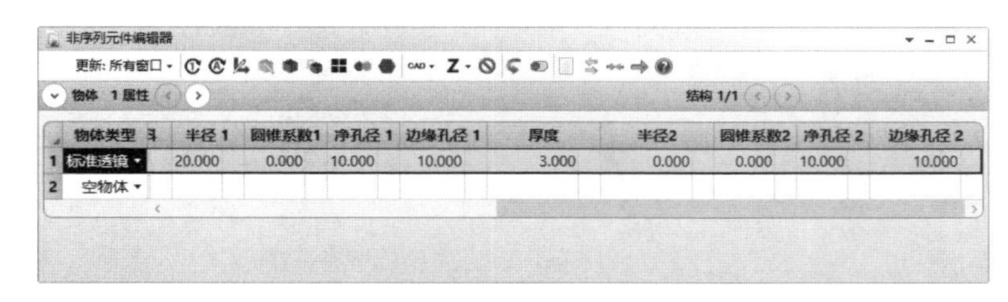

图 7-59　物体 1 设置

③ 单击“设置”功能区下“视图”选项组中的“非序列实体模型”命令，弹出“非序列实体模型”窗口。单击工具栏中的“相机视图”按钮，选择“等轴侧视图”命令，显示物体 1 的等轴侧视图，如图 7-60 所示。

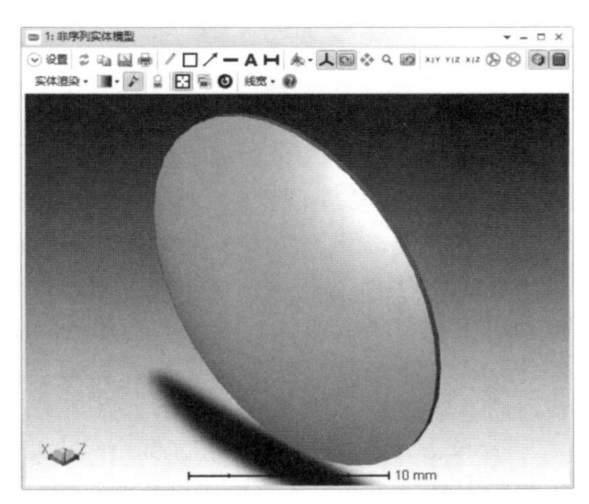

图 7-60　物体 1 的等轴侧视图

(3) 设置物体 2

① 选择物体 1（标准透镜），单击鼠标右键，在弹出的快捷菜单中选择“插入物体”命令，在该物体上面插入编号为 1 的物体，该物体的编号自动变为 2。

② 选择物体 1，在“物体类型”下拉列表中选择“挤压物体”，弹出“数据文件”对话框，在“数据文件”下拉列表中选择“hexagon.uda”，如图 7-61 所示。单击“确定”按钮，完成模型文件的添加，并根据文件中的数据定义物体 1，创建物体 1（挤压物体），在“标注”栏显示数据文件名称 hexagon.uda，如图 7-62 所示。

图 7-61　“数据文件”对话框

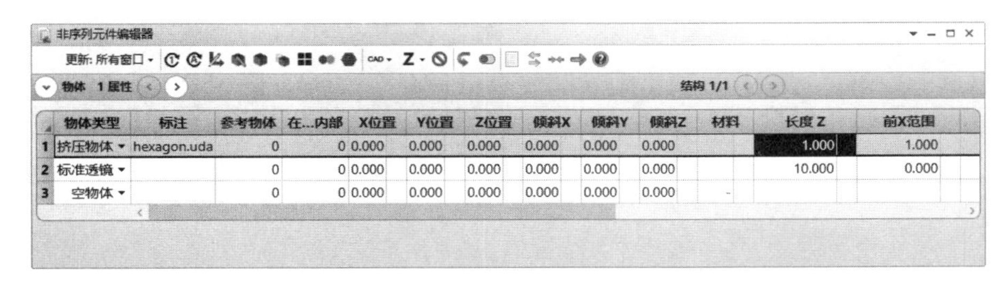

图 7-62　创建物体 1（挤压物体）

③ 选择物体 1（挤压物体），对右侧参数列进行下面的设置，其余参数保持默认，如图 7-63 所示。

- Z 位置为 -15.000，长度 Z 为 40.000，前 X 范围为 0.050；
- “前 Y 范围”的“求解类型”为“拾取”，在“从物体”栏输入 1，在“从列”栏选择“前 X 范围”，表示“前 Y 范围”的值选择与“前 X 范围”一致。此时，物体 1 的“前 Y 范围”右侧小列显示“P”符号。
- 同样的方法，设置后 X 范围、后 Y 范围的参数。

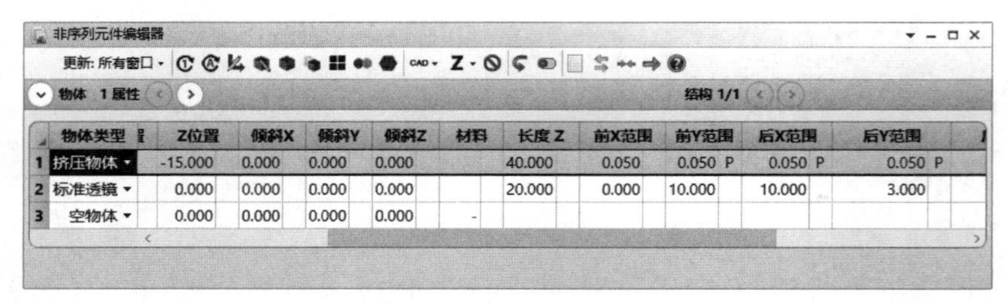

	物体类型	Z位置	倾斜X	倾斜Y	倾斜Z	材料	长度Z	前X范围	前Y范围	后X范围	后Y范围
1	挤压物体	-15.000	0.000	0.000	0.000		40.000	0.050	0.050 P	0.050 P	0.050 P
2	标准透镜	0.000	0.000	0.000	0.000		20.000	0.000	10.000	10.000	3.000
3	空物体	0.000	0.000	0.000	0.000	-					

图 7-63　物体 1（挤压物体）设置

④ 此时，“非序列实体模型”窗口中的两个物体根据非序列元件编辑器中输入的参数进行实时更新，结果如图 7-64 所示。

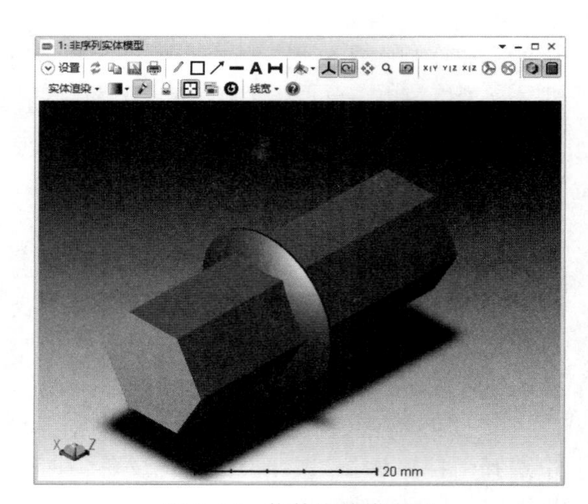

图 7-64　物体实体模型图

(4) 合并差集物体

① 单击工具栏中的“合并物体”按钮，弹出“联合物体工具”对话框，在“操作”下拉列表中选择“从物体 B 中减去物体 A，(B-A)”，对物体 1 和物体 2 执行 B-A 运算，默认勾选“合并表面”复选框，如图 7-65 所示。

② 单击“之前物体”按钮，弹出“合并物体预览”窗口，显示合并后的模型预览图，如图 7-66 所示。

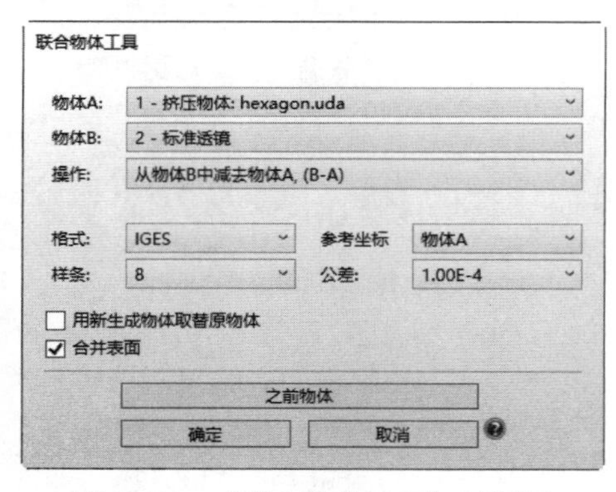

图 7-65　“联合物体工具”对话框

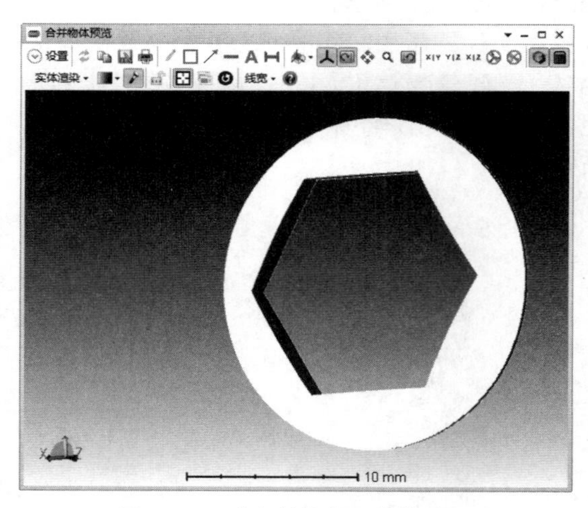

图 7-66　“合并物体预览”窗口

③ 单击“确定”按钮，弹出“另存为”对话框，在“文件名”栏输入 Hexagonal Lens，如图 7-67 所示。单击“确定”按钮，关闭该对话框，在指定的目录文件下生成 Hexagonal Lens.IGS 文件。

(5) 导入合并物体

① 选择物体 3（空物体），单击鼠标右键，在弹出的快捷菜单中选择“插入物体”命令，在该物体上面插入物体 3，该物体的编号自动变为 4。

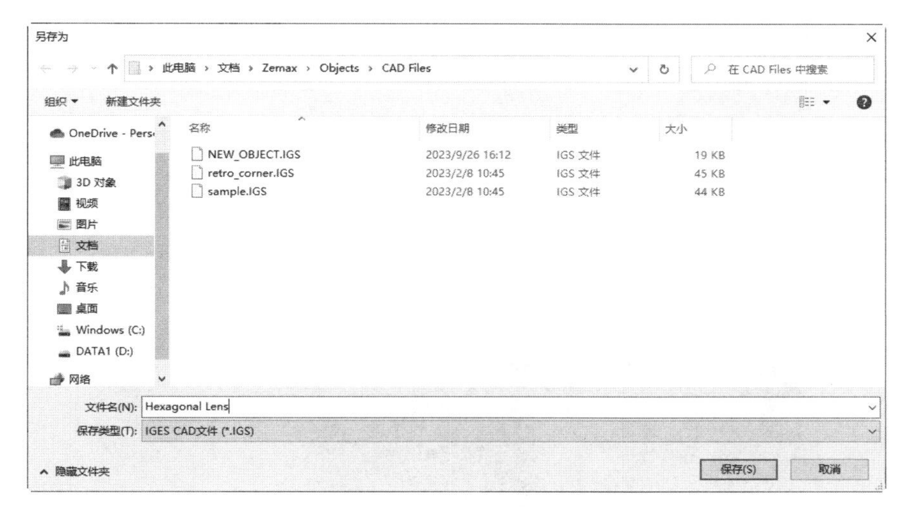

图 7-67　“另存为”对话框

② 选择物体 3，在“物体类型”下拉列表中选择“CAD 零件：STEP/IGES/SAT”，弹出“数据文件”对话框，在“数据文件”下拉列表中选择“Hexagonal Lens.IGS”，如图 7-68 所示。单击“确定”按钮，创建物体 3（CAD 零件：STEP/IGES/SAT），在“标注”栏显示数据文件名称“Hexagonal Lens.IGS”，如图 7-69 所示。

图 7-68　“数据文件”对话框

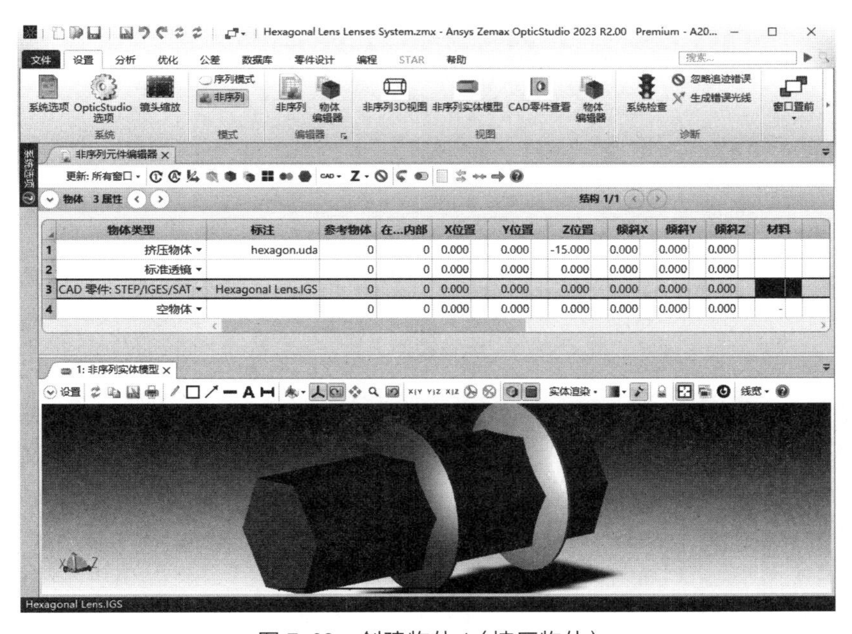

图 7-69　创建物体 1（挤压物体）

③ 选择物体 3（CAD 零件：STEP/IGES/SAT），设置“Z 位置”为 -40.000，其余参数保持默认，如图 7-70 所示。

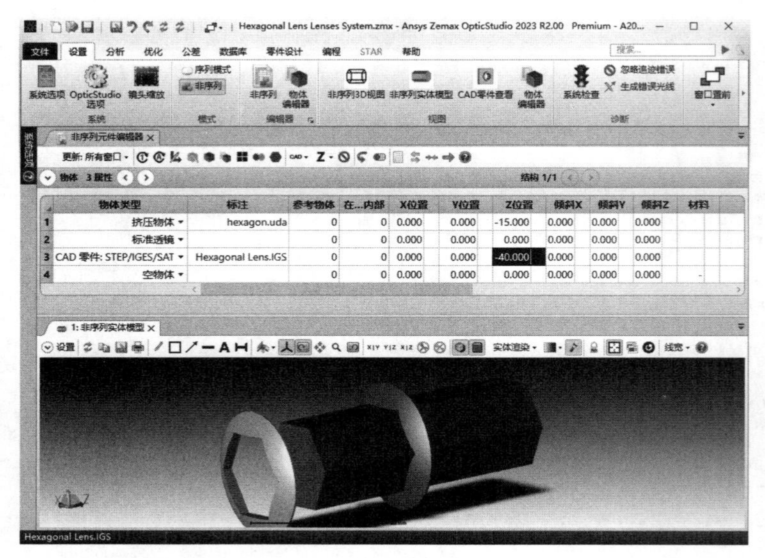

图 7-70　物体 3（CAD 零件：STEP/IGES/SAT）设置

（6）合并交集物体

① 单击工具栏中的“合并物体”按钮，弹出“联合物体工具”对话框，在“操作”下拉列表中选择“物体的交集，(与)”，对物体 1 和物体 2 执行“与”运算，默认勾选“合并表面”复选框，如图 7-71 所示。

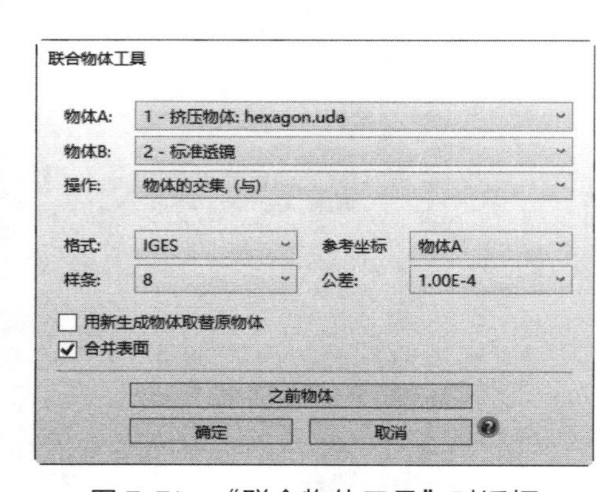

图 7-71　“联合物体工具”对话框

② 单击“确定”按钮，弹出“另存为”对话框，在“文件名”栏输入 Hexagonal Lens1。单击“确定”按钮，关闭该对话框，在指定的目录文件下生成 Hexagonal Lens1.IGS 文件。

③ 选择物体 4（空物体），单击鼠标右键，在弹出的快捷菜单中选择“插入物体”命令，在该物体上面插入物体 4，该物体的编号自动变为 5。

④ 选择物体 4，在“物体类型”下拉列表中选择“CAD 零件：STEP/IGES/SAT”，弹出“数据文件”对话框，在“数据文件”下拉列表中选择“Hexagonal Lens1.IGS”。单击“确定”按钮，创建物体 4（CAD 零件：STEP/IGES/SAT），在“标注”栏显示数据文件名称“Hexagonal Lens1.IGS”。

⑤ 选择物体 4（CAD 零件：STEP/IGES/SAT），设置“Z 位置”为 -50.000，其余参数保持默认，如图 7-72 所示。

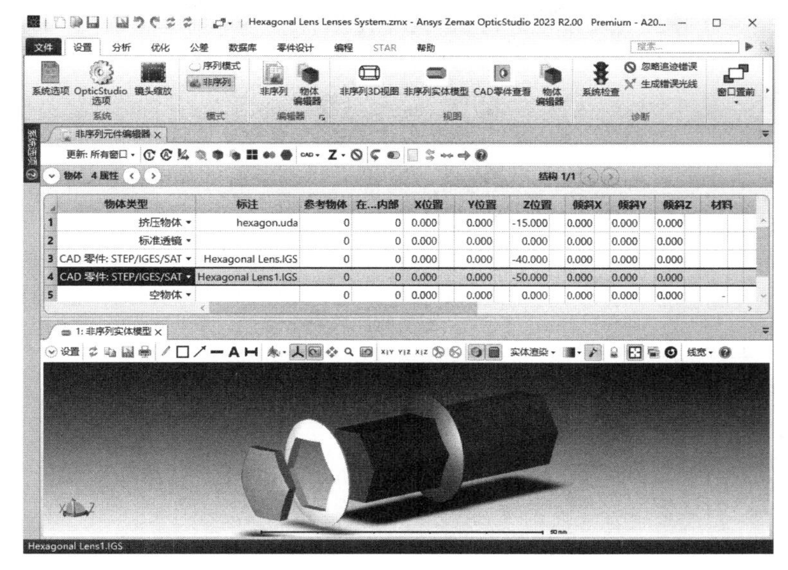

图 7-72　物体 4（CAD 零件：STEP/IGES/SAT）设置

（7）保存文件

单击 Ansys Zemax OpticStudio 2023 编辑界面工具栏中的“保存”按钮，保存文件。

7.3　物体属性设置

在非序列元件编辑器中，单击快捷工具栏“物体 属性”选项左侧的“打开”按钮，展开“物体 属性”面板，包含 9 个选项卡，用于对对象属性进行编辑。

7.3.1　“类型”选项卡

在左侧列表中单击“类型”选项卡，在右侧界面显示用于设置对象类型的选项，如图 7-73 所示。

图 7-73　“类型”选项卡

下面介绍该选项卡中的选项。

（1）“常规”选项组

① 分类：选择光学元件对象的一般类型，如所有类型、光源、实体文件、探测器与分析。

② 类型：选择复杂的对象的类型，如任意棱镜、非球面透镜、环面、管光源等。

③ 用户自定义孔径：勾选该复选框，将使用用户自定义孔径（UDA）文件来定义对象的范围。

④ UDA 缩放：用于缩放 UDA 文件中定义的孔径。

⑤ 文件：用户自定义孔径（UDA）文件，默认为 COMAR_aperture_10.uda。

⑥ 编辑孔径文件：单击该按钮，调用文本编辑器，编辑所选的 UDA 文件。

⑦ 行颜色：在非序列元件编辑器中为对象选择行颜色。

⑧ 使用全局 XYZ 旋转命令：勾选该复选框，对象倾斜的旋转顺序为首先围绕 X 轴旋转，然后是 Y 轴，最后是 Z 轴。否则，首先围绕 Z 轴进行旋转，然后是 Y 轴，最后是 X 轴。

（2）“光线追迹”选项组

① 考虑物体：通常情况下，在 NSC（非序列系统）组内传播的光线遵循一个相当明确的路径。OpticStudio 只考虑可能穿过的物体子集的光线，这样可以显著提高光线跟踪速度。勾选该复选框，表示光线追迹经过该物体对象。

② 忽略物体：勾选该复选框，表示光线追迹忽略该物体对象。

③ 光线忽略物体：

- 从不：物体永远不会被忽略，光线总是会与物体相互作用。
- 一直：光线永远不会与物体相互作用。
- 开始：光线在最初从光源发射时将忽略对象，但是一旦光线与任何其他对象相互作用，则对象将不再被忽略。

④ 光线分裂时使用考虑 / 忽略物体：勾选该复选框，当光线被分割时，子光线将只寻找与“考虑对象”列表中列出的对象的交点，或者只忽略“忽略对象”列表中的对象。如果未勾选，则将检查所有可能的对象相交。

⑤ 快速光追迹（慢速更新）：勾选该复选框，加快更新速度。

（3）“探测器”选项组

① 物体为探测器：勾选该复选框，光线照射在物体上时，将增加一个与该物体相关的检测器。

② 显示为：选择用于表示在阴影模型图上作为检测器的对象的配色方案。

③ 使用像素插值：分配给每个像素的能量取决于光线在像素内照射的位置。照射到像素中心的光线会将 100% 的能量分配给像素。靠近像素边缘的光线将与边缘附近的像素共享能量。勾选该复选框，光线照射到矩形检测器上像素的能量将在相邻像素之间分配。

④ 归一化相干功率：如果来自一个或多个光源的所有非相干功率落在同一检测器上，则应检查归一化相干功率。

⑤ 记录光谱数据：仅适用于检测器颜色对象。勾选该复选框，记录所有落在探测器上的光线的光谱分布。

⑥ 个数：指定记录光谱数据的箱子数量。

⑦ 最小波长：指定被记录光线的最小的波长。

⑧ 最大波长：指定被记录光线的最大的波长。

⑨ 记录像元光谱数据：勾选该复选框，每个像素的光谱分布将被记录到箱中。

7.3.2 “绘图”选项卡

在左侧列表中单击“绘图”选项卡，在右侧界面显示用于绘制对象属性的选项，如图 7-74 所示。

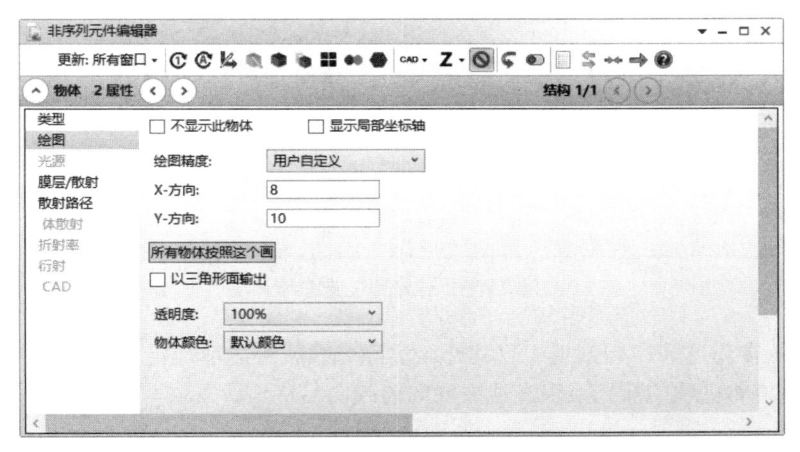

图 7-74　“绘图”选项卡

下面介绍该选项卡中的选项。

● 不显示此物体：勾选该复选框，在布局图上不绘制该对象。该操作用于从布局中删除包含其他对象的对象，这样可以更容易地看到对象的内部对象。

● 显示局部坐标轴：勾选该复选框，在三维布局图上绘制局部 X、Y 和 Z 轴，坐标指示器的顶点位于局部顶点。

● 绘图精度：这些选项以消耗计算时间为代价来增加绘图的分辨率，不同的对象根据对象的对称性使用不同的绘图分辨率。可以选择“标准”“中”“高”“精密”或“用户自定义”。

● X- 方向：在“绘图精度”下拉列表中选择“用户自定义”，激活该选项，设置 X 方向分辨率。

● Y- 方向：在“绘图精度”下拉列表中选择“用户自定义”，激活该选项，设置 Y 方向分辨率。

● 以三角形面输出：勾选该复选框，对象将导出到 CAD 格式文件中，而不是一个光滑的对象。

● 透明度：选择在实体模型中显示的透明度，默认为 100%，表示物体对象将在实体模型图上以纯色渲染，并且该对象可能完全遮挡视图中的其他对象。

● 物体颜色：选择在实体模型显示上绘制对象的颜色。

7.3.3　“光源”选项卡

在左侧列表中单击“光源”选项卡，在右侧界面显示定义光源对象的属性，包括偏振状态、相干长度，以及 NSC 源发出的光线的初始相位、位置和方向，如图 7-75 所示。

下面介绍该选项卡中的选项。

（1）“偏振”选项组

① 随机偏振：勾选该复选框，光源将发出随机偏振光。

② 初始相位（deg）：定义光线的初始相位，单位为度（°），360° 等于光程的一个波。

③ 相干长度：在已知相位（透镜单位）中光线传播的长度。

（2）“光线追迹”选项组

① 反转光线：勾选该复选框，反转每条光线的方向余弦，用来从光源反转光线的初始方向。

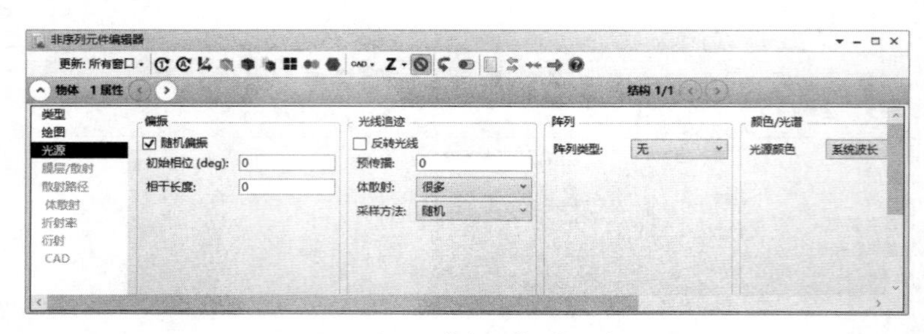

图 7-75 “光源”选项卡

② 预传播：在通过非序列系统中物体开始实际光线轨迹之前，定义以透镜为单位的光线传播距离，根据该值将光线的起始点沿光线方向向前或向后移动。

③ 体散射：

- 很多：选择该选项，如果光线穿过具有总体散射介质的物体，光线可能在介质中散射多次。
- 一次：选择该选项，光线的每个分支只能批量散射一次。如果一条光线在散射前分裂，则每一个子光线都可能散射，因为每一个子光线的分支都是第一次散射。
- 从不：选择该选项，该光源的光线不会发生体散射，多用于控制荧光建模。

④ 采样方法：

- 随机：随机采样。通过定义光源模型的参数生成随机光线，用来模拟离开光源的光。当样本数量较小时，随机数往往不能均匀地采样参数空间，随机数可能组合在一起，在抽样空间中留下相对较大的间隙，因此需要大量的光线来获得足够的采样以产生平滑的变化结果。
- 索伯：Sobol 采样，是一种广泛使用的抽样算法，看起来是定性随机的，但实际上是一种精心选择的分布，以最佳方式“填充”先前未抽样的空间。

（3）“阵列”选项组

阵列类型：根据阵列类型，创建包含相同光源的数组，所有光源数组中的光源都具有与“父”光源相同的属性。光源在父对象位置的第一列（x）和第一行（y）从 1 开始编号，每个后续光源沿着第一行的列进行编号，直到达到 X 方向光源的数量。下一个光源将被放置在第一列的下一行，然后再次跨列继续编号，直到放置所有光源，如图 7-76 所示。

① 无：不创建光源数组。

② 矩形：可用于在局部 X 和 Y 方向上制作均匀间距的一维光线或二维光源阵列数组。

- X 方向个数：X 方向上的光源数量，最小光源数为 1，最大光源数为 2000。
- Y 方向个数： Y 方向上的光源数量。
- 间隔 -X：沿 X 方向的光源到光源间距，以透镜单元为单位。
- 间隔 -Y：沿 Y 方向的光源到光源间距，以透镜单元为单位。

③ 圆形：以父坐标为中心的单个光源圆，定义圆形光源的位置参数包括光源个数和光源圆的曲率半径。第一个光源位于 XY 平面上的 0°，并且光源沿圆周逆时针方向继续（向下看 -Z 轴），直到放置所有光源。

④ 六边：由等间隔的光源环组成的数组。第一个“环”位于父节点的位置，放置第一个光源。第二个环包含角度间隔相等的 6 个光源，从光源 2 在 XY 平面上 +90° 开始，光源继续逆时针（向下看 -Z 轴）围绕圆圈，直到放置所有 6 个光源（源 2 ～源 7）。第三个环包含 12 个光源，第四个环包含 18 个光源，直到到达最后一个环。

- 环：定义六边形光源的环个数。

- 间隔：相邻环之间的径向间距。

⑤ 六角：形成具有六边形对称的数组。数组的编号约定从最左边（-X 坐标）列的底部（-Y 坐标）的 1 开始，然后向上到最左边的列，从右边的下一列的底部开始，然后向上到该列。该模式重复，直到到达最右边列中的顶部光源。

- 环：定义光源的环个数。
- 间隔：六边形区域的全高度，即同一列中光源之间的垂直间距。

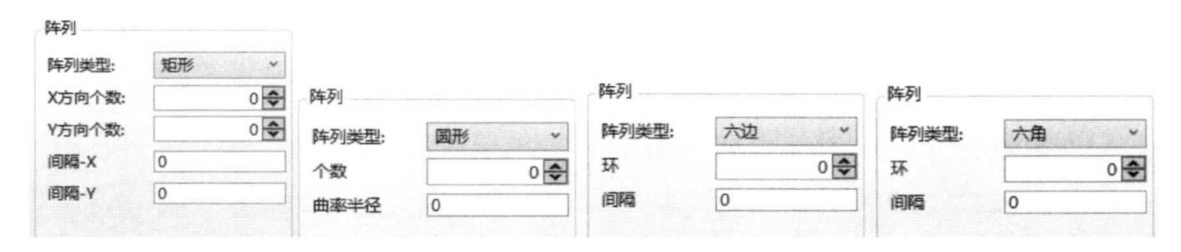

图 7-76　选择阵列类型

（4）“颜色 / 光谱”选项组

光源颜色：选择为光源生成光谱模型的方法。光源可以是单色的，也可以覆盖可见光谱的某些区域，以表示复合颜色，如橙色或白色。下面介绍几种可用的光源颜色模型。

- 系统波长：默认选择该光源颜色模型，在“系统波长”对话框中定义光源的单色波长，并由光源使用的波数来确定用于光线追迹的波长。
- CIE 1931 三色刺激值 XYZ：使用三个 CIE 三色刺激值定义光源的颜色，通常称为 X、Y 和 Z。
- CIE 1931 色、坐标 xy：本质上与上面的 XYZ 模型相同，但使用归一化色度坐标计算光谱。
- CIE 1931 RGB（饱和）：将 RGB 值转换为 CIE XYZ 坐标，计算光谱的方法与 CIE 1931 三色刺激值相同。
- 等能白光：在指定波长范围内以定义的离散波长的数量创建均匀的功率谱。
- D65 白色：计算机显示器上的 D65 白色定义 X = 0.9505, Y = 1.0000, Z = 1.0890。
- 色温：基于开尔文的温度，通过与指定温度的黑体产生相同的颜色计算 CIE 1931 三色刺激值 XYZ，并利用这些值描述光谱。结果不是一个真正的黑体光谱，但光谱适合产生相同颜色的黑体的温度。
- 黑体辐射光谱：以开尔文温度为基础，在特定波长范围内产生真正的黑体光谱。
- 用户自定义光谱：从文件中读取波长值和权重。
- CIE 1976 u'v'：本质上与上面的 XYZ 模型相同，使用标准化的 u' 和 v' 色度坐标计算光谱。

7.3.4　“膜层 / 散射”选项卡

在左侧列表中单击“膜层 / 散射”选项卡，在右侧界面显示对象膜层和散射选项，如图 7-77 所示。

对于单光线透镜，有 3 个面：正面、背面和所有剩余的面（包括边缘和边缘周围的平方面）。在这种情况下，可以应用 3 种不同的膜层。如果镜片的所有面都被涂膜，则每个面组一个膜层。

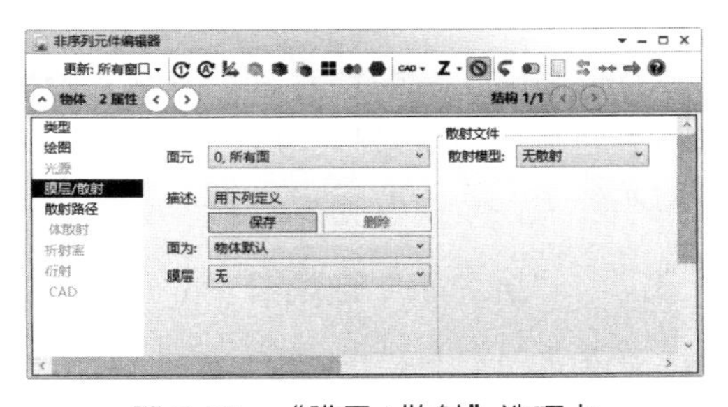

图 7-77　“膜层 / 散射”选项卡

下面介绍该选项卡中的选项。

① 面元：选择涂膜的面数。多个表面可以组合在一个面号中，并且同一面组中有的表面具有相同的光学性质。有效的面数是 0 到 50，大多数对象的面数小于 4。

② 描述：选择与应用于物体表面的薄膜涂层和散射模型数据相关的设置文件。

- 保存：将当前的散射设置保存为新的配置文件。单击此按钮，提示输入新配置文件的名称。
- 删除：从分散配置文件中删除当前选择的配置文件。

③ 面为：选择涂膜面的作用。

- 物体默认：根据非序列元件编辑器中定义的材料类型定义表面膜层的作用，折射的、反射的或吸收的。
- 反光：表面反射光线，忽略光的透射部分。
- 吸收：表面吸收光线。

④ 膜层：选择应用于具有选定面号的表面的涂层。

⑤ 散射模型：选择散射模型。

7.3.5 “散射路径”选项卡

在左侧列表中单击“散射路径”选项卡，在右侧界面显示光线散射选项，如图 7-78 所示。

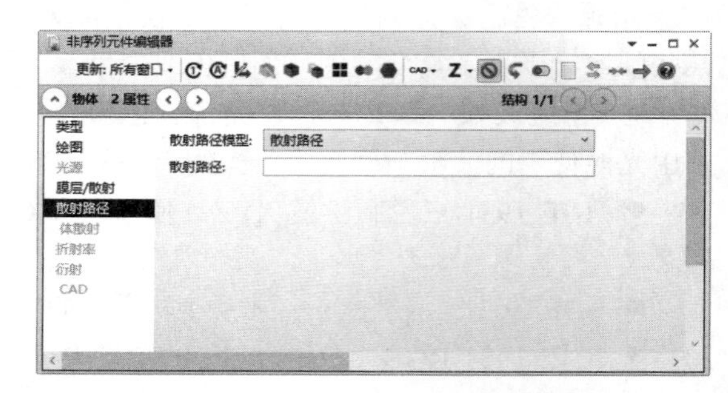

图 7-78　“散射路径”选项卡

下面介绍该选项卡中的选项。

在“散射路径模型”下拉列表中选择散射路径模型，用来提高散射分析的效率。

① 散射路径：根据散射分布散射光线，但只有当光线向指定的对象传播时才跟踪光线。该方法适用于广角散射（如朗伯散射）和当指定的对象从散射表面看具有相对较大的角度时的情况。

② 重点采样：将光线散射到指定的物体上，然后将光线携带的能量归一化，以说明光线实际在那个方向上散射的概率。如果散射角度较窄，或者从散射面看，指定的对象的角度相对较小，则重要性采样通常优于散射法。

7.3.6 “体散射”选项卡

在左侧列表中单击“体散射”选项卡，在右侧界面显示体散射模型，如图 7-79 所示。体散射模型是光线通过固体物体传播时的随机散射。

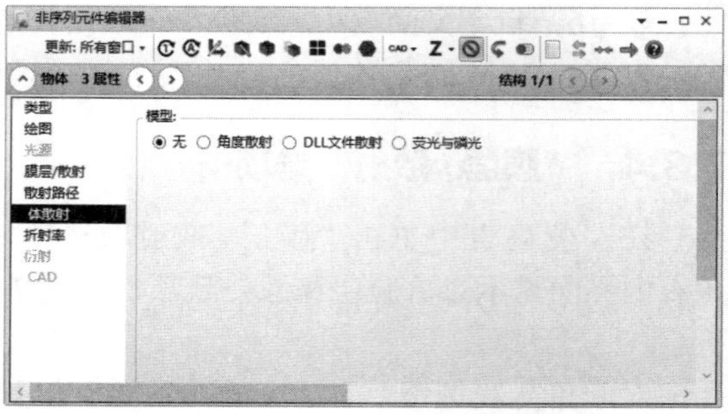

OpticStudio 支持 4 种模式用于固体物体的体散射：无、角度散射、DLL 文件散射、荧光与磷光。

图 7-79　“体散射”选项卡

7.3.7 “折射率”选项卡

在左侧列表中单击“折射率”选项卡，在右侧界面显示折射率类型选项，定义由各向同性、双折射或梯度折射率材料制成的对象的折射率类型，如图 7-80 所示。

下面介绍该选项卡中的选项。

① 各向同性：该类型忽略双折射，将物体建模为各向同性介质，其折射率由与体积相关的材料定义。

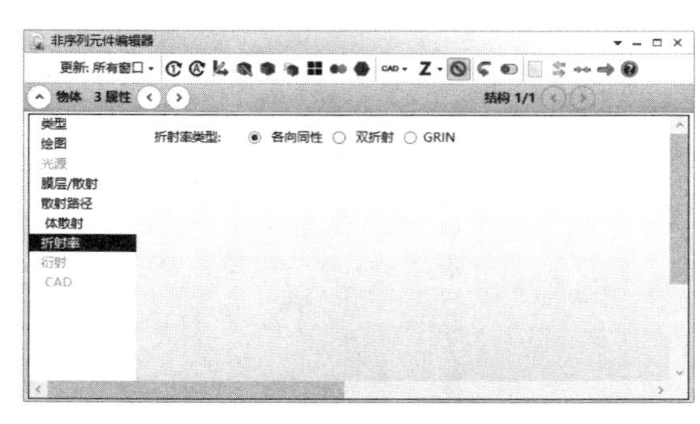

图 7-80　“折射率”选项卡

② 双折射：该类型用来定义由单轴各向异性材料（如方解石）制成的固体的双折射性质，如图 7-81 所示。

图 7-81　选择双折射

● 模式：选择实际追迹的光线。寻常光线或非寻常光线，或两者都可以被追迹到。波片模式沿着普通光线的路径追踪能量，然而，异常电场也随着光线传播，并且总电场将在普通和异常方向上通过微分指数进行相位旋转。

● 反射：决定是跟踪折射光线还是反射光线，或者两者都跟踪。

● Ax、Ay、Az：物体局部坐标。

● 轴长：在布局图上绘制的晶体轴的透镜单位长度。使用值为 0 表示不绘制晶体轴。

③ GRIN：梯度折射率，该类型用来定义由梯度指数材料制成的物体的性质，如图 7-82 所示。

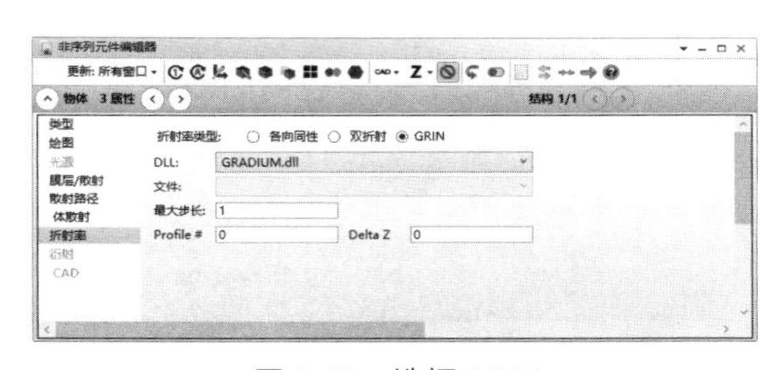

图 7-82　选择 GRIN

● DLL：选择要使用的 DLL 的名称。在动态链接库（dynamic link library，DLL）单独程序中定义非顺序对象使用的所有梯度索引材料。

● 文件：选择动态链接库（DLL）程序文件。

● 最大步长：分段光线追迹时使用的最大步长。最大步长取决于折射率变化的速率和所要求的计算精度。如果最大步长太大，光线追迹结果将有很大的误差，并且一些光线将错过本来会穿过的物体，反之亦然。

7.3.8　实例：环形镜头

本例通过扫描物体将一个标准镜头扫描成一个环形镜头。

（1）设置工作环境

① 启动 Ansys Zemax OpticStudio 2023，进入 Ansys Zemax OpticStudio 2023 编辑界面。

② 在 Ansys Zemax OpticStudio 2023 编辑界面，选择功能区中的“文件”→“新建镜头项目”命令，关闭当前打开的项目文件的同时，打开“另存为”对话框，输入文件名称 Scanning Lens.zmx。单击“保存”按钮，弹出“镜头项目设置”对话框，选择默认参数。单击“确定”按钮，在指定的源文件目录下自动新建了一个项目文件。

③ 单击“设置”功能区“编辑器”选项组中“非序列”命令，切换到非序列模式，打开非序列元件编辑器。此时，编辑器中默认创建一个编号为 1 的“空物体”。

（2）插入物体

选择编号为 1 的“空物体”，单击鼠标右键，在弹出的快捷菜单中选择“插入物体”命令，插入物体 2、物体 3，如图 7-83 所示。

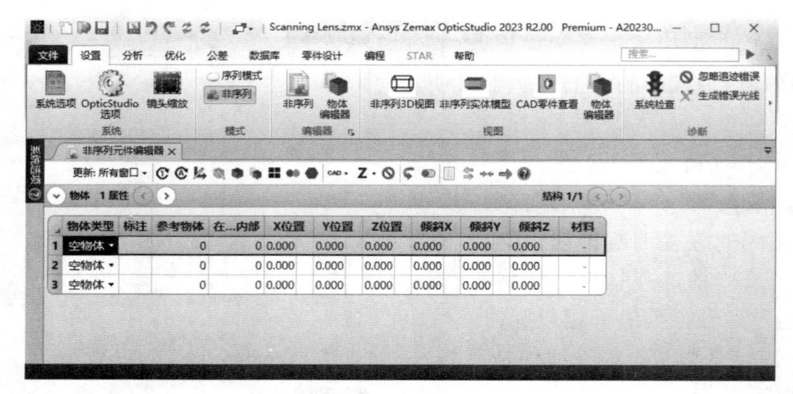

图 7-83　插入物体

（3）设置物体 1 参数

① 选择编号为 1 的“空物体”，单击快捷工具栏“物体 属性”选项左侧的“打开”按钮，展开“物体 属性”面板。

② 单击“类型”选项卡，在右侧界面显示用于设置对象类型的选项，在“分类”选项中选择“实体文件”，在“类型”下拉列表中选择实体文件中的“球”，如图 7-84 所示。

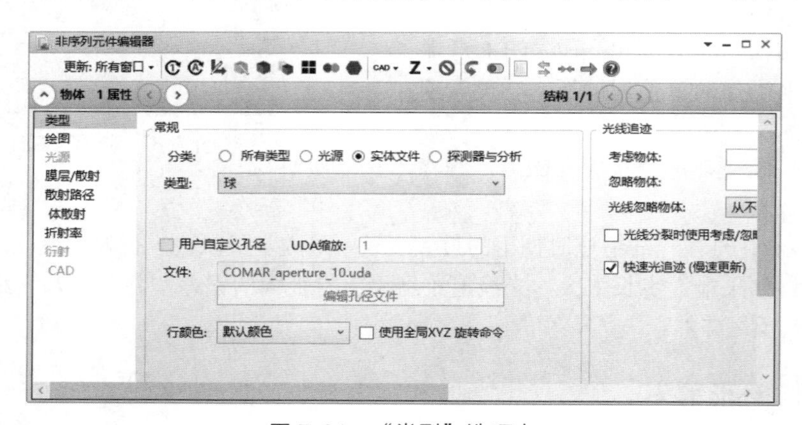

图 7-84　“类型”选项卡

③ 单击“关闭”按钮，隐藏面板，在非序列元件编辑器中显示物体 1 的修改结果，如图 7-85 所示。

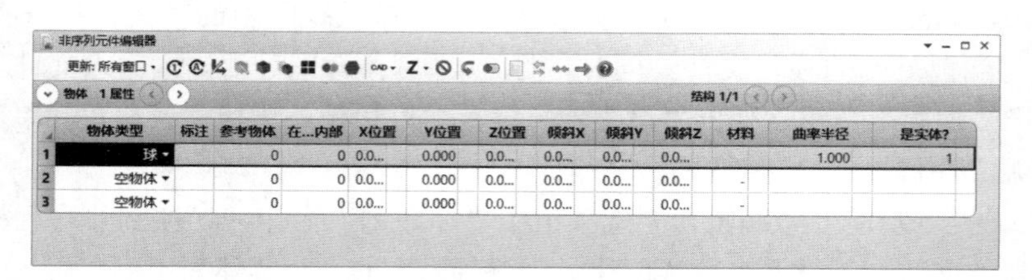

图 7-85　物体 1 参数修改

④ 单击“设置”功能区下“视图”选项组中的“非序列实体模型”命令，弹出“非序列实体模型”窗口。单击工具栏中的“相机视图”按钮，选择“等轴侧视图”命令，显示物体 1 的等轴侧视图，如图 7-86 所示。

（4）设置物体 2 参数

① 选择编号为 2 的“空物体”，单击快捷工具栏“物体 属性”选项左侧的“打开”按钮，展开“物体 属性”面板。

② 单击“类型”选项卡，在“分类”选项中选择“实体文件”，在“类型”下拉列表中选择实体文件中的“扫描物体。

③ 单击“绘图”选项卡，在“物体颜色”选项中选择“颜色 2”，如图 7-87 所示。

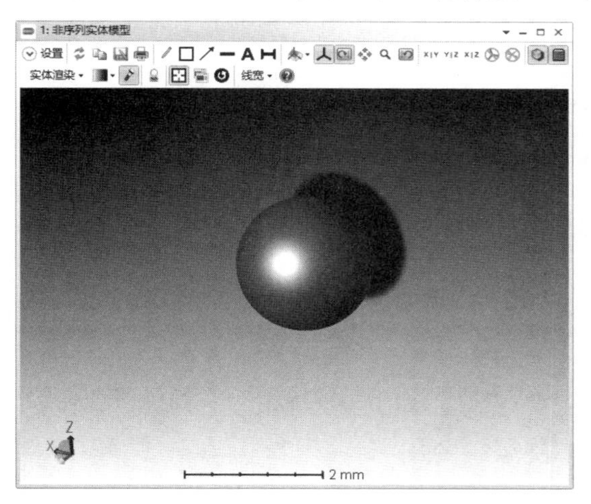

图 7-86　物体 1 等轴侧视图

图 7-87　“绘图”选项卡

④ 单击“关闭”按钮，隐藏面板。

⑤ 在非序列元件编辑器中按照下面的选项修改物体 2 的参数，结果如图 7-88 所示。

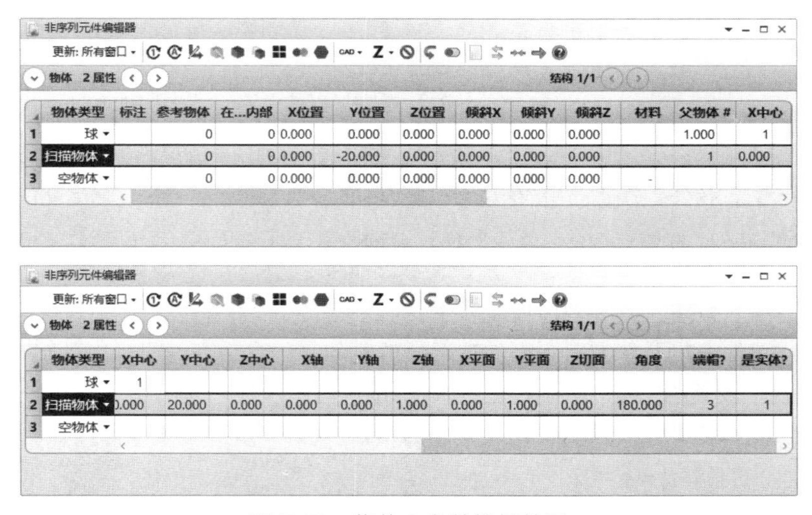

	物体类型	标注	参考物体	在...内部	X位置	Y位置	Z位置	倾斜X	倾斜Y	倾斜Z	材料	父物体 #	X中心
1	球		0	0	0.000	0.000	0.000	0.000	0.000	0.000		1.000	1
2	扫描物体		0	0	0.000	-20.000	0.000	0.000	0.000	0.000		1	0.000
3	空物体		0	0	0.000	0.000	0.000	0.000	0.000	0.000	-		

	物体类型	X中心	Y中心	Z中心	X轴	Y轴	Z轴	X平面	Y平面	Z切面	角度	端帽?	是实体?
1	球	1											
2	扫描物体	0.000	20.000	0.000	0.000	0.000	1.000	0.000	1.000	0.000	180.000	3	1
3	空物体												

图 7-88　物体 2 参数编辑结果

- “Y 位置”设置为 -20，表示扫描物体的起点坐标为（0，-20.0）；

- “父物体”设置为 1，表示将物体 1 作为扫描的源对象；
- “Y 中心”设置为 20；
- “角度”设置为 180，表示物体的扫描角度为 180°；
- “端帽？”设置为 3，“是实体？”设置为 1。

⑥ 此时，“非序列实体模型”窗口中的两个物体根据非序列元件编辑器中输入的参数进行实时更新，结果如图 7-89 所示。

（5）设置物体 3 参数

① 选择编号为 3 的“空物体”，单击快捷工具栏“物体 属性”选项左侧的“打开”按钮，展开“物体 属性”面板。

② 单击“类型”选项卡，在“分类”选项中选择“实体文件”，在“类型”下拉列表中选择实体文件中的“扫描物体。

③ 单击“绘图”选项卡，在“物体颜色”选项中选择“颜色 3”。

④ 单击“CAD”选项卡，在“弦公差”选项中输入 0.1，如图 7-90 所示。

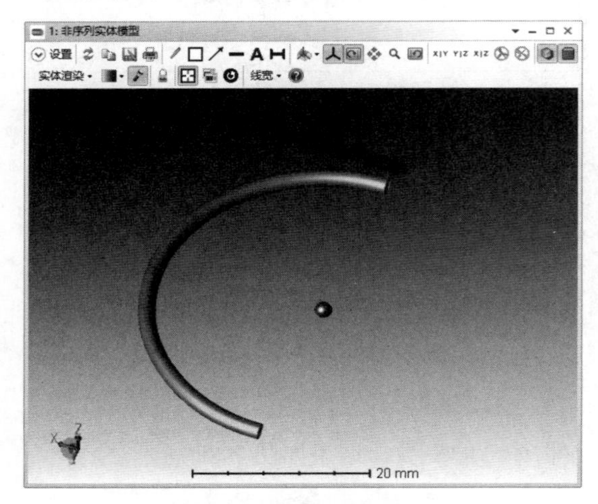

图 7-89　物体实体模型图 1

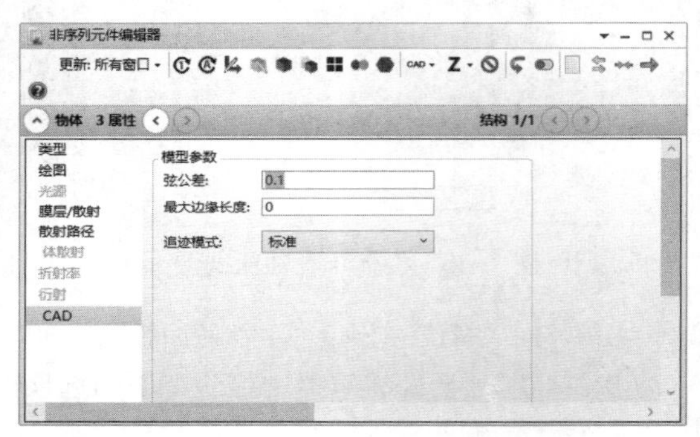

图 7-90　“CAD”选项卡

提示

弦公差是衡量多边形的形状的一个重要参数，弦公差角度公差的值越小，多边形的形状就越接近圆形；反之，弦公差角度公差的值越大，多边形的形状就越接近梯形。物体 2 的弦公差值默认为 0（0.00047），物体 3 的弦公差值为 0.1，物体 2 的环形截面更接近圆形。

⑤ 单击“关闭”按钮，隐藏面板。

⑥ 在非序列元件编辑器中按照下面的选项修改物体 3 的参数，结果如图 7-91 所示。

- “Y 位置”设置为 -40，表示扫描物体的起点坐标为（0，-40.0）；
- “父物体”设置为 1，表示将物体 1 作为扫描的源对象；
- “Y 中心”设置为 40；
- “角度”设置为 90，表示物体的扫描角度为 90°；
- “端帽？”设置为 1，“是实体？”设置为 0。

⑦ 此时，“非序列实体模型”窗口中的两个物体根据非序列元件编辑器中输入的参数进行实时更新，结果如图 7-92 所示。

非序列元件编辑器

更新: 所有窗口 · 物体 3 属性 · 结构 1/1

	物体类型	标注	参考物体	在...内部	X位置	Y位置	Z位置	倾斜X	倾斜Y	倾斜Z	材料	父物体 #	X中心	Y中心
1	球		0	0	0.000	0.000	0.000	0.000	0.000	0.000		1.000	1	
2	扫描物体		0	0	0.000	-20.000	0.000	0.000	0.000	0.000		1	0.000	20.000
3	扫描物体		0	0	0.000	-40.000	0.000	0.000	0.000	0.000		1	0.000	40.000

非序列元件编辑器

更新: 所有窗口 · 物体 3 属性 · 结构 1/1

	物体类型	Y中心	Z中心	X轴	Y轴	Z轴	X平面	Y平面	Z切面	角度	端帽?	是实体?
1	球											
2	扫描物体	20.000	0.000	0.000	0.000	1.000	0.000	1.000	0.000	180.000	3	1
3	扫描物体	40.000	0.000	0.000	0.000	1.000	0.000	1.000	0.000	90.000	1	0

图 7-91　物体 3 参数编辑结果

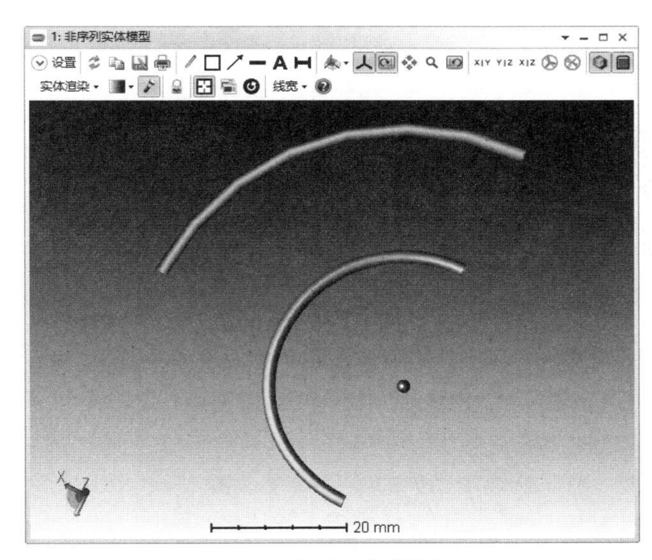

图 7-92　物体实体模型图 2

（6）保存文件

单击 Ansys Zemax OpticStudio 2023 编辑界面工具栏中的“保存”按钮，保存文件。

7.4　探测器分析

在光学系统中，探测器是一种用来检测和探测光信号的光电子器件，它可以将光信号转换为电信号，然后输出至外部电路。光学探测器在光电子领域有着广泛的应用，它可以用来检测光信号的强度、传输信息或者监测和识别光信号。

7.4.1　探测器的形状

在非序列模式中，可用的探测器包括极探测器、矩形探测器、面探测器、体探测器，如图 7-93 所示。在使用 NSC 光线进行光线追迹时，可以通过评估探测器上的辐射强度数值或者查看储存在光学数据库中的光线数据对系统进行分析。

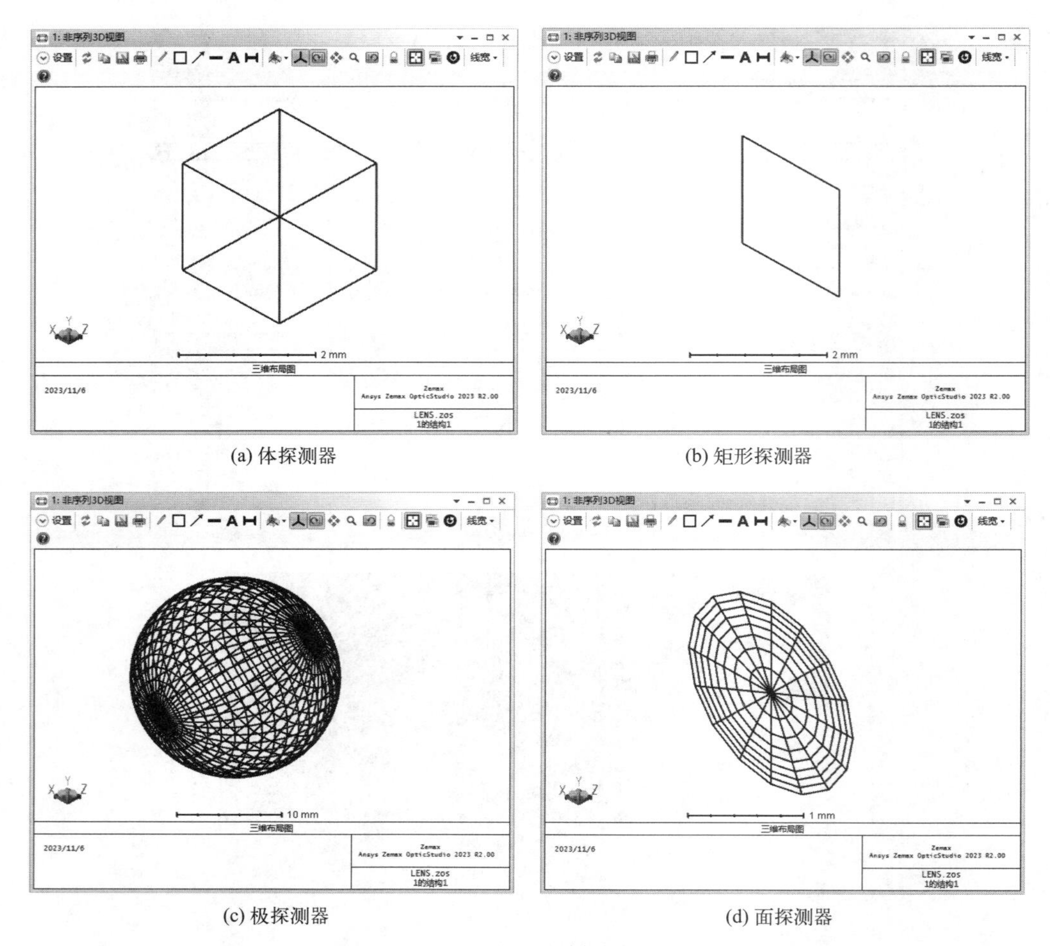

图 7-93 可用的探测器

探测器的形状可以设置为平面、曲面，或者是一个三维物体。探测器数据支持多种显示类型，其中包括：非相干照度（Incoherent Irradiance）、相干照度（Coherent Irradiance）、相干相位（Coherent Phase）、辐射照度（Radiant Intensity）、辐亮度（Radiance）以及真彩色（True Color）结果。

7.4.2 探测器工具

单击“分析”功能区“探测器与分析”选项组中的“探测器工具”命令，在下拉列表中包含可对探测器数据进行的相关操作，如图 7-94 所示。

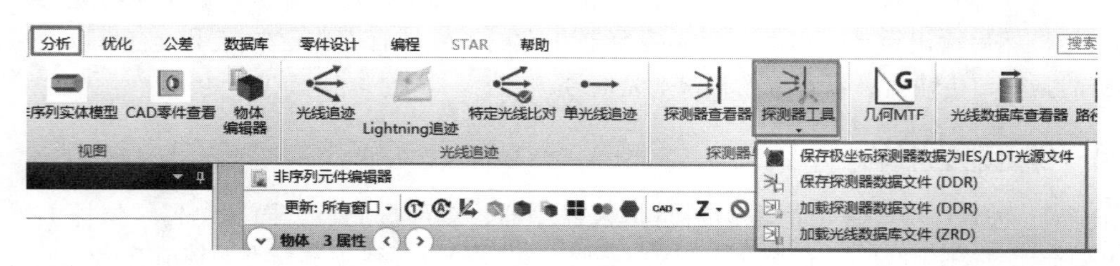

图 7-94 “探测器工具”下拉命令

7.4.3 探测器查看器

Ansys Zemax OpticStudio 提供了“探测器查看器”窗口，以图形或文本格式显示来自探测器的数据。

① 单击“分析”功能区“探测器与分析”选项组中的“探测器查看器”命令，弹出“探测器查看器”对话框，显示在探测器上记录的有关追迹光线数据的信息，如图 7-95 所示。

② 单击工具栏“设置”选项左侧的“打开”按钮，展开“设置”面板，用于对对象属性进行编辑，如图 7-96 所示。

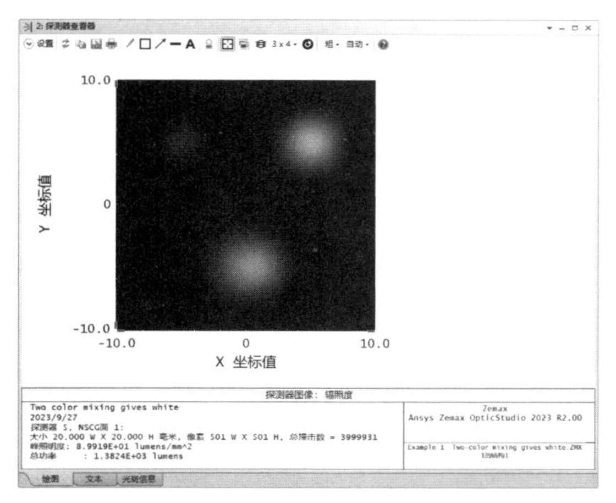

图 7-95　“探测器查看器”对话框

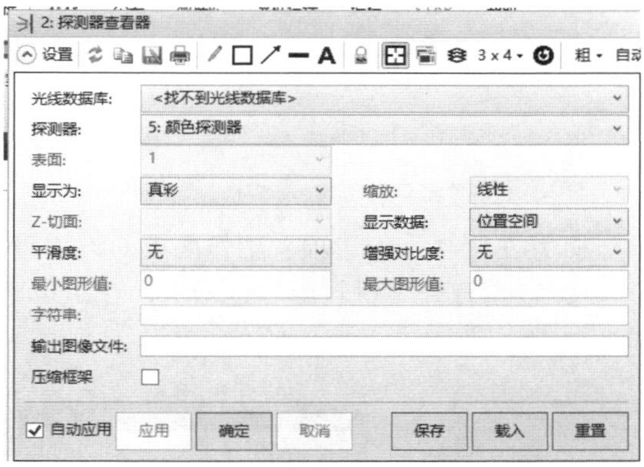

图 7-96　“设置”面板

7.4.4 实例：GRIN 透镜光学系统

GRIN 透镜是一种利用特定折射率分布使光线聚焦的小型透镜。将光纤和 GRIN 透镜结合用于非线性光学成像系统。本例介绍如何在非序列模式下创建一个简单的 GRIN 透镜光学系统。

（1）设置工作环境

① 启动 Ansys Zemax OpticStudio 2023，进入 Ansys Zemax OpticStudio 2023 编辑界面。

② 在 Ansys Zemax OpticStudio 2023 编辑界面，选择功能区中的“文件”→“新建镜头项目”命令，关闭当前打开的项目文件的同时，打开“另存为”对话框，输入文件名称 GRIN prism optical system.zmx。单击“保存”按钮，弹出“镜头项目设置”对话框，选择默认参数。单击“确定”按钮，在指定的源文件目录下自动新建了一个项目文件。

③ 一般情况下，新建的项目文件自动在序列模式，因此要进行非序列系统设计，首先需要切换到非序列模式。

④ 单击“设置”功能区“编辑器”选项组中“非序列”命令，弹出“切换程序模式？”对话框，如图 7-97 所示。单击“是”按钮，弹出“保存文件？”对话框，如图 7-98 所示，单击“否”按钮。切换到非序列模式，打开非序列元件编辑器，如图 7-99 所示。

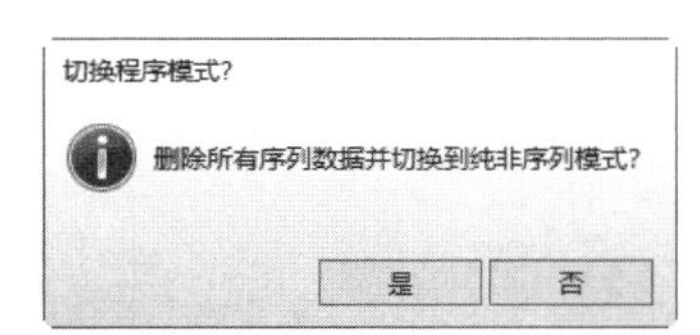

图 7-97　“切换程序模式？”对话框

图 7-98　“保存文件？”对话框

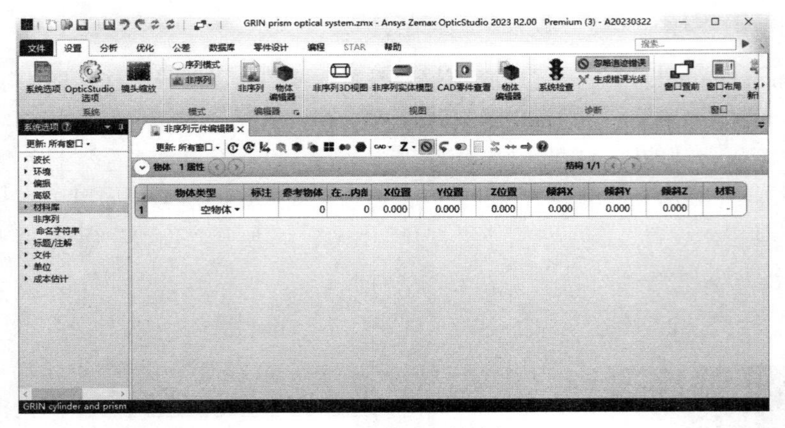

图 7-99　非序列元件编辑器

(2) 设置系统参数

打开左侧“系统选项”工作面板，设置镜头项目的系统参数。

① 双击打开“材料库”选项卡，在“可用玻璃库”列表中选择“MISC”，将其拖动到 “当前玻璃库”列表中，如图 7-100 所示。

图 7-100　添加材料库

② 双击打开“非序列”选项卡，设置“每条光线最大交点数目”为 2000，“每条光线最大片段数目”为 100000，“最大嵌套 / 接触物体数目”为 8，其余参数保持为默认值，如图 7-101 所示。

③ 双击打开“标题 / 注解”选项卡，在“标题”选项中输入“GRIN cylinder and prism”，如图 7-102 所示。

图 7-101　设置非序列参数

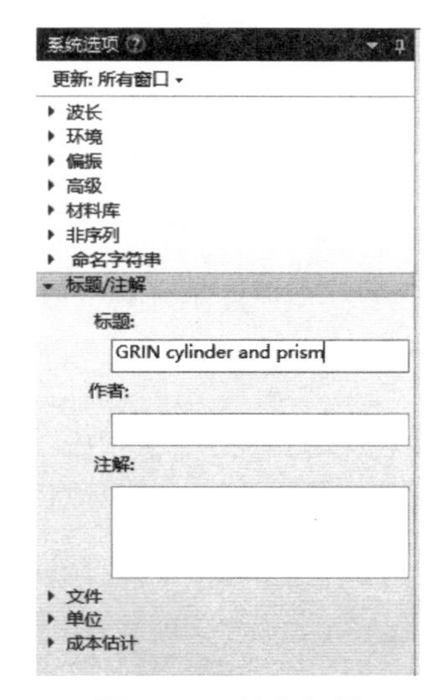

图 7-102　输入标题

（3）设置初始结构

① 首先需要在非序列元件编辑器中插入物体，然后再根据参数定义物体的参数，得到需要的光学系统。

② 选择物体 1“空物体”行，单击鼠标右键，选择“插入后续物体”命令，在其后插入物体 2 ～物体 4，如图 7-103 所示。

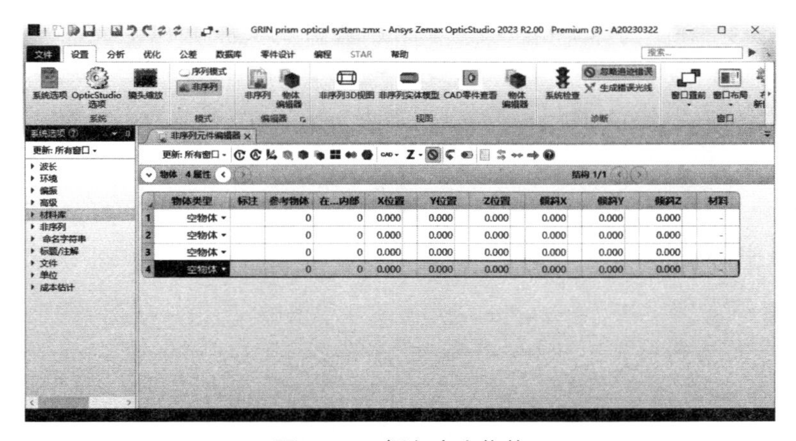

图 7-103　插入多个物体

（4）设置物体参数

① 根据每个物体的作用，在“标注”列输入下面的注释性文字，如图 7-104 所示。

- 选择物体 1，在“标注”列输入“定义光源”；
- 选择物体 2，在“标注”列输入“PRISM45”；
- 选择物体 3，在“标注”列输入“PECHAN.POB”。

	物体类型	标注	参考物体	在...内部	X位置	Y位置	Z位置	倾斜X	倾斜Y	倾斜Z	材料
1	空物体	定义光源	0	0	0.000	0.000	0.000	0.000	0.000	0.000	-
2	空物体	PRISM45	0	0	0.000	0.000	0.000	0.000	0.000	0.000	-
3	空物体	PECHAN.POB	0	0	0.000	0.000	0.000	0.000	0.000	0.000	-
4	空物体		0	0	0.000	0.000	0.000	0.000	0.000	0.000	-

图 7-104　输入“标注”

② 选择物体类型。在最简单的光学系统中，包含光源、射入 / 射出光线的物体和用来测试的探测器。

a. 选择物体 1，在“物体类型”下拉列表中选择“椭圆光源”，将该物体设置为椭圆形的光源元件。此时，在参数列中添加多个光源独有的参数，如图 7-105 所示。同时该行底色变为黄色，黄色为光源元件的特有颜色。

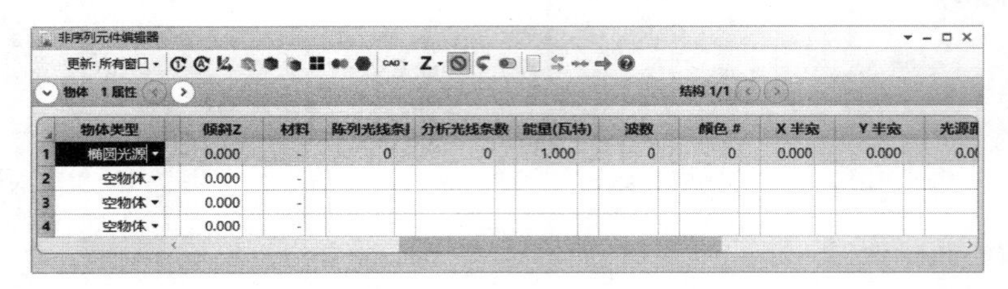

	物体类型	倾斜Z	材料	阵列光线条数	分析光线条数	能量(瓦特)	波数	颜色 #	X 半宽	Y 半宽	光源距
1	椭圆光源	0.000	-	0	0	1.000	0	0	0.000	0.000	0.00
2	空物体	0.000	-								
3	空物体	0.000	-								
4	空物体	0.000	-								

图 7-105　选择“椭圆光源”

b. 下面选择射入光源的不同类型的物体：

- 选择物体 2，在“物体类型”下拉列表中选择“圆柱体”；
- 选择物体 3，在“物体类型”下拉列表中选择“多边形物体”，弹出“数据文件”对话框，在“数据文件”下拉列表中选择“pechan.pob”，如图 7-106 所示。单击“确定”按钮，导入以数据文件中的参数为模型的多边形物体，结果如图 7-107 所示。

图 7-106　“数据文件”对话框

	物体类型	标注	参考物体	在...内部	X位置	Y位置	Z位置	倾斜X	倾斜Y	倾斜Z	材料
1	椭圆光源	定义光源	0	0	0.000	0.000	0.000	0.000	0.000	0.000	-
2	圆柱体	PRISM45	0	0	0.000	0.000	0.000	0.000	0.000	0.000	
3	多边形物体	pechan.POB	0	0	0.000	0.000	0.000	0.000	0.000	0.000	
4	空物体		0	0	0.000	0.000	0.000	0.000	0.000	0.000	-

图 7-107　选择物体类型

c. 选择物体 4，在“物体类型”下拉列表中选择“矩形探测器”，将该物体设置为矩形的探测器元件。此时，该行底色变为深粉色，如图 7-108 所示。

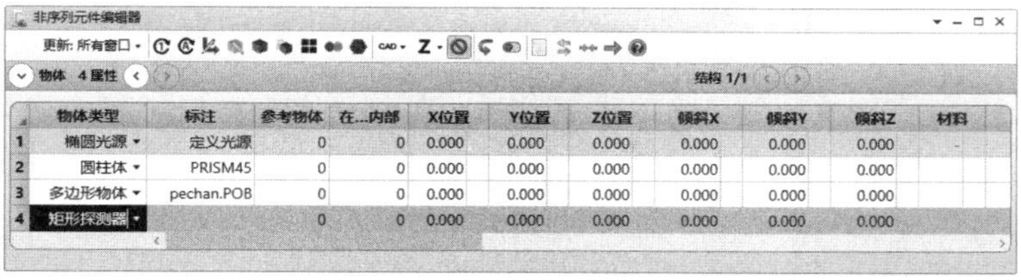

	物体类型	标注	参考物体	在...内部	X位置	Y位置	Z位置	倾斜X	倾斜Y	倾斜Z	材料
1	椭圆光源	定义光源	0	0	0.000	0.000	0.000	0.000	0.000	0.000	-
2	圆柱体	PRISM45	0	0	0.000	0.000	0.000	0.000	0.000	0.000	
3	多边形物体	pechan.POB	0	0	0.000	0.000	0.000	0.000	0.000	0.000	
4	矩形探测器		0	0	0.000	0.000	0.000	0.000	0.000	0.000	

图 7-108　选择“矩形探测器”

（5）布局图显示

① 单击“设置”功能区下“视图”选项组中的“非序列实体模型”命令，弹出“非序列实体模型”窗口，显示光学系统的布局图，默认显示 YZ 平面图，如图 7-109 所示。

② 单击工具栏中的“相机视图”按钮，选择“等轴侧视图”命令，显示光学系统的等轴侧视图，如图 7-110 所示。

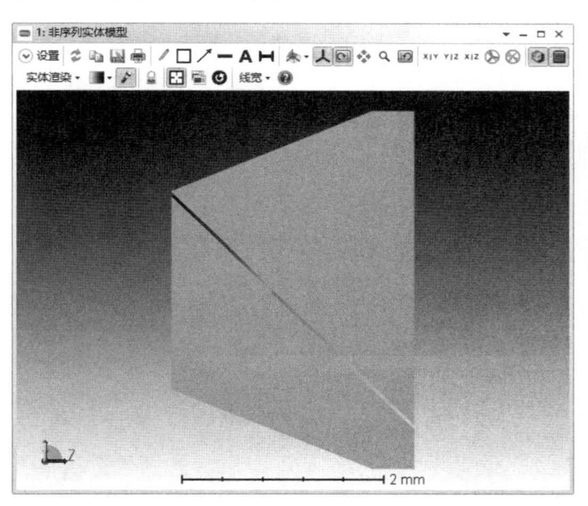

图 7-109　“非序列实体模型”窗口

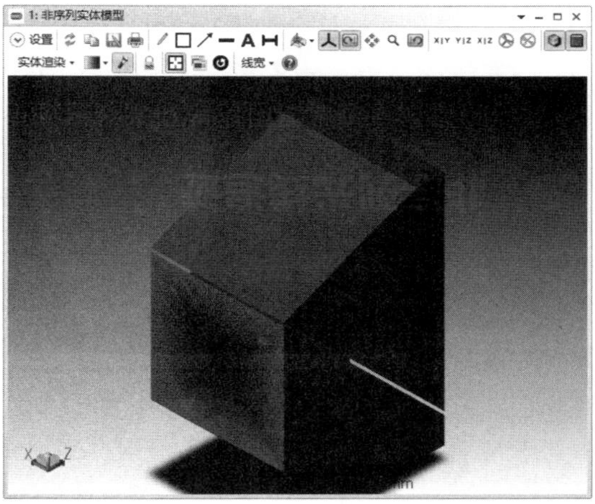

图 7-110　等轴侧视图

（6）设置位置参数

创建的光源、物体和探测器的坐标默认在坐标原点（0,0,0）处，下面设置各光学元件的位置参数，如图 7-111 所示。

- 选择物体 1，在“Y 位置”选项中输入 5.000；
- 选择物体 2，在“Z 位置”选项中输入 25.000；
- 选择物体 3，在“Z 位置”选项中输入 250.000；
- 选择物体 4，在“Z 位置”选项中输入 300.000。

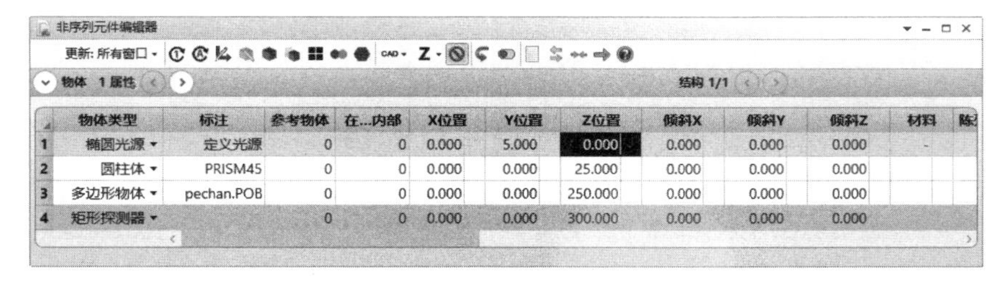

	物体类型	标注	参考物体	在...内部	X位置	Y位置	Z位置	倾斜X	倾斜Y	倾斜Z	材料
1	椭圆光源	定义光源	0	0	0.000	5.000	0.000	0.000	0.000	0.000	-
2	圆柱体	PRISM45	0	0	0.000	0.000	25.000	0.000	0.000	0.000	
3	多边形物体	pechan.POB	0	0	0.000	0.000	250.000	0.000	0.000	0.000	
4	矩形探测器		0	0	0.000	0.000	300.000	0.000	0.000	0.000	

图 7-111　位置参数

(7) 光学元件参数设置

不同的光学元件包含不同的参数，下面分别介绍。

① 选择物体 1“椭圆光源”，设置“陈列光线条数 #”为 8，“分析光线条数 #”为 100，“能量（瓦特)”为 1.000，“Y 半宽”为 5.000，如图 7-112 所示。

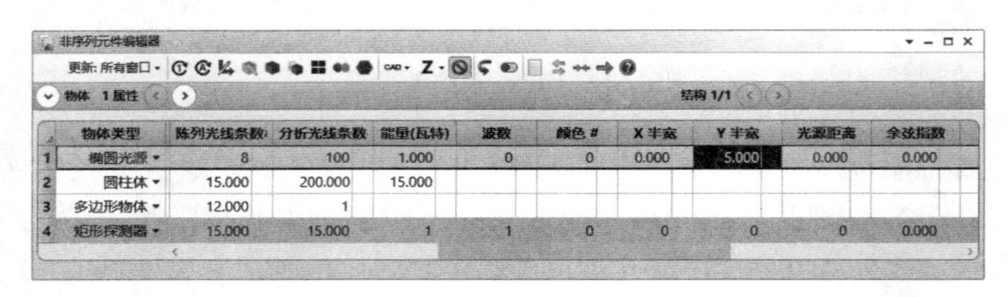

	物体类型	陈列光线条数	分析光线条数	能量(瓦特)	波数	颜色 #	X 半宽	Y 半宽	光源距离	余弦指数
1	椭圆光源	8	100	1.000	0	0	0.000	5.000	0.000	0.000
2	圆柱体	15.000	200.000	15.000						
3	多边形物体	12.000	1							
4	矩形探测器	15.000	15.000	1	1	0	0	0	0	0.000

图 7-112　设置椭圆光源参数

② 选择物体 2“圆柱体”，设置“前 R”为 15.000，“Z 长度”为 200.000，“后 R”为 15.000，如图 7-113 所示。

	物体类型	前R	Z长度	后R	参数 4(未使	参数 5(未使	参数 6(未	参数 7(未使	参数 8(未使	参数 9(未使	参数
1	椭圆光源	8	100	1.000	0	0	0.000	5.000	0.000	0.000	
2	圆柱体	15.000	200.000	15.000							
3	多边形物体	1.000	1								
4	矩形探测器	1.000	1.000	1	1	0	0	0	0	0.000	

图 7-113　设置圆柱体参数

③ 选择物体 3“多边形物体”，设置“缩放”为 12.000，如图 7-114 所示。

	物体类型	缩放	是实体?	参数 3(未使	参数 4(未使	参数 5(未使	参数 6(未	参数 7(未使	参数 8(未使	参数 9(未使	参数
1	椭圆光源	8	100	1.000	0	0	0.000	5.000	0.000	0.000	
2	圆柱体	15.000	200.000	15.000							
3	多边形物体	12.000	1								
4	矩形探测器	1.000	1.000	1	1	0	0	0	0	0.000	

图 7-114　设置多边形物体参数

④ 选择物体 4“矩形探测器”，设置“材料”为 ABSORB，“X 半宽”为 15.000，“Y 半宽”为 15.000，“X 像元数”为 100，“Y 像元数”为 100，如图 7-115 所示。

	物体类型	材料	X 半宽	Y 半宽	X像元数	Y像元数	数据类型	颜色	平滑	缩放
1	椭圆光源	-	8	100	1.000	0	0	0.000	5.000	0.000
2	圆柱体		15.000	200.000	15.000					
3	多边形物体		12.000	1						
4	矩形探测器	ABSORB	15.000	15.000	100	100	0	0	0	0

图 7-115　设置矩形探测器参数

（8）布局图设置

① “非序列实体模型”窗口中的模型根据编辑器中的参数进行实时更新，此时，光学系统的光学元件模型图如图 7-116 所示。

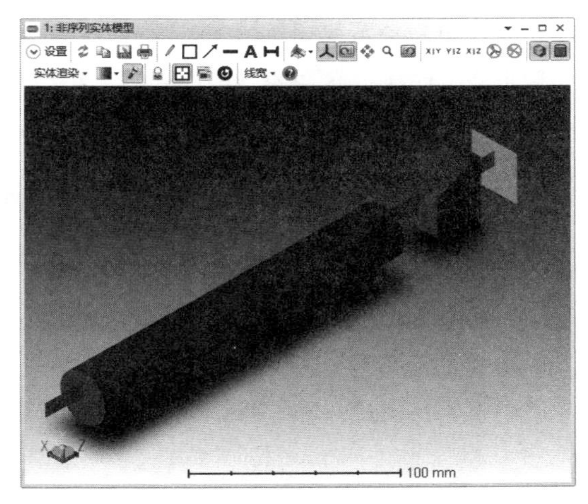

图 7-116　“非序列实体模型”窗口

② 单击“设置”命令左侧的“打开”按钮，展开“设置”面板，在“背景”下拉列表中选择“颜色 14”，在“透明度”下拉列表中选择“所有 50%”，勾选“光线箭头”复选框，如图 7-117 所示。单击“确定”按钮，关闭“设置”面板，实体模型设置结果如图 7-118 所示。

③单击“设置”功能区“视图”选项组中的“非序列 3D 视图”命令，弹出“非序列 3D 视图”窗口，显示不带阴影的非序列元件模型。如图 7-119 所示。

④ 单击工具栏中的“相机视图”按钮，选择“等轴侧视图”命令，显示光学系统的等轴侧视图，如图 7-120 所示。

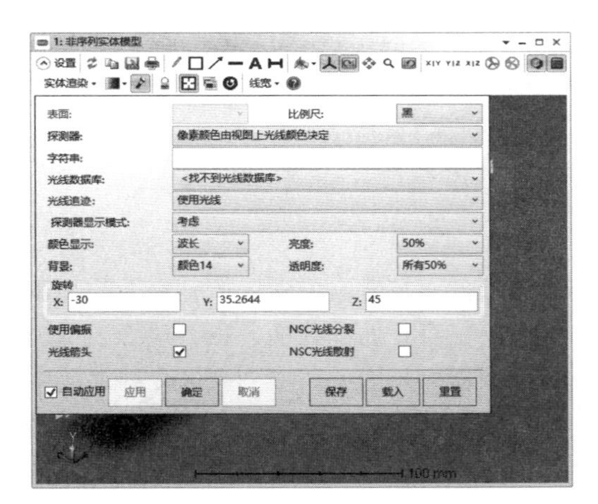

图 7-117　展开“设置”面板

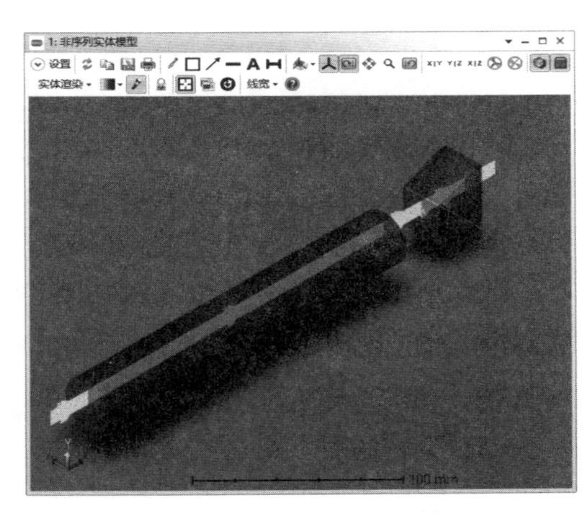

图 7-118　实体模型设置结果

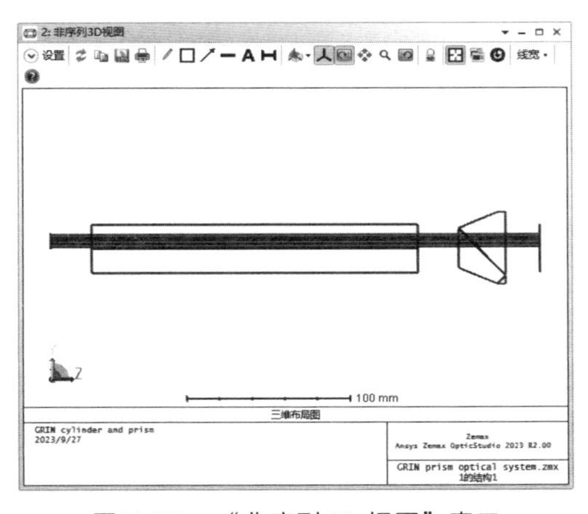

图 7-119　“非序列 3D 视图”窗口

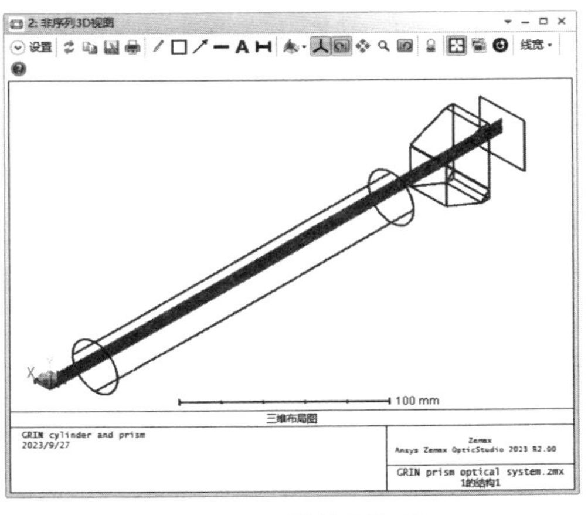

图 7-120　等轴侧视图

（9）保存文件

拖动编辑器窗口和布局图窗口到适当位置，单击 Ansys Zemax OpticStudio 2023 编辑界面工具栏中的“保存”按钮，保存文件，如图 7-121 所示。

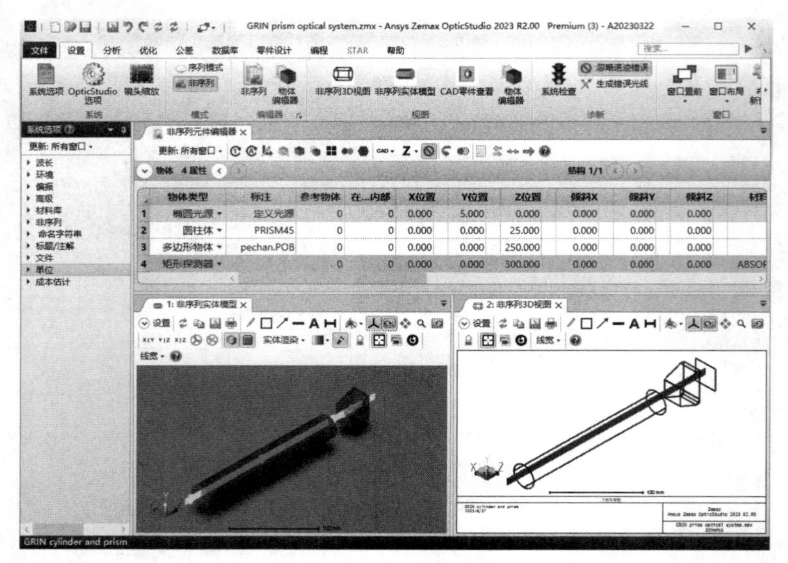

图 7-121　保存结果

7.5　非序列光线追迹

非序列光线追迹需要用比序列光线追迹更通用和全面的对象定义方法，序列表面的列表不能充分描述大多数光学元件。例如，为方便安装，镜头不仅有正面和背面，也有边缘、平坦的外表面。光线可能会在这些附加表面被拦截，然后折射或反射，因此在序列表面光线追迹中不考虑产生的非序列光线路径。

复杂的棱镜，如鸽子或屋顶棱镜，包含许多面，同时由于光线的输入角度和位置，光线可能以复杂的顺序与这些面相交。为了以一种非常通用和准确的方式支持这些类型的组件，需要使用完整的 3D 实体对象模型，而不仅仅是 2D 表面。OpticStudio 将这些 3D 对象称为非序列组件（Non-Sequential Component, NSC）组。通过 NSC 组的光线追迹，也称为 NSC 光线追迹。

7.5.1　非序列系统光线追迹方法

非序列系统光线追迹包括两种：非序列模式下的非序列系统光线追迹，混合模式下的非序列系统光线追迹。

（1）非序列模式 NSC 光线追迹

在非序列模式下没有入口和出口端口，并且不使用镜头数据编辑器。在非序列模式下通过一组非序列元件进行光线追迹的基本步骤如下所述。

① 单击“设置”功能区“模式”选项卡中的“非序列”命令，将系统模式更改为非序列模式。

② 在非序列元件编辑器中插入光源、物体和检测器等对象。

③ 在非序列元件编辑器中定义光线系统所需的所有信息。

- 在“系统选项”面板“波长”选项组中定义用于光线追迹的波长。
- 在“系统选项”面板“材料库”选项组中定义要使用的材料目录。
- 在“系统选项”面板“文件”选项组中定义要使用的膜涂层文件。

（2）混合模式下的非序列系统光线追迹

① 在“镜头数据”编辑器中插入非序列组件表面，这个表面成为非序列组的入口端口。

② 利用非序列组件表面参数定义非序列组的出口端口位置。

③ 在非序列组件编辑器中定义非序列组中的对象，该编辑器与非序列组件表面相关联。

④ OpticStudio 按顺序跟踪光线到入口端口，然后在非序列组中按非顺序跟踪光线，直到光线到达出口端口。

⑤ 通过入口端口进入非序列组的光线不能分裂。

注意

在非序列模式下，为了追迹双折射的普通和特殊光线，需要进行光线分裂。如果双折射材料定义为非序列组，则无论如何设置双折射物体上的模式，光线将始终遵循普通路径。

7.5.2 定义光源模型

要在非序列系统追迹光线，首先需要在非序列元件编辑器添加一个或多个光源对象。OpticStudio 支持点、矩形、椭圆、用户自定义和其他光源模型。

- 衍射光源：具有所定义 UDA 的远场衍射图样的光源。
- 二极管光源：具有独立的 X/Y 分布的二极管阵列。
- DLL 光源：由用户提供的外部程序定义的光源。
- 椭圆光源：可以从虚拟光源点发射光线的椭圆形表面。该光源可用于模拟在快、慢轴上具有不同光束发散的激光二极管。
- EULUMDAT 文件光源：在 EULUMDAT 格式文件中的灯光数据定义的光源。用法示例可参见文章《如何使用极探测器和 IESNA/EULUMDAT 光源数据》。
- 灯丝光源：螺旋灯丝形状的光源。
- 文件光源：已在文件中列出其光线的用户自定义光源。LED 文件通常是大多数主要的 LED 制造商分发的。用法示例可参见文章《如何用 OpticStudio 使用欧司朗 LED 数据》和《如何从 RSMX 光源模型生成光线集》。
- 高斯光源：具有高斯分布的光源。
- IESNA 文件光源：由 IESNA 格式文件中的灯光数据定义的光源。用法示例可参见文章《如何以 IES 格式导出光线追迹结果》。
- CAD 导入光源：由导入物体的形状定义的光源。
- 物体光源：由其他物体的形状定义的光源。用法示例可参见文章《如何将任何物体转化为光源物体》。
- 点光源：辐射成圆锥形的点光源。圆锥可以是零宽度，或扩展到一个完整球面（如果需要）。
- 径向光源：基于任意强度与角度数据的样条拟合的径向对称光源。该光源可用于模拟某些复杂径向分布 LD 变体（如 VCSELs）。用法示例可参见文章《如何建立 LED 和其他复杂光源模型》。

- 单光线光源：与光线方向余弦信息相一致的点光源。
- 矩形光源：可以从虚拟光源点发射光线的矩形表面。
- 管光源：圆柱管形状的光源。
- 双角光源：光线由矩形或椭圆形表面发射到在 X 和 Y 方向上具有不同角度的圆锥体区域。
- 圆柱体光源：形状为具有椭圆形截面的圆柱体形状的体光源。
- 椭球体光源：椭圆体形状的光源。
- 矩形体光源：形状为矩形的体光源。

（1）点光源

在“物体类型”下拉列表中选择“点光源”，在光学系统中创建点光源，如图 7-122 所示。下面介绍点光源特有的列属性。

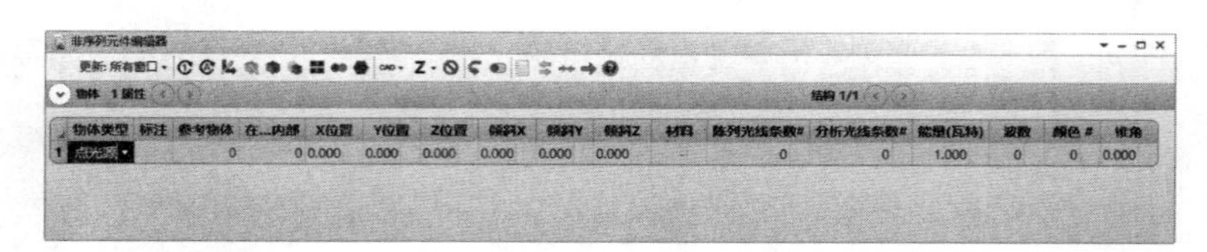

图 7-122　选择“点光源”

- 陈列光线条数 #：定义在创建布局图时从光源发射多少随机光线。
- 分析光线条数 #：定义在执行分析时从光源启动多少随机光线。
- 能量（瓦特）：指电源在规定范围内的总功率，单位由系统源单位指定。
- 波数：追迹随机光线时使用的波数。
- 颜色 #：选择光线颜色的编号，0 表示多色。
- 锥角：选择发射光线的锥角。

（2）单光线光源

在“物体类型”下拉列表中选择“单光线光源”，在光学系统中创建单光线光源，如图 7-123 所示。

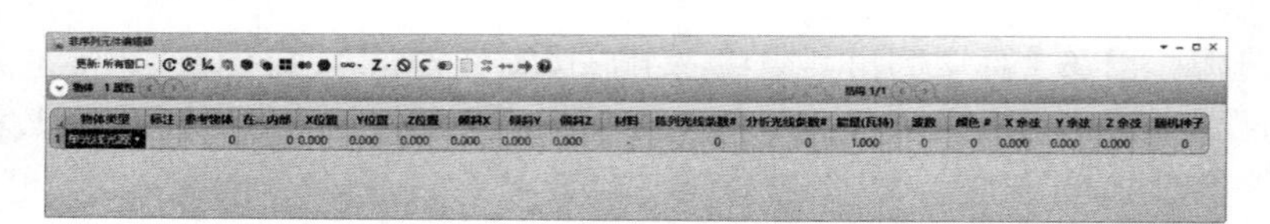

图 7-123　选择“单光线光源”

（3）灯丝光源

在“物体类型”下拉列表中选择“灯丝光源”，在光学系统中创建灯丝光源，如图 7-124 所示。

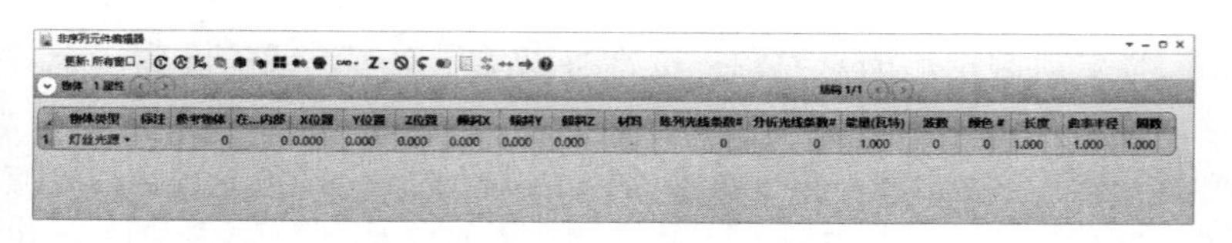

图 7-124　选择“灯丝光源”

7.5.3 光线追迹控制

光线追迹控制用来跟踪发射的光线，以便使用定义的光源、对象和探测器并进行分析。每个光源中给定一个以瓦特或其他功率单位为单位的相关功率，给定光源的每条光线的初始强度等于总功率除以要跟踪的光线数，通过光线追迹计算这些参数。

单击“分析”功能区“光线追迹”选项组中的“光线追迹”命令，打开“光线追迹控制”对话框，如图 7-125 所示。

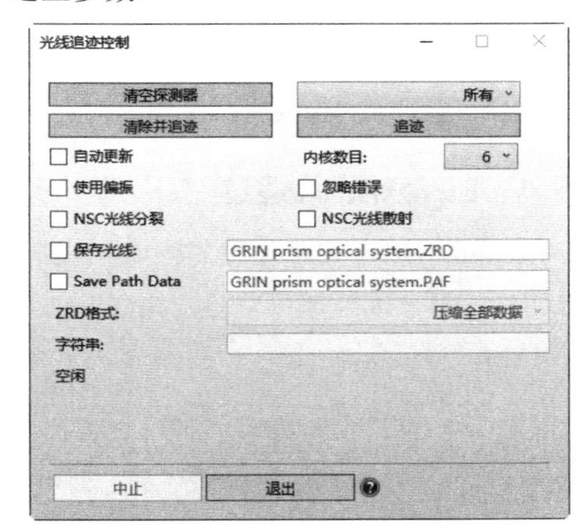

图 7-125　“光线追迹控制”对话框

下面介绍该对话框中的选项。

● 清空探测器：将探测器的所有像素重置为零能量，可以选择“全部”或任何一个特定的探测器来清除。

● 清除并追迹：单击该按钮，清除选定的探测器并开始追迹光线，显示追迹时间，即图 7-126 中的“逝去时间”；计算结束后，显示运行时间、能量损耗（阈值）和能量损耗（错误），如图 7-127 所示。

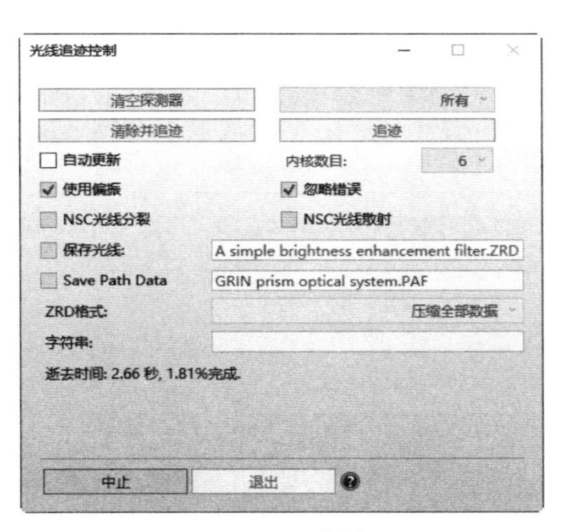

图 7-126　运行过程

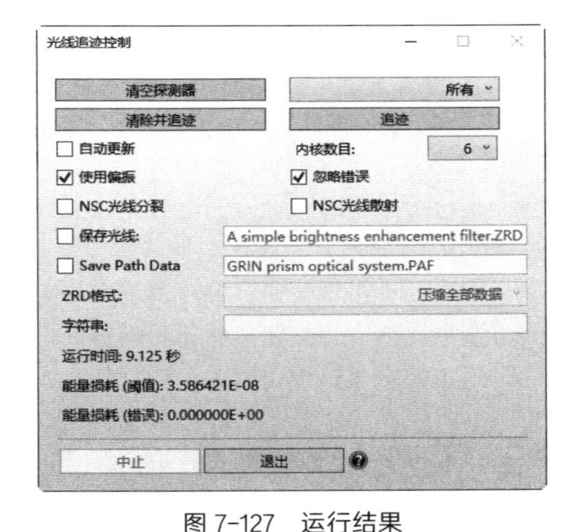

图 7-127　运行结果

● 追迹：单击该按钮，开始追迹来自所有定义光源的光线，OpticStudio 将精确地跟踪非序列元件编辑器中列出的每个光源的指定分析光线的数量。

● 自动更新：勾选该复选框，定期重新绘制所有探测器，方便监控进度。

● 内核数目：选择散布光线追迹任务的 CPU 数量。

● 使用偏振：勾选该复选框，使用偏振确定光线能量、反射、透射、吸收和薄膜或涂层效果。

● 忽略错误：勾选该复选框，忽略光线跟踪产生的错误，并且发生的任何错误都不会中止光线跟踪。

● NSC 光线分裂：勾选该复选框，光线根据“光线分裂”中描述的接口属性进行分裂。

● NSC 光线散射：勾选该复选框，光线根据界面的散射特性进行散射。

● 保存光线：勾选该复选框，将光线数据保存到指定的文件中。文件名应该只提供适当的扩展名（ZRD、DAT 或 SDF），而不提供文件夹名。

● Save Path Data：保存路径数据。勾选该复选框，光线数据将以 PAF 文件的形式保存到指定的文件中。PAF 文件包含与 ZRD 文件相同的信息，但是从 PAF 文件中保存和加载光线数据的速度更快。目前 PAF 文件只能在路径分析工具中使用。

- ZRD 格式：压缩全部数据。
- 字符串：该选项仅在选中“保存光线”选项时可用，激活该选项后，将定义的字符串保存到文件中。
- 中止：单击该按钮，停止追迹操作。
- 退出：单击该按钮，关闭该对话框。

7.5.4 Lightning 追迹

Lightning 追迹控制使用先进的光线插值技术，对离散网格的特定光线进行追迹，使用快速估计照明模式，无须跟踪数百万条光线，比使用传统的光线追迹更快。

单击“分析”功能区“光线追迹”选项组中的“Lightning 追迹”命令，打开“Lightning 追迹控制”对话框，如图 7-128 所示。

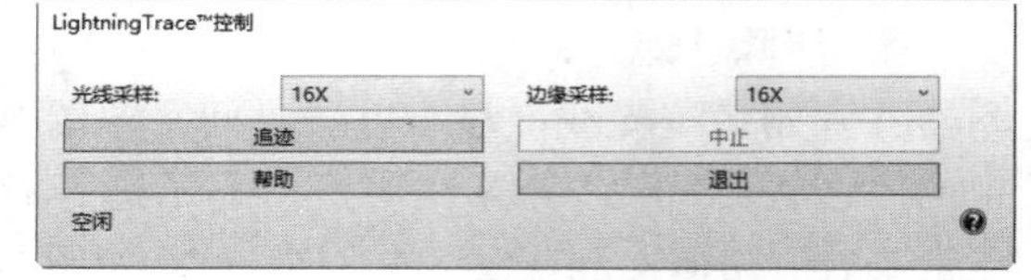

图 7-128 “Lightning 追迹控制”对话框

下面介绍该对话框中的选项。

- 光线采样：定义光线发射的初始网格分辨率，取值范围从“低（1 倍）”到“1024X”，默认值为 16X。
- 边缘采样：定义网格解析物体边缘的分辨率。当光线通过系统跟踪时，OpticStudio 根据需要自动优化网格，以确保在从光源到任何探测器的途中有足够数量的光线穿过每个物体。用户可以通过边缘采样输入控制对象边缘处的细化程度，取值范围从“低（1 倍）”到“1024X”，默认值为 16X。
- 追迹：单击该按钮，开始追迹来自所有定义光源的光线。在光线追迹之前，所有探测器都被自动清除（即所有探测器上的所有像素都重置为零能量）。
- 中止：单击该按钮，停止追迹操作。
- 帮助：单击该按钮，弹出帮助窗口。
- 退出：单击该按钮，关闭该对话框。

7.5.5 特定光线比对

特定光线比对命令用于从包含在非序列系统中的 ASCII 文件中读取特定光线追迹器，并提供一个数据输出表，表明每条光线是否通过系统完全跟踪，以及每条光线的位置和方向余弦是否在文件中提供的目标值的某些公差范围内。

单击“分析”功能区“光线追迹”选项组中的“特定光线比对”命令，打开“特定光线比对”面板，如图 7-129 所示。

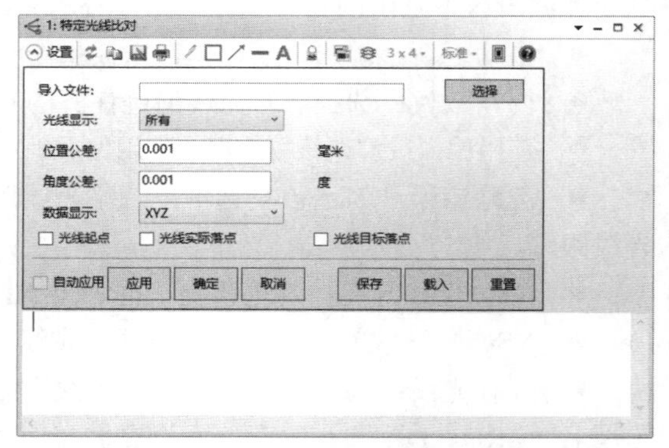

图 7-129 “特定光线比对”面板

下面介绍该对话框中的选项。

- 导入文件：单击“选择”按钮，在弹出的“打开”对话框中选择包含要跟踪的关键光线集的文件（CRS）。
- 光线显示：选择“所有”显示所有光线；选择“失败光线”只显示不合格的光线；选择“通过光线”只显示合格的光线。

- 位置公差：目标光线位置与实际光线位置之间的最大允许差值，以毫米为单位。
- 角度公差：目标光线的光线矢量和实际光线的光线矢量之间的最大允许角度，以度为单位。
- 数据显示：选择 XYZ 显示 XYZ 数据，选择 LMN 显示 LMN 数据，选择 XYZ & LMN 显示 XYZ 和 LMN 数据。
- 光线起点：勾选该复选框，显示光线的初始数据。
- 光线实际落点：勾选该复选框，显示光线终止段的数据。
- 光线目标落点：勾选该复选框，显示原序列系统中记录的光线结束数据。

7.5.6　单光线追迹

① 单光线追迹命令表示在不影响原始系统的情况下，对单个光线进行分析和可视化，研究非序列光学系统中的光线传播。

② 单击“分析”功能区“光线追迹”选项组中的“单光线追迹”命令，打开“单光线追迹”窗口，该窗口中包含“绘图”和“文本”选项卡，如图 7-130 所示。

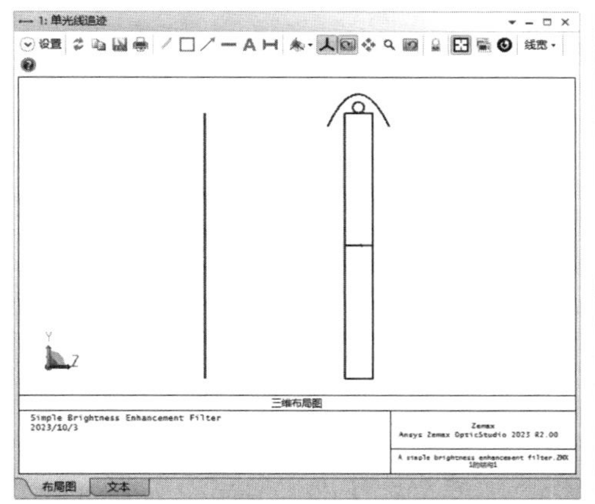

(a) “绘图”选项卡

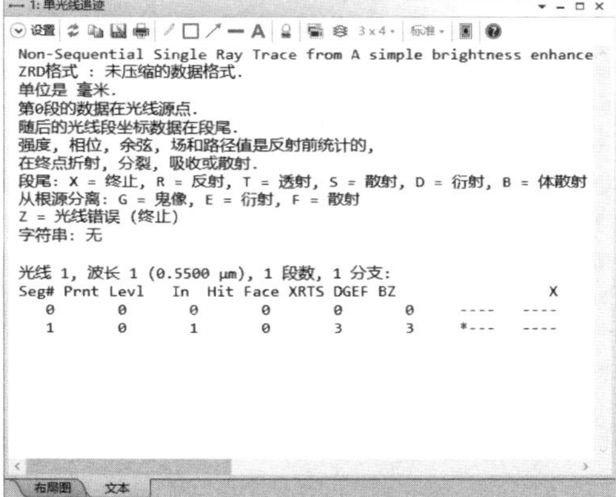

(b) “文本”选项卡

图 7-130　“单光线追迹”窗口

③ 单击“设置”命令左侧的“打开”按钮⊙，展开“设置”面板，如图 7-131 所示。

图 7-131　展开“设置”面板

下面介绍该面板中的选项。

a. 光线追迹设置：输入光线源 X/Y/Z 射线的初始 X/Y/Z 坐标、L/M/N 光线的初始方向对 X/Y/Z 的余弦。

b. 基本选项（前面介绍的选项这里不再赘述）：

- 波长：选择用于单光线追迹的系统波长的波长序号。
- 参考物体：如果在下拉列表中选择了一个对象，则光线的 X/Y/Z 坐标和 I/M/N 角度将被引用到所选对象的局部顶点。

c. 结果设置：

- 显示 XYZ：勾选该复选框，将显示光线段对象截点的全局 X、Y 和 Z 坐标数据。

- 显示 LMN：勾选该复选框，将显示光线段的全局 L、M、N 方向余弦数据。
- 显示光线路径：勾选该复选框，显示父段的路径长度（以透镜单位为单位）。这是物理长度，而不是光程长度。OpticStudio 也将以弧度显示相位。
- 显示表面法线：勾选该复选框，将显示光线段 - 物体截点处的全局 Nx、Ny 和 Nz 物体法向量分量。
- 扩展至分支：勾选该复选框，显示从光源到光线终止的单个完整路径。
- 显示 EXYZ：勾选该复选框，显示 X、Y、Z 方向的全局电场。
- 小数精度：选择文本输出中显示的小数位数。

d. NSC 3D 布局图设置：

- 缩放比例尺：勾选该复选框，显示布局中的比例尺。
- 压缩框架：勾选该复选框，禁止在窗口底部绘制框架，不显示比例尺、地址块或其他数据，为布局图本身留下了更多的空间。
- 隐藏光线轴：勾选该复选框，隐藏光线轴。
- 旋转：指定透镜绕 X、Y、Z 轴旋转的角度。

7.5.7 实例：双折射立方体成像系统

双折射是指一条入射光线产生两条折射光线的现象。本例设计一个双折射立方体成像系统，当光入射到各向异性介质（方解石 CALCITE）分界面上时，除了正常的折射光束，还有一束折射光束不遵从折射定律，形成双折射成像。

（1）设置工作环境

① 启动 Ansys Zemax OpticStudio 2023，进入 Ansys Zemax OpticStudio 2023 编辑界面。

② 在 Ansys Zemax OpticStudio 2023 编辑界面，选择功能区中的“文件”→“新建镜头项目”命令，关闭当前打开的项目文件的同时，打开“另存为”对话框，输入文件名称 Birefringent Cube Optical System.zmx。单击“保存”按钮，弹出“镜头项目设置”对话框，选择默认参数。单击“确定”按钮，在指定的源文件目录下自动新建了一个项目文件。

③ 单击“设置”功能区“编辑器”选项组中“非序列”命令，切换到非序列模式，打开非序列元件编辑器。

（2）设置系统参数

打开左侧“系统选项”工作面板，设置镜头项目的系统参数。

① 双击打开“材料库”选项卡，在“可用玻璃库”列表中选择“BIREFRINGENT”，将其拖动到“当前玻璃库”列表中，如图 7-132 所示。

② 双击打开“非序列”选项卡，设置“每条光线最大交点数目”为 100，“每条光线最大片段数目”为 2000，“光线追迹相对阈值强度”为 1.0000E-006，取消勾选“简单光线分裂”复选框，勾选“文件打开时重新追迹光线”复选框，其余参数保持为默认值，如图 7-133 所示。

（3）设置初始结构

① 首先需要在非序列元件编辑器中插入物体，然后再根据参数定义物体的参数，得到需要的光学系统。

② 选择物体 1“空物体”行，单击鼠标右键，选择“插入物体”命令，在其前插入物体，得到物体 1 ～物体 4，原来的物体 1 变为物体 5，如图 7-134 所示。

图 7-132　添加材料库

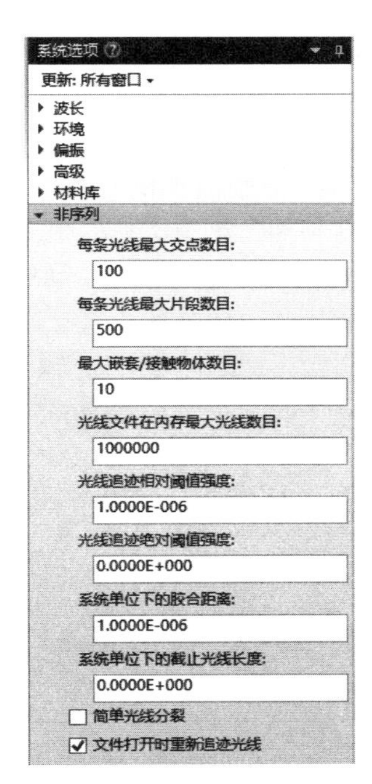

图 7-133　设置非序列参数

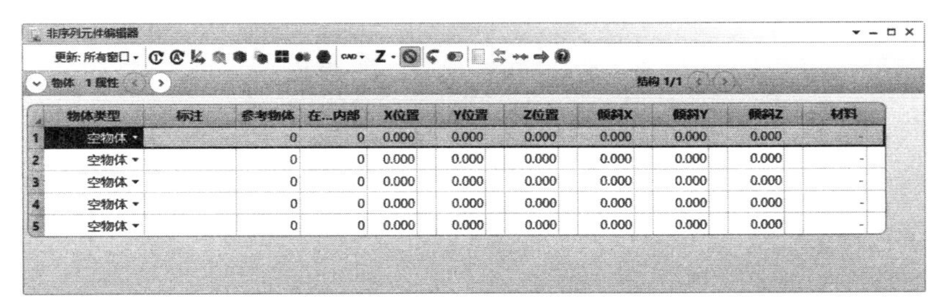

	物体类型	标注	参考物体	在...内部	X位置	Y位置	Z位置	倾斜X	倾斜Y	倾斜Z	材料
1	空物体		0	0	0.000	0.000	0.000	0.000	0.000	0.000	-
2	空物体		0	0	0.000	0.000	0.000	0.000	0.000	0.000	-
3	空物体		0	0	0.000	0.000	0.000	0.000	0.000	0.000	-
4	空物体		0	0	0.000	0.000	0.000	0.000	0.000	0.000	-
5	空物体		0	0	0.000	0.000	0.000	0.000	0.000	0.000	-

图 7-134　插入多个物体

（4）设置物体参数

① 选择物体 1，在“物体类型”下拉列表中选择“矩形光源”，此时，在参数列中添加多个光源独有的参数，根据下面的选项设置参数，如图 7-135 所示。

- “Z 位置”为 -1.000;
- “陈列光线条数 #”为 50，“分析光线条数 #”为 1E+06
- “X 半宽”为 6.000，“Y 半宽”为 6.000。

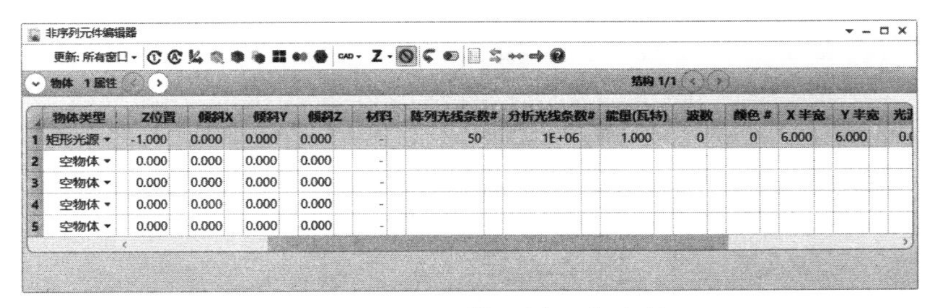

	物体类型	Z位置	倾斜X	倾斜Y	倾斜Z	材料	陈列光线条数#	分析光线条数#	能量(瓦特)	波数	颜色 #	X 半宽	Y 半宽	光
1	矩形光源	-1.000	0.000	0.000	0.000	-	50	1E+06	1.000	0	0	6.000	6.000	0.0
2	空物体	0.000	0.000	0.000	0.000	-								
3	空物体	0.000	0.000	0.000	0.000	-								
4	空物体	0.000	0.000	0.000	0.000	-								
5	空物体	0.000	0.000	0.000	0.000	-								

图 7-135　设置“矩形光源”参数

② 单击“设置”功能区下“视图”选项组中的“非序列 3D 视图”命令，弹出“非序列 3D 视图”窗口。单击工具栏中的“相机视图”按钮，选择“等轴侧视图”命令，显示矩形光源的等轴侧视图，如图 7-136 所示。

③ 选择物体 2，在“物体类型”下拉列表中选择“幻灯片”，弹出“数据文件”对话框，在“数据文件”下拉列表中选择“LETTERF.BMP”，设置“X 全宽”为 12.000，如图 7-137 所示。

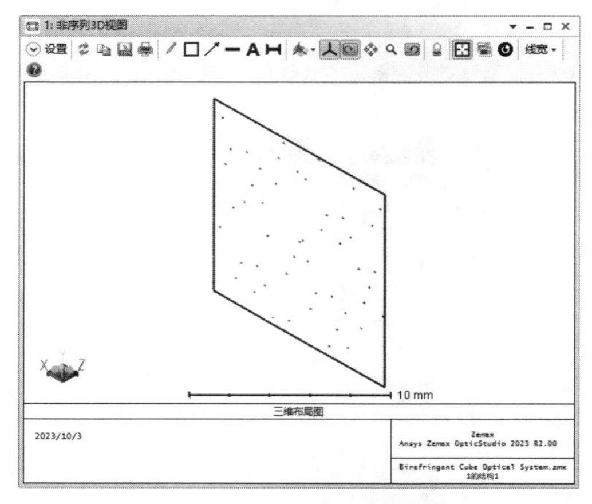

图 7-136　矩形光源等轴侧视图

非序列元件编辑器

物体 2 属性　　结构 1/1

	物体类型	标注	参考物体	在...内部	X位置	Y位置	Z位置	倾斜X	倾斜Y	倾斜Z	材料	X 全宽	纵横比
1	矩形光源		0	0	0.000	0.000	-1.000	0.000	0.000	0.000	-	50	1E+06
2	幻灯片	LETTERF.BMP	0	0	0.000	0.000	0.000	0.000	0.000	0.000		12.000	1.000
3	空物体		0	0	0.000	0.000	0.000	0.000	0.000	0.000	-		
4	空物体		0	0	0.000	0.000	0.000	0.000	0.000	0.000	-		
5	空物体		0	0	0.000	0.000	0.000	0.000	0.000	0.000	-		

图 7-137　设置“幻灯片”参数

④ “非序列 3D 视图”窗口中的模型根据编辑器中的参数进行实时更新，此时，光学元件 3D 视图如图 7-138 所示。

⑤ 选择物体 3，在“物体类型”下拉列表中选择“矩形体”，在参数列中添加多个参数，根据下面的选项设置参数，结果如图 7-139 所示。

- “Z 位置”为 1.000E-03；
- “材料”为 CALCITE；
- “X1 半宽”为 15.000，“Y1 半宽”为 15.000，“Z 长度”为 30.000，“X2 半宽”为 15.000，“Y2 半宽”为 15.000。

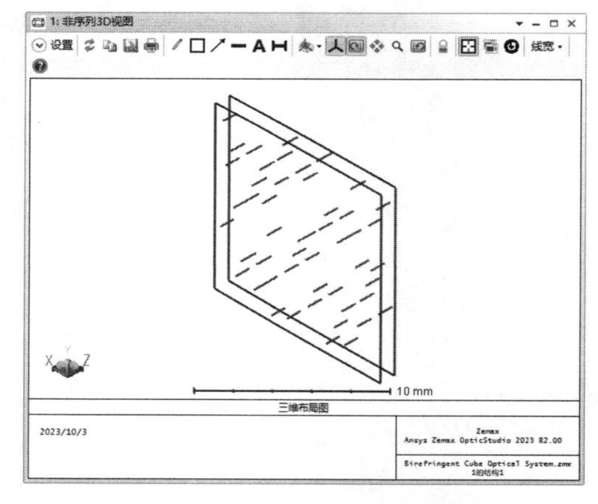

图 7-138　“非序列 3D 视图”窗口 1

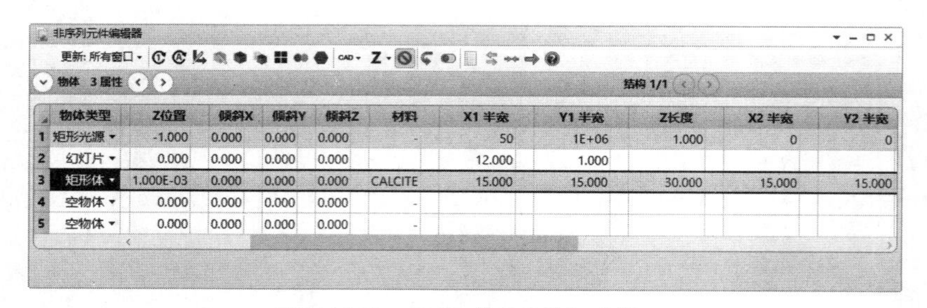

	物体类型	Z位置	倾斜X	倾斜Y	倾斜Z	材料	X1 半宽	Y1 半宽	Z长度	X2 半宽	Y2 半宽
1	矩形光源	-1.000	0.000	0.000	0.000	-	50	1E+06	1.000	0	0
2	幻灯片	0.000	0.000	0.000	0.000		12.000	1.000			
3	矩形体	1.000E-03	0.000	0.000	0.000	CALCITE	15.000	15.000	30.000	15.000	15.000
4	空物体	0.000	0.000	0.000	0.000	-					
5	空物体	0.000	0.000	0.000	0.000	-					

图 7-139　设置“矩形体”参数

⑥ 单击快捷工具栏“物体 属性”选项左侧的“打开”按钮，展开“物体 属性”面板，单击“折射率”选项卡，在“反射”选项中选择“只追迹反射光线”；设置 Ax 为 0.707，Ay 为 0.707，Az 为 0.707，轴长为 10，如图 7-140 所示。单击“关闭”按钮，隐藏面板。

⑦ “非序列 3D 视图”窗口中的模型根据编辑器中的参数进行实时更新，此时，光学元件非序列 3D 视图如图 7-141 所示。

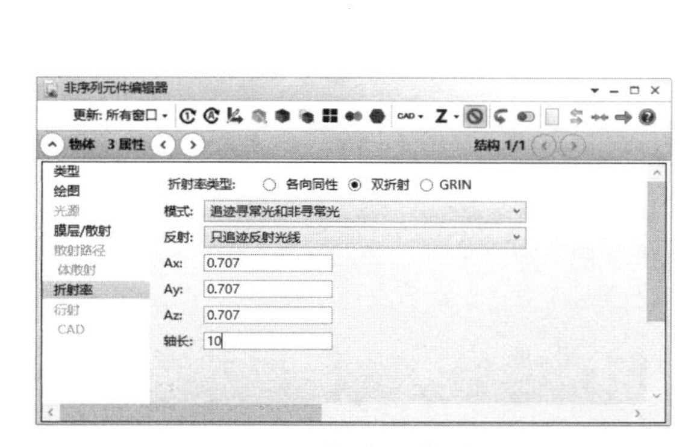

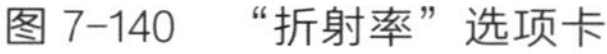
图 7-140　“折射率”选项卡

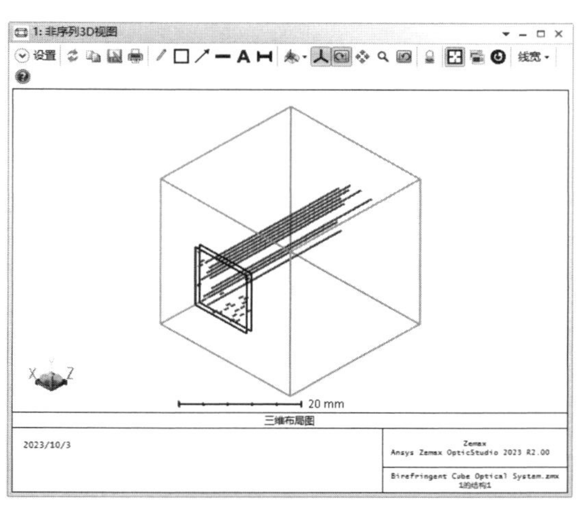

图 7-141　“非序列 3D 视图”窗口 2

⑧ 选择物体 4，在“物体类型”下拉列表中选择“偶次非球面透镜”，在参数列中添加多个参数，根据下面的选项设置参数，结果如图 7-142 所示。

- “Z 位置”为 100.000，“材料”为 BK7；
- “净孔径 1”为 15.000，“厚度”为 10.000；
- “半径 1”为 99.203，“系数 1 r^2”为 7.964E-03，“系数 1 r^4”为 -1.555E-05；
- “半径 2”为 -69.140，“系数 2 r^4”为 -1.269E-05；
- “净孔径 2”为 15.000，“边缘孔径 2”为 15.000。

	物体类型	Z位置	倾斜X	倾斜Y	倾斜Z	材料	净孔径 1	厚度	参数 3(未使用)	参数 4(未使用)	半径 1
1	矩形光源	-1.000	0.000	0.000	0.000	-	50	1E+06	1.000	0	0
2	幻灯片	0.000	0.000	0.000	0.000		12.000	1.000			
3	矩形体	1.000E-03	0.000	0.000	0.000	CALCITE	15.000	15.000	30.000	15.000	15.000
4	偶次非球面透镜	100.000	0.000	0.000	0.000	BK7	15.000	10.000			99.203
5	空物体	0.000	0.000	0.000	0.000	-					

图 7-142　设置“偶次非球面透镜”参数

⑨ “非序列 3D 视图”窗口中的模型根据编辑器中的参数进行实时更新，此时，光学元件 3D 视图如图 7-143 所示。

⑩ 选择物体 4，在“物体类型”下拉列表中选择“矩形探测器”，在参数列中添加多个参数，根据下面的选项设置参数，如图 7-144 所示。

- “Z 位置”为 210.000，“材料”为 ABSORB；
- “X 半宽”为 10.000，“Y 半宽”为 10.000，“X 像元数”为 250，“Y 像元数”为 250；

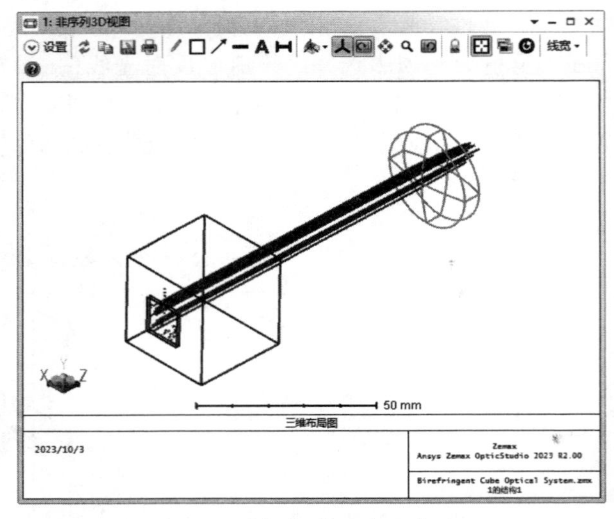

图 7-143　“非序列 3D 视图”窗口 3

- “颜色”为 2，“平滑”为 1。

非序列元件编辑器

更新：所有窗口　物体 5 属性　结构 1/1

	物体类型	倾斜Z	材料	X 半宽	Y 半宽	X像元数	Y像元数	数据类型	颜色	平滑
1	矩形光源	000	-	50	1E+06	1.000	0	0	6.000	6.000
2	幻灯片	000		12.000	1.000					
3	矩形体	000	CALCITE	15.000	15.000	30.000	15.000	15.000	0.000	0.000
4	偶次非球面透镜	000	BK7	15.000	10.000			99.203	0.000	7.964E-03
5	矩形探测器	000	ABSORB	10.000	10.000	250	250	0	2	1

图 7-144　设置“矩形探测器”

⑪“非序列 3D 视图”窗口中的模型根据编辑器中的参数进行实时更新，此时，光学元件 3D 视图如图 7-145 所示。

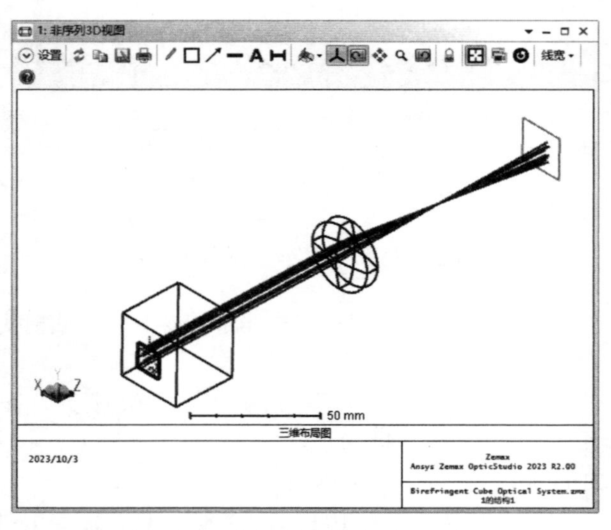

图 7-145　“非序列 3D 视图”窗口 4

（5）光线追迹

① 单击“分析”功能区“光线追迹”选项组中的“光线追迹”命令，打开“光线追迹控制”对话框，单击“清除并追迹”按钮，根据编辑器中的“矩形探测器”开始追迹光线，结果如图 7-146 所示。单击“退出”按钮，关闭该对话框。

② 单击“分析”功能区“探测器与分析”选项组中的 “探测器查看器”命令，弹出“探测器查看器”窗口，显示在矩形探测器上记录的有关追迹光线数据的信息，如图 7-147 所示。

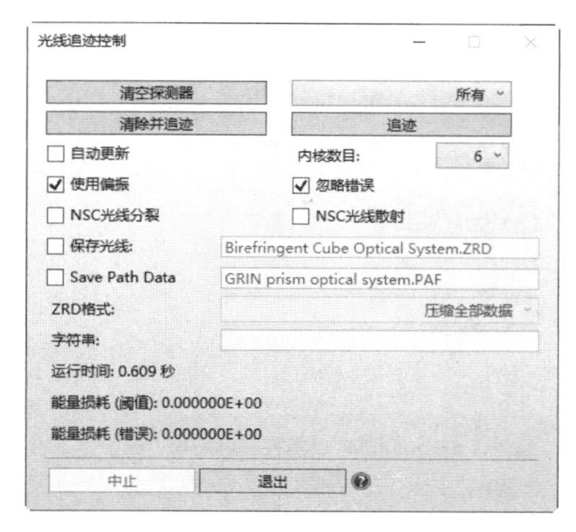

图 7-146　“光线追迹控制”对话框

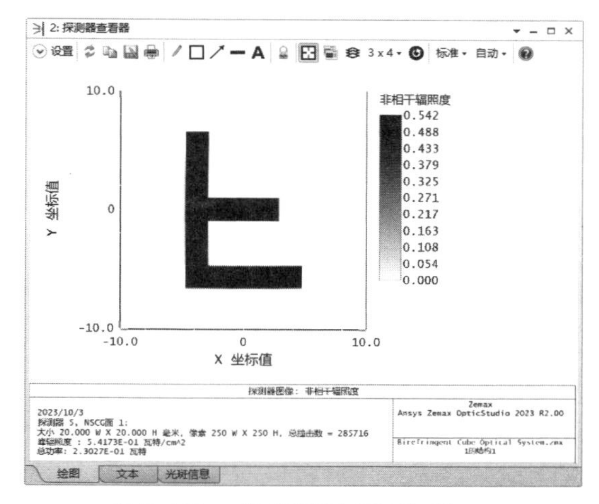

图 7-147　“探测器查看器”窗口 1

③ 单击工具栏“设置”选项左侧的“打开”按钮，展开“设置”面板，在“显示为”下拉列表中选择“伪彩色”,“平滑度”为 1，如图 7-148 所示。单击“确定”按钮，自动更新的“探测器查看器”窗口如图 7-149 所示。

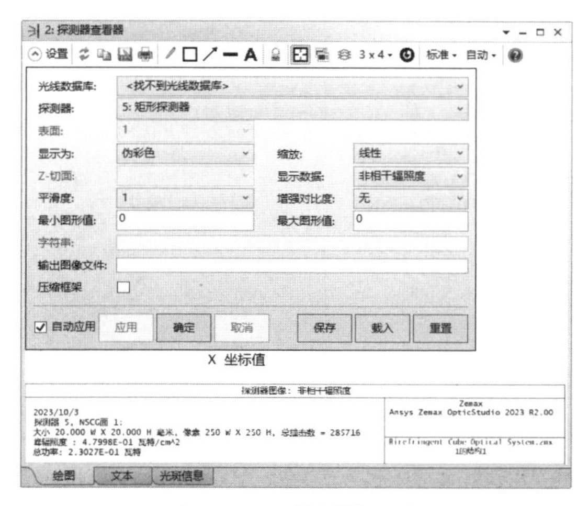

图 7-148　“设置”面板

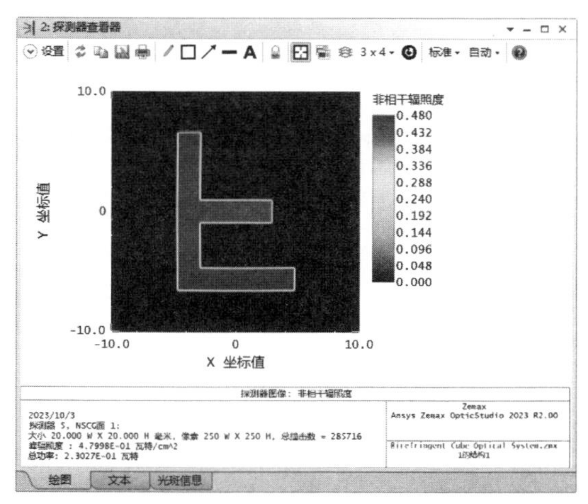

图 7-149　“探测器查看器”窗口 2

（6）保存文件

拖动编辑器窗口和布局图窗口到适当位置，单击 Ansys Zemax OpticStudio 2023 编辑界面工具栏中的“保存”按钮，保存文件，如图 7-150 所示。

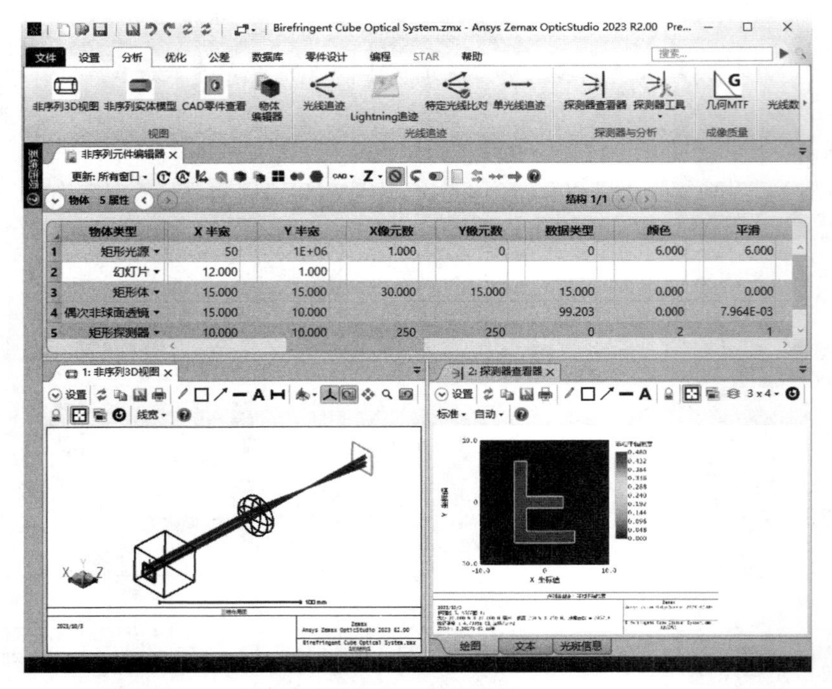

图 7-150　保存结果

第8章 几何光学像质评价

扫码观看
本章视频

几何光学是研究光传播的基本规律和光线在透明介质中的传播路径的一门学科，它将光看作是直线上的点，忽略了光的波动性和电磁性质。

几何光学主要涵盖了折射、反射、透镜等内容，本章介绍的几何光学像质评价主要通过几何像差、点列图、波前差等分析功能，更加深入地了解成像光学系统的性能。

8.1 几何像差分析

在 Ansys Zemax OpticStudio 中，可以通过分析光线像差和光程差的方法来衡量一个光学系统的几何像差。

8.1.1 光线像差图

光线像差图也叫光扇图，用于显示光线像差，该图指定面上光线相对于主光线的交点坐标图，显示作为光瞳坐标函数的光线像差，可定量分析球差在不同孔径的大小。

单击“分析”功能区“成像质量”选项组中的“像差分析”选项，在下拉列表中选择“光线像差图”命令，打开“光线光扇图”窗口，如图 8-1 所示。

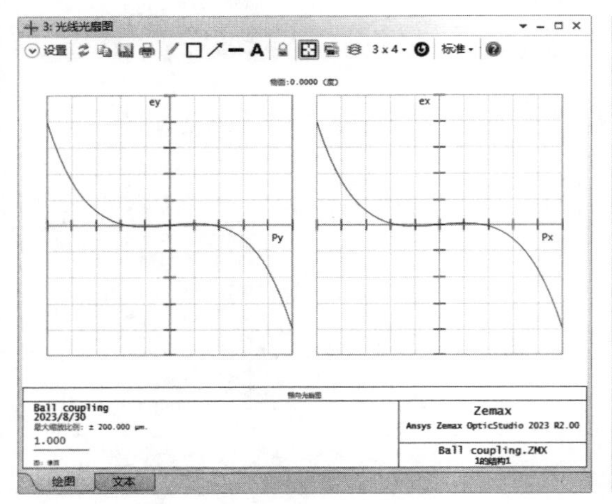

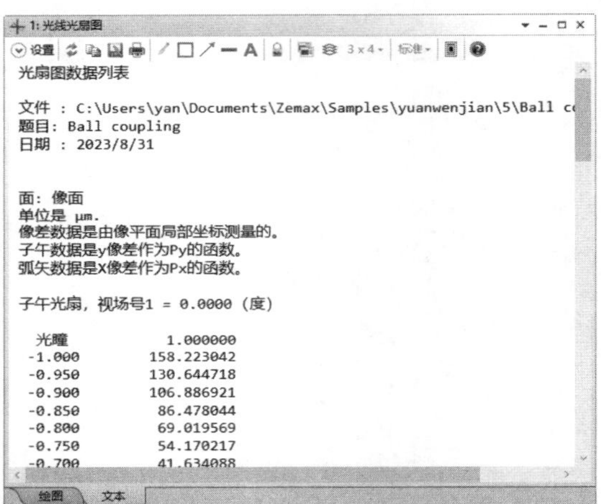

图 8-1　“光线光扇图”窗口

（1）特性曲线

① 在“绘图”选项卡中显示子午特性曲线和弧矢特性曲线，图中 X 坐标是归一化的入瞳坐标（Px 和 Py），Y 坐标是相对于主光线坐标的偏差（ex 和 ey）。

说明

对于视场内任意一点，取其子午面内的光线，以光线在光阑面上的透射点坐标为横坐标，同时以该光线在像面上的坐标为纵坐标，描出所有点，构成的图形即为子午面光扇图。在 Zemax 中，通常将横坐标归一化，以实际横坐标除以光阑最大孔径得到的值作为归一化横坐标，横坐标的范围即为 -1 至 1。

② 该窗口与前面介绍的布局图窗口类似，工具栏中的基本按钮选项大同小异，这里不再赘述。

（2）数据列表

在“绘图”选项卡中显示光扇图数据列表，光扇图可分为子午面内的光扇图与弧矢面内的光扇图，该窗口中显示不同视场下两种光栅图中光瞳坐标和光线差。

（3）“设置”面板

单击“设置”命令左侧的“打开”按钮⌄，展开“设置”面板，用于对特性曲线进行设置，如图 8-2 所示。

图 8-2　展开“设置”面板

下面介绍该面板中的选项。

① 子午：选择用于绘制子午光扇图的像差分量，包括 Y Aberration、X Aberration。由于子午光扇图随 Y 光瞳坐标变化，因此默认为绘制像差的 Y 分量。

② 弧矢：选择用于绘制弧矢光扇图的像差分量，包括 Y Aberration、X Aberration。由于弧矢光扇图随 X 光瞳坐标变化，因此默认为绘制像差的 X 分量。

③ 渐晕光瞳：勾选该复选框，光瞳轴（光扇图横坐标）将根据非渐晕光瞳缩放，此时展示的数据将反映系统中的渐晕情况。取消选中时，光瞳轴（横坐标）将缩放至存在渐晕的光瞳。

④ 检查孔径：选择是否检查光线通过所有表面孔径。勾选该复选框，将不会绘制未穿过表面孔径的光线。

⑤ 表面：选择要评估的光扇所位于的表面，适用于评估中间像面。

8.1.2　光程差图

光程 l 定义为光传播的几何路程 s 与所在介质折射率 n 的乘积，光程差 Δl 为两束光的光程之差。光程差是将光传播的几何距离与光波的振动性质整合在一起的重要物理量，在几何光学和波动光学中的光的干涉、衍射及双折射效应等的推导过程中都具有重要意义。在 Zemax 中，光程差图用于显示光程差随光瞳坐标的变化曲线。

① 单击“分析”功能区“成像质量”选项组中的“像差分析”选项，在下拉列表中选择“光程差图”命令，打开“光程差图”窗口。该窗口中包含“绘图”和“文本”选项卡，分别显示光程差特性曲线和光程差数据列表，如图 8-3 所示。

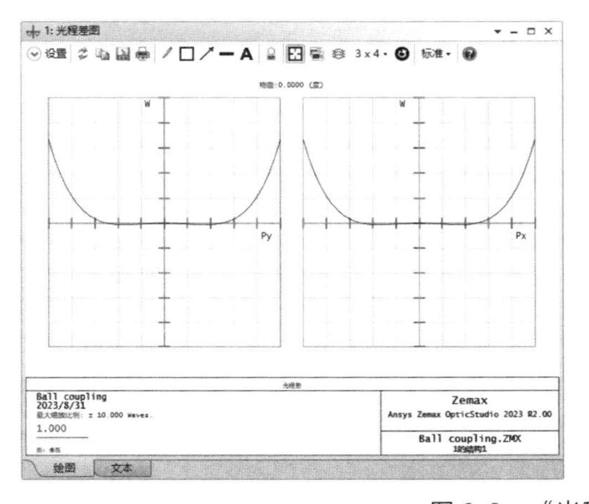

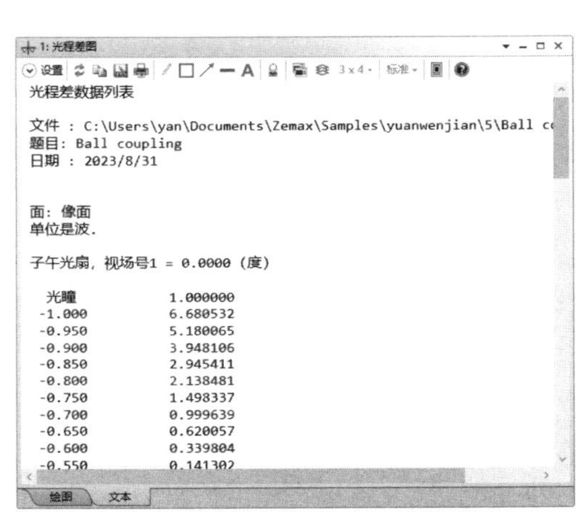

图 8-3　“光程差图”窗口

② 在光程差特性曲线中，X 轴显示归一化的光瞳坐标函数（Px 和 Py），Y 轴显示光线的光程和主光线的光程之差，即光程差（OPD）。

③ 单击“设置”命令左侧的“打开”按钮⊙，展开“设置”面板，用于对特性曲线进行设置，如图 8-4 所示。

该面板中的选项与光线像差图基本相同，这里不再赘述。

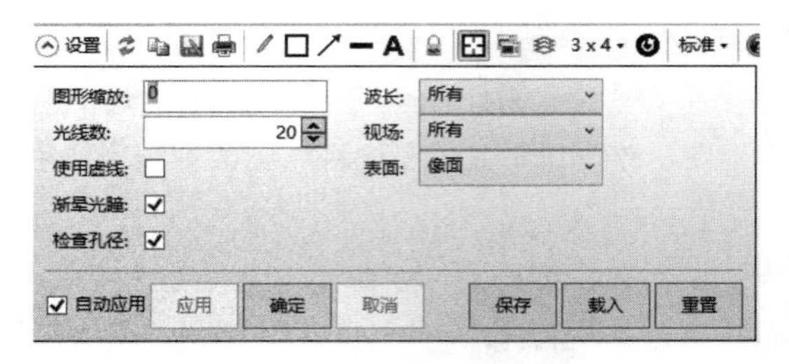

图 8-4　展开“设置”面板

8.1.3 光瞳像差图

光瞳像差是指实际光线在光阑面的交点与主波长近轴光线交点的差值占近轴光阑半径的百分比。光瞳像差图为该系统是否需要打开光线瞄准提供依据。如果光瞳像差太大，那么就得打开光线瞄准。

① 单击“分析”功能区“成像质量”选项组中的“像差分析”选项，在下拉列表中选择“光瞳像差”命令，打开“光瞳像差光扇图”窗口，显示用光瞳坐标函数表示的入瞳变形，如图 8-5 所示。

② 若最大像差超过一定的百分比，需要使用光线定位，以便校正在物空间的光线，使它正确地充满光阑面。若打开光线定位，入瞳像差将为 0（或剩下很小的值），因为变形被光线追迹算法补偿了。

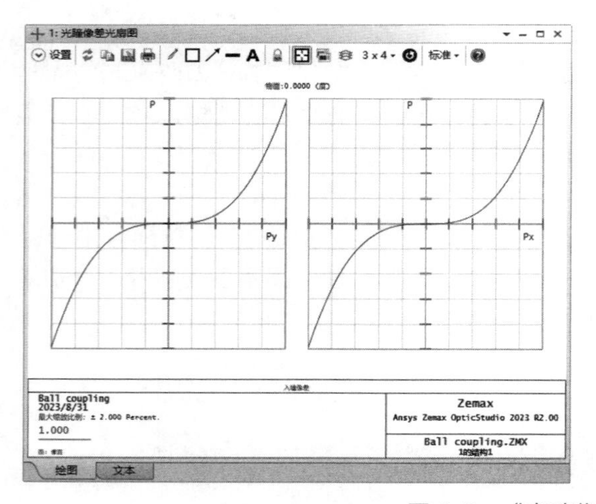

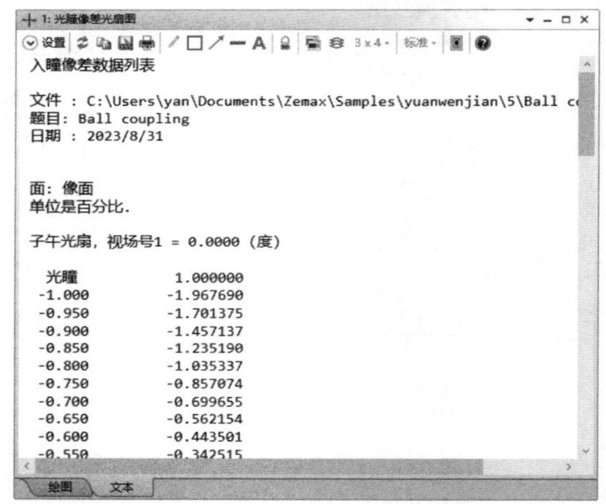

图 8-5　“光瞳像差光扇图”窗口

8.1.4 全视场像差图

全视场像差图用于显示全视场像差。

① 单击“分析”功能区“成像质量”选项组中的“像差分析”选项，在下拉列表中选择“全视场像差”命令，打开“全视场像差”窗口，显示用光瞳坐标函数表示的入瞳变形，如图 8-6 所示。

② 单击“设置”命令左侧的“打开”按钮⊙，展开“设置”面板，用于对特性曲线进行设

置，如图 8-7 所示。

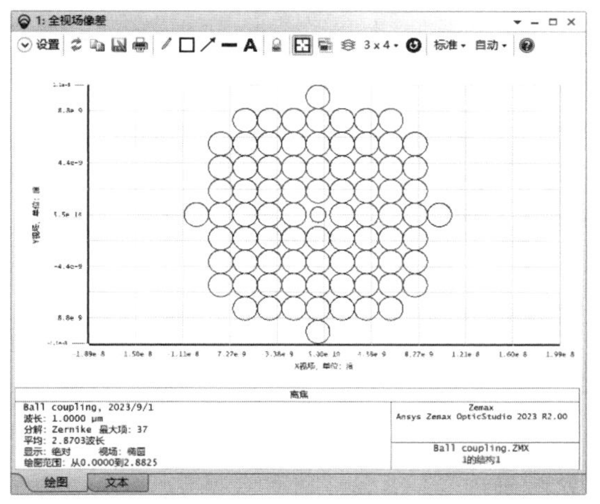
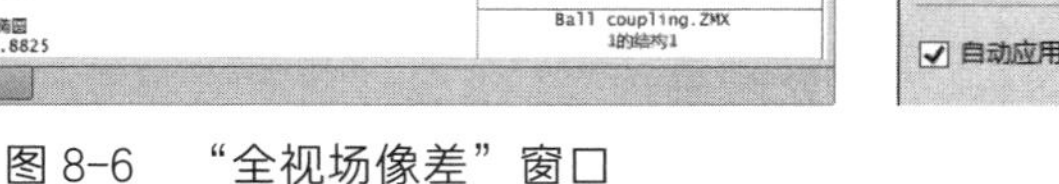

图 8-6　“全视场像差”窗口

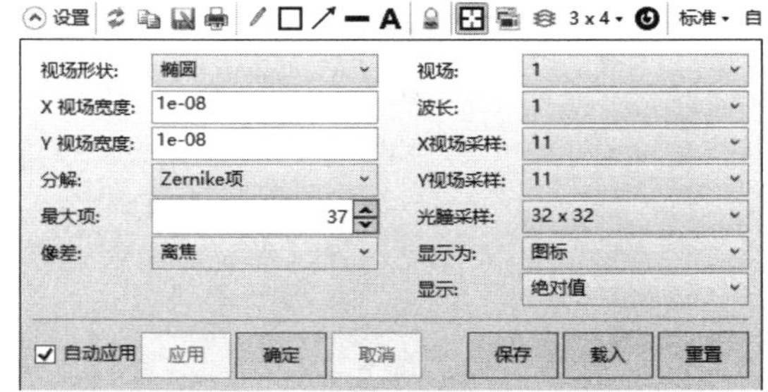

图 8-7　展开“设置”面板

下面介绍该面板中的选项。

- 视场形状：定义视场形状，可以是矩形或椭圆形。若选择“椭圆”，则不计算 X 视场宽度和 Y 视场宽度定义的椭圆之外的数据。
- X 视场宽度、Y 视场宽度： 定义 X 或 Y 采样网格的一半大小，以度或镜头单位表示，具体值取决于视场数据编辑器中的当前视场定义。若视场数据编辑器中的视场定义为经纬角，则 X、Y 视场宽度分别以度表示方位角 / 仰角。
- 分解：选择分解波前的方式。默认选择使用 Zernike 标准系数，对于每个视场点，软件将波前拟合为一系列 Zernike 标准多项式。
- 最大项：选择最大项分解要考虑的最大项，可以指定不超过 231 的任何值。
- 像差：选择在指定视场上绘制的像差，可以是离焦、初级像散、初级彗差等。
- 视场：选择计算像差的视场。
- 波长：选择用于计算的波长数。
- X 视场采样：定义 X 视场点采样点的数目。
- Y 视场采样：定义 Y 视场点采样点的数目。
- 光瞳采样：选择瞳孔的密度，用于系数拟合。
- 显示为：选择像差图的显示方式，包括灰度、反灰度、伪彩色、反伪彩色和图标，如图 8-8 所示。默认选择“图标”，只显示绝对像差值。
- 显示：选择像差的显示方式，包括绝对值、相对或平均。选择绝对值，直接显示所选的像差；选择相对，在减去所有采样点的平均值后显示所选像差；选择平均，显示所选像差在所有采样点上的平均值。

8.1.5　场曲 / 畸变

“场曲 / 畸变”命令用来显示场曲图和畸变图。场曲图显示各视场近轴焦点与实际像面的距离关系；畸变图显示像面实际主光线落点与近轴理想落点的差值。

① 单击“分析”功能区“成像质量”选项组中的“像差分析”选项，在下拉列表中选择“场曲 / 畸变”命令，打开“视场 场曲 / 畸变”窗口，如图 8-9 所示。

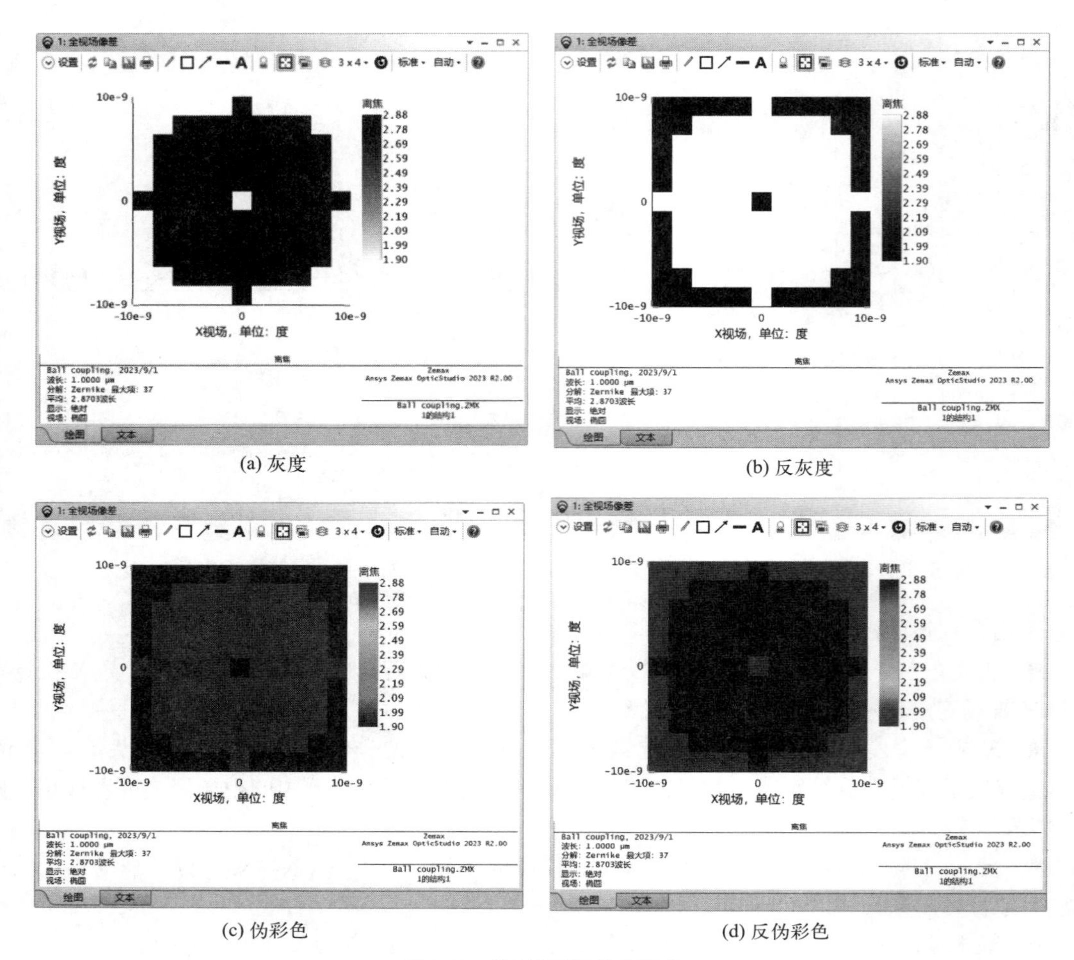

(a) 灰度

(b) 反灰度

(c) 伪彩色

(d) 反伪彩色

图 8-8　像差图的显示方式

② 单击“设置”命令左侧的“打开”按钮⊙，展开“设置”面板，用于对特性曲线进行设置，如图 8-10 所示。

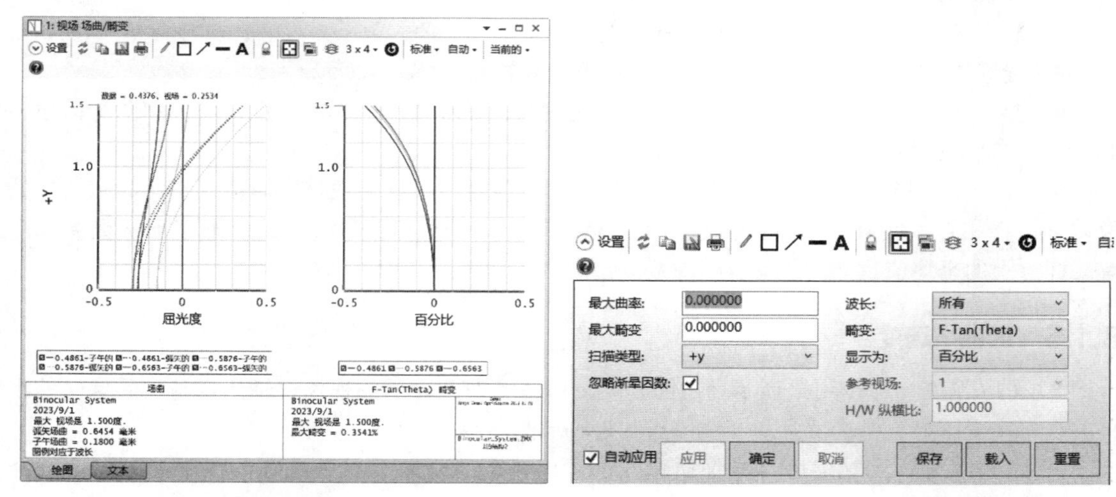

图 8-9　“视场 场曲 / 畸变”窗口

图 8-10　展开“设置”面板

下面介绍该面板中的选项。

- 最大曲率：以透镜为单位定义视场曲率图的最大尺度。
- 最大畸变：定义畸变图的最大比例。
- 扫描类型：选择 +y、+x、−y 或 −x 定义扫描方向。
- 忽略渐晕因数：渐晕因数是描述不同视场位置的入口瞳孔大小和位置的系数。勾选该复选框，不计算渐晕因数。
- 波长：选择用于计算的波长。
- 畸变：选择以百分比还是绝对长度显示畸变。
- 参考视场：选择参考视场。
- H/W 纵横比：如果纵横比大于 1，那么“高度”或“y”字段将被纵横比展开。如果纵横比小于 1，那么“高度”或“y”字段将被纵横比压缩。

8.1.6　网格畸变

“网格畸变”命令用来在矩形网格上以实际主光线网格点坐标显示畸变失真。在无畸变系统中，像面上的主光线坐标与场坐标呈线性关系。

① 单击“分析”功能区“成像质量”选项组中的“像差分析”选项，在下拉列表中选择“网格畸变”命令，打开“网格畸变”窗口，如图 8-11 所示。对于非对称系统，各视场点的畸变一般是不对称的，需要逐点考察，即考察网格畸变图和数值大小。

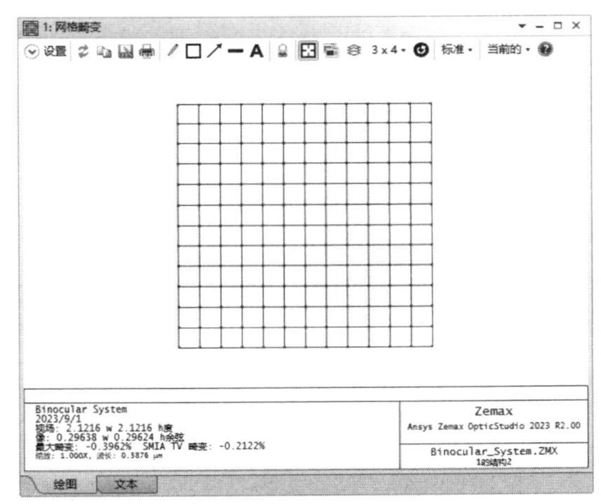

图 8-11　“网格畸变”窗口

② 单击“设置”命令左侧的“打开”按钮，展开“设置”面板，用于对特性曲线进行设置，如图 8-12 所示。

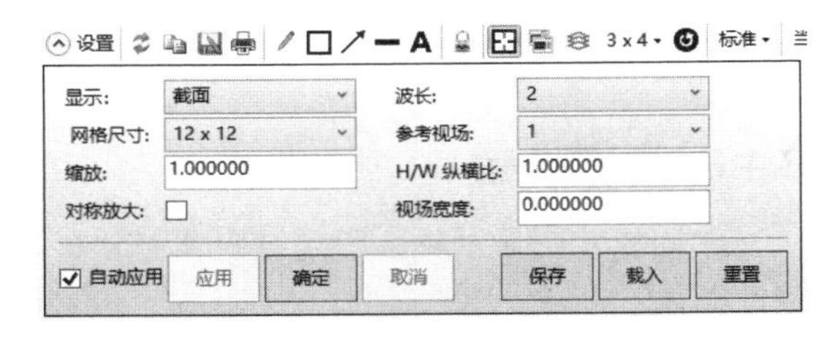

图 8-12　展开“设置”面板

下面介绍该面板中的选项。

- 显示：主光线网格点显示方式。选择“截面”，利用十字标记每个主光线截距；选择“矢量”，绘制从理想图像点到实际主光线图像点的矢量。
- 网格尺寸：选择网格的大小。
- 缩放：设置缩放比例，如果比例不为 1.0，放大扭曲网格上的“x”点；若比例因子为负，图上的正失真变为负失真。
- 对称放大：勾选该复选框，输出图像是正方形。否则，输出图像可能不是正方形的，但是对象视场是正方形的。

8.1.7　实例：凸凹透镜系统场曲显示

本例对凸凹透镜系统中的场曲进行定性和定量的显示分析。

（1）设置工作环境

① 启动 Ansys Zemax OpticStudio 2023，进入 Ansys Zemax OpticStudio 2023 编辑界面。

② 选择功能区中的“文件”→“打开”命令，或单击工具栏中的“打开”按钮，打开“打开”对话框，选中文件 Single Parallel beam_Field curvature.zos，单击“打开”按钮，在指定的源文件目录下打开项目文件。

③ 选择功能区中的“文件”→“另存为”命令，或单击工具栏中的“另存为”按钮，打开“另存为”对话框，输入文件名称 Single Parallel beam_Field curvature display.zos。单击“保存”按钮，在指定的源文件目录下自动新建了一个新的文件。

（2）场曲显示

① 通过场曲 / 畸变图和网格畸变图显示光学系统的场曲。

② 单击“分析”功能区“成像质量”选项组中的“像差分析”选项，在下拉列表中选择“场曲 / 畸变”命令，打开“视场 场曲 / 畸变”窗口，左侧图像显示系统场曲情况，确定子午方向和弧矢方向的场曲大小，如图 8-13 所示。

③ 单击“分析”功能区“成像质量”选项组中的“像差分析”选项，在下拉列表中选择“网格畸变”命令，打开“网格畸变”窗口，通过显示光线截距点的网格，表示畸变失真，如图 8-14 所示。

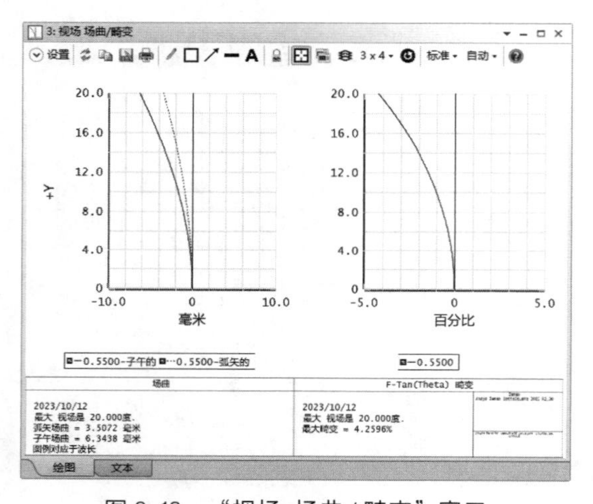

图 8-13 “视场 场曲 / 畸变”窗口

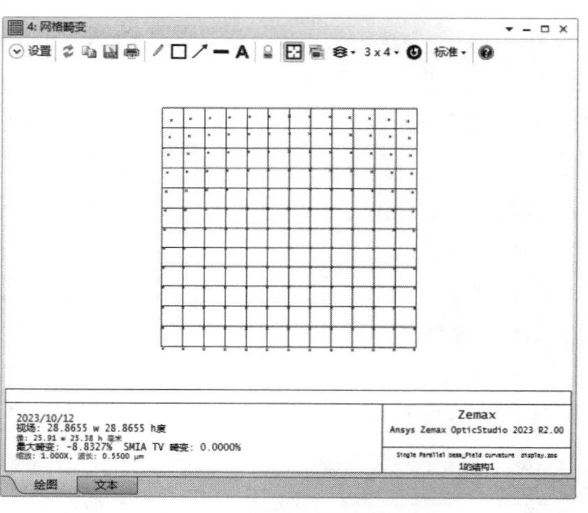

图 8-14 “网格畸变”窗口

（3）保存文件

单击 Ansys Zemax OpticStudio 2023 编辑界面工具栏中的“保存”按钮，保存文件。

8.1.8 轴向像差

轴向像差图显示轴上视场纵向球差分布曲线，计算从图像表面到区域边缘光线“聚焦”或穿过光轴的距离。

① 单击“分析”功能区“成像质量”选项组中的“像差分析”选项，在下拉列表中选择“轴向像差”命令，打开“轴向像差”窗口，如图 8-15 所示。X 轴以透镜为单位，表示从图像表面到光线穿过光轴的点的距离；Y 轴没有单位，表示归一化的最大入口瞳孔半径。对于聚焦系统，X 轴表示使光线达到准直所需的屈光度。

② 单击“设置”命令左侧的“打开”按钮，展开“设置”面板，用于对特性曲线进行设置，如图 8-16 所示。

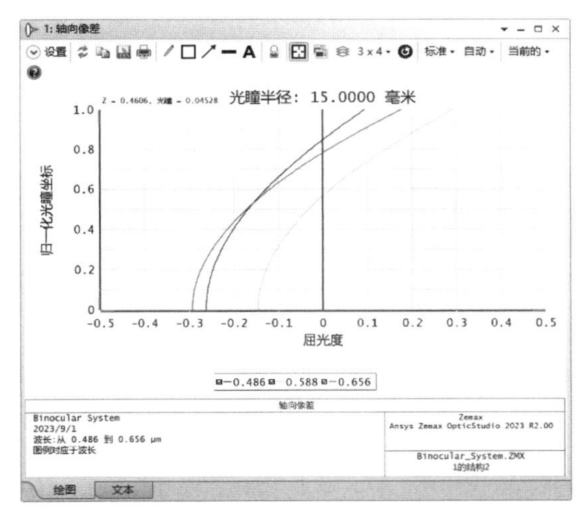

图 8-15　“轴向像差”窗口

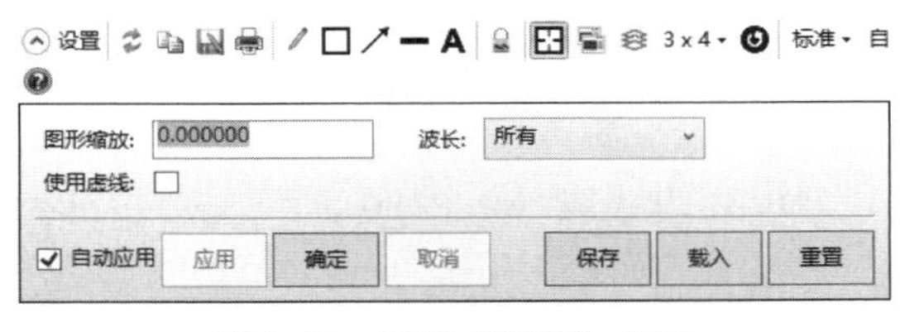

图 8-16　展开“设置”面板

下面介绍该面板中的选项。

- 图形缩放：设置图形显示比例。
- 波长：选择显示的波长序号。默认选择“所有”，显示所有波长的光线。
- 使用虚线：选择实线或虚线来区分各种曲线。

8.1.9　垂轴色差

垂轴色差曲线显示在像面上随视场变化的垂轴色差，是光学系统成像质量状况分析的重要方法，经常能够发现设计中的问题，为进一步的改善指明方向。

对于焦距系统，垂轴色差是用透镜单位测量的两个极端波长的主光线截距之间的 y 距离。对于聚焦系统，垂轴色差是两个极端波长的主光线之间的聚焦模式单位的角度。

① 单击“分析”功能区“成像质量”选项组中的“像差分析”选项，在下拉列表中选择“垂轴色差”命令，打开“垂轴色差”窗口，如图 8-17 所示。

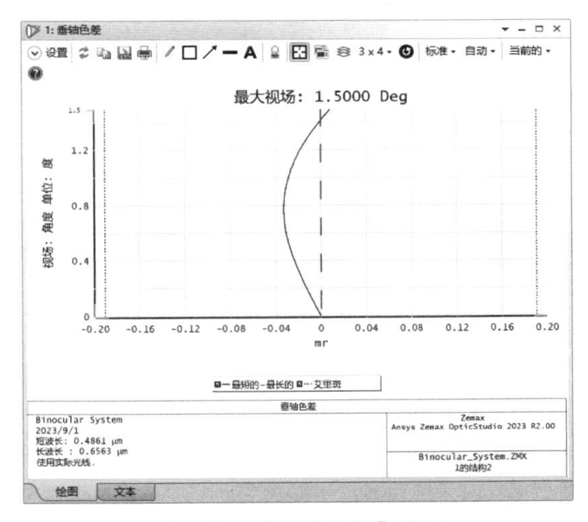

图 8-17　“垂轴色差”窗口

② 单击“设置”命令左侧的“打开”按钮，展开“设置”面板，用于对特性曲线进行设置，如图 8-18 所示。

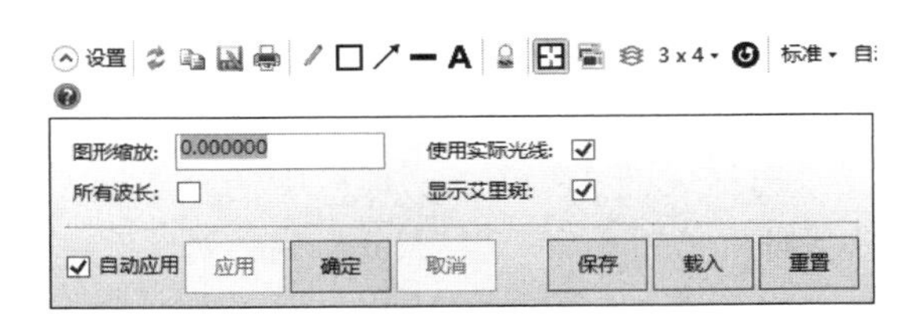

图 8-18　展开“设置”面板

下面介绍该面板中的选项。

- 使用实际光线：勾选该复选框，使用实际光线，否则使用近轴光线。
- 所有波长：勾选该复选框，将显示所有已定义波长的数据。每个波长将参考主波长。
- 显示艾里斑：勾选该复选框，在参考线

的两侧绘制主波长的半径的艾里斑，显示艾里斑的范围。

8.1.10 色焦移

色焦移图显示系统对不同波长焦距变化，以主波长为参考原点。

① 单击“分析”功能区“成像质量”选项组中的“像差分析”选项，在下拉列表中选择“色焦移”命令，打开“焦移”窗口，如图 8-19 所示。

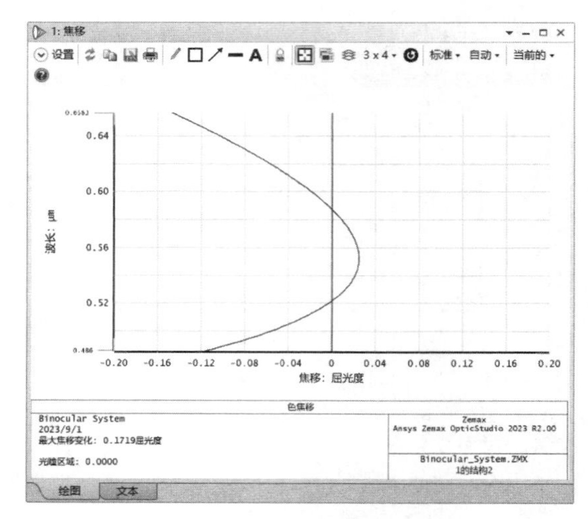

图 8-19 “焦移”窗口

② 单击“设置”命令左侧的“打开”按钮，展开“设置”面板，用于对特性曲线进行设置，如图 8-20 所示。

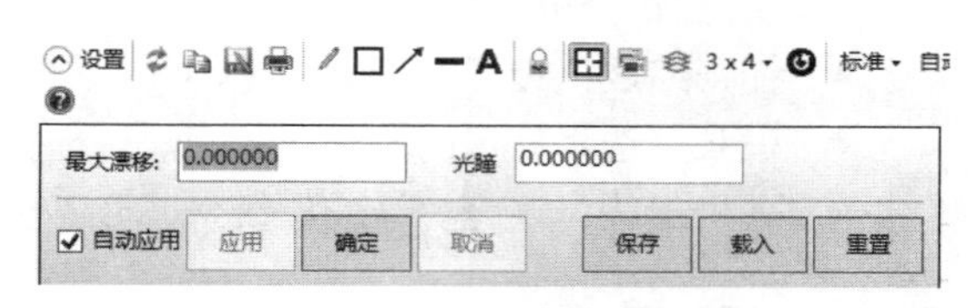

图 8-20 展开“设置”面板

下面介绍该面板中的选项。

- 最大漂移：以透镜单位显示在 X 轴上的最大范围，Y 轴由波长范围确定范围，自动输入零。
- 光瞳：瞳孔中的径向区域，用于计算后焦。默认值为零，表示使用近轴光线。0 到 1 之间的值表示实际的边缘光线被用在入口瞳孔的适当区域。

8.1.11 实例：衍射光栅光学系统色差显示

衍射光栅光学系统中的多波长光线形成色差，本例利用色差分析命令查看轴向色差。

（1）设置工作环境

① 在“开始”菜单中双击 Ansys Zemax OpticStudio 图标，启动 Ansys Zemax OpticStudio 2023。

② 选择功能区中的“文件”→“打开”命令，或单击工具栏中的“打开”按钮，打开“打开”对话框，选中文件 Diffraction_Grating_Lens.zos，单击“打开”按钮，在指定的源文件目录下打开项目文件。

③ 选择功能区中的“文件”→“另存为”命令，或单击工具栏中的“另存为”按钮，打开“另存为”对话框，输入文件名称 Diffraction_Grating_Lens_dispersion.zmx。单击“保存”按钮，在指定的源文件目录下自动新建了一个项目文件。

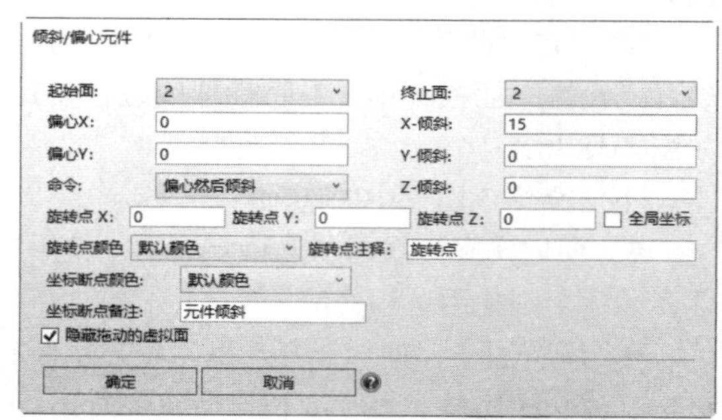

图 8-21 “倾斜 / 偏心元件”对话框

（2）设置旋转面

选择表面 2，单击工具栏中的“旋转 / 偏心元件”按钮+，弹出“倾斜 / 偏心元件”对话框，设置 X- 倾斜角为 15°，如图 8-21 所示。单击“确定”按钮，将衍射光栅面顺时针旋转

15°，在该面上下分别添加一个坐标间断面，如图 8-22 所示。

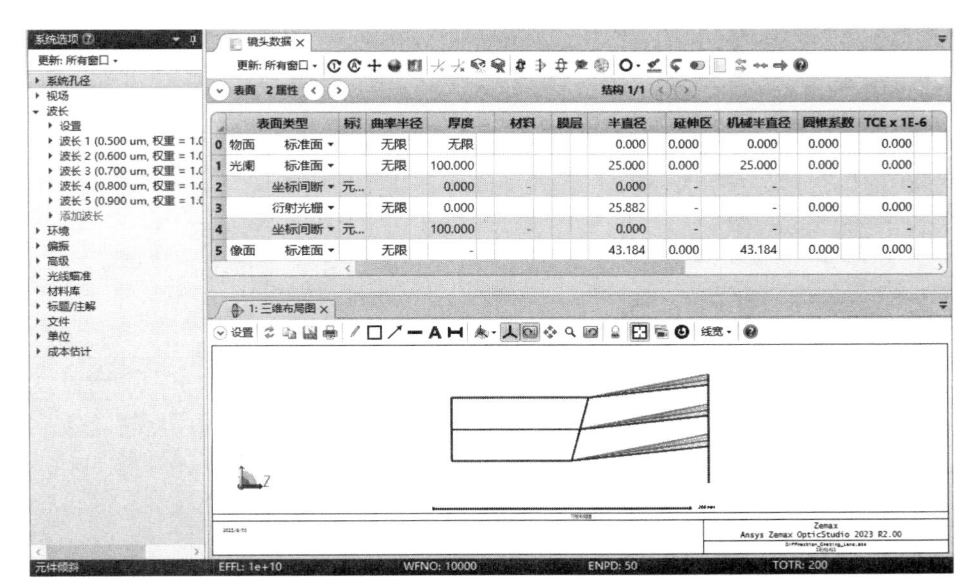

图 8-22　添加坐标间断面

（3）修改光栅面

① 选择衍射光栅面（面 3），设置“曲率半径”为 -100，表示该表面为平面光栅改为凹面反射光栅；设置“半直径”为 50，表示系统孔径改为 50；设置“材料”为 MIRROR，表示光栅材料改为 MIRROR，如图 8-23 所示。

镜头数据

	表面类型	标注	曲率半径	厚度	材料	膜层	半直径	延伸区	机械半直径	圆锥系数
0	物面　标准面		无限	无限			0.000	0.000	0.000	0.000
1	光阑　标准面		无限	100.000			25.000	0.000	25.000	0.000
2	坐标间断	元件倾斜		0.000	-		0.000	-	-	
3	(孔径) 衍射光栅		-100.000	0.000	MIRROR		50.000 U	-	-	0.000
4	坐标间断	元件倾斜：返回		100.000	-		0.000	-	-	
5	像面　标准面		无限	-			400.490	0.000	400.490	0.000

图 8-23　修改衍射光栅面（面 3）

② 平面光栅改为凹面反射光栅后，光学系统图中的光线追迹发生变化，凹面反射光栅具有衍射和汇聚能力，不用外加透镜就可以将不同波长光谱分开。此时，“三维布局图”窗口中的布局图发生变化，如图 8-24 所示。凹面反射光栅面上光线相对于主光线的交点坐标（Py、Px）同样发生变化。

（4）色差分析

系统中使用 5 个波长的光线，会产生较大色差，需要使用光线像差曲线来分析两种色差的表现形式。

① 单击“分析”功能区“成像质量”选项组中的“像差分析”选项，在下拉列表中选择“光线像差图”命令，打开“光线光扇图”窗口。轴上视场产生球色差，即在同一孔径区域不同

波长在轴上的焦点不同，如图 8-25 所示。

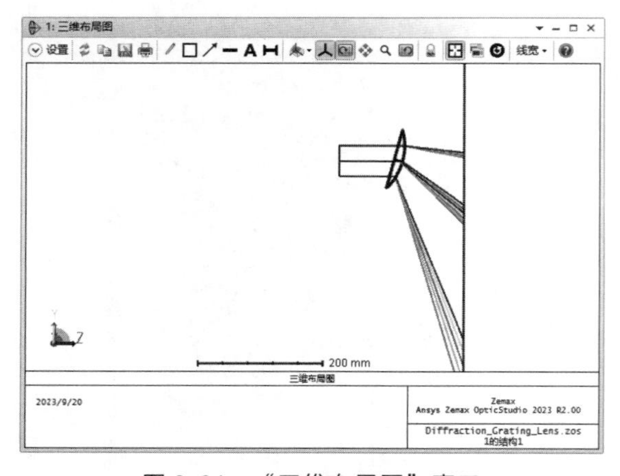

图 8-24 “三维布局图”窗口

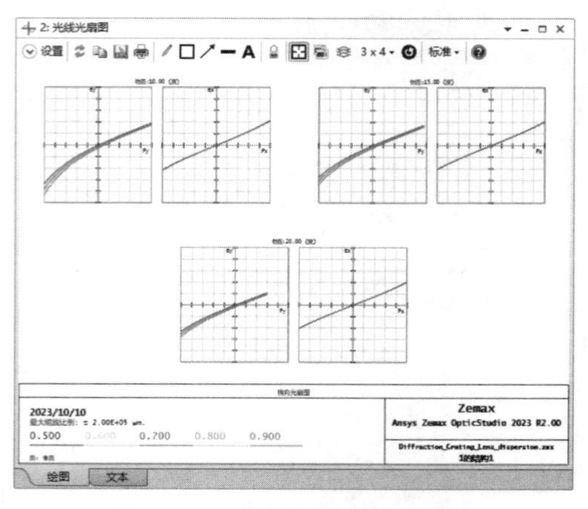

图 8-25 “光线光扇图“窗口

② 单击“分析”功能区“成像质量”选项组中的“像差分析”选项，在下拉列表中选择“轴向像差”命令，打开“轴向像差”窗口，查看轴向像差大小，如图 8-26 所示。图中横坐标表示像面两边沿轴离焦距离，纵坐标为不同光瞳区域。

③ 单击“分析”功能区“成像质量”选项组中的“像差分析”选项，在下拉列表中选择“垂轴色差”命令，打开“垂轴色差”窗口，查看垂轴色差大小，如图 8-27 所示。

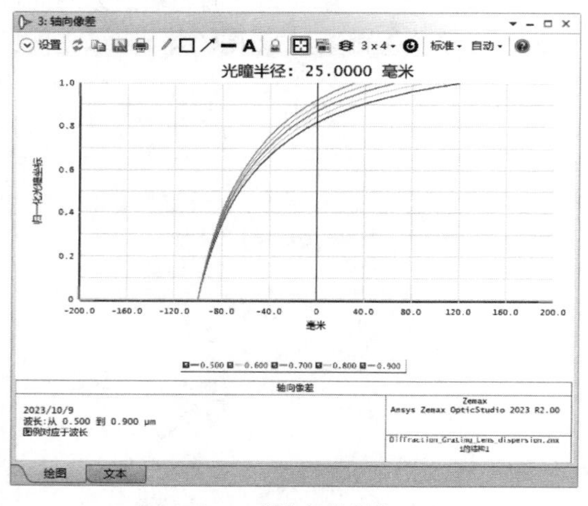

图 8-26 “轴向像差”窗口

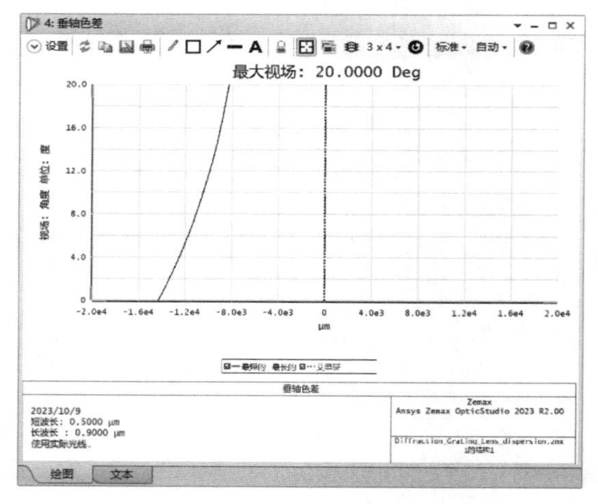

图 8-27 “垂轴色差”窗口

（5）保存文件

单击 Ansys Zemax OpticStudio 2023 编辑界面工具栏中的“保存”按钮，保存文件。

8.1.12 赛德尔系数

赛德尔（Seidel）系数是光学系统设计和评估中的重要参数，通过对光学系统中的各种像差进行分析和计算，可以优化系统设计，提高成像质量。赛德尔系数只针对表面类型是标准、偶次非球面、奇次非球面、扩展非球面和扩展奇次非球面的光学系统，任何包含坐标间断、光栅、近轴或其他非径向对称表面的系统都不能应用该系数。

单击“分析”功能区“成像质量”选项组中的“像差分析”选项，在下拉列表中选择“赛德尔系数”命令，打开“赛德尔系数”窗口，显示赛德尔像差系数表和波前像差系数表，按表面顺序计算原始、垂轴、纵轴及波前赛德尔系数，并给出整个系统的赛德尔系数，如图 8-28 所示。

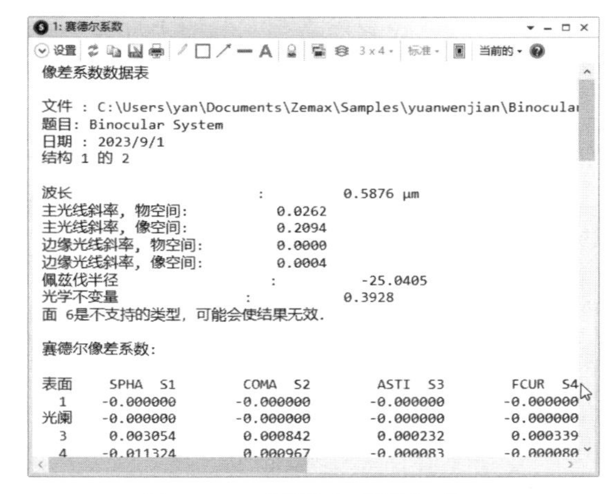

图 8-28　“赛德尔系数”窗口

下面介绍该窗口中的列表和其中的参数。

① “赛德尔像差系数”表列出了整个系统每个表面未转换的赛德尔像差系数：球差（SPHA S1）、彗差（COMA S2）、像散（ASTI S3）、场曲（FCUR S4）、畸变（DIST S5）、轴向色差 [CLA（CL）]、横向色差 [CTR（CT）]。

② “赛德尔像差系数（波长）”表列出了整个系统每个表面的波前系数（转换后的赛德尔像差系数）：W040（球差）、W131（彗差）、W222（像散）、W220P（场曲）、W311（畸变）、W020（轴向色差）、W111（横向色差）。

赛德尔像差系数的转换公式如下：

$$S1 = 8W040$$

$$S2 = 2W131$$

$$S3 = 2W222$$

$$S4 = 4W220 - 2W222$$

$$S5 = 2W311$$

③ “横向像差系数”表列出了整个系统每个表面的系数：横向球面（TSPH）、横向矢状彗发（TSCO）、横向切向彗发（TTCO）、横向散光（TAST）、横向佩茨瓦尔场曲率（TPFC）、横向矢状场曲率（TSFC）、横向切向场曲率（TTFC）、横向畸变（TDIS）、横向轴向色（TAXC）和横向横向色（TLAC）。横向像差的单位是系统透镜单位，在光接近准直的光学空间中，横向像差系数可能非常大，在这些光学空间中意义不大。

④ “轴向像差系数”表列出了整个系统每个表面的系数：轴向球差（LSPH）、轴向矢状彗发（LSCO）、轴向切向彗发（LTCO）、轴向散光（LAST）、轴向佩茨瓦尔场曲率（LPFC）、轴向矢状场曲率（LSFC）、轴向切向场曲率（LTFC）、轴向畸变（LDIS）、轴向轴向色（LAXC）和轴向横向色（LLAC）的纵向像差系数。轴向像差的单位是系统透镜单位。在光接近准直的光学空间中，纵向像差系数可能非常大，在这些光学空间中意义不大。

8.1.13　塞德尔图

塞德尔图以条形图显示各表面的赛德尔像差贡献。

① 单击“分析”功能区“成像质量”选项组中的“像差分析”选项，在下拉列表中选择“塞德尔图”命令，打开“塞德尔图”窗口，可以查看一个系统中给定关于三阶像差的图样描述，如图 8-29 所示。

② 塞德尔图将每个面上的七个像差系数用不同颜色的柱形图显示出来，并作为一个系统的总和。利用塞德尔图，有助于判断每个面上某个像差的正负，分析哪个面是平衡像差，也可以快速地找到系统中对成像质量影响最大的面。例如，图 8-29 中第 4、5 面的轴上色差是比较大的。

③ 单击“设置”命令左侧的“打开”按钮⊙，展开“设置”面板，用于对特性曲线进行设置，如图 8-30 所示。

下面介绍该面板中的选项。

- 忽略畸变：勾选该复选框，不计算畸变对成像质量影响。
- 忽略色差：勾选该复选框，不计算色差对成像质量影响，如图 8-31 所示。此时，塞德尔图上显示每个面上的五个像差系数柱形图，图中第 12 面的畸变是比较大的。

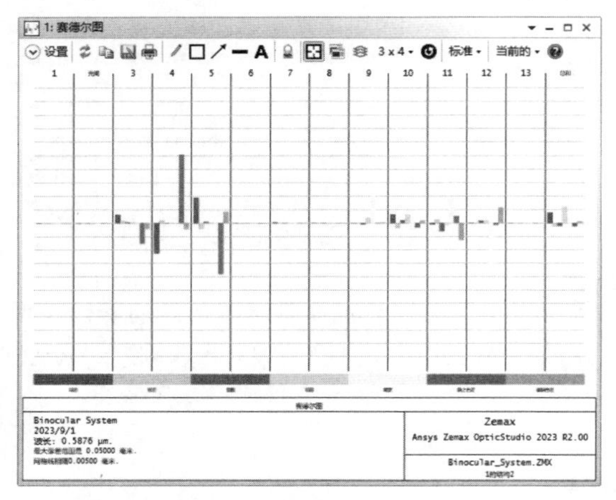

图 8-29　“塞德尔图”窗口

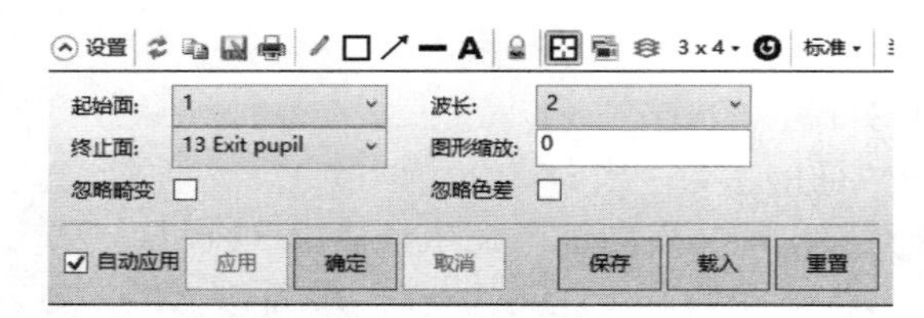

图 8-30　展开“设置”面板

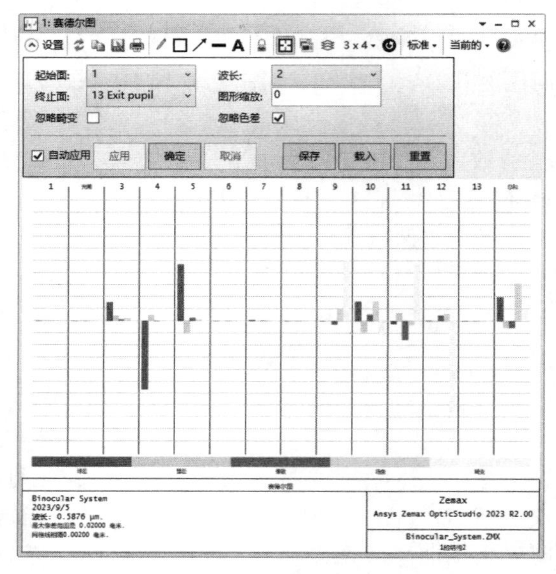

图 8-31　忽略色差

8.2　点列图分析

点列图是 OpticStudio 中基础的分析功能之一，该功能会加载多条从物空间点光源发出的光线，并对所有光线穿过光学系统进行追迹，然后将以图表的形式显示光线相对于特定参考点的坐标图。

在 Zemax 中，根据布置光线的方式，将点列图分为：标准点列图、离焦点列图、全视场点列图、矩阵点列图、结构矩阵点列图。本节以双筒望远镜系统文件 Binocular_System.zmx 为例，介绍点阵图的绘制方法。

8.2.1　标准点列图

标准点列图表示的是不同孔径区域的弥散斑的组成图，显示不同视场的点列图。

单击“分析”功能区“成像质量”选项组中的“光线迹点”选项，在下拉列表中选择“标准点列图”命令，打开“点列图”窗口，显示追迹光线在成像面上的交点分布，如图 8-32 所示。

（1）绘图窗口

① 在窗口上方的特性曲线根据分布图形的形状可反映系统的各种几何像差的影响，如是否有明显像散或彗差特征，几种色斑的分开程度如何，等等。滚动鼠标中键放大第一个点阵图，显示视场 1 中的点阵图，该图中包含三种波长的光斑，不同波长光斑显示为不同的形状和颜色，如图 8-33 所示。

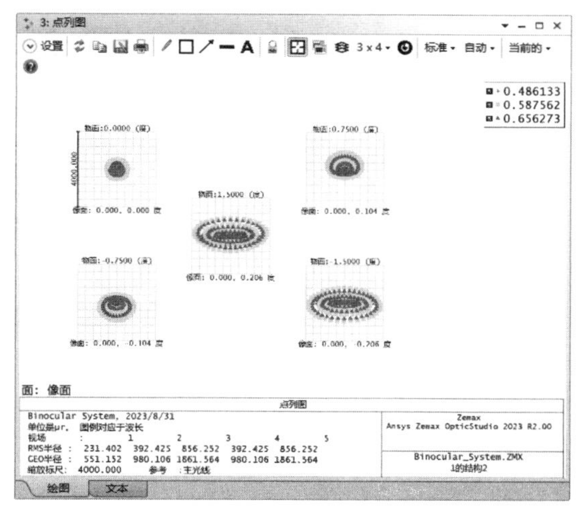

图 8-32　“点列图”窗口

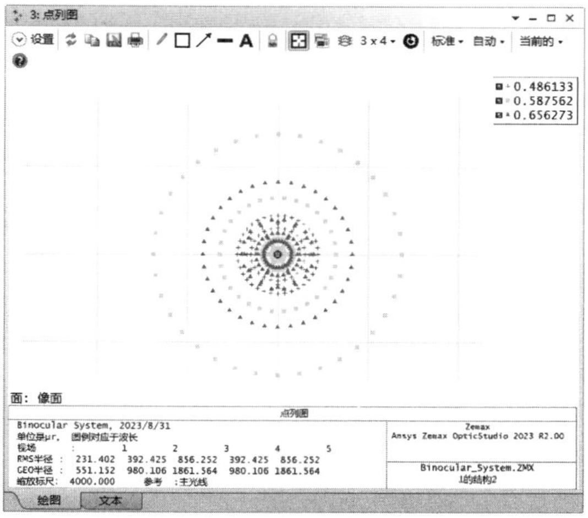

图 8-33　视场 1 中的点阵图

② 在窗口下方的数据区中，显示描述不同视场位置下的像差参数，值越小，成像质量越好。

- RMS 半径值：径向尺寸的均方根半径值。计算每条光线和参考点之间的距离的平方，求出所有光线的平均值，然后取平方根。
- GEO 半径值：几何半径。显示参考点到距离参考点最远的光线的距离，是围绕所有光线交点的、以参考点为中心的圆的最大半径。

（2）文本窗口

在窗口下方选择“文本”选项，打开“文本”选项卡，显示点列图数据列表，如图 8-34 所示。

（3）“设置”面板

单击“设置”命令左侧的“打开”按钮⊙，展开“设置”面板，用于对窗口中的数据进行设置，如图 8-35 所示。

下面介绍该面板中的选项。

① 光线密度：定义追迹的光线的数目，值越大，点列图的 RMS 越精确。若选择六角形或杂乱光瞳模式，光线密度定义六角环形的数目；若选择长方形模式，光线密度定义光线数目的均方根。光线密度的默认值是依据视场数目、规定的波长数目和可利用的内存的最大值。离焦点列图将追迹标准点列图最大值光线数目的一半光线。

② 波长：选择追迹的光线的波长。

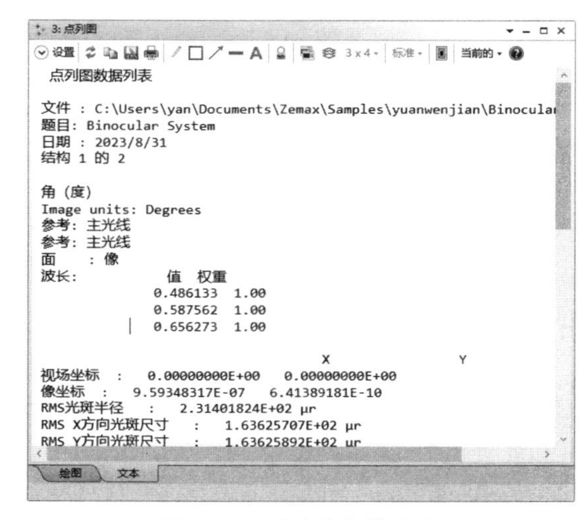

图 8-34　“文本”选项卡

③ 视场：选择追迹的光线的视场。

④ 颜色显示：选择颜色的分类标准，按照视场、波、结构、波长进行分类，同类光线形成的光斑显示相同的颜色。

⑤ 样式：选择光瞳模式，每一种模式表示点列图的不同特性。在给定光瞳变迹的情况下，用光瞳分布变形来给出正确的光线分布。光瞳模式包括六边（图 8-33）、平方或杂乱，如图 8-36 所示。这些方式与出现在光瞳面的光线的分布模式有关。杂乱点列图是在长方形或六角形模式的点列图中删去对称因素的伪随机光线而产生的。

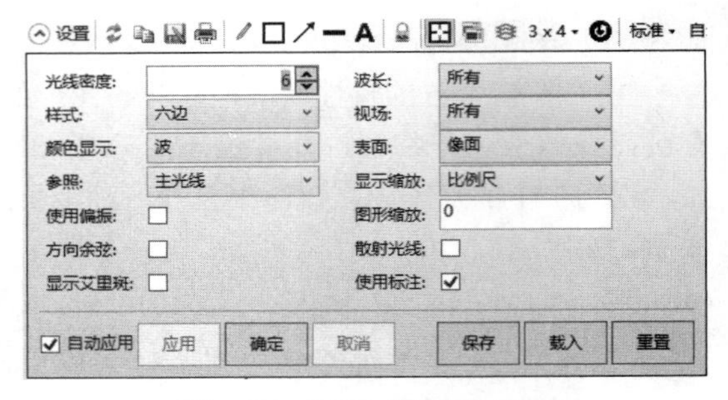

图 8-35　展开“设置”面板

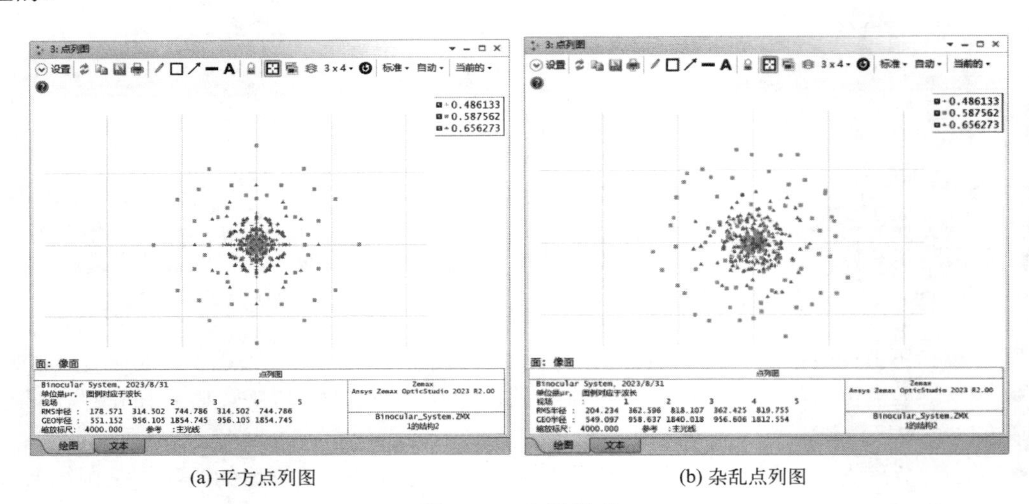

(a) 平方点列图　　(b) 杂乱点列图

图 8-36　光瞳模式

⑥ 参照：默认点列图是以实际主光线为参考的。如果系统处于无焦模式，则参照选择“主光线”而不选择“顶点”。

- 主光线：假定主光线是零像差点，计算图形数据区的 RMS 和 GEO。
- 质心：根据被追迹的光线分布位置平均值定义。
- 中点：使其最大光线误差在 X 和 Y 方向相等来定义。
- 顶点：根据选定面上的局部坐标（0，0）定义。

⑦ 表面：选择在光学系统中追迹光线束至的特定表面，显示该表面上的光线分布图。

⑧ 显示缩放：选择图形缩放比例的样式，默认使用比例条目。

⑨使用偏振：勾选该复选框，使用偏振光追迹每个需要的光线。

⑩ 图形缩放：勾选该复选框，设置用最大比例尺显示图形，默认值为 0，表示图形利用适合的比例显示。

⑪ 方向余弦：勾选该复选框，显示的数据将是光线的方向余弦（无量纲），而不是光线的空间坐标，如图 8-37 所示。X 方向数据将是光线的 X 方向余弦，Y 方向数据将是光线的 Y 方向余弦，还提供像面坐标作为参考点方向余弦。

⑫ 散射光线：勾选该复选框，在光线与表面交点处根据已定义的散射属性统计散射光线。

⑬ 显示艾里斑：勾选该复选框，在点列图的每个点的周围绘制椭圆环形状的艾里椭圆，如

图 8-38 所示。椭圆空心环的半径是 1.22 乘以主波长乘以系统的 F/#，通常取决于视场的位置和光瞳的方向。

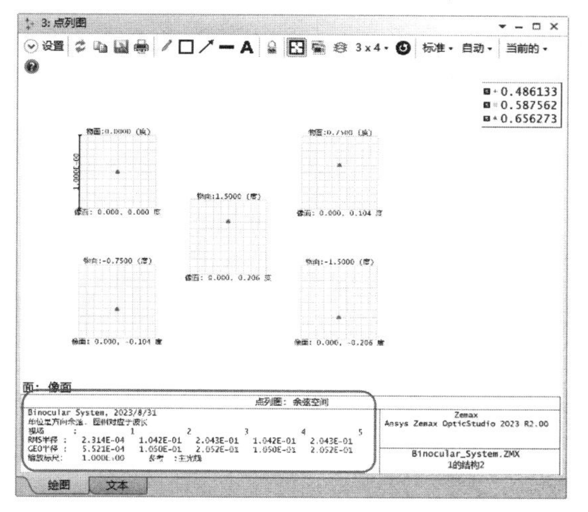

图 8-37　显示光线的方向余弦

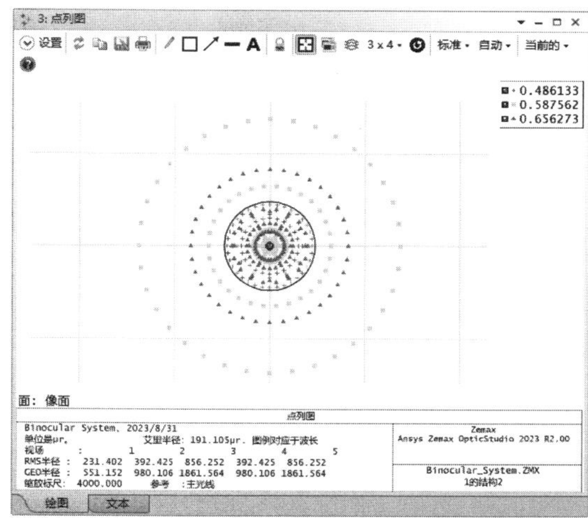

图 8-38　显示艾里斑

⑭ 使用标注：勾选该复选框，在窗口左上角显示动态的坐标注释。

8.2.2　离焦点列图

离焦点列图显示偏离最佳焦点位置某个距离的点图，将不同位置的点列图排列成行，直观地显示点列图离焦（偏离最佳焦点位置）时的变化。

① 单击“分析”功能区“成像质量”选项组中的“光线迹点”选项，在下拉列表中选择“离焦点列图”命令，打开“离焦点列图”窗口，显示不同视场下离焦光斑状态，如图 8-39 所示。

② 单击“设置”命令左侧的“打开”按钮，展开“设置”面板，用于对窗口中的数据进行设置，如图 8-40 所示。其中，离焦范围表示与传感器的距离，0 即焦平面。

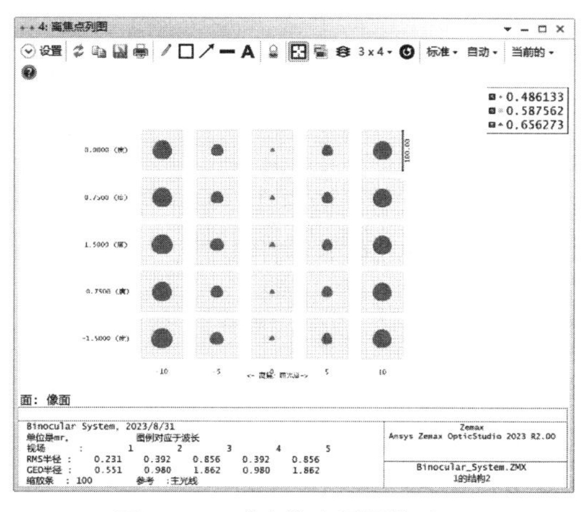

图 8-39　“离焦点列图”窗口

图 8-40　展开“设置”面板

8.2.3　全视场点列图

全视场点列图是指在同一图形窗口中显示所有视场下的点列图，为相对于其他视场点表达所分析点的点列图提供了方法。

① 单击“分析”功能区“成像质量”选项组中的“光线迹点”选项，在下拉列表中选择“全视场点列图”命令，打开“全视场点列图”窗口，显示所有视场下的点列图，如图 8-41 所示。光线中所有的点是关于相同的参考点绘制的，但每个视场位置各自的参考点是不同的。

② 全视场点列图可以用来确定像空间中两个相近的点能否被分辨。如果点的尺寸比整个视场的尺寸小，每个视场的点只是以简单的点的形式出现。

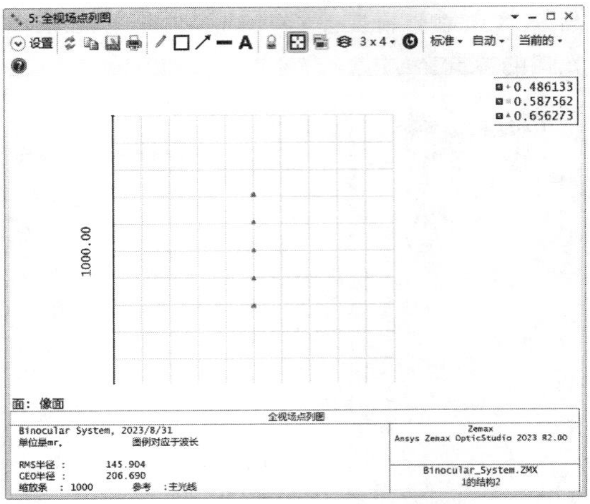

图 8-41 “全视场点列图”窗口

8.2.4 矩阵点列图

矩阵点列图是指将多个点列图集合形成行、列组成的点列图矩阵，根据行列表示的点列图类型不同分为一般矩阵点列图和结构矩阵点列图。

（1）一般矩阵点列图

① 在一般矩阵点列图中，所有不同波长的点列图按照行排列，所有不同视场下的点列图按照列排列。

② 单击“分析”功能区“成像质量”选项组中的“光线迹点”选项，在下拉列表中选择“矩阵点列图”命令，打开“矩阵点列图”窗口，如图 8-42 所示。图中的光学系统包含 5 组视场、3 组波长，得到 5×3 排列的矩阵点列图。

（2）结构矩阵点列图

① 在结构矩阵点列图中，所有不同视场的点列图按照行排列，所有不同结构下的点列图按照列排列。

② 单击“分析”功能区“成像质量”选项组中的“光线迹点”选项，在下拉列表中选择“结构矩阵点列图”命令，打开“结构矩阵点列图”窗口，显示多重结构下的点列图，如图 8-43 所示。图中的光学系统包含 5 组视场、2 组结构，得到 5×2 排列的矩阵点列图。

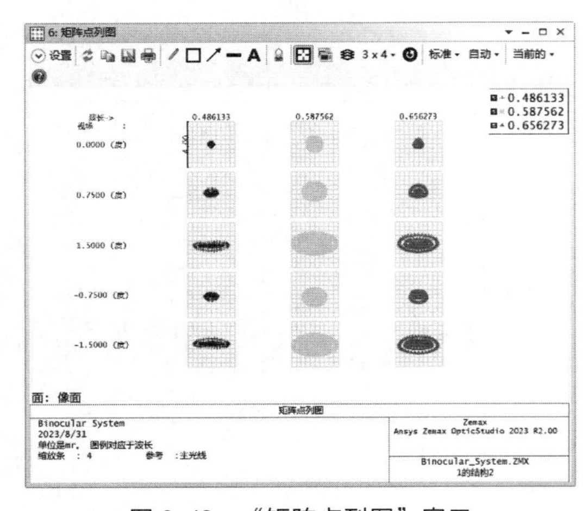

图 8-42 “矩阵点列图”窗口

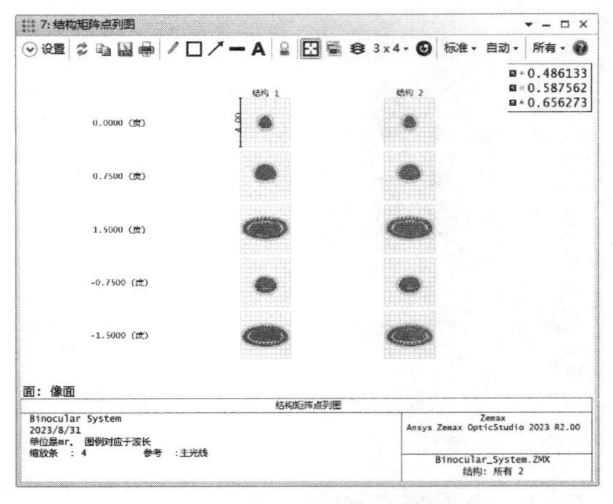

图 8-43 “结构矩阵点列图”窗口

8.2.5 实例：凸凹透镜系统点列图分析

Ansys Zemax OpticStudio 通过点列图观察光学设计的质量，弥散斑越小越好。如果表示弥散斑的点列图都在艾里斑环内，那么表明系统设计完美。本例对具有像散现象的凸凹透镜系统进行点列图分析，演示给定的几个视场上不同光线与像面交点的分布情况。

（1）设置工作环境

① 启动 Ansys Zemax OpticStudio 2023，进入 Ansys Zemax OpticStudio 2023 编辑界面。

② 选择功能区中的“文件”→“打开”命令，或单击工具栏中的“打开”按钮，打开“打开”对话框，选中文件 Curvature_Radius_LENS_astigmatism.zos，单击“打开”按钮，在指定的源文件目录下打开项目文件。

③ 选择功能区中的“文件”→“另存为”命令，或单击工具栏中的“另存为”按钮，打开“另存为”对话框，输入文件名称 Curvature_Radius_LENS_pan.zos。单击“保存”按钮，在指定的源文件目录下自动新建了一个新的文件。

（2）像差分析

单击“分析”功能区“成像质量”选项组中的“像差分析”选项，在下拉列表中选择“光线像差图”命令，打开“光线光扇图”窗口，如图 8-44 所示。

（3）点列图分析

① 使用点列图进行分析，首先注意表格中的数值，值越小，成像质量越好。然后根据分布图形的形状也可了解系统的几何像差的影响。

② 单击“分析”功能区“成像质量”选项组中的“光线迹点”选项，在下拉列表中选择“标准点列图”命令，打开“点列图”窗口，如图 8-45 所示。通过斑点的形状为椭圆，显示形成色差，三个视场的 RMS 半径分别为：1708.92、2017.30、2471.78。

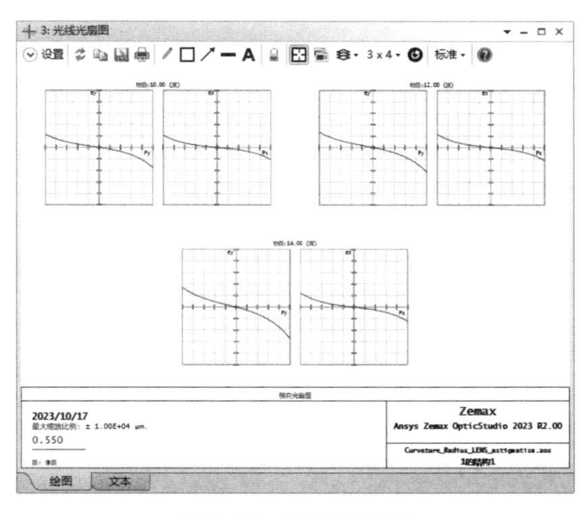

图 8-44　光线光扇图

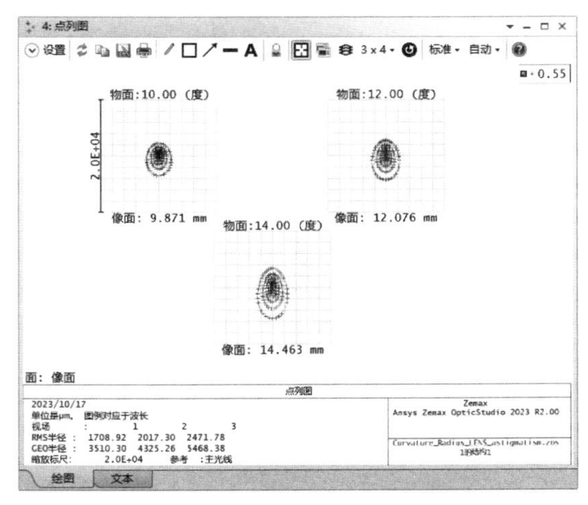

图 8-45　“点列图”窗口

③ 单击“分析”功能区“成像质量”选项组中的“光线迹点”选项，在下拉列表中选择“离焦点列图”命令，打开“离焦点列图”窗口，描述轴上点和半视场的光线交点信息，如图 8-46 所示。

④ 单击“分析”功能区“成像质量”选项组中的“光线迹点”选项，在下拉列表中选择“全视场点列图”命令，打开“全视场点列图”窗口，显示所有视场下的点列图，如图 8-47 所示。可以发现，点的尺寸比整个视场的尺寸大，像空间中两个相近的点不能被分辨。

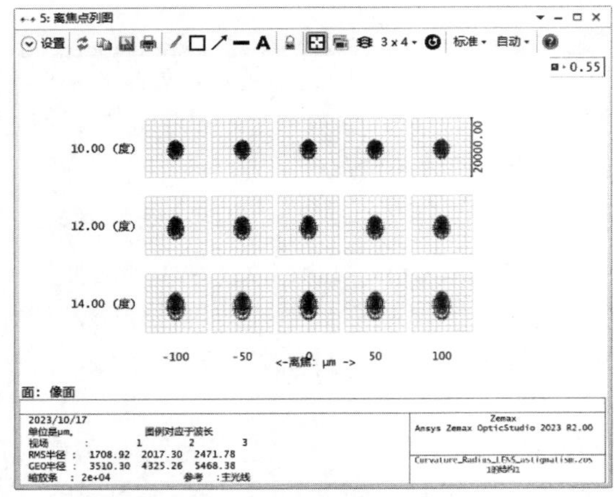

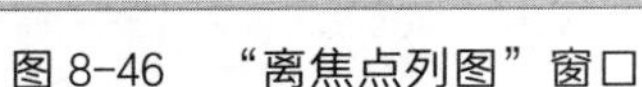
图 8-46 “离焦点列图”窗口

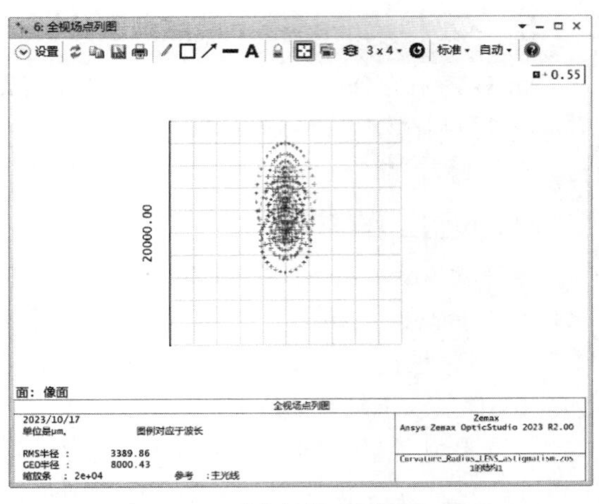

图 8-47 “全视场点列图”窗口

（4）保存文件

单击 Ansys Zemax OpticStudio 2023 编辑界面工具栏中的“保存”按钮，保存文件。

8.3 波前差分析

对高像质要求的光学系统，仅用几何像差来评价成像质量有时还是不够的，还需通过进一步研究光波波面经光学系统后的变形情况来评价系统的成像质量，因此引入了波前差的概念。

“波前”子菜单下的命令用于查看并分析由光学系统产生的波前，如图 8-48 所示，其中光程差图、全视场像差与像差分析组中对应的功能相同，本节不再介绍。

图 8-48 “波前”子菜单

8.3.1 波前图

实际的成像系统往往带有像差，所谓的像差也可以称为波前差，描述的是物点发出的理想球面波经过光学系统后，不再是理想球面波，而是一个复杂的二次曲面。

① 单击“分析”功能区“成像质量”选项组中的“波前”选项，在下拉列表中选择“波前图”命令，打开“波前图”窗口。该窗口中包含“绘图”和“文本”选项卡，用于显示光瞳上的波前差，如图 8-49 所示。

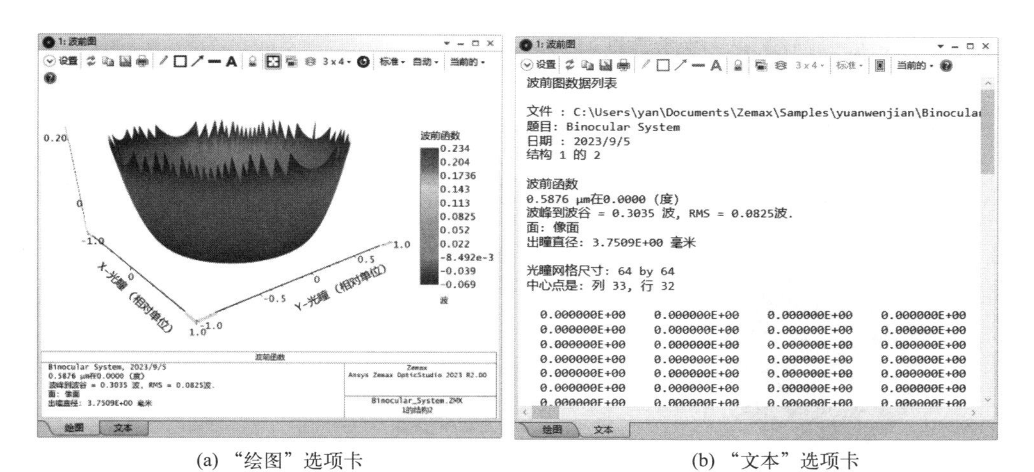

(a)“绘图”选项卡　　　　(b)“文本”选项卡

图 8-49　“波前图”窗口

② “绘图”选项卡中的波前差图描述的是实际波前和理想球面波前之间的差值，是出瞳面空间坐标和像面空间坐标的函数，实际是一个二元曲面。

③ 单击“设置”命令左侧的“打开”按钮，展开“设置”面板，用于对曲线进行设置，如图 8-50 所示。

图 8-50　展开“设置”面板

下面介绍该面板中的选项。

- 采样：用于进行光瞳采样的光线网格的尺寸，大小可以是 32×32、64×64 等。网格尺寸越大，得到的数据越准确，但会增加计算时间。
- 选项：选择曲面在 XY 平面的旋转角度，可选值为 0、90、180、270。
- 偏振：设置是否进行偏振分析。选择“无”时忽略偏振；选择 Ex、Ey 或 Ez 时，在光程差中添加由指定电场分量的偏振效应产生的相位。如果偏振相位超过一个波长，则波前图可能会因为没有执行“相位展开”而显示 2π 的突变。
- 显示为：选择波形图的显示形式，包括表面、等高线、灰度、反灰度、伪彩色、反伪彩色。波前图形默认以表面的形式展示。
- 使用出瞳形状：勾选该复选框，显示从特定视场的像点观察到的出瞳的大概形状，光瞳的形状会失真。光瞳的形状以光束在 X 和 Y 光瞳方向的 F/# 为依据。未勾选该复选框时，无论出瞳出现何种程度的失真，图形都将按比例缩放至环形入瞳坐标。
- 除去倾斜：波前的整体倾斜可以分解为 X 和 Y 两个方向的倾斜。勾选该复选框，将从数据中除去线性 X 和 Y 倾斜。
- STAR Data：选择“STAR 影响开启”后，启用 STAR 数据。

8.3.2　干涉图

干涉图是在正交偏光下使用干涉球观察非均质体宝石时所呈现的由干涉条带及黑臂组成的图案。

① 单击“分析”功能区“成像质量”选项组中的“波前”选项，在下拉列表中选择“干涉图”命令，打开“干涉图”窗口。该窗口中包含“绘图”和“文本”选项卡，用于显示生成的干涉图，如图 8-51 所示。

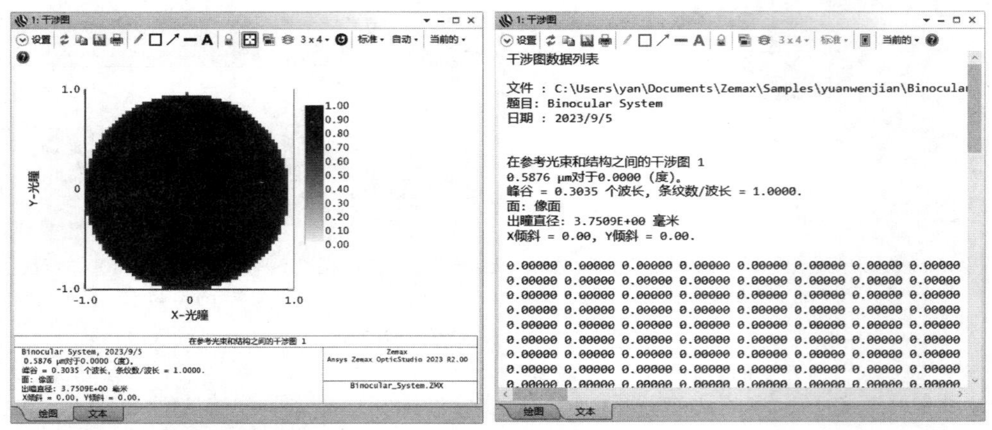

(a) “绘图”选项卡　　(b) “文本”选项卡

图 8-51　“干涉图”窗口

② 单击“设置”命令左侧的“打开”按钮⊙，展开“设置”面板，用于对图形进行设置，如图 8-52 所示。

下面介绍该面板中的选项。

● X- 倾斜、Y- 倾斜：设置在 X 方向、Y 方向添加的倾斜条纹数量。

● 光束 1：干涉图选择第一条光束。

● 光束 2：干涉图选择第二条光束。

图 8-52　展开“设置”面板

说明

如果光束 1 设置为“参考”光束，则使用光束 2 的所在结构确定光瞳形状，反之则使用光束 1 所在结构（1/2 或 2/2）来确定。如果光束 1 和光束 2 都由不同结构（1/2 或 2/2）定义，则使用光束 1 的形状确定光瞳形状。如果两种结构的光瞳形状不同，则“使用出瞳形状”功能不能准确预测干涉图。

● 参考光束 1 到顶点、参考光束 2 到顶点：勾选该复选框，将增加光束（基于主光线与像面顶点的偏差）的倾斜。这种情况仅适用于其主光线与面顶点相当接近的视场位置，且前提是通过主光线偏差所描述的倾斜有效。只有当比例因子为 1.0 时，才能使用此功能。

● 使用出瞳形状：勾选该复选框，显示从特定视场的像点观察时出瞳的大概形状，光瞳的形状将失真。该形状以光束在 X 和 Y 光瞳方向的 F/# 为依据。反之，无论出瞳出现何种程度的失真，图形都将按比例缩放至环形入瞳坐标。

● 考虑光程差：勾选该复选框，则会考虑每一结构光束中的主光线的总光程差。该设置将改变整个干涉图的相位，但不会改变条纹图样的形状。反之，假设两束光的中心相位为零后计算干涉图，这将导致两束光中心是“暗”条纹，该设置不会尝试确定两条光束相对于彼此的相位。

● 子孔径数据：输入波前数据的光瞳子孔径 Sx、Sy、Sr。全孔径和子孔径归一化光瞳坐标之间的转换公式如下：

$$Px = Sx + Sr \times Fx$$

以及：

$$Py = Sy + Sr \times Fy$$

式中，Fx 和 Fy 表示子孔径坐标， Px 和 Py 表示全孔径坐标。

 知识拓展

子孔径是归一化半径为 Sr 的圆形区域，与完整光瞳中心的偏离由归一化坐标 Sx 和 Sy 决定，如图 8-53 所示。

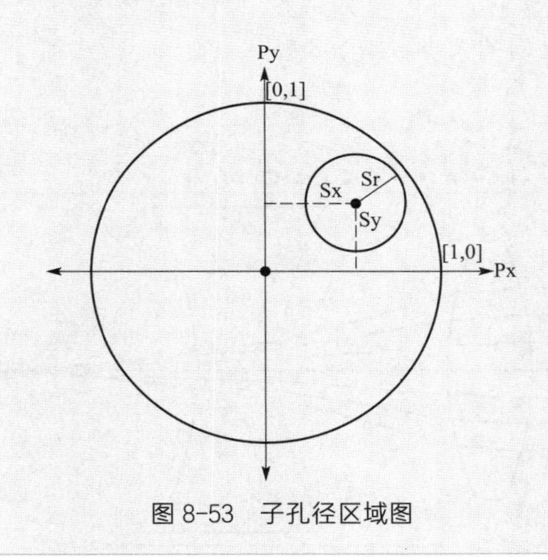

图 8-53　子孔径区域图

8.3.3　实例：凹凸透镜系统球差显示分析

除平面反射镜成像之外，没有像差的光学系统是不存在的。实践表明，完全消除像差也是不可能的。光学设计中一般根据光学系统的作用和接收器的特性把影响像质的主要像差校正到某公差范围内，使接收器不能察觉到。本例使用光线像差图、点阵图、波前图和干涉图来描述球差。

（1）设置工作环境

① 启动 Ansys Zemax OpticStudio 2023，进入 Ansys Zemax OpticStudio 2023 编辑界面。

② 选择功能区中的“文件”→“打开”命令，或单击工具栏中的“打开”按钮，打开“打开”对话框，选中文件 Curvature_Radius_LENS1.zos，单击“打开”按钮，在指定的源文件目录下打开项目文件。

③ 选择功能区中的“文件”→“另存为”命令，或单击工具栏中的“另存为”按钮，打开“另存为”对话框，输入文件名称 Curvature_Radius_LENS3.zos。单击“保存”按钮，在指定的源文件目录下自动新建了一个新的文件。

（2）光线像差图

光线像差图可定量分析球差在不同孔径的大小。

① 单击“分析”功能区“成像质量”选项组中的“像差分析”选项，在下拉列表中选择“光线像差图”命令，打开“光线光扇图”窗口，显示透镜系统的光线像差曲线，即球差曲线，如图 8-54 所示。

② 光线像差图描述在（子午面、弧矢面）不同光瞳位置处光线在像上高度与主光线高度差值，主要是判读系统有哪种像差，并不是系统性能的全面描述。从图中可看出球差曲线的旋转对称性。

③ 在“布局图”中可以观察到不同孔径区域光线聚焦位置不同，还显示了当 Py=1 时，光线在像面上的高度对应光扇图大小，如图 8-55 所示。

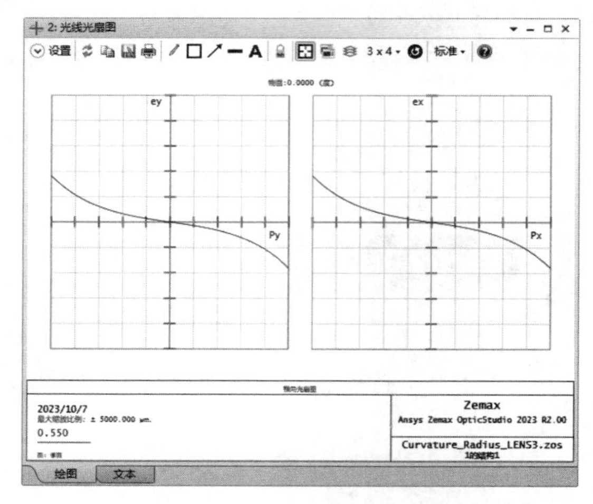

图 8-54　“光线光扇图”窗口

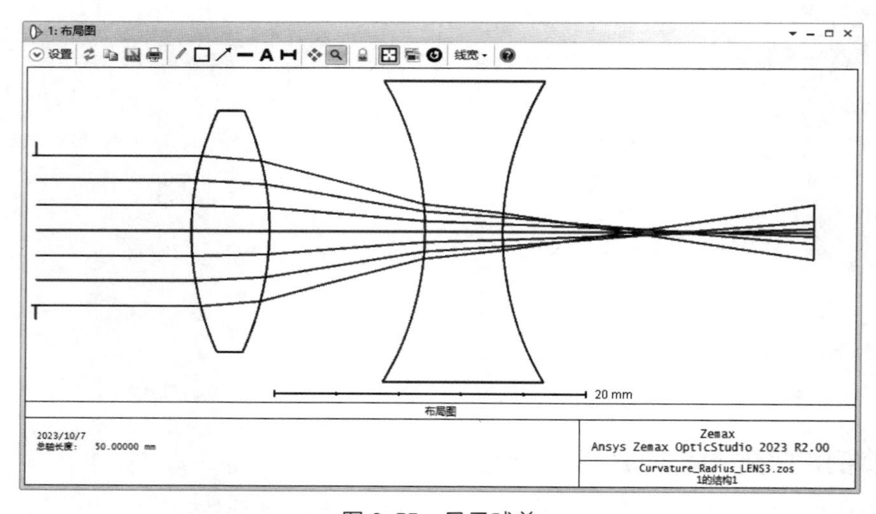

图 8-55　显示球差

（3）点列图

点列图也是显示球差的一种方法，显示不同孔径区域形成的弥散斑。

单击“分析”功能区“成像质量”选项组中的“光线迹点”选项，在下拉列表中选择“标准点列图”命令，打开“点列图”窗口，显示光斑图，结果如图 8-56 所示。

（4）波前图

从光程差的角度分析，出瞳参考球面与实际球面波前的差异导致波前相位的移动，因此产生球差。波前图描述的正是实际波前和理想球面波前之间的差值。

单击“分析”功能区“成像质量”选项组中的“波前”选项，在下拉列表中选择“波前图”命令，打开“波前图”窗口，显示出瞳面空间坐标和像面空间坐标的函数曲面。单击“设置”命令左侧的“打开”按钮，展开“设置”面板，在“缩放”选项中输入 0.5，图形结果如图 8-57 所示。

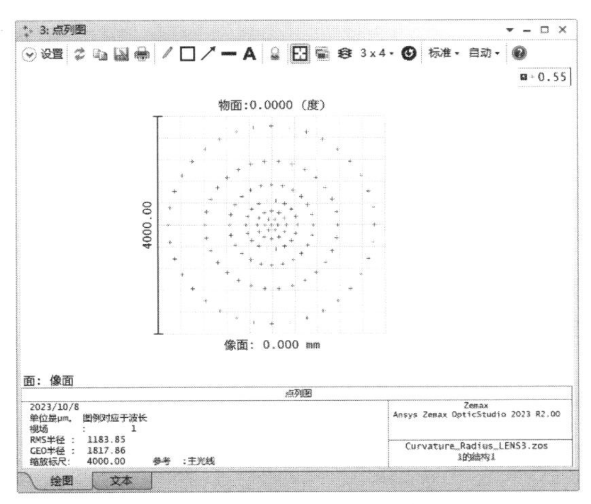

图 8-56　“点列图”窗口

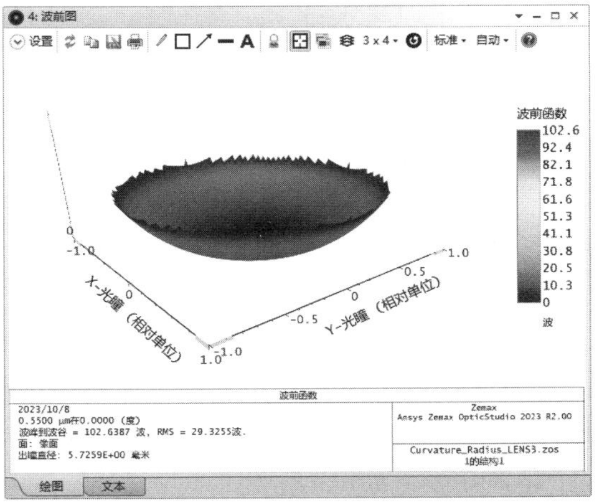

图 8-57　“波前图”窗口

(5) 干涉图

当实际波前与参考波前产生分离时，光程差不再相等，这样物面同一束光经实际透镜和理想透镜后，相当于产生了牛顿干涉环。这就需要使用波前的干涉图分析功能得到牛顿干涉环结果。

单击“分析”功能区“成像质量”选项组中的“波前”选项，在下拉列表中选择“干涉图”命令，打开“干涉图”窗口，显示有球差时的波面，如图 8-58 所示。若系统不存在像差的情况，则干涉图为零条纹。

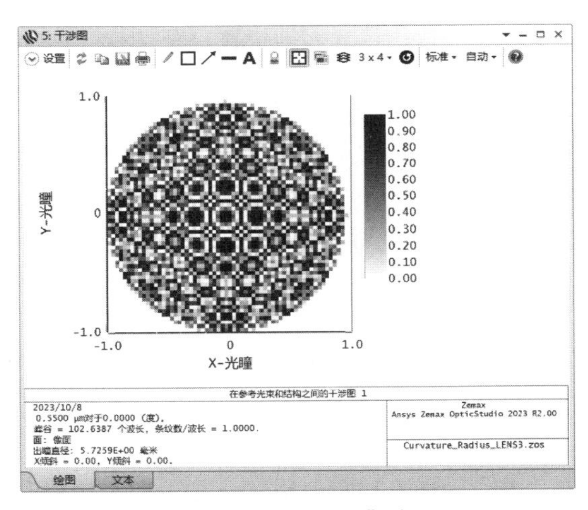

图 8-58　“干涉图”窗口

(6) 保存文件

单击 Ansys Zemax OpticStudio 2023 编辑界面工具栏中的“保存”按钮，保存文件。

8.3.4　傅科分析

傅科分析也叫傅科刀口分析，模拟焦点附近任何位置上 X 或者 Y 方向的切口，计算由切口渐晕光束回到近场的阴影图。

① 单击“分析”功能区“成像质量”选项组中的“波前”选项，在下拉列表中选择“傅科分析”命令，打开“傅科分析”窗口。该窗口中包含“绘图”和“文本”选项卡，用于显示傅科刀口阴影图和计算的阴影图与参考阴影图之间的 RMS 差，如图 8-59 所示。

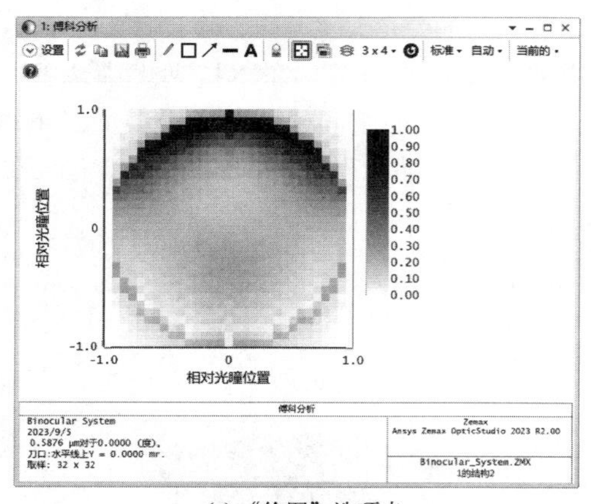

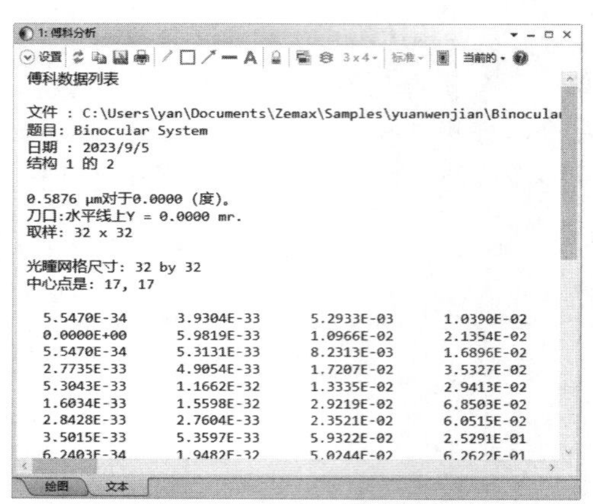

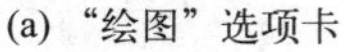
(a) “绘图”选项卡　　(b) “文本”选项卡

图 8-59　“傅科分析”窗口

② 单击“设置”命令左侧的“打开”按钮⊙，展开“设置”面板，用于对曲线进行设置，如图 8-60 所示。

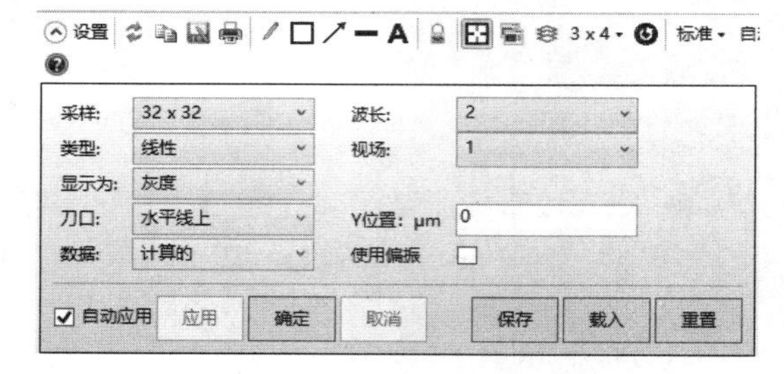

图 8-60　展开“设置”面板

下面介绍该面板中的选项。

● 类型：定义阴影图的坐标系右侧刻度尺刻度值的显示类型。

● 刀口：选择刀口位置。左、右、上、下是指像面局部坐标系的 -X、+X、+Y 和 -Y 方向。可选项包括水平线上、水平线下、Vert 左、Vert 右。其中，“Vert 左”表示刀口可阻挡刀口位置坐标左侧焦点附近的所有光线，即朝向 X 坐标负方向；“Vert 右”表示刀口可阻挡刀口位置右侧的所有光线；“水平线上”表示刀口可阻挡刀口位置上方的所有光线；“水平线下”表示刀口可阻挡刀口位置下方的所有光线。

● X/Y 位置：根据选择的是 X 刀口还是 Y 刀口，显示刀口相对于主光线的位置（以微米为单位），显示 X 坐标或 Y 坐标。

● 数据：选择要计算的数据，可以是计算的（计算的阴影图）、参考（参考阴影图）或差异（两者数据差）。选择“差异”选项，“设置”面板增加选项，如图 8-61 所示。

● 偏心 X、偏心 Y：输入参考阴影图像相对于计算阴影图像的 X 或 Y 偏心值。单位与参考阴影图像全宽或全高有关。例如，若“偏心 X”为 0.25，则参考图像将相对于图像漂移参考图像全宽的 25%。

● X 缩放、Y 缩放：输入参考阴影图像相对于计算阴影图像的 X 或 Y 方向缩放比例。

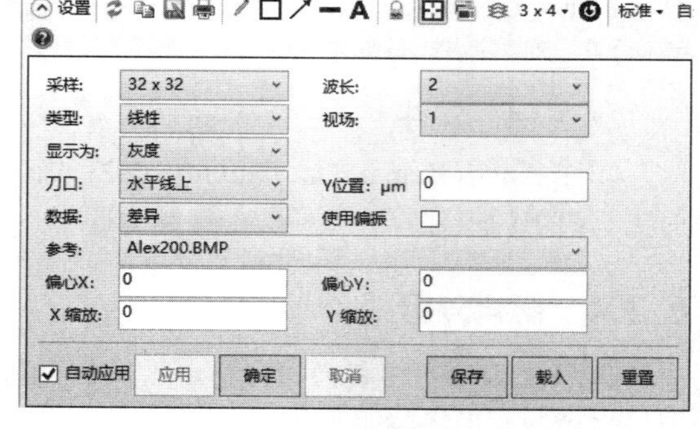

图 8-61　选择“差异”选项

8.3.5　对比度损失图

对比度损失图显示了光瞳的每个采样点的对比度衰减和波前信息，分别由一个圆圈和小指示线表示。

① 单击“分析”功能区“成像质量”选项组中的“波前”选项，在下拉列表中选择“对比度损失图”命令，打开“对比度损失图”窗口。该窗口中包含“绘图”和“文本”选项卡，直观地显示光学系统中对比度的变化或损失，如图 8-62 所示。

② 对比度损失图中每个圆圈的大小代表了光瞳中指定位置的对比度衰减的大小。当对比度损失为 1 时，圆圈的大小为最大；当对比度损失为 0 时，圆圈的大小为最小。

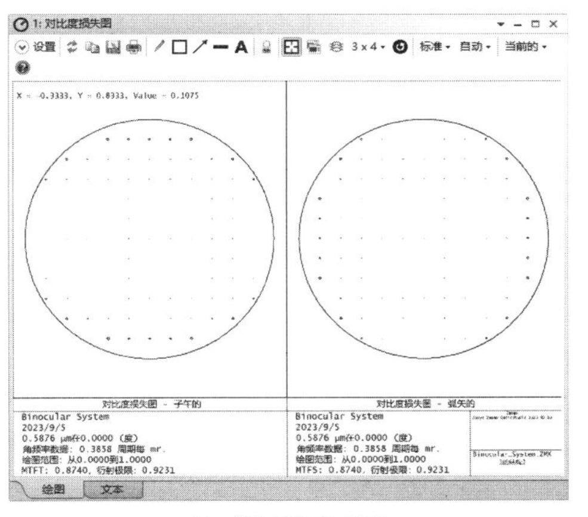

(a) “绘图”选项卡

```
1: 对比度损失图
对比度损失数据列表

文件 : C:\Users\yan\Documents\Zemax\Samples\yuanwenjian\Binocular
题目: Binocular System
日期 : 2023/9/5
结构 1 的 2


光瞳网格尺寸: 13 by 13
中心点是: 列 7, 行 7

子午的
相位: 角度
-------------   -------------   -------------   -------------
-------------   -------------   -------------   -------------
-------------   -------------    5.200100E+01    8.791417E+00
-------------    6.748201E+01    8.791062E+00   -1.698550E+01
-------------    3.137769E+01   -1.142718E+01   -2.446661E+01
-------------    1.390720E+01   -1.921792E+01   -2.450307E+01
-------------    8.790709E+00   -2.108341E+01   -2.376532E+01
-------------    1.390711E+01   -1.921801E+01   -2.450316E+01
-------------    3.137752E+01   -1.142735E+01   -2.446678E+01
-------------    6.748176E+01    8.790808E+00   -1.698575E+01
绘图　文本
```

(b) “文本”选项卡

图 8-62　“对比度损失图”窗口

③ 单击“设置”命令左侧的“打开”按钮，展开“设置”面板，用于对曲线进行设置，如图 8-63 所示。

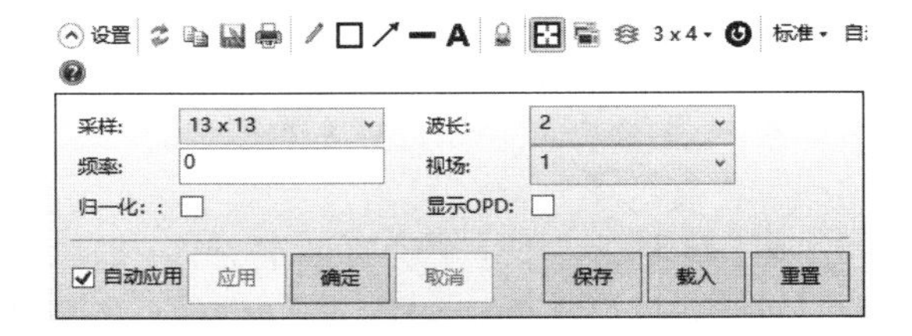

图 8-63　展开“设置”面板

下面介绍该面板中的选项。

● 归一化：勾选该复选框，将对比度衰减的大小转换到 0 ～ 1 之间，如图 8-64 所示。

● 显示 OPD：勾选该复选框，在小圆圈内添加指示线，如图 8-65 所示。指针的方向表示波前信息。对于光瞳的每一点，计算了移位和未移位的光瞳函数的平均光程差（OPD），乘上 2π，得到的值决定了指针的方向。当 OPD 为 0 时，指示器指向 +X 方向，并逆时针方向旋转，就像一般的 OPD 增加一样。

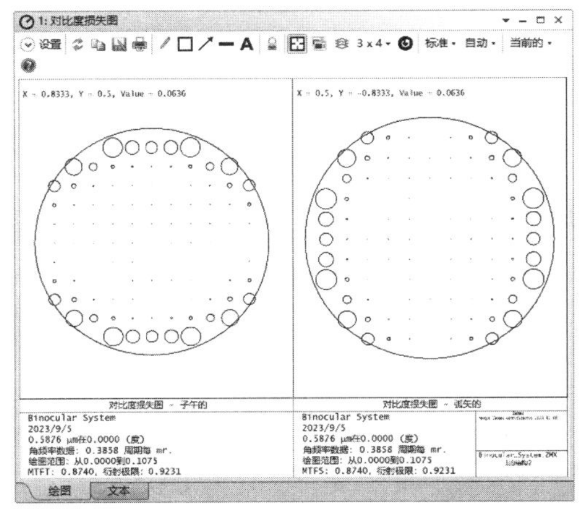

图 8-64　归一化数据

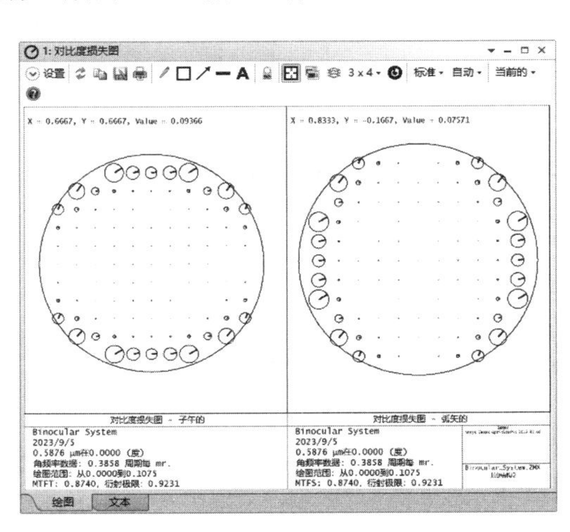

图 8-65　添加指示线

8.3.6 Zernike 系数

Zernike 系数是一种用于描述光学系统的方法，可以用来描述光学系统的像差，也可以用来评估光学元件的质量，更适用于干涉检测。

为了同时考虑多种像差的影响，将像差分解成一系列的正交函数，每个函数都代表一种特定的像差。这些函数被称为 Zernike 多项式，它们具有良好的数学性质，可以方便地进行计算和优化。Zernike 多项式有很多的变种，从而得到多种 Zernike 系数。

- Zernike Fringe 系数：使用 Fringe 多项式计算 Zernike 系数，可显示单独的 Zernike 系数以及峰谷值、RMS、方差、斯特列尔比、RMS 拟合残差和最大拟合误差等。
- Zernike Standard 系数：Zernike 标准正交多项式系数，可指定的最高项数为 230 项。
- Zernike Annular 系数：计算正交归一的 Zernike 系数，光瞳为环形光瞳。

① 单击“分析”功能区“成像质量”选项组中的“波前”选项，在下拉列表中选择“Zernike Fringe 系数”命令，打开“Zernike Fringe 系数”窗口，包含 Zernike Fringe 系数数据表，如图 8-66 所示。

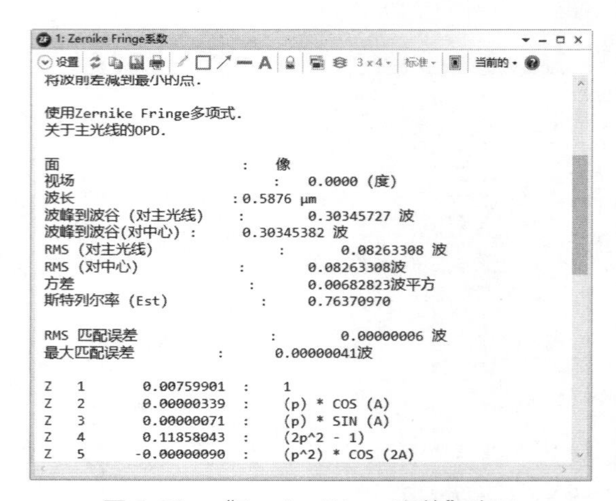

图 8-66 “Zernike Fringe 系数”窗口

② 单击“设置”命令左侧的“打开”按钮⊙，展开“设置”面板，用于对曲线进行设置，如图 8-67 所示。

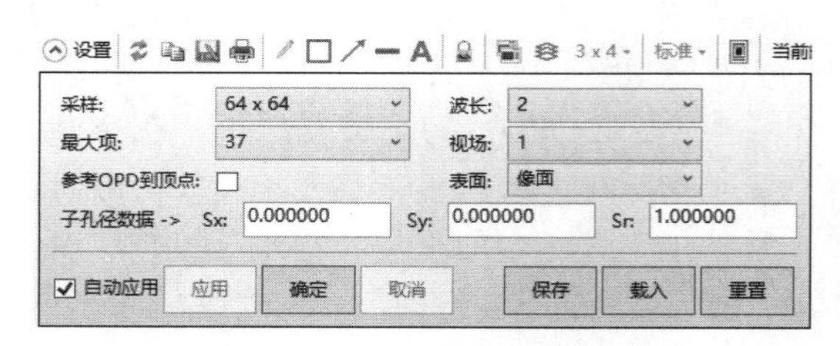

图 8-67 展开“设置”面板

下面介绍该面板中的选项。

- 采样：指定用于计算系数拟合的光瞳网格采样密度。
- 最大项：指定要计算的最大 Zernike 系数。可指定的最高项数为 37 项。
- 波长：选择使用的波长序号。
- 视场：选择使用的视场序号。
- 表面：选择要评估的数据所位于的表面。

Zernike Standard 系数及 Zernike Annular 系数使用方法类似，只是采用的计算方法不同，这里不再赘述。

8.3.7 Zernike 系数 vs. 视场

Zernike 系数 vs. 视场图用于显示像面处的 Zernike Fringe、Zernike Standard 及 Zernike Annular 系数随视场变化的曲线。

① 单击“分析”功能区“成像质量”选项组中的“波前”选项，在下拉列表中选择“Zernike 系数 vs. 视场”命令，打开“Zernike 系数 vs. 视场”窗口。该窗口中包含“绘图”和“文本”选项卡，直观地显示 Zernike 系数随视场变化的曲线，如图 8-68 所示。

② 单击“设置”命令左侧的“打开”按钮⊙，展开“设置”面板，用于对曲线进行设置，如图 8-69 所示。

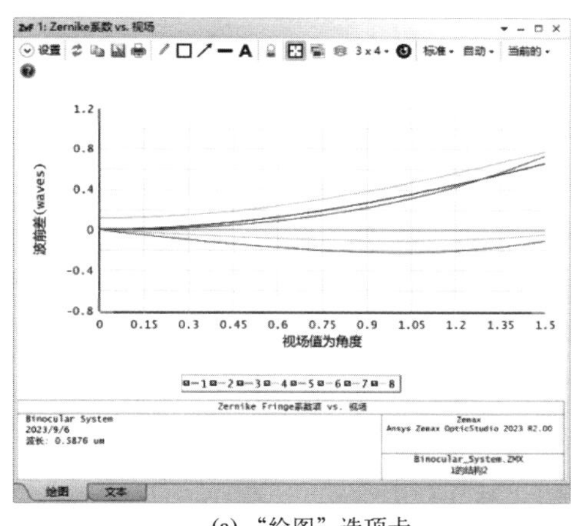

(a) “绘图”选项卡

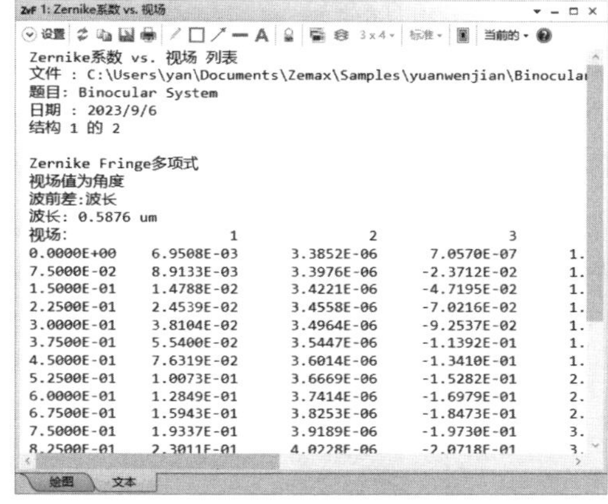

(b) “文本”选项卡

图 8-68　“Zernike 系数 vs. 视场”窗口

下面介绍该面板中的选项。

- 系数：定义系数项的范围，使用短划线分隔范围中的第一项和最后一项。
- 系数类型：选择“边缘”选项，计算 Zernike Fringe 系数；选择“标准”选项，计算 Zernike Standard 系数；选择“环带”选项，计算 Zernike Annular 系数。

图 8-69　展开“设置”面板

8.3.8　实例：凹凸透镜系统球差定量分析

如果使用定量的方法来计算球差大小，它表示在不同光瞳区域上的光线入射到像面 A' 后，在像面上与光轴的水平尺寸大小 $\delta L'$、垂直高度大小 $\delta T'$。其中，$\delta T'$ 称为垂轴球差、$\delta L'$ 称为轴向球差，如图 8-70 所示。本例介绍使用赛德尔（Seidel）系数、Zernike 系数对像差进行定量计算。

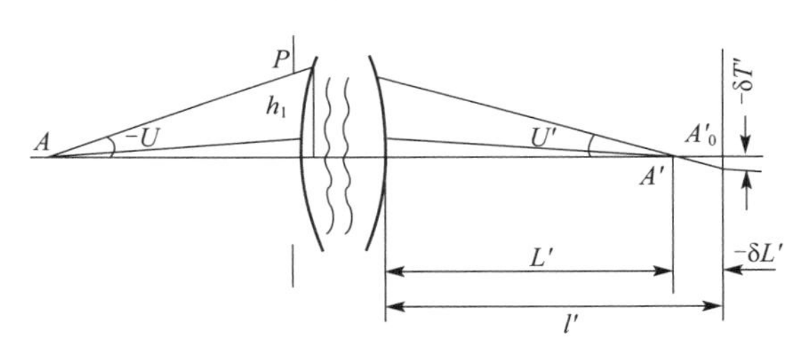

图 8-70　球差计算图示

（1）设置工作环境

① 启动 Ansys Zemax OpticStudio 2023，进入 Ansys Zemax OpticStudio 2023 编辑界面。

② 选择功能区中的“文件”→“打开”命令，打开“打开”对话框，选中文件 Curvature_Radius_LENS3.zos，单击“打开”按钮，在指定的源文件目录下打开项目文件。

③ 选择功能区中的“文件”→“另存为”命令，或单击工具栏中的“另存为”按钮，打开“另存为”对话框，输入文件名称 Curvature_Radius_LENS4.zos。单击“保存”按钮，在指定的源文件目录下自动新建了一个新的文件。

（2）赛德尔系数分析

单击“分析”功能区“成像质量”选项组中的“像差分析”选项，在下拉列表中选择“赛德尔系数”命令，打开“赛德尔系数”窗口，显示赛德尔像差系数表，如图 8-71 所示。

“赛德尔像差系数”表中计算未转换的赛德尔像差系数，单位与系统透镜单位相同，SPHA

S1 列显示每个表面的球差；

“赛德尔像差系数（波长）”表中显示的波前系数，以出瞳边缘的波长为单位。W040 列显示每个表面的球差。

（3）Zernike 多项式系数分析

① 单击“分析”功能区“成像质量”选项组中的“波前”选项，在下拉列表中选择“Zernike Fringe 系数”命令，打开“Zernike Fringe 系数”窗口，显示 Zernike Fringe 系数数据表，如图 8-72 所示。

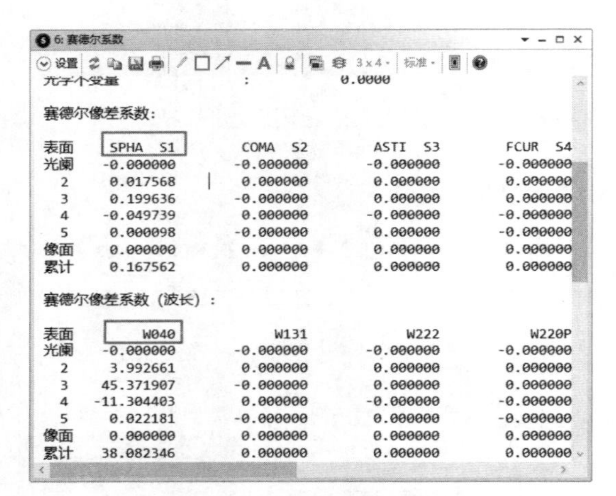

图 8-71 “赛德尔系数”窗口

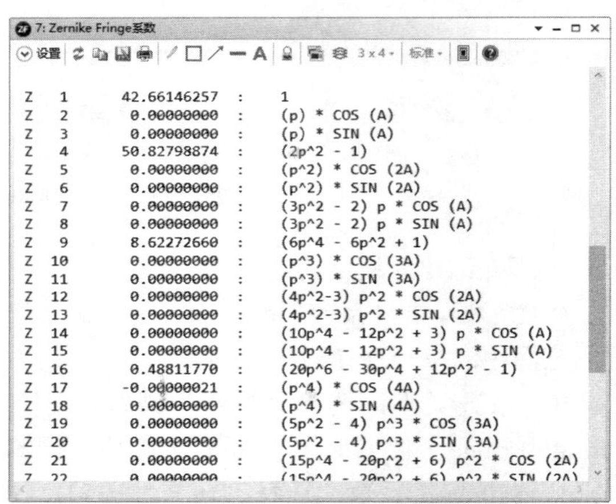

图 8-72 “Zernike Fringe 系数”窗口

② Zernike Fringe 系数与赛德尔系数都是描述极坐标下的圆，因此结果是对应的。但不能把 Z1 到 Z9 用初阶像差的名称命名，如彗差、色差等，Zernike 多项式系数一般使用 Z1、Z2 进行命名。

（4）保存文件

单击 Ansys Zemax OpticStudio 2023 编辑界面工具栏中的“保存”按钮，保存文件。

第9章 物理光学像质评价

扫码观看
本章视频

物理光学是研究光的波动性质和与物质相互作用的一门学科，更加注重对于光波传播过程中各种现象进行定量描述和解释。

本章介绍的物理光学像质评价主要通过点扩散函数、物理光学传递函数、能量分析、激光传播分析，通过这些功能可以更深入地了解成像光学系统的性能。

9.1 点扩散函数

点扩散函数（PSF）是一个物空间的点光源经过光学系统后的辐射照度分布，描述了点光源通过系统后的衍射光斑分布。OpticStudio 内置了三种计算 PSF 的方法：几何（无衍射效应）点列图、基于衍射效应的快速傅里叶变换（FFT）PSF 和惠更斯（Huygens）PSF。

“点扩散函数”子菜单下的命令使用各种算法计算镜头点扩散函数（PSF），包括基于衍射效应的快速傅里叶变换（FFT）PSF 和惠更斯（Huygens）PSF 两大类，如图 9-1 所示。

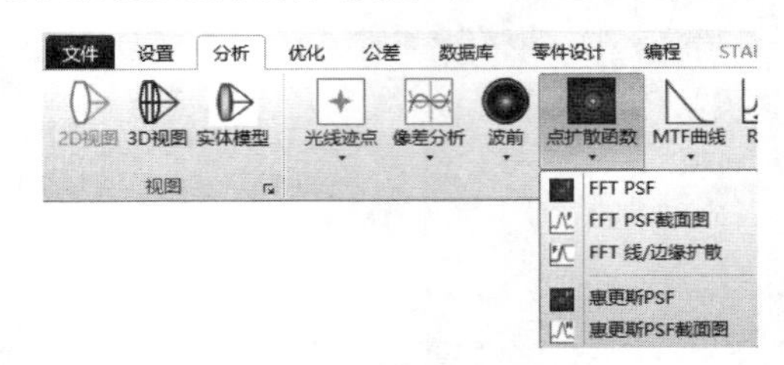

图 9-1 “点扩散函数”子菜单

9.1.1 FFT 算法

FFT 方法利用了衍射 PSF 与光学系统出瞳波前复振幅的傅里叶变换计算出瞳的幅值和相位，再进行 FFT，并计算出衍射像的强度。OpticStudio 提供了三种利用傅里叶变换的方法计算 PSF 的命令，下面分别进行介绍。

（1）FFT PSF

使用该命令计算衍射点扩散函数 PSF，其计算速度极快，但是在该方法的计算中，做了很多的假设，而且有些假设不符合实际，并不有效。

① 单击“分析”功能区“成像质量”选项组中的“点扩散函数”选项，在下拉列表中选择“FFT PSF”命令，打开“FFT PSF”窗口。该窗口中包含“绘图”和“文本”选项卡，描述了点光源通过系统后的衍射光斑分布，如图 9-2 所示。

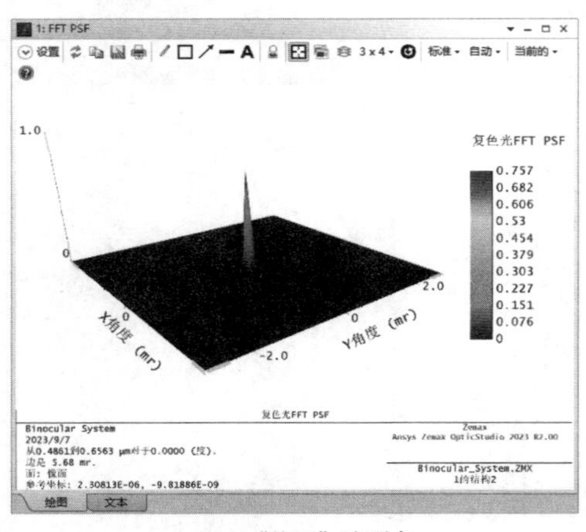

(a)“绘图”选项卡

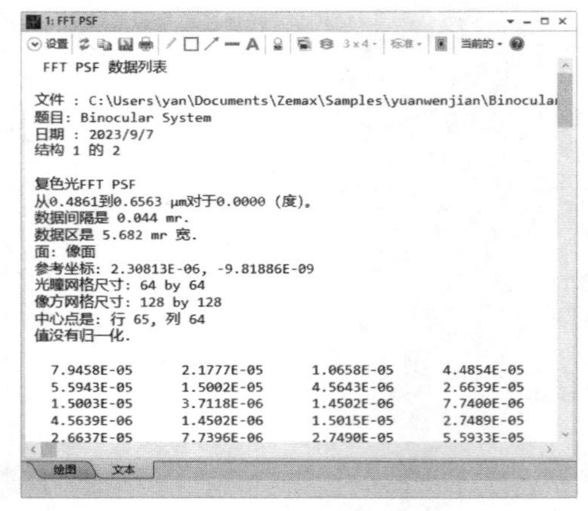

(b)“文本”选项卡

图 9-2 “FFT PSF”窗口

② 单击“设置”命令左侧的“打开”按钮⌄，展开“设置”面板，用于对曲线进行设置，如图 9-3 所示。

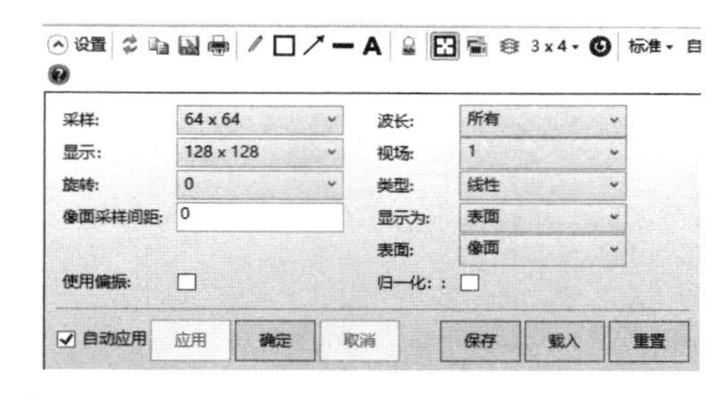

图 9-3　展开“设置”面板

下面介绍该面板中的选项。

● 采样：设置瞳孔进行采样的光线网格的大小，可以是 32×32、64×64 等。有效网格大小（实际表示跟踪光线的网格大小）随着采样的增加而增加，表 9-1 总结了不同采样密度值对应的近似有效网格尺寸。

表 9-1　近似有效网格尺寸

采样网格大小	近似有效瞳孔
32×32	32×32
64×64	45×45
128 × 128	64×64
256×256	90×90
512×512	128×128
1024×1024	181×181
2048×2048	256×256
4096×4096	362×362
8192×8192	512×512

● 显示：设置生成图形时像方网格尺寸，对应图中显示的数据。较小的网格尺寸将显示更少的数据，但更高的放大倍率，可以获得更好的可视性。

● 旋转：指定旋转表面图的角度。

● 类型：选择线性（强度）、对数（强度）、相位、实部（带符号振幅）或虚部（带符号振幅）。

● 像面采样间距：像方各点之间的间隔距离（以微米为单位）。如果输入值为零，则使用默认间隔。如果输入值为负值，则像面采样间距设置为允许的最大值，且使用全采样网格。

● 归一化：勾选该复选框，把峰值强度归一化为 1。如果不勾选该复选框，峰值强度将归一化为无像差 PSF（斯特列尔比）的峰值。

● 显示为：选择衍射光斑分布显示样式，包括表面、等高线、灰度、反灰度、伪彩色和反伪彩色。

● 表面：选择要评估的点扩散函数所位于的表面，选项适用于评估中间像面。

（2）FFT PSF 截面图

该命令绘制衍射 PSF 横截面。

① 单击“分析”功能区“成像质量”选项组中的“点扩散函数”选项，在下拉列表中选择“FFT PSF 截面图”命令，打开“FFT PSF 截面图”窗口。该窗口中包含“绘图”和“文本”选项卡，用于计算横截面中的相对辐射照度，如图 9-4 所示。

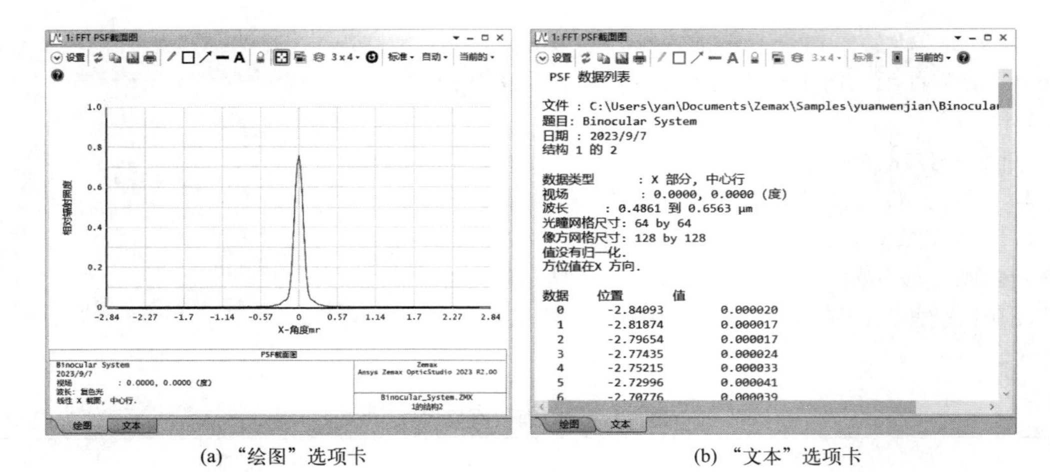

(a)“绘图”选项卡　　(b)“文本”选项卡

图 9-4　“FFT PSF 截面图”窗口

② 单击“设置”命令左侧的“打开”按钮⊙，展开“设置”面板，用于对曲线进行设置，如图 9-5 所示。

图 9-5　展开“设置”面板

下面介绍该面板中的选项。

● 类型：根据 X、Y 方向生成的横截面对 PSF 数据进行分类。X 横截面称为行，Y 横截面称为列。

● 行、列：要显示的行或列。默认的“中心”显示 PSF 的中心，并不总是 PSF 的峰值。

(3) FFT 线 / 边缘扩散

FFT 线 / 边缘扩散图是指在衍射 FFT PSF 的计算及积分基础上，绘制的直边扩散函数或线扩散函数。

① 单击“分析”功能区“成像质量”选项组中的“点扩散函数”选项，在下拉列表中选择“FFT 线 / 边缘扩散”命令，打开“FFT 线 / 边缘扩散”窗口。该窗口中包含“绘图”和“文本”选项卡，用于显示光瞳上的波前差，如图 9-6 所示。

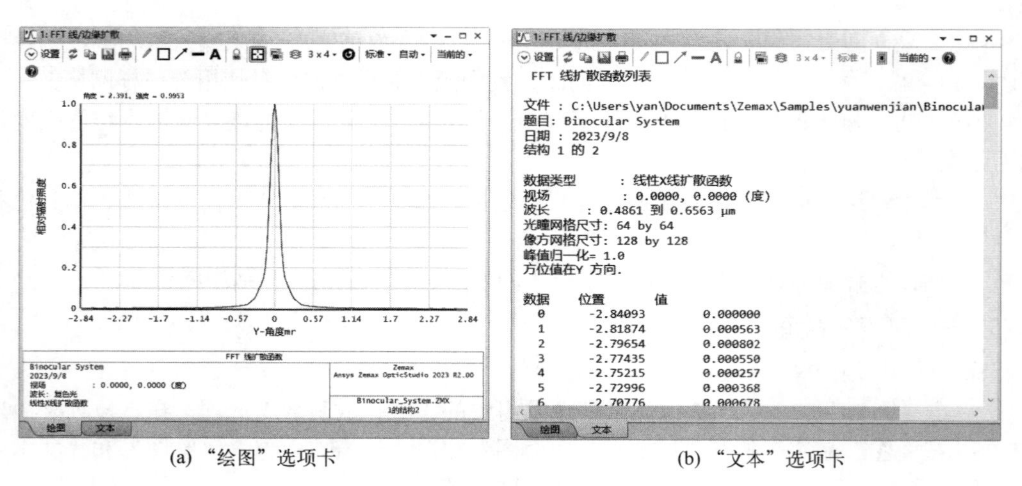

(a)“绘图”选项卡　　(b)“文本”选项卡

图 9-6　“FFT 线 / 边缘扩散”窗口

② 单击“设置”命令左侧的“打开”按钮⊙，展开“设置”面板，用于对曲线进行设置，如图 9-7 所示。

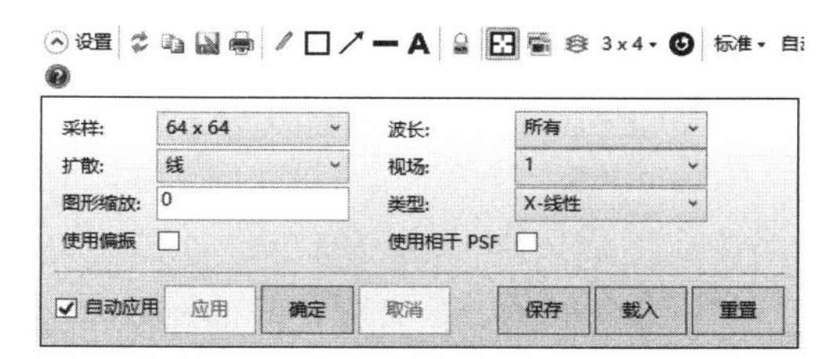

图 9-7　展开“设置”面板

下面介绍该面板中的选项。

● 扩散：选择要绘制的函数。选择“线”选项，表示绘制线响应函数（或线扩散函数，LSF），该函数绘制的是线对象图像的横截面。选择“边缘”选项，表示绘制边缘扩展函数（ESF），该函数绘制的是边缘（半无限平面）图像的横截面。

● 使用相干 PSF：勾选该复选框，计算在相干光照下完成的 PSF。如果不添加检查，则认为照明是不连贯的。

9.1.2　惠更斯算法

OpticStudio 提供了两种使用惠更斯小波直接积分法计算衍射 PSF 和斯特列尔比的方法，下面分别进行介绍。

（1）惠更斯 PSF

使用该命令计算衍射点扩散函数 PSF，相比于 FFT PSF，其速度较慢，但是更准确。

① 单击“分析”功能区“成像质量”选项组中的“点扩散函数”选项，在下拉列表中选择“惠更斯 PSF”命令，打开“惠更斯 PSF”窗口。该窗口中包含“绘图”和“文本”选项卡，描述了点光源通过系统后的衍射光斑分布，如图 9-8 所示。

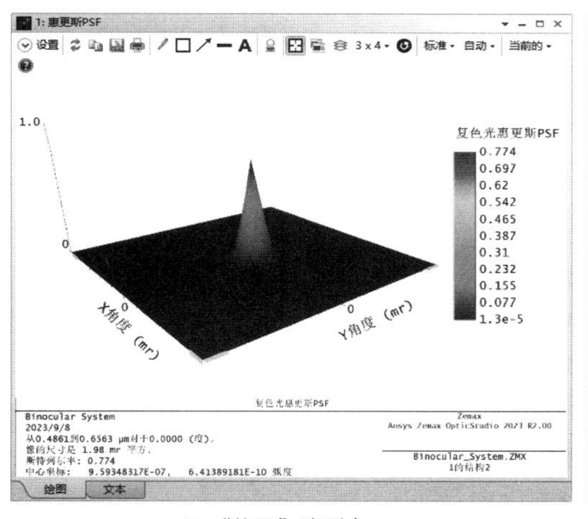

(a)“绘图”选项卡

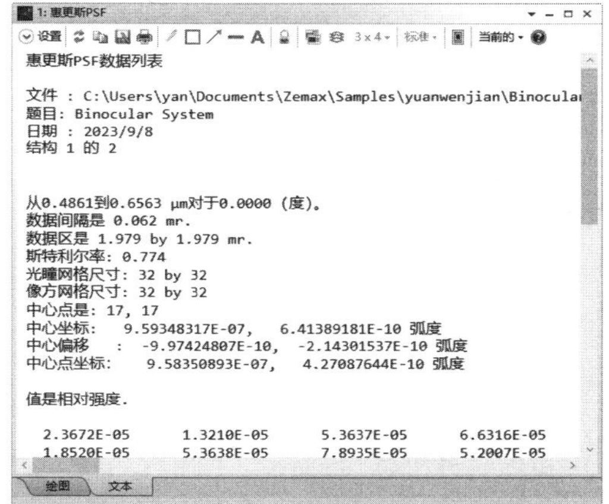

(b)“文本”选项卡

图 9-8　“惠更斯 PSF”窗口

② 单击“设置”命令左侧的“打开”按钮⊙，展开“设置”面板，用于对曲线进行设置，如图 9-9 所示。

图 9-9　展开“设置”面板

下面介绍该面板中的选项。

● 光瞳采样：选择要跟踪的光线网格的大小。

● 像面采样：计算衍射图像强度的点网格的大小。该选项的值与图像的增量（像面采样间距）

相结合，决定了显示区域的大小。

- 使用质心：勾选该复选框，将以几何图像质心为中心绘图。反之，将以主光线为中心绘图。

（2）惠更斯 PSF 截面图

该命令展示了惠更斯 PSF 的横截面。

单击“分析”功能区“成像质量”选项组中的“点扩散函数”选项，在下拉列表中选择“惠更斯 PSF 截面图”命令，打开“惠更斯 PSF 截面图”窗口。该窗口中包含“绘图”和“文本”选项卡，用于计算横截面中的相对辐射照度，如图 9-10 所示。

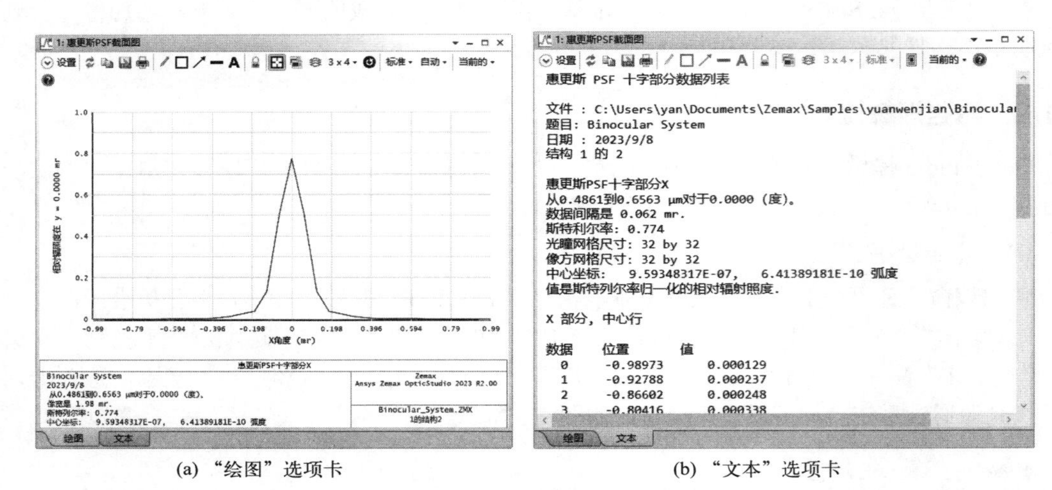

(a)“绘图”选项卡　　(b)“文本”选项卡

图 9-10　“惠更斯 PSF 截面图”窗口

9.2 MTF 分析

光学传递函数（OTF）以衍射光斑为基准计算镜头的分辨率，进行光学系统的像质评价。光学传递函数（OTF）是空间频率的复函数，用来描述一个光学系统的成像，由实部（调制传递函数 MTF）和虚部（相位传递函数 PTF）组成。在现代光学系统设计中，绝大多数情况下光学传递函数以 MTF 表示。

“MTF 曲线”子菜单下的命令针对透镜系统的调制传递函数（MTF）进行各种计算，包含 FFT 算法、惠更斯算法和高斯求积算法，如图 9-11 所示。

图 9-11　“MTF 曲线”子菜单

9.2.1 FFT 算法

FFT 算法中的 MTF 命令表示利用夫琅禾费衍射理论及 FFT 算法计算 MTF，通过 MTF 图可以分析图像性能参数：分辨率、对比度、色散和横向色差、像场弯曲。

1) FFT MTF

FFT MTF 利用 FFT 算法（快速傅里叶变换算法）计算所有视场位置的衍射调制传递函数，表示不同频率的正弦强度分布函数经光学系统成像后，对比度的衰减程度。

单击“分析”功能区“成像质量”选项组中的“MTF 曲线”选项，在下拉列表中选择“FFT MTF”命令，打开“FFT MTF”窗口。该窗口中包含“绘图”和“文本”选项卡，用于显示所有视场位置的衍射调制传递函数（MTF）数据，如图 9-12 所示。

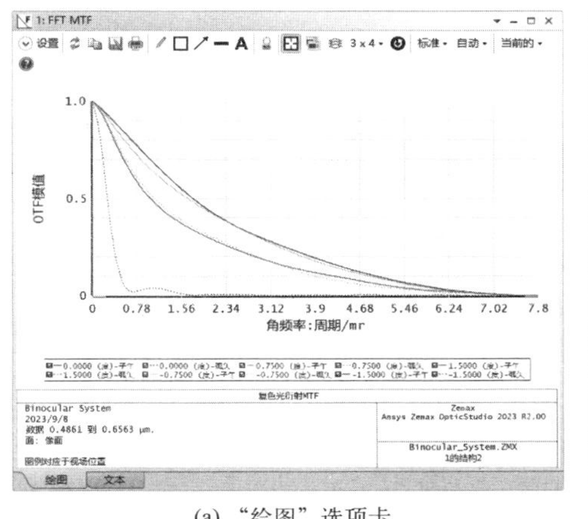

(a)“绘图”选项卡

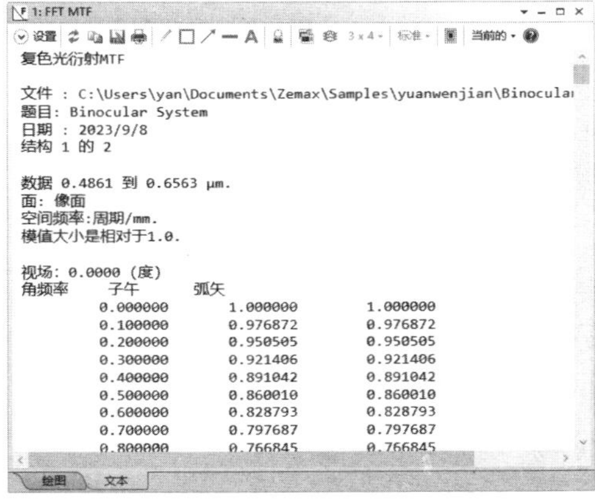

(b)“文本”选项卡

图 9-12　“FFT MTF”窗口

(1) MTF 图

① MTF 图中的横坐标代表画面中心到镜头中心的距离，即对比度；纵坐标是传递函数，代表分辨率。MTF 值必定大于 0，小于 1。MTF 值越接近 1，说明镜头的性能越优异。

② MTF 值不但可以反映镜头的反差，也可以反映镜头的分辨率。当空间频率很低时，MTF 趋于 1，这时的 MTF 值可以反映镜头的反差。

③ 一条曲线只能表示在一个焦距和光圈值下面的反差值，图中的实线与虚线代表着两个不同方向的反差（对比度）。

- 实线是平行于直径方向的线对反差，也就是径向（弧矢）；
- 虚线是和直径的切线方向平行的线对反差，也就是切向（子午）。

④ 曲线越平滑越好，弧矢与子午曲线差距越小越好，曲线与两坐标轴围成的面积越大越好，MTF 与频率围成的面积反映光学系统所传递的信息量。

⑤ 当某一频率的对比度下降到零时，说明该频率的光强已无亮度变化，即频率被截止。横坐标为频率，纵坐标为归一化后的对比度。

⑥ 在中心点镜头对比度和分辨率最好，越边缘越差。虚线实线越接近，代表镜头色散和色差控制越好。若曲线有一部分呈波浪状，表明存在像场弯曲。

(2)“设置”面板

单击“设置”命令左侧的“打开”按钮⊙，展开“设置”面板，用于对曲线进行设置，如图 9-13 所示。

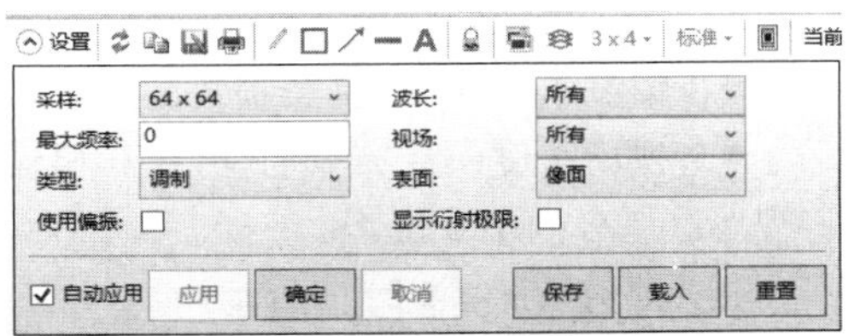

图 9-13　展开“设置”面板

下面介绍该面板中的选项。

① 类型：选择显示傅里叶变换结果的实部、虚部、相位或方波类型。

② 显示衍射极限：选择是否显示衍射极限数据。

③ 最大频率：绘制数据的空间频率。

2）其余命令

下面介绍其余几种利用 FFT 算法（快速傅里叶变换算法）计算衍射调制传递函数 (MTF) 的命令。

（1）离焦 FFT MTF

显示特定频率下不同离焦位置上的 FFT MTF，如图 9-14 所示。“设置”面板中的参数如下：

- 频率：绘制数据的空间频率。
- 步长：曲线中每个采样点之间的间隔。

（2）三维 FFT MTF

将单一视场 FFT MTF 以三维曲面、轮廓线、灰度图或伪彩色显示，该图比单纯的子午及弧矢图更形象、直观，如图 9-15 所示。

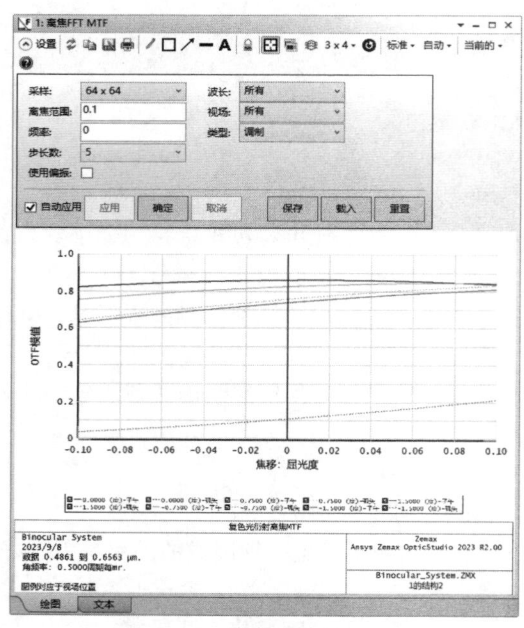
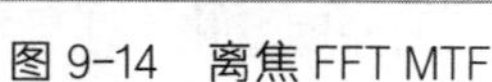

图 9-14　离焦 FFT MTF

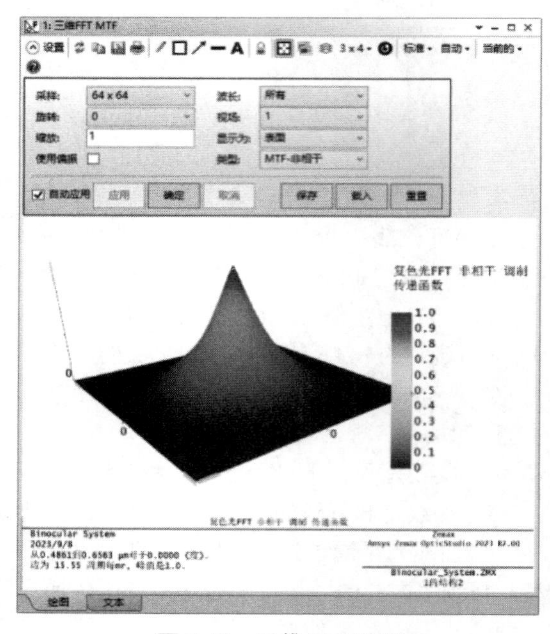

图 9-15　三维 FFT MTF

（3）FFT MTF vs. 视场

显示特定频率下 FFT MTF 随视场的变化曲线，如图 9-16 所示。“设置”面板中的参数如下：

- 频率 1 ～频率 6：绘制数据的空间频率。
- 视场密度：计算 MTF 时在 0 和最大场之间的点的数目，中间值利用插值计算。最多可将视场区域分为 100 份。

（4）二维视场 FFT MTF

显示特定频率下二维视场 FFT MTF 平面图，如图 9-17 所示。

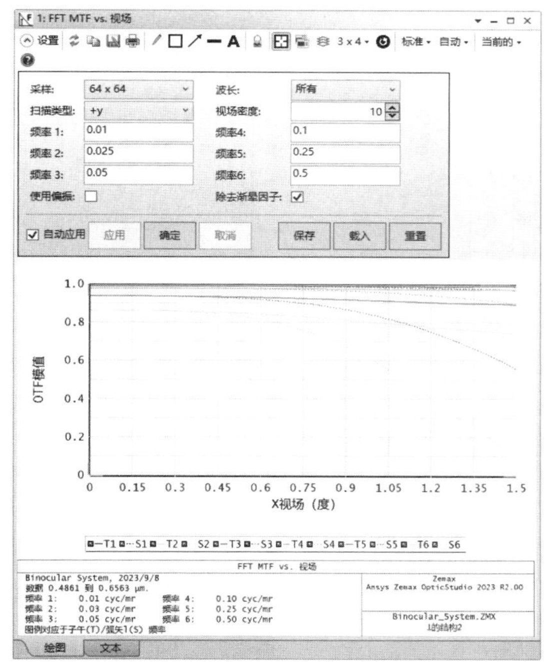

图 9-16　FFT MTF vs. 视场

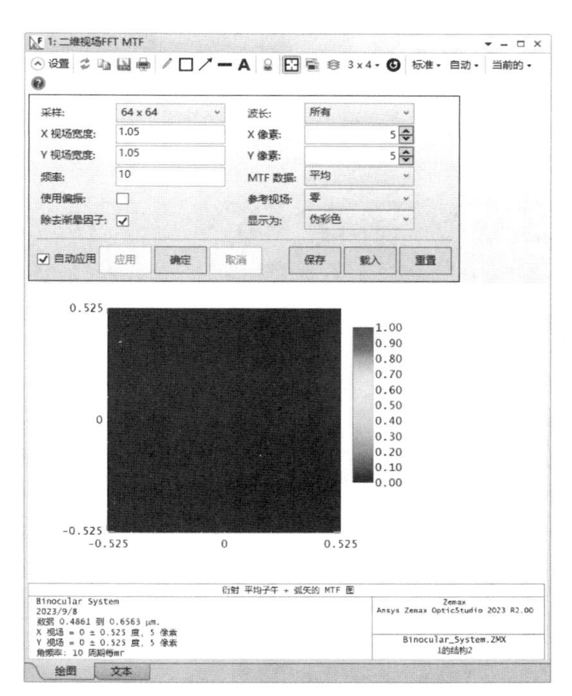

图 9-17　二维视场 FFT MTF

9.2.2　惠更斯算法

光学系统处于衍射极限时，一般使用惠更斯直接积分算法计算衍射 MTF 数据。惠更斯 MTF 是惠更斯 PSF 的快速傅里叶变换。这种优化算法会占用计算机的大量内存，耗费时间长，一般的光学系统不推荐使用。

（1）惠更斯 MTF

单击“分析”功能区“成像质量”选项组中的“MTF 曲线”选项，在下拉列表中选择“惠更斯 MTF”命令，打开“惠更斯 MTF”窗口。利用惠更斯直接积分算法计算所有波长、所有视场下的衍射调制传递函数（MTF）数据，如图 9-18 所示。

（2）离焦惠更斯 MTF

单击“分析”功能区“成像质量”选项组中的“MTF 曲线”选项，在下拉列表中选择“离焦惠更斯 MTF”命令，打开“离焦惠更斯 MTF”窗口，显示特定频率下不同离焦位置上的惠更斯 MTF，如图 9-19 所示。

（3）二维惠更斯 MTF

单击“分析”功能区“成像质量”选项组中的“MTF 曲线”选项，在下拉列表中选择“二维惠更斯 MTF”命令，打开“二维惠更斯 MTF”窗口，使用惠更斯直接积分算法计算衍射调制传递函数（MTF）并以灰度或伪色图形式显示数据，如图 9-20 所示。

（4）惠更斯 MTF vs. 视场

单击“分析”功能区“成像质量”选项组中的“MTF 曲线”选项，在下拉列表中选择“惠更斯 MTF vs. 视场”命令，打开“惠更斯 MTF vs. 视场”窗口。该窗口用于计算惠更斯 MTF 数据随视场位置的变化关系，并以图表形式显示数据，如图 9-21 所示。

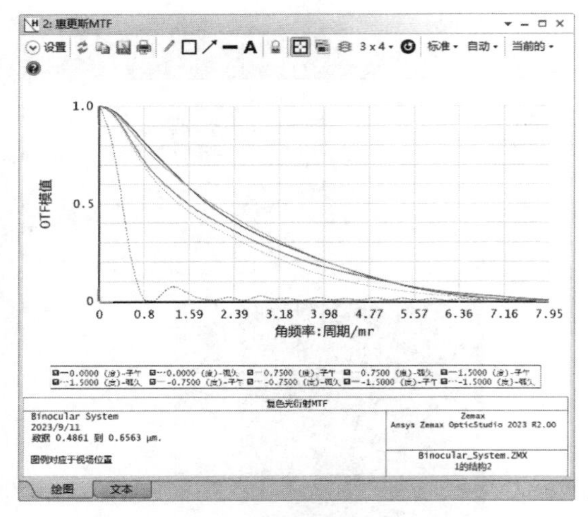

图 9-18 “惠更斯 MTF”窗口

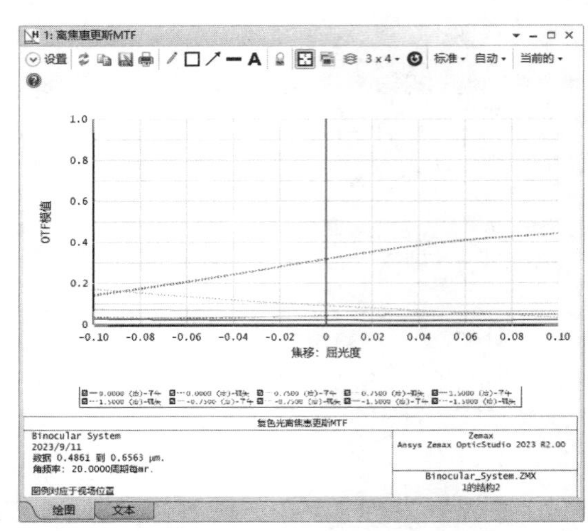

图 9-19 “离焦惠更斯 MTF”窗口

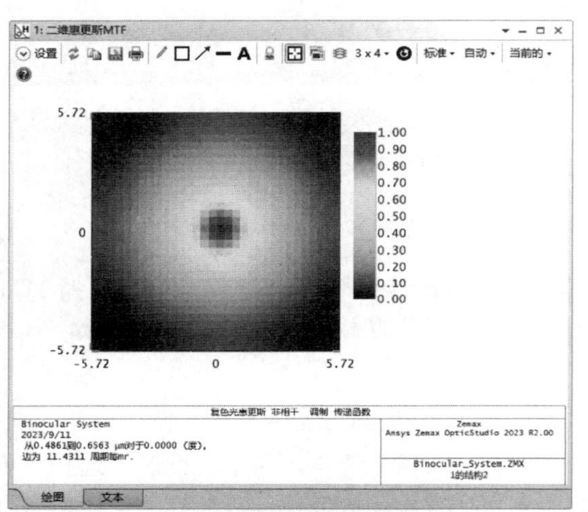

图 9-20 “二维惠更斯 MTF”窗口

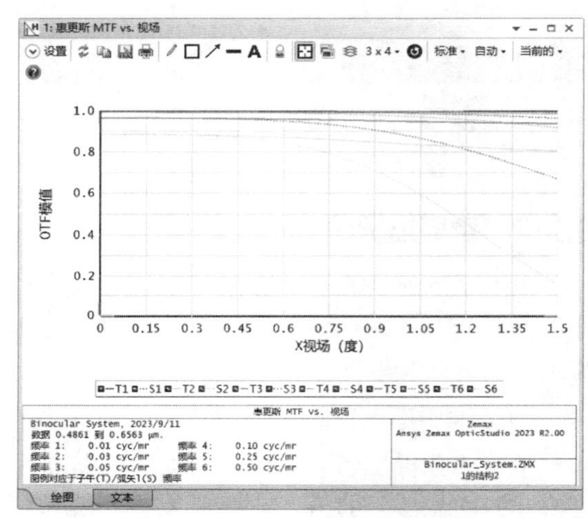

图 9-21 “惠更斯 MTF vs. 视场”窗口

9.2.3 高斯求积算法

MTF 曲线图实际上有两种，一种是将光的波动性（衍射效应）考虑在内的“波动光学 MTF”，另一种则是不考虑光的衍射效应的“几何光学 MTF”。几何 MTF 主要是使用高斯求积的方法得到几何的光斑，然后进行傅里叶转换。

（1）几何 MTF

几何 MTF 为弧矢和子午的几何 MTF 的平均值，是基于光线像差数据的衍射 MTF 的近似值，在图像空间坐标中进行计算。对于具有大像差的系统，几何 MTF 在低空间频率下也非常精确。

单击“分析”功能区“成像质量”选项组中的“MTF 曲线”选项，在下拉列表中选择“几何 MTF”命令，打开“几何 MTF”窗口。该窗口中用于显示所有视场位置的衍射调制传递函数（MTF）数据，如图 9-22 所示。

（2）离焦几何 MTF

单击“分析”功能区“成像质量”选项组中的“MTF 曲线”选项，在下拉列表中选择“离焦几何 MTF”命令，打开“离焦几何 MTF”窗口。该窗口用于计算指定空间频率下的离焦几何 MTF 数据，并显示随离焦范围变化的数据，如图 9-23 所示。

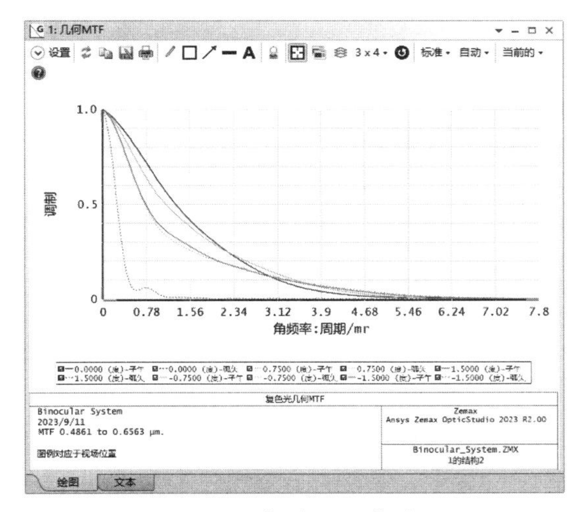

图 9-22　“几何 MTF”窗口

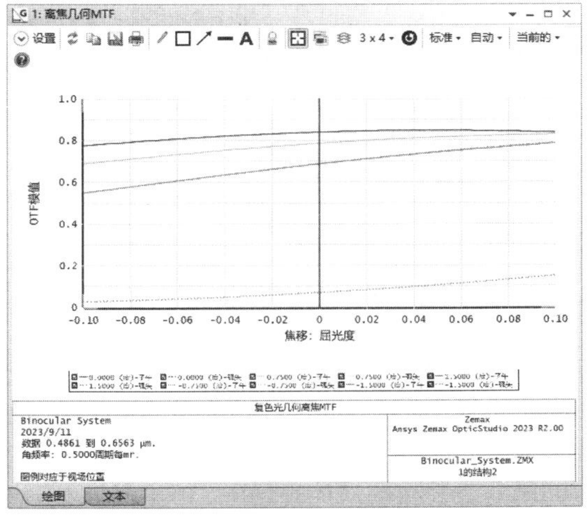

图 9-23　“离焦几何 MTF”窗口

（3）几何 MTF vs. 视场

单击“分析”功能区“成像质量”选项组中的“MTF 曲线”选项，在下拉列表中选择“几何 MTF vs. 视场”命令，打开“几何 MTF vs. 视场”窗口，如图 9-24 所示。

（4）二维视场几何 MTF

单击“分析”功能区“成像质量”选项组中的“MTF 曲线”选项，在下拉列表中选择“二维视场几何 MTF”命令，打开“二维视场几何 MTF”窗口，如图 9-25 所示。

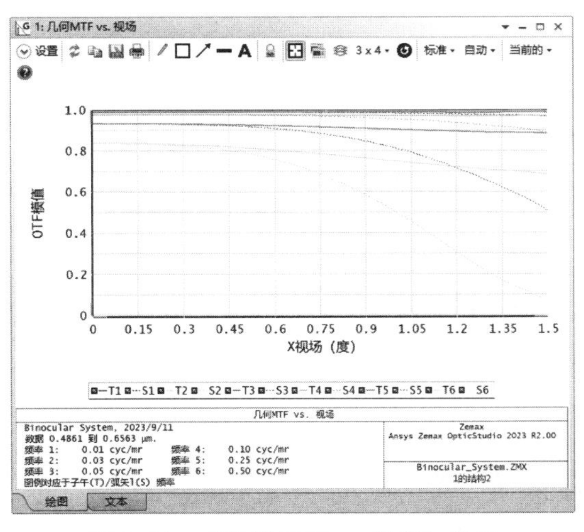

图 9-24　“几何 MTF vs. 视场”窗口

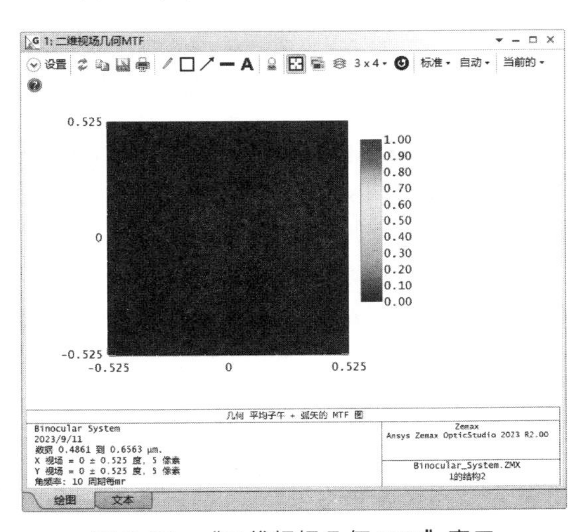

图 9-25　“二维视场几何 MTF”窗口

9.2.4　实例：偶次非球面光学系统

本例创建一个偶次非球面光学系统，偶次非球面用径向坐标的偶数次幂来描述非球面镜，非球面镜片常常被用来代替传统的球面镜片，非球面镜可以校正球面像差并提高成像质量。该系统的设计规格如下：入瞳直径为 20，总长度为 65，全视场角为 10°。

（1）设置工作环境

① 启动 Ansys Zemax OpticStudio 2023，进入 Ansys Zemax OpticStudio 2023 编辑界面，此时，用户界面中自动打开一个 Lens.zos 文件。

② 选择功能区中的“文件”→“另存为”命令，或单击工具栏中的“另存为”按钮，打开“另存为”对话框，输入文件名称 Even aspheres Lens.zmx。单击“保存”按钮，在指定的源文件目录下自动新建了一个 zmx 文件。

（2）设置系统参数

打开左侧“系统选项”工作面板，设置镜头项目的系统参数。

① 设置孔径类型。双击打开“系统孔径”选项卡，在“孔径类型”选项组下选择“入瞳直径”，在“孔径值”选项组中输入 20.000。此时，“镜头数据”编辑器中光阑与像面的净口径和机械半直径变为 10.000。

② 输入视场。双击打开“视场”选项卡，单击“打开视场数据编辑器”按钮，打开视场数据编辑器。选择默认的视场 1，单击鼠标右键选择“插入视场之后于”命令，在视场 1 后插入视场 2。

- 设置视场 2 的 Y 角度为 0.000°；
- 设置视场 3 的 Y 角度为 5.000°。

完成编辑后的“视场”选项卡显示 2 个视场，如图 9-26 所示。

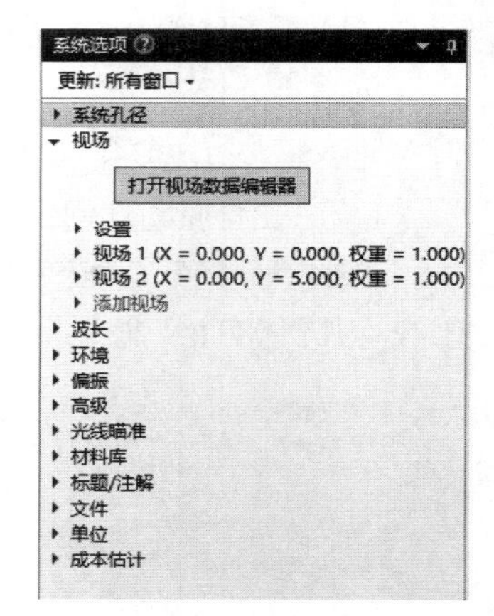

图 9-26 “视场”选项卡

（3）设置初始结构

在“镜头数据”编辑器中设置表面基本数据。

① 在“镜头数据”编辑器中选择面 1“光阑”行，单击鼠标右键，选择“插入后续面”命令，在其后插入面 2、面 3。

② 在“镜头数据”编辑器中输入面参数，如图 9-27 所示。

- 选择面 1 的“厚度”列，输入 5.000。
- 设置面 2 的“表面类型”为“偶次非球面”，“曲率半径”为 30.000，“厚度”为 10.000，“材料”为 BK7，“净孔径”利用“固定”值求解，为 15.000，“机械半直径”自动变为 15.000；设置偶次非球面“4 阶项”为 -1.507E-05。
- 设置面 3 的“表面类型”为“偶次非球面”，“曲率半径”为 -30.000，“厚度”为 50.000，“净孔径”利用“固定”值求解，为 15.000，“机械半直径”自动变为 15.000；设置偶次非球面“4 阶项”为 -1.269E-05。

	表面类型		标注	曲率半径	厚度	材料	膜层	净口径	延伸区	机械半直径	圆锥系数	TCE x 1E-6	2阶项	4阶项
0	物面	标准面		无限	无限			无限	0.0...	无限	0.000	0.000		
1	光阑	标准面		无限	5.000			10.000	0.0...	10.000	0.000	0.000		
2	(孔径)	偶次非球面		30.000	10.000	BK7		15.000 U	0.0...	15.000	0.000	-	0.000	-1.507E-05
3	(孔径)	偶次非球面		-30.000	50.000			15.000 U	0.0...	15.000	0.000	0.000	0.000	-1.269E-05
4	像面	标准面		无限	-			15.201	0.0...	15.201	0.000	0.000		

图 9-27 设置孔径面参数

③ 单击“设置”功能区下“视图”选项组中的“3D 视图”命令，弹出“三维布局图”窗口，显示光学系统的 YZ 平面图，如图 9-28 所示。

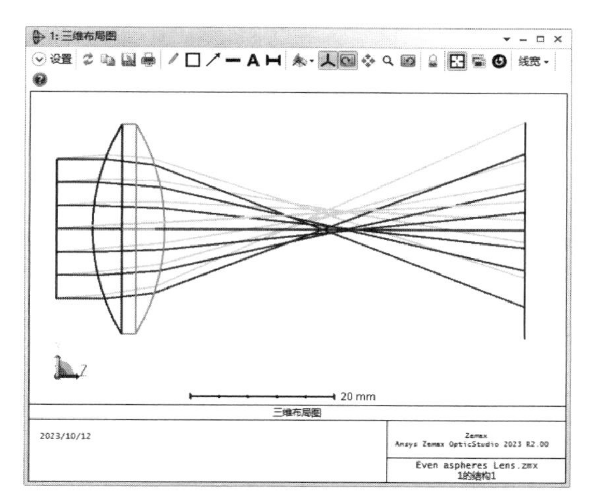

图 9-28　光学系统的 YZ 平面图

（4）几何像差分析

① 单击“分析”功能区“成像质量”选项组中的“光线迹点”选项，在下拉列表中选择“标准点列图”命令，打开“点列图”窗口，显示两个视场追迹光线在成像面上的交点分布，如图 9-29 所示。

② 单击“分析”功能区“成像质量”选项组中的“像差分析”选项，在下拉列表中选择“光线像差图”命令，打开“光线光扇图”窗口，如图 9-30 所示。

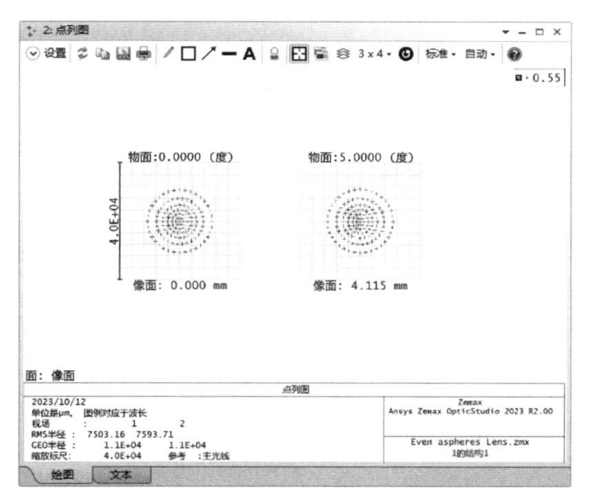

图 9-29　“点列图”窗口

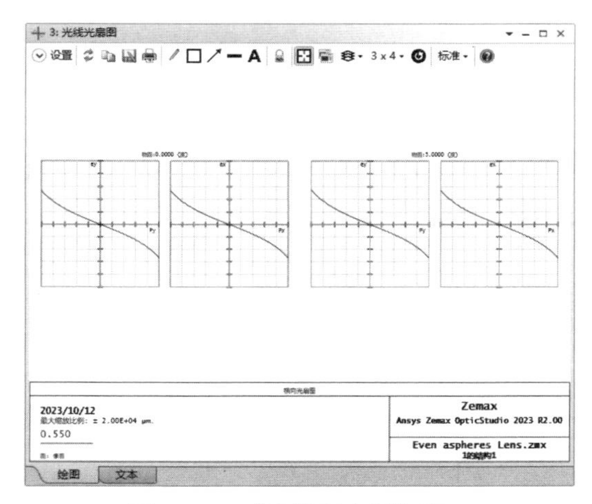

图 9-30　“光线光扇图”窗口

（5）PSF 计算

单击“分析”功能区“成像质量”选项组中的“点扩散函数”选项，在下拉列表中选择“惠更斯 PSF”命令，打开“惠更斯 PSF”窗口，计算衍射点扩散函数 PSF，如图 9-31 所示。

（6）几何 MTF

单击“分析”功能区“成像质量”选项组中的“MTF 曲线”选项，在下拉列表中选择“几何 MTF”命令，打开“几何 MTF”窗口，使用高斯求积的方法得到几何的光斑，然后进行傅里叶转换，如图 9-32 所示。

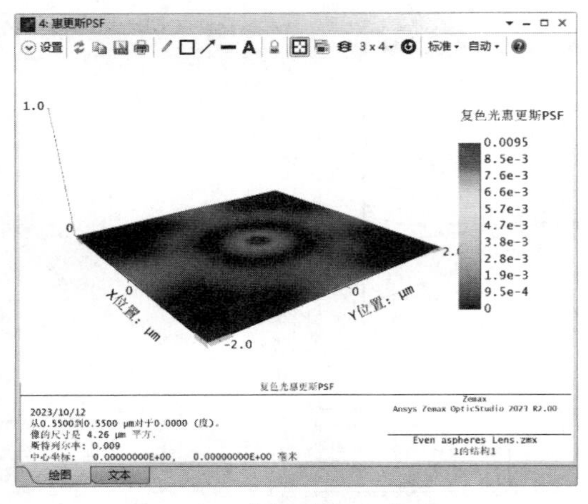

图 9-31 “惠更斯 PSF”窗口

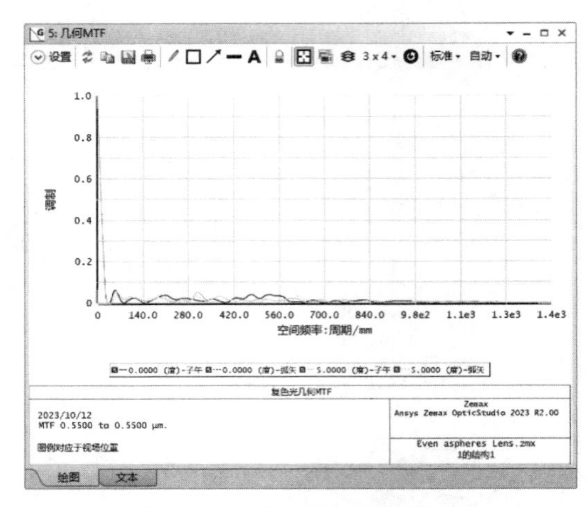

图 9-32 “几何 MTF”窗口

（7）保存文件

单击 Ansys Zemax OpticStudio 2023 编辑界面工具栏中的“保存”按钮，保存文件。

9.3 RMS 分析

“RMS”子菜单下的命令用于显示随视场、波长、离焦等变化的均方根（RMS）曲线，如图 9-33 所示。

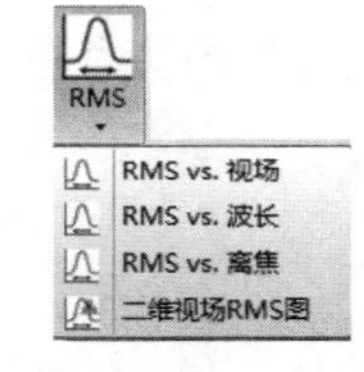

图 9-33 “RMS”子菜单

9.3.1 RMS vs. 视场

RMS vs. 视场（视场函数与均方根）图用来绘制径向 X 方向和 Y 方向点列图的均方根（RMS）、波前误差或斯特列尔比率的均方根，它们是视场角的函数，计算时波长可以是单色光或多色光。

① 单击“分析”功能区“成像质量”选项组中的“RMS”选项，在下拉列表中选择“RMS vs. 视场”命令，打开“RMS vs. 视场”窗口。该窗口中包含“绘图”和“文本”选项卡，显示波前误差的均方根随视场角变化的曲线和数据，如图 9-34 所示。

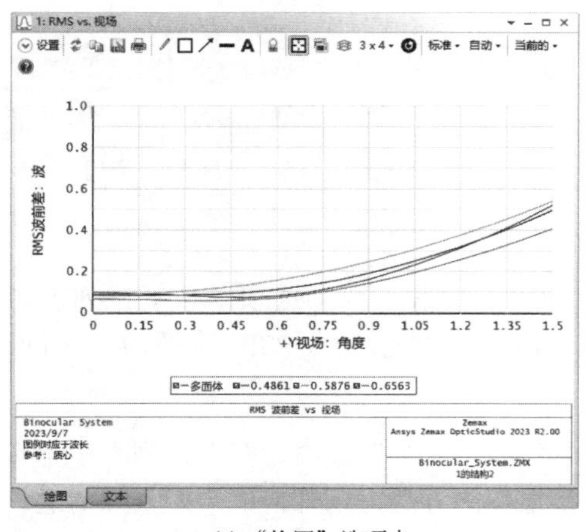

(a)“绘图”选项卡

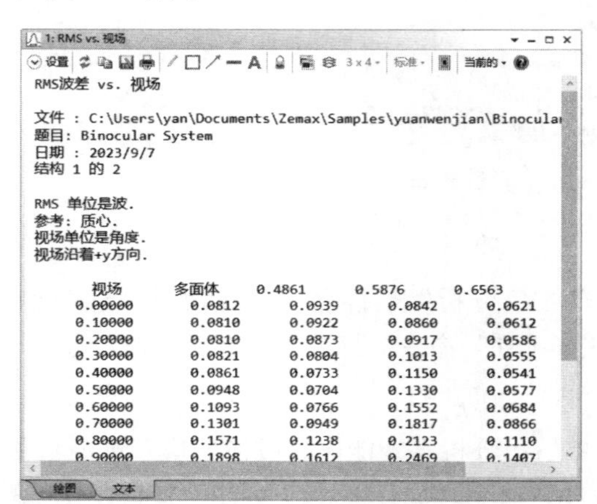

(b)“文本”选项卡

图 9-34 “RMS vs. 视场”窗口

② 单击“设置”命令左侧的“打开”按钮⊙，展开“设置”面板，用于对曲线进行设置，如图 9-35 所示。

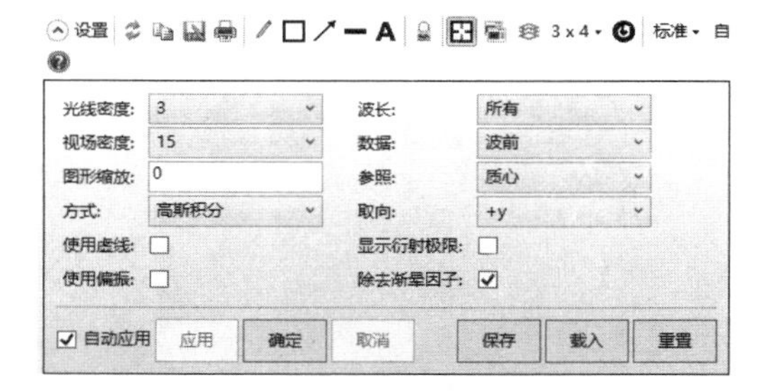

图 9-35　展开“设置”面板

下面介绍该面板中的选项。

a. 方式：选择计算 RMS 的方法，包括高斯积分法或矩形阵列 y 法。高斯积分法速度快精度高，但只对无渐晕系统起作用，若有渐晕，则用矩形阵列 y 法更精确。

b. 光线密度：如果选择高斯积分法，光线密度定义了要追迹的径向光线的数目。追迹的光线越多，精度也越高，所需的时间也越多。如果选择矩形阵列 y，光线密度表示了网格的尺寸，将省略圆形入瞳以外的光线。

c. 视场密度：定义 0 到最大视场角之间的视场点的个数。中间值用插值法求出，最大允许的视场点数为 100。

d. 使用虚线：设置曲线显示线型。勾选该复选框，使用虚线（对单色显示器或绘图仪）；反之，使用彩色（对彩色显示器或绘图仪）。

e. 使用偏振：勾选该复选框，对每一条所要求的光线进行偏振光追迹，得到通过系统的最后的光强。

f. 数据：选择曲线显示的数据。

- 波前：RMS 半径，定量地表示系统斑点的大小，但不是全部弥散斑大小，全部弥散斑直径是 GEO 直径。
- 光斑半径：弥散斑半径（GEO 半径），表示参考点数包含所有光线的中心圆的半径，是最小的能够满足所有光线落入其范围的中心圆半径。
- X 光斑：X 方向弥散尺寸。
- Y 光斑：Y 方向弥散尺寸。
- 斯特列尔比：实际光束轴上的远场峰值光强与具有同样功率、相位均匀的理想光束轴上的峰值光强之比。斯特列尔比是衡量一个光学系统光能强度分布优劣的指标。

g. 参照：参考基准，可选择主光线或质心光线作为基准。对于单色光，将所计算特定的波长用作参考基准；对于多色光，选择主色光用作参考基准。两种参考基准都要减去波前位移，在“质心”光线模式中，应减去波前的倾斜，以得到较小的 RMS 值。

h. 取向：可选择 +y、−y、+x 或 −x 方向。

i. 显示衍射极限：勾选该复选框，绘制衍射极限响应的一条水平线。为方便操作，衍射极限采用近似值，计算斯特列尔比率时值为 0.8，计算波前 RMS 时值为 0.072 个波长。

j. 除去渐晕因子：勾选该复选框，不计算渐晕因子。

RMS vs. 波长图和 RMS vs. 离焦图与 RMS vs. 视场图类似，纵坐标默认显示弥散斑径向 X 方向和 Y 方向点列图的均方根（RMS），横坐标分别为波长、焦点（屈光度），这里不再赘述。

9.3.2　二维视场 RMS 图

二维视场 RMS 图用来绘制径向 X 方向和 Y 方向点列图的均方根（RMS）、波前误差或斯特列尔比率的均方根，它们是 X 视场角、Y 视场角的函数。

单击“分析”功能区“成像质量”选项组中的“RMS”选项，在下拉列表中选择“二维视场 RMS 图”命令，打开“二维视场 RMS 图”窗口。该窗口中包含“绘图”和“文本”选项卡，显示波前误差的均方根随视场角变化的曲线和数据，如图 9-36 所示。

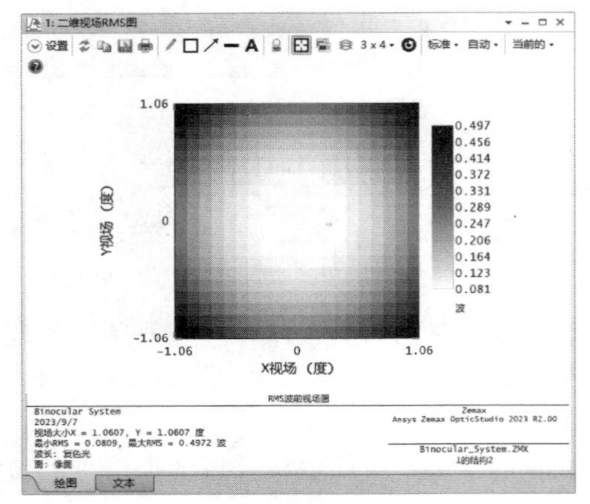

(a) “绘图”选项卡

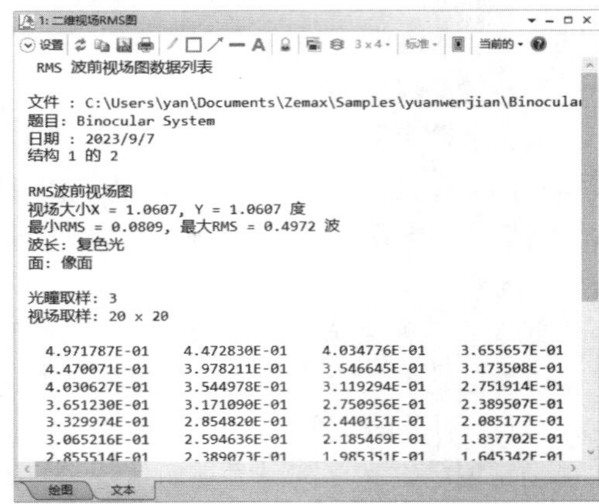

(b) “文本”选项卡

图 9-36 “二维视场 RMS 图”窗口

9.3.3 实例：衍射光栅光学系统 RMS 分析

本例利用 RMS 半径显示衍射光栅光学系统中的衍射极限。

（1）设置工作环境

① 在“开始”菜单中双击 Ansys Zemax OpticStudio 图标，启动 Ansys Zemax OpticStudio 2023。

② 选择功能区中的“文件”→“打开”命令，或单击工具栏中的“打开”按钮，打开“打开”对话框，选中文件 Diffraction_Grating_Lens.zos，单击“打开”按钮，在指定的源文件目录下打开项目文件。

③ 选择功能区中的“文件”→“另存为”命令，或单击工具栏中的“另存为”按钮，打开“另存为”对话框，输入文件名称 Diffraction_Grating_Lens_RMS.zmx。单击“保存”按钮，在指定的源文件目录下自动新建了一个项目文件。

（2）RMS 分析

① 单击“分析”功能区“成像质量”选项组中的“RMS”选项，在下拉列表中选择“RMS vs. 视场”命令，打开“RMS vs. 视场”窗口，显示波前误差的均方根随视场角（0° ～20° ）变化的曲线，如图 9-37 所示。

② 单击“分析”功能区“成像质量”选项组中的“RMS”选项，在下拉列表中选择“RMS vs. 波长”命令，打开“RMS vs. 波长”窗口，显示波前误差的均方根随波长（0.5° ～0.9° ）变化的曲线，如图 9-38 所示。

③ 单击“分析”功能区“成像质量”选项组中的“RMS”选项，在下拉列表中选择“二

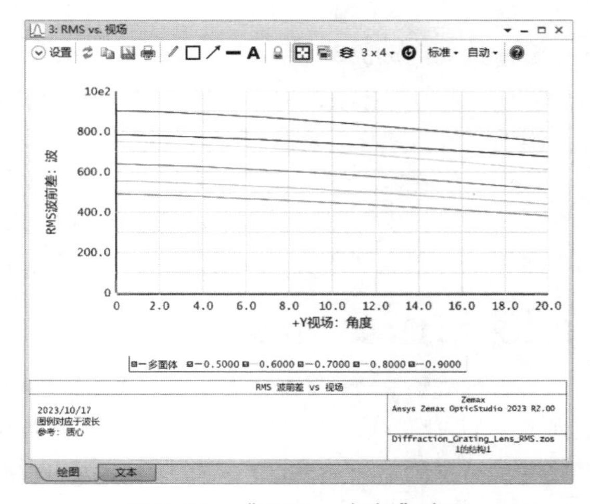

图 9-37 “RMS vs. 视场”窗口

维视场 RMS 图”命令，打开“二维视场 RMS 图”窗口。该窗口中包含“绘图”和“文本”选项卡，显示波前误差的均方根随视场角变化的曲线和数据，如图 9-39 所示。

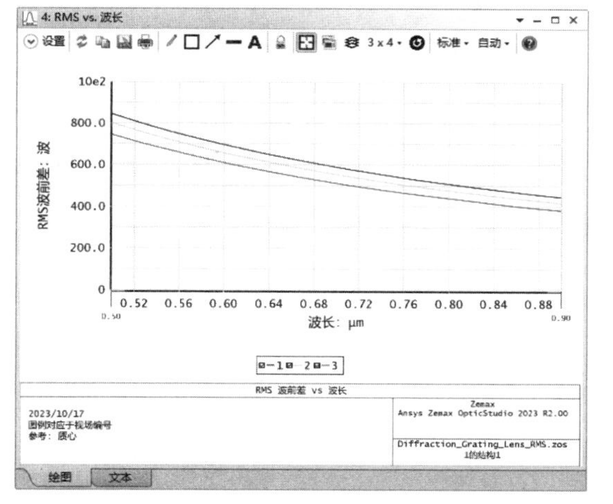

图 9-38　“RMS vs. 波长”窗口

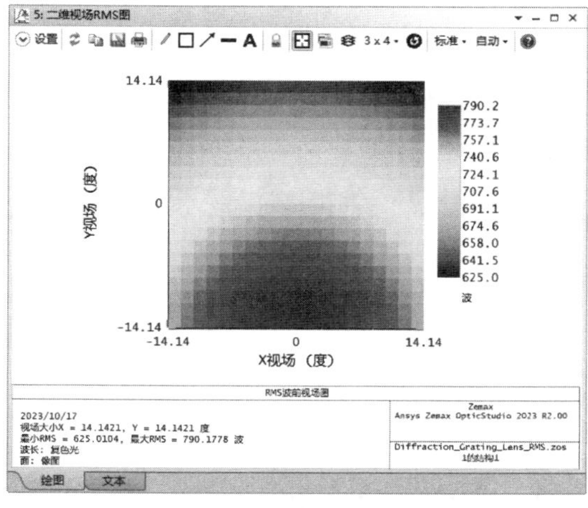

图 9-39　“二维视场 RMS 图”窗口

④ 单击“设置”命令左侧的“打开”按钮，展开“设置”面板，在“显示为”下拉列表中选择“表面”，用表面描述 X、Y 视场中 RMS 半径的变化，如图 9-40 所示。其中，最小 RMS = 668.7029 波，最大 RMS = 911.6781 波。

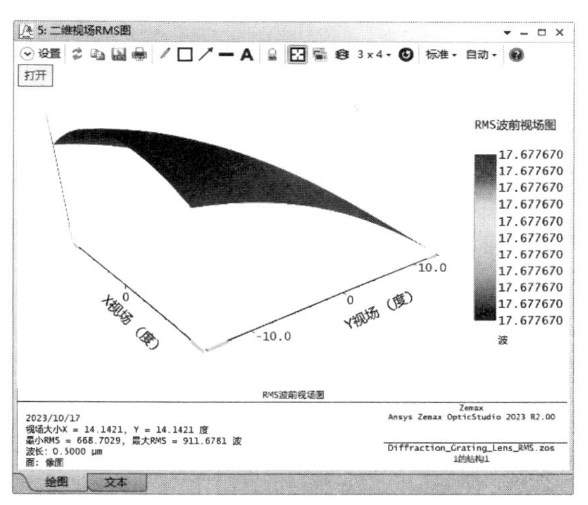

图 9-40　显示“表面”

⑤ 单击“设置”命令左侧的“打开”按钮，展开“设置”面板，在“数据”下拉列表中选择“光斑半径”，用表面描述 XY 视场中弥散斑半径（GEO 半径）的变化，如图 9-41 所示。其中，最小 RMS = 17.6777 毫米，最大 RMS = 17.6777 毫米。

⑥ RMS 是由像差引起的弥散斑，艾里斑是由衍射极限引起的弥散斑，当 RMS 斑落在艾里斑里就可以认为该系统良好。

（3）保存文件

单击 Ansys Zemax OpticStudio 2023 编辑界面工具栏中的“保存”按钮，保存文件。

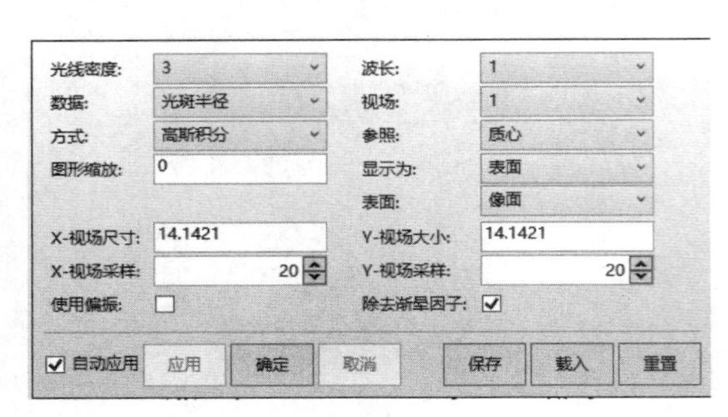

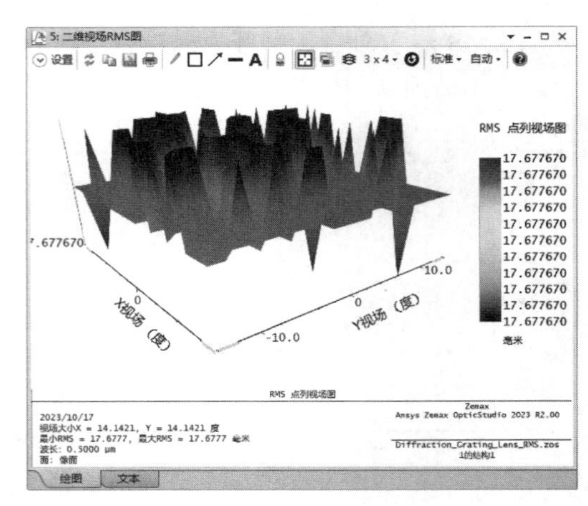

图 9-41　显示“光斑半径”

9.4　能量集中度分析

能量集中度考察弥散范围内集中了多少能量，有的系统使用能量集中度评价系统的成像质量。

“圈入能量”子菜单下的能量集中度分析命令主要包括衍射法、几何法、几何线 / 边缘扩散法、扩展光源法这 4 种，如图 9-42 所示。

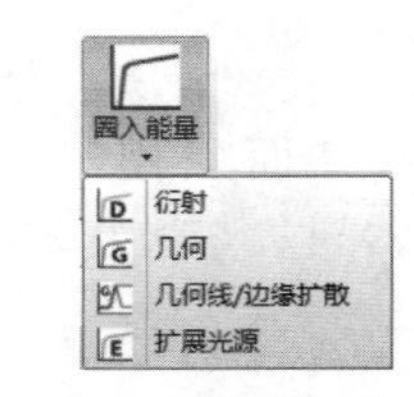

图 9-42　“圈入能量”子菜单

9.4.1　衍射

“衍射”命令基于 FFT 或者惠更斯 PSF 衍射理论进行分析，显示圈入能量图。圈入能量图中的圈入能量分数实际上是指圈入能量占总能量的百分比值，是到主光线或像面质心距离的函数。

① 单击“分析”功能区“成像质量”选项组中的“圈入能量”选项，在下拉列表中选择“衍射”命令，打开“衍射圈入能量”窗口。该窗口中包含“绘图”和“文本”选项卡，显示环形能量图和“辐射距离 - 分数”数据，如图 9-43 所示。

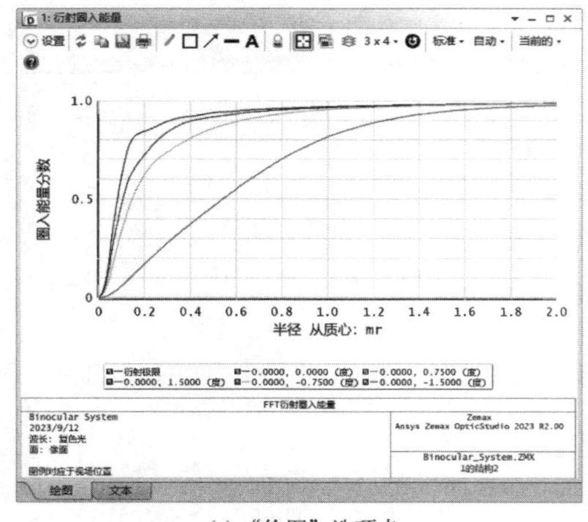

(a) “绘图”选项卡

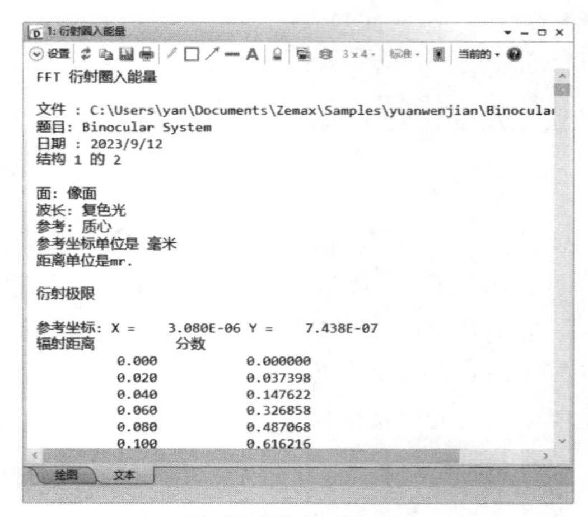

(b) “文本”选项卡

图 9-43　“衍射圈入能量”窗口

从图 9-43 可知，横坐标为“半径从质心”，表示距离质心的距离，而纵坐标是“圈入能量分数”，表示包围部分内含有的光线的能量占据光线总能量的百分比。

② 单击“设置”命令左侧的“打开”按钮，展开“设置”面板，用于对曲线进行设置，如图 9-44 所示。

图 9-44　展开“设置”面板

下面介绍该面板中的选项。

- 类型：指定如何计算包围的能量。圈入（包围式）、仅 X 型、仅 Y 型或方型。仅 X 和仅 Y 选项分别计算以所选参考点为中心的 Y 轴或 X 轴的 [−Y, Y] 或 [−X, X] 范围内 PSF 中的能量百分比。
- 最大距离：此设置覆盖默认缩放，单位是微米。若要选择默认缩放选项，输入 0。
- 参照：显示指定矩形区域或者圆形区域内的积分能量，常以主光线、质心或者表面顶点为参考原点。顶点是指图像表面的坐标（0,0）。当选择该选项时，OpticStudio 无法检测采样是否足够，为了确保所有选定视场的衍射图像都在顶点的最大距离内，应该注意将采样设置得足够高以获得准确的结果。如果采样密度不足，OpticStudio 将发出一个错误消息，表明数据不准确。
- 使用惠更斯 PSF：勾选该复选框，使用速度较慢但更准确的惠更斯 PSF 方法计算 PSF。如果像面是倾斜的，或者主光线与像面法线不太接近，则始终勾选此复选框。

9.4.2 几何

在 Zemax 中，使用环形圈入能量来描述随光斑的变大，所圈入能量的增加程度。若在越小光斑半径时圈入越多的能量，则说明此光斑聚焦效果越好。大像差系统使用几何圈入能量，小像差系统使用衍射圈入能量。当系统接近衍射极限时，不建议选择几何圈入能量。

① 单击“分析”功能区“成像质量”选项组中的“圈入能量”选项，在下拉列表中选择“衍射”命令，打开“几何圈入能量”窗口。该窗口中包含“绘图”和“文本”选项卡，显示环形能量图和“辐射距离 - 分数”数据，如图 9-45 所示。

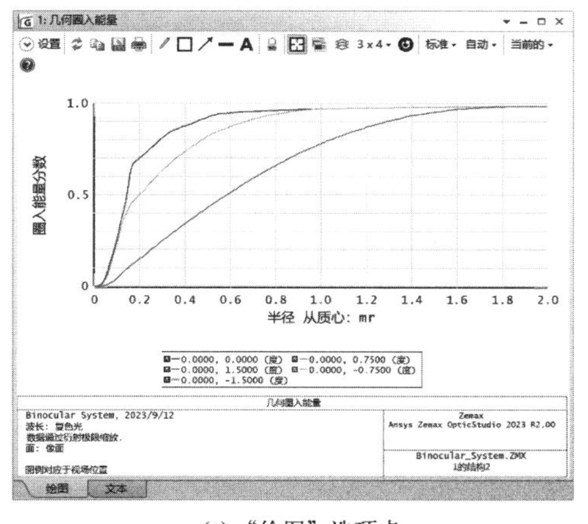

(a) “绘图”选项卡

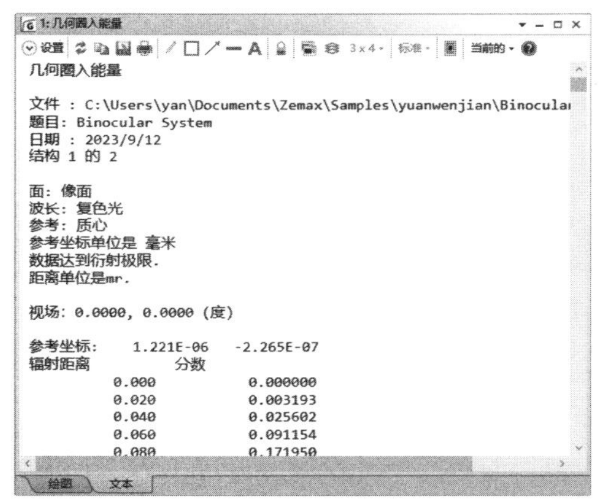

(b) “文本”选项卡

图 9-45　“几何圈入能量”窗口

② 单击“设置”命令左侧的“打开”按钮，展开“设置”面板，用于对曲线进行设置，

如图 9-46 所示。

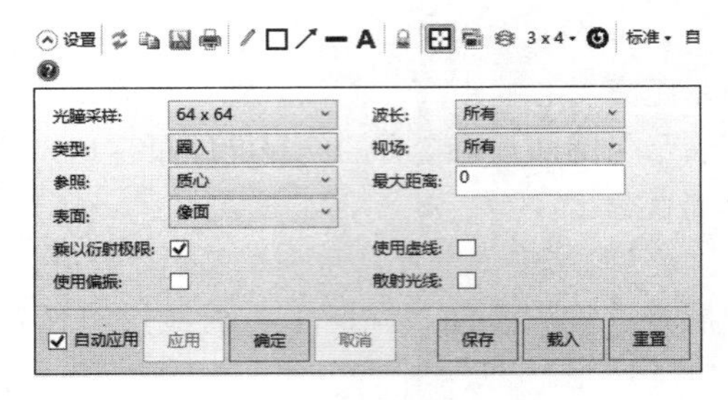

图 9-46　展开“设置”面板

下面介绍该面板中的选项。

- 乘以衍射极限：勾选该复选框，OpticStudio 旋转对称艾里斑圆斑计算的理论衍射极限曲线，通过缩放曲线的几何数据来近似绕射能量。计算模糊或不对称瞳孔衍射极限函数的唯一方法是进行精确的衍射计算，在这种情况下，应使用绕射能量特征。衍射极限近似只适用于无遮挡的瞳孔、合理旋转对称图像和适度视场角的系统，因为近似忽略了 F/# 随视场的变化。
- 使用偏振：勾选该复选框，进行偏振光分析。
- 散射光线：勾选该复选框，在具有散射特性的光线表面截点上统计散射光线。

9.4.3　几何线 / 边缘扩散

几何线 / 边缘扩散图用来显示线对象和边缘对象的几何响应函数图。其中，线响应函数（或线扩散函数，LSF）是线对象图像的强度模式的横截面。边缘扩展函数（ESF）是边缘（半无限平面）图像的强度模式的横截面。

① 单击“分析”功能区“成像质量”选项组中的“圈入能量”选项，在下拉列表中选择“几何线 / 边缘扩散”命令，打开“线 / 边缘扩散”窗口。该窗口中包含“绘图”和“文本”选项卡，显示直线对象和边缘对象的几何响应图和数据，如图 9-47 所示。几何线 / 边缘扩散表中，X- 方向或 Y- 方向指的是线或边的方向，X- 方向表示线或边平行于 X 轴， Y- 方向是指线或边平行于 Y 轴。

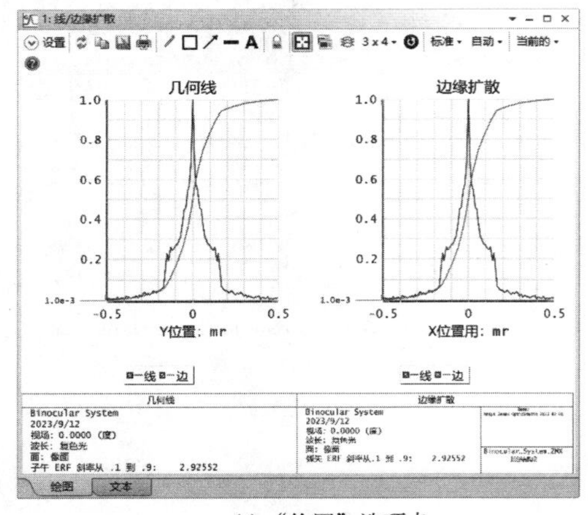

(a) “绘图”选项卡

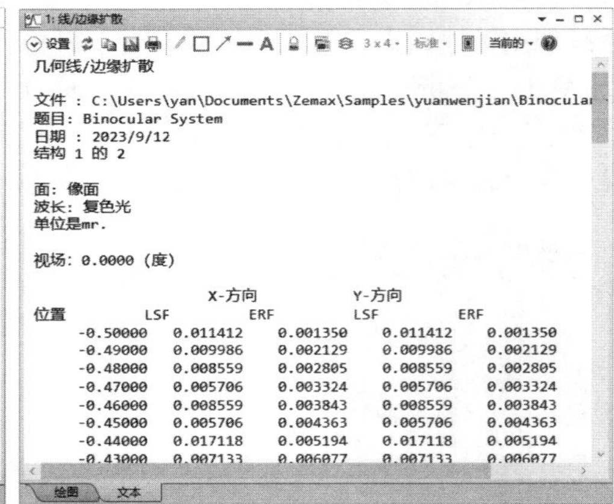

(b) “文本”选项卡

图 9-47　“线 / 边缘扩散”窗口

② 单击“设置”命令左侧的“打开”按钮，展开“设置”面板，用于对曲线进行设置，如图 9-48 所示。

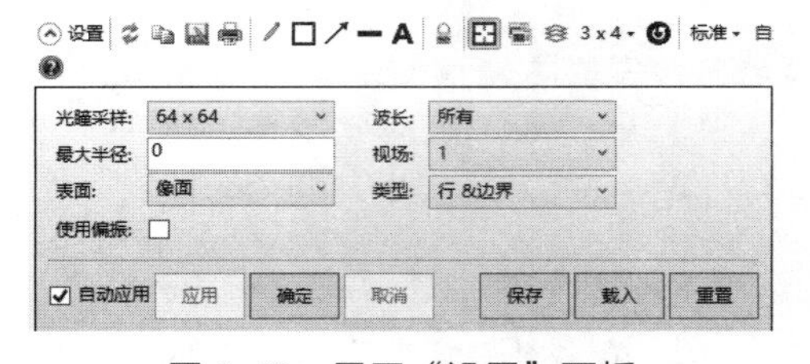

图 9-48　展开“设置”面板

下面介绍该面板中的选项。

- 最大半径：设置最大半径，单位是微米。
- 表面：选择要对数据进行评估的表面。

- 类型：指定在图形上显示哪些数据，包括行和边界，只有线，只有边。

9.4.4 扩展光源

“扩展光源”命令是指使用类似于几何图像分析特征的扩展源计算环绕能量。在使用能量扩散方法时，通常光学聚焦系统已经达到了较高的效果，如果光学系统本身存在问题，如采样点密度太低以及光程差的误差太大，就可能导致衍射圈入能量图报错。

① 单击“分析”功能区“成像质量”选项组中的“圈入能量”选项，在下拉列表中选择“扩展光源”命令，打开“扩展光源圈入能量”窗口。该窗口中包含“绘图”和“文本”选项卡，如图 9-49 所示。

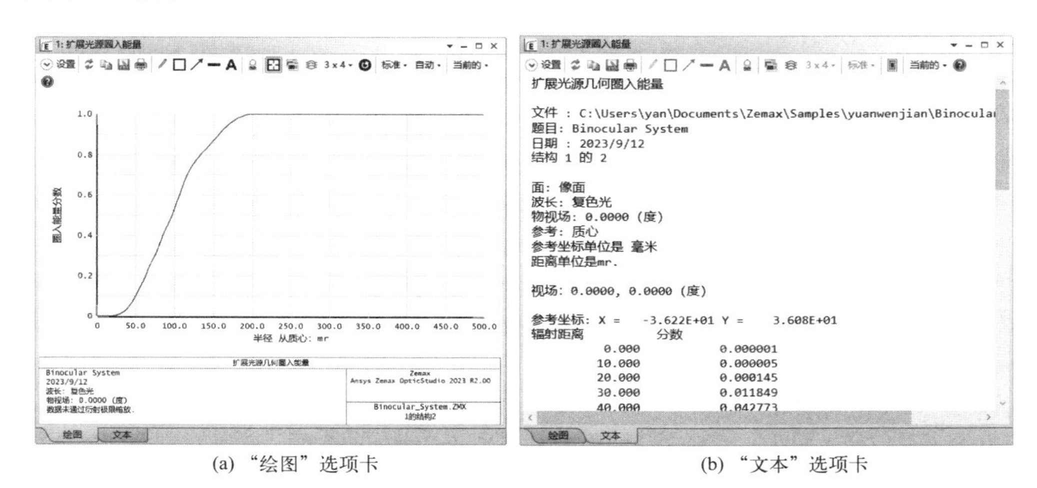

(a)“绘图”选项卡　　(b)“文本”选项卡

图 9-49　“扩展光源圈入能量”窗口

② 单击“设置”命令左侧的“打开”按钮⌄，展开“设置”面板，用于对曲线进行设置，如图 9-50 所示。

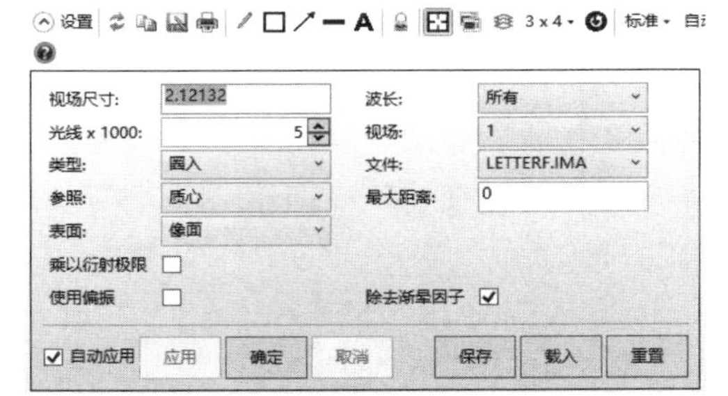

图 9-50　展开“设置”面板

下面介绍该面板中的选项。

- 视场尺寸：以场坐标定义正方形图像文件的全宽度，单位可以是镜头单位或度，具体取决于当前的场定义（分别为高度或角度）方法。
- 光线 ×1000：设置被追迹的光线数目。追迹的光线数大约是规定值的 1000 倍。由于图像中像素上的光线分布必须是均匀的，因此光线的数量只能采取近似值。
- 文件：选择可以居中于任何定义的视场位置的图像文件，可以将一个小目标（如条形图）移动到视场中的任何位置。

9.4.5 实例：双折射透镜光学系统能量集中度分析

本例使用能量扩散方法判断一个双折射透镜光学系统光斑聚焦的好坏，通过使用衍射法和几何法计算环形圈入能量，描述随光斑的变大，所圈入能量的增加程度。若在越小光斑半径时圈入越多的能量，则说明此光斑聚焦效果越好。

（1）设置工作环境

① 双击 Ansys Zemax OpticStudio 图标，启动 Ansys Zemax OpticStudio 2023，进入 Ansys Zemax OpticStudio 2023 编辑界面。

② 选择功能区中的“文件”→“打开”命令，或单击工具栏中的“打开”按钮，打开“打开”对话框，选中文件“Birefringent cube.zmx”，单击“打开”按钮，在指定的源文件目录下打开项目文件。

③ 选择功能区中的“文件”→“另存为”命令，或单击工具栏中的“另存为”按钮，打开“另存为”对话框，输入文件名称“Birefringent cube Energy.zmx”。单击“保存”按钮，在指定的源文件目录下自动新建了一个项目文件。

（2）能量分析

① “衍射”命令基于 FFT 或者惠更斯 PSF 衍射理论进行分析，显示圈入能量图。圈入能量图中的圈入能量分数实际上是指到主光线或像面质心距离的函数。

② 单击“分析”功能区“成像质量”选项组中的“圈入能量”选项，在下拉列表中选择“衍射”命令，打开“衍射圈入能量”窗口，Y 轴显示圈入能量占总能量的比值，如图 9-51 所示。

③ 单击“分析”功能区“成像质量”选项组中的“圈入能量”选项，在下拉列表中选择“几何”命令，打开“几何圈入能量”窗口，显示利用几何光线与面的交点坐标计算能量集中度，如图 9-52 所示。

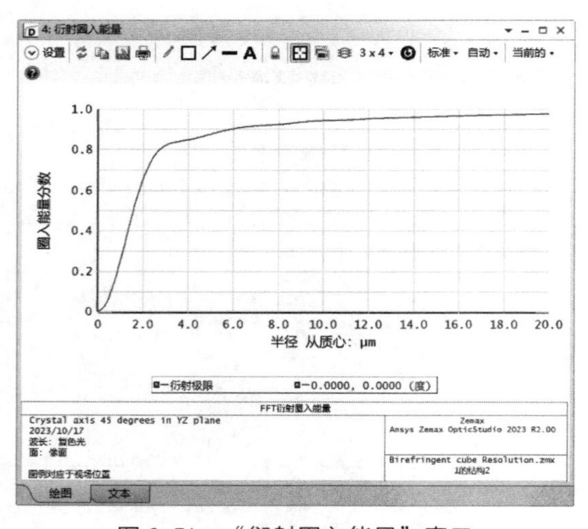

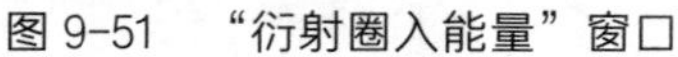

图 9-51 “衍射圈入能量”窗口

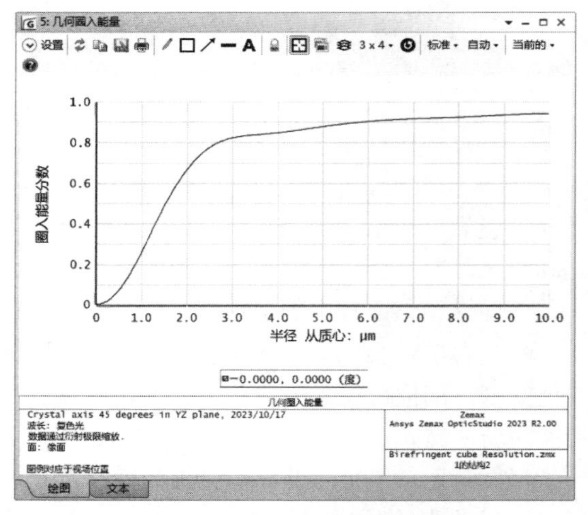

图 9-52 “几何圈入能量”窗口

（3）保存文件

单击 Ansys Zemax OpticStudio 2023 编辑界面工具栏中的“保存”按钮，保存文件。

9.5 图像扩展分析

图像扩展分析在光学模拟过程中的使用是必不可少的，其中比较常用的分析功能有图像模拟、几何图像分析、扩展图像分析等。

9.5.1 图像模拟

图像模拟功能通过将源位图文件与点扩展函数数组进行卷积来模拟图像的形成，主要用来分析衍射、像差、畸变、相对照度、图像方向和偏振。

① 单击“分析”功能区“成像质量”选项组中的“扩展图像分析”选项，在下拉列表中选择“图像模拟”命令，打开“图像模拟”窗口，如图 9-53 所示。

② 单击“设置”命令左侧的“打开”按钮⊙，展开“设置”面板，用于对窗口中的数据进行设置，如图 9-54 所示。

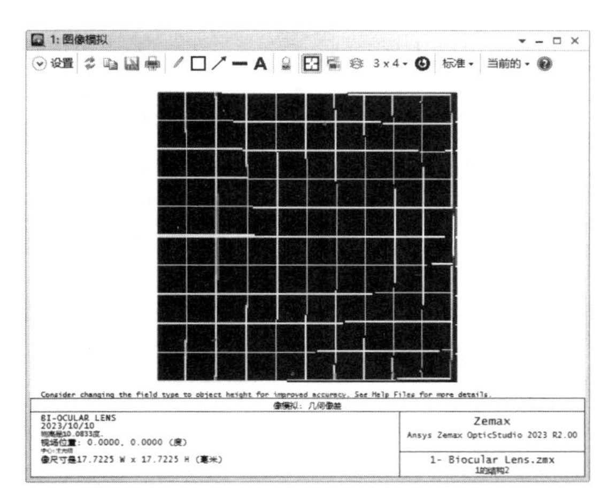

图 9-53　“图像模拟”窗口

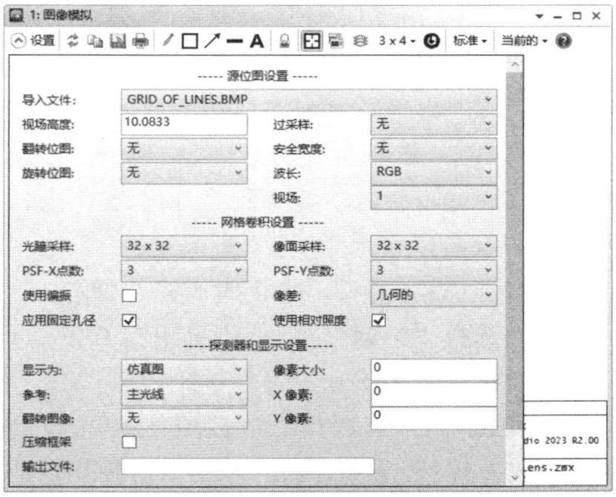

图 9-54　展开“设置”面板

下面介绍该面板中的选项。

a. “源位图设置”选项组：

● 导入文件：光源位图的文件的名称。文件可为 BMP、JPG、PNG、IMA 或 BIM 文件格式。

● 视场高度：定义视场坐标中光源位图 Y 轴的全高，它可以使用镜头单位或以度为单位，具体取决于当前的视场定义（分别为高度或角度）。如果视场类型为“实际像高”，则视场类型会为此分析自动更改为“近轴像高”。这样可避免在像面上实际像高掩盖图像畸变的问题。在应用过采样、安全宽度或旋转后，将视场高度应用于结果位图。

● 过采样：通过将一个像素复制成 2 个、4 个或更多相同的相邻像素，增加光源位图的像素分辨率。增加每个视场单位的像素数。只要任何方向的最大像素数目不超过 16000，每次就以 2 为因子应用过采样，直至达到指定过采样。此极值仅适用于过采样功能，不适用于输入文件。

● 翻转位图：左右、上下，或同时使用这两项翻转光源位图。翻转光源位图应在考虑系统的任何光学效应之前。

● 安全宽度：通过重复倍增像素数，增加光源位图的像素分辨率。此倍增仅影响分析而原始位图文件保持不变。此功能会使原始图像周围产生黑色的“安全宽度”。此功能旨在增加每个视场单位的像素数，同时在所需图像周围增加一个区域。如果点扩散函数与光源位图视场尺寸相比较大，则此功能特别有用。只要任何方向的最大像素数目不超过 16000，每次就以 2 为因子应用安全宽度，直至达到指定大小。此极值仅适用于安全宽度功能，不适用于输入文件。对光源位图应用安全宽度应在考虑系统的任何光学效应之前。

● 旋转位图：旋转光源位图。对光源位图应用旋转应在考虑系统的任何光学效应之前。

b. “网格卷积设置”选项组：

● 光瞳采样：光瞳空间中用于计算 PSF 网格的网格采样。

● 像面采样：光源位图空间中用于计算 PSF 网格的网格采样。

● PSF-X/Y 点数：计算 PSF 所使用的 X/Y 方向的视场点数。对这些网格点之间的视场点，使用内插的 PSF 值。

● 使用偏振：勾选该复选框，使用偏振光。

● 应用固定孔径：勾选该复选框，所有未定义孔径的具有光焦度的表面将被修改为具有当前净半直径值或半直径值的环形孔径。反之，光线将可以通过超出所列净半直径或半直径的表面，尤其是在视场高度超出视场点定义的视场时。这将导致错误的照明，这通常发生在图像的边缘。

● 使用相对照度：勾选该复选框，则使用“相对照度”中所述的计算加权视场各点的光线，以便正确考虑出瞳弧度和实体角的效应。如果使用此功能，计算通常更准确，但速度较慢。

● 像差：选择像差分析方法，如果选择“衍射”，在像差严重以致无法准确计算衍射 PSF 时，此分析可能会自动转换到“几何”。

■ 若选择“无”，将忽略像差；

■ 选择“几何”，将仅考虑光线像差；

■ 选择“衍射”，将使用惠更斯 PSF 对像差建模。

c. “探测器和显示设置”选项组：

● 显示为：若选择“仿真图”“光源位图”，可查看输入位图（包括过采样、安全宽度和旋转的效果）；若选择“PSF 网格”，可查看在视场中计算的所有 PSF 函数。

● 参考：选择以下光斑中心的参考坐标，包括主光线、面顶点，或主波长主光线。即使只选择了其他波长，后一个选项仍要选择主波长主光线。

● 压缩框架：如果选中，将不会绘制框架，整个窗口将用于显示图像。

● 像素大小：像质模拟图的像素大小（方形）。对于聚焦系统，单位为镜头单位。对于无焦系统，单位为余弦值。使用 0 作为默认值，此值是根据光学系统放大率及光源位图的中心像素尺寸计算得到的。

● X 像素、Y 像素：用于设定像质模拟后的图像的像素数。使用 0 作为默认值，即光源位图中的像素数目。

● 翻转图像：左右、上下，或同时使用这两项翻转像质模拟图。

● 输出文件：如果提供以 BMP、JPG 或 PNG 扩展名结尾的文件，则仿真图将保存到指定文件中，并放置到 <images> 文件夹下。

9.5.2 几何图像分析

几何图像分析可用于对扩展光源建模、分析有效分辨率、表示成像对象的外观以及直观呈现图像旋转，还可用于估算多模光纤耦合效率。

① 单击“分析”功能区“成像质量”选项组中的“扩展图像分析”选项，在下拉列表中选择“几何图像分析”命令，打开“几何图像分析”窗口，如图 9-55 所示。

② 单击“设置”命令左侧的“打开”按钮⊙，展开“设置”面板，用于对窗口中的数据进行设置，如图 9-56 所示。

下面介绍该面板中的选项。

● 视场尺寸：定义了视场坐标中方形图像文件的全宽，它可以使用镜头单位或以度为单位，具体取决于当前的视场定义（分别为高度或角度）。

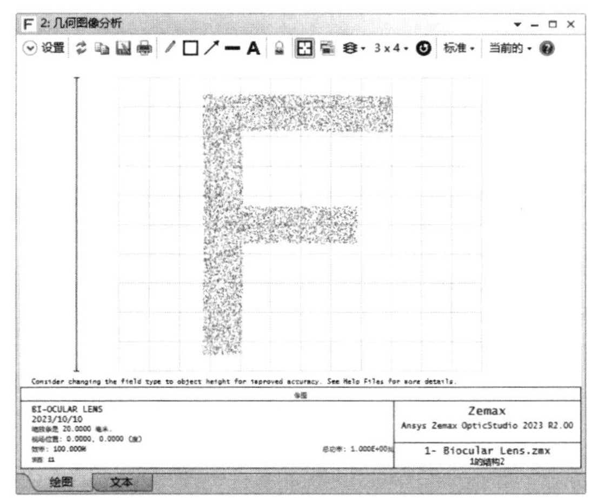

图 9-55　“几何图像分析”窗口

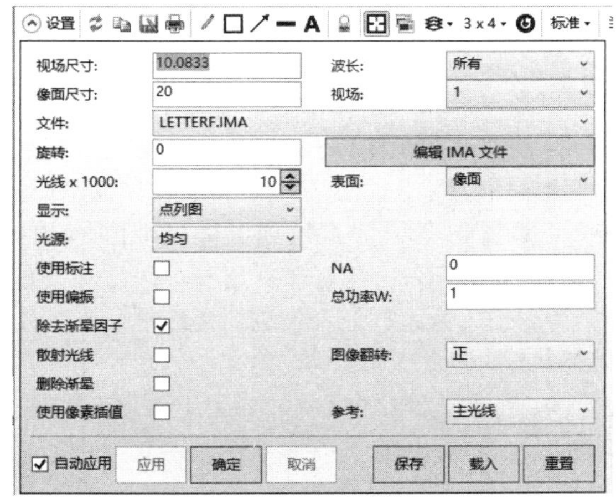

图 9-56　展开“设置”面板

- 像面尺寸：如果将“显示”选作“点列图”，则此值可设置图像上叠加的比例尺的大小。
- 旋转：可以设置为任何角（以度为单位）。实际上，此算法会在追迹光线之前旋转物体，例如将条形目标由子午方向切换至弧矢方向。
- 光线 ×1000：确定将被追迹的光线的近似值。追迹的光线数量大约是指定数值的 1000 倍。光线数量为近似值的原因是图像中像素上的光线分布必须均匀。例如，如果图像文件有 1500 个像素，则将至少追迹 1500 条光线，即使将数值选为 1 也是如此。每个波长上的光线分布与波长权重相称。
- 显示：选择表面图、等高线图、灰度、伪色图、点列图、X 截面或 Y 截面作为显示选项。
- 光源：光源可以是均匀的或朗伯型。均匀设置会为光线均等加权。朗伯设置根据光线与物面的局部法线形成的角度的余弦为光线加权。
- 散射光线：勾选该复选框，将以统计方式按照光线与表面交点散射光线，应已为该表面定义散射特性。
- 波长：计算中将使用的波长序号。
- 视场：图像文件可以任何已定义的视场位置为中心。这使得较小的目标（例如柱状图）可移动至视场中的任何位置。结果图像将以此视场位置的主光线坐标为中心。
- 文件：IMA 或 BIM 图像文件的名称。此文件必须位于 <images> 文件夹内。
- 编辑 IMA 文件：单击此按钮将调用 Windows 记事本编辑器，它允许对当前选择的 IMA 文件进行修改。如果文件类型为 BIM，则此按钮将被禁用。
- 表面：在其上评估光线的表面序号。默认值为像面。也可选择其他表面，例如，显示某个光学面上的光迹图。
- 像素 #：选定图像尺寸的宽度的像素数。如果“点列图”是显示图像数据的方法，则不使用此值。
- NA：数值孔径（NA）阈值。如果为零，则忽略此功能。如果输入大于 0 的数，则忽略数值孔径大于指定数的所有光线。
- 总功率 W：光源辐射进入光学系统入瞳的总功率（以瓦为单位）。使用此通量可根据相对像素值和总效率归一化检测到的功率。

- 图形缩放：选择伪色图和灰度图时，添加该选项，此值可定义最大缩放范围。
- 使用标注：勾选该复选框，将为每个波长绘制不同的点符号。这可以帮助区分各种波长。仅在“点列图”是显示图像数据的方法时，才使用此值。
- 除去渐晕因子：勾选该复选框，将自动除去渐晕因子。
- 图像翻转：“正”设置将使物体保持在物方空间中沿着负 Z 轴时所呈现的外观。“图像翻转”可设置为“反”，此选项可从上到下反转物体。
- 删除渐晕：勾选该复选框，在任何表面被渐晕掉的光线均不会被绘制。
- 使用像素插值：勾选该复选框，光线能量在相邻像素中心之间的分布会根据光线落点与像素中心的距离而定。
- 保存为 BIM 文件：如果提供以 BIM 扩展名结尾的文件名，并且“显示”未设置为“点列图”，则将输出图像保存到指定文件，并放到 <images> 文件夹下。

9.5.3 几何位图图像分析

几何位图图像分析功能可使用 RGB 位图文件作为光源图像，根据光线追迹数据创建 RGB 彩色图像。此功能可用于对扩展光源建模、分析有效分辨率、显示畸变、表示成像对象的外观、直观呈现图像旋转概念、显示光迹图、指定一些名称。

① 单击“分析”功能区“成像质量”选项组中的“扩展图像分析”选项，在下拉列表中选择“几何位图图像分析”命令，打开“几何位图图像分析”窗口，如图 9-57 所示。

② 单击“设置”命令左侧的“打开”按钮⊙，展开“设置”面板，用于对窗口中的数据进行设置，如图 9-58 所示。

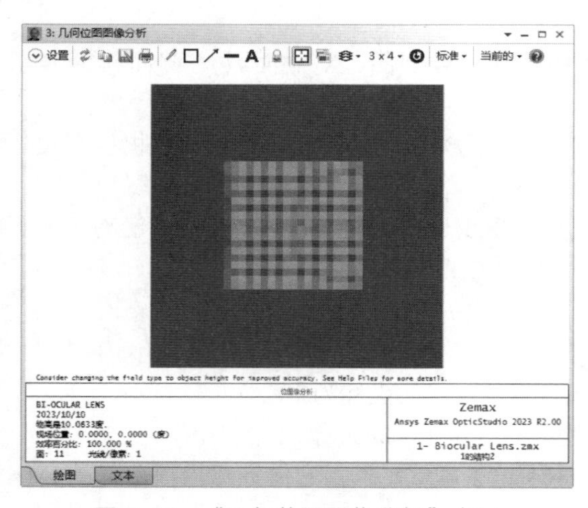

图 9-57 “几何位图图像分析”窗口

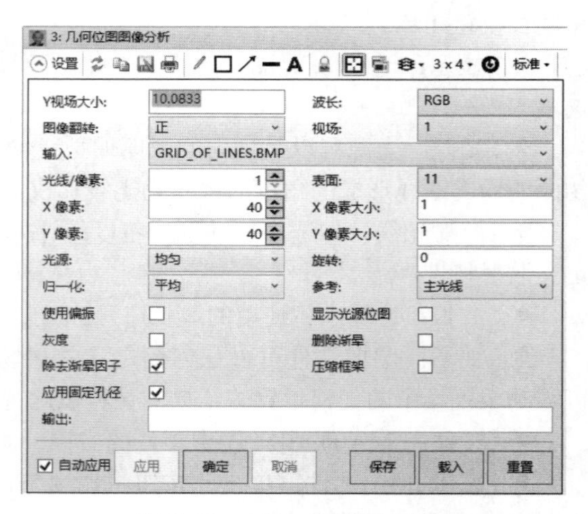

图 9-58 展开“设置”面板

下面介绍该面板中的选项。

- Y 视场大小：定义视场坐标中光源位图 Y 轴方向的完整大小，它可以使用镜头单位或以度为单位，具体取决于当前的视场定义（分别为高度或角度）。
- 图像翻转：“正”设置将使物体保持在物方空间中俯视负 Z 轴时所呈现的外观。“图像翻转”可设置为“反”，此选项可从上到下反转物体。
- 旋转：可以设置为任何角（以度为单位）。实际上，算法会在追迹光线之前旋转物体，例如将条形目标由子午方向切换至弧矢方向。

● 光线 / 像素：确定在每个光源图像像素及每个颜色通道上所追迹的光线数。如果在 640×480 的 3 色图像上选择 10 条光线 / 像素，通常将追迹 9216000 条光线。

● X 像素：探测器 X 方向的像素数。

● Y 像素：探测器 Y 方向的像素数。

● X 像素大小：在 X 方向测量的每个探测器像素的大小（以镜头单位为单位）。

● Y 像素大小：在 Y 方向测量的每个探测器像素的大小（以镜头单位为单位）。

● 光源：光源可以是均匀的或朗伯型。均匀设置会为光线均等加权。朗伯设置根据光线与物面的局部法线形成的角度的余弦为光线加权。

● 归一化：可按像素强度峰值或像素强度平均值归一化图像。使用像素强度峰值可均等缩放所有像素，因此强度最高的像素可确定图像的整体亮度。如果信噪比较低，使用此方法通常会产生很暗的图像。使用像素强度平均值可均等缩放所有像素，直至亮度平均值等于原始位图图像亮度。此方法的缺点是，某些像素过饱和，因此会在显示最大亮度时被裁剪。

● 灰度：勾选该复选框，将计算每个探测器像素的 RGB 强度平均值，以生成一个灰度检测图。虽仍将根据光源位图的相对 RGB 强度追迹光线，但在显示检测到的图像时将丢失所有颜色信息。

● 波长：如果选择“RGB”，则定义 3 个波长，分别为红色波长定义 0.606μm、绿色波长 0.535μm 和蓝色波长 0.465μm；如果选择“1+2+3”，则使用波长数据栏中当前定义的波长 1、2 和 3。对波长 3 使用光源位图的红色通道，对波长 2 使用绿色通道，对波长 1 使用蓝色通道。无论使用此选项定义的波长为多少，显示的图像都将为 RGB 格式。另须注意，如果在波长小于波长数据栏中定义的 3 个波长的系统中使用此选项，则定义的最高波长将用于“填充”剩余的通道。对于特定波长选项（例如 1、2、3 等），将使用 B、G 或 R 通道图像；对于大于 3 的波长，始终使用 R 通道。

● 显示光源位图：勾选该复选框，将绘制光源位图，并且不追迹任何光线。在绘制光源位图时，忽略光线数、像素数和像素大小。此功能可用于检查光源位图的外观，以及验证 OpticStudio 是否正确读取位图文件。

● 输出：检测到的位图写入到的 BMP、JPG 或 PNG 文件的名称。检测到的位图的大小由已定义的 X 和 Y 轴像素的数目确定；但为确保输出位图文件中的纵横比正确，X 和 Y 轴像素的大小必须相同。文件名称必须以 BMP、JPG 或 PNG 扩展名结尾，且不提供任何路径名。此文件将在不发出警告的情况下被创建或覆盖，并将被放置在 <images> 文件夹中。

● 参考：选择以下光斑中心的参考坐标，包括主光线或面顶点。

9.5.4　部分相干图像分析

部分相干图像分析功能在计算图像外观时会考虑光学系统的衍射和像差，以及部分相干的照度。此方法将考虑有限通带以及真实光学系统在成像时会产生的其他衍射相关效应。此功能可为位图图像定义的场景计算相干、非相干或部分相干的衍射图像。对于完全非相干分析，推荐使用“图像模拟”功能。

① 单击“分析”功能区“成像质量”选项组中的“扩展图像分析”选项，在下拉列表中选择“部分相干图像分析”命令，打开“部分相干图像分析”窗口，如图 9-59 所示。

② 单击“设置”命令左侧的“打开”按钮⊙，展开“设置”面板，用于对窗口中的数据进行设置，如图 9-60 所示。

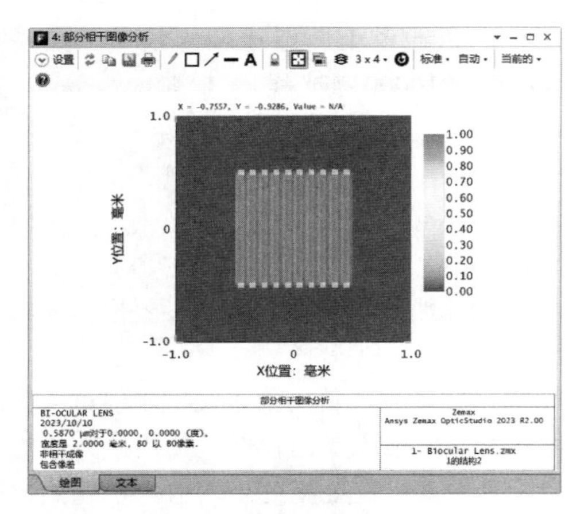

图 9-59 “部分相干图像分析”窗口

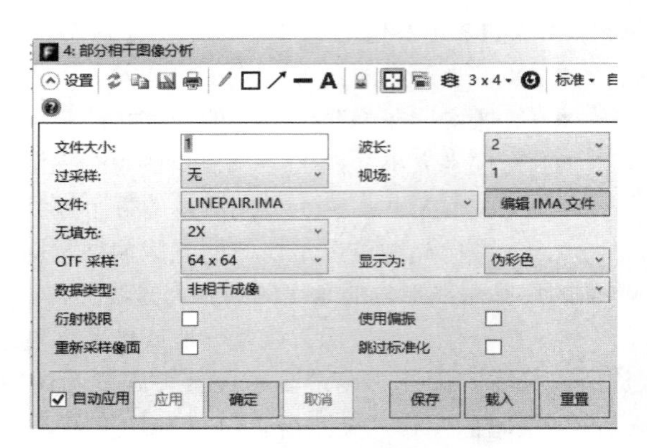

图 9-60 展开“设置”面板

下面介绍该面板中的选项。

- 文件大小：在像方空间测量的文件所定义区域的全宽（以镜头单位为单位）。注意，IMA 和 BIM 文件始终是方形。
- 过采样：设置文件像素过采样所依据的因子。此选项可增加文件的有效分辨率，而无须定义新文件。如果原始文件的像素数是奇数，则过采样将使像素数变为偶数，因为过采样值都是偶数。
- 文件：IMA、BIM 或 ZBF 图像文件的名称。IMA 和 BIM 文件必须位于 <images> 文件夹下，而 ZBF 文件必须位于 <pop> 下。
- 编辑 IMA 文件：单击此按钮将调用 Windows 记事本编辑器，它允许对当前选择的 IMA 文件进行修改。BIM 和 ZBF 文件不能直接进行编辑。
- 无填充：通过对文件像素添加零强度值，确定计算衍射图像的区域的实际大小。此方法可增加所显示衍射图像的大小，而无须更改无像差图像的大小；这样可研究从完美图像位置衍射的能量。无填充仅影响 IMA 和 ZBF 格式文件，对 BIM 格式文件无效。
- OTF 采样：在光瞳中进行采样的网格尺寸。网格越大，系统 OTF 的表示准确度也会越高。此功能不会影响衍射图像大小，只影响预测频率响应的准确性。
- 显示为：选择“表面图”“等高线图”“灰度”“伪彩色”“X 截面图”或“Y 截面图”作为显示选项。
- 数据类型：选择“非相干成像”“相干成像”“原图像”“非相干传递函数”“相干传递函数”或“原图像的变换”。
- 衍射极限：勾选该复选框，将忽略像差，但仍会考虑孔径。
- 重新采样像面：勾选该复选框，将对最终像面重新采样，以便模拟有限分辨率的探测器所记录的像面。下面的控件可用于定义重新采样。此功能仅适用于相干像、非相干像、原图像以及部分相干的空间域像。
- 跳过标准化：勾选该复选框，则不执行标准化计算。数据显示以瓦 / 镜头单位为单位。

9.5.5 扩展图像分析

扩展图像分析功能与部分相干图像分析功能相似，不同的是光学传递函数（OTF）可能会随图像视场变化，并且照度必须是完全相干或非相干的。此功能使用 IMA/BIM 文件描述需成像的物体。

① 单击“分析”功能区“成像质量”选项组中的“扩展图像分析”选项，在下拉列表中选择“扩展图像分析”命令，打开“扩展图像分析”窗口，如图 9-61 所示。

② 单击“设置”命令左侧的“打开”按钮⊙，展开“设置”面板，用于对窗口中的数据进行设置，如图 9-62 所示。

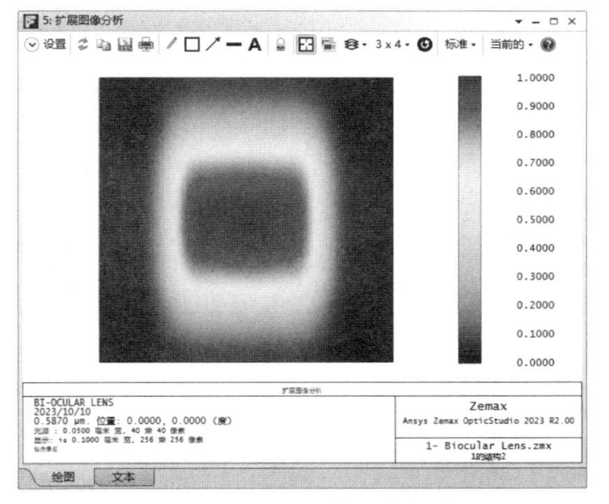

图 9-61　“扩展图像分析”窗口

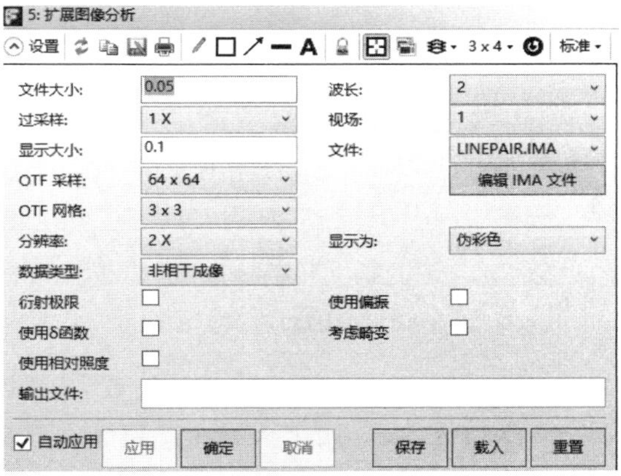

图 9-62　展开“设置”面板

下面介绍该面板中的选项。

● OTF 网格：OTF 计算的网格尺寸。OTF 网格越密集，OTF 随图像视场变化的计算越准确，但使用的内存越多，并且计算速度越慢。

● 分辨率：此乘数可在最终图像中生成更多点，同时使显示大小固定不变，但需要使用更多内存。

● 使用 δ 函数：勾选该复选框，假设 IMA 文件中的每个像素表示一个 δ 函数。此方法可用于检查点光源（如星星）的成像。反之，则假设整个像素是一个发光的方形区。

● 考虑畸变：勾选该复选框，将在构成图像外观时考虑真实和近轴光线畸变。

● 使用相对照度：勾选该复选框，则使用“相对照度”中所述的计算加权视场的 OTF，以便正确考虑出瞳弧度和实体角的效应。

9.5.6 相对照度分析

相对照度分析可计算均匀朗伯场景的径向视场坐标变化的相对照度。此功能还可以计算有效 F/#。

① 单击“分析”功能区“成像质量”选项组中的“扩展图像分析”选项，在下拉列表中选择“相对照度”命令，打开“相对照度”窗口，可计算随径向 Y 视场坐标变化的相对照度（relative illumination，RI），如图 9-63 所示。

② 单击“设置”命令左侧的“打开”按钮⊙，展开“设置”面板，用于对窗口中的数据进行设置，如图 9-64 所示。

下面介绍该面板中的选项。

● 光线密度：对出瞳照度积分所使用的光线阵列一侧的光线数量。

● 视场密度：径向视场坐标上要计算其相对照度的点的数量。视场密度越大，生成的曲线越平滑。

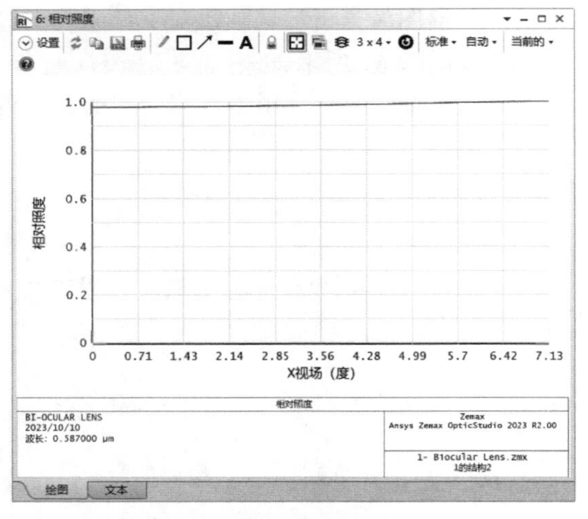

图 9-63　“相对照度”窗口

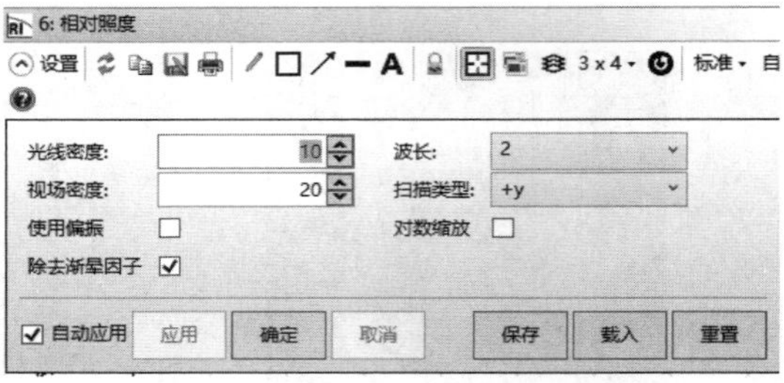

图 9-64　展开“设置”面板

- 扫描类型：选择 +y、+x、-y 或 -x 视场扫描方向。
- 对数缩放：勾选该复选框，将显示对数缩放而非线性缩放。

9.5.7　实例：光学系统图形模拟分析

本例对近轴面光学系统进行图形模拟分析，该系统中玻璃板上有一层涂层，可以阻隔蓝色波长区域。

（1）设置工作环境

① 启动 Ansys Zemax OpticStudio 2023，进入 Ansys Zemax OpticStudio 2023 编辑界面。

② 选择功能区中的“文件”→“打开”命令，或单击工具栏中的“打开”按钮，打开“打开”对话框，选中文件 Shield blue light.zmx，单击“打开”按钮，在指定的源文件目录下打开项目文件。

③ 选择功能区中的“文件”→“另存为”命令，或单击工具栏中的“另存为”按钮，打开“另存为”对话框，输入文件名称 Shield blue light image.zmx。单击“保存”按钮，在指定的源文件目录下自动新建了一个新的文件。

（2）图像模拟

① 单击“分析”功能区“成像质量”选项组中的“图像分析”选项，在下拉列表中选择“图像模拟”命令，打开“图像模拟”窗口。单击“设置”命令左侧的“打开”按钮，展开“设置”面板，在“导入文件”下拉列表中选择“RGB_CIRCLES.BMP”，在“显示为”下拉列表中选择“光源位图”。单击“确定”按钮，隐藏“设置”面板，图形模拟结果如图 9-65 所示。

② 单击“分析”功能区“成像质量”选项组中的“图像分析”选项，在下拉列表中选择“图像模拟”命令，打开“图像模拟”窗口。单击“设置”命令左侧的“打开”按钮，展开“设置”面板，在“导入文件”下拉列表中选择“RGB_CIRCLES.BMP”，在“像差”下拉列表中选择“无”，勾选“使用偏振”复选框，在“显示为”下拉列表中选择“仿真图”。单击“确定”按钮，隐藏“设置”面板，图形模拟结果如图 9-66 所示。其中，蓝色圆没有被系统通过。

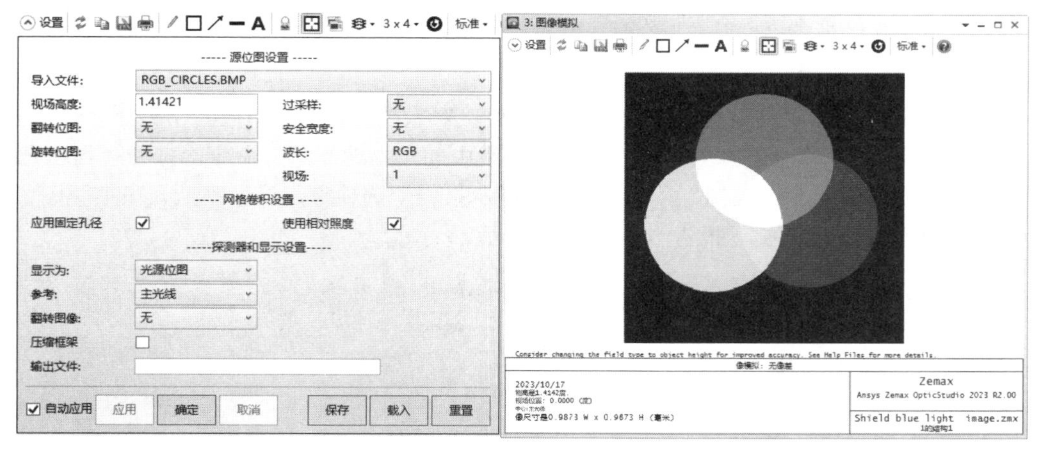

图 9-65　“图像模拟”窗口 1

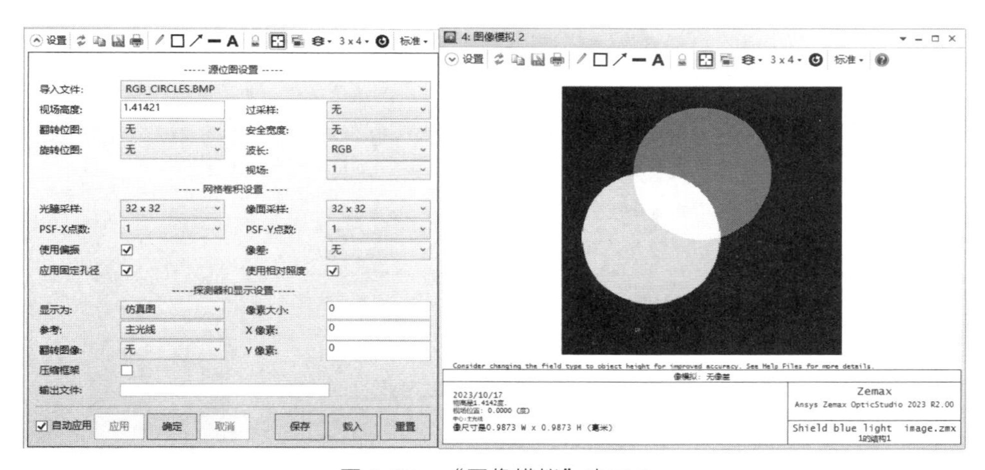

图 9-66　“图像模拟”窗口 2

（3）保存文件

单击 Ansys Zemax OpticStudio 2023 编辑界面工具栏中的“保存”按钮，保存文件。

9.6 激光传播

在 OpticStudio 的序列模式中，“激光与光纤”子菜单下包含三种不同的激光传播模式：基于光线的方式、近轴高斯光束分析和物理光学传播，如图 9-67 所示。

9.6.1 物理光学传播分析

光的传播是一个相干的过程，当一个波前在真空或光学介质中传播时，其各部分之间会发生干涉，模拟此类相干的传播便属于物理光学的范畴。物理光学传播（POP）分析是 OpticStudio 序列模式中的一个强大的分析工具，它可以用来

图 9-67　“激光与光纤”子菜单

分析光束传播和光纤耦合。

（1）物理光学传播

在 OpticStudio 中，物理光学用来定义相干光束，对系统进行全面衍射光学分析。

① 单击“分析”功能区“激光与光纤”选项组中的“物理光学”命令，打开“物理光学传播”窗口。该窗口中包含“绘图”“文本”和“提示报告”选项卡，显示高斯光束束腰图、POP 辐照度数据的列表和 POP 提示报告，如图 9-68 所示。

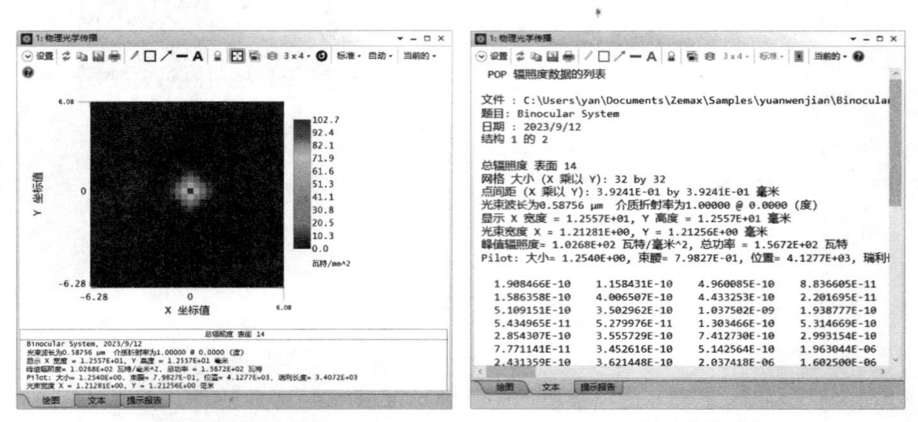

(a)“绘图”选项卡 (b)“文本”选项卡

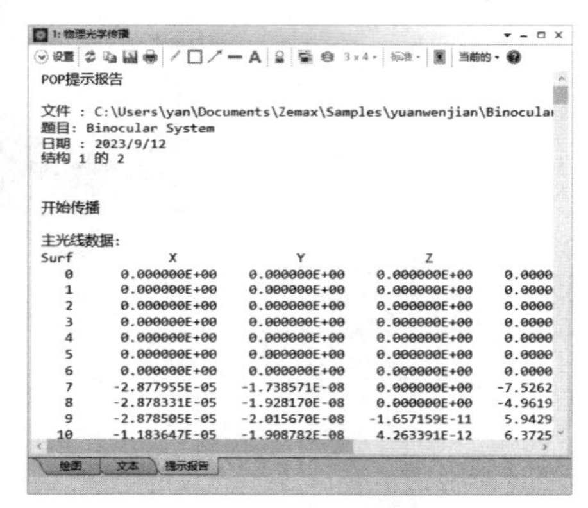

(c)“提示报告”选项卡

图 9-68 “物理光学传播”窗口

② 单击“设置”命令左侧的“打开”按钮⊙，展开“设置”面板，显示四个选项卡，如图 9-69 所示。

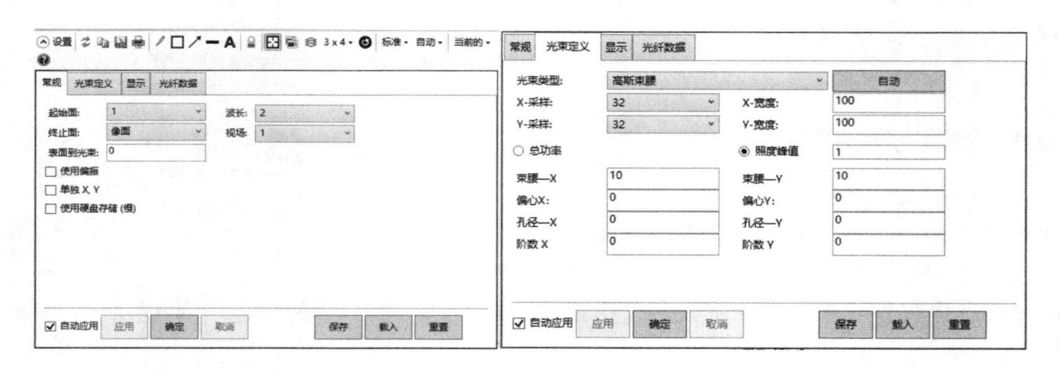

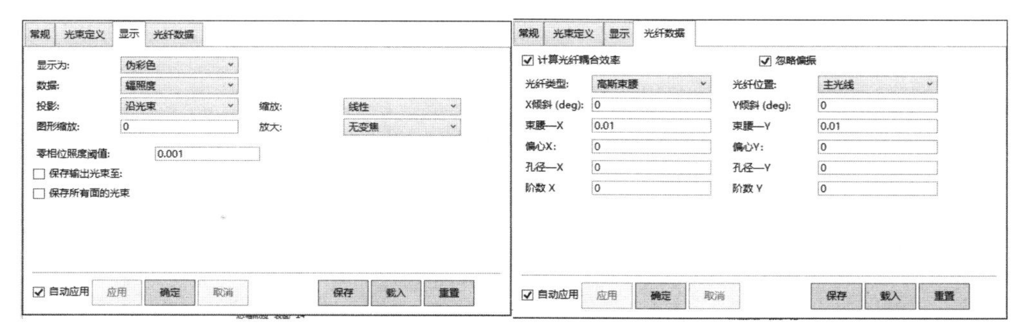

图 9-69　展开“设置”面板

下面介绍该面板中的选项。

a.“常规”选项卡：

- 起始面：定义初始光束的起始表面。光束将在光学空间开始，在开始表面之前。入口瞳孔可用作起始面。如果系统在物体空间中是远心的，那么即使选择了入口瞳孔，也将使用表面 1 作为起始表面。
- 波长：用于选择光束的波长序号。
- 终止面：终止传播的表面。
- 视场：用于对准初始光束的主光线的视场序号。
- 表面到光束：以透镜为单位，从起始表面到起始光束位置的距离。如果光束从表面的左边开始，则值是负的。
- 使用偏振：勾选该复选框，将传播 2 个光束阵列，分别用于光束的 X 和 Y 偏振。如果初始波束是由 ZBF 文件定义的，则始终根据文件中保存的信息设置偏振参数。
- 单独 X、Y：勾选该复选框，光束在 X 和 Y 方向独立传播，可以更加精确地模拟像散光束或变形光束的传播。
- 使用硬盘存储（慢）：使用磁盘存储来保存内存。

b.“光束定义”选项卡：

- 光束类型：选择初始光束的类型，不同的初始光束类型需要不同的参数来定义分布。默认光束的类型为高斯光束，通过束腰、偏心、孔径、阶数等来进行定义光束。
- 自动：单击该按钮，将计算最佳的 X- 宽度和 Y- 宽度值，以保持在瑞利范围内外的光束上大约相同数量的像素。
- X 采样、Y- 采样：用于设置不同方向对光束进行采样的点数。
- X- 宽度、Y- 宽度：阵列所表示区域的初始宽度，以透镜为单位。
- 照度峰值：初始光束的峰值辐照度，表示单位面积的功率。
- 总功率：初始光束总功率。

c.“显示”选项卡：

- 显示为：选择显示类型，包括表面、等高线、灰度、反灰度、伪彩色、反伪彩色、X 截面、Y 截面、圖入、方形、X 方向分裂、Y 方向分裂。
- 数据：选择图中显示数据队形，包括辐照度（每个区域的光束功率）、相位（光束）、振幅转换（传递函数强度）、相位转换（传递函数相位）。Ex 和 Ey 是指光束的 X 和 Y 偏振分量。
- 投影：选择光束观察方向。
- 图形缩放：设置图形显示比例。

- 缩放：选择数据的线性或对数缩放。对数缩放仅适用于图形（非文本）显示的辐照度数据。
- 放大：设置放大显示光束的区域。
- 零相位照度阈值：设置计算相位的数据点的相对辐照度的下限，相对辐照度低于该阈值的数据点相位值为零。
- 保存输出光束至：勾选该复选框，将端面波束的复振幅写入文件，在提供的文件名中添加扩展名“ZBF”。ZBF 文件存储在 <pop> 文件夹中。
- 保存所有面的光束：勾选该复选框，在每个表面上保存光束文件，从开始表面到使用物理光学传播器的结束表面。
- 行 / 列：若“显示为”选项中选择“X 截面”或“Y 截面”，则自动添加“行”“列”选项，选择要查看的行或列。

d.“光纤数据”选项卡 ：勾选“计算光纤耦合效率”复选框，添加需要在列表中显示的光纤数据并计算光纤耦合；否则，不进行光纤耦合计算。

（2）光束文件查看器

物理光学传播（POP）分析功能同样允许保存计算好的光束结果，“光束文件查看器”命令用于查看及分析之前保存的 ZBF 格式物理光学传播文件。光束可以通过光学系统传播一次，使用上面描述的物理光学传播特性，然后可以分析和查看光束文件，而无须重新传播光束。

单击“分析”功能区“激光与光纤”选项组中的“光束文件查看器”命令，打开“光束文件查看器”窗口。该窗口中包含“绘图”和“文本”选项卡，显示光斑束腰的坐标图和 POP 辐照度数据的列表，如图 9-70 所示。

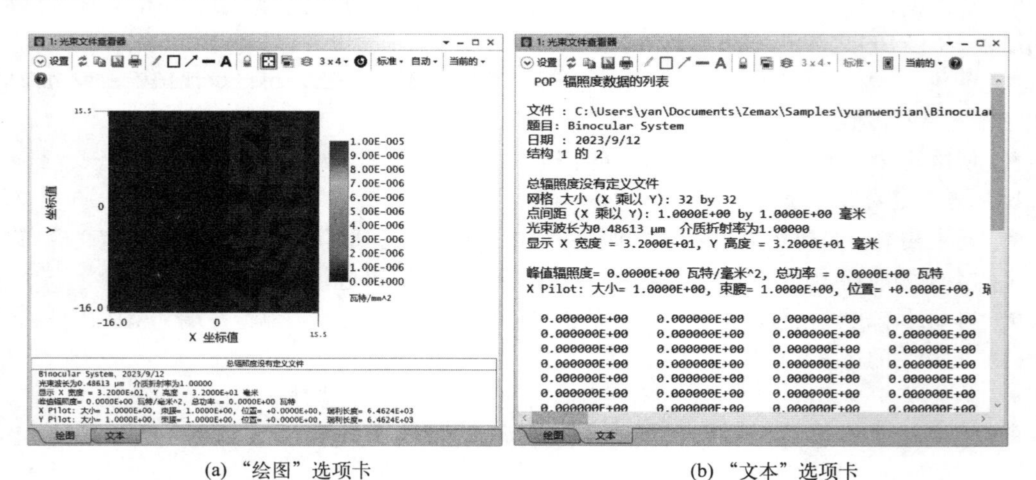

(a)“绘图”选项卡　　(b)“文本”选项卡

图 9-70　“光束文件查看器”窗口

9.6.2 高斯光束

通常在傍轴近似适用的情况下将光束看作高斯光束，即光束发散角比较小。一束单色光束，波长为 λ，在传播方向（Z 轴传播）上，光束半径（beam radius）随传播距离（z position）变化情况如图 9-71 所示。z position=0 对应于束腰或者焦点，在该点光束半径是最小的，相位曲线是平坦的。

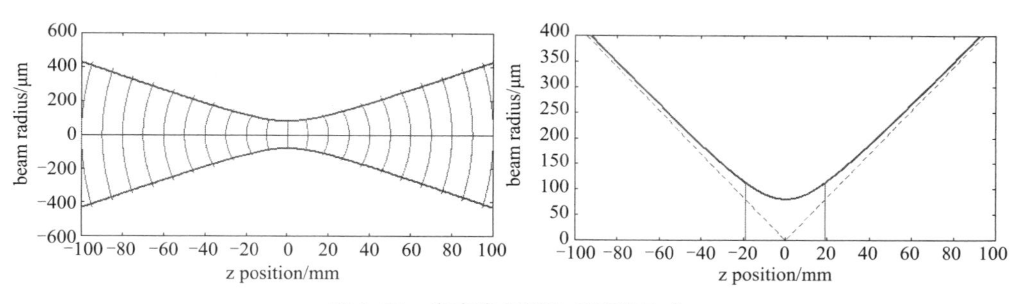

图 9-71　光束半径随传播距离变化

“高斯光束”选项组中包含用于对系统进行近轴高斯光束或倾斜高斯光束传播分析的命令。

（1）近轴高斯光束

该命令表示利用束腰尺寸、发散角及束腰位置定义理想高斯光束或者 M^2 高斯光束，并对其传播特性进行衍射分析。

① 单击“分析”功能区“激光与光纤”选项组中的“高斯光束”选项，在下拉列表中选择“近轴高斯光束”命令，打开“近轴高斯光束数据”窗口，显示光束传播至光学系统每个表面时的光束数据，如图 9-72 所示。

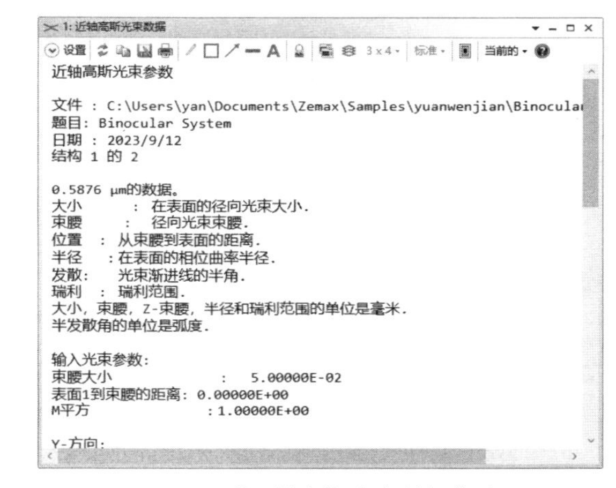

图 9-72　“近轴高斯光束数据”窗口

② 单击“设置”命令左侧的“打开”按钮⌄，展开“设置”面板，如图 9-73 所示。

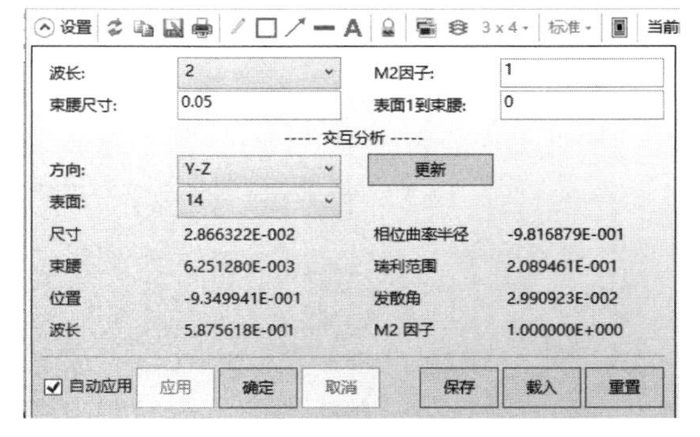

图 9-73　展开“设置”面板

下面介绍该面板中的选项。

- 波长：选择用于计算的波长序号。
- M2 因子：用于设置模拟理想、像差或混合模式下高斯光束的 M^2 质量因子。
- 束腰尺寸：光束腰在物体空间中的径向尺寸。
- 表面 1 到束腰：从表面 1（不是物体表面）到波束腰部位置的距离。
- 方向：选择结果的显示方向。“Y-Z”表示显示 Y 方向上的结果，也就是 Y-Z 平面上的结果；“X-Z”表示显示 X 方向的结果，在 X-Z 平面上。
- 表面：从下拉列表中选择显示结果的表面。
- 更新：在定义好各种输入波束参数后，单击该按钮，将立即跟踪指定的高斯波束，并显示常用的结果。

（2）倾斜高斯光束传播

该命令用于分析给定波长、离轴视场下的倾斜高斯光束传播特性。倾斜光束可以从任何视场位置进入光学系统的任何表面，并且可以通过光学系统的离轴传播。

① 单击“分析”功能区“激光与光纤”选项组中的“高斯光束”选项，在下拉列表中选择“倾斜高斯光束传播”命令，打开“倾斜高斯光束数据”窗口，显示倾斜高斯光束数据，如图 9-74 所示。

② 单击“设置”命令左侧的“打开”按钮⊙，展开“设置”面板，如图 9-75 所示。

下面介绍该面板中的选项。

- X 束腰尺寸：在透镜单元“开始表面”之前的空间中光束腰的 X 方向径向尺寸。
- Y 束腰尺寸：在透镜单元“开始表面”之前的空间中光束腰的 Y 方向径向尺寸。

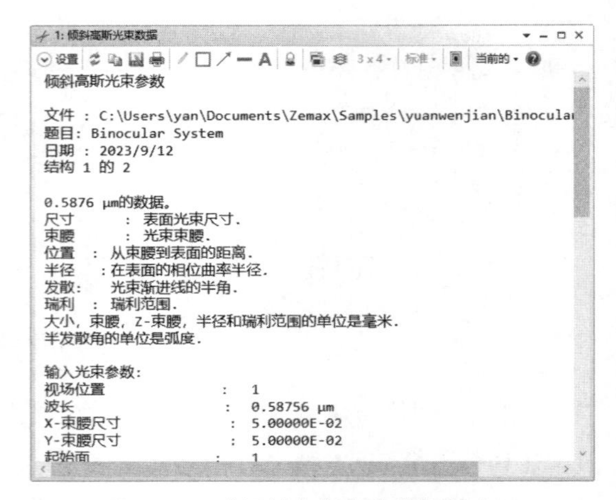

图 9-74 “倾斜高斯光束数据”窗口

9.6.3 光纤耦合

“光纤耦合”选项组中的命令用于以几何光线为基础的单模及多模光纤耦合分析。

（1）单模光纤耦合

该命令用于计算单模光纤耦合效率。

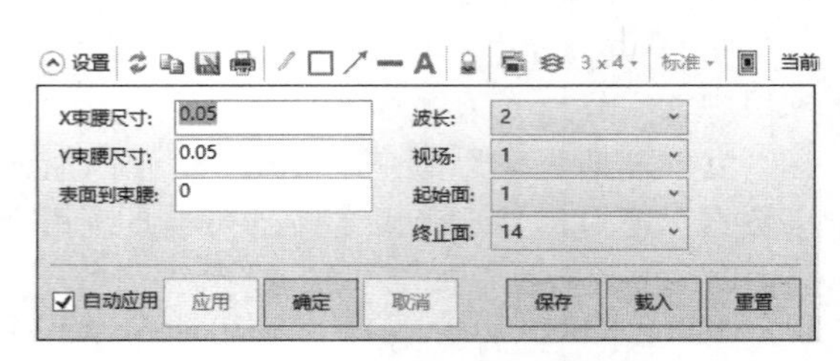

图 9-75 展开“设置”面板

① 单击“分析”功能区“激光与光纤”选项组中的“光纤耦合”选项，在下拉列表中选择“单模光纤耦合”命令，打开“光纤耦合”窗口，显示单模光纤耦合系统的耦合效率数据，如图 9-76 所示。

② 单击“设置”命令左侧的“打开”按钮⊙，展开“设置”面板，如图 9-77 所示。

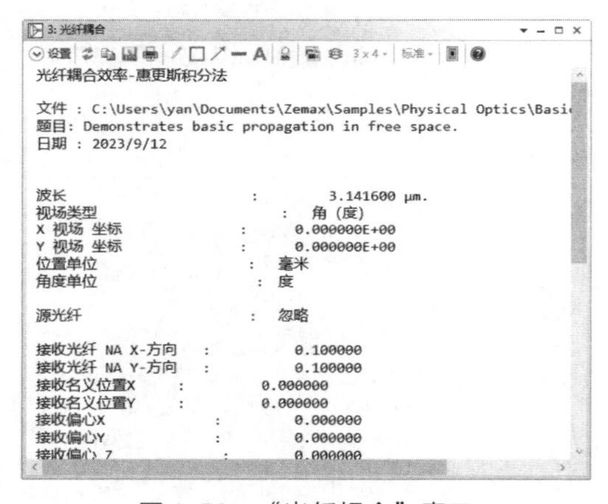

图 9-76 “光纤耦合”窗口

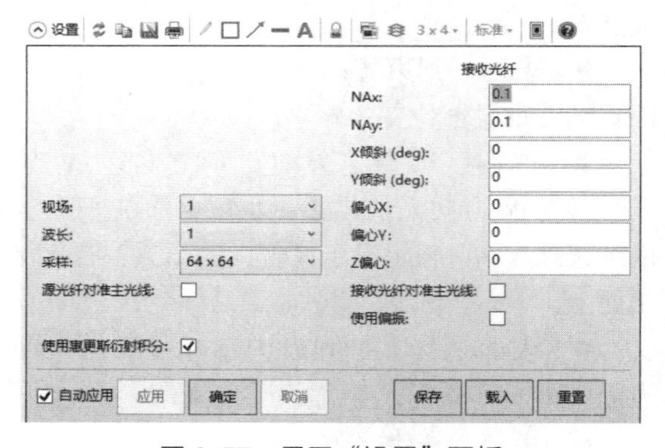

图 9-77 展开“设置”面板

下面介绍该面板中的选项。

- 源光纤对准主光线：勾选该复选框，光纤的中心指向该视场的主光线；反之，光纤沿物体 Z 轴定向，以视场为中心。
- 使用惠更斯衍射积分：勾选该复选框，计算惠更斯 PSF，用于接收光纤的光束模式。
- 接收光纤：接收光纤设置参数。

(2) 多模光纤耦合

该命令利用几何图像分析功能，计算多模光纤耦合效率。

① 单击"分析"功能区"激光与光纤"选项组中的"光纤耦合"选项，在下拉列表中选择"多模光纤耦合"命令，打开"几何图像分析"窗口，显示倾斜高斯光束数据，如图 9-78 所示。

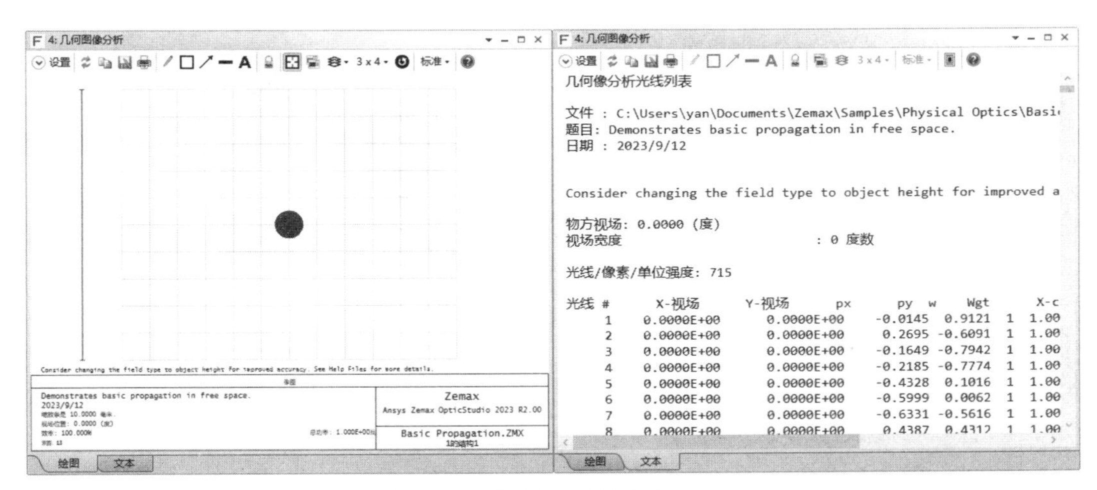

图 9-78 "几何图像分析"窗口

② 为了估计多模光纤的耦合效率，使用几何方法在图像表面或图像表面之前放置一个圆形孔径，用合适的最大径向孔径表示核心尺寸。通过在指定 NA 范围内通过核心孔径的所有光线的总和来计算百分比效率。

9.6.4 实例：近轴面光学系统全面衍射光学分析

本例通过物理光学传播定义相干光束，对近轴面光学系统进行全面衍射光学分析。

(1) 设置工作环境

① 启动 Ansys Zemax OpticStudio 2023，进入 Ansys Zemax OpticStudio 2023 编辑界面。

② 选择功能区中的"文件"→"打开"命令，或单击工具栏中的"打开"按钮，打开"打开"对话框，选中文件 Adaxial Plane Lens.zmx，单击"打开"按钮，在指定的源文件目录下打开项目文件。

③ 选择功能区中的"文件"→"另存为"命令，或单击工具栏中的"另存为"按钮，打开"另存为"对话框，输入文件名称 Adaxial Plane Lens diffraction.zmx。单击"保存"按钮，在指定的源文件目录下自动新建了一个新的文件。

(2) 物理光学传播光束定义

① 单击"分析"功能区"激光与光纤"选项组中的"物理光学"命令，打开"物理光学传播"窗口，显示高斯光束束腰图，如图 9-79 所示。

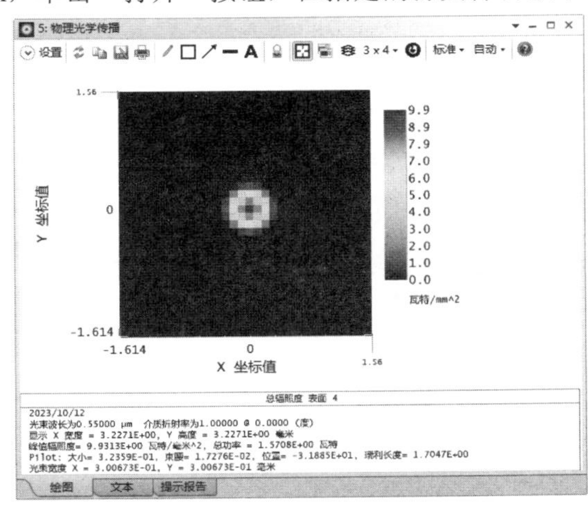

图 9-79 "物理光学传播"窗口 1

② 单击“设置”命令左侧的“打开”按钮⊙，展开“设置”面板，打开“光束定义”选项卡，设置 X- 采样、Y- 采样为 128，设置 X- 宽度、Y- 宽度均为 15，束腰—X、束腰—Y 为 2，如图 9-80 所示。单击“确定”按钮，隐藏该面板，“物理光学传播”窗口自动应用修改，结果如图 9-81 所示。

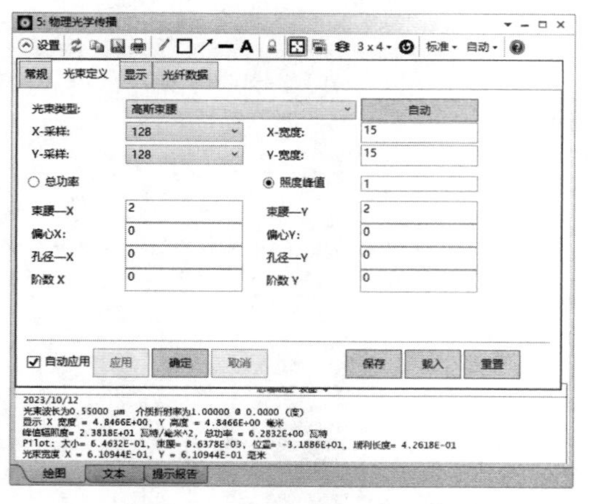

图 9-80　展开“设置”面板

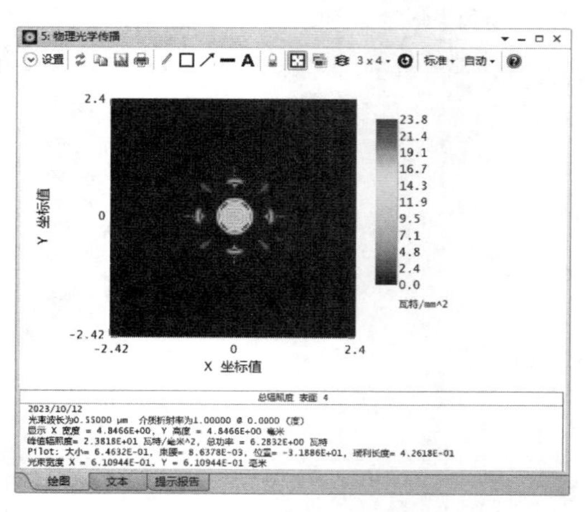

图 9-81　“物理光学传播”窗口 2

（3）物理光学传播定义显示模式

① 单击“分析”功能区“激光与光纤”选项组中的“物理光学”命令，打开“物理光学传播 2”窗口，显示高斯光束束腰图。

② 单击“设置”命令左侧的“打开”按钮⊙，展开“设置”面板，进行下面的设置。

- 打开“光束定义”选项卡，设置 X- 采样、Y- 采样为 128，设置 X- 宽度、Y- 宽度均为 10，束腰—X、束腰—Y 为 2。
- 打开“显示”选项卡，设置“显示为”为“反灰度”，“数据”为“相位”，如图 9-82 所示。

③ 单击“确定”按钮，隐藏该面板，“物理光学传播 2”窗口自动应用修改，结果如图 9-83 所示。

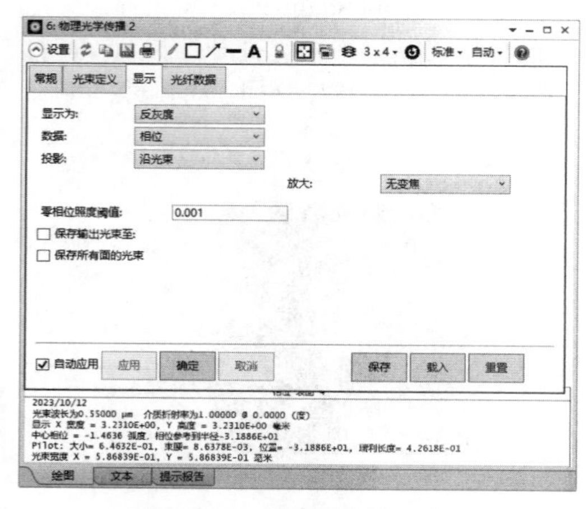

图 9-82　“显示”选项卡

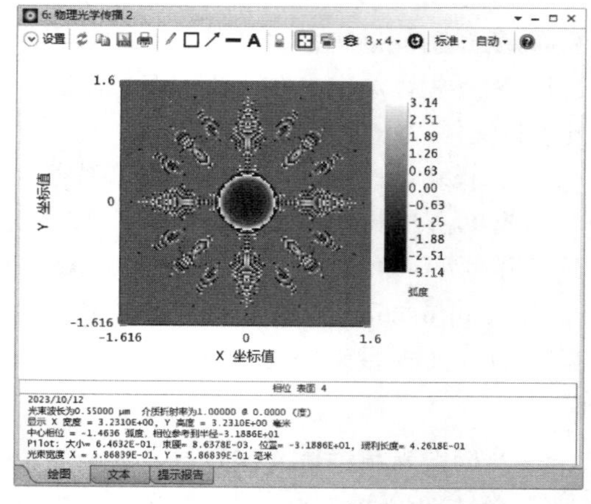

图 9-83　“物理光学传播 2”窗口

（4）保存文件

单击 Ansys Zemax OpticStudio 2023 编辑界面工具栏中的“保存”按钮，保存文件。

第10章 光学系统的优化

扫码观看
本章视频

在实际应用中，光学系统往往会受到各种因素的限制，如体积、重量、成本等，因此需要进行优化。本章除了提供 3 种优化方法，还提供了专门的优化工具进行光学系统优化操作，可以更加高效地搜寻更好的设计形式。

10.1 光学系统优化设计的过程

光学系统优化设计的过程如图 10-1 所示。

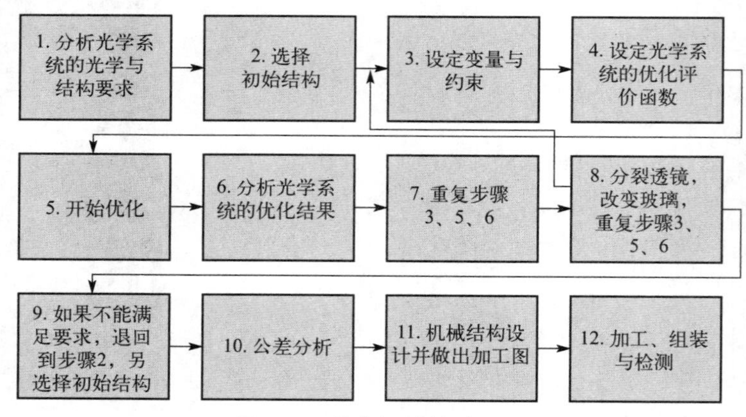

图 10-1　优化设计的过程图

① 首先分析初始光学系统各个表面的像差，找出对赛德和数影响大的面，将这些面的曲率半径设为变量，优先优化。

② 将剩余面的曲率半径设为变量进行优化。

③ 如果有非球面的话，如偶次非球面，可以由低次项到高次项优化非球面的各项系数。

④ 将光阑面的位置设为变量进行优化。

⑤ 将厚度（透镜间距）设为变量进行优化。

⑥ 将玻璃厚度设为变量进行优化。

⑦ 经过以上 6 步优化后，如果像质还达不到要求，可以考虑替换玻璃。如果单透镜的弯曲过于强烈，则将其换成折射率高的玻璃。如果胶合透镜胶合面的弯曲过大，则增加两个玻璃的阿贝数之差。也可以将玻璃的折射率和阿贝数设为变量进行优化。

10.2 手动调整

手动调整的优化方法是局部优化，需要依次选择不同的参数以获得所需的性能，若可优化的系统数达百万甚至千万个，使用这种方法过于繁琐，这种优化方法适用于优化参数少的光学系统。

单击“优化”功能区“手动调整”选项组，显示手动调整设计的一系列功能，包括：快速聚焦、快速调整、滑块和可视化优化器，如图 10-2 所示。

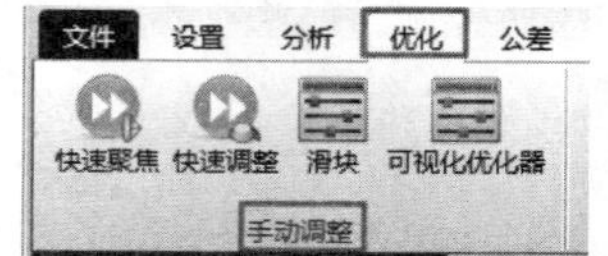

图 10-2　“手动调整”选项组

10.2.1 快速聚焦

快速聚焦命令用于将后焦距离调整为最佳焦点，该命令通过调整像面之前最后一个表面的厚度，使得 RMS 像差最小。

单击“优化”功能区“手动调整”选项组中的“快速聚焦”命令，打开“快速聚焦”对话框，如图 10-3 所示。

图 10-3　“快速聚焦”对话框

下面介绍该对话框中的选项。

① 计算方法：通过下面的几种方法来计算聚焦位置，得到最小 RMS。

- 光斑半径：聚焦到光斑均方根（RMS）半径最佳的像面上。RMS 一般通过定义视场、波长和权重作为整个视场的多色光平均值来计算。
- 仅 X 方向光斑：聚焦到 X 方向光斑 RMS 半径最佳的像面上。
- 仅 Y 方向光斑：聚焦到 Y 方向光斑 RMS 半径最佳的像面上。
- RMS 波前：聚焦到波前差 RMS 最佳的像面上。

② 使用质心：勾选该复选框，所有计算参考图像质心，而不是主光线。

单击“确定”按钮，计算最佳对焦数据。

10.2.2　快速调整

快速调整命令用于调整任何一个面的曲率半径或厚度，以达到在后续任意面上最佳的垂轴或角光线聚焦，适用于彗差是主要影响因素的系统。

单击“优化”功能区“手动调整”选项组中的“快速调整”命令，打开“快速调整”对话框，通过调整任何一个面的曲率半径或厚度，使任意后续面上的 RMS 像差最小，如图 10-4 所示。

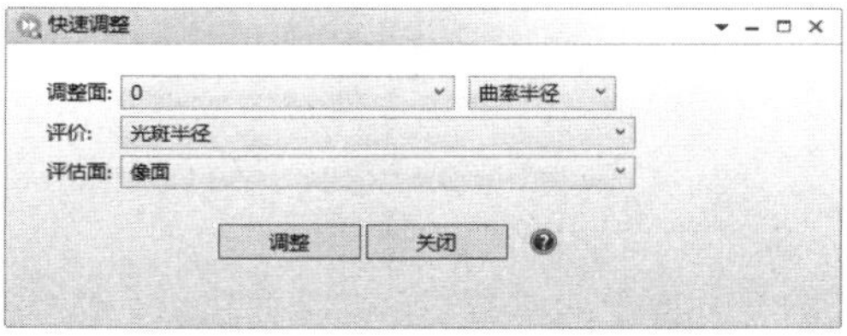

图 10-4　“快速调整”对话框

下面介绍该对话框中的选项。

① 调整面：选择要调整的表面。

② 曲率半径 / 厚度：选择要调整的参数，可以选择曲率半径或厚度。

③ 评价：选择最佳焦点标准，包括光斑半径、仅 X 方向光斑、仅 Y 方向光斑、角半径、仅 X 角半径、仅 Y 角半径。其中，RMS 角度数据是在折射到指定面后计算的。

④ 评估面：选择要对准则进行评估的曲面。

10.2.3　滑块控件

滑块控件命令用于在查看任何分析窗口时，交互式地调整任何系统或表面参数，同时监控改变的值如何影响显示在任何打开的分析窗口或所有窗口中的数据。

单击“优化”功能区“手动优化”选项组中的“滑块”命令，打开“滑块”对话框，如图 10-5 所示。

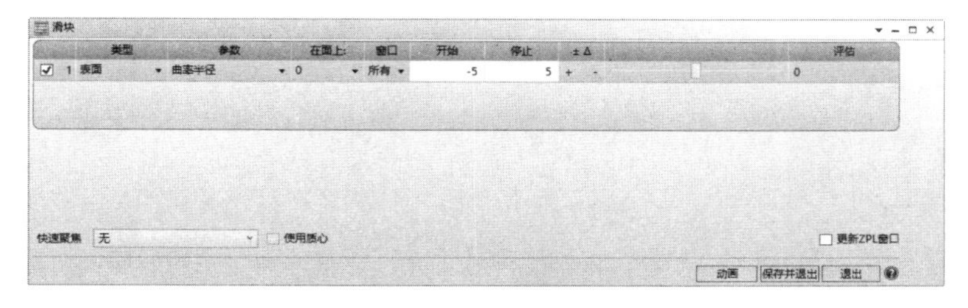

图 10-5　“滑块”对话框

下面介绍该对话框中的选项。

① 类型：选择表面、系统、结构、NSC 数据或变量。

② 参数：选择需要修改的参数。

● 如果“类型”列选择“表面”，则该列可用的选项包括曲率半径、曲率、厚度、半直径、圆锥系数、TCE 和参数值。

● 如果“类型”列选择“系统”，则该列可用的选项包括系统孔径、视场和波长数据、切趾因子、温度和压力。

● 如果“类型”列选择“结构”，则该列可用的选项包括所有的多结构操作数。

● 如果“类型”列选择“NSC 数据”，则该列可用的选项包括目标位置和参数数据。

● 如果“类型”列选择“变量”，则该列可用的选项包括当前系统中的变量。

③ 在面上：若“类型”列选择“表面”，数据与曲面相关联，在该列中选择需要修改的曲面序号。若“类型”列选择“结构”，该列显示“结构”参数，用于选择结构序号。若“类型”列选择“NSC 数据”，该列显示“物体”参数，用于选择对象序号。

④ 窗口：选择“所有”或任何特定的分析窗口，可以在调整滑块时更新。选择单个窗口进行更新，可减少计算时间。在序列模式下，只要变量的值发生变化，则选中窗口或所有窗口也会随之更新。在非序列模式下，光线追迹时可以选择是否更新所有探测器查看器和实体模型。更新占用的时间由系统的复杂程度、打开的分析窗口类型和追迹的光线数量共同决定。

⑤ 开始 / 停止：与滑块控件的极限值相对应的数据的开始和结束范围。

⑥ ±Δ：增加或减少极限值。

⑦ 评估：与滑块控件对应的变量值。

⑧ 动画：单击该按钮，运行动画。自动调节右侧滑块，在定义的范围内增加数据，并在连续循环中更新所选窗口。

⑨ 停止：单击“动画”按钮后，运行动画，同时该按钮变为“停止”按钮，用来终止动画。

⑩ 保存并退出：将当前值保存在编辑器中并关闭滑块控件。

⑪ 退出：恢复修改参数的原始数据并关闭滑块控件。

⑫ 快速聚焦：选择计算聚焦位置的方法。

10.2.4 可视化优化器

可视化优化器命令用于使用多个滑块控件来同时手动调整所选变量值，可以支持 1 到 8 个独立的滑块控件。

单击“优化”功能区“手动调整”选项组中的“可视化优化器”命令，打开“可视优化”对话框，显示所有变量数据，如图 10-6 所示。

图 10-6 “可视优化”对话框

该对话框中的选项与“滑块”对话框中相同，这里不再赘述。

10.2.5　实例：不规则面光学系统手动调整

本例通过选择不规则面组成的光学系统中的不同的参数，进行手动调整，以获得所需的性能。

（1）设置工作环境

① 在“开始”菜单中双击 Ansys Zemax OpticStudio 图标，启动 Ansys Zemax OpticStudio 2023。

② 选择功能区中的“文件”→“打开”命令，或单击工具栏中的“打开”按钮，打开“打开”对话框，选中文件 Irregular surface adjus. zmx，单击“打开”按钮，在指定的源文件目录下打开项目文件。

③ 选择功能区中的“文件”→“另存为”命令，或单击工具栏中的“另存为”按钮，打开“另存为”对话框，输入文件名称 Irregular surface adjust.zmx。

（2）快速聚焦

① 单击“优化”功能区“手动调整”选项组中的“快速聚焦”命令，打开“快速聚焦”对话框，默认选择“光斑半径”选项，聚焦到光斑均方根（RMS）半径最佳的像面上，如图 10-7 所示。

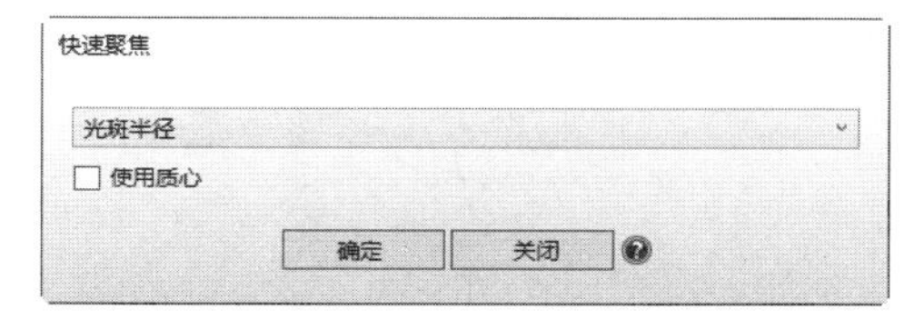

图 10-7　“快速聚焦”对话框

② 单击“确定”按钮，计算最佳对焦数据。单击“关闭”按钮，关闭“快速聚焦”对话框。在“镜头数据”编辑器中通过调整像面之前最后一个表面（面 3）的厚度（原始值为 100.000），使得 RMS 像差最小，如图 10-8 所示。

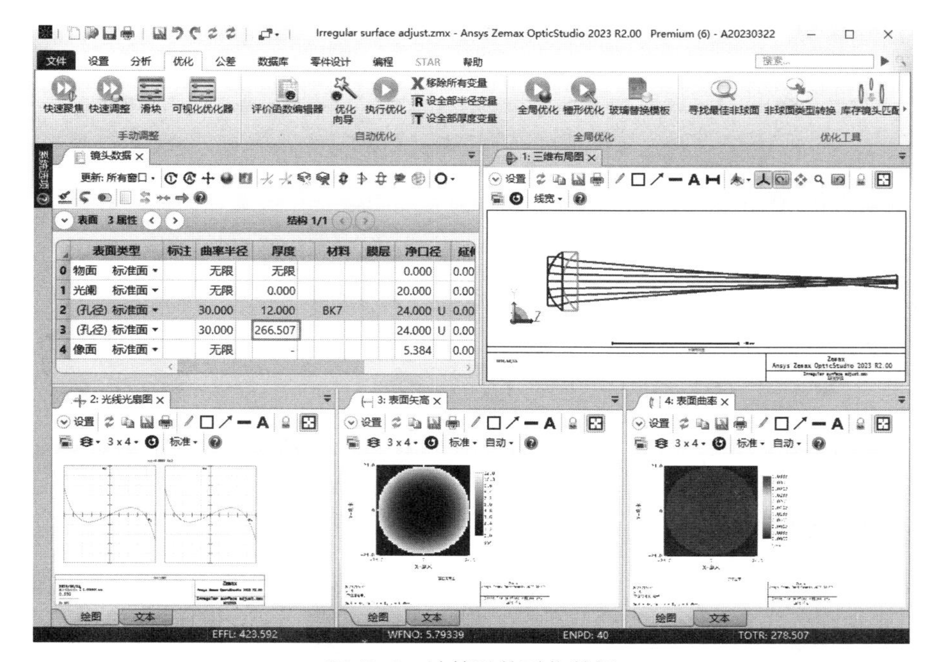

图 10-8　计算最佳对焦数据

（3）快速调整

① 快速调整命令用于调整任何一个面的曲率半径或厚度，以达到在后续任意面上最佳的垂轴或角光线聚焦，适用于彗差是主要影响因素的系统。

② 单击“优化”功能区“手动调整”选项组中的“快速调整”命令，打开“快速调整”对话框，保持默认参数，如图 10-9 所示。

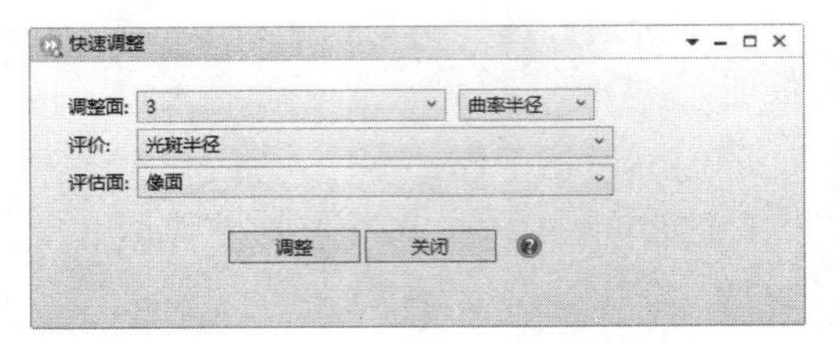

图 10-9 “快速调整”对话框

③ 单击“调整”按钮，计算最佳对焦数据。单击“关闭”按钮，关闭该对话框。在“镜头数据”编辑器中通过调整面 3 的曲率半径，使任意后续面上的 RMS 像差最小，如图 10-10 所示。

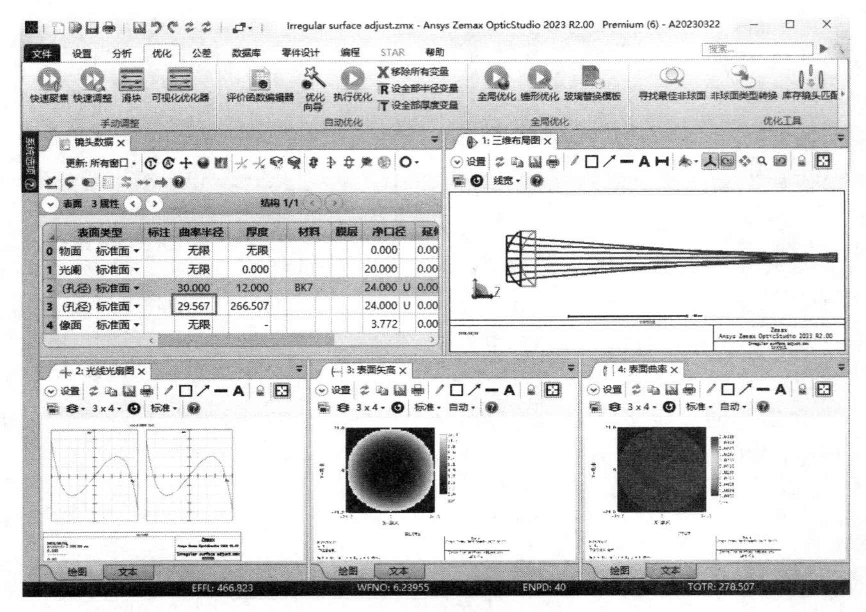

图 10-10 调整最佳对焦面

（4）保存文件

单击 Ansys Zemax OpticStudio 2023 编辑界面工具栏中的“保存”按钮，保存文件。

10.3 自动优化

自动优化是指利用评价函数对光学系统进行优化，这是 OpticStudio 中定义系统性能规范的方式。

10.3.1 评价函数编辑器

评价函数编辑器用于定义、修改和检查系统的评价函数。评价函数可以评估光学系统的成像质量，包括像差、光斑大小、光线弯曲度、聚焦深度等方面。通过对这些指标的评估，可以判断光学系统的性能是否达到要求，并进一步优化设计方案。此外，Zemax 评价函数还可以帮助设计师进行系统分析，快速找出系统中的问题并加以解决。

单击“优化”功能区“自动优化”选项组中的“评价函数编辑器”命令，打开评价函数编辑器。评价函数编辑器与 Excel 表格类似，包含标题栏、工具栏、快捷工具栏和数据区，如图 10-11 所示。

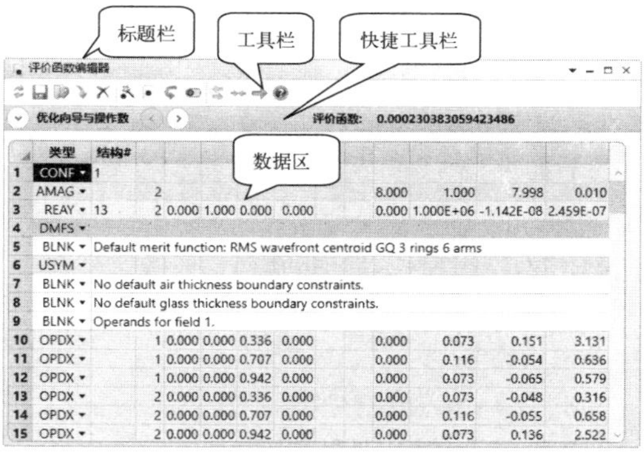

（1）标题栏

标题栏左上角显示表及其名称：评价函数编辑器。

（2）工具栏

工具栏位于标题栏下方，包含一行命令按钮。下面简单介绍常用的按钮命令，与镜头数据编辑器中相同的按钮，这里不再赘述。

图 10-11　评价函数编辑器

① “更新窗口”按钮：用于重新计算评价函数。

② “保存优化函数”按钮：将当前的评价函数保存在一个 MF 文件中。该命令仅适用于将该评价函数加载并应用于另一镜头中的情况。当保存整个镜头文件时，OpticStudio 将自动同时保存镜头与评价函数。

③ “加载优化函数”按钮：加载一个预先存储在 MF 文件或保存在 ZMX 文件中的评价函数。用户可以选择两者中的任何一个文件，仅将其中的评价函数部分加载到数据表中，而当前的评价函数将被消除。

④ “插入优化函数”按钮：插入一个预先存储在 MF 文件中的评价函数。用户需要指定插入在哪一行，以及插入的文件，现有的评价函数被保留。

⑤ “删除所有操作数”按钮：删除评价函数中的所有操作数。

⑥ “优化向导”按钮：打开“优化向导与操作数”面板，显示常用的评价函数操作数并进行编辑。

⑦ “评价函数列表”按钮：在单独的窗口中生成评价函数文字列表并分开显示用户添加的操作数（位于 DMFS 操作数之前的操作数）和默认评价函数（所有在 DMFS 操作数之后列出的操作数）。

⑧ “转到操作数”按钮：打开对话框查找并跳转到指定的操作数类型、注释、编号或标签。

（3）快捷工具栏

快捷工具栏位于工具栏下方，单击“优化向导与操作数”选项左侧的“打开”按钮，展开“优化向导与操作数”下拉面板，如图 10-12 所示。

（4）数据区

数据区类似于一个由行和列构成的电子表格，每一行表示一个评价函数，列数据包括评价函数操作数、结构和定义操作数对应的参数值。

图 10-12　“优化向导与操作数”下拉面板

10.3.2　评价函数操作数

评价函数是对一个光学系统接近一组指定目标的程度的数值表示，Zemax 使用一系列操作数分别表示系统不同的约束条件或目标。操作数可表示如成像质量、焦距、放大率目标，包括 MTF、PSF、RMS 等。在使用评价函数操作数时，需要注意选择合适的参数和条件，以便得到准确的评估。

下面介绍两种选择评价函数操作数的方法。

① 在评价函数编辑器中，单击任一行“类型”列单元格右侧下拉箭头，在弹出的列表中选择操作数，如图 10-13 所示。

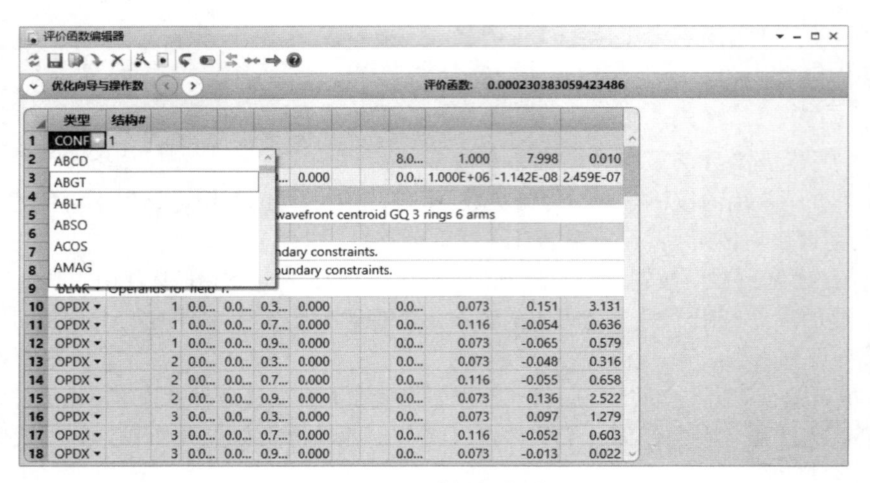

图 10-13 选择操作数

② 打开“优化向导与操作数”面板，选择“当前操作数（1）”选项卡，单击“操作数”右侧下拉箭头，选择操作数，在“结构 #”中选择结构序号，如图 10-14 所示。

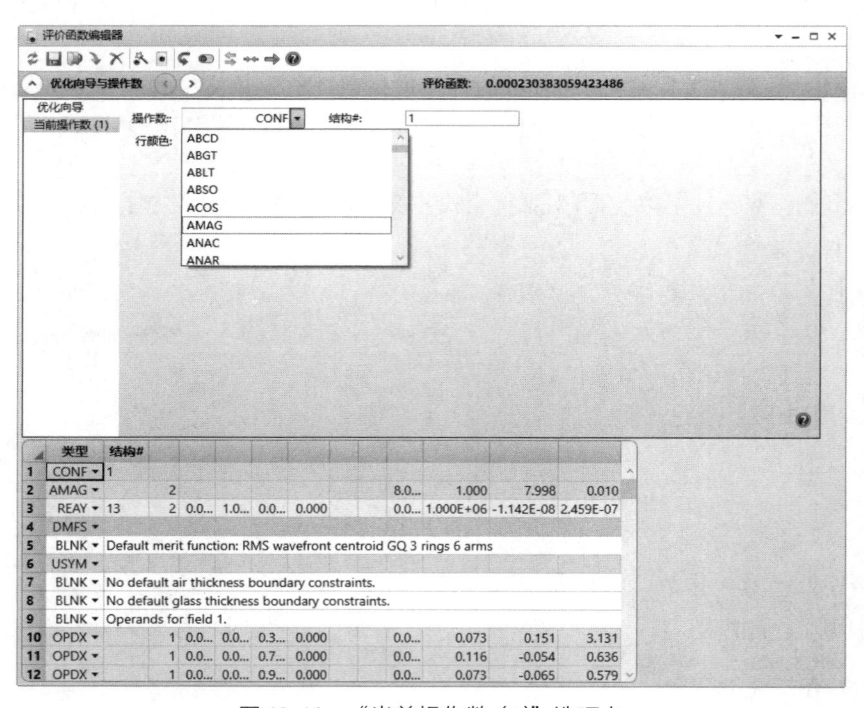

图 10-14 “当前操作数（1）”选项卡

10.3.3 优化向导

优化向导功能是光学系统自动优化的工具，该功能通过“优化向导与操作数”面板实现，该面板位于评价函数编辑器内，默认处于隐藏状态。

单击“优化”功能区“自动优化”选项组中的“优化向导”命令，打开“优化向导与操作数”面板中的“优化向导”选项卡，用来设置评价函数类型和相对光线密度的参数，如图 10-15 所示。

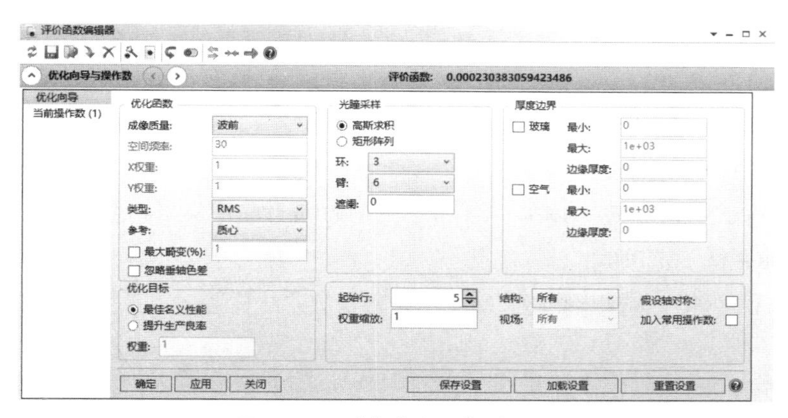

图 10-15　“优化向导”选项卡

下面介绍该选项卡中的选项。

（1）“优化函数”选项组

① 成像质量：用于设置优化函数标准，包括波前、对比度、点列图或角向。

- 波前：波前优化，像差以波长为单位。
- 对比度：采用 Moore-Elliott 对比度方式优化系统 MTF，也称为对比度优化。
- 点列图：同时计算像空间中 X 方向与 Y 方向上的光线像差。X 和 Y 部分将分别考虑，再同时优化。像差的符号将保留，以得到更好的导数用于优化。相应地，如果 X 和 Y 方向的权重都设置为 0，则光斑尺寸将基于径向光线像差考虑。
- 角向：同时计算像空间中 X 方向与 Y 方向上的角向像差。X 和 Y 部分将分别考虑，再同时优化。保留像差的符号，以得到更好的导数用于优化。

② 空间频率：描述单位长度的正弦分量频率的量。在“成像质量”下拉列表中选择“对比度”，激活该选项。

③ X/Y 权重：X 和 Y 方向的权重。在“成像质量”下拉列表中选择“点列图”，激活该选项。

④ 类型：用于设置优化函数的类型。

- RMS：所有独立误差的均方根，是目前普遍使用的类型。
- PTV：PV 是峰谷值的简称，PTV 类型是使峰谷值误差最小，但是评价函数值并不是实际的峰谷值误差。在极少数情况下，像差的最大程度比均方根误差重要时，PTV 可以更好地标识成像质量（如所有光线都必须到达探测器或光纤上的一个圆形区域内）。

⑤ 参考：用于设置优化函数参考点。

- 质心：对数据的 RMS 或 PTV 的计算以该视场点所有数据的质心为参考。一般优化倾向于选择质心参考，特别是波像差优化。对波像差优化来说，以质心作为参考时将忽略整个光瞳上的平均波像差、波像差的 X 倾斜和 Y 倾斜，因为它们中的任何一个都不会使系统的成像质量下降。当存在彗差时，以质心为参考会产生更有意义的结果，因为彗差会使像的质心偏离主光线位置。

- 主光线：对数据的 RMS 或 PTV 的计算以主波长的主光线为参考，对于波前优化，参考主光线忽略了整个光瞳上的平均波前差，但是考虑了波像差的 X 倾斜和 Y 倾斜，需要注意 OPD 定义为 0 的点是被任意定义的，这是主光线参考忽略平均波前的原因。
- 未参考的：此选项仅在波前优化时有效，如果波前无参考点，则使用相对于主光线的 OPD 数据，考虑平均波前或倾斜。

⑥ 最大畸变（%）：勾选该复选框，考虑最大畸变对光学系统的影响，将畸变绝对值的上限设置为 1。

⑦ 忽略垂轴色差：勾选该复选框，不考虑垂轴像差对光学系统的影响。

（2）“优化目标”选项组

选择优化目标的设置方法，包括：最佳名义性能和提升生产良率。

（3）“光瞳采样”选项组

采用高斯求积（GQ）或矩形阵列（RA）光瞳积分方法构造评价函数。

① 高斯求积：高斯求积算法定义了一些环分布的光线在环方向取样，如图 10-16 所示。利用 n 个环将波前精确到 r^{2n-1} 阶，该算法几乎适用于所有情况。使用该算法，需要定义环数、臂数。

② 矩形阵列：该算法优点是能够准确计算表面孔径影响，缺点是速度慢。一般有遮阑孔径的系统可以使用矩形阵列算法。

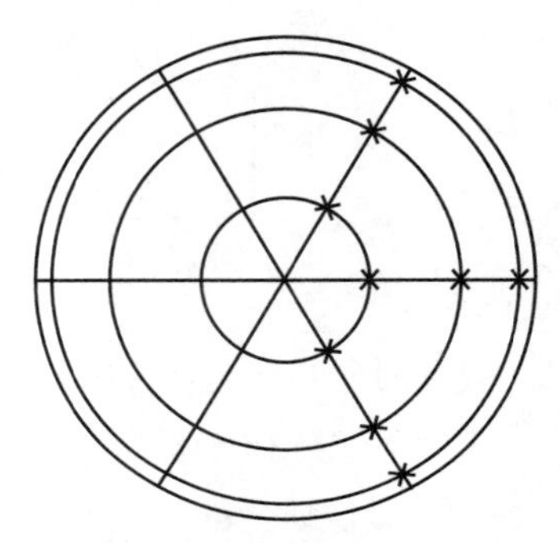

图 10-16　环分布的光线

（4）“厚度边界”选项组

设置玻璃和空气厚度的边界约束。为了防止单透镜变得太厚或太薄，对该透镜的厚度设置边界约束是很重要的。

① 玻璃：

- 最小：最小玻璃边缘厚度。
- 最大：最大玻璃边缘厚度。
- 边缘厚度：玻璃边缘厚度。

② 空气：

- 最小：最小空气边缘厚度。
- 最大：最大空气边缘厚度。
- 边缘厚度：空气边缘厚度。

（5）其余选项

- 起始行：定义执行优化分析的评价函数数据的开始行。
- 结构：定义执行优化分析的评价函数数据的结构数，默认选择所有结构。
- 权重缩放：设置权重的缩放比例。
- 视场：定义执行优化分析的评价函数数据的视场数，默认选择所有视场。
- 假设轴对称：勾选该复选框，认为光学系统为对称的。
- 加入常用操作数：勾选该复选框，在评价函数编辑器中添加常用的评价函数操作数。

10.3.4　执行优化

执行优化将自动优化当前光学系统，是一种局部优化工具。局部优化使用阻尼最小二乘法或正交下降法来改进或修改设计以满足特定条件。

单击“优化”功能区“自动优化”选项组（图 10-17）下的“执行优化”命令，弹出图 10-18 所示的“局部优化”对话框，在给定合理的起始点和一组变量的情况下优化镜头设计，变量可以是曲率、厚度、玻璃材料、圆锥系数、参数数据、额外数据和任何多重结构数值数据。

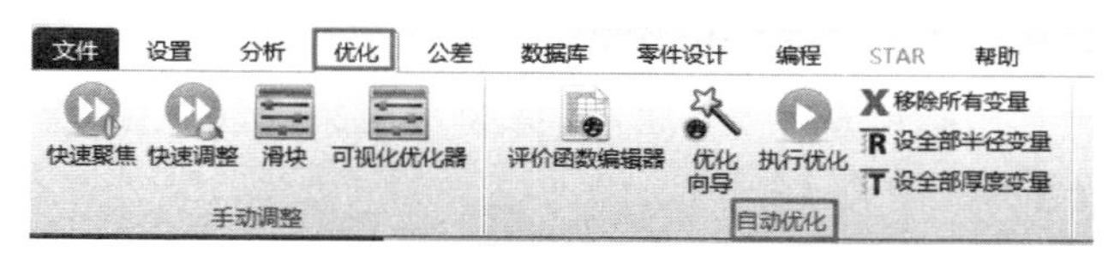

图 10-17　“自动优化”选项组

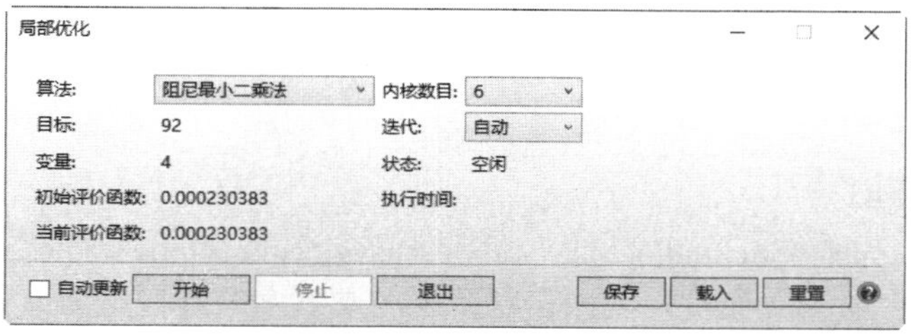

图 10-18　“局部优化”对话框

下面介绍该对话框中的选项。

① 算法：选择局部优化算法，它们的最终结果依赖于起始点。

- 阻尼最小二乘法（DLS）：运用数值微分计算，在能够产生一个较小的评价函数设计的解空间里确定优化方向。这种梯度方法是针对光学系统的设计开发的，被推荐用于所有的优化情况。
- 正交下降法（OD）：运用变量的正交化形式和解空间的离散采样来降低评价函数值。OD 算法不计算评价函数的数值微分。对评价函数存在原始噪声的系统而言，例如非序列系统，OD 算法通常比 DLS 算法更适用。

② 内核数目：选择分配优化任务的核数。即使在单 CPU 计算机上，也可以选择 1 个以上，在这种情况下，单个 CPU 将对多个同时执行的任务进行时间共享。默认值是操作系统检测到的处理器数量。

③ 迭代：周期选择优化周期数。

- 1 圈：执行单个优化周期。
- 5 圈：执行 5 个优化周期。
- 10 圈：执行 10 个优化周期。
- 50 圈：执行 50 个优化周期。
- 无限圈：在无限连续循环中执行优化循环，直到按下“停止”按钮。
- 自动：自动模式，使优化器一直运行，直到没有任何进展。

④ 自动更新：勾选该复选框，OpticStudio 将在每个优化周期结束时自动更新和重新绘制所有打开的窗口。窗口更新的最快速度是每 5s 一次，以便在更新期间保持用户界面的响应性。

⑤ 开始：单击该按钮，开始优化。

⑥ 停止：单击该按钮，停止正在运行的优化，并将控制返回到对话框。

⑦ 退出：单击该按钮，关闭“局部优化”对话框。优化运行时未启用退出。启用后，选择Exit将导致对话框关闭，系统将使用优化后的当前值进行更新。

⑧ 保存：单击该按钮，将当前设置保存到OpticStudio配置文件中。

⑨ 载入：单击该按钮，加载上次保存的设置。

⑩ 重置：单击该按钮，复位所有设置为默认值。

10.3.5 实例：凹凸透镜系统球差自动优化

在实际应用中主要使用两种方法校正球差，本例采用非球面校正球差的方法，优化圆锥系数和曲率半径，消除光学系统中的球差。

- 凹凸透镜补偿法：光学系统中的凸面（提供正的光焦度）始终提供正的球差，凹面提供负的球差；采用增加透镜的方法，增加凹凸面，从而减小球差大小。这种方法不可能将一个透镜的球差完全消除，因此不建议使用。
- 非球面校正球差：在不能增加透镜的情况下，常使用二次曲面来消除球差，即圆锥（Conic）非球面。

（1）设置工作环境

① 启动Ansys Zemax OpticStudio 2023，进入Ansys Zemax OpticStudio 2023编辑界面。

② 选择功能区中的“文件”→“打开”命令，或单击工具栏中的“打开”按钮，打开“打开”对话框，选中文件Curvature_Radius_LENS4.zos，单击“打开”按钮，在指定的源文件目录下打开项目文件。

③ 选择功能区中的“文件”→“另存为”命令，或单击工具栏中的“另存为”按钮，打开“另存为”对话框，输入文件名称Curvature_Radius_LENS5.zos。

（2）优化曲率半径

① 在“镜头数据”编辑器中选择面2，单击该行“曲率半径”右侧小列，弹出“在面2上的曲率解”求解器，在“求解类型”下拉列表中选择“变量”，如图10-19所示。此时，“曲率半径”右侧小列显示“V”。在空白处单击，关闭求解器。

图10-19 曲率半径设置

② 单击“优化”功能区“自动优化”选项组中的“评价函数编辑器”命令，打开“评价函数编辑器”窗口。单击“优化向导与操作数”命令左侧的“打开”按钮，展开“优化向导与操作数”面板，打开“优化向导”选项卡，进行优化设置，如图10-20所示。

- 在“成像质量”下拉列表中选择“点列图”；
- 设置“X权重”为0，“Y权重”为0；

- 在“类型”下拉列表中选择“RMS”，利用 RMS 评价，力求 RMS 半径最小；
- “光瞳采样”选项选择“高斯求积”，“环”个数为 4。

图 10-20　“优化向导”选项卡

③ 单击“应用”按钮，在“评价函数编辑器”窗口中添加操作数，如图 10-21 所示。单击“确定”按钮，隐藏展开的面板。

④ 单击“优化”功能区“自动优化”选项组中的“执行优化”命令，弹出“局部优化”对话框，单击“开始”按钮，执行优化，结果如图 10-22 所示。优化结束后，分析结果报告中当前评价函数比初始评价函数小很多。单击“退出”按钮，关闭该对话框。

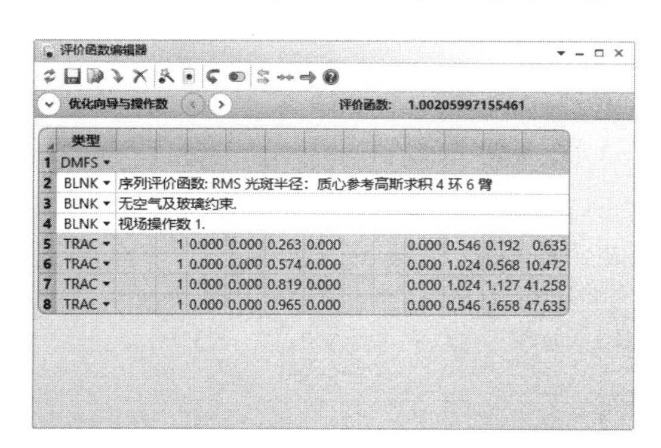

图 10-21　“评价函数编辑器”窗口

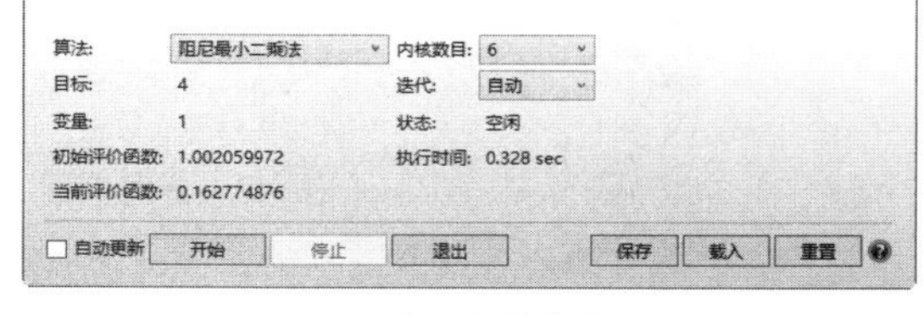

图 10-22　“局部优化”对话框

⑤ 打开“镜头数据”编辑器，发现表面 2 的“曲率半径”发生改变，如图 10-23 所示。

镜头数据

更新: 所有窗口　　表面 2 属性　　结构 1/1

	表面类型		标注	曲率半径		厚度	材料	膜层	净口径		延伸区	机械半直径	圆锥系数	TCE x 1E-6
0	物面	标准面		无限		无限			0.000		0.0...	0.000	0.000	0.000
1	光阑	标准面		无限		10.000			5.000	U	0.0...	5.000	0.000	0.000
2	(孔径)	标准面	透镜1光线射入面	24.237	V	5.000	BK7		8.000	U	0.0...	8.000	0.000	-
3	(孔径)	标准面	透镜1光线射出面	-20.000		10.000			8.000	U	0.0...	8.000	0.000	0.000
4	(孔径)	标准面	透镜2光线射入面	-20.000		5.000	SF10		10.000	U	0.0...	10.000	0.000	-
5	(孔径)	标准面	透镜2光线射出面	20.000		20.000			10.000	U	0.0...	10.000	0.000	0.000
6	像面	标准面		无限		-			0.338		0.0...	0.338	0.000	0.000

图 10-23　“镜头数据”编辑器

⑥ 打开“布局图”窗口（图 10-24），能够看到球差明显降低，但是依旧还有一些；打开“点列图”窗口（图 10-25），从点列图上看光斑明显变小，但没有变为最小。

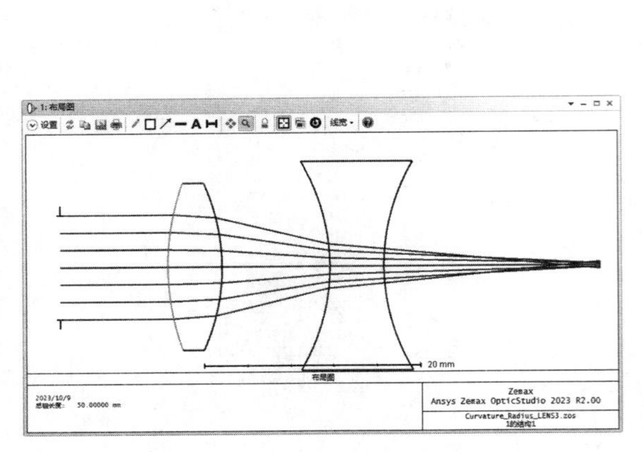

图 10-24　“布局图”窗口

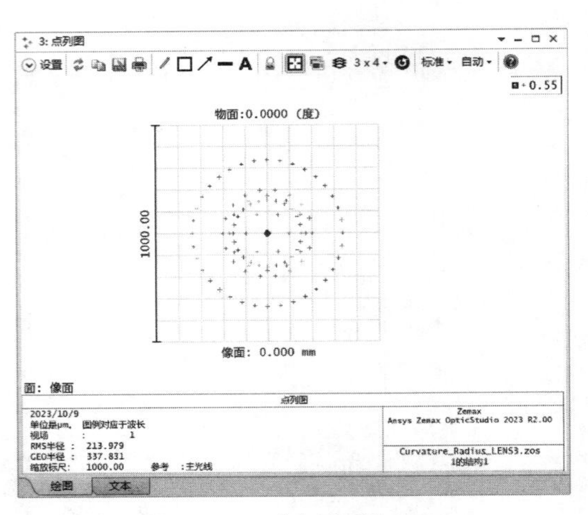

图 10-25　“点列图”窗口

（3）优化圆锥系数

接下来为了进一步优化，将面 2 的曲率半径设置为固定，减小一些变量，只优化表面的圆锥系数。

① 在“镜头数据”编辑器中选择面 2，单击该行“圆锥系数”右侧小列，弹出“在面 2 上的圆锥系数解”求解器，在“求解类型”下拉列表中选择“变量”。

② 同样的方法，设置面 3、面 4、面 5 的“圆锥系数”求解方法为“变量”，如图 10-26 所示。

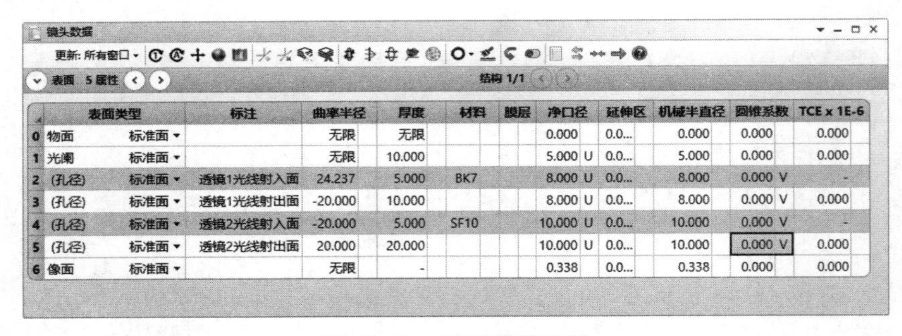

	表面类型		标注	曲率半径	厚度	材料	膜层	净口径	延伸区	机械半直径	圆锥系数	TCE x 1E-6
0	物面	标准面		无限	无限			0.000	0.0...	0.000	0.000	0.000
1	光阑	标准面		无限	10.000			5.000 U	0.0...	5.000	0.000	0.000
2	(孔径)	标准面	透镜1光线射入面	24.237	5.000	BK7		8.000 U	0.0...	8.000	0.000 V	-
3	(孔径)	标准面	透镜1光线射出面	-20.000	10.000			8.000 U	0.0...	8.000	0.000 V	0.000
4	(孔径)	标准面	透镜2光线射入面	-20.000	5.000	SF10		10.000 U	0.0...	10.000	0.000 V	-
5	(孔径)	标准面	透镜2光线射出面	20.000	20.000			10.000 U	0.0...	10.000	0.000 V	0.000
6	像面	标准面		无限	-			0.338	0.0...	0.338	0.000	0.000

图 10-26　圆锥系数设置

③ 单击“优化”功能区“自动优化”选项组中的“执行优化”命令，弹出“局部优化”对话框，单击“开始”按钮，执行优化，结果如图 10-27 所示。优化结束后，分析结果报告中当前评价函数比初始评价函数小很多。单击“退出”按钮，关闭该对话框。

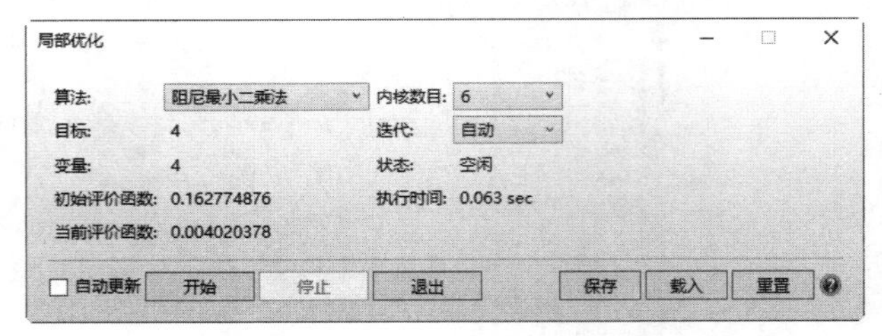

图 10-27　“局部优化”对话框

④ 打开“镜头数据”编辑器，发现表面 2～表面 5 的“圆锥系数”发生改变，如图 10-28 所示。

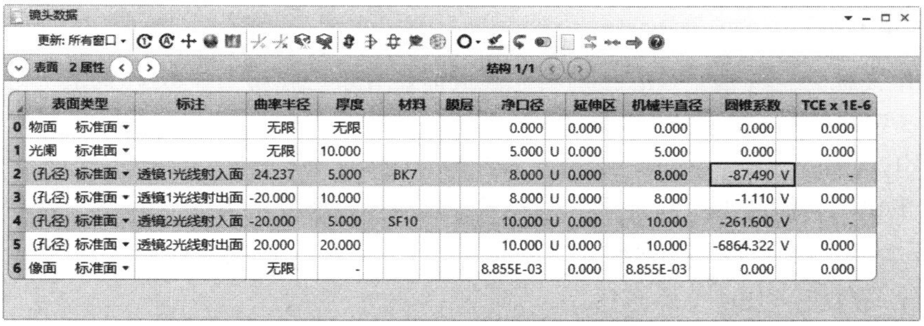

镜头数据

	表面类型	标注	曲率半径	厚度	材料	膜层	净口径	延伸区	机械半直径	圆锥系数	TCE x 1E-6
0	物面　标准面 ▾		无限	无限			0.000	0.000	0.000	0.000	0.000
1	光阑　标准面 ▾		无限	10.000			5.000 U	0.000	5.000	0.000	0.000
2	(孔径) 标准面 ▾	透镜1光线射入面	24.237	5.000	BK7		8.000 U	0.000	8.000	-87.490 V	-
3	(孔径) 标准面 ▾	透镜1光线射出面	-20.000	10.000			8.000 U	0.000	8.000	-1.110 V	0.000
4	(孔径) 标准面 ▾	透镜2光线射入面	-20.000	5.000	SF10		10.000 U	0.000	10.000	-261.600 V	-
5	(孔径) 标准面 ▾	透镜2光线射出面	20.000	20.000			10.000 U	0.000	10.000	-6864.322 V	0.000
6	像面　标准面 ▾		无限	-			8.855E-03	0.000	8.855E-03	0.000	0.000

图 10-28　“镜头数据”编辑器

⑤ 打开“布局图”窗口（图 10-29），能够看到球差基本可以忽略；打开“点列图”窗口（图 10-30），从点列图上看光斑明显变小。

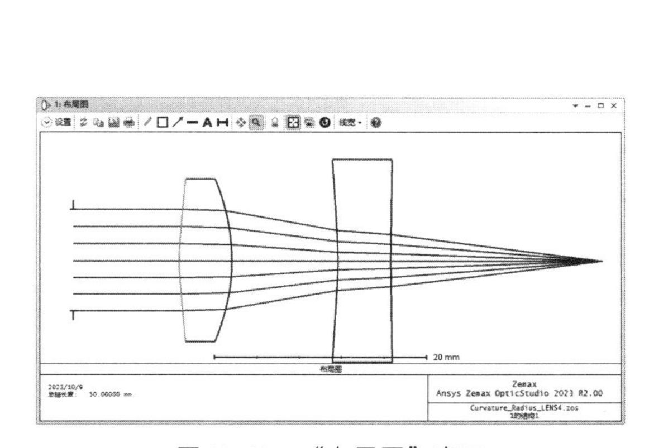

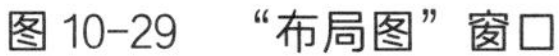

图 10-29　“布局图”窗口

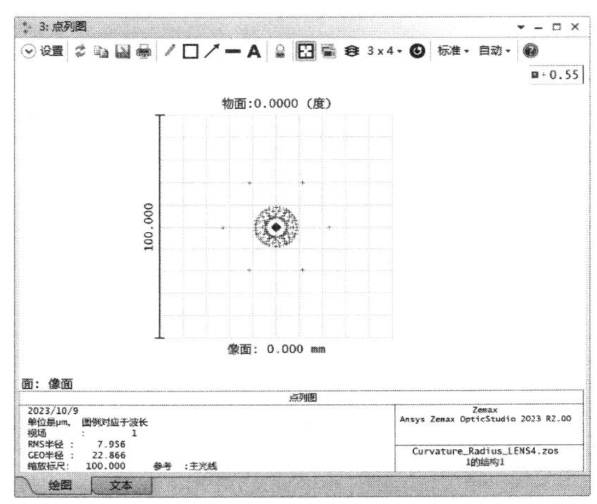

图 10-30　“点列图”窗口

（4）保存文件

单击 Ansys Zemax OpticStudio 2023 编辑界面工具栏中的“保存”按钮，保存文件。

10.4　全局优化

全局优化主要用于两种情况：在设计过程开始时，目的是生成用于进一步分析的设计表单；在初始优化之后，目的是彻底改进当前的设计。

单击“优化”功能区“全局优化”选项组，显示全局优化的一系列功能，包括：全局优化、锤形优化、玻璃替换模板，如图 10-31 所示。

图 10-31　“全局优化”选项组

10.4.1 全局优化

全局优化又称为全局搜索，它使用多起点同时优化的算法，目的是找到系统所有的结构组合形式并判断哪个结构能够使评价函数值最小。只要提供足够的优化时间，全局优化方法总能找到最佳结构。

单击“优化”功能区“全局优化”选项组中的“全局优化”命令，打开“全局优化”对话框，对于给定的评价函数和一组变量进行搜索得到最佳结果，如图 10-32 所示。

下面介绍该对话框中的选项。

① 算法：全局优化中算法包括阻尼最小二乘法（DLS）或者正交下降法（OD），在全局优化中，DLS 算法适用于大多数成像系统，而 OD 算法适用于有噪声的、低精度的评价函数，例如照明系统。

② 保存数目：选择要保存的镜头数量。

③ 当前评价函数：显示迄今为止发现的十个最佳镜头的评价函数。

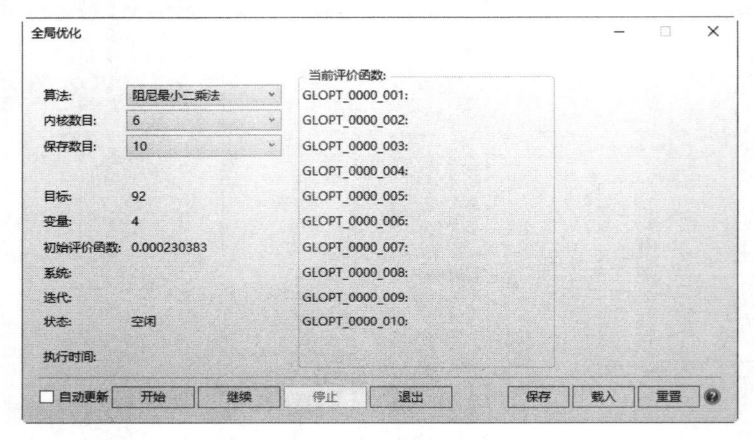

图 10-32 “全局优化”对话框

10.4.2 锤形优化

锤形优化是指反复锤炼当前镜头结构，从而避免了评价函数的局部极小值。虽然锤形优化也属于全局优化类型，但它更倾向于局部优化，一旦使用全局搜索找到最佳结构组合，便可使用锤形优化来优化该结构。锤形优化引入了专家算法，可以按照有经验的设计师的设计方法处理系统结果。

单击“优化”功能区“全局优化”选项组中的“锤形优化”命令，打开“锤形优化”对话框，如图 10-33 所示。

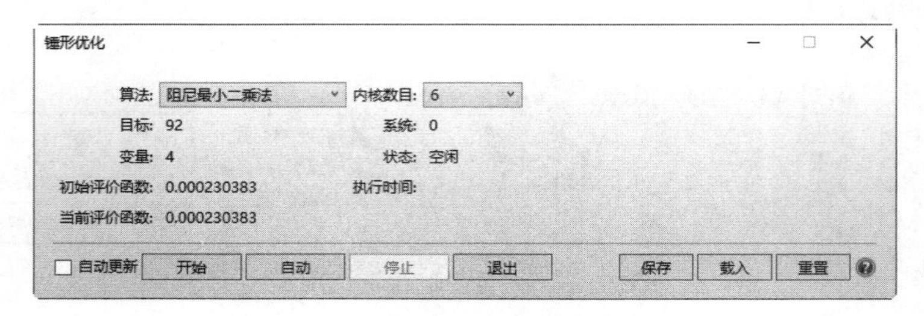

图 10-33 “锤形优化”对话框

下面介绍该对话框中的选项。

① 算法：锤形优化中算法包括阻尼最小二乘法（DLS）或者正交下降法（OD）。

② 初始评价函数：显示开始的评价函数。

③ 当前评价函数：开始锤形优化后，将提取镜头中的参数数据并进行调整和优化。每次改进镜头时，都会将新的镜头文件保存在一个临时文件中，存到磁盘上，这里显示目前为止找到的最佳评价函数。

10.4.3　玻璃替换模板

玻璃替换模板是指基于成本和其他因素进行优化，该功能限制了光学系统玻璃材质的选择范围。

单击“优化”功能区“全局优化”选项组中的“玻璃替换模板”命令，打开“玻璃对比”对话框，如图 10-34 所示。

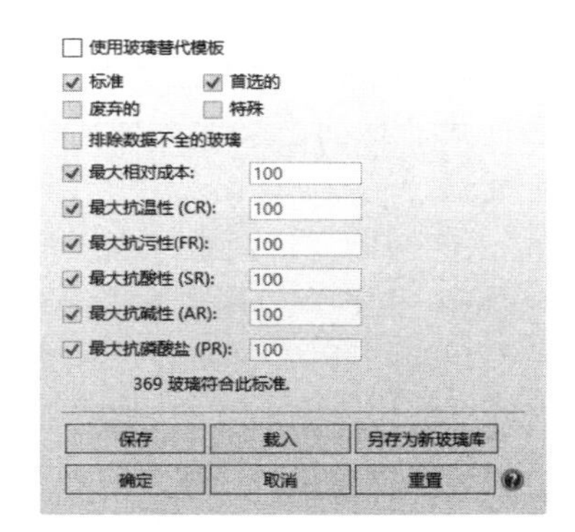

图 10-34　“玻璃对比”对话框

下面介绍该对话框中的选项。

① 使用玻璃替代模板：勾选该复选框，使用定义的参数来限制提供给全局优化替换的玻璃材料。未勾选该复选框，可以选择当前目录中定义的任何玻璃。

② 玻璃状态：选择 Zemax 中玻璃的可接受状态设置，包括标准、首选的、废弃的、特殊、排除数据不全的玻璃。

③ 玻璃定义参数：

- 最大相对成本：规范允许的相对成本，0 表示忽略相对成本。
- 最大抗温性（CR）：CR 规范允许的最大值。
- 最大抗污性（FR）：FR 规范允许的最大值。
- 最大抗酸性（SR）：SR 规范允许的最大值。
- 最大抗碱性（AR）：AR 规范允许的最大值。
- 最大抗磷酸盐（PR）：PR 规范允许的最大值。

10.5　优化工具

“优化工具”选项组包含一系列优化后的命令，如找到最佳的非球面表面或在目录光学的当前设计中交换透镜，如图 10-35 所示。该组中的命令仅在“序列模式”下可用。

图 10-35　“优化工具”选项组

10.5.1　寻找最佳非球面

查找最佳非球面工具用来将球面替换为非球面，并重新优化设计，以确定哪个表面将从非球面化中获益最多。

单击“优化”功能区“优化工具”选项组中的“寻找最佳非球面”命令，打开“寻找最佳非球面”对话框，搜索最佳非球面，如图 10-36 所示。

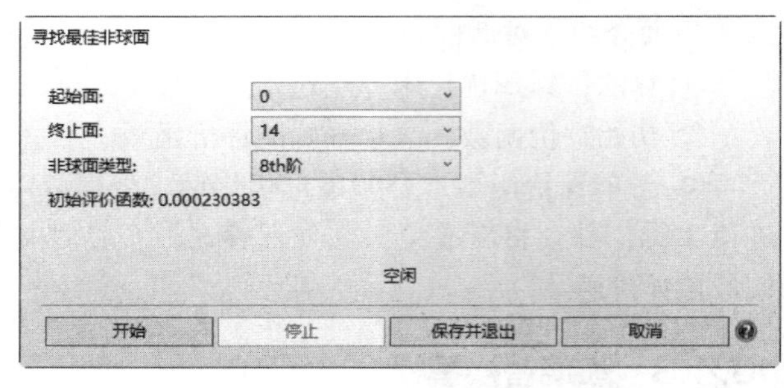

图 10-36 “寻找最佳非球面”对话框

下面介绍该对话框中的选项。

① 起始面：设置要考虑添加非球面的第一个表面。

② 终止面：设置要考虑添加非球面的最后一个表面。

③ 非球面类型：选择由二次或偶多项式非球面定义的非球面指定的最大阶数。

④ 初始评价函数：当表面转换成非球面时，提供评价函数的最低值。

单击“开始”按钮，开始优化，在该对话框中显示优化报告，如图 10-37 所示。这个特征报告显示了哪个表面转换成非球面时最佳，提供了最低的评价函数。使用当前定义的评价函数，所有变量数据在此过程中被重新优化。

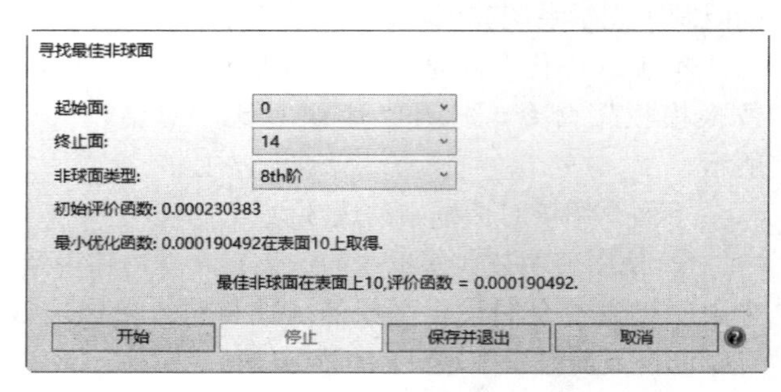

图 10-37 优化结果

10.5.2 非球面类型转换

转换非球面类型工具通过最小二乘拟合，将非球面从一种类型转换为另一种类型 [支持偶数、扩展和 Q- 型（Forbes）球体]，并计算最适合现有表面类型的圆锥系数。

单击“优化”功能区“优化工具”选项组中的“非球面类型转换”命令，打开“转换非球面类型”对话框，选择要转换的非球面，如图 10-38 所示。

下面介绍该对话框中的选项。

① 表面：选择要转换的表面。

② 非球面类型：选择一种转换的非球面模型。

③ 项目数：在转换中使用的非球面项数，默认选择“自动”，通过 OpticStudio 系统做出合理的定义。

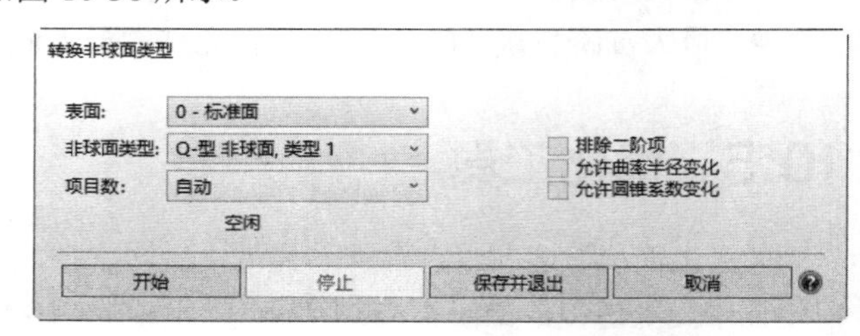

图 10-38 “转换非球面类型”对话框

④ 排除二阶项：勾选该复选框，在从一种非球面到另一种非球面的转换过程中，新的非球面中不包含二阶项。

⑤ 允许曲率半径变化：勾选该复选框，在从一种非球面到另一种非球面的转换过程中，新的非球面与旧的非球面的曲率半径可以不相等。

⑥ 允许圆锥系数变化：勾选该复选框，在从一种非球面到另一种非球面的转换过程中，圆锥系数可以发生变化。

10.5.3 库存镜头匹配

库存镜头匹配工具用来在库存镜头中查找当前系统中与定义的镜头数据相匹配的镜头。

单击“优化”功能区“优化工具”选项组中的“库存镜头匹配”命令，打开“库存镜头匹配”对话框，选择匹配的镜头，如图 10-39 所示。

图 10-39　“库存镜头匹配”对话框

下面介绍该对话框中的选项。

① 面：要匹配的镜头表面，可以选择全部或变量。

② 生产厂商：选择所有或特定的库存镜头供应商。

③ 显示匹配结果：显示匹配的最大数量的库存镜头。

④ EFL 公差（%）：与库存镜片匹配的最大 EFL 公差，可以偏离定义镜片。该值是 EFL 差除以定义透镜的 EFL，以百分比表示。

⑤ EPD 公差（%）：与库存镜片匹配的最大 EPD 公差，可以偏离规定镜片的直径。匹配镜头的 EPD 不会小于定义镜头的直径。这个值是 EPD 差除以定义镜头的直径，以百分比表示。

⑥ 空气厚度补偿：勾选该复选框，作为变量的空气厚度将在使用指定数量的阻尼最小二乘（DLS）循环后重新优化。

⑦ 优化次数：优化空气厚度时使用的 DLS 循环数。

⑧ 保存最佳组合：勾选该复选框，将在当前目录中保存最佳镜头组合，名称为 {lens_name}_SLM。

10.5.4 样板匹配

样板匹配工具提供了根据半径自动拟合结果匹配的供应商测试板，要匹配特定的半径，需要在镜头数据上设置半径变量，或者在多结构编辑器上设置与半径变量相对应的 CRVT 操作数。

单击“优化”功能区“优化工具”选项组中的“样板匹配”命令，打开“样板匹配”对话框，如图 10-40 所示。

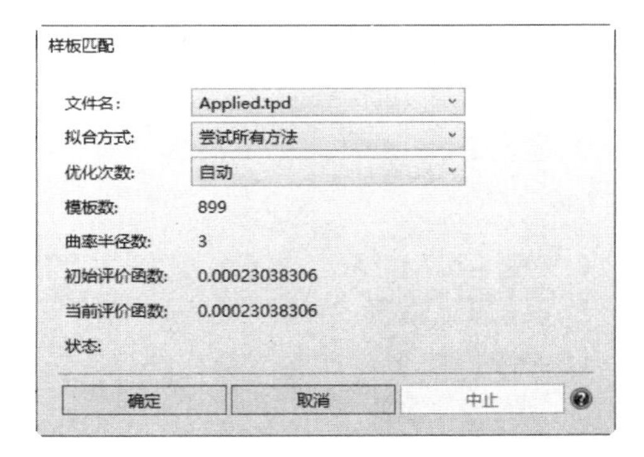

图 10-40　“样板匹配”对话框

下面介绍该对话框中的选项。

① 文件名：选择测试板列表。

② 拟合方式：选择拟合的顺序。

- 尝试所有方法：尝试以下所有方法，并使用产生最低评价函数的方法。
- 从最佳到最差：首先与最接近的测试板匹配（以条纹测量）半径。
- 从最差到最佳：首先拟合最差的拟合半径。
- 从长到短：首先拟合最长的半径。
- 从短到长：首先拟合最短的半径。

③ 优化次数：选择要运行的优化周期数。

操作步骤如下所述。

① 单击“确定”按钮，开始试装。在拟合过程中，该对话框中将显示优化过程中的模板数、曲率半径数、初始评价函数值和当前评价函数值，如图 10-41 所示。

② 在进行任何拟合之前，OpticStudio 将对启动系统进行局部优化。如果没有完全优化，则

起始半径可能与“镜头数据”编辑器中显示的半径不同。

③ 优化结束后，自动打开“样板匹配”窗口，显示测试板匹配结果数据，如图 10-42 所示。

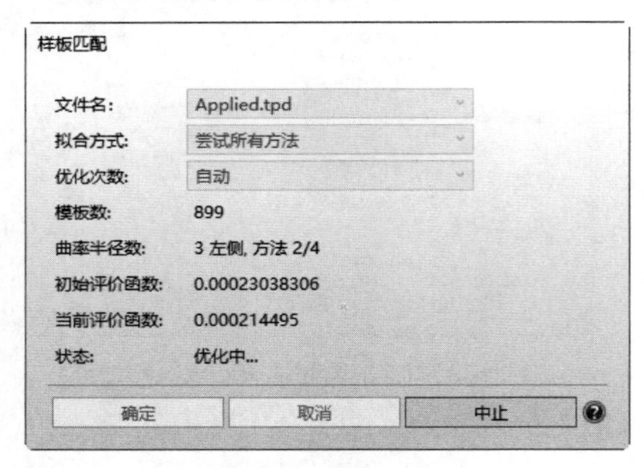

图 10-41　优化过程

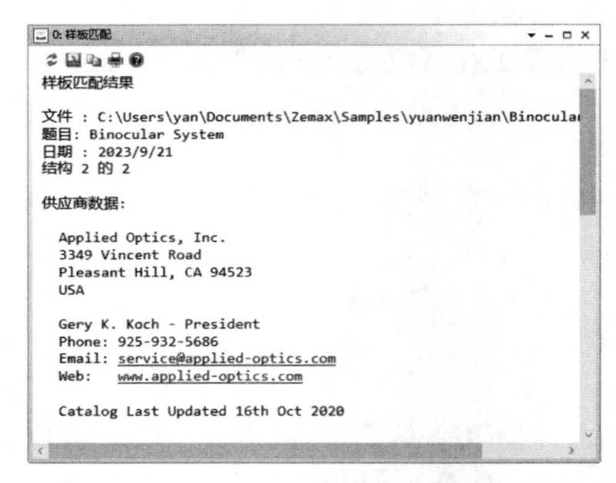

图 10-42　“样板匹配”窗口

10.5.5　样板列表

测试板列表工具用于在文本窗口中显示来自特定供应商的测试板列表。

① 单击“优化”功能区“优化工具”选项组中的“样板列表”命令，打开“套样板列表”文本窗口，显示匹配的测试板文件的数据，如图 10-43 所示。

② 在文本窗口显示的数据中，半径、直径均以 mm 为单位，CC 和 CX 列分别表示凹面和凸面测试板的可用性。

③ 单击“设置”命令左侧的“打开”按钮⊙，展开“设置”面板，在“文件名”下拉列表中更改测试板文件的名称，如图 10-44 所示。测试板文件后缀名为 tpd，位于 <data>\Testplate 文件夹中。

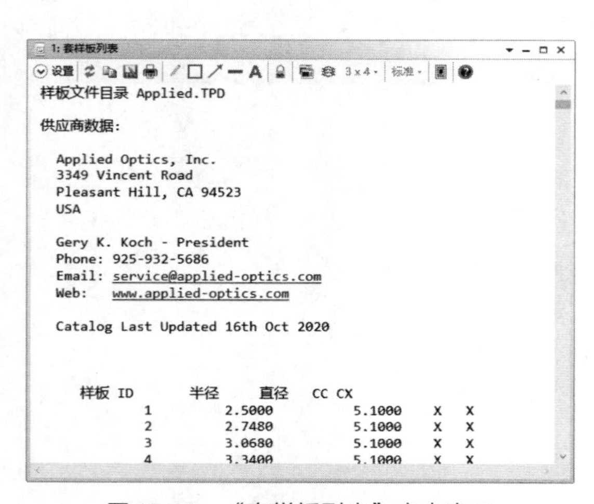

图 10-43　“套样板列表”文本窗口

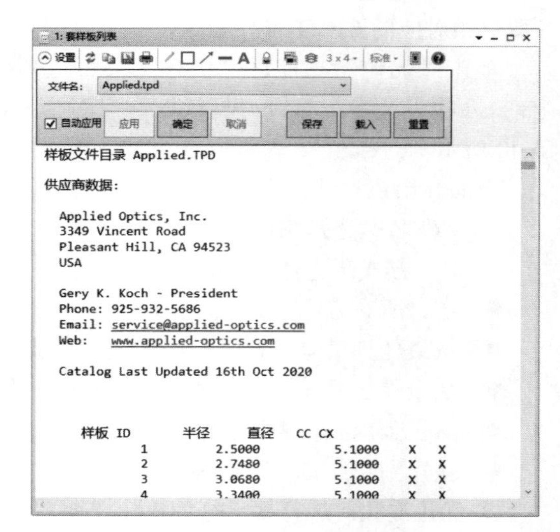

图 10-44　“设置”面板

第11章 光学系统公差分析

扫码观看
本章视频

公差分析是光学系统从设计走向工程应用的重要一步，公差制定的合理性影响光学系统的总体性能水平。

Ansys Zemax OpticStudio 内有功能强大的公差分析工具，本章主要介绍公差分析、快速公差分析和公差分析可视化等内容，通过在公差分析编辑器中设置分析公差范围内的参数，进而在合理的费用下进行最容易的组装，并获得最佳的性能。

11.1 公差分析概述

成像光学系统的实际误差来源包括材料误差、加工误差、装配误差三种。反射式光学系统因不含透射材料，只需考虑加工和装配误差。

（1）公差设计的原则

- 增加公差后，光学系统的像质或其他光学参数（如瞄准偏差等）要能够满足要求。
- 光学系统的公差设计要考虑到光学和机械加工能力，公差要求在满足加工能力的同时，尽量降低加工成本。
- 如果可以，考虑加入调整环节，如像距的调节，或者棱镜的旋转偏心等，这些调整环节可以降低光学系统的公差要求。
- 调整环节要尽量少，并且易于调整，这样可以降低装调的难度。
- 光学系统的公差设计要与结构设计共同考虑，保证系统有很高的可靠性，如抗振动、气密性要求等。
- 光学加工公差中还要考虑到光学样板的公差。
- 针对大口径光学系统，还要考虑由自身重力造成的光学元件变形。

（2）公差分析的步骤

公差分析的目的在于定义误差的类型及大小，并将之引入光学系统中，分析系统性能是否符合需求。公差分析的步骤如下。

① 定义适当的公差。在公差数据编辑器中定义和修改默认公差。

② 在公差数据编辑器中修改默认公差或添加新的公差，以适应系统要求。

③ 增加补偿器，设置补偿器允许的范围。默认的补偿器为后焦距，还可以定义像面的位置。对补偿器的数量没有限制。

④ 选择合适的标准，有 RMS 光斑半径、波前差、MTF、瞄准误差等。用自定义评价函数还可以定义更复杂的标准或全面的标准。

⑤ 选择分析模式。

⑥ 进行公差分析。

⑦ 查看公差分析数据，考虑公差的加工预算，如果需要，还可以再次进行分析。

（3）公差的灵敏度分析

灵敏度分析可以单独分析每一项公差，下面介绍几种公差造成的镜头性能下降。

① 透镜曲率半径、元件中心厚度和空气间隔公差会引起像面离焦和轴上球差，如图 11-1 所示。

② 透镜楔形角公差、元件倾斜和偏心会引起彗差和像散，如图 11-2 所示。

③ 透镜的楔形角公差、元件倾斜和偏心等非对称公差，除了会影响像质，还会改变主光线的方向产生瞄准偏差，如图 11-3 所示。

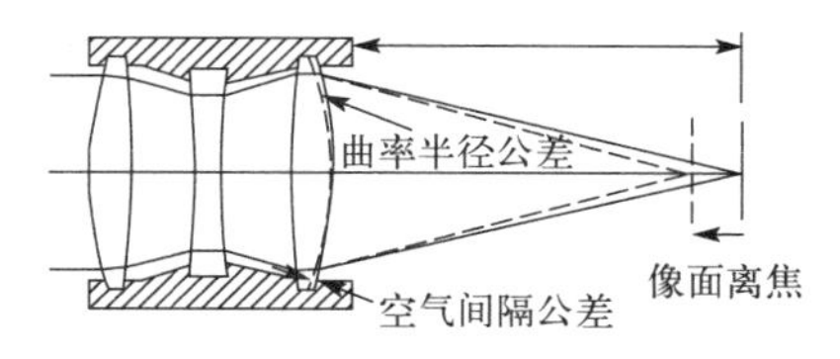

图 11-1　公差形成离焦和球差

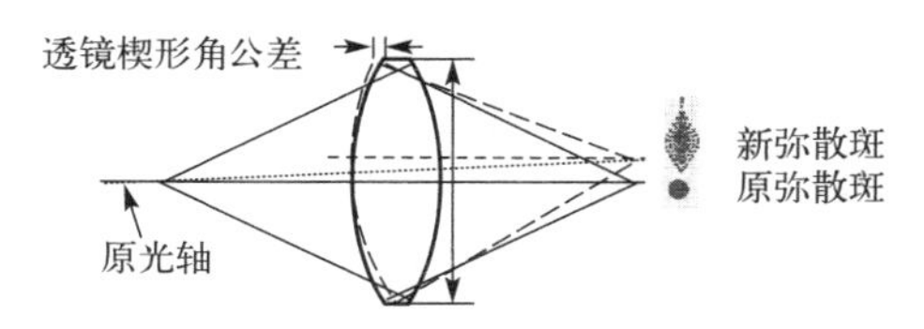

图 11-2　公差形成彗差和像散

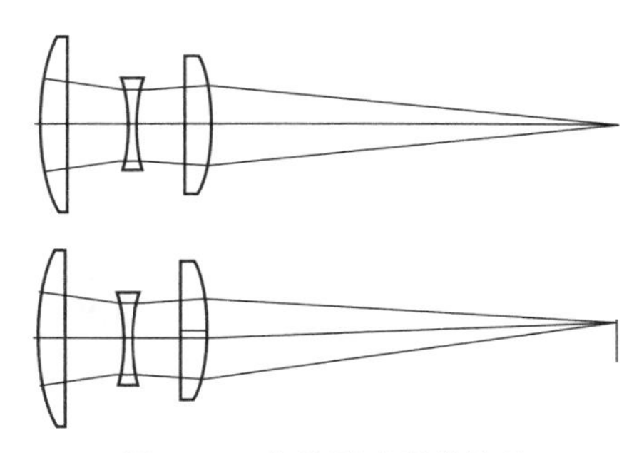

图 11-3　公差形成瞄准偏差

11.2　公差分析方法

在“公差分析”选项组中提供定义公差的分析方法，可以在公差数据编辑器输入放置在每个参数上的公差，还可以利用“公差向导”快速设置一组可以编辑的公差，如图 11-4 所示。

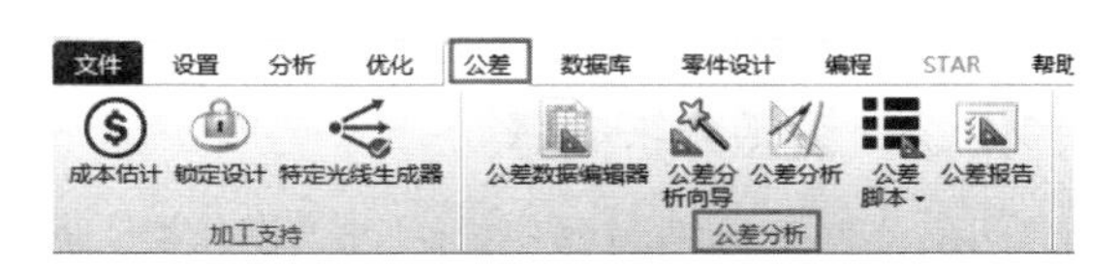

图 11-4　“公差分析”选项组

11.2.1　公差数据编辑器

单击“公差”功能区“公差分析”选项组中的“公差数据编辑器”命令，打开公差数据编辑器。公差数据编辑器与 Excel 表格类似，包含标题栏、工具栏、快捷工具栏和数据区，如图 11-5 所示。

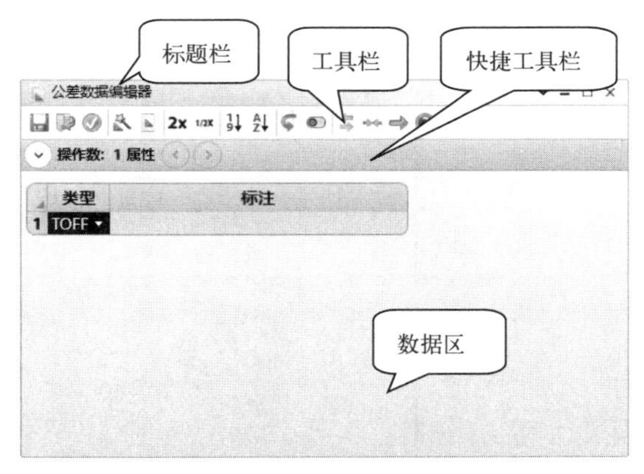

图 11-5　公差数据编辑器

（1）标题栏

标题栏左上角显示表及其名称：公差数据编辑器。

（2）工具栏

工具栏位于标题栏下方，包含一行命令按钮。下面简单介绍常用的按钮命令，与镜头数据编辑器中相同的按钮，这里不再赘述。

①“公差保存”按钮：将当前的公差设置数据保存在一个 TOF 文件中。

②“公差载入”按钮：加载 TOL 公差设置文件，替换现有公差数据。

③“检查”按钮：检查公差操作数设置是否合理，是否有冲突。

④“公差分析向导”按钮：打开“公差分析向导”面板，用于快速建立公差分析操作数，可进行后续公差操作数的自定义及更改。

⑤“公差分析列表”按钮：在单独的窗口中生成公差操作数文字列表。

⑥“放宽 2 倍”按钮2x：一次性将所有公差范围放大 2 倍。

⑦“缩紧 1/2”按钮1/2x：一次性将所有公差范围缩小一半。

⑧“按表面分类”：将所有公差操作数以表面分类排序。

⑨“以类型排序”：将所有公差操作数以类型分类排序。

⑩“转到操作数”按钮：打开对话框查找并跳转到指定的操作数类型、注释、编号或标签。

(3) 快捷工具栏

快捷工具栏位于工具栏下方，单击“操作数：属性”选项左侧的“打开”按钮，展开“操作数：属性”下拉面板中的“操作数”选项卡，选择当前行中的公差操作数，如图 11-6 所示。

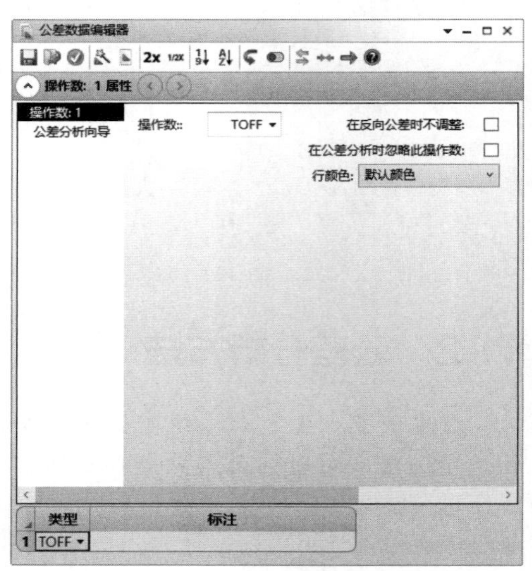

图 11-6 “操作数：属性”下拉面板

(4) 数据区

数据区类似于一个由行和列构成的电子表格，每一行表示一个公差操作数，列数据包括操作数类型、标注和定义操作数对应的参数值。

11.2.2 公差分析向导

在公差数据编辑器中，通过“操作数：属性”面板“公差分析向导”选项卡中的参数可以定义默认的公差，如图 11-7 所示。

图 11-7 “公差分析向导”选项卡

下面介绍该选项卡中的选项。

(1)“公差预设”选项组

① 供应商：列出可用的供应商，默认值为 Generic。

② 精度等级：列出可用的制造等级，包括商业、精确、高精度。Generic（通用）供应商还包括“手机镜头”选项，是基于行业专家提供的默认值。

③ 选择预设：单击该按钮，使用所选公差预置中的公差参数。

(2)“表面公差”选项组

选择要计算的表面公差，该公差由所给的预设公差设定分析。

① 曲率半径：勾选该复选框，表面公差包括默认的半径公差。默认的公差可以由一个以镜头长度单位表示的固定距离或者由在测试波长处的厚度光圈（由操作数 TWAV 定义）来指定。这个公差仅仅被放在那些有光学功能的表面上，这样就排除了那些两边有相同折射率的虚拟表面。如果表面是一个平面，则默认的公差值被指定作为一个以光圈表示的变化量，即使选择了其他选项也是这样。

② 厚度：勾选该复选框，则在每个顶点间隔上将指定一个厚度公差。Zemax 假设所有的厚度变化只影响那个表面和与那个元件相接触的其他表面，因此，在这个厚度后面的第一个空气间隔被用作一个补偿。

③ 偏心 X、偏心 Y：勾选该复选框，在每个独立的镜头表面中计算偏心公差。公差被定义为一个以镜头长度单位表示的固定偏心数量。Zemax 使用 TSDX 和 TSDY 来表示标准表面的偏心，使用 TEDX 和 TEDY 来表示非标准表面的偏心。

④ 倾斜 X、倾斜 Y：勾选该复选框，在每个镜头表面中计算一个以镜头长度单位或者度表示的倾斜或者“全反射”公差。Zemax 使用 TSTX 和 TSTY 来表示以度为单位的标准表面倾斜，使用 TETX 和 TETY 来表示以度为单位的非标准表面倾斜。

⑤ S+A 不规则度：勾选该复选框，则在每个标准表面上指定一个球形的像散不规则。

⑥ Zernike 不规则度：勾选该复选框，将在每个标准表面上指定一个 Zernike 不规则。

(3)“元件公差”选项组

选择要计算的元件公差，包括偏心 X、偏心 Y、倾斜 X、倾斜 Y，主要是测量系统的“机械轴”对元件的偏差程度。

(4)“折射率公差”选项组

选择要计算的折射率公差，该公差描述了实际的折射率与目标设定值之间的差异。

① 折射率：TIND，被用来模拟折射率的变化。

② Abbe%：TABB，被用来模拟阿贝数的变化。

(5)“选项”选项组

① 起始行：指定默认公差在公差数据编辑界面中的位置，一般使用行号表示。如果行号大于 1，那么从指定的行号开始附加新的默认公差。

② 测试波长：选择公差分析的波长。

③ 起始面：选择计算公差的第一个表面。

④ 终止面：选择计算公差的最后一个表面。

⑤ 使用后焦补偿：勾选该复选框，将定义一个默认的后焦距（像面之前的厚度）补偿。至少要使用一个补偿才能大大缓解一定的公差，然而，补偿是否被使用则要依赖于设计的具体情况。也可以定义其他补偿。

11.2.3 执行公差分析

只要定义了所有的公差操作数和补偿器，就可以进行公差分析。公差分析用来分析元件加工及装配误差对系统性能造成的影响。

单击“公差”功能区“公差分析”选项组中的“公差分析”命令，打开“公差”对话框，包含 4 个选项卡，如图 11-8 所示。单击“确定”按钮，开始公差分析。

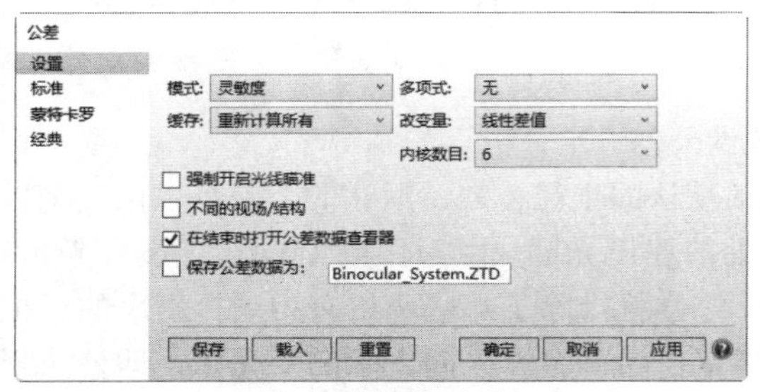

(a)“设置”选项卡

(b)“标准”选项卡

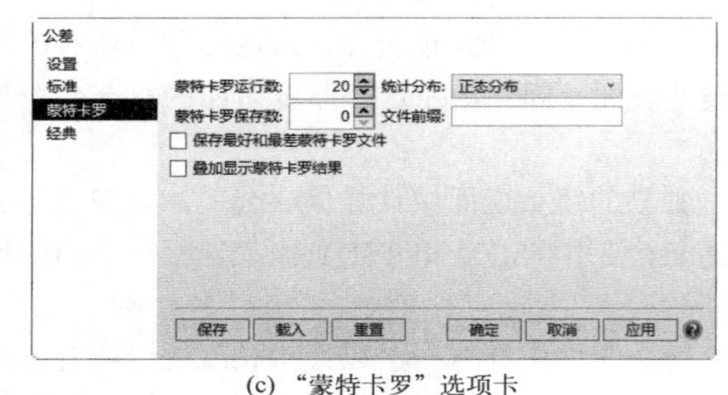

(c)“蒙特卡罗”选项卡

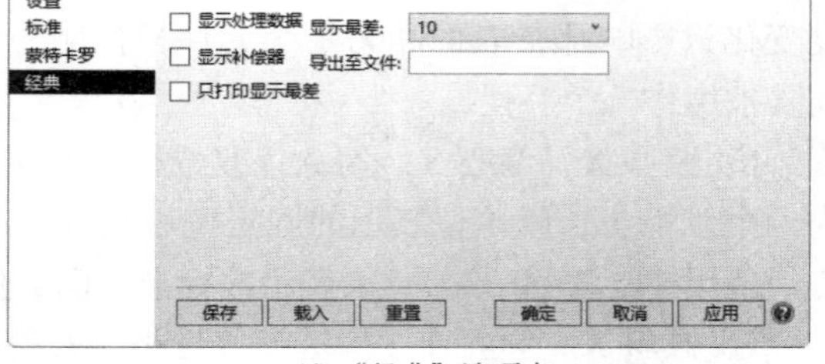

(d)“经典”选项卡

图 11-8 “公差”对话框

下面介绍该对话框中的选项。

（1）“设置”选项卡

① 模式：选择公差计算模式。

- 灵敏度模式：计算每项公差的极值对评价标准的影响。
- 反极值模式：当评价标准与极值参数给定的值相同时，计算所需要的每项公差的公差极限，极值参数仅支持反极值模式，反极值模式将更改公差操作数的最小值和最大值。
- 反增量模式：当评价标准的改变量与增量参数给定的值相同时，计算所需要的每项公差的公差操作数的最小值和最大值，增量参数仅支持反增量模式，反增量模式将更改公差操作数的最小值和最大值。
- 跳过灵敏度模式：将跳过灵敏度分析，直接进行蒙特卡罗分析。

② 多项式：计算并显示结果准则作为公差扰动函数的多项式拟合。δ 是公差扰动值，P 是所得到的评价标准。

- 无：不考虑公差扰动。
- 3- 项：多项式为 $P=A+B\delta+C\delta^2$。
- 5- 项：多项式为 $P=A+B\delta+C\delta^2+D\delta^3+E\delta^4$。

③ 缓存：选择数据缓存方法，当使用缓存时，不显示补偿器数据。

- 重新计算所有：选择该项，忽略缓存的值，并完整计算所有公差，并将新值存储在缓存中。
- 重新计算改变量：选择该项，只重新计算已修改的公差。未修改公差的结果从缓存中提取，而不是计算，大大加快了分析速度。

- 使用多项式：选择该项，使用为每个公差计算的最后一个多项式拟合来快速估计扰动值。

如果对透镜文件本身进行了任何重大更改，例如修改表面数据，则缓存的公差可能不正确，但 OpticStudio 无法检测到这一点。因此，缓存功能应该只在没有对镜头进行更改的单一会话中使用。

④ 改变量：用来定义评价标准及预测性能的改变量的计算方式。

- 线性差值：改变量的计算公式为 $\Delta = P - N$，其中，P 是扰动标准，N 是名义标准。
- RSS 差值：改变量的计算公式为 $\Delta = S(P-N)\sqrt{(P^2-N^2)}$，其中，$S$ 是关于 x 的函数，$x \geqslant 0$ 或 $x \leqslant -1$，$S=-1$。

⑤ 强制开启光线瞄准：如果被容差的镜头已经在使用光线瞄准，那么在评估容差时将使用光线瞄准。如果光线瞄准尚未开启，勾选该复选框，使用光线瞄准。一般来说，使用光线瞄准可以获得更精确的结果，但计算速度较慢。对于初步或粗略的公差工作，不选择该选项，但对于最终或精确的工作，应选择该选项。

⑥ 内核数目：选择扩展容差分析任务的 CPU 数量。

⑦ 不同的视场 / 结构：勾选该复选框，计算所有结构、所有视场位置的标准并单独显示。反之，将所有结构、所有视场位置的平均值作为该标准。

⑧ 在结束时打开公差数据查看器：勾选该复选框，在完成公差运行时打开公差数据查看器。如果未勾选该复选框，需要通过手动打开“公差数据查看器”获取数据。

⑨ 保存公差数据为：勾选该复选框，分析完成后将保存一个包含当前运行的完整公差数据的 ZTD 文件。

（2）“标准”选项卡

① 标准：用来指定用于公差分析的评价标准。

- RMS 光斑半径（光斑半径、X 向半径或 Y 向半径）：对于没有达到衍射极限的系统，例如系统波前差大于一个波长的情况，RMS 光斑半径是最佳选择。该选项的计算速度最快。
- RMS 波前：对于成像质量贴近衍射极限的系统，例如系统波前差小于一个波长的情况，RMS 波前是最佳选择。该选项的计算速度与 RMS 光斑半径基本相当。
- 评价函数：使用镜头定义的任意评价函数，适用于自定义的公差分析评价标准。对于包含非对称视场或表面孔径显著遮挡光线的系统，都需要使用用户自定义的评价函数。
- 几何或衍射 MTF（平均、子午或弧矢）：对于要求 MTF 指标的系统来说，几何或衍射 MTF 是最佳选择。如果选择“几何 MTF 平均”，则会使用子午和弧矢响应的平均值。如果公差过于宽松，则基于衍射 MTF 的公差分析会出现问题，因为在光程差过大的情况下，衍射 MTF 可能无法计算或计算结果没有意义。特别是在评价的空间频率较高且系统性能较低时，MTF 会在未达到所要分析的空间频率时变为零。
- 瞄准误差：瞄准误差定义为追迹轴上视场时主光线的径向坐标除以系统的有效焦距，该评价标准描述了像面的角度偏差。OpticStudio 只使用一个操作数 BSER 模拟瞄准误差。任何元件或表面的偏心或倾斜都会使光线产生偏离，并增加操作数 BSFB 的返回值。瞄准误差（以弧度为单位）通常是基于主波长计算的，而且仅适用于径向对称系统。

- RMS 角半径（角半径、X 向角半径或 Y 向角半径）：对于无焦系统来说，角半径标准是最佳选择。角像差基于输出光线的方向余弦进行计算。
- 自定义脚本：自定义脚本是类似于宏的命令文件，它定义了公差分析时用于校准和评估镜头的过程。自定义脚本不支持单独分析一个视场 / 结构。

② MTF 频率：用于定义 MTF 的频率。当使用 MTF 作为评价时，激活选项。MTF 频率以 MTF 的单位进行测量。

③ 采样：用于定义采样数。

④ 补偿器：定义如何对补偿器进行评估。选择“全部优化”选项时会使用 Zemax 的优化功能确定所有定义的补偿器的最佳值。虽然优化更加准确，但是其执行时间也更长。

- 全部优化（DLS）：Zemax 会执行正交下降算法，然后执行阻尼最小二乘算法。
- 全部优化（OD）：Zemax 只执行正交下降算法。
- 近轴焦点：只将近轴后焦点误差的变化作为补偿器，并忽略所有其他的补偿器。使用近轴焦点对于粗略的公差分析十分有用，并且其计算速度明显高于“全部优化”。
- 无：不执行任何补偿，所有定义的补偿器都会被忽略。

⑤ 视场：一般来说，用于优化和分析的视场定义对于公差来说是不够的。出于公差的目的，在分析倾斜或偏心公差时，视场定义中缺乏对称性可能导致结果不准确。当构建用于公差的优点函数时，OpticStudio 可以使用三种不同的字段设置。

- Y- 对称：OpticStudio 计算最大视场坐标，然后在最大视场仅在 Y 方向上坐标的 +1.0×、+0.7×、0.0×、−0.7× 和 −1.0× 处定义新的场点。所有 X 方向视场的值都设置为零。这是旋转对称镜头的默认设置。
- XY- 对称：与 Y- 对称相似，只是使用了 9 个视场点。使用 5 个 Y 对称点，并且仅在 X 轴方向上添加 −1.0×、−0.7×、+0.7× 和 +1.0× 视场点。
- 用户自定义：使用当前镜头文件中存在的任何视场定义。当使用渐晕因子、允许多个结构镜头或使用公差脚本时，需要选择此选项。当使用非旋转对称透镜或具有复杂视场权重的透镜时，也强烈建议使用用户定义的视场。如果使用用户定义的视场，则不执行权重调整。对于 Y- 对称情况，中心点的权值为 2.0，其他所有点的权值为 1.0。对于 XY- 对称的情况，中心点的权重为 4.0，其他点的权重都是统一的。

⑥ 脚本：选择公差脚本文件。

⑦ 结构：对于多结构镜头，选择用于公差分析的结构数。

⑧ 迭代：显示循环次数。

（3）“蒙特卡罗”选项卡

① 蒙特卡罗运行数：指定应运行蒙特卡罗模拟的次数。默认设置为 20，将生成 20 个符合指定公差的随机镜头。默认情况下，第一个蒙特卡罗镜头生成后，镜头文件保存在“MC_T0001”文件中。若蒙特卡罗运行的次数可以设置为零，则将从摘要报告中省略蒙特卡罗分析。

② 蒙特卡罗保存数：保存蒙特卡罗分析期间生成的特定数量的镜头文件，指定要保存的最大镜头文件数。

③ 统计分布：此设置仅在蒙特卡罗分析时使用，包括正态分布、均匀分布或抛物线分布。

④ 文件前缀：如果提供了前缀字符串，那么该字符串将被添加到生成的蒙特卡罗文件的名称中。若前缀字符串是“Fast_Doublet_”，那么保存的第一个蒙特卡罗文件的名称为“Fast_Doublet_MC_T0001”。

⑤ 保存最好和最差蒙特卡罗文件：勾选该复选框，保存生成的最佳和最差的蒙特卡罗镜头

文件“prefixMC_BEST”和“prefixMC_WORST”，其中“prefix”是文件前缀字符串。

⑥ 叠加显示蒙特卡罗结果：勾选该复选框，每个打开的分析图形窗口（如光线风扇或 MTF 图形）将被更新并覆盖每个蒙特卡罗生成的镜头。在公差分析完成后，覆盖的图形窗口将被标记为静态。

（4）“经典”选项卡

① 显示处理数据：勾选该复选框，分析报告中将提供对每个公差操作符含义的完整描述。如果未勾选，则只列出公差操作数缩写。

② 显示最差：勾选该复选框，将打印输出最严格的公差。

③ 显示补偿器：默认情况下，在灵敏度分析期间不打印补偿器值。勾选该复选框，则将打印每个补偿器值以及每个公差标准的变化。

④ 导出至文件：如果提供了有效的文件名，则公差分析输出窗口文本将保存到指定的文件中，文件路径总是与当前镜头文件相同，因此只提供不带路径的文件名，例如 OUTPUT.TXT。

⑤ 只打印显示最差：关闭打印所有的灵敏度数据功能，有利于减小输出报告的大小。一般与“显示最差”复选框配合使用。

11.2.4　实例：凹凸透镜系统公差分析

本例演示如何对凹凸透镜系统使用公差分析。

（1）设置工作环境

① 启动 Ansys Zemax OpticStudio 2023，进入 Ansys Zemax OpticStudio 2023 编辑界面。

② 选择功能区中的“文件”→“打开”命令，或单击工具栏中的“打开”按钮，打开“打开”对话框，选中文件 Curvature_Radius_LENS1.zos，单击“打开”按钮，在指定的源文件目录下打开项目文件。

③ 选择功能区中的“文件”→“另存为”命令，或单击工具栏中的“另存为”按钮，打开“另存为”对话框，输入文件名称 Curvature_Radius_LENS_allowance.zos。

（2）公差分析

① 单击“公差”功能区“公差分析”选项组中的“公差分析向导”命令，打开“公差数据编辑器”窗口，自动打开“操作数：属性”面板“公差分析向导”选项卡，如图 11-9 所示。

② 选择默认参数，单击“应用”按钮，根据“公差数据编辑器”窗口的参数定义公差操作数，结果如图 11-10 所示。

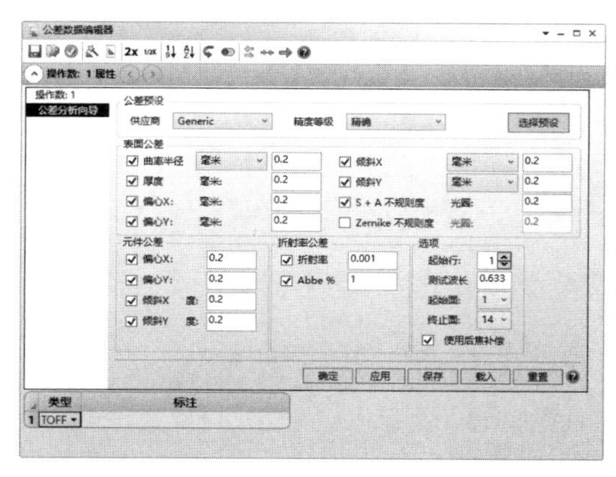

图 11-9　“公差分析向导”选项卡

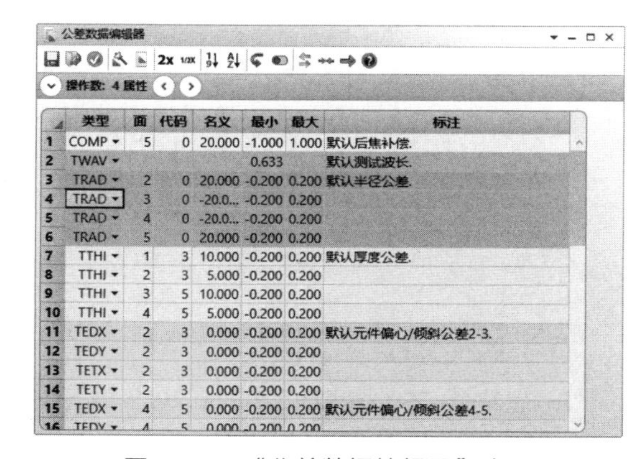

公差数据编辑器

操作数: 4 属性

	类型	面	代码	名义	最小	最大	标注
1	COMP	5	0	20.000	-1.000	1.000	默认后焦补偿.
2	TWAV				0.633		默认测试波长.
3	TRAD	2	0	20.000	-0.200	0.200	默认半径公差.
4	TRAD	3	0	-20.0...	-0.200	0.200	
5	TRAD	4	0	-20.0...	-0.200	0.200	
6	TRAD	5	0	20.000	-0.200	0.200	
7	TTHI	1	3	10.000	-0.200	0.200	默认厚度公差.
8	TTHI	2	3	5.000	-0.200	0.200	
9	TTHI	3	5	10.000	-0.200	0.200	
10	TTHI	4	5	5.000	-0.200	0.200	
11	TEDX	2	3	0.000	-0.200	0.200	默认元件偏心/倾斜公差2-3.
12	TEDY	2	3	0.000	-0.200	0.200	
13	TETX	2	3	0.000	-0.200	0.200	
14	TETY	2	3	0.000	-0.200	0.200	
15	TEDX	4	5	0.000	-0.200	0.200	默认元件偏心/倾斜公差4-5.
16	TEDY	4	5	0.000	-0.200	0.200	

图 11-10　“公差数据编辑器”窗口

（3）执行公差分析

① 单击“公差”功能区“公差分析”选项组中的“公差分析”命令，打开“公差”对话框，进行下面的参数设置。

② 打开“设置”选项卡，在“模式”下拉列表中默认选择“灵敏度”进行灵敏度分析，如图 11-11 所示。

③ 打开“蒙特卡罗”选项卡，在“蒙特卡罗运行数”栏输入 0，表示不进行蒙特卡罗分析，如图 11-12 所示。

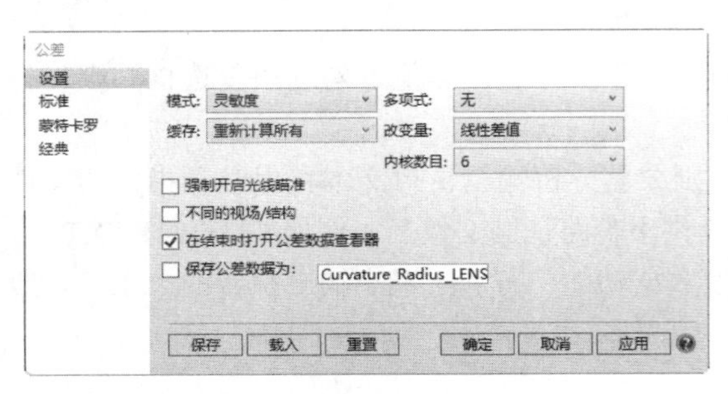

图 11-11　“设置”选项卡

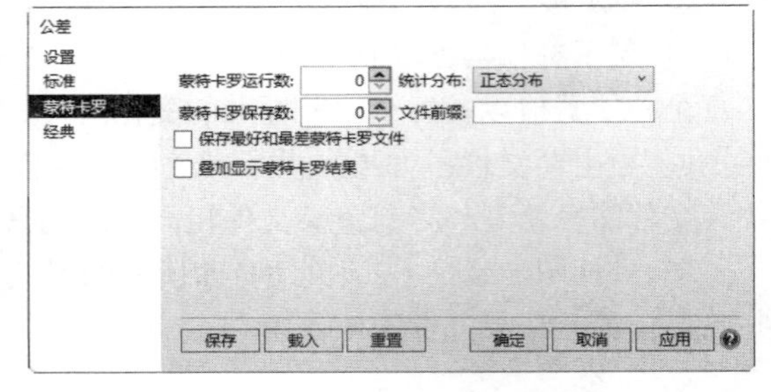

图 11-12　“蒙特卡罗”选项卡

④ 打开“经典”选项卡，勾选“显示补偿器”复选框，如图 11-13 所示。

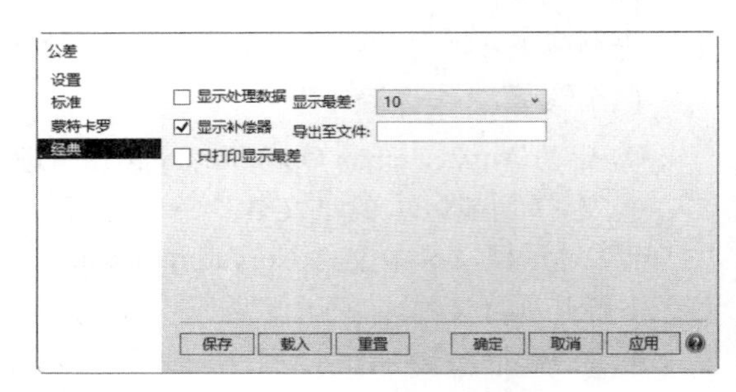

图 11-13　“经典”选项卡

⑤ 单击“确定”按钮，开始公差分析。在灵敏度分析的过程中，Zemax OpticStudio 2023 首先计算原始设计系统的公差标准，读取第一个公差操作数，将其调整到最小值，调整补偿器（优化），返回公差评价标准值。然后再重复操作，但这次是将公差操作数调整到最大值。最后所有公差都会执行这一步骤。

⑥ 分析结束后，弹出“公差结果”对话框，如图 11-14 所示。

公差结果: 1

设置　灵敏度分析　总结

	类型	面	代码	名义	公差数值	标注	RMS光斑半径	后焦变化
	TRAD	2	0	20.000	19.800	默认半径公差.	1.007	-0.502
	TRAD	2	0	20.000	20.200	默认半径公差.	0.992	0.515
	TRAD	3	0	-20.000	-20.200		0.985	0.429
	TRAD	3	0	-20.000	-19.800		1.015	-0.421
	TRAD	4	0	-20.000	-20.200		1.001	-0.124
	TRAD	4	0	-20.000	-19.800		0.999	0.128
	TRAD	5	0	20.000	19.800		1.000	0.074
	TRAD	5	0	20.000	20.200		1.000	-0.072
	TTHI	1	3	10.000	9.800	默认厚度公差.	1.008	-0.935
	TTHI	1	3	10.000	10.200	默认厚度公差.	0.992	1.000

图 11-14　“公差结果”对话框

（4）保存文件

单击 Ansys Zemax OpticStudio 2023 编辑界面工具栏中的“保存”按钮，保存文件。

11.3 快速公差分析

“快速公差”提供快速公差分析工具，如图 11-15 所示。在设计过程的早期获得快速公差预测，让用户对系统的建成性能有方向感，生成在整个设计过程中使用的近似公差结果。

图 11-15　“快速公差”选项组

11.3.1 快速灵敏度分析

快速灵敏度分析用于快速估计光学系统的灵敏度，该方法与公差分析工具类似，公差分析中同样包括几个精确计算灵敏度的命令，与之相比，快速灵敏度分析提升了运行速度。

单击“公差”功能区“快速公差”选项组中的“快速灵敏度”命令，打开“快速灵敏度”对话框，如图 11-16 所示。单击“确定”按钮，开始分析。

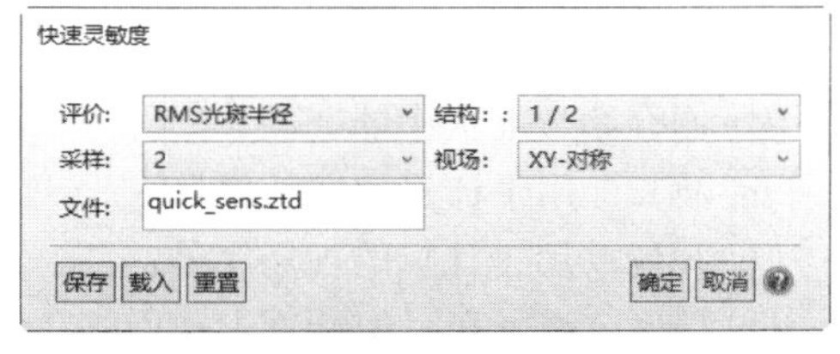

图 11-16　“快速灵敏度”对话框

下面介绍该对话框中的选项。

① 评价：选择应使用的公差标准。

② 采样：设置在计算准则时追迹的光线数量。将采样设置得比要求的高会增加计算时间，但不会提高结果的准确性。

③ 文件：输入分析完成后将保存完整公差数据的 ZTD 文件名称。

④ 结构：对于多结构镜头，此设置表示应使用哪种结构。

⑤ 视场：使用不同的视场设置。

11.3.2 快速良率分析

快速良率分析使用更快的近似计算方法来计算系统的预测蒙特卡罗良率。

① 单击“公差”功能区“快速公差”选项组中的“快速良率”命令，打开“快速良率”窗口，该窗口中包含“绘图”和“文本”选项卡，显示“RMS 波前 - 良率 %”图和“RMS 波前 - 良率 %”列表数据，如图 11-17 所示。

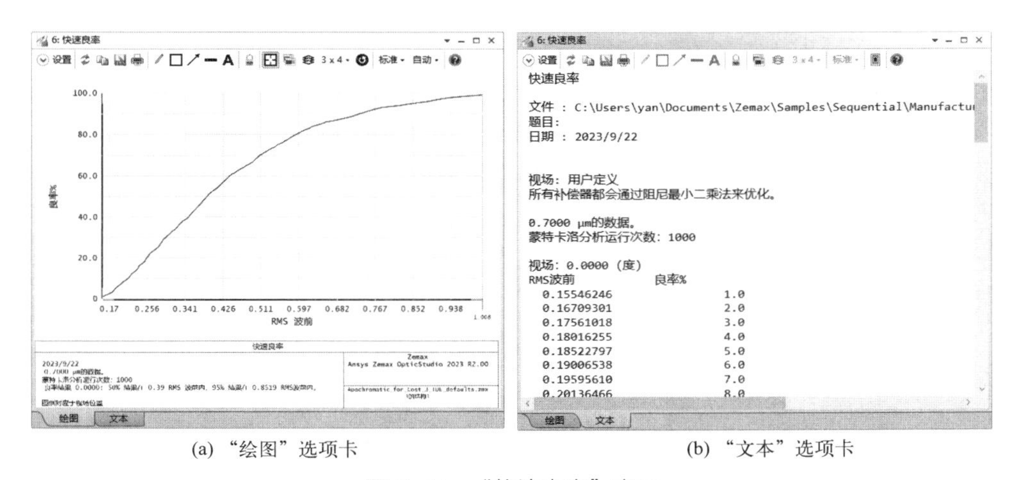

(a)“绘图”选项卡　　(b)“文本”选项卡

图 11-17　“快速良率”窗口

② 单击“设置”命令左侧的“打开”按钮⊙，展开“设置”面板，用于对曲线进行设置，如图 11-18 所示。

图 11-18　展开“设置”面板

下面介绍该面板中的选项。

a. 波长：用于计算的波长序号。

b. 视场：用于计算的视场序号。

c. 精度：选择在近似计算中使用的精度水平。

d. 光瞳采样：高斯正交时沿瞳孔径向臂追踪的光线数的采样值。

e. 蒙特卡罗运行数：蒙特卡罗分析运行的次数。

f. 统计分布：选择高斯分布类型。

g. 补偿精确度：正在运行的补偿周期的数量。

h. 补偿器：选择对补偿器进行评估的优化算法。

● 全部优化（DLS）：OpticStudio 将执行正交体面算法的一个循环，然后执行阻尼最小二乘算法。

● 近轴焦点：只考虑近轴后焦误差的变化作为补偿，所有其他补偿器都被忽略。

● 无：不执行补偿，并且忽略任何定义的补偿器。

● 全部优化（OD）：只使用正交下降算法。

11.3.3　实例：凹凸透镜系统快速公差分析

本例采用快速灵敏度分析的方法，对凹凸透镜系统进行快速公差分析，研究各个缺陷对系统性能的影响。

（1）设置工作环境

① 启动 Ansys Zemax OpticStudio 2023，进入 Ansys Zemax OpticStudio 2023 编辑界面。

② 选择功能区中的“文件”→“打开”命令，或单击工具栏中的“打开”按钮，打开“打开”对话框，选中文件 Curvature_Radius_LENS1.zos，单击“打开”按钮，在指定的源文件目录下打开项目文件。

③ 选择功能区中的“文件”→“另存为”命令，或单击工具栏中的“另存为”按钮，打开“另存为”对话框，输入文件名称 Curvature_Radius_LENS_allowance _Fast_allowance.zos。

（2）快速灵敏度分析

① 单击“公差”功能区“快速公差”选项组中的“快速灵敏度”命令，打开“快速灵敏度”对话框，如图 11-19 所示。

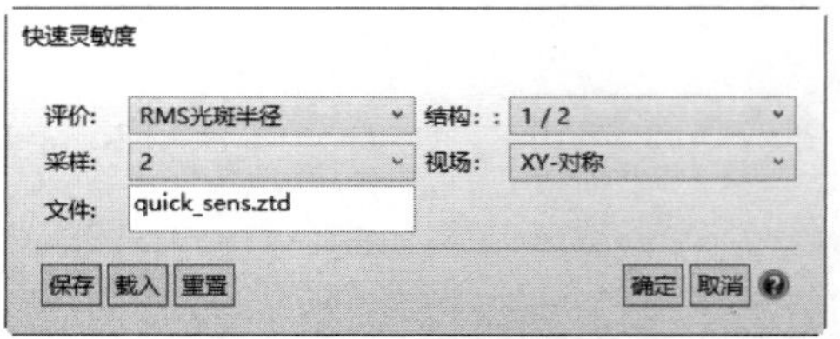

图 11-19　“快速灵敏度”对话框

② 单击“确定”按钮，开始分析。分析结束后，弹出“公差结果”对话框，如图 11-20 所示。

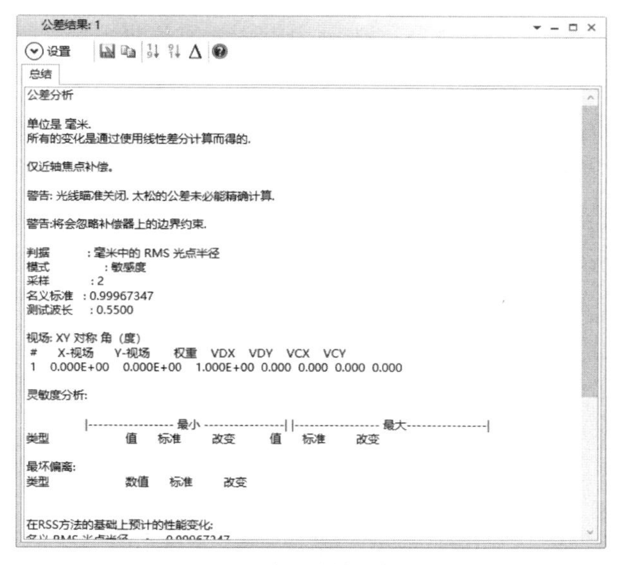

图 11-20　“公差结果”对话框

（3）保存文件

单击 Ansys Zemax OpticStudio 2023 编辑界面工具栏中的“保存”按钮，保存文件。

11.4　公差数据可视化

“公差数据可视化”提供分析工具，实现对灵敏度或蒙特卡罗运行的所有数据的访问，以及呈现一目了然的性能分析结果，如图 11-21 所示。

图 11-21　“公差数据可视化”选项组

11.4.1　公差数据查看器

“公差结果”窗口是一个公差数据查看器，读取先前保存的 ZTD 文件，并以电子表格格式显示完整的蒙特卡罗分析和灵敏度分析数据。如果未选择保存的 ZTD 文件，则“公差结果”窗口将默认显示最近运行的公差。

单击“公差”功能区“公差数据可视化”选项组中的“公差数据查看器”命令，打开“公差结果”窗口，该窗口中包含“灵敏度分析”和“总结”选项卡，显示存储在 ZTD 文件中的数据，包括公差运行期间的所有公差操作数、补偿器、标准和报告值，如图 11-22 所示。

单击“设置”命令左侧的“打开”按钮，展开“设置”面板，在“公差数据文件”下拉列表中选择公差分析结果文件（ZTD 文件），如图 11-23 所示。

(a) “灵敏度分析”选项卡

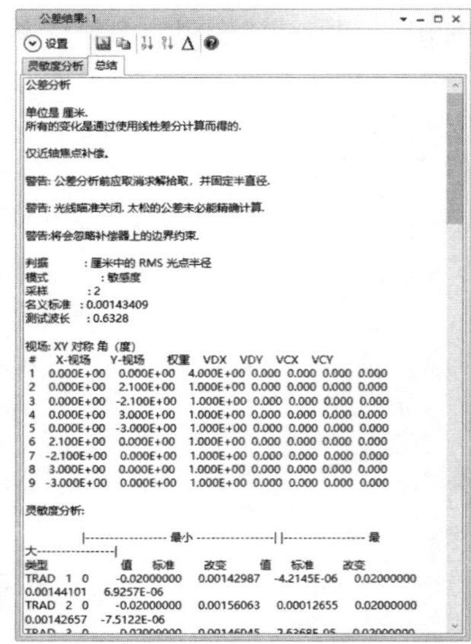

(b) “总结”选项卡

图 11-22　“公差结果”窗口

图 11-23　展开“设置”面板

11.4.2　直方图分析

直方图分析显示了蒙特卡罗公差运行期间保存的任何数据的直方图。

单击“公差”功能区“公差数据可视化”选项组中的“直方图”命令，打开“直方图”窗口，该窗口中包含“绘图”和“文本”选项卡，显示存储在 ZTD 文件中的图形和数据，包括所有容差操作数、补偿器和来自公差脚本的报告操作数，如图 11-24 所示。

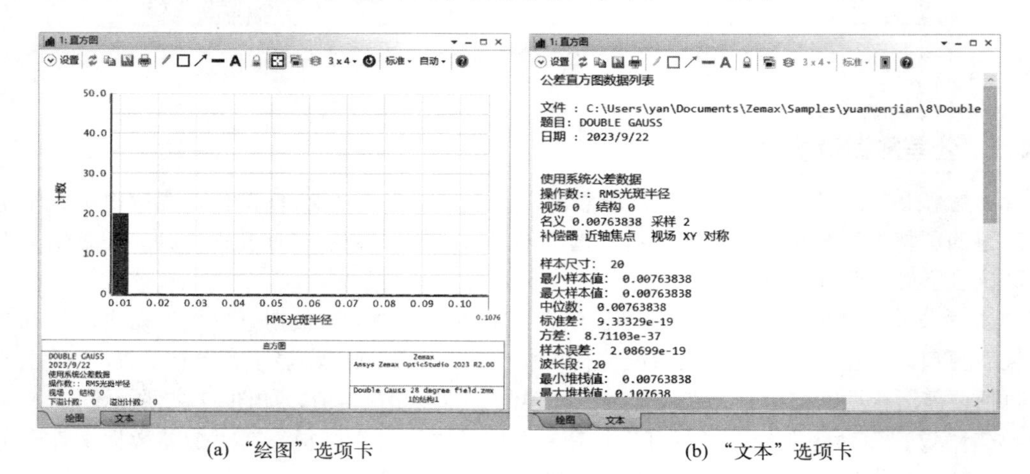

(a) “绘图”选项卡　　(b) “文本”选项卡

图 11-24　“直方图”窗口

单击“设置”命令左侧的“打开”按钮⌄，展开“设置”面板，如图 11-25 所示。

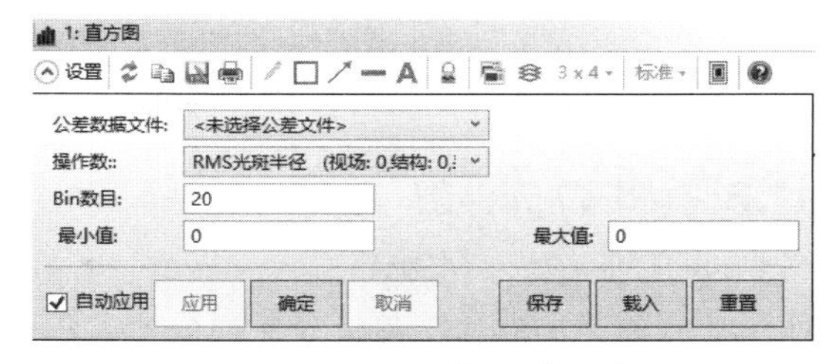

图 11-25　展开“设置”面板

下面介绍该面板中的选项。

① 公差数据文件：选择要使用的 ZTD 文件的名称。如果没有选择任何文件，则直方图将默认显示最近运行的公差。

② 操作数：根据标准显示的容差操作数、补偿器或报告值。

③ Bin 数目：确定直方图中使用多少个 Bin 来显示从最小到最大标准的范围。

④ 最小值：最低标准值。超出此值的结果将汇总成一个直方图，表示小于最小值的所有结果。

⑤ 最大值：最高标准值。超出此值的结果将汇总成一个直方图，代表所有大于最大值的结果。

11.4.3　良率分析

良率分析显示了蒙特卡罗运行期间保存的所有数据的累积分布函数或收益曲线。

① 单击“公差”功能区“公差数据可视化”选项组中的“良率”命令，打开“良率”窗口，该窗口中包含“绘图”和“文本”选项卡，如图 11-26 所示。

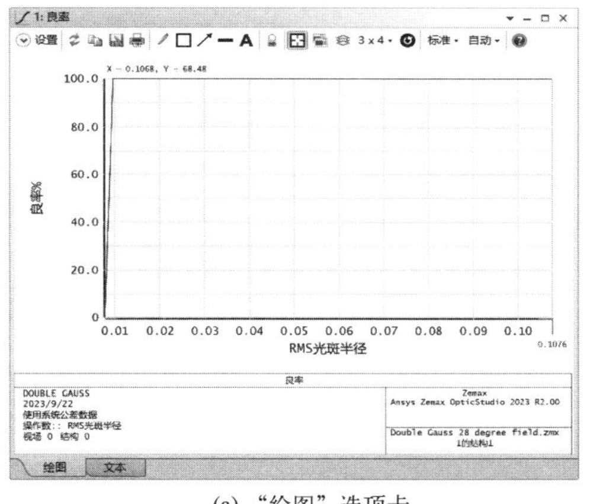

(a) “绘图”选项卡

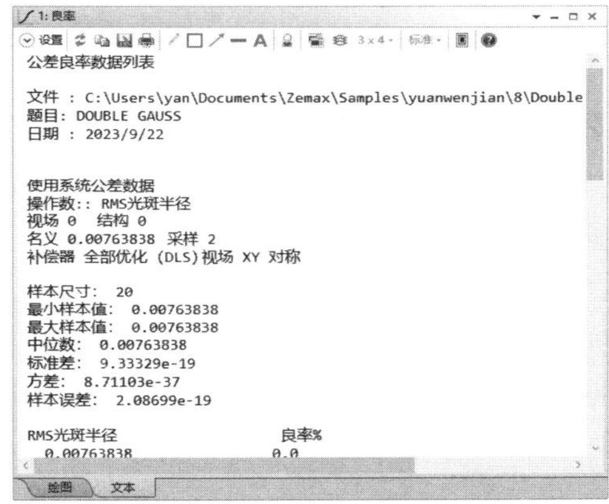

(b) “文本”选项卡

图 11-26　“良率”窗口

② 单击“设置”命令左侧的“打开”按钮⌄，展开“设置”面板，在“公差数据文件”下拉列表中选择公差分析结果文件（ZTD 文件），如图 11-27 所示。

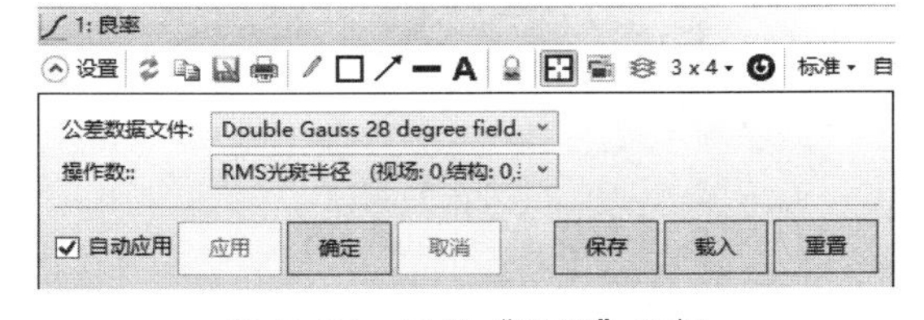

图 11-27　展开“设置”面板

11.5　加工图纸与数据分析

计算机辅助设计技术早已应用到镜头的光学设计当中。光学镜头的结构设计要求各个光学零件准确定位和合理固定，以保证镜头的光学性能。只要对这些结构作自动设计，就能省去许多费时的构思和繁琐的计算。以自动设计得到基本结构为基础，就不难修改成为所要求的特殊结构。

“制造图纸和数据”选项组中以 ISO 10110 格式和 OpticStudio 特定格式创建制造图纸，并导出有关表面的数据以交叉检查制造设置。

11.5.1 ISO 元件图

ISO 元件图表示供光学制造商使用的表面、单透镜、双胶合透镜的 ISO 10110 制图，光学元件图是选择光学材料、制定工艺规程和进行光学加工与检验的依据。

① 打开 Ball coupling.zmx 项目文件。单击“设置”功能区下“视图”选项组中的按钮，选择“ISO 元件制图”命令，弹出“ISO 元件制图”窗口，显示供光学车间生产使用的表面、单透镜、双胶合透镜或三胶合透镜的机械图，如图 11-28 所示。

② 在该光学元件图中，不仅反映出光学元件的几何形状、结构参数和公差，而且还包括对光学材料质量等级的要求、对元件加工精度和表面质量的要求及其他需说明的各项内容，其他工艺图纸均是以光学元件图为基础来给出的。

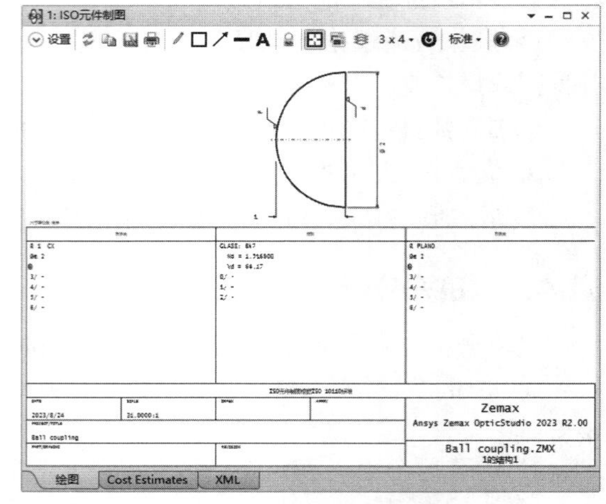

图 11-28　ISO 元件制图

11.5.2 Zemax 元件制图

Zemax 中的元件图能建立光学加工图，是最基本的图纸资料，光学零件加工的技术条件首先是通过光学零件图来表达的。

① 打开 Ball coupling.zmx 项目文件。单击“设置”功能区“视图”选项组中的按钮，选择“Zemax 元件制图”命令，弹出“Zemax 元件制图”窗口，显示供光学车间生产使用的表面、单透镜、双胶合透镜或三胶合透镜的机械图，如图 11-29 所示。

② 单击“设置”命令左侧的“打开”按钮，展开“设置”面板，如图 11-30 所示。

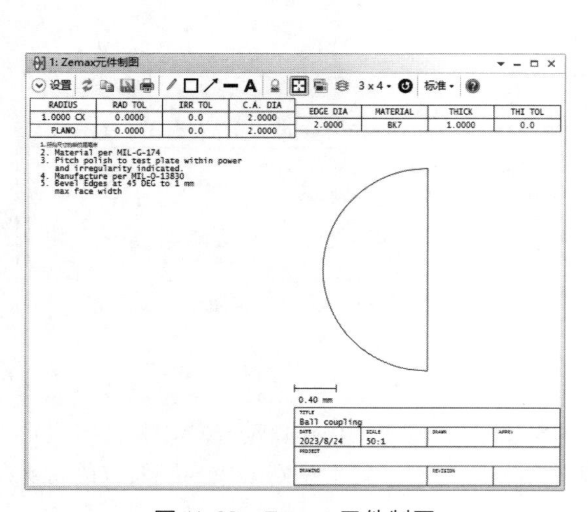

图 11-29　Zemax 元件制图

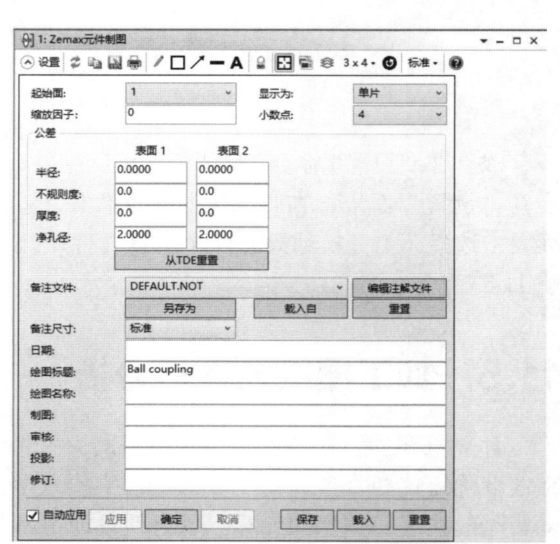

图 11-30　“设置”面板

下面介绍该面板中的选项。

a. 显示为：用于设置图形窗口显示的内容，包括“表面”“单片”“双胶合”“三片”4 个选项。

b. 公差：用于显示元件制图中的元件公差参数，包括“半径”“不规则度”“厚度”“净孔径”4 个选项。

- 半径：指定表面的半径公差值。
- 不规则度：指定表面的不规则度公差值。
- 厚度：指定表面的中心厚度公差。
- 净孔径：指定表面的净孔径的直径。

c. 备注文件：ASCII 码文件的文件名，该文件包含元件绘图注释部分。单击“编辑注解文件”按钮，打开备注文件 DEFAULT.NOT，如图 11-31 所示。在该文件中，注释项总是从第 2 项开始，第 1 项注释保留作为单位规格使用。

d. 备注尺寸：设置图形中注释文件的字体大小。包括“标准”“中”“小”“适中”4 个选项。

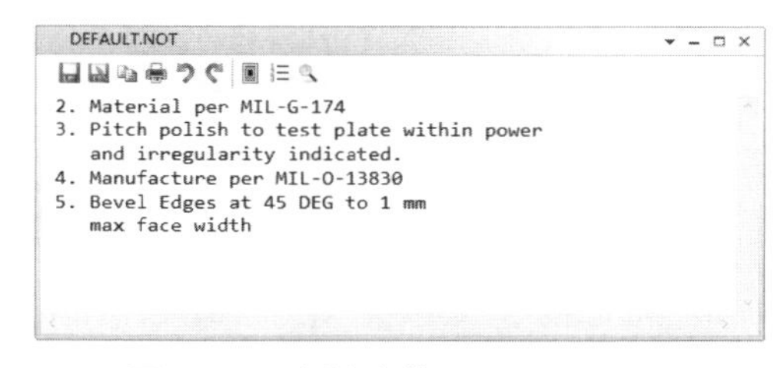

DEFAULT.NOT

```
2. Material per MIL-G-174
3. Pitch polish to test plate within power
   and irregularity indicated.
4. Manufacture per MIL-O-13830
5. Bevel Edges at 45 DEG to 1 mm
   max face width
```

图 11-31　备注文件 DEFAULT.NOT

11.5.3　实例：二元面系统光学加工图

本例通过光学加工图显示二元面透镜的光学尺寸。

（1）设置工作环境

① 启动 Ansys Zemax OpticStudio 2023，进入 Ansys Zemax OpticStudio 2023 编辑界面。

② 选择功能区中的“文件”→“打开”命令，或单击工具栏中的“打开”按钮，打开“打开”对话框，选中文件 Achromatic singlet.zos，单击“打开”按钮，在指定的源文件目录下打开项目文件，如图 11-32 所示。

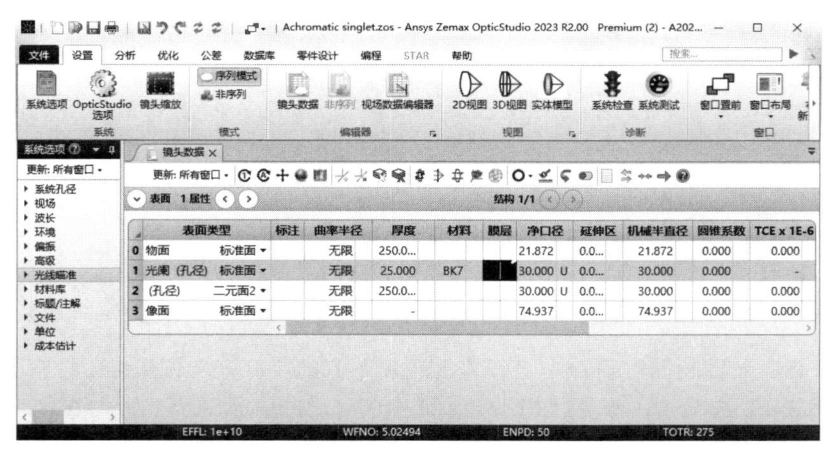

图 11-32　打开文件

（2）三维布局图

单击“设置”功能区“视图”选项组中的“3D 视图”命令，弹出“三维布局图”窗口，显示光学系统的三维图，默认显示 YZ 平面图。单击工具栏中的“相机视图”按钮，选择“等轴侧视图”命令，在“三维布局图”窗口中显示光路图的等轴侧视图，如图 11-33 所示。

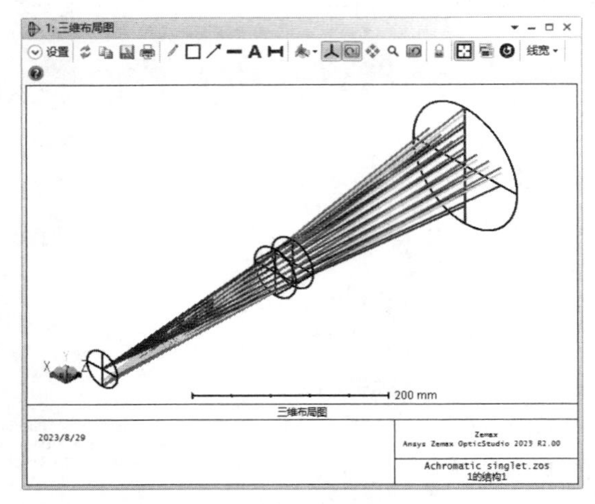

图 11-33　光路图的等轴侧视图

（3）光学加工图

① 单击“设置”功能区“视图”选项组中的按钮，选择“Zemax 元件制图”命令，弹出“Zemax 元件制图”窗口，显示表面的机械图，如图 11-34 所示。

② 单击“设置”功能区“视图”选项组中的按钮，选择“ISO 元件制图”命令，弹出“ISO 元件制图”窗口，显示光学表面的机械图，如图 11-35 所示。

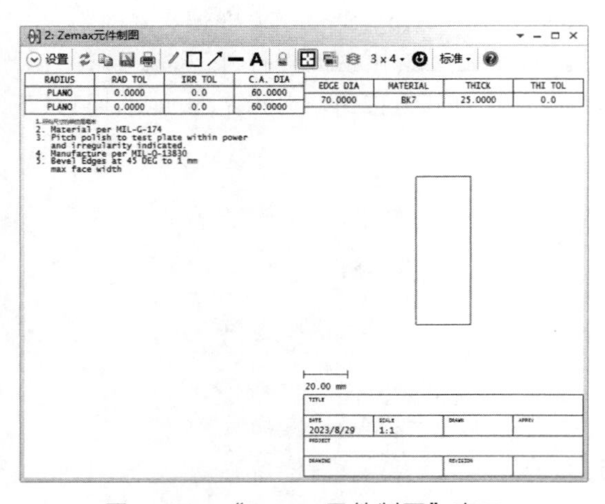

图 11-34　“Zemax 元件制图”窗口

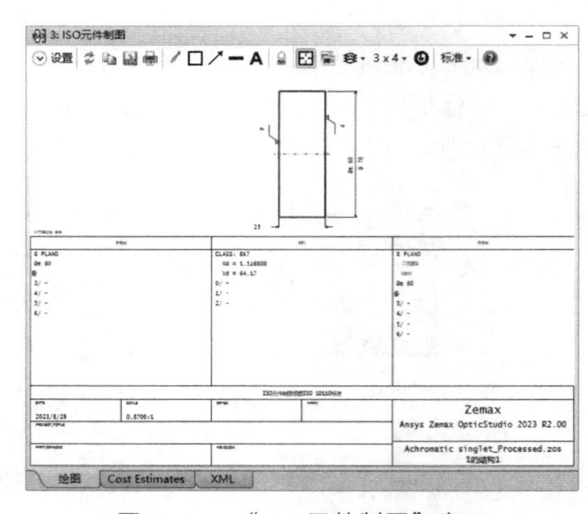

图 11-35　“ISO 元件制图”窗口

③ 单击“ISO 元件制图”窗口中“设置”选项左侧的“打开”按钮，打开“设置”面板“L 表面 - 代码 3-4”选项卡，设置“有效直径”的正负公差 ±tol 为 0.1，“直径”的正负公差 ±tol 为 0.2，如图 11-36 所示。

④ 默认勾选“自动应用”复选框，在修改参数的同时自动应用到元件制图窗口中，结果如图 11-37 所示。

⑤ 选择功能区中的“文件”→“另存为”命令，或单击工具栏中的“另存为”按钮，打开“另存为”对话框，输入文件名称 Achromatic singlet_Processed.zos。

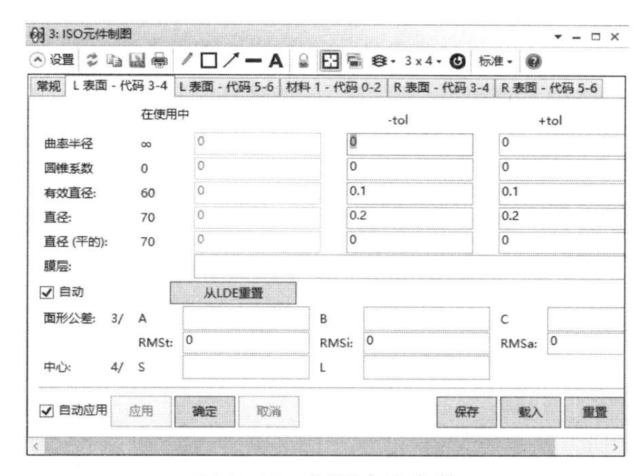

图 11-36　设置表面参数

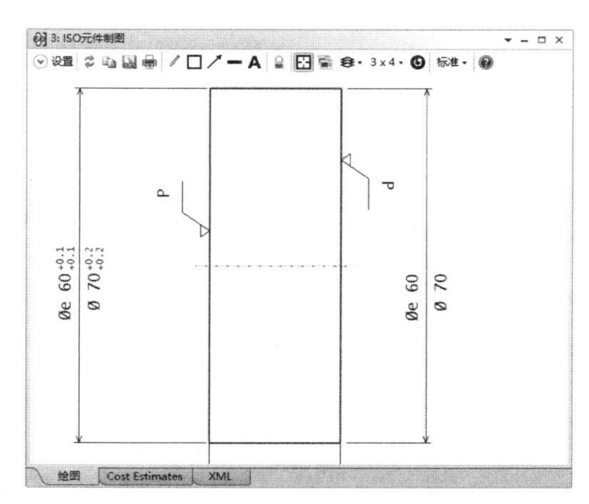

图 11-37　设置表面公差

第12章 光学系统设计实例

所谓光学系统设计，就是根据仪器所提出的使用要求，设计出光学系统的性能参数、外形尺寸和各光组的结构等。为了设计出光学系统的原理图，确定基本光学特性，使其满足给定的技术要求，首先要确定放大率（或焦距）、线视场（或角视场）、数值孔径（或相对孔径）共轭距、后工作距、光阑位置和外形尺寸等。

本章以目镜设计、光纤耦合光学系统设计和中继器光学系统设计为例，使读者学习光学系统设计方法，从光束大小、视场、波长、变量、评价函数的设置开始，选择优化方法、像差分析方法，以及提高像质量的像差评价方法等。

12.1　目镜设计

显微镜中目镜的作用相当于放大镜，对于正常视力的观察者，物镜的像应与目镜的物方焦面重合。目镜的出瞳总在其像方焦点之外与之很靠近的地方，它到目镜最后一面的距离称镜目距，是目镜的一个性能参数。为使眼瞳能与出瞳重合，镜目距不应小于 6 ～ 8mm。各种型式的目镜，镜目距与焦距的比值为固定常数，决定了可能应用的最高倍率。

在目镜的物方焦面上设置视场光阑，它到目镜第一面的距离称为目镜的工作距离，不能太短。尤其在测量用显微镜中，此距离应保证近视眼观察时不能因目镜调焦而碰到分划板。由于物镜的高倍放大，目镜只承担很小的光束孔径角，但视场相对较大，因此显微镜目镜属短焦距的小孔径大视场系统，设计时首先应考虑轴外像差，主要是倍率色差、彗差和像散的校正。

本节设计一个单目镜光学系统，模拟单线目镜形成的图像。该系统的设计规格如下：

工作 F/#：200；

总长：1000；

全视场角：23°；

波长：0.486、0.587、0.656。

12.1.1　定义初始结构

（1）设置工作环境

①在“开始”菜单中双击 Ansys Zemax OpticStudio 图标，启动 Ansys Zemax OpticStudio 2023。

② 选择功能区中的“文件”→“另存为”命令，或单击工具栏中的“另存为”按钮，打开“另存为”对话框，输入文件名称 Monocular Optical System.zmx。

（2）设置系统参数

① 打开左侧“系统选项”工作面板，设置镜头项目的系统参数。

② 双击打开“系统孔径”选项卡，在“孔径类型”选项组中选择“光阑尺寸浮动”，其余参数选择默认。此时，编辑器中光阑面的“净口径”为 1.000E-03，同时数值右侧显示符号“U”，表示该系统中光阑大小为固定值，如图 12-1 所示。

（3）输入视场

本例中全视场角 FFOV 为 23°，设置 11.5° 半视场角，采样 3 个视场点：0°、7°、11.5°。

① 双击打开“视场”选项卡，单击“打开视场数据编辑器”按钮，打开“视场数据编辑器”窗口。

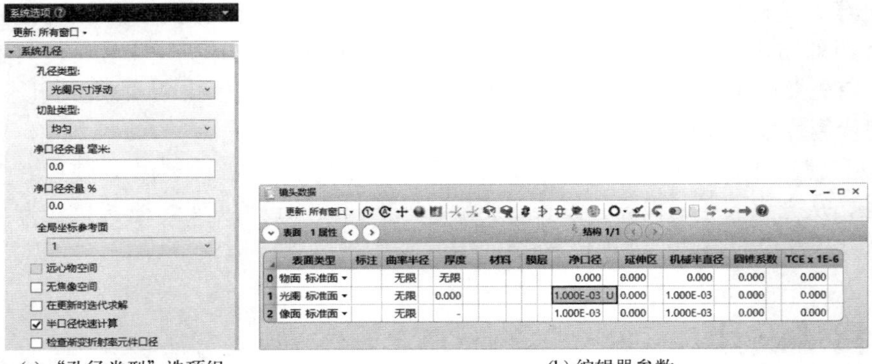

(a) “孔径类型”选项组　　　　(b) 编辑器参数

图 12-1　设置系统孔径

② 单击“视场 属性”命令左侧的“打开”按钮⊙，展开“视场 属性”面板，打开“视场类型”选项卡，在“类型”下拉列表中选择“物高”，在“归一化”下拉列表中选择“径向”，如图 12-2 所示。单击“视场属性”命令左侧的“关闭”按钮⊙，隐藏面板。

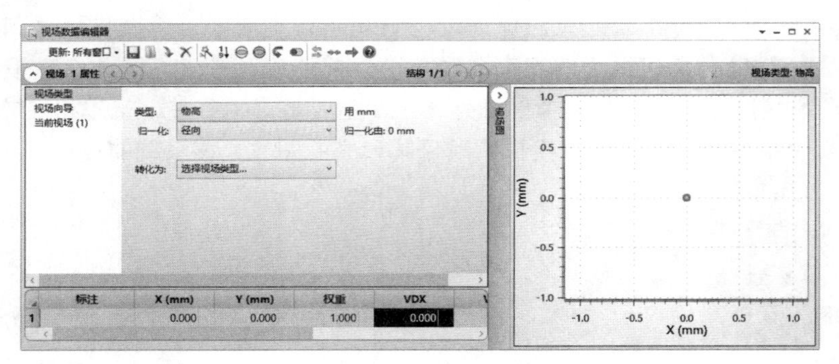

图 12-2　“视场 属性”面板

③ 选择默认的视场 1，单击鼠标右键选择“插入视场之后于”命令，在视场 1 后插入视场 2、视场 3，根据下面的参数设置视场，如图 12-3 所示。

- 设置视场 1 的 Y 角度为 0°，权重为 5；
- 设置视场 2 的 Y 角度为 7°，权重为 0.1；
- 设置视场 3 的 Y 角度为 11.5°，权重为 0.1。

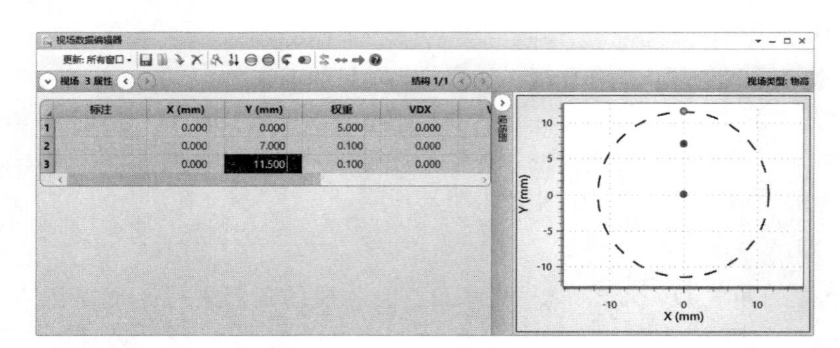

图 12-3　视场数据编辑器

④ 完成编辑后的“视场”选项卡显示 3 个视场，如图 12-4 所示。

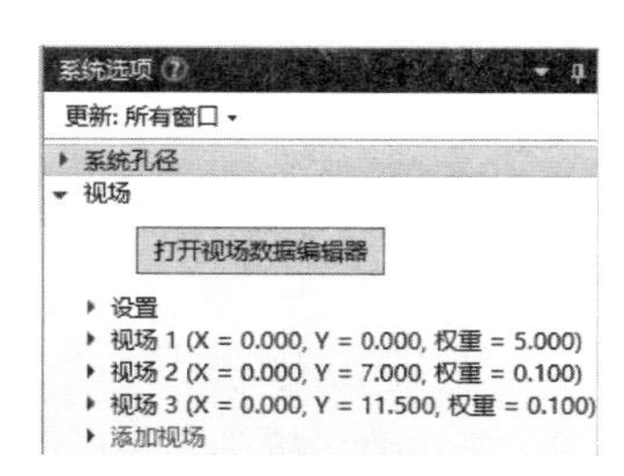

图 12-4　“视场”选项卡

（4）输入波长

① 双击打开“波长”选项卡，打开“波长数据”对话框，进行下面的参数设置，结果如图 12-5 所示。

● 在序号为 1 的“波长（微米）”栏输入波长 1 数据为 0.486。

● 勾选序号为 2 的波长前的复选框，激活波长 2，在“波长（微米）”栏输入波长数据为 0.588，选择“主波长”单选钮，将波长 2 设置为主波长。

● 勾选序号为 3 的波长前的复选框，激活波长 3，在“波长（微米）”栏输入波长数据为 0.656。

② 完成参数设置后，单击“关闭”按钮，关闭该对话框。完成编辑后的“波长”选项卡显示 3 个波长，如图 12-6 所示。

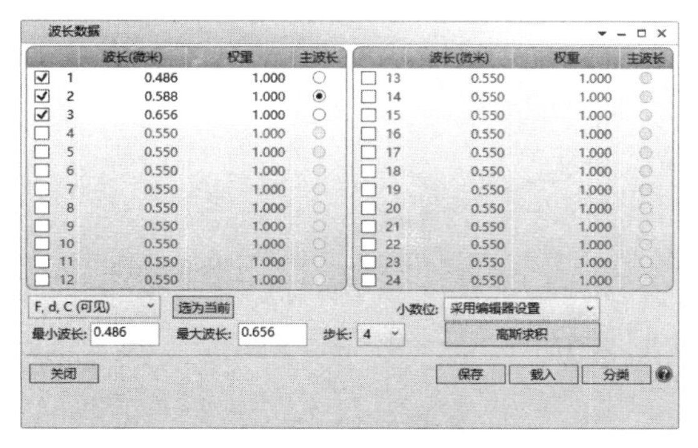

图 12-5　“波长数据”对话框

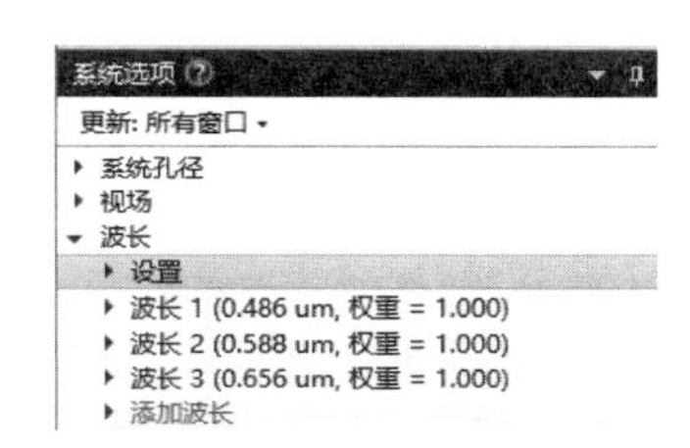

图 12-6　“波长”选项卡

（5）设置透镜初始结构

① 在“镜头数据”编辑器中选择面 1“光阑”行，单击鼠标右键，选择“插入面”命令，在其前插入 3 个面（即面 1、面 2、面 3），原面 1“光阑”行变为面 4。

② 根据下面的参数定义表面，如图 12-7 所示。

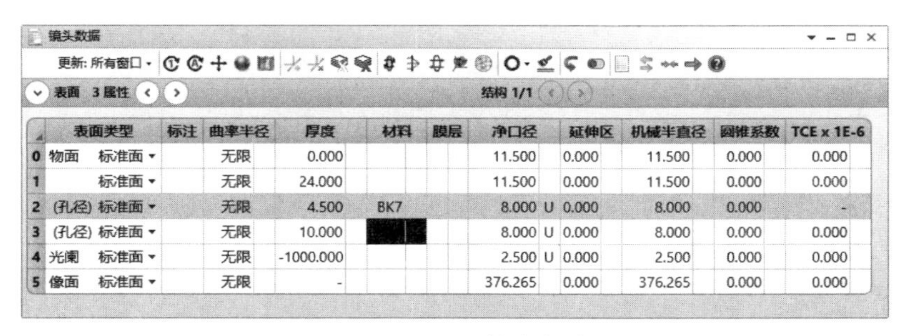

	表面类型		标注	曲率半径	厚度	材料	膜层	净口径	延伸区	机械半直径	圆锥系数	TCE x 1E-6
0	物面	标准面		无限	0.000			11.500	0.000	11.500	0.000	0.000
1		标准面		无限	24.000			11.500	0.000	11.500	0.000	0.000
2	(孔径)	标准面		无限	4.500	BK7		8.000 U	0.000	8.000	0.000	-
3	(孔径)	标准面		无限	10.000			8.000 U	0.000	8.000	0.000	0.000
4	光阑	标准面		无限	-1000.000			2.500 U	0.000	2.500	0.000	0.000
5	像面	标准面		无限	-			376.265	0.000	376.265	0.000	0.000

图 12-7　设置基本参数

● 面 0（物面）的“曲率半径”设置为“无限”，“厚度”值默认设置为“0.000”；

● 面 1 的“曲率半径”设置为“无限”，“厚度”值设置为“24.000”；

● 面 2 的“曲率半径”设置为“无限”，“厚度”值设置为“4.500”，“材料”值设置为 BK7，“净口径”值设置为“8.000”；

- 面 3 的“曲率半径”设置为“无限”，“厚度”值设置为“10.000”，“净口径”值设置为“8.000”；
- 面 4（光阑）的“曲率半径”设置为“无限”,“厚度”值设置为“-1000.000”,“净口径”值设置为“2.500”。

（6）布局图显示

单击“设置”功能区“视图”选项组中的“3D 视图”命令，弹出“三维布局图”面板，显示光学系统的 YZ 平面图，如图 12-8 所示。

12.1.2　球差显示分析

根据三维布局图，发现光学图中显示像差，如图 12-9 所示。本小节使用光线像差图、点阵图、波前图和干涉图来描述球差。

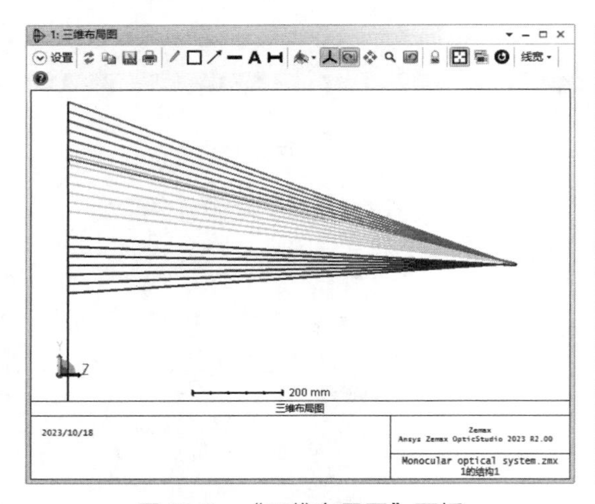

图 12-8　“三维布局图”面板

图 12-9　球差现象

（1）光线像差图

① 单击“分析”功能区“成像质量”选项组中的“像差分析”选项，在下拉列表中选择“光线像差图”命令，打开“光线光扇图”窗口，显示透镜系统的光线像差曲线，即球差曲线，如图 12-10 所示。

② 光线像差图描述在（子午面、弧矢面）不同光瞳位置处光线在像上高度与主光线高度差值，主要是判读系统有哪种相差，并不是系统性能的全面描述。从图上可看出球差曲线的旋转对称性。

（2）点列图

单击“分析”功能区“成像质量”选项组中的“光线迹点”选项，在下拉列表中选择“标准点列图”命令，打开“点列图”窗口，显示光斑图，结果如图 12-11 所示。其中，RMS 半径为 5.0E+04。

（3）波前图

单击“分析”功能区“成像质量”选项组中的“波前”选项，在下拉列表中选择“波前图”命令，打开“波前图”窗口，显示出瞳面空间坐标和像面空间坐标的函数曲面，如图 12-12 所示。

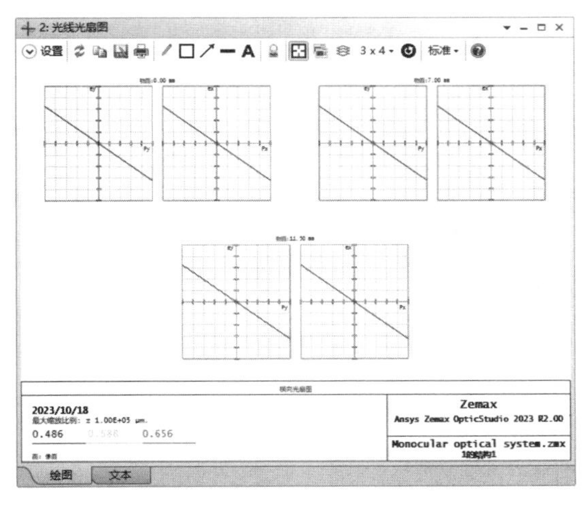

图 12-10　“光线光扇图”窗口

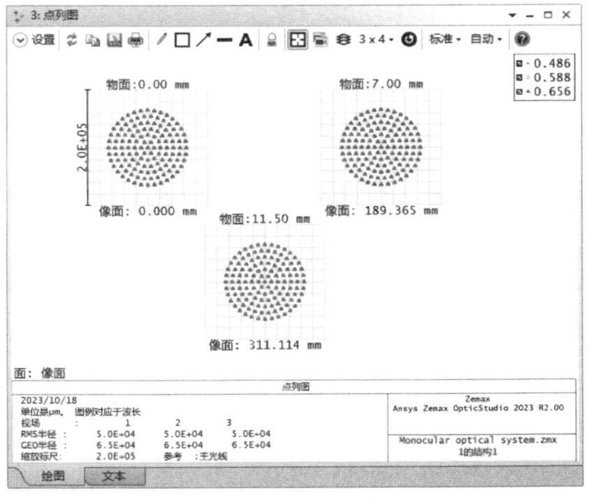

图 12-11　“点列图”窗口

（4）干涉图

单击“分析”功能区“成像质量”选项组中的“波前”选项，在下拉列表中选择“干涉图”命令，打开“干涉图”窗口，显示有球差时的波面，如图 12-13 所示。若系统不存在像差，则干涉图为零条纹。

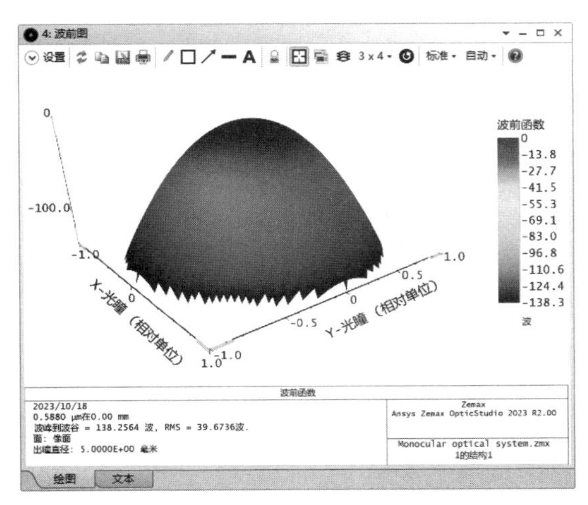

图 12-12　“波前图”窗口

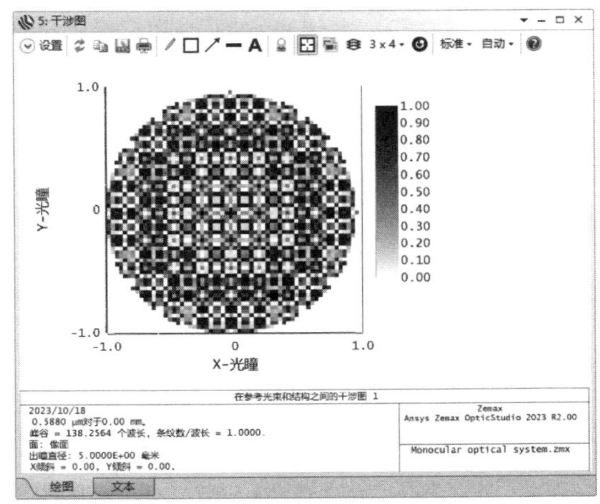

图 12-13　“干涉图”窗口

12.1.3　球差定量分析

本小节使用赛德尔系数对像差进行定量计算。

单击“分析”功能区“成像质量”选项组中的“像差分析”选项，在下拉列表中选择“赛德尔系数”命令，打开“赛德尔系数”窗口，显示赛德尔系数数据表，如图 12-14 所示。

- “赛德尔像差系数”表中计算未转换的赛德尔像差系数，单位与系统透镜单位相同，SPHA S1 列显示每个表面的球差。
- “赛德尔像差系数（波长）”表中显示的波前系数，以出瞳边缘的波长为单位。W040 列显示每个表面的球差。

12.1.4 系统自动优化

本小节优化表面的曲率半径，消除光学系统中的球差。

① 在“镜头数据”编辑器中选择面 2，单击该行“曲率半径”右侧小列，弹出“在面 2 上的曲率解”求解器，在“求解类型”下拉列表中选择“变量”。此时，“曲率半径”右侧小列显示“V”，如图 12-15 所示。在空白处单击，关闭求解器。

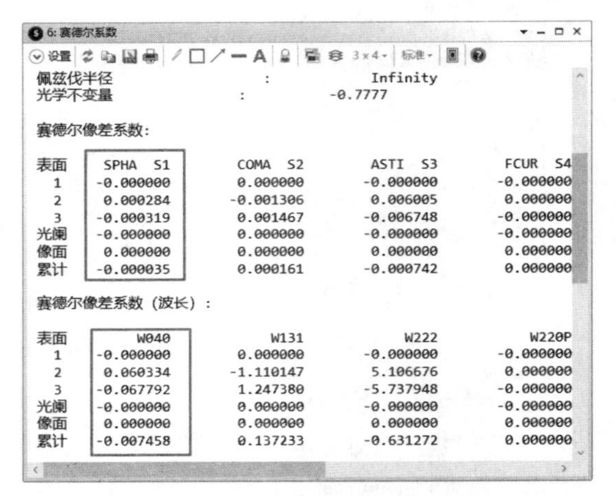

6: 赛德尔系数

佩兹伐半径 : Infinity
光学不变量 : -0.7777

赛德尔像差系数：

表面	SPHA S1	COMA S2	ASTI S3	FCUR S4
1	-0.000000	0.000000	-0.000000	-0.000000
2	0.000284	-0.001306	0.006005	0.000000
3	-0.000319	0.001467	-0.006748	-0.000000
光阑	-0.000000	0.000000	-0.000000	-0.000000
像面	0.000000	0.000000	0.000000	0.000000
累计	-0.000035	0.000161	-0.000742	0.000000

赛德尔像差系数（波长）：

表面	W040	W131	W222	W220P
1	-0.000000	0.000000	-0.000000	-0.000000
2	0.060334	-1.110147	5.106676	0.000000
3	-0.067792	1.247380	-5.737948	-0.000000
光阑	-0.000000	0.000000	-0.000000	-0.000000
像面	0.000000	0.000000	0.000000	0.000000
累计	-0.007458	0.137233	-0.631272	0.000000

图 12-14 “赛德尔系数”窗口

镜头数据

更新: 所有窗口 · 表面 2 属性 · 结构 1/1

	表面类型		标注	曲率半径		厚度	材料	膜层	净口径		延伸区	机械半直径	圆锥系数	TCE x 1E-
0	物面	标准面		无限		0.000			11.500		0.000	11.500	0.000	0.000
1		标准面		无限		24.000			11.500		0.000	11.500	0.000	0.000
2	(孔径)	标准面		无限	V	4.500	BK7		8.000	U	0.000	8.000	0.000	-
3	(孔径)	标准面		无限		10.000			8.000	U	0.000	8.000	0.000	0.000
4	光阑	标准面		无限		-1000.000			2.500	U	0.000	2.500	0.000	0.000
5	像面	标准面		无限		-			376.265		0.000	376.265	0.000	0.000

图 12-15 曲率半径设置

② 单击“优化”功能区“自动优化”选项组中的“评价函数编辑器”命令，打开“评价函数编辑器”窗口。单击“优化向导与操作数”命令左侧的“打开”按钮⊙，展开“优化向导与操作数”面板，打开“优化向导”选项卡，在“成像质量”下拉列表中选择“波前”，“起始行”选择 4，其余参数保持默认，如图 12-16 所示。

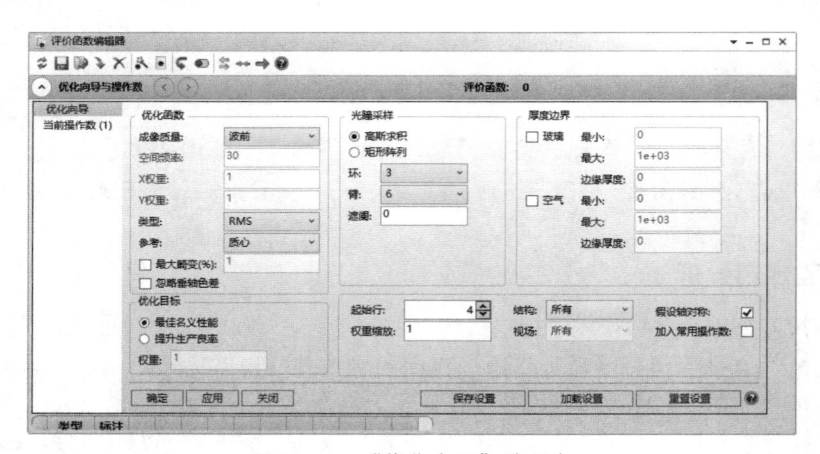

图 12-16 “优化向导”选项卡

③ 单击“应用”按钮，在“评价函数编辑器”窗口中添加操作数，如图 12-17 所示。单击“确定”按钮，隐藏展开的面板。

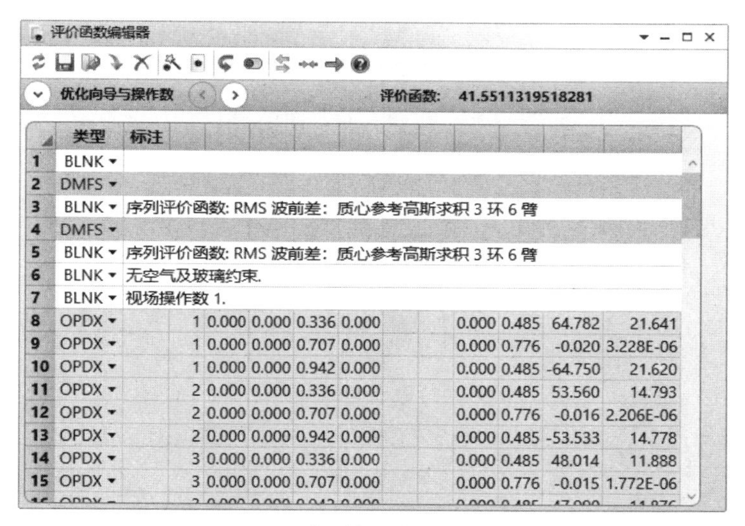

	类型	标注									
1	BLNK										
2	DMFS										
3	BLNK	序列评价函数: RMS 波前差: 质心参考高斯求积 3 环 6 臂									
4	DMFS										
5	BLNK	序列评价函数: RMS 波前差: 质心参考高斯求积 3 环 6 臂									
6	BLNK	无空气及玻璃约束.									
7	BLNK	视场操作数 1.									
8	OPDX		1	0.000	0.000	0.336	0.000	0.000	0.485	64.782	21.641
9	OPDX		1	0.000	0.000	0.707	0.000	0.000	0.776	-0.020	3.228E-06
10	OPDX		1	0.000	0.000	0.942	0.000	0.000	0.485	-64.750	21.620
11	OPDX		2	0.000	0.000	0.336	0.000	0.000	0.485	53.560	14.793
12	OPDX		2	0.000	0.000	0.707	0.000	0.000	0.776	-0.016	2.206E-06
13	OPDX		2	0.000	0.000	0.942	0.000	0.000	0.485	-53.533	14.778
14	OPDX		3	0.000	0.000	0.336	0.000	0.000	0.485	48.014	11.888
15	OPDX		3	0.000	0.000	0.707	0.000	0.000	0.776	-0.015	1.772E-06

图 12-17　“评价函数编辑器”窗口

④ 单击“优化”功能区“自动优化”选项组中的“执行优化”命令，弹出“局部优化”对话框，单击“开始”按钮，执行优化，结果如图 12-18 所示。优化结束后，分析结果报告中当前评价函数为 1.136140052，比初始评价函数小很多。单击“退出”按钮，关闭该对话框。

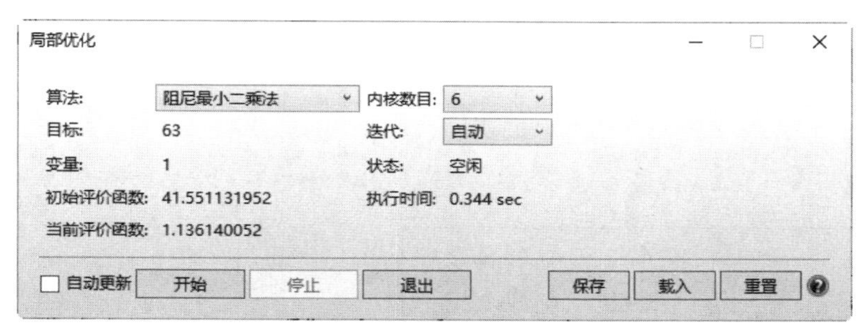

图 12-18　“局部优化”对话框

⑤ 打开“镜头数据”编辑器，发现表面 2 的“曲率半径”发生改变，如图 12-19 所示。

	表面类型		标注	曲率半径		厚度	材料	膜层	净口径		延伸区	机械半直径	圆锥系数	TCE x 1E-
0	物面	标准面		无限		0.000			11.500		0.000	11.500	0.000	0.000
1		标准面		无限		24.000			11.500		0.000	11.500	0.000	0.000
2	(孔径)	标准面		13.068	V	4.500	BK7		8.000	U	0.000	8.000	0.000	-
3	(孔径)	标准面		无限		10.000			8.000	U	0.000	8.000	0.000	0.000
4	光阑	标准面		无限		-1000.000			2.500	U	0.000	2.500	0.000	0.000
5	像面	标准面		无限		-			553.917		0.000	553.917	0.000	0.000

图 12-19　“镜头数据”编辑器

⑥ 打开“点列图”窗口（图 12-20），从点列图上看光斑明显变小，其中，RMS 半径为 1111.50、6340.89、1.4E+04。

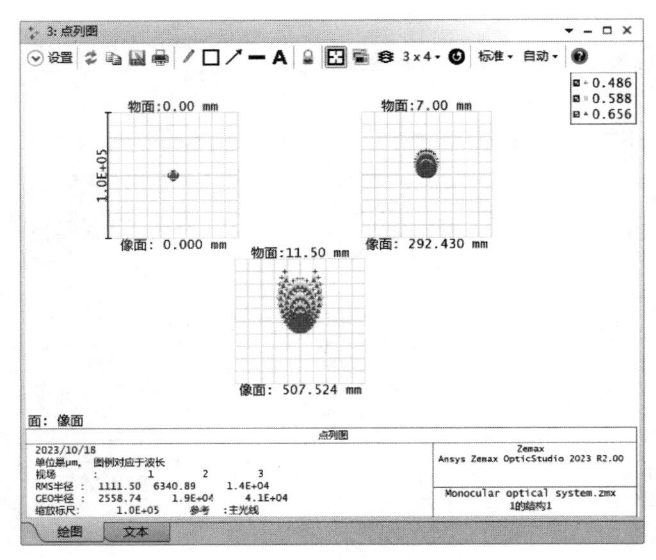

图 12-20 “点列图”窗口

⑦ 打开“三维布局图”窗口，单击“设置”选项左侧的“打开”按钮⊙，打开“设置”面板，在“终止面”选项中选择4，在“光线数”选项中选择3，勾选“删除渐晕”“压缩框架”“隐藏透镜边”复选框，如图 12-21 所示。

单击“确定”按钮，关闭“设置”面板，更新“三维布局图”窗口中的视图，能够看到球差明显降低，但是依旧还有一些。

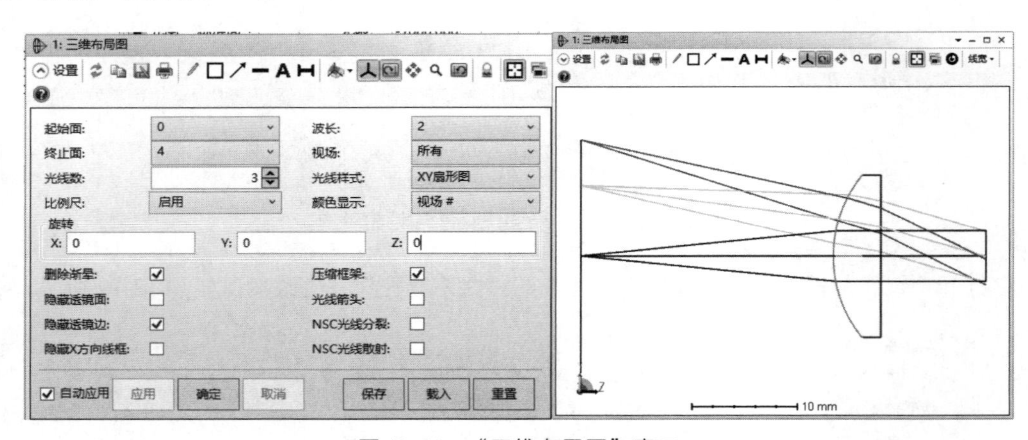

图 12-21 “三维布局图”窗口

12.1.5 图形模拟分析

Ansys Zemax OpticStudio 2023 的图像模拟分析是对原始数字图像和光学系统每个视场的点扩散函数进行计算（矩阵点乘），这个过程在数字图像处理中称为卷积，得到的就是探测器的图像。

① 单击“分析”功能区“成像质量”选项组中的“图像分析”选项，在下拉列表中选择“图像模拟”命令，打开“图像模拟”窗口。单击“设置”命令左侧的“打开”按钮⊙，展开“设置”面板，在“导入文件”下拉列表中选择“Alex200.BMP”，在“PSF-X 点数”下拉列表中

选择 7，在“PSF-Y 点数”下拉列表中选择 7，在“显示为”下拉列表中选择“PSF 网格”。单击“确定”按钮，隐藏面板，图形模拟结果如图 12-22 所示。

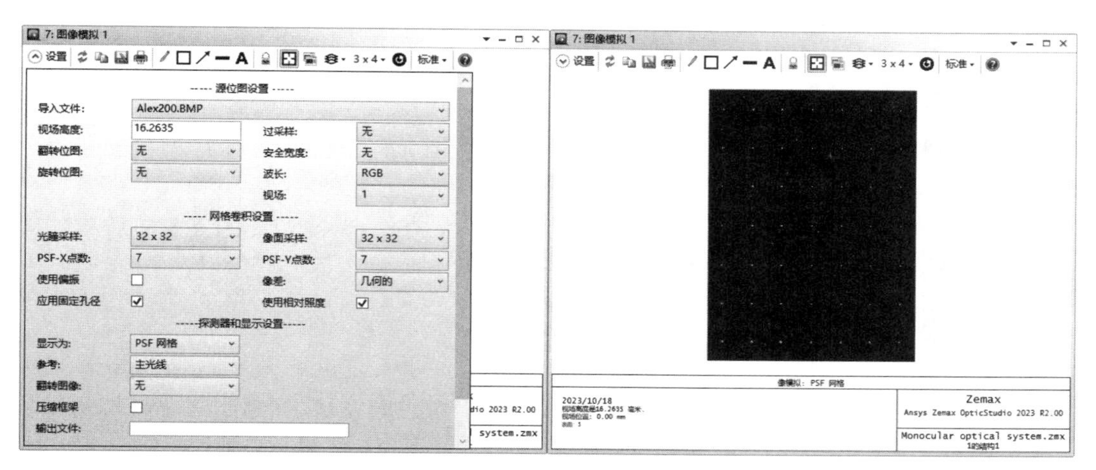

图 12-22　“图像模拟 1”窗口

② 单击“分析”功能区“成像质量”选项组中的“图像分析”选项，在下拉列表中选择“图像模拟”命令，打开“图像模拟”窗口。单击“设置”命令左侧的“打开”按钮⌄，展开“设置”面板，在“导入文件”下拉列表中选择“Alex200.BMP”，在“PSF-X 点数”下拉列表中选择 7，在“PSF-Y 点数”下拉列表中选择 7，在“像差”下拉列表中选择“衍射”，在“显示为”下拉列表中选择“仿真图”。单击“确定”按钮，隐藏面板，图形模拟结果如图 12-23 所示。

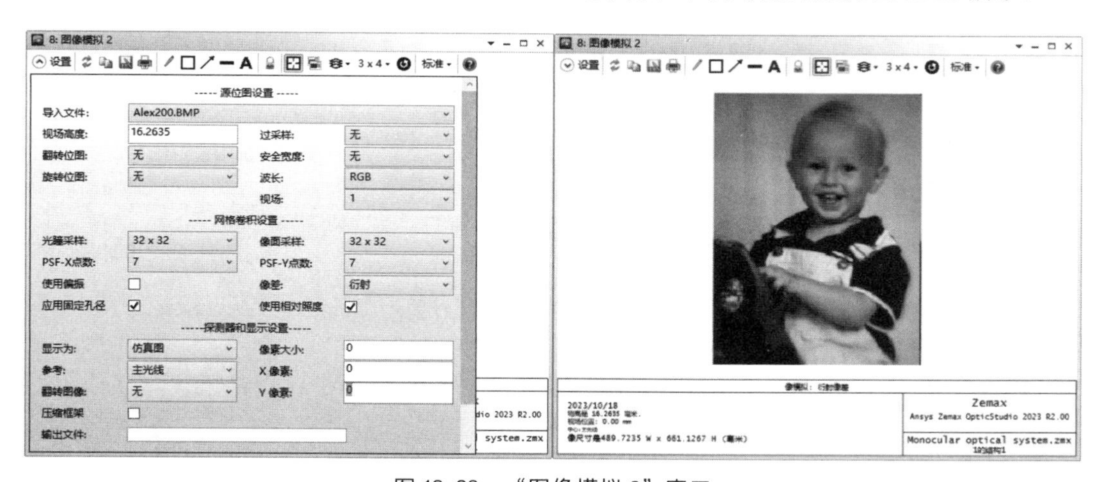

图 12-23　“图像模拟 2”窗口

③ 保存文件。单击 Ansys Zemax OpticStudio 2023 编辑界面工具栏中的“保存”按钮，保存文件。

12.2　光纤耦合光学系统设计

本节设计一个光纤耦合光学系统，光纤是光导纤维（又称光学纤维）的简称，它是一种用透明的光学材料（如石英、玻璃、塑料等）拉制而成的用于传输光的圆柱形光波导。现代的光纤已满足传输各种波长的激光，例如 375nm、395nm、405nm、450nm、480nm、520nm、635nm、650nm、670nm、780nm、808nm、830nm、850nm、940nm、980nm，包括平时常见的红外激光、红激光、绿激光、蓝激光、紫激光、蓝紫激光、紫外激光、白激光等。

12.2.1 初始结构设计

光纤的核心部分由圆柱形玻璃纤芯和玻璃包层构成，最外层是一种弹性耐磨的塑料护套，整根光纤呈圆柱形，如图 12-24 所示。

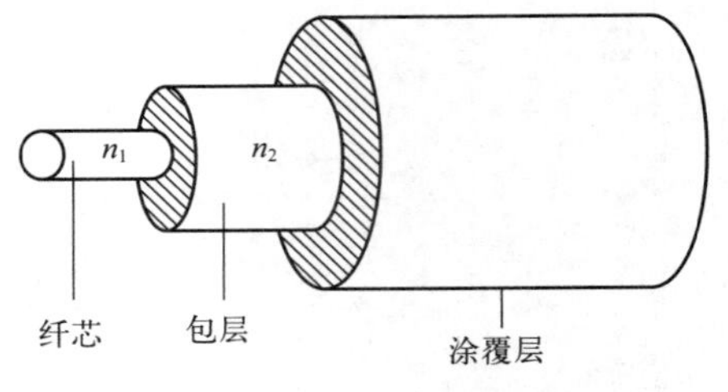

图 12-24 光纤的结构

光纤按照传输模式的数量多少，分为单模光纤和多模光纤。只传输一个模式的单模光纤的纤芯直径极细，通常小于 10μm；传输数百个模式的多模光纤的纤芯直径较粗，通常等于 50μm 左右。

光纤系统结构复杂，需要使用混合模式进行设计。混合模式系统是指在一个序列系统中含有一个或一个以上非序列物体（称为非序列组件）。

在混合模式的设计中，系统使用序列模式中所定义的系统孔径与视场。光线从每个被定义的视场点射向系统孔径，并且穿越非序列表面前的所有序列性表面。随后光线进入非序列模式的入口端口，并开始在非序列对象群中进行传播。当光线离开出口端将继续追迹剩余的序列性表面，直至成像面。

（1）设置工作环境

① 在“开始”菜单中双击 Ansys Zemax OpticStudio 图标，启动 Ansys Zemax OpticStudio 2023。

② 选择功能区中的“文件”→“另存为”命令，或单击工具栏中的“另存为”按钮，打开“另存为”对话框，输入文件名称 Fiber Optic System.zmx。

（2）设置系统参数

① 打开左侧“系统选项”工作面板，设置镜头项目的系统参数。

② 双击打开“系统孔径”选项卡，在“孔径类型”选项组下选择“物方空间 NA”，通过定义从物点发光角度来约束进入系统的光束大小。在“孔径值”选项组中输入 0.4，如图 12-25 所示。

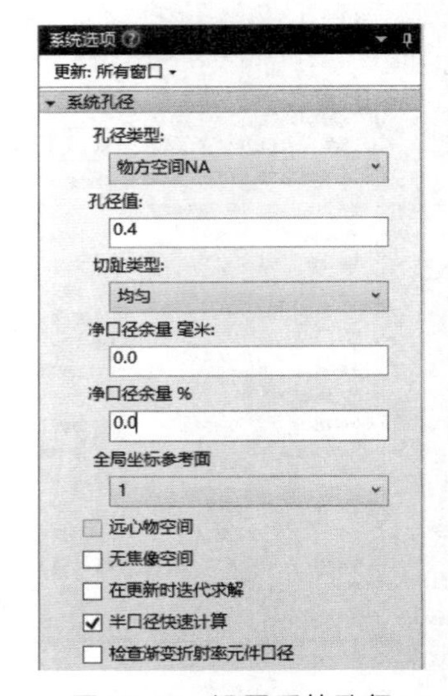

图 12-25 设置系统孔径

（3）选择材料

双击打开“材料库”选项卡，在“可用玻璃库”列表中选择“MISC”，将其拖动到“当前玻璃库”列表中，如图 12-26 所示。

（4）设置透镜初始结构

在序列模式先设计玻璃纤芯中的光线传播。

① 在“镜头数据”编辑器中选择面 1“光阑”行，单击鼠标右键，选择“插入后续面”命令，在其后插入面 2、面 3、面 4。此时，像面左侧的表面序号自动递增为 5，如图 12-27 所示。

② 选择面 2，在“表面类型” 下拉列表中选择“非序列组件”，此时，“系统选项”面板中自动增加“非序列”选项卡，设置“每条光线最大片段数目”为 2000，如图 12-28 所示。

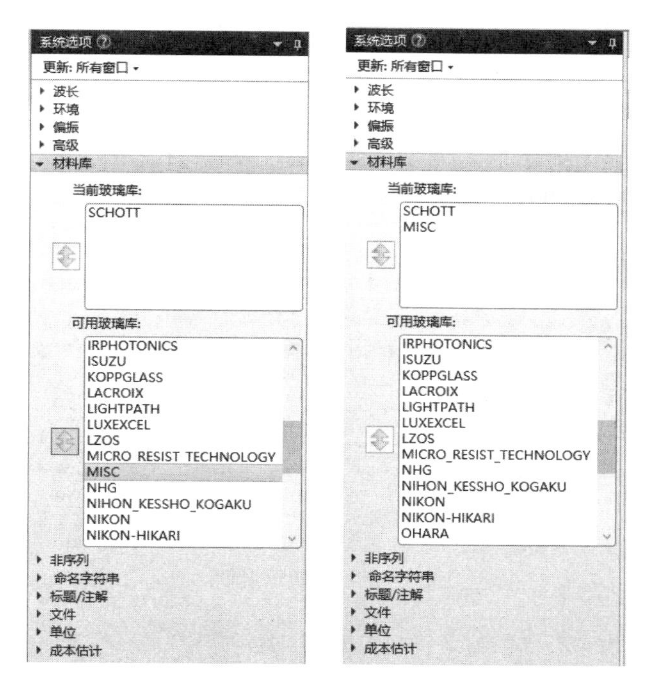

图 12-26　添加材料库

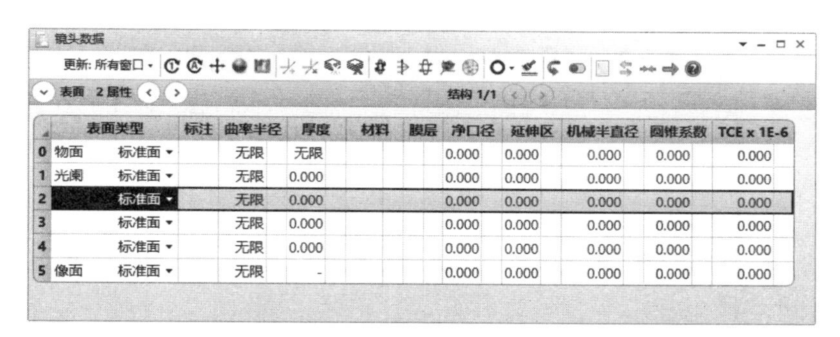

图 12-27　插入后续面

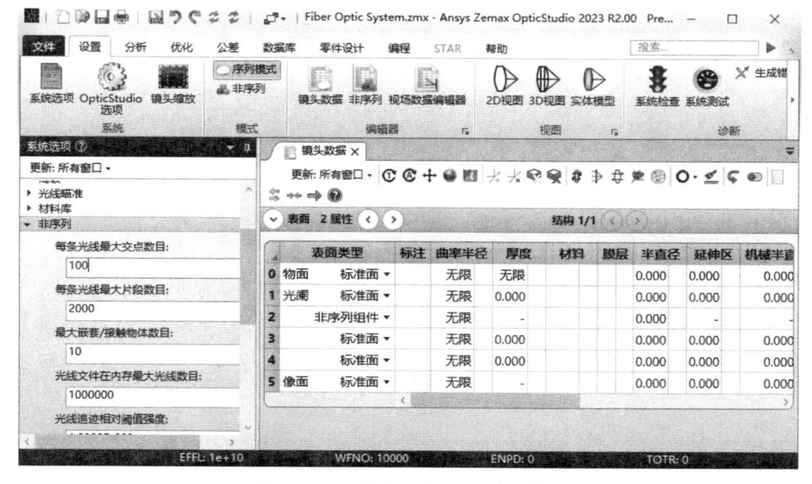

图 12-28　选择“非序列组件”

③ 对定义的初始结构进行参数设置。

- 选择面 0、面 1、面 3、面 4 的“厚度”列为 1.000，表示不同镜头表面之间的间距为 1.000，结果如图 12-29 所示。
- 选择面 2 的“非序列组件”，对新增参数进行设置：在“显示接口”选项中输入 0，在“输出口 Z”选项中输入 51.000。

镜头数据

更新: 所有窗口 · 表面 5 属性 · 结构 1/1

	表面类型		标注	曲率半径	厚度	材料	膜层	净口径	延伸区	机械半直径	圆锥系数	TCE x 1E-6	参
0	物面	标准面 ▾		无限	1.000			0.000	0.000	0.000	0.000	0.000	
1	光阑	标准面 ▾		无限	1.000			0.436	0.000	0.436	0.000	0.000	
2		非序列组件 ▾		无限	-			0.873	-	-	0.000	0.000	
3		标准面 ▾		无限	1.000			1.000 U	0.000	1.000	0.000	0.000	
4		标准面 ▾		无限	1.000			1.309	0.000	1.309	0.000	0.000	
5	像面	标准面 ▾		无限	-			1.637	0.000	1.637	0.000	0.000	

图 12-29 设置厚度值

④ 单击“设置”功能区“视图”选项组中的“3D 视图”命令，弹出“三维布局图”窗口，显示光学系统的三维图，默认显示 YZ 平面图，如图 12-30 所示。

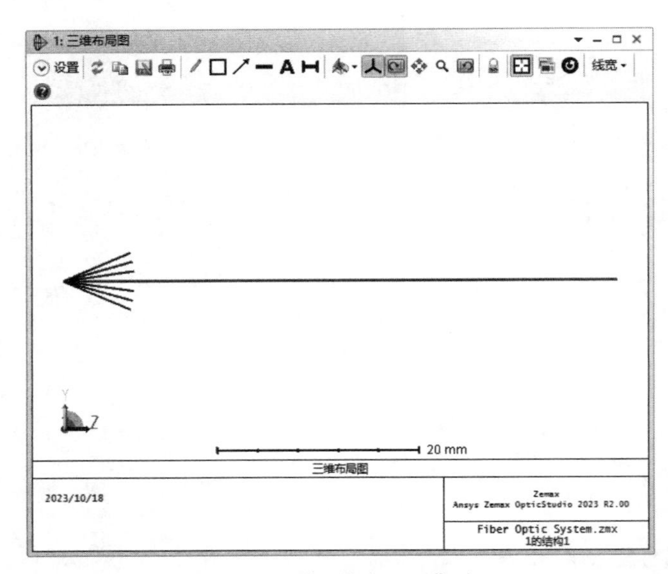

图 12-30 “三维布局图”窗口

(5) 进入非序列模式

① 在非序列模式中设置玻璃包层和塑料护套，整根光纤呈圆柱形，因此，玻璃包层和塑料护套使用圆柱形物体来定义。其中，塑料护套使用 FK3（航空橡胶制品抗老化涂料），半径为 4.0，长度为 50；玻璃包层使用 K5（镍基沉淀硬化型等晶铸造高温合金），半径为 2.5，长度为 50。

② 单击“设置”功能区“编辑器”选项组中的“非序列”命令，打开“非序列元件编辑器”窗口。此时，编辑器中默认创建一个编号为 1 的“空物体”，如图 12-31 所示。

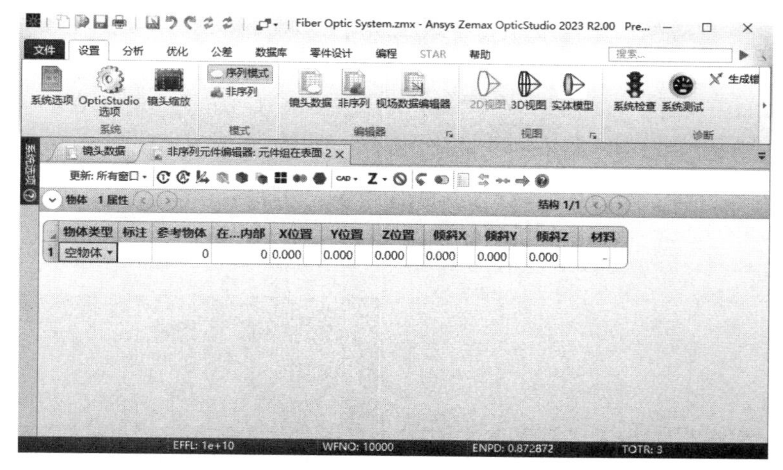

图 12-31　“非序列元件编辑器”窗口

（6）设置物体

① 选择编号为 1 的“空物体”，在“物体类型”下拉列表中选择“圆柱体”，设置材料为 FK3，前 R 为 4.000，Z 长度为 50.000，后 R 为 4.000，其余参数保持默认，如图 12-32 所示。

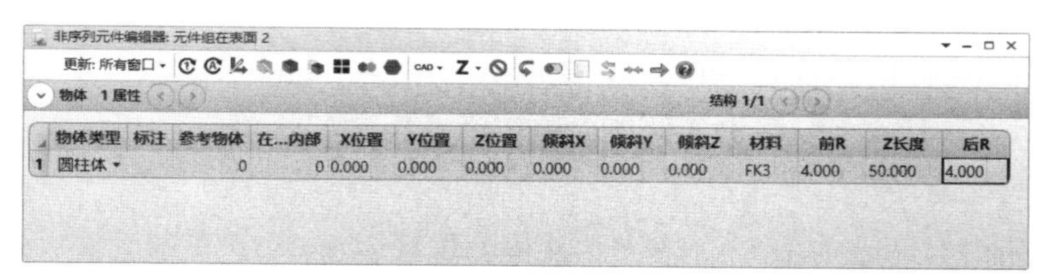

图 12-32　设置物体 1 参数

② 选择编号为 1 的“空物体”，单击鼠标右键，在弹出的快捷菜单中选择“复制物体”“粘贴物体”命令，在该物体上面插入编号为 1 的“圆柱体”物体，该物体的编号自动变为 2，如图 12-33 所示。

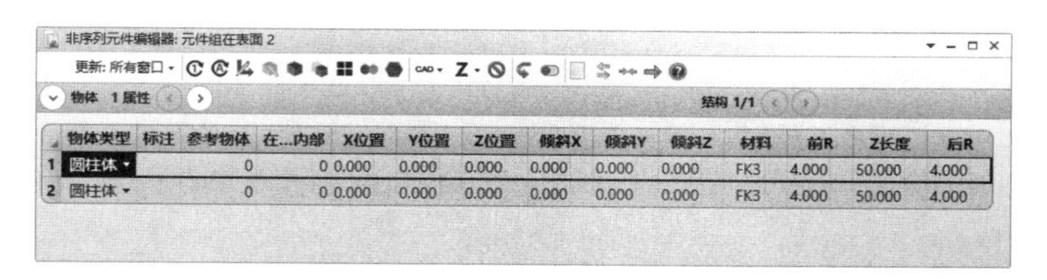

图 12-33　复制物体

③ 选择编号为 1 的“空物体”，在“物体类型”下拉列表中选择“圆柱体”，设置材料为 K5，前 R 为 2.500，Z 长度为 50.000，后 R 为 2.500，其余参数保持默认，如图 12-34 所示。

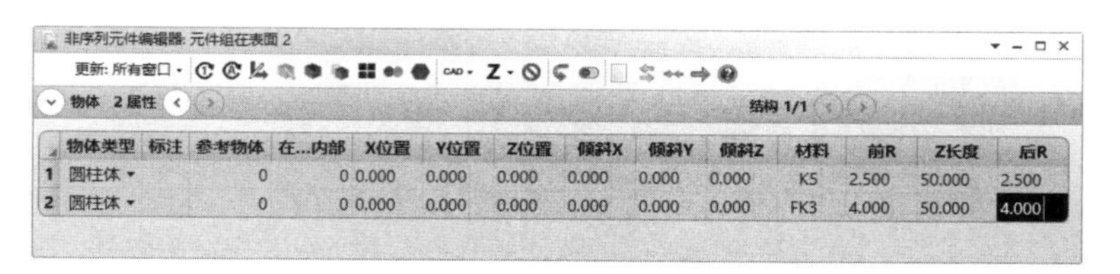

图 12-34　设置新物体 1 参数

④ 打开“三维布局图”窗口，此时，布局图中添加玻璃包层和塑料护套的光学系统，如图 12-35 所示。

⑤ 单击“设置”功能区“视图”选项组中的“实体模型”命令，弹出“实体模型”窗口，显示光学系统的实体模型三维图，默认显示 YZ 平面图。单击工具栏中的“相机视图”按钮，选择“等轴侧视图”命令，在“实体模型”窗口中显示实体模型的等轴侧视图，如图 12-36 所示。

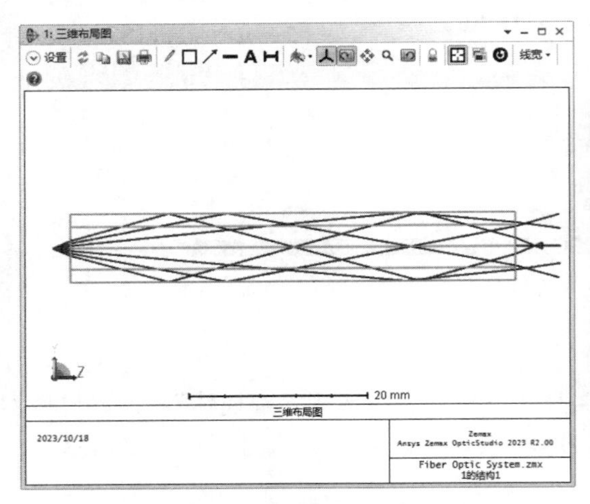

图 12-35 “三维布局图”窗口

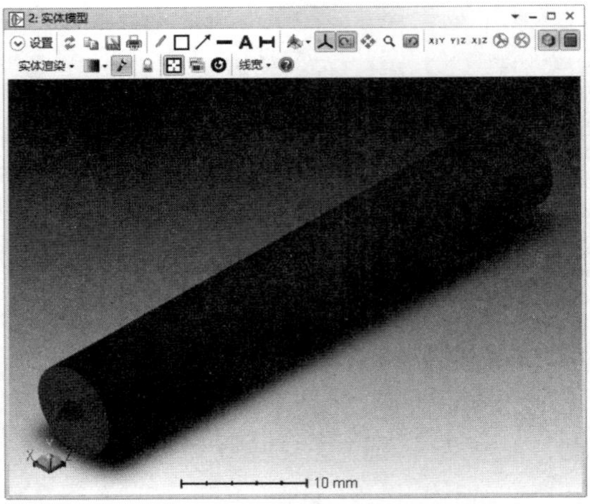

图 12-36 实体模型等轴侧视图

⑥ 单击“设置”选项左侧的“打开”按钮，打开“设置”面板，进行下面的参数设置，如图 12-37 所示。

- 在“起始面”选项中选择 1，在“终止面”选项中选择 3，显示面 1 ～面 3 表示的光学元件和传播的光线。
- 在“光线数”选项中选择 9，在“光线样式”选项中选择“Y 扇形图”。
- 在“波长”选项中选择“所有”，在“透明度”选项中选择“所有 50%”，在“背景”选项中选择“白”，勾选“光线箭头”复选框。
- 在“旋转”选项组下设置 X、Y、Z 为 0。

⑦ 单击“确定” 按钮，隐藏该面板。在“实体模型”窗口中显示更新后的光学系统，如图 12-38 所示。

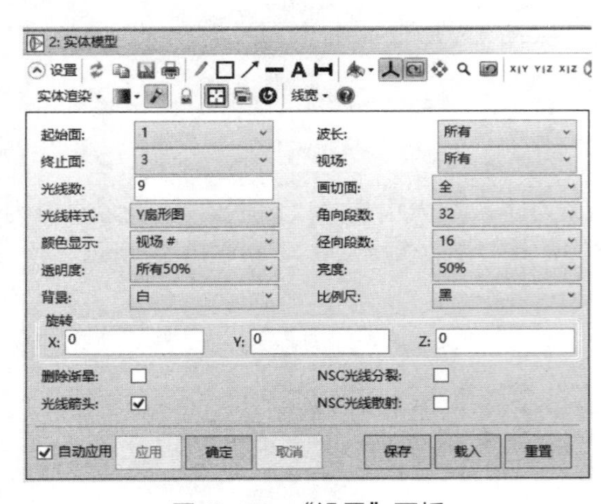

图 12-37 “设置”面板

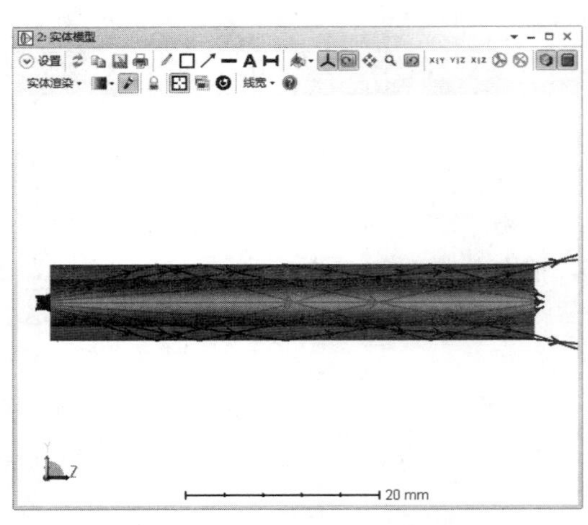

图 12-38 更新“实体模型”窗口

12.2.2 光纤耦合

光纤具有较小的传输损耗，这使得它得以广泛地应用。但对于实际的传输，要求传输不同波长模式的光波时，其传输损耗是一个不容忽视的问题。

一般使用耦合效率来定义传输损耗，这个损耗是可控的，具体耦合后的光功率数值视具体情况而定。

（1）单模光纤耦合

单击“分析”功能区“激光与光纤”选项组中的“光纤耦合”选项，在下拉列表中选择“单模光纤耦合”命令，打开“光纤耦合”窗口，使用惠更斯积分法计算单模光纤耦合效率为 0.093742，如图 12-39 所示。

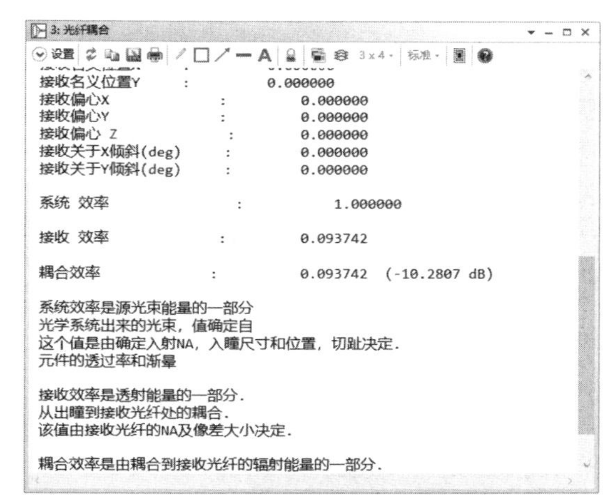

图 12-39　“光纤耦合”窗口

（2）多模光纤耦合

① 单击“分析”功能区“激光与光纤”选项组中的“光纤耦合”选项，在下拉列表中选择“多模光纤耦合”命令，打开“几何图像分析”窗口，显示多模光纤效率为 19.491%，如图 12-40 所示。

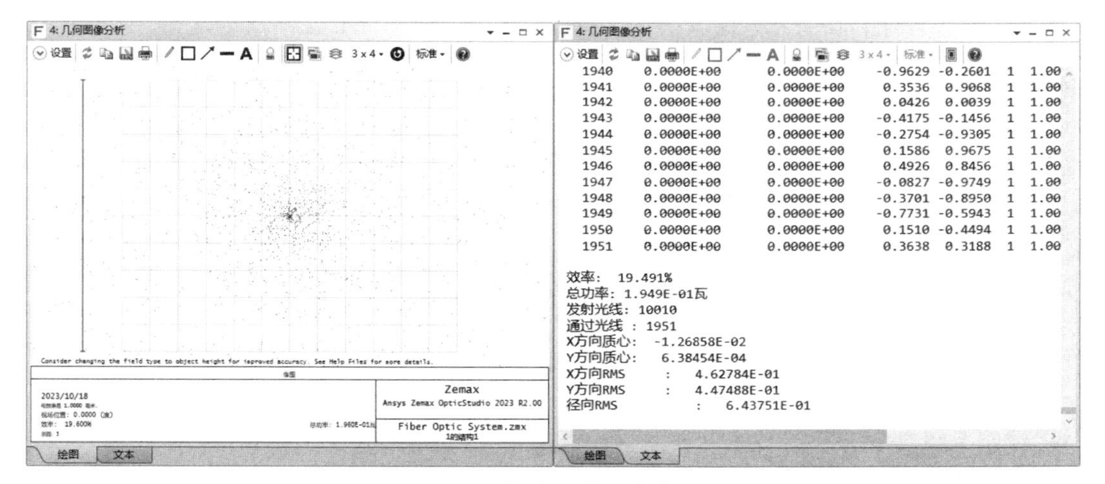

图 12-40　“几何图像分析”窗口

② 光纤的损耗除材料本身的吸收损耗以外，还包括纤芯折射率不均匀引起的散射（瑞利散射）损耗，光纤弯曲引起的损耗，纤维间永久性并接及由连接器连接引起的对接损耗，输入、输出端的耦合损耗，纤芯与包层间界不规则引起的界面损耗，等等。

12.2.3 多重结构设计

光在最大入射角以内的入射光线能在光纤中传输，这样就存在着能在光纤中传输的许多不同倾斜度的光线，这些光线在光纤中曲折传输构成了各自的传播方式，称为传输模式。不同的视场角形成不同的传输模式。

① 默认定义一个视场角，Y 方向角度为 0°，为了验证光学系统随不同视场角的变化的情

况，创建多重结构，选择操作数为 YFIE，设置 3 个状态：0.000、10.000、20.000。

② 单击“设置”功能区“编辑器”选项组中的按钮，在弹出的菜单中选择“多重结构编辑器”命令，或按下快捷键 F7，打开多重结构编辑器，默认包含一个操作数和结构 1，如图 12-41 所示。

③ 在多重结构编辑器中，单击“活动：1/1”下的单元格右侧下拉箭头，在下拉列表中选择操作数“YFIE”，用于设置系统孔径值，默认结构 1 中显示系统孔径值 0.000。

④ 单击多重结构编辑器工具栏中的“插入结构”按钮，在当前光标位置插入 2 个新结构（结构 2、结构 3），设置结构状态值，如图 12-41 所示。

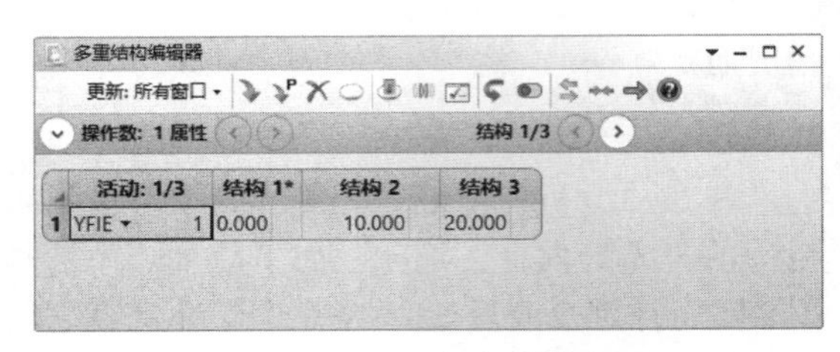

图 12-41　插入结构

至此，完成多重结构状态的设置。

（1）实体模型图显示

① 打开实体模型图，单击“设置”选项左侧的“打开”按钮，打开“设置”面板，在“光线数”选项中选择 3，在“结构”选项中选择“所有”，“偏移”选项组中 Y 偏移设置为 10，如图 12-42 所示。

② 单击“确定”按钮，关闭“设置”面板，更新视图，在一个视图上同时看到不同视角下的光学系统状态结果，所有状态在 Y 方向上有 10mm 的偏移，如图 12-43 所示。

图 12-42　设置偏移值

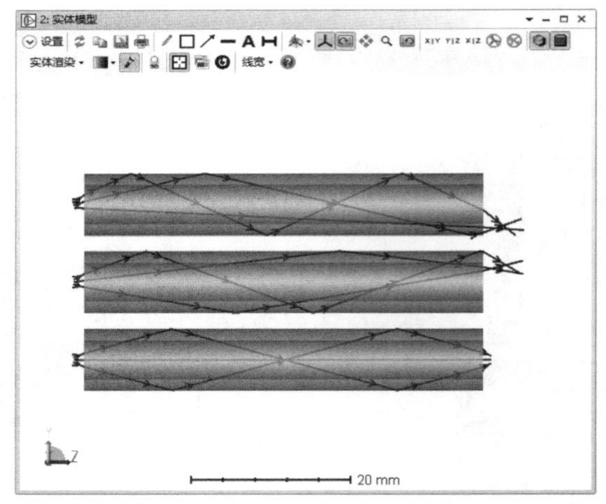

图 12-43　显示所有结构

（2）保存文件

单击 Ansys Zemax OpticStudio 2023 编辑界面工具栏中的“保存”按钮，保存文件。

12.3　奥夫纳中继器光学系统设计

为了检查眼睛是否健康，专家设计了一种通过眼睛的瞳孔对视网膜进行成像的光学系统，该光学系统包括照射源（经由照射光学系统提供照射眼睛的光）和成像设备（在一段时间内输出对应于眼睛的视网膜的图像数据）。

本节介绍该光学系统中的可移动安装的奥夫纳中继器，其被布置为将从照射光学系统接收到的光引导到眼睛并将来自眼睛的反射光引导到成像光学系统。奥夫纳中继器被布置为移动的，以跟踪瞳孔的位置，移动奥夫纳中继器以便利的方式在一段时间内通过眼睛的瞳孔对眼睛的视网膜进行成像。

在奥夫纳中继器光学系统中，即使当瞳孔的位置不固定时，也可以在一段时间内通过眼睛的瞳孔对眼睛的视网膜成像。

12.3.1 定义初始结构

奥夫纳中继器可以包括主反射器和次反射器。主反射器的第一部分可以被布置为经由次反射器将来自眼睛的光反射朝向主反射器的第二部分。主反射器的第二部分可以被布置为经由次反射器将从照射光学系统接收到的光反射到主反射器的第一部分。

（1）设置工作环境

① 在“开始”菜单中双击 Ansys Zemax OpticStudio 图标，启动 Ansys Zemax OpticStudio 2023。

② 选择功能区中的“文件”→“另存为”命令，或单击工具栏中的“另存为”按钮，打开“另存为”对话框，输入文件名称 Offnerrelay Optical System.zmx。

（2）设置系统参数

① 打开左侧“系统选项”工作面板，设置镜头项目的系统参数。

② 双击打开“系统孔径”选项卡，在“孔径类型”选项组中选择“光阑尺寸浮动”，“全局坐标参考面”选择 2（面 2），其余参数保持默认。此时，编辑器中光阑面的“净口径”为 1.000E-03，同时数值右侧显示符号“U”，表示该系统中光阑大小为固定值，如图 12-44 所示。

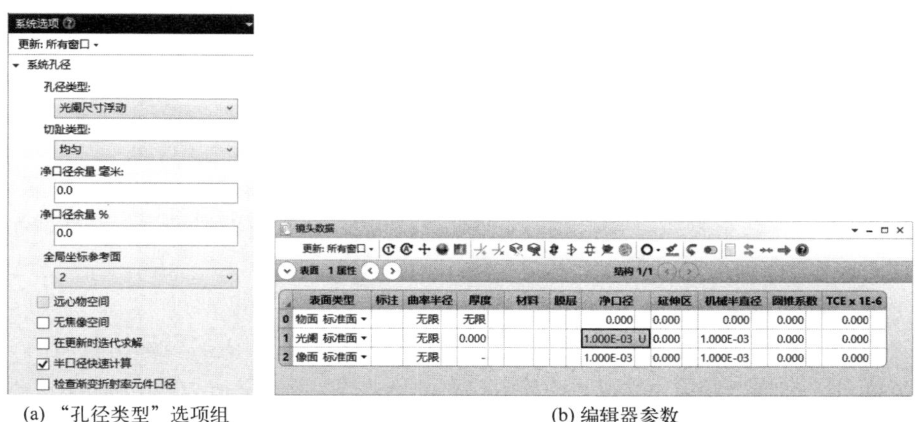

	表面类型	标注	曲率半径	厚度	材料	膜层	净口径	延伸区	机械半直径	圆锥系数	TCE x 1E-6
0	物面 标准面		无限	无限			0.000	0.000	0.000	0.000	0.000
1	光阑 标准面		无限	0.000			1.000E-03 U	0.000	1.000E-03	0.000	0.000
2	像面 标准面		无限	-			1.000E-03	0.000	1.000E-03	0.000	0.000

(a)“孔径类型”选项组　　(b) 编辑器参数

图 12-44　设置系统孔径

（3）输入视场

① 全视场角 FFOV 为 0.2°，本例中设置 0.1°半视场角，采样 2 个视场点：0°、0.1°。

② 双击打开“视场”选项卡，单击“打开视场数据编辑器”按钮，打开“视场数据编辑器”窗口。

③ 选择默认的视场 1，单击鼠标右键选择“插入视场之后于”命令，在视场 1 后插入视场 2，根据下面的参数设置视场，如图 12-45 所示。

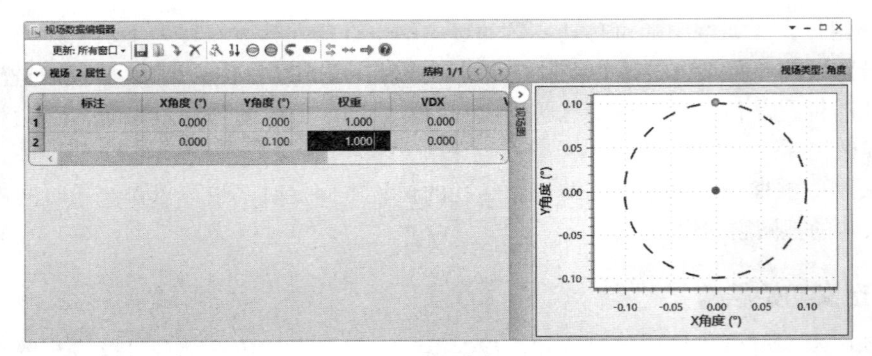

图 12-45　视场数据编辑器

④ 设置视场 1 的 Y 角度为 0°；设置视场 2 的 Y 角度为 0.1°。完成编辑后的“视场”选项卡显示 2 个视场，如图 12-46 所示。

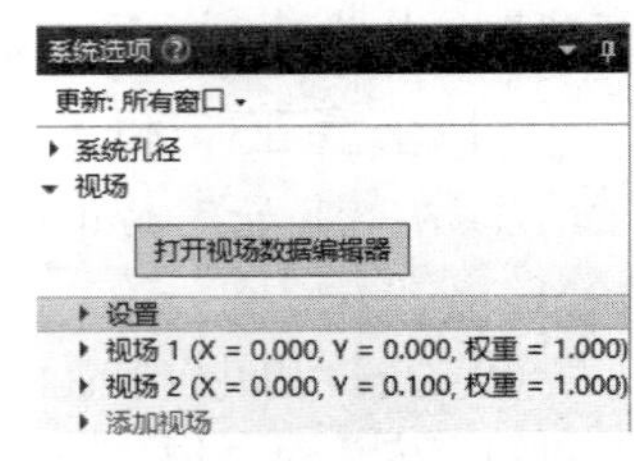

图 12-46　“视场”选项卡

（4）设置透镜初始结构

① 在“镜头数据”编辑器中选择面 1“光阑”行，单击鼠标右键，选择“插入面”命令，在其前插入面 1、面 2。此时，光阑面的序号变为 3，选择“插入后续面”命令，在其后插入面 4，此时，像面的序号变为 5，如图 12-47 所示。

	表面类型		标注	曲率半径	厚度	材料	膜层	净口径		延伸区	机械半直径	圆锥系数	TCE x 1E-6
0	物面	标准面 ▾		无限	无限			无限		0.000	无限	0.000	0.000
1		标准面 ▾		无限	0.000			1.000E-03		0.000	1.000E-03	0.000	0.000
2		标准面 ▾		无限	0.000			1.000E-03		0.000	1.000E-03	0.000	0.000
3	光阑	标准面 ▾		无限	0.000			1.000E-03	U	0.000	1.000E-03	0.000	0.000
4		标准面 ▾		无限	0.000			1.000E-03		0.000	1.000E-03	0.000	0.000
5	像面	标准面 ▾		无限	-			1.000E-03		0.000	1.000E-03	0.000	0.000

图 12-47　插入面

② 在本例中，主反射器可以包括凹球面镜（半径为 10），次反射器可以包括凸球面镜（半径为 10）。下面根据镜头的初始结构定义表面参数。

a.“物面”的“厚度”值设置为 10.000。

b. 选择面 1，在“表面类型”下拉列表中选择“坐标间断”。激活坐标间断面的特殊属性，打开“表面属性”面板“倾斜 / 偏心”选项卡，在“偏心 Y”列输入 -3.000，如图 12-48 所示。

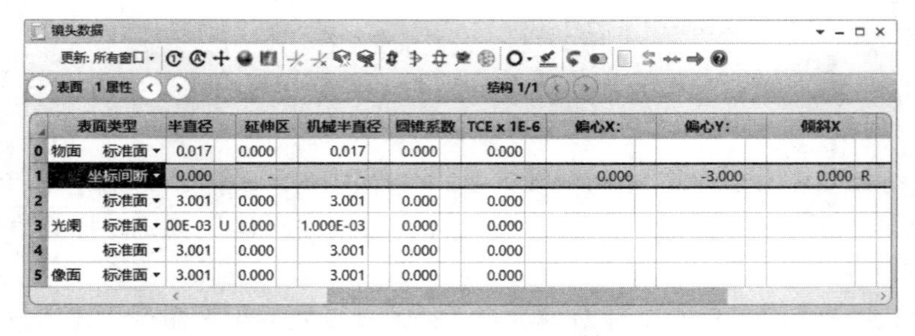

	表面类型		半直径		延伸区	机械半直径	圆锥系数	TCE x 1E-6	偏心X:	偏心Y:	倾斜X
0	物面	标准面 ▾	0.017		0.000	0.017	0.000	0.000			
1		坐标间断 ▾	0.000		-	-		-	0.000	-3.000	0.000 R
2		标准面 ▾	3.001		0.000	3.001	0.000	0.000			
3	光阑	标准面 ▾	00E-03	U	0.000	1.000E-03	0.000	0.000			
4		标准面 ▾	3.001		0.000	3.001	0.000	0.000			
5	像面	标准面 ▾	3.001		0.000	3.001	0.000	0.000			

图 12-48　设置面 1 属性

c. 设置面 2 的“曲率半径”为 -10.000，在“材料”列输入 MIRROR。

d. 设置面 3 的“净口径”为 1.000，在“材料”列输入 MIRROR。

e. 设置面 4 的“曲率半径”为 -10.000，“厚度”为 -10.000，在“材料”列输入 MIRROR。

至此，主反射器（第一结构、第二结构）、次反射器的表面参数设置结果如图 12-49 所示。

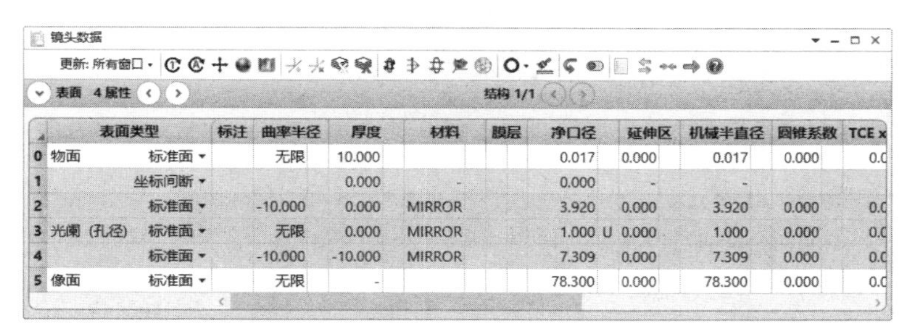

镜头数据

更新: 所有窗口 · 表面 4 属性 · 结构 1/1

	表面类型		标注	曲率半径	厚度	材料	膜层	净口径	延伸区	机械半直径	圆锥系数	TCE x
0	物面	标准面 ▾		无限	10.000			0.017	0.000	0.017	0.000	0.0
1		坐标间断 ▾			0.000	-		0.000	-	-		
2		标准面 ▾		-10.000	0.000	MIRROR		3.920	0.000	3.920	0.000	0.0
3	光阑（孔径）	标准面 ▾		无限	0.000	MIRROR		1.000 U	0.000	1.000	0.000	0.0
4		标准面 ▾		-10.000	-10.000	MIRROR		7.309	0.000	7.309	0.000	0.0
5	像面	标准面 ▾		无限	-			78.300	0.000	78.300	0.000	0.0

图 12-49　表面参数设置结果

此时，用户界面底部的状态栏中显示 4 个参数。

- 有效焦距 EFFL: 25；
- 工作 F 数 WFNO: 10.4648；
- 入瞳直径 ENPD: 2；
- 系统总长 TOTR:10。

（5）布局图显示

单击“设置”功能区“视图”选项组中的“3D 视图”命令，弹出“三维布局图”窗口，显示光学系统的外形图，如图 12-50 所示。

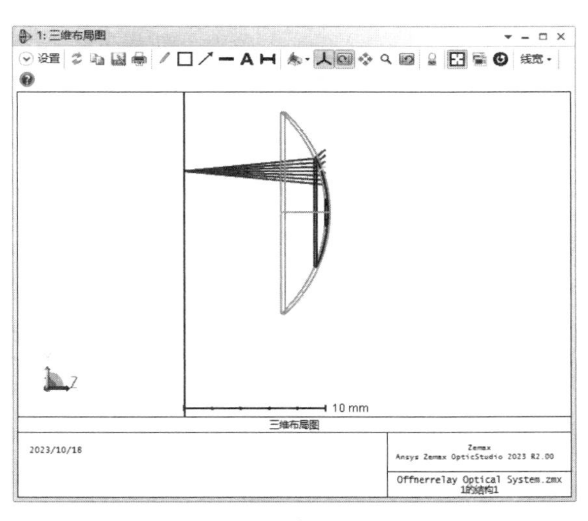

图 12-50　布局图显示

12.3.2　系统优化

在进行光学设计优化时，评价函数中常用的约束包括焦距、系统总长、透镜中心和边缘厚度、透镜间隔和光学系统透镜的总质量等。本小节介绍如何优化曲率半径、厚度得到最终的光学系统。

(1) 设置优化变量

系统进行优化时，可以一次选择一个变量，也可以选择多个变量。下面介绍选择面 2、面 3 的厚度值以及面 3 的曲率半径，一次性进行优化。

① 在“镜头数据”编辑器中选择面 3，单击该行“曲率半径”右侧小列，弹出“在面 3 上的曲率解”求解器，在“求解类型”下拉列表中选择“变量”，如图 12-51 所示。在空白处单击，关闭求解器。此时，“曲率半径”右侧小列显示“V”。

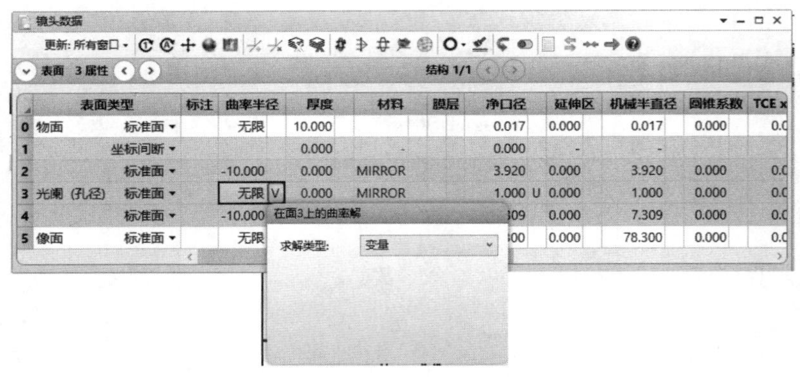

图 12-51　曲率半径设置

② 在“镜头数据”编辑器中选择面 2，单击该行“厚度”右侧小列，弹出“在面 2 上的厚度解”求解器，在“求解类型”下拉列表中选择“变量”。在空白处单击，关闭求解器。此时，“厚度”右侧小列显示“V”。

③ 在“镜头数据”编辑器中选择面 3，单击该行“厚度”右侧小列，弹出“在面 3 上的厚度解”求解器，在“求解类型”下拉列表中选择“变量”。在空白处单击，关闭求解器。此时，“厚度”右侧小列显示“V”，如图 12-52 所示。

图 12-52　变量参数设置

(2) 优化设置

① 单击“优化”功能区“自动优化”选项组中的“评价函数编辑器”命令，打开“评价函数编辑器”窗口。单击“优化向导与操作数”命令左侧的“打开”按钮⌄，展开“优化向导与操作数”面板，打开“当前操作数”选项卡，进行优化设置，如图 12-53 所示。

- 在“操作数”下拉列表中选择“RSCE”，该操作数使用一个高斯积分的方法计算参考几何像质心的 RMS 光斑半径，该法对带有非渐晕圆形光瞳的系统是精确的。
- 设置“环”为 3，指定追迹光线环的数目，“权重”为 1.000。

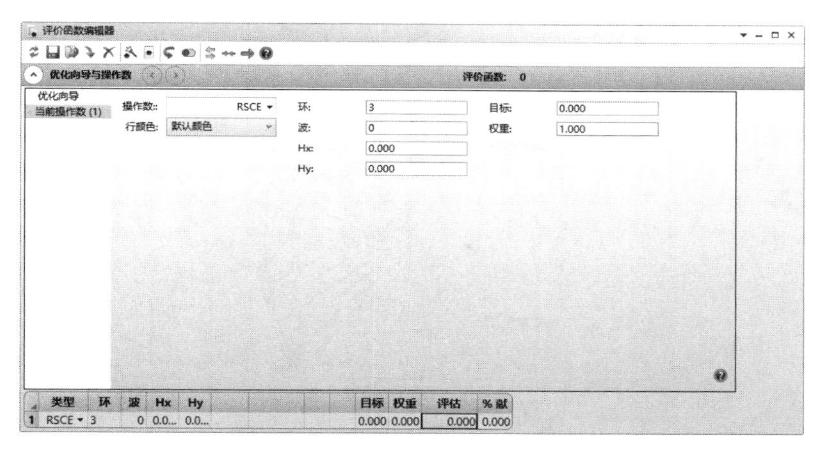

图 12-53　“当前操作数”选项卡

② 单击“关闭”按钮⌃，隐藏面板。在“评价函数编辑器”窗口中添加操作数 RSCE，如图 12-54 所示。

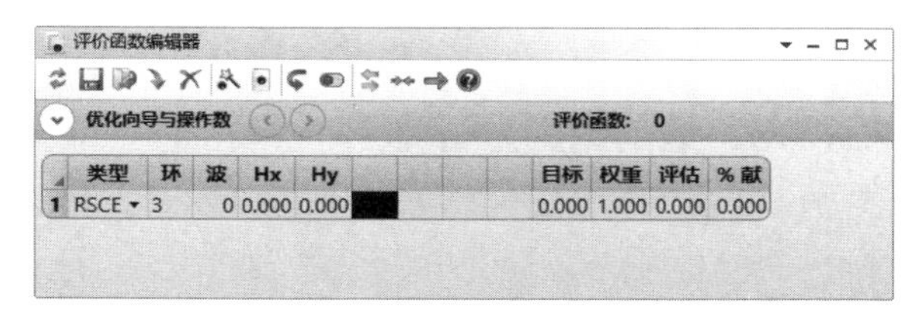

图 12-54　“评价函数编辑器”窗口

③ 单击“优化”功能区“自动优化”选项组中的“执行优化”命令，弹出“局部优化”对话框，单击“开始”按钮，执行优化，结果如图 12-55 所示。优化结束后，分析结果报告中当前评价函数（0.000513488）比初始评价函数（38.357490461）小很多。单击“退出”按钮，关闭该对话框。

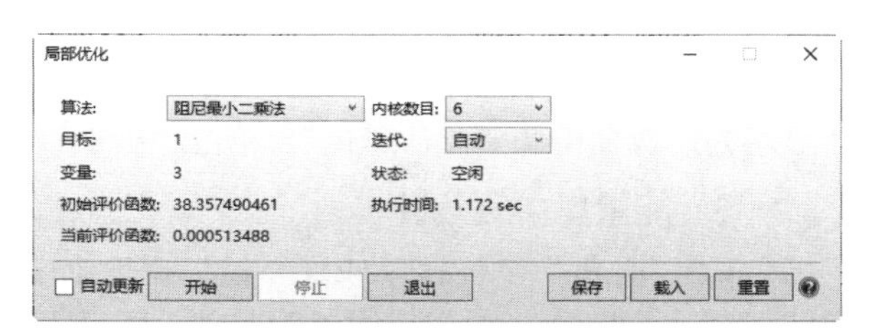

图 12-55　“局部优化”对话框

此时，“评价函数编辑器”窗口中“评估”列中显示当前评价函数 5.135E-04（进行四舍五入后的结果），如图 12-56 所示。

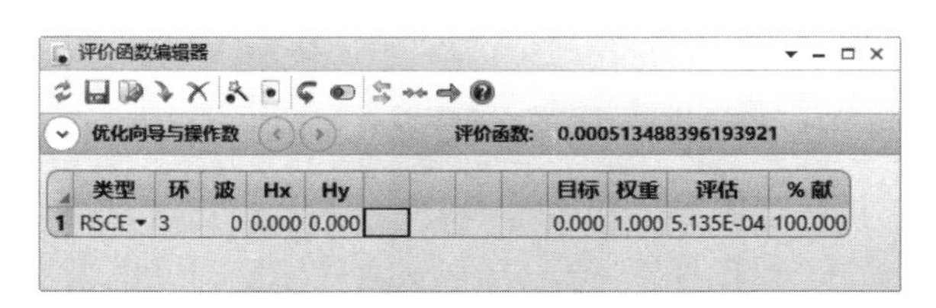

图 12-56　优化后的“评价函数编辑器”窗口

④ 同时，打开“镜头数据”编辑器，发现面 2、面 3 的厚度值以及面 3 的曲率半径发生改变，如图 12-57 所示。

⑤ 打开“三维布局图”窗口（图 12-58），能够看到优化后的光学系统。

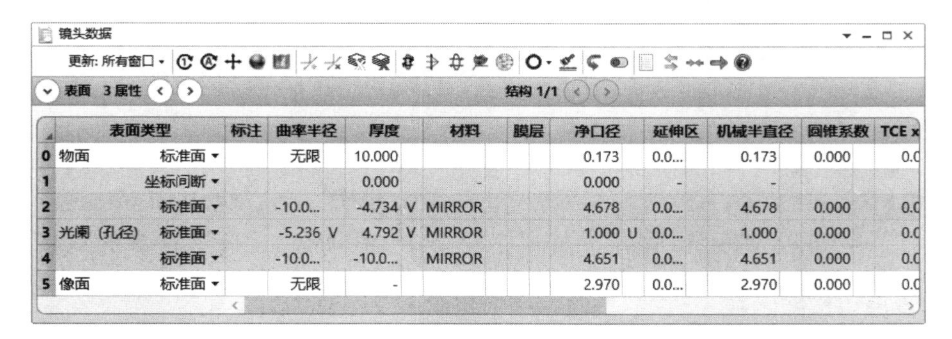

图 12-57　“镜头数据”编辑器

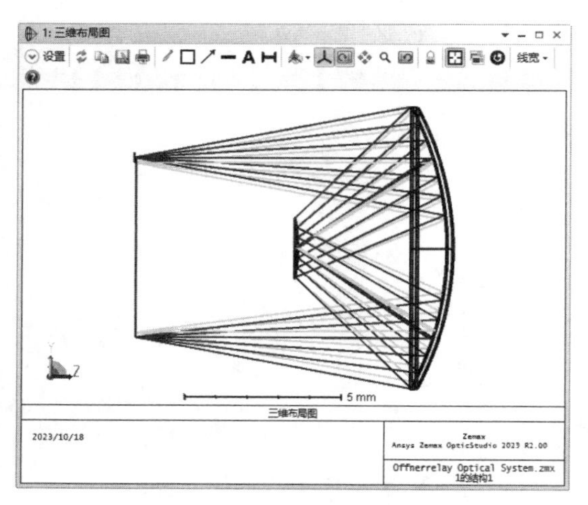

图 12-58 “三维布局图”窗口

12.3.3 波前数据分析

波前数据是很多其他 OpticStudio 分析功能的基础数据，本小节通过圈入能量计算、点扩散函数、光学传递函数来分析波前数据。

（1）波前图

单击“分析”功能区“成像质量”选项组中的“波前”选项，在下拉列表中选择“波前图”命令，打开“波前图”窗口。单击“设置”选项左侧的“打开”按钮，打开“设置”面板，在“显示为”选项中选择“伪彩色”。单击“确定”按钮，隐藏面板，波前图如图 12-59 所示。

（2）能量集中度分析

单击“分析”功能区“成像质量”选项组中的“圈入能量”选项，在下拉列表中选择“衍射”命令，打开“衍射圈入能量”窗口，显示环形能量图，如图 12-60 所示。

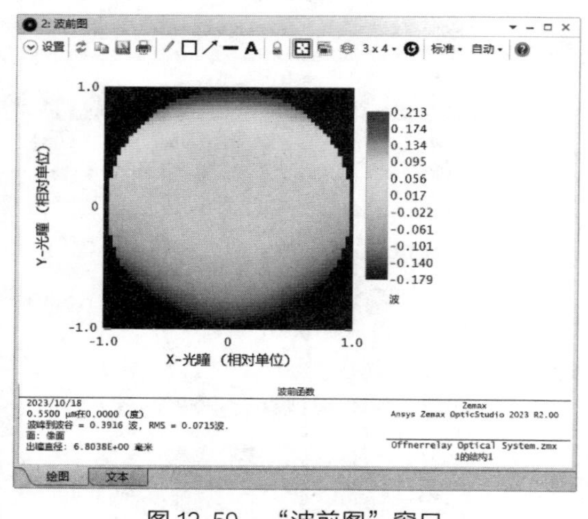

图 12-59 “波前图”窗口

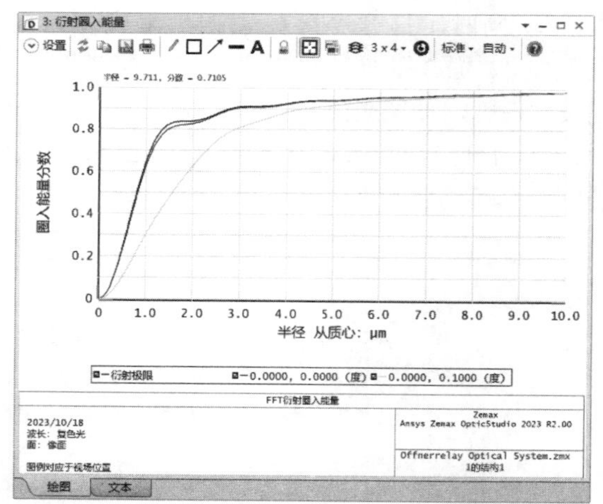

图 12-60 “衍射圈入能量”窗口

（3）计算点扩散函数

计算点扩散函数（PSF）是波前平方经过快速傅里叶变换后得到的结果。

单击“分析”功能区“成像质量”选项组中的“点扩散函数”选项，在下拉列表中选择“FFT 线 / 边缘扩散”命令，打开“FFT 线 / 边缘扩散”窗口，在衍射 FFT PSF 的计算及积分基础上，绘制直边扩散函数或线扩散函数，如图 12-61 所示。

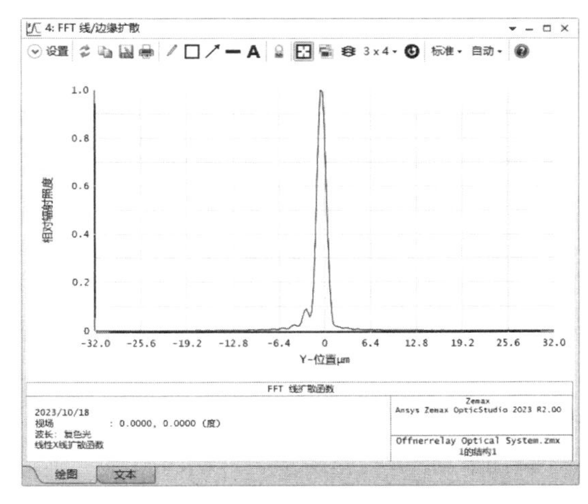

图 12-61　“FFT 线 / 边缘扩散”窗口

（4）计算 MTF

MTF 为波前的自相关函数，并且通常来讲其像素数量为波前图的 2 倍（不考虑坐标轴变化）。

单击“分析”功能区“成像质量”选项组中的“MTF 曲线”选项，在下拉列表中选择“三维 FFT MTF”命令，打开“三维 FFT MTF”窗口。单击“设置”选项左侧的“打开”按钮，打开“设置”面板，在“显示为”选项中选择“伪彩色”，如图 12-62（a）所示。单击“确定”按钮，隐藏面板，图形如图 12-62（b）所示。OpticStudio 通过自相关函数的边界来确定三维 FFT MTF 的频率间隔。

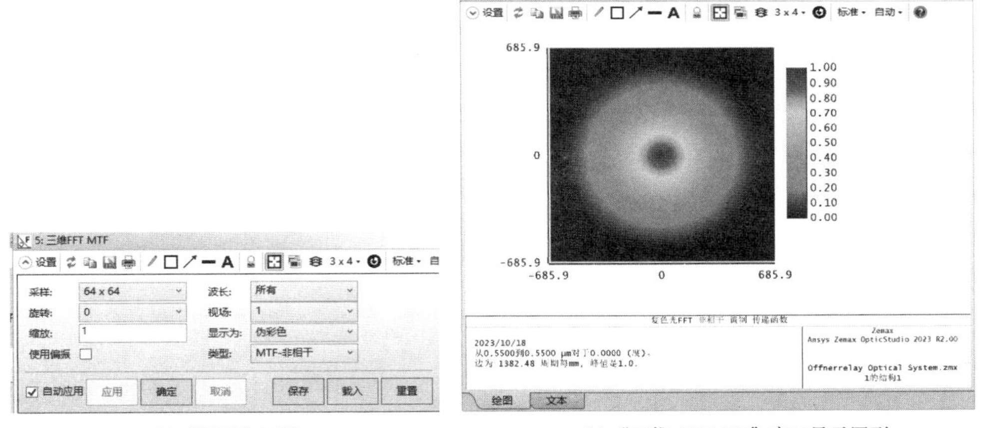

(a) “设置”面板　　(b) “三维FFT MTF”窗口显示图形

图 12-62　“三维 FFT MTF”窗口

（5）保存文件

单击 Ansys Zemax OpticStudio 2023 编辑界面工具栏中的“保存”按钮，保存文件。

参考文献

[1] 郁道银，谈恒英 . 工程光学 [M]. 北京：机械工业出版社，1999.
[2] 林晓阳 . ZEMAX 光学设计超级学习手册 [M]. 北京：人民邮电出版社，2014.
[3] 追光者 . Zemax 中文版光学设计从入门到精通 [M]. 北京：人民邮电出版社，2023.
[4] 施跃春 . 基于 Zemax 的应用光学教程 [M]. 北京：电子工业出版社，2022.
[5] 刘钧，高明 . 光学设计 [M]. 北京：国防工业出版社，2012.
[6] 张欣婷，向阳，牟达 . 光学设计及 Zemax 应用 [M]. 西安：西安电子科技大学出版社，2019.
[7] 吉紫娟，包佳祺，刘祥彪 . ZEMAX 光学系统设计实训教程 [M]. 武汉：华中科技大学出版社，2018.